干旱气候系统的观测原理

黄建平 等 著

科 学 出 版 社
北 京

内 容 简 介

本书介绍了兰州大学大气科学学院十多年来在我国干旱半干旱地区开展气候变化的观测实验和理论研究。全书重点阐述了全球干旱气候的时空分布及其演变机理，揭示了影响干旱气候变化的主要物理过程：陆-气相互作用、沙尘-云-降水相互作用、海-气相互作用和人类活动影响。围绕这四个方向，全书主要对基本气象要素、陆面过程能量和物质交换、太阳辐射、大气气溶胶、云、气温/水汽/消光系数/云层的垂直结构分布和移动集成观测系统的仪器设备、工作原理、实际应用、数据分析与质量控制、观测结果和讨论进行了全面介绍。

本书适合大气科学、地理学、生态学、环境科学等专业的本科生和研究生使用，也可为从事气候变化和环境灾害研究的人员提供参考。

审图号：GS（2021）7923 号

图书在版编目（CIP）数据

干旱气候系统的观测原理 / 黄建平等著. —北京：科学出版社，2022.1
ISBN 978-7-03-071156-4

Ⅰ. ①干… Ⅱ. ①黄… Ⅲ. ①干旱-气候变化-气象观测 Ⅳ. ①P426.615

中国版本图书馆 CIP 数据核字（2021）第 268244 号

责任编辑：朱 丽 郭允允 李嘉佳 / 责任校对：何艳萍
责任印制：肖 兴 / 封面设计：无极书装

科学出版社 出版
北京东黄城根北街 16 号
邮政编码：100717
http://www.sciencep.com

北京九天鸿程印刷有限责任公司 印刷

科学出版社发行 各地新华书店经销

*

2022 年 1 月第 一 版 开本：787×1092 1/16
2022 年 1 月第一次印刷 印张：27 1/2
字数：650 000

定价：258.00 元

（如有印装质量问题，我社负责调换）

前　言

2004年，我从美国回到兰州大学，在兰州大学大气科学系的基础上组建了大气科学学院并担任院长。兰州大学大气科学学院是我国高校第一个大气科学学院。转眼已是十七载，兰州大学大气科学专业从筚路蓝缕到如今的国家“双一流”学科之一，教师团队从最初寥寥数十人到现在人才济济。为了创立一流学科，我们从建设具有区域特色的综合观测站入手，选择了最艰难也是最坚实的一条路。静下来回首往事，丑纪范、符淙斌、吕达仁、黄荣辉等先生一次次徒步登山带头选择确定合适的站址，师生们用最原始的人力车，手拉肩扛运送设备和生活物资，住在山上简易的宿舍，遭遇沙尘暴的洗礼……这些场景依然历历在目。道阻且长，行则将至。2004～2020年，这个观测站锻炼出了一支强有力的队伍，也见证着我们取得的每一项成绩：2013年，我们在实测数据基础上，系统开展沙尘气溶胶传输特性研究，在国际上首次提出亚洲沙尘气溶胶半直接效应的干旱化作用，该成果获2013年度国家自然科学奖二等奖；2018年，我们研发的我国首套适用于野外恶劣条件的气候灾害移动式观测系统，荣获2018年甘肃省科学技术进步奖一等奖。2017年，兰州大学大气科学专业入选教育部“双一流”建设学科；2018年，兰州大学大气科学学院教师团队被教育部评为“全国高校黄大年式教师团队”，以兰州大学牵头成立的西部生态安全省部共建协同创新中心获教育部首批省部共建协同创新中心认定。

环境灾害和气候变化是人类面临的两大挑战。当前世界多地环境污染严重、极端灾害频发，尤其在生态脆弱区和气候敏感区，两类问题相互作用、交织出现，日趋严重和复杂，迫切需要开展集成观测研究，进而提出应对措施。然而，目前国内外都缺乏环境污染与气象灾害的集成观测，且已有的观测因环境与气象分离，数据的时空一致性较差，降低了数据的应用价值，难以准确理解环境污染与气象灾害的相互作用。特别是在强沙尘、重污染、高寒等极端恶劣条件下，观测站点极为稀少，且仪器损耗严重，观测代价大，精密仪器无法正常进行观测，在沙漠和高原无人区更缺乏观测，这些严重制约着对环境与气象灾害形成机理的认识和短临预报预警系统的建立。

基于以上关键科学问题，我们历经十余年艰辛探索与开拓创新，自主研制了环境灾害与气候变化集成观测系统，建立了我国第一个具有国际水准的观测站——兰州大学半干旱气候与环境观测站（Semi-Arid Climate and Environment Observatory of Lanzhou University，SACOL），攻克了同时探测短时、局地环境污染与长时间、大范围气象灾害的世界性技术难题，实现了环境与气象灾害因子的同时同地、三维立体、高时空分辨率全天候集成观测，填补了国际上极端恶劣条件下环境与气象集成观测的空白，为前沿基础研究和预报预警提供新的数据支撑，为环保和气象两大业务部门集成观测提供核心技术与示范。该技术集成了激光探测、微波遥感、涡动相关、光谱分析等手段，实现环境与气候同时同地观测、资料同化融合，优势互补。我们参与研制的高分辨率、高精度的多通道微波辐射计，填补了我国在高端微波辐射计技术领域的空白，这改变了此类设备长期依赖进口的不利局面；基于此技术研发的双通道偏振激光雷达，有效降低了设备成本；揭示了复杂地形下边界层湍流结构特征，阐明了夜间短时高污染物浓度的形成机理；提出了识别自然和人为沙尘的新方法，降低了沙尘监测的误判率。

本书就是主要团队成员在上述研究成果的基础上总结撰写的。全书共分 10 章，较为系统地阐述了干旱气候观测的相关内容。第 1 章和第 2 章由黄建平负责撰写，第 3 章和第 4 章由王国印负责撰写，第 5 章和第 6 章由闭建荣负责撰写，第 7～10 章分别由张北斗、黄忠伟、葛觐铭和史晋森负责撰写，全书由黄建平和闭建荣统稿。在撰写过程中，研究生杨宣对本书进行了文字校对，并对部分内容提出了补充和修改意见。本书可作为地球科学专业研究生和本科生的教材，也可供相关专业或从事气候变化的人员学习和参考。本书的研究和出版得到了兰州大学科学技术发展研究院和国家自然科学基金创新研究群体项目（41521004）的共同资助，在此一并致以衷心的感谢。

由于气候系统观测涉及的面广，内容丰富，加之时间仓促，受著者的学识水平限制，疏漏之处在所难免，请读者给予批评指正，以便再版时完善。

黄建平

2021 年 5 月于兰州大学

目　　录

第1章

绪　论

我国西北地区面积广大、人口稀少、生态环境脆弱，一直以来，缺乏包含先进探测手段和多种仪器的综合协同观测。历经十余年，兰州大学率先建立了位于该地区的第一个具有国际水准的观测站——兰州大学半干旱气候与环境观测站，设计了适用于野外恶劣条件运行的移动监测系统，组织开展了多次大型野外综合观测试验，系统获取了我国西北典型干旱与半干旱区长期连续的第一手高精度观测资料，全面揭示了干旱与半干旱区气候的典型特征，如大气边界层结构、陆-气相互作用、能量辐射平衡、碳收支平衡、气溶胶和云的宏观与微观物理、光学特性等。本书就是对此观测研究的系统总结，在开始介绍干旱系统观测原理之前，我们首先介绍气候观测的意义和要求。

1.1 气候观测的意义和要求

大气圈、水圈、冰冻圈、岩石圈和生物圈构成了气候系统，气候系统中不同圈层之间的相互作用决定了气候的自然变化。人类活动的日益加剧对气候系统已经产生了显著影响。气候的自然变化和人类活动导致的气候变化对社会生活和经济发展造成的影响日益加大，并涉及国家安全、环境外交和可持续发展等一系列重大问题。要深刻认识气候变化及其影响因素、预测未来气候变化，最基础的工作是建立包含气候系统五大圈层的综合气候观测系统，提供气候系统变化的详细信息，以获取科学研究所需的高质量资料和相关产品。气候观测是指通过各种仪器对气候系统进行动态观测，不仅包括常规观测，还包括各种特殊项目观测，如海冰、太阳常数等项目的观测。

在全球气候持续变暖的情况下，我国面临的主要天气气候灾害有区域干旱、洪涝、台风、沙尘暴、寒潮与冻害等，这些灾害会给社会经济发展带来一系列的挑战性难题，其中区域干旱和洪涝是我国目前面临的影响最为严重的气候灾害。气候变暖会加速水分循环，改变降水时空分布及强度，破坏区域水资源供需平衡，加剧水资源供需矛盾。进入21世纪，我国水资源供需矛盾仍在进一步加剧，因此加强气候系统的观测迫在眉睫。

在过去的100年，特别是近50年来，近地面气温的明显增加可能在一定程度上是温室效应增强的结果，大气中硫酸盐、硝酸盐和黑碳等气溶胶浓度的增加不仅直接引起我国东部城市和区域空气质量下降，导致大气环境严重恶化，还可能是造成我国近几十年来的局地和区域性气候不稳定的主要因素。降水及某些极端天气气候事件频率的增加也可能与此相关，然而目前对造成这些影响的观测信息的提取与科学检测仍然面临许多困难。

由于海水具有巨大的比热容，海洋成为能量的储存库，并且其在气候系统中具有最大的热惯性。海洋和大气强烈地耦合在一起并通过感热输送、动量输送和蒸发等过程影响着气候变化。另外，气候变暖亦影响区域海流、海面温度（sea surface temperature，SST），而渔场和鱼汛的时空分布直接受海流、海面温度的影响。在气候变暖背景下，相应的海洋系统会发生许多变化，如海平面上升、海冰数量减少、环流系统变化等。这些变化会对发生在海洋中的许多其他过程产生影响，如全球气候变暖导致的海平面上升将加剧沿海地区的风暴潮、洪涝、海水入侵等灾害，对这些地区的城镇建设、工业生产、港口功能及生态环境造成不同程度的影响，对全国经济发展和生产生活亦造成直接或间接的影响，因此与其相关的问题必须引起重视，务必预先采取应对措施。

随着气候变暖，冰川消融增强，冰川退缩亦随之加剧。冰川消融增强一方面使融水径流增加，冰川单位面积产流量增大；另一方面又使冰川面积和冰储量减小，其长期效应将导致冰川径流的减少。在气候变暖背景下，未来50年内中国西部冰川无疑将发生巨大变化，冰川显著退缩是可以肯定的，但退缩的幅度范围、退缩导致的冰川融水的增减过程，以及对区域生态环境和水资源的影响目前还知之甚少，应加强观测。

气候变暖背景下中国区域性生态与环境形势也十分严峻，区域性生态破坏范围扩大、程度加剧、危害加重。全球变暖速率加快，群落的生态将发生改变，造成群落类型的更替，同时原始群落树种的生物量水平也大为降低。气候变化将使森林分布格局发生变化，但森林群落的优势树种不太可能在几十年内就改变特性。各类树种分布区都将向北推移，森林面积减小，森林总产量减少，林业可能受到较大影响；草原、草甸面积亦呈减小趋势，草地退化，其质量和产量均下降，生物多样性减少。气候变暖将增加各地的热量资源，使作物潜在生长季延长，多熟种植北界北移，但这方面的长期观测很少。

气候变暖在加速农作物生长的同时也使农作物的呼吸作用增强及生育期缩短，从而影响农作物的产量。此外，气候变暖导致土壤有机质的微生物分解加快，造成土壤肥力下降，农田生产潜力降低。气候变暖将使病虫危害面积扩大，害虫的地理分布界限北移，害虫种群的世代增加，农田多次受害的概率增高，害虫迁移入侵的风险增高。此外，气候变暖尤其暖湿气候将有利于一些病菌的生长、繁殖和蔓延，从而使我国农田生态系统的稳定性降低。

综上所述，气候观测具有重要意义，科学的气候观测系统应达到以下要求。

（1）气候观测将改进对所发生气候变化的描述，更好地确定气候发生变化的原因（特别是外强迫的作用、气候系统惯性和自然变异），并提高气候预测的可靠性。

（2）气候系统的观测信息将有益于监测和检测气候系统及其变化，记录自然气候变异和极端天气气候事件，模拟和预报气候变异和气候变化，评价气候变化对生态系统及社会经济的潜在影响，为模拟和预测气候系统所需的业务和研究提供支持。

（3）气候系统的观测也有助于根据气候以及气候变化趋势确定经济发展规划、调整生产布局、防灾减灾、合理利用气候资源、开展生态环境建设和保护等。

（4）气候观测也有助于为我国气候敏感经济部门提供更有效的服务，并为我国国防建设和环境外交提供支持（刘文清等，2004）。

气候观测主要包括大气圈、水圈、冰冻圈、岩石圈和生物圈的常规观测以及非常规观测。

1.2 大气圈观测

大气圈是气候系统中最不稳定和最容易发生迅速变化的组分。大气圈内部存在大大小小的环流系统，其是构成气候变化的基本单元。现在地球上的干空气主要由氮气、氧气和氨气组成。太阳光入射对这些气体有作用，而地球放射的长波辐射对其没有作用。然而，有些微量气体，如二氧化碳（CO_2）、甲烷（CH_4）、一氧化二氮（N_2O）和臭氧（O_3），它们能够吸收和发射长波辐射，因此它们会成为温室气体。它们虽然占大气的体积混合比还不到0.1%，但在地球的能量收支中扮演了主要的角色。大气中包含的水汽（H_2O），也是自然的温室气体。水汽的体积混合比是随高度变化的，其不超过1%。水汽是最强的温室气体，其相态的转变可以吸收或释放很多的能量。因此，水汽在气候变化中扮演了重要的角色。这些温室气体吸收从地球辐射出的长波辐射并向上（空）和向下（地球）发射长波辐射，导致地球表面温度升高。水汽、CO_2和O_3也吸收短波辐射。除了上述气体外，大气中还包含固体的和液体的质粒（气溶胶）以及云，它们与入射和放射辐射的作用是复杂多变的。其中一个代表是大气中水的相变，如水汽、云粒和冰晶的变化。

19世纪后期到20世纪30年代，世界范围的气候观测只有地面气温、降水量和气压。美国最早绘制了20世纪以来北半球月平均海平面气压图。对流层气温序列观测最早开始于1958年，且仅限于北半球。1978年以来有了卫星观测，它能覆盖南北两个半球，成为获得覆盖范围最完整、分辨率均匀的资料的工具，并且近年来建立了主要限于全球陆地的全球降水量的格点序列。气温、降水量和气压这三种要素观测序列最长，能够反映气候状况的基本要素，成为气候观测的最主要内容。

20世纪30年代以后，逐渐有了高空探测资料。苏联绘制了500hPa高度周期平均图。美国从40年代开始绘制西半球北美及邻近海域5天及30天的700hPa高度周期平均图。日本绘制了世界上最早的北半球500hPa高度月平均图。中国的北半球500hPa高度月平均图序列绘制工作开始于1951年。目前美国国家大气研究中心（NCAR）等单位完成了1958年以来的再分析资料，包括各等压面的高度、温度、风及地面的气温、降水量的格点资料。与此有关的逐日资料对气候学、天气学与数值天气预报等都有重要意义。

大气中氮气、氧气、氩气占干空气体积的99.997%，其他气体只占0.003%，它们体积分数极小，多为痕量气体，如氮氧化合物、碳氢化合物、硫化物和氯化物。它们参与大气化学循环，在大气中的滞留期为几天至几十年，甚至更长。它们中有一些是天然排放，但有一部分是由人类活动排放了各种痕量粒种，这些物质会受到各种物理、化学、生物、地球过程的作用并参与生物地球化学的循环，对全球大气及生态环境造成了重大影响。例如，光化学烟雾、酸雨、温室效应、臭氧层破坏等，无不与痕量气体的增加有关。大气中微量气体的观测是大气圈观测十分重要的组成部分，探测方法有光谱学测量法和化学测量法。

光谱学测量法因其探测灵敏度高，能够满足大气痕量气体的监测要求，且具有选择性强、探测区域范围广、能够探测的气体种类多、响应时间快、适宜实时监测、监测费用和成本低等特点，在大气化学中有广泛的应用。其主要原理是利用分子对光辐射的吸收特性，即当一束光穿过大气时，会被大气分子选择性吸收，使光强度和光谱结构发生变化，通过分析吸收光谱，可以定性确定某些成分的存在，甚至可以定量分析某些物质的浓度。光谱学测量技术的优势：①可以反映一个区域的平均污染程度，便于连续监测，不需要多点取样；②能对不易接近的危险区域进行监测；③可以同时测量多种气体成分。

化学测量法常用于光谱学测量技术的对比测量中，主要利用痕量气体的一些化学特性来对其进行分辨和测量。主要化学测量技术可归纳为：①色谱、质谱分析和色谱-质谱联用技术；②化学发光测量技术；③基体分离和电子自旋共振法；④绝热超声膨胀与激光诱导荧光法（刘文清等，2004）。

1.3 水圈观测

水圈由大气水、地表水和地下水组成，包含地下淡水、海洋、河流、湖泊、沼泽、冰川、积雪和大气圈中的水等。通过径流，淡水由江河流向海洋并影响海洋成分和海流。海洋覆盖地球表面约 70%，是水圈中的重要组成部分，海洋储存和输送大量的能量并分解和储存大量的 CO_2。盐分的密度梯度及热力梯度也可以形成海洋环流，称为温盐环流，由于海洋巨大的热惯性，它对气候变化有巨大的调节作用，也是气候变化的重要能量来源。

至今海洋资料中最丰富的是海面温度，过去海面温度主要靠商船观测。通用海洋数据库存取系统（common oceanographic data access system，CODAS）收集了 1850 年以来的资料，其中 1949 年之前，资料覆盖面很小。卫星观测使海面温度资料精度提高，但与船舶观测之间还有一定的差异，所以利用两者结合的资料绘制海面温度距平图。海洋观测中的盐度、洋流及深海海温等信息很缺乏，大部分是无系统的观测资料，直到近年来研究人员才给出赤道太平洋混合层深度（用 20℃等温线的深度表示）及 800m 深至海面的温度距平。从全球角度看，对盐度及深海海温缺少系统的长期连续的观测资料（朱光文，1991）。

我国的气候观测已经实现从陆地观测到“下海”观测的覆盖。300 余个海岛和海上钻井平台、千余艘渔船上安装的自动站、海上大浮标小浮标以及飞机在近海沿海的观测共同构建了一个近海观测体系，成为海洋探测强有力的手段。气象雷达覆盖能力也已经逐步由岸基向深海延伸。目前正在构建的飞机观测基地，利用飞机搭载观测设备，到远海和深海进行探测。

随着航天和航空遥感技术的发展，航天和航空遥感技术逐渐应用于海洋探测，形成天基海洋环境遥感。天基海洋环境遥感具有观测范围广、重复周期短、时空分辨率高等特点，可以在较短时间内对全球海洋成像，可以观测船舶不易到达的海域，可以观测普通方法不易测量或不可观测的参量，成为继地面和海面观测的第二大海洋观探测平台，也成为发达国家竭力发展的海洋高科技之一。目前国内外已经陆续发射了多颗海洋水色卫星、海洋地形卫星和海洋动力环境卫星（梁捷，2012；尹路等，2013）。

航空海洋探测采用固定翼飞机和无人机为传感器载体，具有机动灵活、探测项目多、接近海面、分辨率高、不受轨道限制、易于实现海空配合而且投资少等特点，是海洋环境监测的重要遥感平台，通过搭载的微波和光学遥测设备，能够实时获取大气海洋环境资料。

海洋测量船也称海洋调查船，是一种能够完成海洋环境要素探测、海洋各学科调查和特定海洋参数测量的舰船，西方早在 19 世纪后半叶就认识到海洋测量船的作用并开始改装使用测量船。随着社会的进步、科技的发展和军事的需求，海洋测量已从单一的水深测量拓展到海底地形、海底地貌、海洋气象、海洋水文、地球物理特性、航天遥感和极地参数测量等方面，海洋测量船的作用日益突出。

浮标监测分布面广、测量周期长，已经成为海洋和水文监测的主要手段。浮标集计算机、通信、能源、传感器测量等技术于一身，成为科技含量较高的科技综合体。剖面探测漂流浮标技术是20世纪90年代初的重大成果，它的出现催生了国际“阿尔戈”（Argo）[①]计划，解决了全球次表层温盐同步观测的难题。美国、法国相继研制了几种剖面浮标，最大设计深度2000m，设计工作寿命4～5年。中国Argo计划自2002年初组织实施以来，已经在太平洋、印度洋等海域投放了155个Argo剖面浮标（截至2021年），有78个浮标仍在海上正常工作。

海底观测网正经历着从海面做短暂的“考察”到海洋内部做长期“观测”的明显变化。如果把地面与海面看作地球科学的第一个观测平台，把空中遥测遥感看作第二个观测平台，在海底建立的观测网，将成为第三个观测平台。海底观测网是指把观测平台布设到海底，既能向下观测海底，又能通过锚系观察大洋水层，还可以投放活动深海观测站。海底观测网已逐渐成为观测海洋和地球过程的第三个平台，将成为今后理解和预测海洋过程的主要观测方式之一（赵吉浩等，2008）。

1.4 冰冻圈观测

冰冻圈包含格陵兰岛和南极冰盖、大陆冰川和高原雪盖、海冰及永冻土。全球陆地约有10.6%被冰覆盖。海冰的面积比陆冰大，海冰约占海洋面积的6.7%。冰冻圈对气候变化的驱动作用包括对太阳辐射的高反射率、低热传导、大的热惯性，特别是它的变化（淡水注入和热交换）可以驱动深海环流，通过其形态改变影响大气环流。两极地区的冰盖储存着大量的水，其体积变化（冰盖增加和融化）是海平面变化的潜在源。两极地区也可以通过永冻土影响温室气体的平衡。冰冻圈的反照率为0.7～0.9，而陆地的平均反照率为0.3。卫星观测到的北半球月平均雪盖和海冰面积分布范围是在12月最大、8月最小。

雪盖和海冰面积的观测是冰冻圈观测的主要内容。1924年，苏联建立了目测海冰序列。目前美国设立了全球冰雪分析中心，公布每周及月平均南北半球海冰及雪盖面积，雪盖序列是从1966年开始，而海冰序列是从1974年开始。加拿大重建了20世纪以来的雪盖资料。20世纪70年代以来，利用航空和卫星遥感开展的冰冻圈观测，涵盖可见光、近红外、热红外、微波、激光、无线电和重力等技术，可以高效地获取大范围高分辨率的冰冻圈物理性质的几何、物质和能量等各类参数，结合实地观测和验证资料，有效地提高了对冰冻圈各类参数的精度。同时，野外观测中其他高水平的技术的应用，如钻探与坑探技术、探地雷达、高密度电法、瞬变电磁法、频率域电磁等方法提高了冰冻圈要素微观和宏观上的物理和化学特性观测效率和精度，各类自动观测（如自动气象站、涡动相关系统、自动摄影等）也极大地提高了冰冻圈物质和能量过程的观测效率和精度。近年来，在关注全球环境变化的政府间组织（Inter-governmental Organizations，IGOs）推动下，成立了冰冻圈主题组并推出了冰冻圈专题报告，从“地-空-天”一体化观测冰冻圈要素及其变化，目标是在全球范围创建冰冻圈观测框架，建立一个完整的、协同的、综合的冰冻圈观测体系，为冰

① Argo是“Array for Real-time Geostrophic Oceanography”的缩写，其中文含义为“地转海洋实时观测阵”。

冻圈科学的基础研究和业务服务提供所需要的完备、详细的冰冻圈资料和信息。上述全球一体化观测体系将会推进冰冻圈科学的迅猛发展。

海冰观测主要利用考察船、冰站和浮标的海冰现场观测技术，观测项目包括海冰范围、密集度、厚度、形态和类型等。

（1）船基海冰观测。破冰船作为移动的平台，有利于在冰区航行期间提供海冰观测平台，并有利于获得大范围的观测数据，同时保证一定的观测精度，是连接卫星遥感和海冰观测的桥梁。基于考察船的海冰观测主要体现为形态学参数的观测，如海冰密集度、厚度、融池覆盖率和冰脊分布等。主要的观测技术有根据观测规范的人工观测，基于电磁感应技术的海冰厚度观测以及基于图像识别的海冰形态观测等。

（2）冰基海冰观测。冰基海冰观测主要是建立冰站，实施海冰多要素观测。短期冰站观测侧重于冰芯样品的采集和物理结构的测定，长期冰站观测侧重于气-冰-海相互作用过程的观测。长期冰站观测项目包括中底层大气垂直结构、大气边界层结构、气-冰界面的辐射和湍流通量、积雪-海冰层的物质平衡、积雪海冰层的物理结构、冰底的短波辐射传输、冰底上层海洋层化和流场以及海冰的运动等。对应观测技术包括系留汽艇/全球定位系统（global positioning system，GPS）探空、气象梯度塔、EM31-ICE 型电磁感应仪、光谱通量仪、水下机器人等。

（3）冰基浮标观测。与浮冰站观测类似，属拉格朗日观测，有利于获得气-冰-海相互作用关键过程的观测数据。浮标属无人值守观测，从而大大降低了建立和维护浮冰站的人力和物力成本，因此被广泛应用到南、北极海冰观测中。冰基浮标观测参数包括大气边界层、积雪-海冰的物质平衡、海冰的运动和冰场变形、冰底湍流和短波辐射通量以及上层海洋的层化结构和海流等。海冰运动在 20 世纪一般通过 Argos 卫星定位，精度较差，在百米量级，2000 年以后的浮标一般采用 GPS 定位，定位精度在 10～20m。相对其他观测参数，海冰运动最易观测，因此历史观测数据也最为丰富。

海冰遥感主要是获得海冰范围、海冰类型（一年冰或多年冰，甚至更细的海冰类型）、海冰密集度、海冰厚度以及冰间水道大小分布等物理参数。海冰范围可以较容易地从无云可见光-红外辐射计（VIR）图像中直接确定。相同日照及冰面污化环境下，各类海冰因其结构及表面粗糙度不同，它们反射 0.4～1.1μm 尤其是 0.4～0.7μm 太阳辐射的能力将会出现差异。在 Landsat-TM 或 NOAA-AVHRR 相应波段图像上形成一定图像灰度，结合背景资料等辅助信息便可区分海冰类型并确定其图像灰度阈值。例如，国家海洋环境监测中心经多次航空与卫星彩色增强遥感影像对比分析，建立了辽东湾海区海冰类型的卫星影像解译标志，以便用 AVHRR 彩色增强图像及时判读该区海冰类型及其空间分布。

对积雪的观测主要是利用 VIR 遥感手段获取积雪范围，如利用 NOAA-AVHRR、GOES、EOS-MODIS 等数据开展的积雪制图。在区域积雪范围产品中，美国国家水文遥感中心（National Operational Hydrologic Remote Sensing Center，NOHRSC）利用静止卫星 GOES 和 NOAA-AVHRR 数据集，制作了美国和加拿大部分地区逐日的空间分辨率为 1km 积雪范围图；此后，利用归一化积雪指数（NDSI）识别方法研发了“SNOWMAP”自动提取 Landsat-TM 积雪范围图；自中分辨率成像光谱仪（moderate-resolution imaging spectroradiometer，MODIS）获得数据以来，美国国家航空航天局（National Aeronautics and

Space Administration，NASA）利用 MODIS 遥感资料制作全球范围的逐日的空间分辨率为 500m 的积雪产品 MOD10A1/MYD10A1。中国国家气象卫星中心利用 FY-2C 卫星每日多时相数据，生成覆盖我国范围内的逐日的空间分辨率为 0.5°×0.5°的积雪产品。在全球和大尺度区域，积雪范围计算方法较为成熟。但在局域小尺度，积雪范围提取方法还在不断发展与改进。在日本，研究人员创建了一个可见光和两个近红外波段反射率比值算法的积雪指数模型，并应用到 Landsat-5/TM 的积雪范围提取中，有效地提高了植被覆盖下积雪制图的精度。在中国，科研人员基于 MODIS 数据研发了一个积雪范围融合算法，通过调整 NDSI 的阈值改进对山区的积雪识别，并通过多源、多时空数据融合提供逐日无云积雪范围产品（秦大河，2017）。

1.5 岩石圈观测

全球气候系统的第四个组分是岩石圈。岩石圈在气候系统中最敏感和活跃的部分是陆面过程。陆面上的植被和土壤影响太阳能量转换，这些能量最终会传递给大气。加热大气的部分能量会以长波辐射的形式使地面增暖，一些热量用于水汽蒸发并进入大气中。由于土壤水汽的蒸发需要能量，湿的土壤对地表温度也有很大的影响。陆地表面的粗糙度会改变地表的风，影响大气边界层的动力特征和地气物质交换过程。陆面上各种土地中，草地和沙漠占了 50%，农田和人类用地占 10%～13%，森林占 23%～33%，冻土和湿地占 8%～12%。全球植被繁茂的区域主要在热带及季风区和北半球的中高纬度地带，它们与热带大气中的锋带和中纬度极锋带的位置一致。

过去土壤温度及湿度的观测资料很少。近年来已经有了比较系统的资料，近地面通量观测主要包括近地边界层大气温度、风、湿度、辐射、气压、降水量、蒸发量、土壤温度、土壤湿度、土壤热通量、地下水位、物质通量（水汽、碳通量）观测及热量、动量通量等要素观测，以此来获取不同代表性下垫面区域上空大气边界层的动力、热力结构，以及多圈层相互作用过程中各种能量收支、物质交换等的综合信息（《大气科学辞典》编委会，1994）。

近地面通量观测系统采集数据文件包括由数据采集器处理后，通过终端计算机处理软件直接存储到计算机硬盘中的数据文件。数据文件分为湍流观测、梯度观测和风能观测三大类。其中，湍流观测数据文件包括两类：一类是用来计算通量的高频原始数据（一般 10Hz），用于后期做各种数据运算和处理；另一类是数据采集器在线计算得到的通量，以及计算通量运算中所需要的各种统计量，还包括能量平衡中常规传感器的测量结果。梯度观测数据除满足《地面气象观测规范》的要求外，同时需满足用于近地面边界层能量收支平衡的分析处理要求。风能观测数据是利用通量观测系统而获取除梯度观测资料以外的风资料，它也可以作为梯度观测资料的补充。

下面对几种观测方法进行简要介绍：

直接测定方法又称箱式法，所用仪器为蒸发渗漏仪（Lysimeter，简称蒸渗仪），其观测原理为称重——前后两个时间观测的土柱质量差为这一观测时段该土柱含水量的损失。直接测定方法的优点为精度高，可以进行水分处理，进行不同科学目的的观测；缺点为自然代表性不够，应用范围相对较窄。

间接测定方法又称小气候法，主要包括波文比（Bowen ratio）方法和涡度相关方法。

（1）波文比方法。波文比指地表感热通量与潜热通量之比，它可以描述空气的稳定状况：波文比越大，空气越不稳定，波文比越小，空气稳定性越好。其原理为观测净辐射和波文比，并计算获得感热通量和潜热通量。其误差来源和改进方法为：①平流影响，风浪区长度应该在仪器安装高度的100倍以上；②空气稳定状况，适合中性层结和不稳定层结；③仪器测量误差，提高仪器测量精度，及时维护保养（胡隐樵，1990a，1990b）。

（2）涡度相关方法。其观测原理为将一个不断变化的量分解为两部分——平均值与脉动值，并对其进行观测。系统主要组成如下：①超声风速仪，10Hz 频谱空气运动及其速度的三维测量；②湿度仪，测量水汽密度；③CO_2气体分析仪，测量 CO_2 浓度（于贵瑞等，2018）。

对大尺度通量的观测通常使用大孔径闪烁仪，其原理为空气的折射指数与感热通量之间在理论上存在一个关系；空气折射指数用折射指数的结构参数 C_n^2 来描述其湍流强度；C_n^2 是一个与温度结构参数 C_T^2 相关的一个参数。大孔径闪烁仪由一个发射器和一个接收器组成，发射器发射某个波段的一个光束，这个光束的强度由于空气湍流“闪烁”而发生改变，通过接收器获取被改变的光强度。其特点为测定发射器与接收器之间线状区域平均感热通量，这是一种大尺度（一般可达 5km）的通量观测手段，然而对潜热通量的测定存在一定的问题。

对通量的分解测定通常使用同位素技术，其原理为：发生同位素分馏作用后的同位素含量与发生分馏作用前的同位素含量之比定义为分馏系数；某物质同位素的量等于该物质同位素比与该物质总量的乘积；蒸散通量等于蒸发通量与蒸腾通量之和，蒸散的同位素通量等于蒸发同位素通量与蒸腾同位素通量之和。

水汽同位素的观测方法主要有两种：①传统方法，在野外通过冷阱装置提取水汽样，将其带入实验室，用同位素质谱仪分析；②原位连续测定技术，即用可调谐激光吸收光谱（tunable diode laser absorption spectroscopy，TDLAS）技术，是一种在野外进行原位的连续实施测定分析水汽同位素的技术。

近年来，同位素观测技术又有了新的发展，即应用光腔衰荡光谱（cavity ring-down spectroscopy，CRDS）技术进行同位素分析。它是近年来发展起来的一种全新的激光吸收光谱技术，它将传统吸收光谱中对光强绝对值的测量转变为对光强衰减时间的测量，从而避免了光强波动对测量结果的影响。通过光脉冲在谐振腔中的多次反射，可获得极长的吸收程，大大提高了测量灵敏度。采用连续光源的连续波光腔衰荡光谱更具有极高的光谱分辨率和探测灵敏度。其特点为不需要参照标准样品，可连续进行现场测量，测量得到的是同位素比值 R（田勇志等，2012）。

1.6 生物圈观测

地球的生物圈包括海洋生物和陆地生物，其重要性在于生物能够直接转化和释放温室气体。通过光合作用，海洋和陆地植物，特别是森林能够把 CO_2 转化并将其储存为足够量的碳。于是，生物圈在碳循环过程和其他气体（如CH_4和N_2O）的循环过程中扮演了重要的角色。其他的有机挥发成分对大气化学有作用，同时也影响气溶胶的形成和气候变化。气候变化影响碳的储存和微量气体的交换，从而发生气候变化与微量气体浓度之间的反馈过程。气候对生物圈的作用会记录在化石、树轮、花粉中，使之成为过去气候变化的生物指标或气候代用指标。

在20世纪，地球大气圈和生物圈发生了很大的变化。自工业革命以来，随着人类社会人口剧增和城市化的发展，陆地表面发生了剧烈的变化，地球大气中CO_2体积分数从2.88×10^{-6}迅速增至3.68×10^{-6}（Conway et al.，1994；Keeling and Whorf，1994），大气CO_2浓度的长期持续增加主要是人类和自然源的CO_2排放率高于生物圈和海洋汇的CO_2吸收率所致，土地利用变化改变了地表反射率、波文比，从而改变了地球辐射平衡、叶面积指数、植物吸收碳的能力。大气碳和氧的分布显示陆地生物圈在CO_2增加量的年际变化中起着重要作用（Ciais et al.，1995）。大气CO_2浓度增高造成的全球变化主要有全球地表温度上升、极地冰川融化、海平面上升等，对这些问题的深刻理解都需要深入了解陆地表面的碳、水、能量同植物和生态系统的物理气候及生理功能等方面的相互作用关系，目前有许多研究大气圈-生物圈与CO_2交换量的技术和方法，其中基于微气象学理论的涡度相关技术因其可直接测定植被大气间的净CO_2和水汽通量，经过长期发展和改进已成为观测陆地生态系统CO_2和水汽净交换量的合理选择（Massman and Lee，2002）。

全球长期通量观测网络（FLUXNET）概念最早起源于1993年，由国际地圈-生物圈计划（International Geosphere-Biosphere Programme，IGBP）首次提出，国际科学委员会在1995年的意大利拉蒂勒（La Thuile）研讨会上对此概念进行正式讨论，在这次会议上，通量观测委员会讨论了进行长期通量观测的可能性以及存在的问题和缺陷。La Thuile研讨会后，全球通量观测塔的建立及区域性观测网的建立得到了快速发展，欧洲通量网（EuroFLUX）于1996年启动，美洲通量网（AmeriFLUX）在1996年开始孕育，随着欧洲和美洲区域通量网的成功建立及对地观测卫星（Earth Observation Satellite，EOS）的加入，1998年美国国家航空航天局决定成立全球规模的FLUXNET，将其作为检验EOS产品的一种方法（于贵瑞等，2018）。

在对全球碳和水循环关键过程的研究中，需要大尺度、长期、连续的陆地/海洋-大气之间CO_2、水和能量通量观测数据的支撑。20世纪末，美洲、欧洲和日本率先建立了各自的区域性观测研究网络，发起了FLUXNET的建设，目前，FLUXNET主要由AmeriFLUX、欧洲区域观测研究网（CarboEurope）、亚洲通量网（AsiaFLUX）、大洋洲通量网（OzFLUX）、加拿大通量网（FLUXNET-Canada）、韩国通量网（KoFLUX）和中国通量网（ChinaFLUX）7个区域性网络组成，正在开展洲尺度或地区尺度的长期通量观测研究，各个通量网络都强调采用多方法对土壤、植被和大气的各种要素以及生态系统碳循环与水循环关键过程进行综合观测，为开展陆地生态系统碳、水循环和能量传输过程的综合研究提供有效的数据集，同时也为资源、生态和环境科学领域的国际性合作提供工作条件和研究平台（Aubinet et al.，2000）。

FLUXNET作为全球微气象通量观测网络，其目的是致力于研究生物圈与大气圈的CO_2、水汽和能量交换通量特征。欧洲的一些发达国家、美国和日本等率先开展了陆地生

态系统 CO_2、水汽、热量通量的观测研究，并且相继开始启动 EuroFLUX、AmeriFLUX 和 AsiaFLUX 等，建立了各自国家水平的观测网络，先后自愿加盟到 FLUXNET 通量观测网络。FLUXNET 建立的主要目的是在分析各观测点由于气候、植被变化引起的碳收支差异和大的区域碳收支的空间变动过程中，交换各站观测点的通量观测方法和分析方法等信息，使各观测点的数据共享，构建世界规模的通量观测信息和数据交换平台（于贵瑞等，2018）。

1.7 全球气候观测系统

1990 年，瑞士日内瓦召开第二次世界气候大会，按照此次大会的建议，世界气象组织（World Meteorological Organization，WMO）、联合国教育、科学及文化组织的政府间海洋学委员会（Intergovernmental Oceanographic Commission，IOC）、国际科学联盟理事会（International Council of Scientific Unions，ICSU）[①]和联合国环境规划署（United Nations Environment Programme，UNEP）在 1992 年共同发起了“全球气候观测系统”（Global Climate Observation System，GCOS）计划。GCOS 计划的目的在于建立长期的气候观测业务系统，以保证能够获取涉及研究气候相关问题所必需的观测资料，并且保证所有用户都能够得到所需要的资料。GCOS 强调气候系统整体，包括物理、化学和生物特性以及大气、海洋、水文、冰雪和陆地过程。GCOS 计划致力于维护升级 GCOS 地面观测网（GSN）和 GCOS 高空观测网（GUAN）。前者是世界气象组织建立的世界天气监视网的一部分，大约拥有 1000 个基本地面观测站；后者拥有 150 个先进的高空观测站。二者构成了大气观测网络的基本组成部分。这些观测网络将有利于 GCOS 和各国气象水文部门的业务发展。对 GCOS 而言，观测网络的构建有利于将气候需求纳入气象服务的整体流程中。对国家气象水文部门来说，不断将地方观测站纳入全球气候观测网有助于构建区域气候基本观测网，这些网络将为气候变率和气候变化的观测提供更为精细的信息。

2015 年 10 月 26 日，全球气候观测系统（GCOS）秘书处发布了《全球气候观测系统现状报告》。这份期待已久的报告在 2015 年 11 月底召开的巴黎气候大会期间呈交给了《联合国气候变化框架公约》（United Nations Framework Convention on Climate Chage，UNFCCC）的缔约方。

全球气候观测系统由以下六个子系统构成。

（1）地面观测子系统由全球 10965 个地面观测台站组成，其中 1973 年我国提供了 207 个地面台站参加全球交换。地面台站大多数进行每小时观测（最少也要进行 3 小时观测），观测的气象要素主要有气压、气温、相对湿度、风向和风速。其中的 4000 多个台站组成了世界气象组织的 6 个区域基本天气观测站网，其中我国提供了 381 个地面站参加区域交换。区域交换台站的观测资料均通过全球电信系统进行实时交换，部分地面台站还是全球气候观测系统地面观测网的观测站。

（2）高空观测子系统是由 900 多个探空站组成，其中 1973 年我国提供了 89 个探空站参加全球交换。探空站通过负载于上升气球上的无线电探空仪进行地面至高空 30km 的气

① 1998 年，国际科学联盟理事会更名为国际科学理事会（International Council for Science，ICSU）。

温、气压、相对湿度、风向和风速的观测。有2/3以上的台站是在世界时0点和正午12点进行探空观测，有100多个台站每天进行一次探空观测。在北大西洋海区，有15艘船通过“自动化船载高空探测计划”（ASAP）来进行无线电探空。

（3）海洋观测子系统平台包括船舶、固定浮标、漂流浮标和固定平台。近些年来，环境卫星探测大大丰富了海洋信息资料的来源。船舶观测主要是由世界气象组织“自愿观测船计划”（VOSP）组织进行，观测的要素与岸基观测站的相同，包括海表面温度（SST）、浪高和波浪周期等。全球大约有7000只观测船，其中40%左右的船舶在任意指定时间都会在海上进行观测。漂流浮标业务计划管理着大约750个漂流浮标，这些浮标每天提供6000多份海表面温度和气压的报告。

（4）飞机观测子系统包括全球3000多架飞机，提供航线的气压、气温、风向和风速的报告。飞机气象数据中转系统（Automatic Meteorological Data and Reporting，AMDAR）提供飞机升降中规定层以及航线的高质量的温度和风观测资料。飞机观测资料的数据量在近些年来飞速增加，已由2000年的每天78000份报告增加到2002年的每天140000份报告。在缺少无线电探空资料的地区，飞机观测是高空资料的主要来源。

（5）卫星观测子系统：截至2018年，卫星环境监测网包括5颗极轨业务卫星、6颗静止业务卫星和几颗研发卫星。极轨、静止卫星通常装载有可见光和红外的图像遥感器，每个遥感器都可获取多个气象要素的资料。一些极轨气象卫星还装载可以提供无云量区的温度资料和湿度垂直资料的探测仪器。静止气象卫星还可以测量水汽和热带地区的风云资料。研发卫星是全球气候观测系统高空观测的最新成员，其使命是为气象业务和世界气象组织的科研计划提供有价值的资料。研发卫星提供的资料是气象业务卫星不经常观测的，这是当前的卫星业务系统一个重大的改进。

（6）全球气候观测系统其他平台观测：除了以上的常规气象资料观测平台，全球气候观测系统还包括太阳辐射观测、闪电定位仪、潮位仪（验潮仪）、风廓线仪和新一代天气雷达等非常规观测平台。风廓线仪和多普勒（Doppler）天气雷达都能够获得较高时空分辨率的探测资料，尤其是对低层大气的探测。作为综合观测网的一部分，风廓线仪有着巨大的可用潜力，尤其是可与球载仪探空同时进行探测。多普勒天气雷达主要用于对小尺度恶劣天气的探测，对风向、风速和降水量的测量尤为准确。全球观测系统的另一个重要任务是对观测资料进行质量评估。全球有许多资料处理中心。这些中心将不同要素的观测资料分别同最初数值的短期预报进行比较，如果存在较大差值，则该观测值为可疑数据，并将评估结果反馈给观测国以期获得修正（吴忠义，2005）。

1.8 中国气候观测系统

我国现有与气候系统观测有关的观测站网主要由四部分组成：大气观测子系统、海洋观测子系统、陆地观测子系统和空基观测子系统，目前由气象、海洋、水利、环保、农业、林业等部门和中国科学院组织及运行，种类较多，涉及大气、海洋、水文、冰雪、陆地生态等多个方面。我国自20世纪50年代起，与国际同步实施了世界天气监测计划，逐步建立了包含120个探空站的高空探测网。

1992年，国际上成立了GCOS联合科学技术委员会（JSTC），其作用主要是制定GCOS的整体概念和范畴，为GCOS提供科学技术指导。国家海洋局（现自然资源部）第二海洋研究所的苏纪兰院士和中国气象科学研究院周秀骥院士先后担任JSTC委员，并在我国积极推动与GCOS有关的工作。

近几年来，由于对气候变化重要性认识的不断上升，在《联合国气候变化框架公约》以及世界气象组织和联合国环境规划署联合支持的政府间气候变化专门委员会（Intergovernmental Panel on Climate Change，IPCC）的推动下，国际各方加紧了GCOS计划的制定。

2002年，中国召开了中国气候大会，会上通过了“中国气候观测系统计划”，并成立新一届“全球气候观测系统中国委员会”，在委员会的领导下成立了《中国气候观测系统实施方案》编写组，先后有30多个单位的80余名科学家和业务人员参与编写工作（张人禾，2006）。

中国气候观测系统以我国有关部门管理的与气候系统相关的大气、海洋、水文、生态、陆地、环境观测系统为基础，编写组历时数年设计了一个高效的、符合我国国情并与GCOS接轨的中国气候观测系统，并完成了《中国气候观测系统实施方案》。

中国气候观测系统分别选择我国具有不同生态特性的不同区域作为重点观测区域，分别是：①选择位于南方沿海、东部沿海、北方沿海与内陆盆地具有代表性的城市群落经济区作为人类活动对环境影响及其区域气候效应的重点观测区；②选择东北、黄淮海、长江中下游地区旱地、水浇地与水田不同类型农业生态区；③选择温带、亚热带森林生态区，陆地大气本底背景与三江源生态区作为气候变化对农业、草地、湿地、森林生态等影响重点观测区；④选择环渤海、海南岛、西沙群岛作为全球变化与区域海洋响应重点观测区；⑤选择高原荒漠、戈壁沙漠、冰川、草原作为典型陆面特征边界层结构与全球变化区域响应重点观测区。

中国气候观测系统的建设目标如下：

（1）充分利用与现有气候系统观测有关的多部门业务观测网，强化大气与海洋、陆地、生态、环境等相互作用的信息资源采集能力，努力发展气候环境变化研究及与气候系统模式所需的新的参数和信息有关的观测。

（2）增强我国与现有气候系统观测有关的业务观测网，建立气象、水文、农业、环境海洋、林业等多部门和科研院所业务观测网及其管理系统，通过集成，形成我国统一、规范的气候系统业务观测网工程体系。

（3）建立有效的气候系统观测体系观测质量评价和反馈机制，建立规范化的气候系统观测资料存储、处理规程，促进气候系统观测和信息资源的全面、多层次共享系统建立。

为达成此目标，急需解决的关键技术如下：

（1）为了和GCOS接轨，我国气候监测业务系统除需在主体上达到GCOS设计要求与标准，亦需增加我国社会经济持续发展过程中所必要的相关观测项目。例如，加强大气环境业务监测站网建设，建立大气成分监测业务系统（如气溶胶观测、温室气体观测和臭氧观测系统）等；如何设计具有区域代表性，尤其是指能恰当描述经济发达区域大气环境变化合理布局的监测站网观测计划。总体方案设计的科学依据及其综合探测技术原理等问题不可避免地成为气候观测系统工程建设的技术关键。

（2）综合观测系统的点面结合及各部门监测网技术之间优势互补，设计优化天基、空基与地基三维立体综合观测系统，建立设计合理卫星-地面综合观测系统是该计划的关键技术。

（3）设计大气（包括大气成分）、生态、冰雪、水文、土壤等多圈层综合观测网集约型数据综合处理平台，亦是另一重要的关键技术。

（4）依托目前各部门已有台站网，选择部分可描述不同下垫面代表性特征（陆-气、海-气、生态-大气、大气-冰川-水文、大气-环境过程）的监测站构成多圈层观测系统的优化布局亦是工程重要关键技术。增加西部高原、沙漠等气候系统观测基地，特别是加强西部无人区高空和地面观测，包括西藏荒漠、西北沙漠区、内蒙古草地的陆-气过程观测；并注意平流层高空探测，为空间天气影响研究奠定基础；建设一批以近海岛屿为基地的海-气过程气候系统监测网，特别是南海南部的西沙群岛、南沙群岛，东海和黄海海域岛屿站等均为该计划实施关键技术与观测系统建设的难点。

根据 GCOS 的需求，中国气候观测系统（CCOS）计划开展多部门联合观测系统建设的重点如下。

（1）加强陆地和海洋近地表参数、辐射参数、陆-气与海-气界面的相关通量和交换（如热和水汽）及高层大气观测；加强与大气能量平衡分量有关的要素（包括云、地面温度、湿度和风速及其随高度的变化）的观测。陆地近地表参数包括地表粗糙度、土壤湿度、地表反照率、蒸发量，海洋表面参数包括表面温度和盐度、海洋表层热力结构和近水面风速、海气通量及深水海洋的动力学和特征参数，辐射参数包括太阳辐射、射出长波辐射、净辐射等。

（2）加强区域大气成分的观测，主要包括水汽、CO_2、CH_4、N_2O、O_3及气溶胶等。

（3）加强水循环和碳循环观测，测量与生态特征相关的碳源和碳汇的参数、碳含量的时空分布、海陆间的碳分配及各种碳汇的作用，建立可靠的陆地生态碳计量方法。

（4）加强卫星的规范化连续观测，获取卫星观测有关信息：全球辐射特性、海洋特征、海-气边界特征、大气动力学特征、大气成分、陆-气边界特征、陆地生物圈特征。

（5）加强有关土壤、植被以及土地利用的观测，并对植被生产力以及影响未来土地利用方式的社会经济因素进行监测。开展有关冰川、冰盖和冻土变化的观测。

国家气候观象台定位为对气候系统多圈层及其相互作用进行长期、连续、立体观测的综合气象观测站；研究气候系统各圈层物质和能量交换、海陆气相互作用对天气气候和生态系统影响、不同下垫面对天气气候影响的科学研究平台；面向国内外、部门内外的开放合作平台；培养造就科技领军人才的人才培养平台。

国家气候观象台观测任务分为基本观测任务和拓展观测任务。基本观测任务包括地面基准气候观测、高空观测、近地层（海面）通量观测、基准辐射观测、地基遥感廓线观测、生态系统监测、大气成分观测 7 项，拓展观测任务包括冰川冻土积雪观测、海洋观测、生物圈观测、水文观测、气候资源观测 5 项（张人禾和徐祥德，2008）。

1.9 环境灾害与气候变化集成观测系统

环境灾害与气候变化受到自然因素和人类活动的共同影响。人类活动排放的大量污染气体和颗粒物，造成严重的环境污染，长时间积聚可引起气候变化及灾害。环境污染一般是短时、局域尺度，而气候变化是长时间、区域甚至全球尺度，如何将探测环境污染与气候变化结合起来，是涉及环境、大气和生态等多个学科的技术难题。这方面问题在我国西北干旱半干旱区显得更加特殊与复杂。西北地区是国家重要的能源、矿产资源、冶金、石化等重工业基地，人为污染排放量大，同时处在干旱半干旱区，降水稀少、沙尘暴频发、气候变率大、生态环境极其脆弱。受人类活动和气候变化的影响，环境污染与气候变化两类问题交织出现，这导致该地区环境污染突出、土地沙化荒漠化严重、生态环境持续恶化。气候变化与大气、水文、生态等多学科的各种物理、化学和生物过程密切相关，其变化规律和动力机制异常复杂，而人类活动造成的环境污染通过辐射传输、大气化学等过程影响气候变化，甚至引起气候灾害。因此如何弄清环境污染与气候灾害发生、发展过程有关的作用机理，进而有效开展环境治理和气候变化应对措施，是亟待解决的科学技术难题。

针对我国西北地区长期缺少环境灾害与气候变化先进探测手段和多种仪器的综合集成观测技术，兰州大学黄建平团队自 2005 年研发环境灾害与气候变化集成观测系统，着手将短时、局域的环境灾害与长时间、大范围的气候变化同时探测。首先建立了兰州大学半干旱气候与环境观测站（SACOL），研制了适用于野外恶劣条件的移动监测系统，建立了长期定点观测与移动监测相结合的综合观测平台，把造成环境灾害与气候变化不同时间和空间尺度的因子集成到同一系统进行探测，探明造成环境与气候灾害的主要原因，分辨人为和自然的影响。观测技术主要集成了激光探测、微波遥感、涡动相关、大气光谱分析等手段，可应用于环境污染、沙尘暴、人工增雨、辐射传输、物质循环等多个领域。填补了该领域的部分空白，积累了丰富的第一手综合观测资料，取得了一系列开创性成果，主要技术创新点如下：

（1）构建了我国西北地区第一个具有国际水准的观测站——兰州大学半干旱气候与环境观测站（SACOL），形成了一整套标准仪器的标定规范，开展了从地下、地面到高空的环境污染、沙尘暴、气象要素的立体化探测，建立了数据资料接收、传输、质量控制与综合处理标准体系，弥补了西北地区缺乏环境与气候长期连续观测资料的缺陷。建立西北地区不同时空尺度沙尘暴、环境污染、陆-气相互作用、能量辐射平衡、碳收支平衡（碳源/碳汇）、边界层结构综合数据库，为改进陆面过程地表参数化方案，提高区域沙尘暴预报业务模式精度提供了重要的基础支撑。利用这套高分辨率的可靠数据资料，沙尘暴预报的准确率得到明显提高，显著提升了陆面模式对我国半干旱区地表热量通量的模拟能力。

（2）自主研制了适用于野外恶劣条件下的环境灾害与气候变化集成观测系统，获 8 项发明专利。主要优势为适用性强、集成度高、方便运输、可跟踪监测环境灾害与气候变化。适用于高原和沙漠等野外恶劣环境，强沙尘和高温、高湿等特殊气象条件；系统设置异常监测报警，观测天窗装置自动闭合，保障仪器设备安全、正常运行。系统将不同大气环境和气象传感仪器集成在一起，开发同一套数据软件显示平台，运行期间观测结果可实时进行对比和相互验证，保证数据质量。这项技术达到国际先进、国内领先水平，成为国内环境和大气探测系统集成的典范。目前，已经在我国北方和青藏高原等地区开展了十余次国际国内联合大型野外观测试验。

（3）发展了激光探测与微波遥感融合技术。激光雷达探测分辨率高、快速，但不擅于长时间观测，而微波辐射计观测优势是长期稳定，但分辨率不够。将二者结合，取长补短，改进后激光雷达提高了长期稳定监测的能力，并且微波辐射计具备了监测大气垂直分布瞬时变化的功能，有力支撑了气象灾害、雾霾预警预报系统，填补了我国在高端微波辐射计技术领域的空白，总体技术指标达到国际先进水平，使我国此类设备不再依赖进口，目前已为国家节支设备进口费近 1 亿元；开发了一种可用于野外恶劣环境作业的具备高时空分辨率的三维扫描环境监测激光雷达，可准确高效地定位大气污染源并监测污染物传输途径，应用于我国多地污染防治工作，受到环保部门高度认可。上述技术成果获得专利 2 项，软件著作权 1 项，总体技术指标达到国际先进、国内领先，极大地推动了我国激光探测与微波遥感融合，提高了数据资料价值。

（4）集成了地表辐射、湍流通量、边界层风、温、湿廓线以及土壤、植被特性等多项监测指标，构建了涵盖我国北方不同下垫面类型的陆-气相互作用的长期连续综合监测体系；揭示了降水-土壤湿度影响半干旱区能量收支、水分循环和生态物质交换的机制，有效改善了陆面过程模式对地表热通量的模拟能力；提出了判别分离非平稳运动的方法，扩展了莫宁-奥布霍夫（Monin-Obukhov）相似理论在复杂地形上的应用；获得了半干旱区复杂地形条件下边界层湍流结构及空气污染物的变化特征，发现了受低空急流影响的“倒置”边界层，揭示了夜间瞬时降温损害农作物、污染浓度短时骤增超标等过程和机制。为环境与气候数值模拟和理论研究提供了基础，对深入理解陆-气物质交换、能量传递、稳定边界结构及污染物扩散、环境评价等具有重要的科学意义和应用价值。

（5）依托环境灾害与气候变化集成观测系统，从不同时空尺度阐明沙尘等主要大气污染物的传输规律及其环境气候效应。首次在我国西北地区实现激光雷达组网观测，发展了反演气溶胶光学特性关键因子的算法，显著提高数据反演精度和可靠性。不仅提出了一种激光雷达信号降噪方法，解决了信号中高频噪声的关键技术问题，还提出了一种识别人为沙尘和自然沙尘气溶胶的新方法，提供了传统环境气象探测数据产品中的沙尘识别新思路，降低了沙尘监测的误判率，提高了气象部门对沙尘等环境灾害的监测预报能力。为定量评估自然因素与人类活动影响、探明沙尘等主要大气颗粒物的传输机制提供了技术支撑（Huang et al.，2008）。

参考文献

《大气科学辞典》编委会. 1994. 大气科学辞典. 北京：气象出版社.

胡隐樵. 1990a. 论近地面层湍流通量观测的一些问题. 高原气象，9（1）：74-87.

胡隐樵. 1990b. 近地面层湍流通量观测误差的比较. 大气科学，14（2）：215-224.

梁捷. 2012. 海洋观测技术. 声学技术，31（1）：61-63.

刘文清，崔志成，刘建国，等. 2004. 大气痕量气体测量的光谱学和光化学技术. 量子电子学报，21（2）：202-210.

秦大河. 2017. 冰冻圈科学概论. 北京：科学出版社.

田勇志，刘建国，曾宗泳，等. 2012. 近地面层热通量和气体通量光学监测新方法研究. 光学学报，32（8）：

1-7.
吴忠义. 2005. 中国气候资料工作概况. 北京：气象出版社.
尹路，李延斌，马金钢. 2013. 海洋观测技术现状综述. 舰船电子工程，33（11）：4-13.
于贵瑞，孙晓敏，等. 2018. 陆地生态系统通量观测的原理与方法. 第2版. 北京：高等教育出版社.
张人禾. 2006. 气候观测系统及其相关的关键问题. 应用气象学报，17：705-710.
张人禾，徐祥德. 2008. 中国气候观测系统. 北京：气象出版社.
赵吉浩，高艳波，朱光文，等. 2008. 海洋观测技术进展. 海洋技术，27（4）：1-16.
朱光文. 1991. 我国海洋观测技术的现状、差距及其发展. 海洋技术，10（3）：1-22.
Aubinet M，Grelle A，Ibrom A，et al. 2000. Estimates of the annual net carbon and water exchange of forests：The EuroFLUX methodology. Advances in Ecological Research，30：113-175.
Ciais P，Tans P P，Trolier M，et al. 1995. A large northern hemisphere terrestrial CO_2 sink indicated by the $^{13}C/^{12}C$ ratio of atmospheric CO_2. Science，269（5227）：1098-1102.
Conway T J，Tans P P，Waterman L S. 1994. Atmospheric CO_2 records from sites in the NOAA/CMDL air sampling network//Boden T A，Kaiser D P，Sepanski R J，et al. Trends' 93：A Compendium of Data on Global Change. Oak Ridge：Oak Ridge National Laboratory.
Huang J，Zhang W，Zuo J，et al. 2008. An overview of the semi-arid climate and environment research observatory over the Loess Plateau. Advances in Atmospheric Sciences，25（6）：906-921.
Keeling C D，Whorf T P. 1994. Atmospheric CO_2 records from sites in the SIO air sampling network//Boden T A，Kaiser D P，Sepanski R J，et al. Trends' 93：A Compendium of Data on Global Change. Oak Ridge：Oak Ridge National Laboratory.
Massman W J，Lee X. 2002. Eddy covariance flux corrections and uncertainties in long-term studies of carbon and energy exchanges. Agricultral Forest Meteorology，113：121-144.

第 2 章

干旱气候的基本特征

2.1 引言

在全球气候变暖背景下，对干旱半干旱区气候变化的特点和规律以及干旱化形成机理的研究，有利于更好地了解干旱半干旱区气候未来的变化，同时也为全球以及区域可持续发展战略的选择和制定提供一定的科学理论依据。由于干旱半干旱气候变化的规律和动力机制的复杂性，目前还不能定量地区分自然变化和人类活动对干旱化的相对贡献，也就不能准确预测干旱半干旱区气候未来的变化趋势，特别是该区域气候对全球变暖的响应，这些都是亟待解决的科学问题。因此，我们需要对干旱半干旱区气候变化及其影响进行更全面和深入的研究和探讨。

随着近百年来仪器观测资料的发展，对全球干旱半干旱区气候变化有了整体的认识，特别是针对全球变暖对干旱半干旱气候变化的影响，专家学者们展开了大量的工作。Fu 等（2006）发现南北半球 30°纬度带附近对流层的快速增温将引起大气环流结构的变化，热带环流变宽以及对流层急流向两极移动，从而使得相应的副热带干旱区向两极扩展。Huang 等（2012）研究结果表明全球不同地区温度的增加趋势有所不同，其中，半干旱区的增温尤为显著。Hulme（1996）将年降水量和年潜在蒸发量的比值在 0.05～0.65 的区域定义为干旱半干旱区，指出所有干旱半干旱区近百年都在变暖，其增温趋势非常显著且速率大于全球平均。而降水的变化却没有一致的特征，全球持续变暖可能会加剧干旱区的干旱化。马柱国和符淙斌（2007）的研究指出在全球变暖的背景下，全球陆地大部分地区（除了北美大陆）以干旱化趋势为主，尤以非洲大陆的变干强度最为剧烈（其强度增加了 16%），温度升高可能是其干旱化趋势的重要原因。观测资料和模式模拟的研究结果都表明在更温暖的气候条件下，在易遭旱灾的地区，蒸发量的增加和降水量的减少可能会导致干旱事件持续更长的时间或变得更加严重（Dai，2013）。干旱半干旱气候变化存在较大非线性特征，当气候变化由于外部强迫或内部调整突破一定阈值时会发生气候突变现象，气候突变可能会导致极端干旱事件的发生，会对区域生态系统造成重大影响。学者对干旱半干旱气候变化的动力学机制进行了探讨和研究，大致可以归结为以下三种观点。

第一种观点强调大尺度背景的作用，即海-气相互作用。20 世纪 50 年代，Namias（1959）就发现北太平洋海面温度异常和大气环流异常对天气和气候的变化有重要的作用。近期更多的研究指出海面温度变化和全球以及区域气候的变化是密切相关的，数十年以来，在半干旱区出现的大范围干旱化趋势是受海-气相互作用的控制（Lau et al.，2004；Wang et al.，2014）。对利用长期海表温度驱动的大气数值模式的研究也揭示了海洋对萨赫勒地区半干旱区（Giannini et al.，2003）和热带以外的半干旱区的气候变化起主导性作用。热带海洋的增暖是历史上萨赫勒地区发生干旱事件的一个重要因素，目前萨赫勒地区处于恢复期也可以归因于大西洋的变化（Ting et al.，2009）。此外，热带太平洋的增暖会使夏季季风强度减弱，从而使得中国的东部地区变得更干（Li et al.，2010）。

第二种观点则认为陆地地表变化（包括土地利用和地表植被变化）与大气相互作用（简称陆-气相互作用）是半干旱地区干旱化的重要因素（Guan et al.，2009；Huang et al.，2008；

Wang et al.，2010）。Otterman（1974）最早指出萨赫勒地区的长期干旱的原因是人类过度放牧使得地表裸露，从而导致地表反照率增加，这开创了研究人类活动对气候和环境变化影响的新纪元。之后，Charney（1975）对此做出了动力学解释：裸露的地表反照率较大，减小了地表净辐射，使得蒸发和湿静能减少，从而造成更干更暖的环境条件。由人类活动（如农业耕种和工业活动）引起局域人为沙尘气溶胶的增加对半干旱区的干旱化起到非常重要的作用（Huang et al.，2016）。Huang 等（2006a，2010）首次明确提出沙尘气溶胶半直接效应的干旱化作用。Rotstayn 和 Lohmann（2002）也指出气溶胶产生的强迫（直接和间接效应）会改变中低纬度的大气环流和降水，同时人为气溶胶的间接效应对萨赫勒地区的干旱化趋势也起到了一定的积极作用。

第三种观点是人类活动可能会造成并加剧干旱化。全球温度的持续上升会加快陆地的水汽蒸发并导致水循环的加强，即湿润的地区会变得更湿润，干燥的地区会变得更干燥（Neelin et al.，2003；Seager et al.，2010）。

本书作者自 2005 年起在我国西北干旱半干旱区进行了深入细致的观测和理论研究，系统地探讨了全球干旱半干旱气候变化的时空特征，厘清了影响干旱半干旱气候变化的主要物理过程和反馈机制，主要包括：海-气相互作用、陆-气相互作用、沙尘-云-降水相互作用以及人类活动的影响等。本章主要从全球和区域尺度探究这些物理过程如何影响干旱半干旱气候变化以及水循环过程。下面首先介绍用于干旱半干旱气候变化研究的观测数据和方法。

2.2 观测数据与方法

2.2.1 观测数据

本章所用的月平均气温和降水资料来自美国气候预测中心（Climate Prediction Center，CPC）（http：//www.cpc.ncep.noaa.gov）提供的数据（Chen et al.，2002；Fan and Dool，2008），空间分辨率为 0.5°×0.5°，时间长度为 1948～2008 年。CPC 和美国国家环境预报中心（National Centers for Environmental Prediction，NCEP）开发的从 1948 年开始的全球逐月陆地气温资料，是利用全球历史气候网第二版本（Global Historical Climatology Network，version 2，GHCN-v2）的地面观测站点资料（Peterson and Vose，1997）和气候异常监测系统（Climate Anomaly Monitoring System，CAMS）（Ropelewski et al.，1985）两个数据集的结合（GHCN-v2+CAMS），可以随地面观测站实时更新。GHCN-v2 数据集共包括 7280 个站点，CAMS 包括 6158 个站点，GHCN-v2+CAMS 结合的数据集在全球范围内共有 10978 个不重复站点。资料的格点化采用了一些独特的插值方法，如异常内插方法（anomaly interpolation approach）和来源于基于观测的再分析资料随时空变化的气温递减率，用于地形调整。与已存在的观测得到的多个陆面地表气温数据集对比，结果表明，这个新的 GHCN-v2+CAMS 陆面地表气温资料的质量更高，并能很好地捕获在全球和局域范围内观测到的气候态和异常场的时空特征（Fan and Dool，2008）。

Chen 等（2002）创建了从 1948 年开始的完整的全球降水量资料，称为全球降水量重建（precipitation reconstruction，PREC），其中陆地部分重建称为 PREC/L，由地面观测资料的插值生成；海洋部分重建称为 PREC/O，由海洋上的历史观测资料通过经验正交函数（empirical orthogonal function，EOF）重建得到。陆地重建资料（PREC/L）来源于 GHCN-v2 和 CAMS 的约 17000 个地面观测站点资料。为了确定最合适的资料格点化的客观分析方法，我们比较了目前各种客观分析方法（Cressman，1959），发现 Gandin（1963）的最优插值（optimal interpolation，OI）法是目前最精确和最稳定的方法。因此，Chen 等（2002）采用最优插值法生成自 1948 年开始的全球逐月降水格点资料。

本章所用的太阳辐射、比湿和风速的数据来自全球陆面数据同化系统（Global Land Data Assimilation System，GLDAS）（Rodell et al.，2004），空间分辨率为 0.5°×0.5°，时间长度为 1948～2008 年。GLDAS 是由 NASA 戈达德空间飞行中心（Goddard Space Flight Center，GSFC）、美国国家海洋和大气管理局（National Oceanic and Atmospheric Administration，NOAA）和 NCEP 联合发展的全球陆面数据同化系统。GLDAS 是一个全球的具有高分辨率的离线陆面模拟系统，它融合了来自地面和卫星的观测数据，用来提供最优化的实时地表状态变量和通量（Rodell et al.，2004）。GLDAS 包含嵌套陆面模式（MOSAIC）（Koster and Suarez，1996）、多参数化陆面模式（NOAH）（Chen et al.，1996；Koren et al.，1999）和公用陆面模式（community land model，CLM）（Dai et al.，2003）3 个陆面模式（land surface models，LSMs）和可变下渗容量模型（variable infiltration capacity model，VIC 模型）（Liang et al.，1994）水文模式，提供了大量的陆面数据。这些高质量的全球陆面数据被广泛地应用于全球气候变化、生态环境、水资源和农业等方面的研究（程善俊等，2013）。

GLDAS 中太阳辐射的数据是基于 1983～2000 年两个全球辐射产品进行订正的（Sheffield et al.，2006）；风速和比湿的数据来自 NCEP/NCAR 的再分析资料（Kalnay et al.，1996），并将其格点化到 0.5°×0.5°的空间分辨率。为了确保 GLDAS 的风速和比湿与观测数据有相同的气候态，本章利用英国东安格利亚大学（University of East Anglia）的气候研究中心（Climatic Research Unit，CRU）得到的气候态（New et al.，1999），依据式（2.1）对 GLDAS 的风速和比湿进行调整（Feng and Fu，2013）。

$$[V_{\mathrm{adj}}]_{\mathrm{Y,M}} = [V]_{\mathrm{Y,M}} / [V_{\mathrm{CLIM}}]_{\mathrm{M}} \times [V_{\mathrm{CRU,CLIM}}]_{\mathrm{M}} \tag{2.1}$$

式中，V 为变量风速或比湿；$[V]_{\mathrm{Y,M}}$ 为 GLDAS 资料年和月的原始变量值；$[V_{\mathrm{adj}}]_{\mathrm{Y,M}}$ 为 GLDAS 资料年和月调整后的变量值；$[V_{\mathrm{CLIM}}]_{\mathrm{M}}$ 为 GLDAS 资料 1961～1990 年变量的平均值；$[V_{\mathrm{CRU,CLIM}}]_{\mathrm{M}}$ 为 CRU 资料 1961～1990 年变量的平均值。

在分析大气环流场特征时用到了 NCEP/NCAR 月平均的再分析资料，包括垂直分辨率为 17 层（1000hPa、925hPa、850hPa、700hPa、600hPa、500hPa、400hPa、300hPa、250hPa、200hPa、150hPa、100hPa、70hPa、50hPa、30hPa、20hPa 和 10hPa）的位势高度、经向风和纬向风分量，垂直分辨率为 8 层（1000～300hPa）的比湿，以及海平面气压资料，水平分辨率为 2.5°×2.5°，时间长度为 1948～2008 年。

地表覆盖（land cover）的空间分布反映了人类社会经济活动过程，决定着地表的水热和物质平衡，其变化会直接影响到生物地球化学循环，改变陆地-大气的水分、能量和碳循环，进一步引起气候的变化。卫星遥感数据是提供地表覆盖变化和土地利用等数据的主要信息来源。1999 年 12 月 18 日，美国发射了 EOS 系列的第一颗卫星 Terra（EOS-AM1），接着于 2002 年 5 月 4 日发射 EOS 观测计划中的第二颗卫星，命名为 Aqua（EOS_PM1）。搭载在 Terra 和 Aqua 卫星上的 MODIS 是 EOS 计划中用于观测全球生物和物理过程的重要仪器。它的光谱范围为 0.41～14.24μm，共有 36 个波段，依据波段不同，包括 250m、500m 和 1000m 三种较高的空间分辨率，每 1～2 天对地球表面完整观测一次，可以获取陆地和海洋温度、地表覆盖、云、气溶胶、水汽和火情等目标的图像。

MODIS 陆地三级数据（L3）土地覆盖类型产品（land cover type product）是根据一年的 Terra 和 Aqua 观测所得数据经过处理后得到的。MODIS 陆地研究小组推出了最新的年度土地覆盖分类产品 collection 5 MODIS land cover type product（MCD12Q1），将其空间分辨率提高到了 500m，时间长度为 2001～2011 年（Friedl et al.，2010）。将 MCD12Q1 的分片数据（tile）进行处理而得到空间分辨率较低的 MODIS Land Cover Climate Modeling Grid Product（MCD12C1）产品，是格点化数据，其空间分辨率为 0.05°×0.05°，时间长度为 2001～2011 年。本章采用的是 2011 年的 MCD12C1 数据。MCD12C1 产品采用了五种不同的土地覆盖分类方案（Friedl et al.，2010），同时采用 IGBP 的 17 类地表覆盖类型分类方案，包括 11 个自然植被类型，3 个土地利用和土地镶嵌类型以及 3 个非草木土地类型。从 1 到 17 分别代表常绿针叶林、常绿阔叶林、落叶针叶林、落叶阔叶林、混交林、郁闭灌丛、开放灌丛、多树热带草原、稀树热带草原、草原、永久湿地、农田、城市建筑、农田自然植被交错带、冰雪、荒地裸土和水体。

2.2.2 EEMD 分析方法

集合经验模态分解（ensemble empirical mode decomposition，EEMD）是一种一维数据分析方法（Ji et al.，2014），它能够反映气候数据的非线性以及非定常性。利用 EEMD 方法能够将气候变率分解为不同时间尺度的分量，包括年际、年代际变率等，从而得到全球陆地温度距平的长期趋势以及年代际振荡。本章使用 EEMD 方法的具体步骤根据 Ji 等（2014）提出的方法，具体如下。

（1）在原始序列 $x(t)$ 上增加一个原始数据 0.2 倍的标准差的白噪声序列。

（2）①令 $x_1(t)=x(t)$，并找到 $x_1(t)$ 序列的最大值和最小值，进一步找到分别对最大值和最小值进行三次样条拟合的上包络线 $e_u(t)$ 和下包络线 $e_l(t)$；②计算上、下包络线的平均值面 $m(t)=\frac{e_u(t)+e_l(t)}{2}$，判断 $m(t)$ 是否接近于零；③若 $m(t)$ 为零，那么停止筛选过程；否则，令 $x_1(t)=x(t)-m(t)$，并重复步骤①和②；④通过这种方法，便得到了第一个本征分量 $C_1(t)$［本征模态函数（intrinsic mode function，IMF）］。残差项 $R_1(t)$ 通过用 $x(t)$ 减去 $C_1(t)$ 得到。如果残差项依然包含振荡分量，继续重复步骤①～②，但用残差项作为新的 $x_1(t)$。至此，每个时间序列均可以分解成不同的本征分量，即

$$x(t)=\sum_{j=1}^{n}C_j(t)+R_n(t) \tag{2.2}$$

式中，$C_j(t)$ 为第 j 个本征分量；$R_n(t)$ 为数据 $x(t)$ 的残差。

（3）重复步骤（1）和步骤（2）的①～④，但是用不同的白噪声序列，然后使用所有

结果的集合平均值作为最终结果。

在本章中，白噪声序列的幅度为 0.2 倍原始数据的标准差，集合平均样本的个数为 400，本征分量的个数为 6。EEMD 的程序包可以从网址 http://rcada.ncu.edu.tw/research1.html 下载（Wang et al.，2014）。

图 2.1 为利用 EEMD 方法对全球气温的年平均时间序列进行分解后的结果。其中分量 1～6 的尺度逐渐变长。分量 1 主要为年际变率，分量 2 为年际至年代以下变率，分量 3～5 均为年代际变率，分量 6 为长期趋势。可见，EEMD 能有效分离不同尺度的变率，无论是对年际、年代际，还是对百年尺度的长期趋势研究均非常合适。

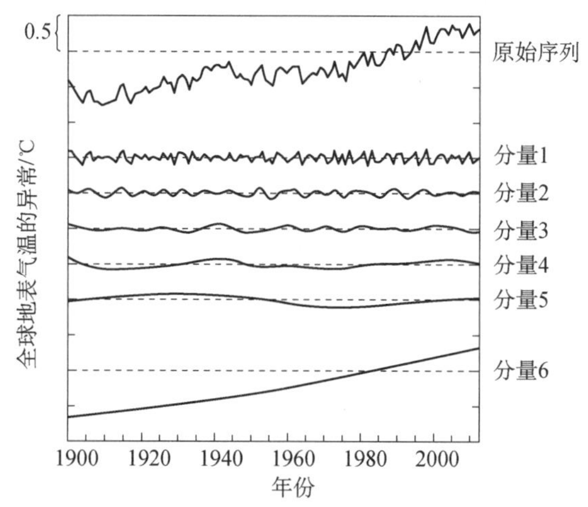

图 2.1　全球气温年平均时间序列的集合经验模态分解（Ji et al.，2014）

分量 1～6 分别为不同时间尺度的序列，其总和即为原始序列。所用数据为 GISS 温度资料

2.2.3　区域平均的气象要素时间序列计算

格点纬度不同会使其网格面积也有所不同，因此，在计算气象要素区域平均值时需要考虑面积的权重，利用网格面积大小求得各格点气象要素加权平均值，从而得到气象要素区域平均值随时间的变化序列，其计算公式如下：

$$\overline{y_k}=\frac{\sum_{i=1}^{N} w_i y_{k_i}}{\sum_{i=1}^{N} w_i} \tag{2.3}$$

式中，$\overline{y_k}$ 为第 k 年气象要素（如气温、降水等）区域平均值；N 为区域内格点的个数；y_{k_i} 为第 k 年第 i 个格点气象要素的值；w_i 为第 i 个格点的权重系数，$w_i=\cos\left(\theta_i\frac{\pi}{180}\right)$；$\theta_i$ 为第 i 个格点的纬度。

2.2.4　线性趋势分析

x_i 为气象要素的时间序列（i=1，2，3，…，n），n 为样本容量（即年数），t_i 为 x_i 所对应的时间，x_i 与 t_i 的一元线性回归方程如下：

$$x_i = at_i + b \tag{2.4}$$

式中，a 为气象要素和时间的线性回归系数，即气象要素变化的速率；b 为气象要素线性回归的截距。a 可以利用最小二乘法估计得到，其计算公式为

$$a = \frac{\sum_{i=1}^{n} x_i t_i - \frac{1}{n}(\sum_{i=1}^{n} x_i)(\sum_{i=1}^{n} t_i)}{\sum_{i=1}^{n} t_i^2 - \frac{1}{n}(\sum_{i=1}^{n} t_i)^2} \tag{2.5}$$

式中，a 为气象要素 x 的倾向趋势。若 $a<0$，表示气象要素在计算时间内有下降趋势；若 $a>0$，表示气象要素在计算时间内有上升趋势。通常将（$a\times10$）称为气候倾向率，单位为气象要素单位/10a（如对降水而言，单位为 mm/10a），其绝对值的大小可以表征变化趋势（上升或下降）的程度。

2.2.5 Mann-Kendall 法

Mann-Kendall法（简称为M-K法）是非参数检验法，最初由Mann于1945年提出（Mann，1945；Kendall，1975），后被广泛地应用于检测要素（如气温、降水、径流等）时间序列的变化趋势（Zhang et al.，2009）。M-K 法不要求样本遵从特定的分布形式，而且不会受到其他异常值的干扰，计算简便，对气象、水文等非正态分布的数据，这种非参数检验法更为适用（Yue et al.，2002）。M-K 法假设时间序列（x_1，…，x_n）是平稳的，样本是随机独立的，n 是样本量。对于所有 j，$k \leqslant n$，且 $j\neq k$，x_k 和 x_j 分布不同，统计变量 s 的计算公式如下：

$$s = \sum_{k=1}^{n-1} \sum_{j=k+1}^{n} \mathrm{Sign}(x_j - x_k) \tag{2.6}$$

式中，Sign 为符号函数（signum function），公式为

$$\mathrm{Sign}(x_j - x_k) = \begin{cases} 1, & (x_j - x_k) > 0 \\ 0, & (x_j - x_k) = 0 \\ -1, & (x_j - x_k) < 0 \end{cases} \tag{2.7}$$

方差 $\mathrm{Var}(s) = n(n-1)(2n+5)/18$。当 $n>10$ 时，计算 M-K 统计检验值 z 的公式如下：

$$z = \begin{cases} \frac{s+1}{\sqrt{\mathrm{Var}(s)}}, & s > 0 \\ 0, & s = 0 \\ \frac{s-1}{\sqrt{\mathrm{Var}(s)}}, & s < 0 \end{cases} \tag{2.8}$$

当检验值 z 为正值时是增加趋势，反之，z 为负值则是减小趋势。检验值的绝对值大于 1.96 时，变化趋势通过了置信度 95%的显著性水平检验，表明该时间序列存在显著的变化趋势。

2.3　气候分类及全球分布特征

2.3.1　柯本-盖格尔（Köppen-Geiger）气候分类法与全球干旱半干旱区的气候类型

德国科学家柯本（Wladimir Köppen）（1846—1940）在 1900 年提出了第一个对全球气候定量化的划分方法，后来盖格尔（Rudolf Geiger）（1894—1981）在 1954 年对其进行了更新，所以，它常被称为 Köppen-Geiger 气候分类法（Kottek et al.，2006）。后来很多学者对此方法进行了改进或提出了新的分类方法，但 Köppen-Geiger 气候分类法依然是应用最多、最广泛的气候分类方法。随着 Köppen-Geiger 气候分类法在气候学以及自然地理、水文、农业和生物等众多领域研究中的广泛应用，一个更新的全球气候分类数字地图就显得尤为重要。Kottek 等（2006）利用东安格利亚大学气候研究中心的温度观测资料（CRU TS 2.1）和全球降水气候学中心（Global Precipitation Climatology Centre，GPCC）提供的降水观测资料（VASClimO v1.1，http://gpcc.dwd.de）对 Köppen-Geiger 气候分类法世界地图进行了更新。本章采用的是 Kottek 等（2006）更新的 Köppen-Geiger 气候分类法世界地图（图 2.2），其温度（CRU TS 2.1）和降水量（VASClimO v1.1）数据均为月平均观测数据，空间分辨率为 0.5°×0.5°，选取了 1951～2000 年的数据。数据和地图可以在线下载①。

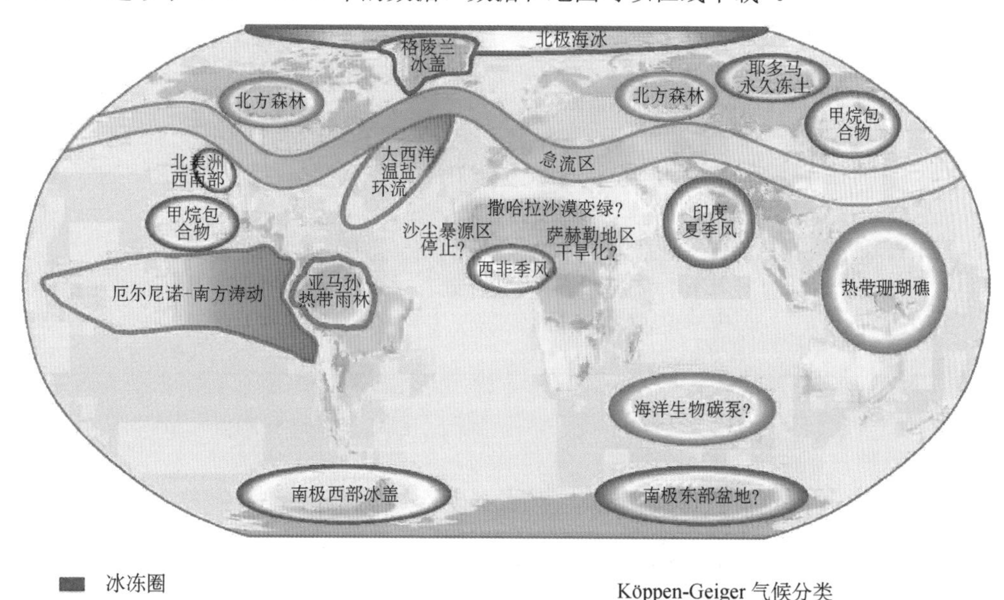

图 2.2　利用 1951～2000 年月平均气温（CRU TS 2.1）和降水量（VASClimO v1.1）观测资料所得到的 Köppen-Geiger 气候分类法世界地图

Ar，热带雨林气候；Am，热带季风气候；Aw，热带冬天旱季气候；As，热带夏天旱季气候；BS，干旱型草原气候；BW，干旱型沙漠气候；Cr，暖温带常湿润气候；Cs，暖温带夏天旱季气候；Cw，暖温带冬天旱季气候；Do，温带海洋性气候；Dc，温带大陆性气候；Eo，亚北极海洋性气候；Ec，亚北极大陆性气候；FT，极地苔原气候；FI，极地冰原气候。空间分辨率为 0.5°×0.5°（引自 http://koeppen-geiger.vu-wien.ac.at/present.htm）

① http://koeppen-geiger.vu-wien.ac.at/present.htm。

Köppen-Geiger 气候分类法首先把全球气候分为五个主要气候带（A，B，C，D，E），然后在各带中又以气温和降水量为基础，考虑年度与每月的气温以及降水量的季节性变化，并参考自然植被的分布进行更进一步的划分。Köppen-Geiger 气候分类法将全球气候类型共划分为 31 类，用三个字母表示，每个字母都代表气候的某个特征。第一个字母代表总体的气候带，第二个和第三个字母分别代表降水量和气温，其详情及划分标准见表 2.1。全球陆地上占主导的气候带是干旱带(B)，占全球陆地总面积的 30.2%，其次是冷温带(D，24.6%)、赤道带（A，19.0%）、暖温带（C，13.4%）和极地带（E，12.8%）。在全球所有气候类型中，炎热干旱型沙漠气候，又称热带沙漠气候（BWh）最常见，占全球陆地面积的 14.2%（Peel et al.，2007）。

表 2.1　Köppen-Geiger 气候分类法所划分的气候类型中字符所代表的气候特征以及定义的标准

一级	二级	三级	描述	条件
A			赤道带	$T_{min} \geq 18℃$
	f		-雨林	$P_{min} \geq 60mm$
	m		-季风	$P_{min}<60mm$ 和 $P_{min} \geq 100-0.04P_{ann}$
	s		-夏天旱季	$P_{min}<100-0.04P_{ann}$ 和 $P_{min}<60mm$
	w		-冬天旱季	$P_{min}<100-0.04P_{ann}$ 和 $P_{min}<60mm$
B			干旱带	$P_{ann}<10P_{threshold}$
	W		-沙漠	$P_{ann} \leq 5P_{threshold}$
	S		-草原	$P_{ann}>5P_{threshold}$
		h	-炎热	$T_{ann} \geq 18℃$
		k	-寒冷	$T_{ann}<18℃$
C			暖温带	$-3℃<T_{min}<18℃$
	s		-夏天旱季	$P_{smin}<40mm$ 和 $P_{smin}<P_{wmax}/3$
	w		-冬天旱季	$P_{wmin}<P_{smax}/10$
	f		-常湿润	既不是 Cs 也不是 Cw
		a	-夏季炎热	$T_{max} \geq 18℃$
		b	-夏季温暖	不是（a）和 $T_{mon10} \geq 4$
		c	-夏季凉快	不是（a 或 b）和 $T_{min}>-38℃$
D			冷温带	$T_{max}>10℃$ 和 $T_{min} \leq 0℃$
	s		-夏天旱季	$P_{smin}<40mm$ 和 $P_{smin}<P_{wmax}/3$
	w		-冬天旱季	$P_{wmin}<P_{smax}/10$
	f		-常湿润	既不是 Cs 也不是 Cw
		a	-夏季炎热	$T_{max} \geq 18$
		b	-夏季温暖	不是（a）和 $T_{mon10} \geq 4$
		c	-夏季凉快	不是（a 或 b）和 $T_{min}>-38℃$
		d	-显著大陆型	类似（c）但 $T_{min} \leq -38℃$
E			极地带	$T_{max}<10℃$
	T		-苔原	$0℃ \leq T_{max}<10℃$
	F		-冰原	$T_{max}<0℃$

资料来源：Kottek et al.，2006。

注：T_{ann} 为年平均气温；T_{min} 为最冷月份的月平均气温；T_{max} 为最暖月份的月平均气温；T_{mon10} 为平均温度在 10℃以上的月份数；P_{ann} 为年平均降水量；P_{min} 为最干月份的降水量；P_{smin}、P_{smax}、P_{wmin}、P_{wmax} 分别为夏半年最干月份和最多雨月份与冬半年最干月份和最多雨月份的降水量，夏半年和冬半年分别指 4～9 月和 10 月～次年 3 月；$P_{threshold}$ 为干燥阈值，如果 70%以上的降水发生在冬季，$P_{threshold}=2T_{ann}$，如果 70%以上的降水发生在夏季，$P_{threshold}=2T_{ann}+28$，否则，$P_{threshold}=2T_{ann}+14$。

本章主要关注干旱型气候带，依据降水量可以划分为干旱型沙漠气候（用 BW 表示）和干旱型草原气候（用 BS 表示）。干旱型沙漠气候（BW）根据气温可进一步划分为炎热型（BWh，又称暖干型沙漠气候，或热带沙漠气候）和寒冷型（BWk，又称冷干型沙漠气候，或温带沙漠气候），这种气候类型全年少雨。干旱型草原气候（BS）可以进一步划分为炎热型（BSh，又称暖干型草原气候，或热带草原气候）和寒冷型（BSk，又称冷干型草原气候，或温带草原气候）两种。这种气候全年相对少雨，但是多于干旱型沙漠气候。

图 2.3 是根据 Köppen-Geiger 气候分类法所划分的全球干旱半干旱区的分布图。由图可知，干旱半干旱区的气候类型包括热带沙漠气候（BWh）、温带沙漠气候（BWk）、热带草原气候（BSh）和温带草原气候（BSk）。其中，热带沙漠气候占主导地位，分布在非洲北部、阿拉伯半岛、伊朗、巴基斯坦和阿富汗的南部、非洲南部的纳米比亚和南非以及非洲之角的索马里的部分地区、澳大利亚大部分地区以及美洲的部分地区。温带沙漠气候分布在中亚、蒙古国、中国西北和美国西南部的小部分地区。热带草原气候主要出现在亚热带沙漠的边缘地区，如撒哈拉沙漠以南一线、非洲南部、印度西部、澳大利亚中部沙漠以外的大部分区域以及美洲部分地区。温带草原气候分布在中亚和东亚、美国西部、阿根廷、非洲南部和澳大利亚南部边缘一带。与全球干旱半干旱区的分布[图 2.4（a）]对比，可以看出极端干旱区和干旱区主要是干旱型沙漠气候，即热带沙漠气候和温带沙漠气候。半干旱区主要是干旱型草原气候，即热带草原气候和温带草原气候。同时可以看出，以 Köppen-Geiger 气候分类法划分的干旱带（B）定义的干旱半干旱区范围要小于干旱指数（aridity index，AI）定义的范围，说明干旱带并不能代表整个干旱半干旱区，有部分地区是属于其他气候类型。如地中海附近的半干旱区[图 2.4（a）]则是 Köppen-Geiger 气候分类法划分的暖温带（C）中的地中海气候（Cs）；哈萨克斯坦和蒙古国北部的半干旱区为冷温带（D）中的常湿冷温气候（Cf），而非干旱气候。

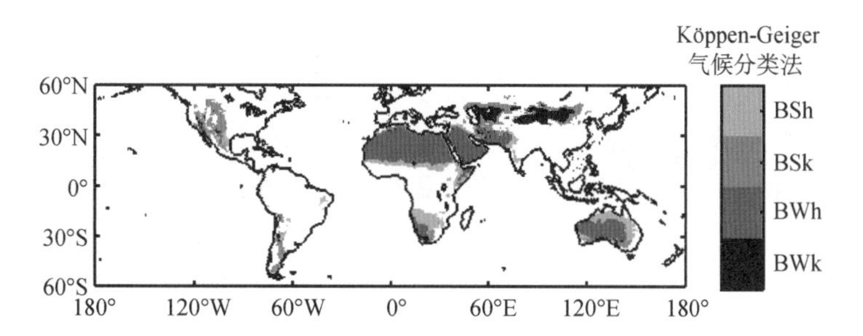

图 2.3　Köppen-Geiger 气候分类法所划分的干旱半干旱区的分布（Li et al.，2015）

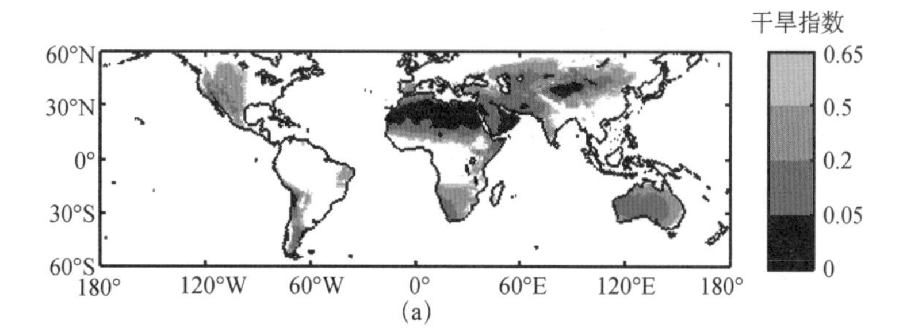

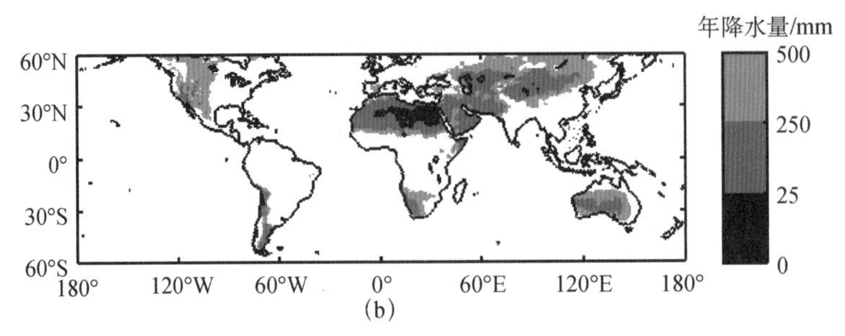

图 2.4 根据 1961～1990 年气候态干旱指数（a）和年降水量（b）划分的干旱半干旱区的全球分布（Li et al.，2015）

2.3.2 干旱指数划分方法和分布

近年来，气候分类最常用的方法是干旱指数分类法。常用的干旱指数可以分为三类（卫捷和马柱国，2003）。

（1）单因子指数，即以单个气象要素值或其距平值的大小作为衡量干旱的标准，包括降水量距平、降水量距平百分率、历史干旱分级描述指标等。这类指数的优点是简单易行；缺点是不够全面和完善，因为干旱是非常复杂的现象，受到很多因素的影响，所以，不能把它简单地归为某一个要素的影响。

（2）简单多因子综合指数，一般考虑两个或多个要素，以它们之间的差值、比值或组合值来做衡量标准。例如，降水量-蒸发量、降水量/蒸发量和作物需水量/降水量等。这类指数的优点是所用的要素值通常来自常规的观测资料，方便查找和获得；缺点是有较强的针对性和使用范围，普适性差。

（3）复杂综合指数，如帕尔默干旱指数（Palmer drought severity index，PDSI）、地表含水量指数（surface water content index，SWCI）、干旱指数（AI）等。这类指数通常要考虑水分平衡过程或热量平衡过程，在资料处理和计算上都较为复杂。

本章采用 AI 反映气候干旱程度的指标，它定义为年降水量（P）和年潜在蒸发（potential evapotranspiration，PET）量的比值。Thornthwaite（1948）在气候划分方法中首先提出了潜在蒸散发，也常被简称为潜在蒸发，他指出实际蒸散发的水量和能够蒸散发的水量这两者是有区别的，如在沙漠中进行灌溉，水分供给增加了，蒸散发量也会增加到与气候条件相关的一个极大值，这个极值则被称为“潜在蒸散发”。PET 表征的是大气的蒸发“需求”，是在给定的气候条件下，从湿润的有植被覆盖的地表得到的蒸散发量的最大值。它被广泛地应用于气候干湿状况分析、农作物需水量和生产潜力的计算、水资源利用评估和管理，以及生态环境变化等研究中（马柱国和符淙斌，2005；马柱国等，2005）。

用于计算 PET 的方法很多，但是这些方法都存在不同程度的局限性，很难在全球范围内普遍应用，只能根据当地的具体条件分析选用。其中，应用最广泛的是 Thornthwaite（1948）的方法和 Penman-Monteith 公式。Thornthwaite 的方法利用气温计算潜在蒸发，计算简单，又能在一定程度上反映气温变化对蒸发的影响，在北美得到了广泛的应用，联合国教育、科学及文化组织划分世界干旱与半干旱区气候时也曾采用过该方法（Meigs，1953）。但是

Thornthwaite 方法是在美国东部具有充足土壤水分的流域推算出的气温与潜在蒸发量之间的统计关系，因此，具有一定的局限性。Jensen 等（1990）比较了在不同气候条件下计算 PET 的一些主要方法，研究发现不论是在干旱区、半干旱区或湿润区，Penman-Monteith 公式对 PET 的计算都是比较准确的。联合国粮食及农业组织（Food and Agriculture Organization of the United Nations，FAO）专家组成员将这种方法推荐为计算 PET 的标准方法。

Penman-Monteith 公式：

$$\lambda \mathrm{ET}=\frac{\Delta(R_{\mathrm{n}}-G)+\rho_{\mathrm{a}}c_{\mathrm{p}}\dfrac{(e_{\mathrm{s}}-e_{\mathrm{a}})}{r_{\mathrm{a}}}}{\Delta+\gamma\left(1+\dfrac{r_{\mathrm{s}}}{r_{\mathrm{a}}}\right)} \tag{2.9}$$

式中，λET 为潜热通量，MJ/(cm^2·d)，代表从能量平衡方程中导出的蒸散发量的部分；Δ 为饱和水汽压-温度曲线斜率；R_{n} 为净辐射通量，MJ/(cm^2·d)；G 为土壤热通量，MJ/(cm^2·d)；ρ_{a} 为空气密度，kg/m^3；c_{p} 为空气定压比热容，J/(kg·K)；e_{s} 为饱和水汽压，kPa；e_{a} 为空气的水汽压，kPa；γ 为干湿表常数，kPa/℃；r_{s} 为表面阻力，s/m；r_{a} 为空气动力学阻力，s/m。

为了使计算公式统一化、标准化，FAO 给出了参照作物蒸散发量（$\mathrm{ET_0}$），假定参照作物的高度为 0.12m，固定表面阻力为 70s/m，反照率为 0.23；参照地表非常类似于广阔的绿色草地，其高度一致、生长旺盛、完全遮蔽地面并且有充足的水分。依据上述假设以及各参数的设定，式（2.9）可改写为

$$\mathrm{ET}_0=\frac{0.408\Delta(R_{\mathrm{n}}-G)+\gamma\dfrac{900}{T+273}u_2(e_{\mathrm{s}}-e_{\mathrm{a}})}{\Delta+\gamma(1+0.34u_2)} \tag{2.10}$$

式中，$\mathrm{ET_0}$ 为参照作物蒸散发量，mm/d；Δ 为饱和水汽压-温度曲线斜率；R_{n} 为作物表面的净辐射通量，MJ/(m^2·d)；G 为土壤热通量，MJ/(m^2·d)；γ为干湿表常数，kPa/℃；T 为 2m 高度日平均气温，℃；u_2 为 2m 高度风速，m/s；e_{s} 为饱和水汽压，kPa；e_{a} 为空气的水汽压，kPa。Penman-Monteith 公式由两项组成，第一项为潜在蒸发的辐射项；第二项为潜在蒸发的空气动力项。

本章中所用的 PET 是依据 FAO 推荐的 Penman-Monteith 公式计算得到的，它综合考虑了气温、湿度、风速和太阳辐射等气象因子的影响，比其他仅考虑气温影响的计算方法更优越，同时也具有更为明确的物理意义，能够更加客观真实地反映实际气候的干湿状况，因此，这个公式得到了广泛的应用，并取得了很好的结果（Feng and Fu，2013）。

依据 UNEP 的划分标准，将年降水量与年潜在蒸发量的比值小于 0.65 的区域定义为干旱半干旱区，并将其进一步划分为极端干旱区（AI<0.05），干旱区（0.05≤AI<0.2），半干旱区（0.2≤AI<0.5）和湿润偏干区（0.5≤AI<0.65）四种类型（Hulme，1996；Mortimore，2009）。

图 2.4 是依据 1961～1990 年干旱指数[图 2.4（a）]和年降水量的平均值[图 2.4（b）]

划分的全球干旱半干旱区的空间分布图。由图 2.4（a）可以看出，由干旱指数定义的干旱半干旱区主要分布在中低纬度地区，这与UNEP所做的干旱地图结果是相匹配的（Middleton and Thomas，1997）。其中，极端干旱区主要分布在北非的撒哈拉沙漠、阿拉伯半岛东南部的鲁卜哈利沙漠和西北部的阿拉伯高原以及中国西北部的塔克拉玛干沙漠，其面积为 1.1×10^7km^2。干旱区主要分布在撒哈拉沙漠的南部、非洲之角、非洲西南部的纳米布沙漠、阿拉伯半岛的西部、中亚、中国北方的部分地区、蒙古国的南部、澳大利亚的大部分地区、美国西南部和阿根廷南部地区，其面积为 1.9×10^7km^2。半干旱区和湿润偏干区分布在美国的中西部、墨西哥的大部分地区、南美洲的西海岸和东北角、非洲南部、哈萨克斯坦和蒙古国北部、印度西部及中国北方的部分地区和澳大利亚中部沙漠以外的大部分地区。半干旱区的总面积为 2.2×10^7km^2，湿润偏干区的面积为 0.9×10^7km^2。所以，全球总的干旱半干旱区面积为 6.1×10^7km^2，占全球陆地面积的 41%。在这 4 种类型中，半干旱区的面积最大，约占整个干旱半干旱区的 1/3。

依据年降水量，Thomas（2011）将年降水量（P）小于 500mm 的区域定义为干旱半干旱区，并进一步划分为 3 种类型：P<25mm 为极端干旱区，25mm≤P<250mm 为干旱区，250mm≤P<500mm 为半干旱区。与图 2.4（a）对比，可以看出在南半球（南美洲、非洲南部和澳大利亚）以年降水量定义的干旱半干旱区［图 2.4（b）］的范围比以干旱指数定义的范围要小。在非洲北部，以年降水量划分的极端干旱区也远小于以干旱指数划分的极端干旱区。然而在北半球的北美和亚洲地区，以年降水量定义的干旱半干旱区的范围要大于以干旱指数定义的范围，如在 50°N～60°N 的加拿大南部和西伯利亚地区，依据年降水量的划分标准，被划分为干旱半干旱区，而以干旱指数的划分标准，则被划分为湿润区。

干旱（aridity）是指大气的干燥度，本质上是某一区域平均气候条件下的一种气候现象。干湿状况不仅取决于降水量，还受到蒸散量的影响。降水是水分的主要来源，而潜在蒸发则表征大气的蒸发“需求”，是在给定气候条件下，水分最大可能的支出。因此，仅以降水量这一单一气象要素来划分气候区域是不够的（Safriel and Adeel，2005）。例如，50°N～60°N 的西伯利亚地区，其年均降水量小于 500mm，依据降水量的标准被划为干旱半干旱区，然而，该地区主要被森林覆盖，气候较为湿润。此外在澳大利亚，虽然通常以 250mm 降水量为界，将降水量小于 250mm 的区域划分为干旱区，但是澳大利亚的西北部明显是干旱的，即便其降水量超过了 500mm。因此，只以降水量这一个单一气象要素来划分气候区是不够准确的，以干旱指数来划分干旱半干旱区会更加合理和可靠。

2.3.3 全球干旱半干旱区的地表植被类型

植被和气候是紧密联系在一起的，二者之间有着非常复杂的相互作用和反馈机制，其中涉及了大量的物理过程，如全球能量、质量和水分平衡等。同时，在不同的区域，气候对植被的影响也会有所不同。

植被可以被划分为一系列的生物群落，这里的生物群落是指有特有生命形式的各种植物的集合体。干旱半干旱区的生物群落主要包括热带稀树草原、草原和沙漠（Safriel and

Adeel，2005）。对生物群落的划分方法有很多种，本章利用 MODIS L3 土地覆盖类型产品（MCD12C1），采用的是 IGBP 的 17 类地表覆盖类型分类方案（Friedl et al.，2010）。

图 2.5 给出了全球干旱半干旱区地表植被类型的分布。干旱半干旱区主要的地表覆盖类型是荒地裸土（barrens）、草原（grasslands）、灌丛（shrublands）和热带草原（savannas），它们分别占整个干旱半干旱区面积的 30.8%、22.9%、20.9%和 10.6%。在图 2.5（a）中，将 IGBP 的 17 类地表覆盖类型中的热带稀树草原和热带多树草原合并，并统称为热带草原。同时，将开放灌丛（open shrublands，OSchrub）和郁闭灌丛（closed shrublands，CSchrub）合并统称为灌丛，但以开放灌丛为主，郁闭灌丛出现得极少，其面积仅占整个干旱半干旱区面积的 0.3%。

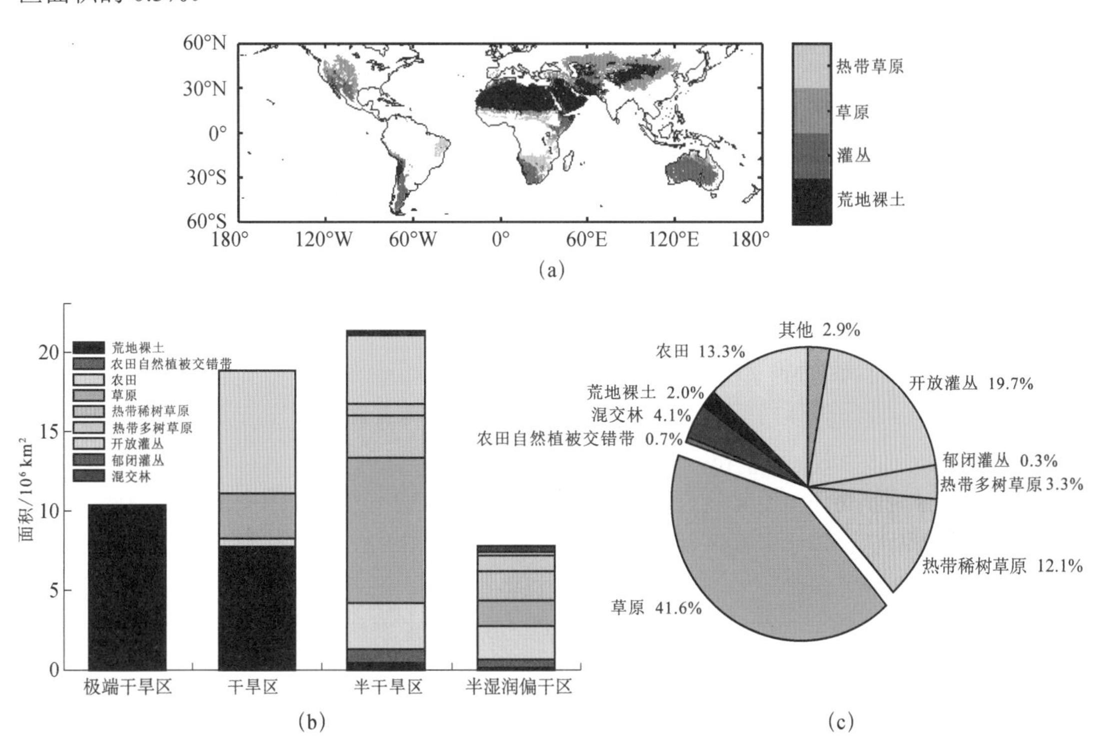

图 2.5　全球干旱半干旱区地表植被类型的分布（a）、其 4 种类型所包括的地表植被类型及面积（b）以及半干旱区各种植被类型所占比例（c）（Li et al.，2015）

从各类地表覆盖类型的全球分布[图 2.5（a）]可以看出，荒地裸土分布在极端干旱区（如非洲北部的撒哈拉沙漠、阿拉伯半岛东南部的鲁卜哈利沙漠和中国西北部的塔克拉玛干沙漠）和干旱区的部分地区（如阿拉伯半岛西部和中亚南部）。灌丛主要分布在南半球的干旱区，如澳大利亚大部分地区、非洲的西南部和南美洲的阿根廷。草原则主要分布在北半球的半干旱区，如美国的中西部、哈萨克斯坦和蒙古国大部以及中国北方的部分地区。而热带草原则主要分布在南半球的半干旱区，如非洲南部和南美洲的东北角，以及部分湿润偏干区。

同一种植被类型可以出现在同一气候类型的不同区域[图 2.5（a）]，同时，不同种类的植被类型也可以出现在同一个气候类型中[图 2.5（b）]。极端干旱区只有荒地裸土一种地表覆盖类型，随着干旱程度的降低，植被类型在增多，半干旱区拥有最多的植被类型，同时也是 4 种类型中面积最大的。半干旱区主要包括了荒地裸土、农田自然植被交错带、农田、草原、热带稀树草原、热带多树草原、开放灌丛、郁闭灌丛和混交林。其中，草原在半干旱区地表植被类型中占主导地位，其面积占半干旱区面积的 41.6%，其次是开放灌丛和农田，分别占半干旱区的 19.7%和 13.3%[图 2.5（c）]。每一种干旱半干旱区类型都有不同种类的生物群落，说明生物物种不仅受到干旱程度的影响，同时也会对其他多种环境要素有所响应。物种的丰富性和多样性会随着干旱程度的降低而增加（Safriel and Adeel，2005）。

2.4 干旱半干旱气候的时间变化特征

干旱半干旱地区作为全球陆地的重要组成部分，在全球气候变化过程中发挥着不可忽视的作用。由于增温显著、降水稀少，这些地区的生态十分脆弱、环境不断恶化，因此相对于其他地区而言，干旱半干旱区对全球气候变化的响应更为敏感。在近几十年全球增温背景下，干旱半干旱地区呈现出显著的强化增温特征（Guan et al.，2015a；Huang et al.，2012；Ji et al.，2014）、面积持续扩张（Huang et al.，2016，2017a）、极端干旱事件频发。同时，气候变化的年代际信号也造成了干旱半干旱区年代际特征显著，如北半球 20 世纪 80 年代的快速增温时期和 21 世纪初的增温减缓阶段；近百年重大干旱事件也呈现出年代际尺度变化的特征（持续时间在 10 年以上）；伴随着全球变暖，降水也发生了显著的年代际干旱化及湿润化变化，不同区域降水变化趋势差异显著。总的来说，过去近百年干旱半干旱区气候的显著变化主要体现在温度、降水、干旱指数等气候因子变化中。因此，研究干旱半干旱区温度、降水以及干旱指数的长期及年代际变化特征及其影响机理是认识干旱半干旱气候变化特征及做好气候预测的关键过程。此外，已有研究表明在未来情景中的干旱半干旱区域面积扩张存在明显被低估的情况，并指出未来情景中干旱半干旱地区的面积将持续扩张，未来干旱半干旱气候变化存在明显的不确定性。

2.4.1 温度变化

干旱半干旱区作为全球陆地的特殊组成部分，对全球气候变化有着重要影响。在全球增温的背景下，过去近百年干旱半干旱区表现出最为显著的增暖，与此同时，不同气候区的温度变化存在显著区域差异（Guan et al.，2015a；Huang et al.，2012；Ji et al.，2014）。Huang 等（2012）通过量化不同气候区温度变化对全球增温的贡献，发现北半球中高纬度干旱半干旱地区的增温在全球温度变化中最为明显，其对全球增温的贡献近 50%（图 2.6）。同时，通过追踪过去百年不同季节的变化特征，发现 1901～2009 年北半球中高纬度干旱半干旱区的全年、暖季、冷季增温分别为 1.33℃、0.85℃和 1.89℃，这表明干旱半干旱区在冷季的增温最为显著。不同典型干旱半干旱区域增温差异显著，欧洲、亚洲和北美洲中高纬度半干旱区的暖季增温分别为 0.95℃、0.68℃和 1.05℃，北美洲半干旱区的暖季增温大于亚洲半干旱区。而这些区域的冷季增温分别为 1.41℃、2.42℃和 1.50℃，亚洲半干旱区的冷季增温大于北美洲半干旱区，并且呈现出更为显著的增温趋势。进一步量化不同干旱半干旱区增温对全球增温的贡献后发现欧洲、亚洲和北美洲的干旱区分别对全球增温贡献了 8.76%、5.65%和 0.64%，欧洲、亚洲及北美洲的半干旱区分别对全球增温贡献了 6.29%、13.81%、6.85%，说明亚洲半干旱区相对于其他半干旱区对全球增温贡献最大（表 2.2）。这些研究表明半干旱区在冷季表现出显著的强化增温特征，即相比其他地区而言，半干旱区的温度对全球气候变化更为敏感。Ji 等（2014）通过使用空间-时间多维集合经验模态分解（MEEMD）分析了过去百年时间尺度全球陆面地表气温（SAT）趋势的演变特征，进一步证明了北半球中高纬度地区呈现出最强最快速的增温特征，从时间演变趋势角度验证了其干旱半干旱区平均增温趋势对全球增温趋势贡献最大。此外，Li 等（2015）通过分析我国近 50 年的温度变化趋势发现，中国北方增温显著，尤其是冷季，然而在全球增温减缓背景下中国北方温度增加趋势出现减缓现象。

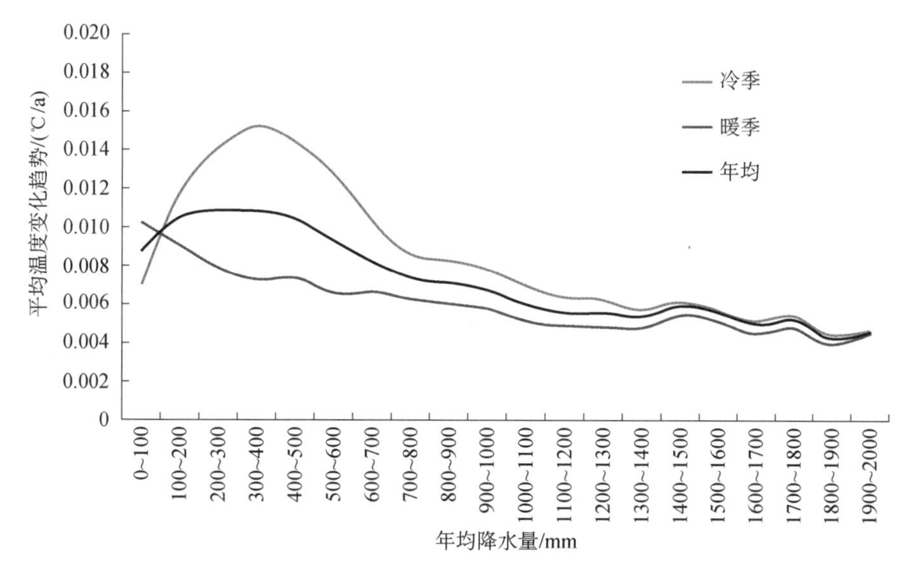

图 2.6　1901～2009 年不同降水区年平均温度、冷季以及暖季平均温度变化趋势（Huang et al.，2012）

表 2.2　1901～2009 年不同中高纬度地区地表温度变化趋势对全球温度变化趋势的贡献　（单位：%）

地区	欧洲	亚洲	北美洲
干旱区	8.76	5.65	0.64
半干旱区	6.29	13.81	6.85
半湿润区	3.23	2.48	3.54
湿润区	0.73	3.11	2.20

资料来源：Huang et al.，2012。

Guan 等（2015b）利用最新提出的动力分离方法探究了半干旱区强化增温的驱动因子，从原始温度变化资料中识别出动力诱导以及辐射强迫的温度变化。研究结果表明动力温度与气候系统内部振荡密切相关，过去近百年的强度在空间上分布均匀，起到一个均匀增温背景场的作用。相比之下，非动力的辐射温度则表现出强烈的增温幅度以及显著的空间差异，不同地区的辐射温度差异与人类活动空间分布差异有很大的关系。由于东亚地区经济发展迅速，同时呈现出生产力分布不均匀的特征，尤其在北方和南方存在显著差异，南方以工业发展为主，北方主要以农业和畜牧业为主，不同的发展规划和分布导致南北方人类活动产生了不同的气溶胶等排放，进而造成不同的辐射效应（Huang et al.，2010）。东亚温度变化在空间分布上表现出北方干旱半干旱区整体存在显著的辐射增温，这主要由于干旱半干旱区对应着植被稀疏的下垫面和脆弱的生态系统，导致下垫面和陆-气相互作用在该地区的气候变化中发挥着重要作用（Huang et al.，2010，2012）。此外，随着北半球积雪覆盖面积的显著减少，干旱化的加剧、沙尘气溶胶的排放等都会对冷季增温具有一定的促进作用。随着全球气候变暖，高纬度地区的温度升高，使得长期季节性冰冻层变薄并且边界线向北移动，冰冻层边界线的北缩也进一步加快增温的速率（IPCC，2007）。人类活动也对区域生态系统具有直接影响，尤其是对干旱半干旱区脆弱的生态系统，不合理的人类活动会改变其能量和水分循环，进而影响区域气候（Huang et al.，2017a）。Huang 等（2012）和 Guan 等（2015a）的相关研究结果确定了局域辐射增温在半干旱区强化增温中占据主导作用。同时，通过分析不同影响因子在局域半干旱区强化增温过程中的作用时间、空间尺度和影响范围，指出了辐射增温是一个多因子作用的结果，包括陆-气相互作用、气溶胶、荒漠化、人类活动等因素，且不同典型辐射过程特征差异显著，研究结果突出了温室效应和人类活动在干旱半干旱区强化增温中的作用。

此外，在全球长期增温趋势背景下，全球温度变化也呈现出年代际变化特征，这种变化特征同样体现在干旱半干旱区。由于干旱半干旱区环境脆弱，在气候年代际变化过程中反应敏感，年代际转换现象较其他地区更为明显。研究表明，不同海盆 SST 的年代际信号会造成大气环流异常，从而影响到不同地区的气候演变（Huang et al.，2017a），尤其是温度变化。大气环流异常会导致温度变化的年代际信号加强或者减弱（全球增温速率加快或减缓）。在过去的 100 多年里，不同尺度的调制振荡，对北半球乃至全球的气候变化都产生了显著影响，尤其对广泛分布着干旱半干旱区的北半球中高纬度地区，大气环流的作用不可忽视。由于太平洋年代际振荡（Pacific decadal oscillation，PDO）、大西洋多年代际振荡（Atlantic multidecadal oscillation，AMO）、北大西洋涛动（North Atlantic oscillation，NAO）等振荡指数正负相位的转变，过去近百年曾经出现过两次增温减缓的时期，分别是 1940～1975 年以及 21 世纪初（Huang et al.，2017b）。其中，对于 21 世纪初，IPCC 第五次评估报告（AR5）显示 1998～2012 年全球地表平均温度变化趋势为 0.04℃/10a，明显低于 1951～2012 年的 0.11℃/10a，全球平均地表温度增温趋势表现为显著的减缓现象（IPCC，2013）。此次“增温减缓”引发了广泛关注。同时，全球陆地空间分布上表现为北半球大面积的显著降温，并且这些降温中心主要分布在北半球干旱半干旱区，表明干旱半干旱区温度变化具有明显的年代际变化特征。关于全球增温减缓形成机制的讨论，以往研究最先提出海洋对热量的吸收是增温减缓的可能原因，即被海洋吸收的热量进一步传递到深海中，造成深海温度的明显上升，并且利用模式验证了该理论的合理性（Chen and Tung，2014）。但是海洋消耗的能量并不能全面解释“增温减缓”过程的动力降温作用，尤其是对于拥有大面积陆地降温中心的北半球干旱半干旱区而言。

Guan 等（2015b）利用动力调整法将北半球原始温度变化分解为辐射与动力温度变化，

如图 2.7 所示，其中辐射温度变化是指由 CO_2 排放等人为原因引发的温度变化，动力温度变化则是由气候系统内部变率主导的。研究结果指出在加速增温时期，动力温度呈现出上升的趋势，动力增温与辐射增温相叠加造成这一时期加速增温，而增温减缓是动力降温抵消辐射增温所致，其中，动力降温主要是 NAO、PDO、AMO 的共同作用导致的。Guan 等（2015a，2015b）和 Huang 等（2017b）的研究均表明年代际信号是加速增温和增温减缓阶段性转变的原因。其中，陆地降温主要是海陆热力差在增温减缓时期发生位相转变所致。增温减缓期间，海陆热力差异增大，行星波活动增强，西风强度减弱，导致 10 天以上阻塞的频率和时间增加，进而导致内陆地区的冷空气活动增多，如北半球干旱半干旱区出现地表温度降低现象。该理论不仅补充解释了热带海洋导致北半球“增温减缓”的动力机制，还进一步阐明了气候系统内部年代际振荡所处的位相组合以及海陆热力差异主导的大气环流变化在增温减缓过程中发挥着不可忽视的作用。

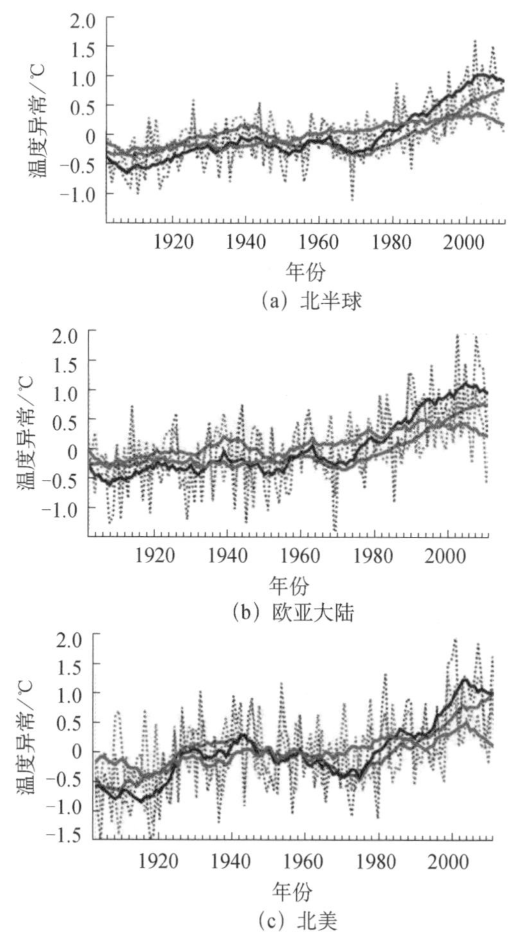

图 2.7　北半球、欧亚大陆、北美原始温度（黑线），动力温度（蓝线）和辐射温度（红线）区域平均时间序列（Guan et al.，2015b）

2.4.2　降水变化

伴随着全球增温趋势变化（IPCC，2007，2013），陆地降水也发生了显著的变化，并且降水变化的区域差异明显。过去近半个世纪全球陆地降水存在多时空变化特征，从时间演变来看，降水的年代尺度变化既包括年代际、多年代际的振荡，又包括其长期趋势。因此，不仅要关注其长期趋势的问题，还要考虑降水年代际、多年代际振荡的变化规律。研究表明过去近半个世纪全球陆地平均降水的年代际周期振荡强度远大于降水的长期趋势，二者的共同作用使全球陆地平均降水呈现以年代际周期振荡为主的年代际时间尺度特征（马柱国和符淙斌，2007）。同样，在全球一致增暖背景下，干旱半干旱区的降水变化在时间上以年代际变化特征为主导。同时，在空间上干旱半干旱区降水变化呈现出显著的区域差异。例如，过去近半个世纪非洲和东亚地区的降水显著减少，北美和欧洲部分地区降水则呈现增加趋势（马柱国和符淙斌，2007）。徐保梁等（2017）研究了 1951～2010 年全球陆地年降水线性趋势的空间分布，指出陆地降水长期趋势的全球分布极其不均匀。结果表明，对比全球及东西半球降水变化发现，西半球（北美和南美）降水为增加趋势的范围明显大于降水为减少趋势的范围，东半球（欧亚大陆、非洲大陆和澳大利亚大陆）降水为减少趋势的范围大于降水为增加趋势的范围。即在 1951～2010 年西半球降水为增加趋势，东半球为减少趋势，东西半球陆地降水的趋势相反，两者之间的净效益使得全球陆地平均降水是一个弱的增加趋势。对于不同地区而言，在非洲和东亚地区仍然维持着明显的干旱化趋势，而北美和南美大部分地区降水呈显著的增加趋势。降水增加趋势大于 15mm/10a 的地区主要分布在北美和南美的部分区域，而降水减少趋势最大的地区主要位于北非的半干旱区，减少趋势达 20mm/10a。在欧亚大陆 45°N～67.5°N 有一个带状区域的降水呈增加趋势，南美的亚马孙流域部分地区的降水则有明显减少的趋势。中国东部呈现南涝北旱，北方表现为西部降水增多、东部降水减少的空间分布格局，与符淙斌和马柱国（2008）的结论一致。Li 等（2015）也指出中国降水在西北大部分地区呈现增加趋势，而在东北、华北及西南部地区的降水减少。同时，中国干旱区和半干旱区降水表现出相反的变化趋势，即干旱区降水增多、半干旱区降水减少。干旱趋势分布与降水得到的分布型相一致，即西北大部分地区变湿，而东北、华北及西南部地区变干。

干旱半干旱区是对水分变化最敏感的地区，常常由于降水无法满足潜在蒸发的“需求”而造成缺水状态。根据徐保梁等（2017）关于陆地降水变化的空间分布可知，全球增暖背景下干旱半干旱区的降水变化存在显著的区域差异（马柱国和符淙斌，2006）。大量事实表明，过去近百年全球干旱半干旱区变得越来越干。以往关于全球和区域降水变化的研究已取得了一系列有意义的进展（Huang et al.，2011），但对全球干旱半干旱区不同尺度降水年代际变化的比较研究较少。同时，近百年的全球重大干旱事件多发生在干旱半干旱地区，且多为年代尺度的气候变化，而降水是年代尺度干旱形成的重要影响因子之一。因此，研究干旱半干旱地区降水变化特征具有重要的科学指导意义（马柱国和符淙斌，2007）。

图 2.8 给出了华北、北美、北非及中亚干旱半干旱区四个典型代表区的年代际振荡、长期趋势和年代尺度合成降水变化（徐保梁等，2017），通过分析其演变特征，可以认识全球典型干旱半干旱区的年代尺度降水演变特征及其区域差异。由图 2.8 可以看出，四个典型区降水变化具有不同的年代际振荡周期。北美和中亚降水变化都具有约 30 年的年代际周期且位相基本一致，二者的趋势项均为正值，且分别在 1971 年和 1975 年转为偏湿。华北

与北美及中亚的降水变化年代际周期基本相等且位相相差不大，但长期趋势却是反向的。值得注意的是，北非的降水变化年代际周期位相和趋势与其他三个区明显不同，这也是华北与北非的重要区别。以往研究发现，北非与华北的降水变化长期趋势具有类似的特征（马柱国和符淙斌，2007），但限于研究方法，无法揭示两个地区在年代际尺度变化的特征差异。另外，如表 2.3 所示，华北的干旱化趋势持续时间最长，达 38 年，其次为北非（34 年）、北美（17 年），尽管中亚干旱化持续时间最短，但在过去 60 年却出现了两次干旱化趋势。相对于干旱化的持续时间，中亚湿润化的持续时间相对较短，但频率较高。除了北非以外，其他三个地区都出现了两次湿润化趋势。表明四个典型干旱半干旱区降水的年代尺度变化具有明显的区域差异。

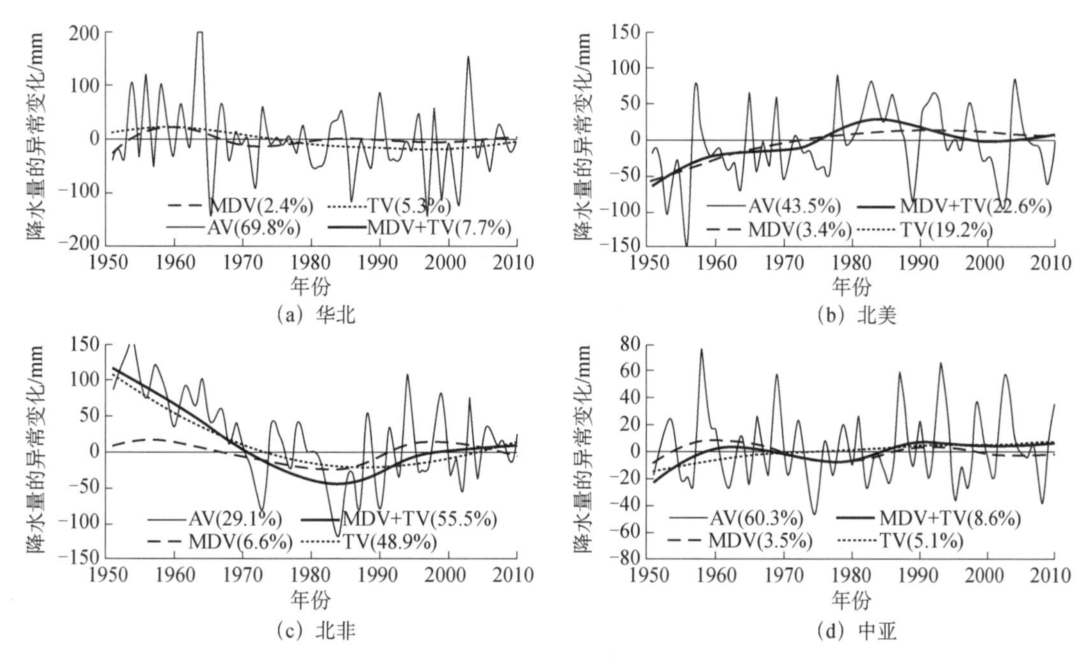

图 2.8　利用 EEMD 方法提取的全球四个典型干旱半干旱区年平均降水量的多时间尺度变化特征（徐保梁等，2017）

其中，AV（annual variability）为降水的年际变化，MDV（multi-decadal variability）为多年代际变化，TV（trend variability）为长期趋势的变化，MDV+TV 为多年代尺度变化，括号中数字为各分量的方差贡献率

表 2.3　典型干旱半干旱区年平均降水量的趋势及年代际干湿振荡的时间统计

变量		时间统计			
		北美	华北	北非	中亚
趋势	干旱化趋势	1985～2001 年	1961～1998 年	1951～1984 年	1964～1977 年 1993～2003 年
	湿润化趋势	1951～1984 年 2001～2010 年	1951～1960 年 1999～2010 年	1985～2010 年	1951～1963 年 1978～1992 年
年代际振荡	干旱化趋势	1951～1974 年	1970～2010 年	1969～2010 年	1951～1958 年 1969～1984 年

续表

变量		时间统计			
		北美	华北	北非	中亚
年代际振荡	湿润化趋势	1975～2010 年	1952～1969 年	1951～1968 年	1959～1968 年 1985～2010 年

资料来源：徐保梁等，2017。

对于全球变暖背景下干旱半干旱区年代际尺度降水演变的区域差异，已有研究表明NAO、PDO、AMO 等年代际信号不仅通过影响大气环流以造成全球加速增温和增温减缓，还通过这种大气环流异常间接影响不同地区的降水演变。例如，已有研究利用大气环流模式（atmospheric general circulation model，AGCM）将 SST 作为强迫场进行模拟，研究结果表明海洋在萨赫勒地区的半干旱气候变化中起到了极其重要的作用，萨赫勒地区在 20 世纪70～80 年代的严重干旱主要是由热带大西洋和印度洋的变暖造成的（Giannini et al.，2003；Hoerling et al.，2010）。针对北美地区的许多研究表明太平洋与大西洋持续的海温异常通过影响大气环流而强烈影响到了美国本土的降水（Dong and Dai，2015；Ting and Wang，1997），尤其是太平洋，对于美国西部的干旱半干旱区的降水起到了极其重要的作用，超过一半的美国本土年代际干旱是由 PDO 与 AMO 位相变化所致。此外，亚洲地区的干旱半干旱区气候变化与 PDO 联系密切，在 PDO 的暖相位时期，中国北部的半干旱区会更易于出现干旱现象（马柱国和邵丽娟，2006；Qian and Zhou，2014）。因此，众多研究结果均表明干旱半干旱区年代际尺度的降水变化与年代际信号因子的位相转变密切相关。

2.4.3 干旱指数的变化

通过分析 1948～2008 年全球不同半干旱区的 AI 时空变化特征，Huang 等（2016）发现干旱半干旱区的分布不是固定的，而是存在动态的改变（图 2.9）。半湿润干旱（半干旱）到半干旱（干旱）的转变主要发生在东亚、北非、南非及澳大利亚东部。而由半干旱（干旱）向半湿润/湿润（半干旱）过渡区域主要分布在澳大利亚中部/西部、北美和南美南部。即东亚、北非、南非及澳大利亚东部出现了干旱化趋势（AI 呈现下降趋势），相比之下，中亚、澳大利亚中部/西部、北美及南美的半干旱区越来越湿润。因此，除澳大利亚中部/西部以外，东半球主要表现为干旱化趋势，而北美和南美中纬度则变得更湿润。Cai 等（2012）也指出自 20 世纪 70 年代后期开始，南半球半干旱区，如智利南海岸、南非和南澳大利亚，在秋季表现为变干趋势，尤其是在 4～5 月变干的趋势最为显著。土壤湿度变化趋势同样表明过去近 60 年来全球总体呈现为显著的土壤干旱化趋势，主要表现为东亚和北非地区的土壤干旱化（Cheng et al.，2015；Cheng and Huang，2016）。此外，北美和东亚的两个温带半干旱区呈现出不同的变化特征，通过对比这两个区域的 AI、PET及降水变化，发现 AI 在东亚半干旱区呈现下降趋势，但在北美半干旱区呈上升趋势；PET在东亚半干旱区增加，但在北美半干旱区减少；降水与 AI 的结果一致。这说明东亚大部分的半干旱和半湿润偏干区变得更加干旱，而北美半干旱区变得更加湿润。这些地区的干旱化趋势同样也体现在河流流量记录、PDSI 及土壤湿度的变化特征中（Cheng et al.，

2015；Cheng and Huang，2016；Dai and Zhao，2017）。Li 等（2015）通过分析中国地区 AI 变化趋势发现中国北方呈现显著的干旱化趋势，且主要出现在黄河中下游、黑龙江省和甘肃省。

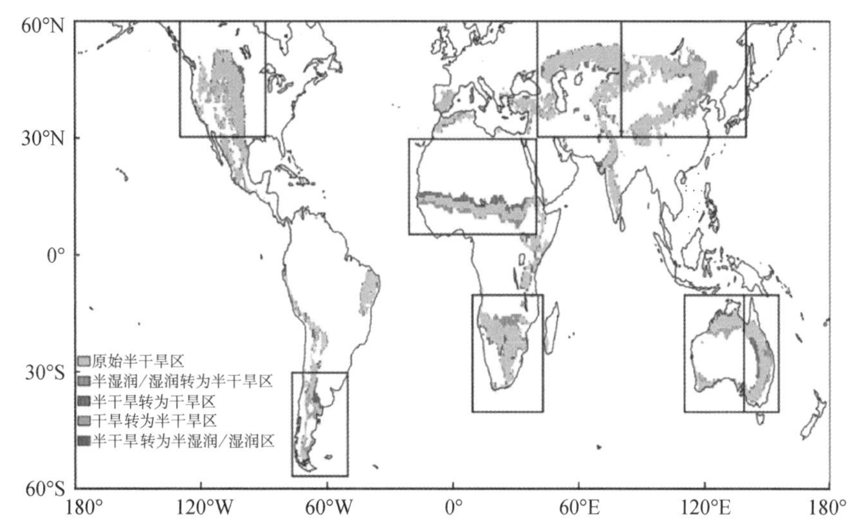

图 2.9　全球半干旱区的分布及 1990～2004 年相对于 1948～1962 年半干旱区发生气候类型转变的空间分布（Huang et al.，2016）

此外，全球增温减缓背景下，干旱半干旱区 AI 的年代际变化特征也同样显著，Guan 等（2017）的最新研究表明，增温减缓时期北半球中高纬度地区的长期干旱化出现了缓解趋势（即 AI 呈增加趋势），缓解区主要包括欧亚大陆与北美的干旱半干旱区。增温减缓期间，这些地区的干旱化缓解趋势主要是由于温度在此期间虽仍处在高位，且潜在蒸发变化不显著，但年代际信号因子（NAO、PDO、AMO 等）的相位转变造成的大气环流异常导致了降水的增加，因此 AI 也随之增加。Guan 等（2017）进一步利用动力调整法将 AI 分解为动力诱导的 AI（DAI）与辐射强迫的 AI（RAI），分析发现 AI 的反转是由 DAI 的下降趋势减缓主导的，DAI 的下降趋势减缓与 NAO、PDO、AMO 等年代际信号因子的相位变化密不可分。同时 Guan 等（2017）还指出，虽然在增温减缓期间北半球中高纬度地区的长期干旱化出现了缓解趋势，但这只是暂时的，一旦 NAO、PDO、AMO 等年代际信号因子相位发生改变，全球将继续转向加速增温，现有的干旱化缓解趋势亦会随之消失。

2.4.4　干旱半干旱区面积的扩张

伴随着过去百年尺度半干旱区的强化增温以及全球变暖趋势，相应的干旱半干旱区的陆-气相互作用过程也发生了改变，全球干旱半干旱区出现显著变干趋势，而干旱化趋势进一步导致了这些地区面积的大幅扩张（Huang et al.，2016）。干旱区面积扩张与陆-气相互作用过程的变化密切相关，由于干旱半干旱区对全球气候变化异常敏感，随着温室气体的增加和全球温度持续上升，相应的潜在蒸发增加，土壤湿度降低进一步加剧，造成陆面过程水循环及能量循环改变（Huang et al.，2017a）。因此，干旱半干旱区的总面积在 1948～2008 年持续扩张[图 2.10（a）]，并且总面积扩张了 $2.61\times10^{6}km^{2}$（Huang et al.，2016）。极端干旱区、干旱区、半干旱区和半湿润偏干区的面积分别增加了 0.6×10^6km²、0.1×10^6km²、1.6×10^6km² 和 0.5×10^6km²（图 2.10）。干旱半干旱区中最大的面积扩张发生在半干旱区，自 20 世纪 60 年代初以来半干旱区的面积扩张已经占据总干旱半干旱区面积的一半以上[图 2.10（c）]。在 80 年代以前，半湿润偏干区面积几乎不变，80 年代初减少，80 年代后期明显扩张[图 2.10（b）]。相比之下，干旱区的面积表现出强烈的年代际振荡变化，70 年代面积减少，80 年代初干旱区面积扩张；1990～2004 年干旱区的面积与 70 年代以前的面积相当[图 2.10（d）]。与 1948～1962 年相比，1990～2004 年干旱化扩张的程度更为明显，因此半干旱区的面积扩张最为显著。Feng 和 Fu（2013）指出 20 世纪 70 年代南半球大面积的降水异常使南半球干旱区面积减少和半干旱区面积扩张。Dai 等（2004）的研究结果也表明自 20 世纪 70 年代以来，全球极端干旱区面积扩张超过一倍，并且极端湿润地区有所减少。此外，观测数据表明干旱半干旱区扩张的总面积是 CMIP5 20 个气候模式集合平均结果的 4 倍，集合平均模拟结果偏低的主要原因是模式结果高估了区域平均降水量，尤其是高估了非洲的萨赫勒、东亚以及澳大利亚东部等半干旱区及半湿润区的降水（Huang et al.，2016；Ji et al.，2015）。

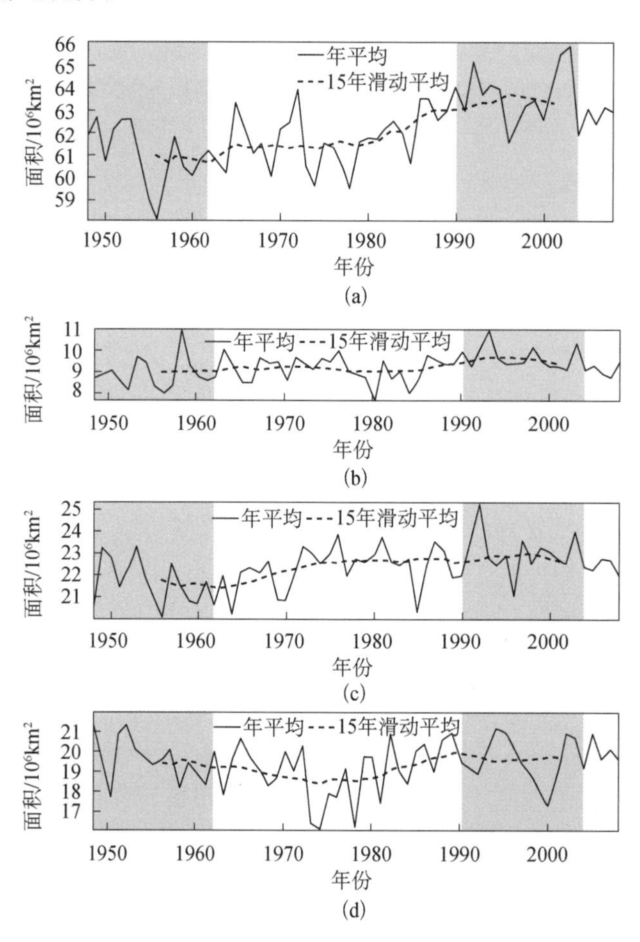

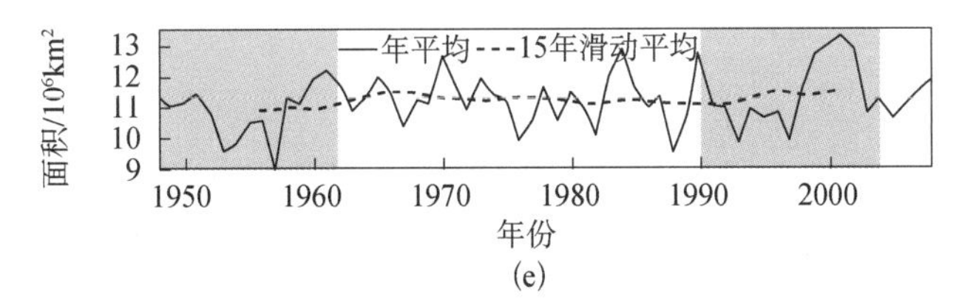

图 2.10　1948～2008 年总的干旱区（a）、半湿润偏干区（b）、半干旱区（c）、干旱区（d）和极端干旱区（e）面积随时间的变化（Huang et al.，2016）

虚线为 15 年滑动平均的结果

Huang 等（2016）进一步分析了 8 个典型半干旱区的面积变化特征，发现大部分半干旱区都呈现面积扩张趋势（图 2.11）。从全球来看，整体表现为东半球的干旱半干旱区面积持续扩张，而西半球的干旱半干旱区面积减少的趋势，且北美湿润化地区的面积约为干旱区面积的十倍。具体表现为近 60 年来除了美国西南部、巴塔哥尼亚及非洲之角的干旱半干旱区面积有减少的趋势之外，东亚、中亚、北非、南美以及澳大利亚东部的半干旱区面积呈现增加趋势，并且其出现干旱化趋势的面积要大于湿润化地区的面积，特别是北非和东亚。而非洲南部、西亚及澳大利亚的半干旱区面积增加趋势相对较弱。同时，东半球和美洲大陆的半干旱区面积扩张机制相反，在美洲大陆，新形成的半干旱区主要是由干旱区的变湿转化而来；而东半球的半干旱区面积扩张主要是由半湿润区的变干而来。因此，干旱半干旱区的干旱化引起的面积扩张主要原因是湿润、半湿润区向半干旱区的转变，这种半干旱区的干旱化扩张最显著的地区在东亚，并且东亚半干旱区面积扩张对全球半干旱区的干旱化扩张贡献了将近 50%[图 2.11（a）]。中国的干旱半干旱区的面积在 1948～2008 年也出现了显著扩张的趋势（Li et al.，2015）。相对于 1948～1962 年而言，1994～2008 年中国北方干旱半干旱区面积扩张了 12%。同时，中国北方干旱半干旱区的东部边界向东扩展了约 2 个经度，位于黄河中游的南部边界也向南扩展了大约 1 个纬度。符淙斌和马柱国（2008）也指出中国西北的东部和华北在 20 世纪 70 年代发生明显的由湿转干的年代际转折性变化，这两个地区和东北的东南部呈现出显著的干旱化扩张趋势。中国西北东部、华北和东北地区自 80 年代以后的极端干旱频率明显增加，且东北增加的幅度最大（符淙斌和马柱国，2008）。中国干旱半干旱区面积扩张主要是半干旱区面积的增加引起的，并呈现出明显的带状型面积增加特征，这些半干旱区主要由半湿润区的干旱化引起，其中半湿润区降水的减少以及潜在蒸散的增加的共同作用导致干燥度指数的下降，使得这些区域出现干旱化扩张。

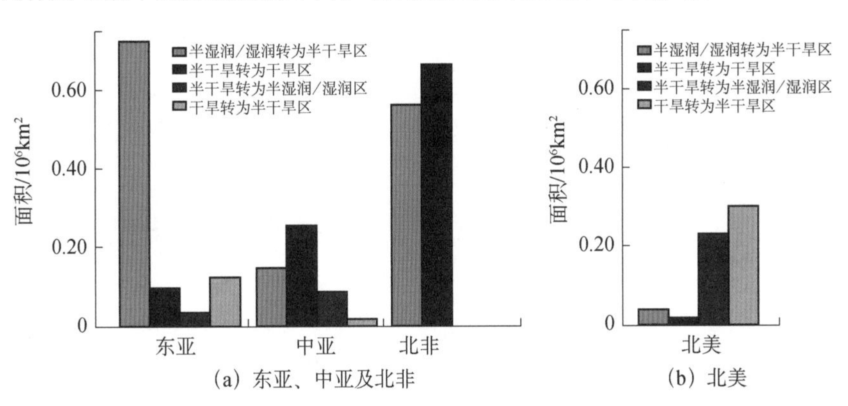

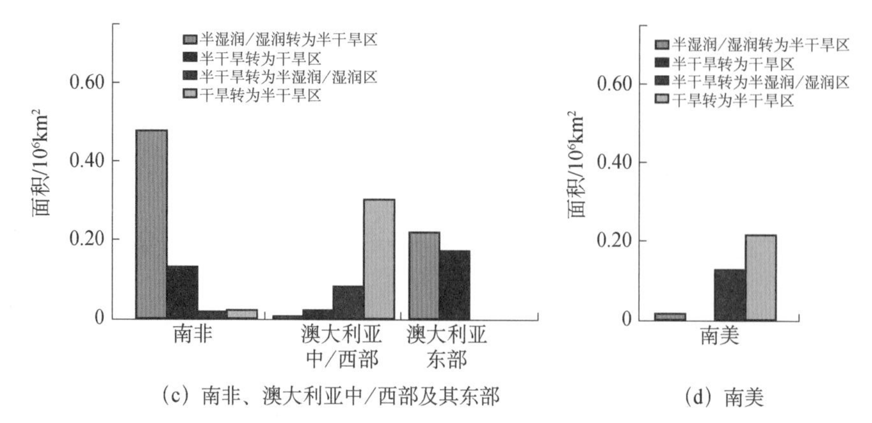

（c）南非、澳大利亚中/西部及其东部　　（d）南美

图 2.11　八个典型区域在 1990～2004 年与 1948～1962 年不同气候区的面积转换（Huang et al.，2016）

2.4.5　土壤湿度变化

作为气候系统中的关键物理量，土壤湿度不仅调控着陆-气相互作用过程中物质、水分和能量交换的收支平衡过程，同时土壤湿度也是自然生态系统最直接的水分来源，植被的生长发育对土壤湿度的变化非常敏感。土壤湿度通过影响地表反照率、土壤热参量以及蒸发和蒸腾来改变陆-气之间的水分和能量平衡，从而对边界层结构、云和降水等产生影响。土壤湿度变化，特别是土壤干旱，对高温热浪、沙尘爆发以及植被生产力和物种的变化有重要作用。因此，研究土壤湿度及其变化对研究陆-气相互作用和气候变化具有重要意义。程善俊等（2013）利用 GLDAS 资料分析了 1948～2008 年全球土壤湿度的变化趋势，结果表明，近 60 多年来全球发生了显著的土壤干旱化，其中东亚和北非地区的干旱化最严重，这两个地区对全球的干旱化贡献率达 60%以上。从气候区角度来看，显著干旱的区域主要位于中等湿润地区，这种强化的干旱首先开始于湿润区，从 20 世纪 80 年代开始逐渐向半湿润和半干旱区扩展。研究发现，降水和气温变化对土壤湿度变化具有重要的影响，其中，降水主要影响土壤湿度的年际、年代际变化以及土壤湿度变化的方向（降水减小导致干旱化，降水增加导致湿润化），而气温主要影响土壤湿度的长期趋势。分析表明，土壤干旱首先由降水减小造成，其次被增温作用放大。在东亚地区，这种放大作用为 1 倍左右。回归分析和陆面模式敏感性试验表明，增温是造成中等湿润地区显著干旱化的主要原因。另外，干旱的土壤会导致后期蒸散减小，潜热减小，感热增加，从而造成温度进一步升高。干旱和增温形成局域正反馈机制，这种反馈作用将会进一步导致干旱化趋势增强和温度升高，从而形成荒漠化，对当地的生态环境造成巨大的影响。在 CMIP5 的 RCP 未来情境中，21 世纪土壤湿度呈现持续干旱的趋势，这在一定程度上佐证了这一反馈观点。

2.5　影响干旱半干旱区气候变化的主要物理过程

通常我们把能导致气候变化的这些因子分成两类。一类是外部因子，它们不受或基本不受气候系统状况的影响，也可以说气候系统对这些因子没有反馈作用，如地球轨道参数、太阳活动、火山活动等，另外还有大陆板块漂移、造山运动和高原隆起等。同时人类活动因具有一定的独立性，在一定程度也可以认为是外部因子。另一类是内部因子，它涉及气候系统内部复杂的反馈过程，即气候系统各成员间的正、负反馈过程，它们是年际及年代际气候变率的主要成因，可以分解为三项，如式（2.11）所示。

$$\frac{\mathrm{d}R(t)}{\mathrm{d}t}=\sum_{i=1}^{M_i}F_i(t)+\sum_{j=1}^{M_j}A_j(t)+\sum_{k=1}^{M_k}Q_k(t) \tag{2.11}$$

式中，第一项为强迫项，第二项为振荡项，第三项为反馈项。由于振荡项和反馈项有线性的，也有非线性的，因此在外强迫下会产生不同尺度的气候突变和极端气候事件。如图 2.12 所示，以温度变化（粗线）为例，它就是由外强迫引起的长期趋势（橙线）和不同时间尺度的内部振荡（黑线）耦合而成的。其中，长期趋势主要由温室气体等外强迫导致，年代际振荡主要是气候系统内部的相互作用所致。当气候系统内部的调制作用导致的温度振荡处于向上支时，增温趋势加快，出现增温“增强”，反之，当气候系统内部的调制作用导致的温度振荡处于向下支时，增温趋势减缓，出现增温“停滞”（如图 2.12 蓝色区域部分）。

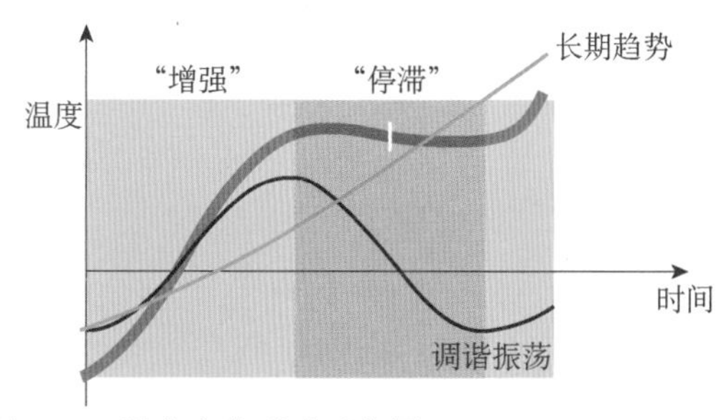

图 2.12　温度变化形成示意图（Huang et al.，2018）

干旱半干旱气候是气候系统重要并且最为复杂的一个组成部分。影响干旱半干旱气候变化的主要物理过程包括：陆-气相互作用、沙尘-云-降水相互作用、海-气相互作用及人类活动（图 2.13）。

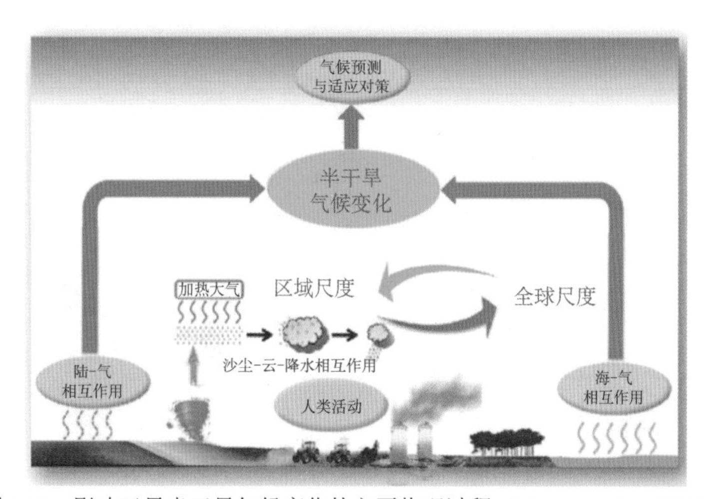

图 2.13　影响干旱半干旱气候变化的主要物理过程（Huang et al.，2017b）

2.5.1 陆-气相互作用

发生于陆面的各种过程对气候、环境均具有显著的影响。20 世纪 80 年代以来，陆-气相互作用的研究引起了科学界的广泛关注。为了深入认识陆-气相互作用，优化对陆面过程的描述及其参数化方案，在 WCRP 和 IGBP 的协调和组织下，大量国际研究计划相继开展。这些观测计划很大程度上反映了陆-气相互作用研究的发展趋势。针对不同的气候区域，各种陆面观测研究计划分别对陆表水文、能量平衡、地表及土壤水热传输、地气通量交换、生态系统、云和辐射、边界层等项目进行了观测，为陆面模式的发展和陆面过程的参数化方案的优化提供了必要的条件，推动了陆面过程数值模拟研究的发展。与全球其他干旱半干旱区相比，我国北方干旱半干旱区的人类活动、下垫面和气候变化三者之间的相互作用表现更为剧烈，该区域的气候变化不仅是在特定环境条件下发生的，还受到日益加剧人类活动的深刻影响。在全球变化背景下，典型干旱半干旱区气候未来如何变化、区域可持续发展战略如何选择，都依赖于对干旱半干旱区气候变化规律和机理的深刻理解。

如图 2.14（a）所示，1948～2005 年平均增温趋势在旱地地区最为显著，达 1.17℃，分别为湿润区和全球平均水平的 2.1 倍和 1.5 倍。此外，土壤有机碳（soil organic carbon，SOC）的储存能力会随着大气温度的升高、土壤水分的增加而减弱（Sharma et al.，2012），再加上侵蚀作用引起的土壤退化也会导致土壤中碳元素的释放（Lal，2003），在变暖变干的变化趋势下，旱地扩张将导致 SOC 含量减少，使更多的 CO_2 释放到大气中。同时，土壤退化和土壤湿度的减小将抑制总初级生产力（gross primary productivity，GPP）（Peng et al.，2013），影响植物的光合作用从而减弱植物对 CO_2 的吸收。图 2.14（b）表明 GPP 和 AI 存在正比关系，旱地的 GPP 仅为湿润区的 1/5。因此，旱地土壤储存碳的能力较小，会导致更多的 CO_2 释放到空气中，加速全球变暖。总体来说，全球变暖和旱地面积扩张存在显著的正反馈关系[图 2.14（c）]。然而，许多 CMIP5 模式没有考虑碳循环等过程，这种旱地地区的强化增温现象也没能被很好地体现出来。

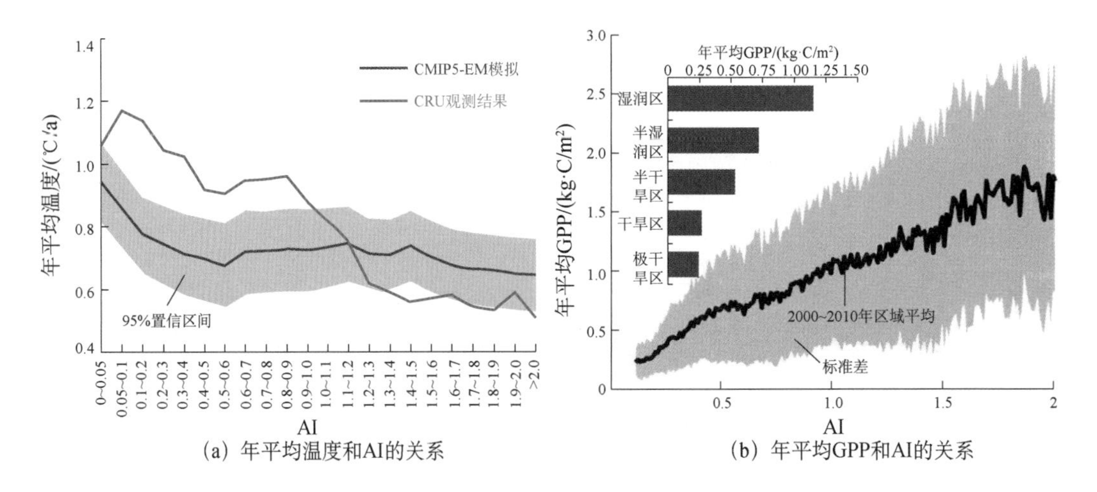

（a）年平均温度和AI的关系　　（b）年平均GPP和AI的关系

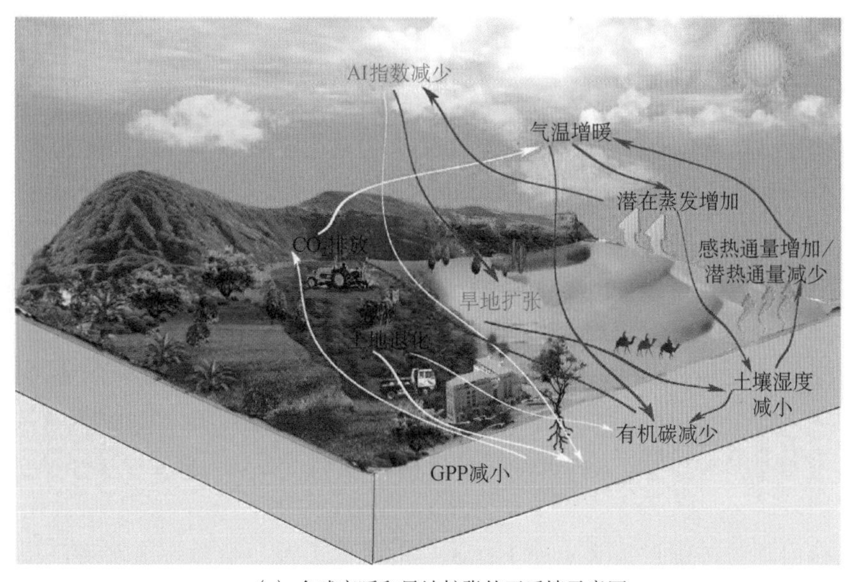

(c) 全球变暖和旱地扩张的正反馈示意图

图 2.14　1948～2005 年区域年平均温度、年平均 GPP 和 AI 的关系以及全球变暖和旱地扩张的正反馈示意图（Huang et al.，2016）

针对上述现象，Huang 等（2017a）指出全球 CO_2 排放分布和增温速率的空间分布之间存在显著非对称性，从能量平衡角度提出了强化增温现象的热力学机制（图 2.15）。预估当全球平均增温达到 2℃阈值时干旱半干旱区增温达 3.2～4℃，将引发严重的气候灾害，若将全球升温控制在 1.5℃之内将大大减小干旱半干旱区可能面临的灾害程度，该成果从全球视角加深了人类对《巴黎协定》1.5℃增温目标紧迫性的认识，并为全球减排对策的实施提供了科学依据（Huang et al.，2016）。全球陆地整体变暖和变干是历史时段的主要趋势，而且将很可能持续到未来很长的时间尺度。因此，温度变化和干湿变化二者之间可能存在相互联系。根据克拉珀龙-克劳修斯方程，全球变暖将使空气承载水汽的能力增强，加速地表水汽蒸发，减小土壤湿度，从而增加地表的显热通量，同时减少潜热通量（Sherwood and Fu，2014），并导致旱地面积的扩张，引发一系列温度极端事件（Hirschi et al.，2011）。

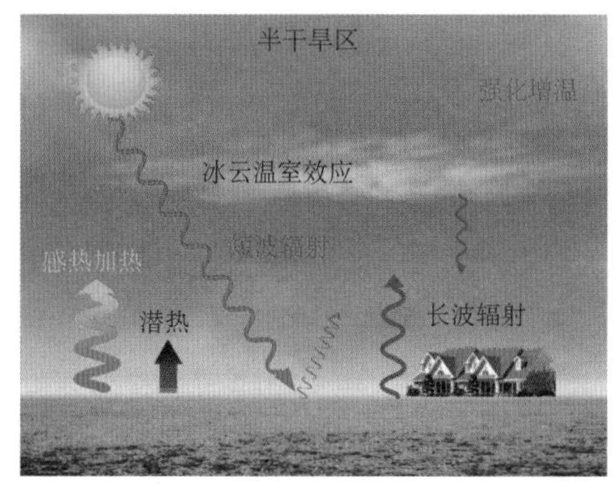

图 2.15　半干旱区强化增温的能量平衡机制（Huang et al.，2017a）

2.5.2　沙尘-云-降水相互作用

气候干旱化、水资源短缺、沙尘天气频发是我国西北地区面临的最为严峻的生存环境问题。其中，在沙尘天气的灾害性及其加速土地荒漠化方面，以往研究涉及较多，但是其向大气中输送的大量沙尘气溶胶对气候的影响，没有引起足够重视。干旱区降水频率低，而且干旱越严重越难形成降水的现象已逐渐引起科学家的高度关注，然而沙尘气溶胶在其中扮演什么角色、通过什么途径与机制对云和降水产生影响尚不清楚。国外学者在非洲撒哈拉沙漠地区就沙尘对低云的影响进行了初步研究。我国西北地区是全球沙尘天气发生频率最高、强度最大的地区之一，受青藏高原抬升或蒙古气旋影响，产生的大量沙尘气溶胶可输送至对流层中上部、我国华北地区及美洲大陆地区，对区域乃至全球气候产生重要影响。因此，西北地区沙尘气溶胶对干旱气候的影响机理是一个重要的科学问题。

解决该问题的关键点和难点如下：①西北地广人稀、自然环境恶劣，沙尘气溶胶、云微物理特性等相关第一手高精度观测资料的获取和长期积累至关重要，但困难重重；②西北地区沙尘气溶胶主要源自沙尘天气的频发，其类型繁多、特点各异、成因复杂，需要进行全面系统、深入细致地研究；③沙尘气溶胶的三维空间分布及其变化和传输是本项研究的关键环节，需要先进技术手段及多种方法的配合才能完成；④影响气候的因素有多种，就西北干旱气候而言，由沙尘天气输送到大气中的大量沙尘气溶胶对气候的影响程度、通过什么途径与机制产生影响并不清楚，其研究切入点的寻求及如何将沙尘气溶胶的作用从众多影响因素中合理有效地分离出来，是这项研究的最难点与关键所在。

针对上述问题，王式功等（2003）针对在我国出现的强沙尘暴、沙尘暴、扬沙和浮尘等不同类型沙尘天气过程，率先对其进行区划，系统揭示了其时空特征、形成机理及变化规律，为沙尘源区的有效追溯打下基础。同时，利用建设资金率先在我国西北典型干旱半干旱区按照国际标准建立了兰州大学半干旱气候与环境观测站，并专门设计了适用于西北艰苦环境条件下作业的移动观测车（第 10 章）；在开展长期定点连续观测的同时，每年深入沙尘源地，组织开展了多次具有国际影响的大型野外综合观测试验，获取了我国西北典型干旱半干旱区的陆-气交换、云微物理特性和气溶胶等第一手高精度观测资料，并充分利用地面综合观测和高分辨率卫星遥感资料，采用点面结合、资料分析和数值模拟等手段，系统深入地开展了我国西北地区沙尘气溶胶的微物理特性、三维分布特征和传输过程的研究。在此基础上，系统评估了西北沙尘气溶胶影响气候的直接、间接和半直接效应的三种主要途径，明确提出了沙尘气溶胶半直接效应的干旱化作用；探明了气溶胶间接和半直接效应在中国西北地区抑制云发展和加剧干旱化过程中扮演的重要角色；进而揭示了该地区沙尘气溶胶对云、降水及干旱气候的影响机理（图 2.16）。

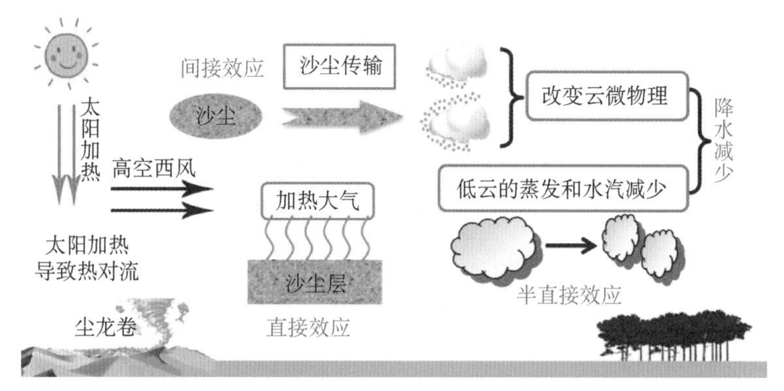

图 2.16 干旱半干旱区沙尘-云相互作用示意图（Huang et al.，2017b）

沙尘气溶胶不仅能够通过吸收和反射太阳辐射减少入射辐射能量，直接影响地球大气辐射收支平衡（即直接效应）；也可作为云凝结核改变云微物理特性、云量和云寿命，进而间接影响气候系统（即间接效应）；还可吸收太阳辐射改变大气辐射加热结构，加速低云蒸发和水汽减少（即半直接效应）。这是沙尘气溶胶影响气候的三种主要途径。以往国际上有关此类问题的研究主要通过利用模式模拟撒哈拉沙漠地区沙尘气溶胶对低云的影响，然而很少有观测资料证实沙尘气溶胶对云（特别是高云）、降水及气候的影响。其研究表明，我国西北沙尘气溶胶具有比撒哈拉沙漠地区沙尘更强的吸收性，而且受青藏高原特殊地形或蒙古气旋的影响，沙尘气溶胶可输送至对流层中上部及下游较远地区，因而其对云、降水及气候的影响与撒哈拉沙漠地区有显著差异。然而由于观测资料的匮乏，有关我国西北沙尘气溶胶对干旱气候影响机理的研究非常少见，而且利用观测资料研究气溶胶对云及降水影响的最大困难在于如何从影响云及降水等众多因子（如动力和热力过程）中区分沙尘气溶胶的影响途径和机理。为此，我们基于长期地面综合观测和高精度卫星观测资料，挑选相同天气系统背景条件下的云动力区，通过诊断分析，剔除云动力和热力过程对云及降水的影响，首次全面系统阐明了我国西北沙尘气溶胶影响云、降水及气候的直接、间接和半直接效应的三种主要途径（Huang et al.，2006a，2006b，2009）。

具有较高吸收性的亚洲沙尘气溶胶产生了非常重要的直接辐射效应。塔克拉玛干沙漠作为亚洲内陆腹地最大的沙尘源地，其产生的沙尘气溶胶在大气层顶、大气中和地表的日平均辐射强迫分别高达 44W/m^2、−42W/m^2 和 86W/m^2。不同厚度的沙尘层对大气的日平均净辐射加热率为 1～3K/d，特强沙尘暴发生时其沙尘对大气的日平均净辐射加热率甚至可以达到 5.5K/d。腾格里沙漠的沙尘气溶胶在沙尘天气发生时对太阳直接辐射通量的平均衰减率（38%）约为晴天（17%）的 2 倍。由于我国西北地区沙尘气溶胶的强吸收性，它能够吸收较多的太阳短波辐射，使得很大一部分能量被截留在大气中，从而显著改变大气的辐射加热结构和辐射强迫，进而影响大气环流过程和区域气候（Huang et al.，2009）。

研究发现（Huang et al.，2006a，2006b），沙尘气溶胶可通过蒙古气旋或沿青藏高原边坡爬升等方式输送至对流层中上部及下游较远地区，影响高云的微物理特性。沙尘云的平均有效粒径和光学厚度相比纯云而言，分别减小约 11%和 32.8%，特别是云顶温度为 230～245K 的沙尘云，其冰云有效粒径的平均值比纯云减小 18%。沙尘气溶胶对云微物理特性的改变，使沙尘云的短波、长波和净辐射强迫相比纯云的辐射强迫分别减少了 57%、74%和 46%，即云下沙尘气溶胶的存在明显减弱了云的冷却效应，并且沙尘气溶胶有明显的增暖效应。沙尘气溶胶的大量产生能造成很强的辐射强迫，起到明显的增暖作用，进而改变地-气系统正常的辐射能量收支平衡，最终对气候系统产生重要影响。

研究还发现，沙尘气溶胶通过吸收太阳辐射产生显著的非绝热加热，造成低云蒸发，云水汽减少。在相同天气系统条件下，与纯云相比，沙尘云的平均冰水路径和液态水路径长度分别减小约 23.7%和 49.8%。1984～2002 年国际卫星云气候计划（International Satellite Cloud Climatology Project，ISCCP）的研究显示云水路径长度和表征亚洲沙尘暴活动的塔克拉玛干沙漠沙尘暴指数之间，在空间分布上呈明显负相关关系，并且这些负相关区域基本出现在大气干冷、降水匮乏的亚洲北部或东北部地区。这些区域的沙尘气溶胶生命周期较长，对云的影响更为显著，沙尘气溶胶不仅可以通过吸收太阳短波辐射加热云层，而且造成云滴蒸发、云水路径长度减小、降水减少，进一步加剧干旱化（Huang et al.，2010）。

在上述研究的基础上，结合卫星资料及模式模拟结果，评估了沙尘气溶胶直接效应、间接效应和半直接效应在我国西北地区短波辐射效应中的相对贡献，发现沙尘气溶胶的直接辐射强迫（22.7W/m^2）约占 22%，间接与半直接辐射强迫（82.2W/m^2）约占 78%，明确证实了沙尘气溶胶间接效应与半直接效应在我国西北地区云的发展和加剧干旱化过程中起到了重要作用。除此之外，利用星载激光雷达资料的研究结果显示夏季青藏高原西北部无人区频繁出现沙尘天气，结合地基观测资料揭示了东亚沙尘清晰的三维传输路径和垂直分布特征（Huang et al.，2007）。

我国西北地区是全球沙尘天气发生频率最高、强度最大的地区之一。研究表明，与撒哈拉沙漠地区的情况有所不同，西北地区沙尘气溶胶由于受青藏高原抬升或蒙古气旋的影响，可输送至对流层中上部及下游地区，甚至漂洋过海到达美洲大陆，对当地、区域乃至全球气候都会产生重要影响。因此，对该地区沙尘气溶胶的垂直分布及传输过程的深刻认识是研究其对气候影响机理过程中的关键环节。以往的研究主要集中在模式模拟和单点地基观测，并没有较为系统的观测研究，兰州大学黄建平团队利用地基激光雷达和星载激光雷达（CALIPSO）资料，首次针对天气气候条件恶劣的青藏高原、塔克拉玛干沙漠和戈壁地区，系统地开展了沙尘的垂直分布特征和传输过程的研究。

2006 年 6 月成功发射的 CALIPSO 是迄今为止唯一可以主动探测气溶胶产生量多、影响范围广等特点的星载激光雷达。王式功等（2003）首次将我国沙尘暴天气易发区划分为北疆区、南疆区、河西区、柴达木盆地区、河套区、东北区和青藏区共 7 个亚区。强沙尘暴、沙尘暴主要发生在沙漠及沙化地覆盖的干旱半干旱区，其中南疆区和河西区为多发区；扬沙和浮尘的影响区除上述地区外，明显向东、向南扩展，一直延伸到长江中下游地区。1954～2000 年我国沙尘天气的年发生时间波动总体呈减少趋势，其中，20 世纪 50 年代沙尘天气的发生时间最多，20 世纪 90 年代最少。沙尘暴、扬沙和浮尘三种不同沙尘天气发生时间减少的最大速率和最大年际变率，主要出现在南疆区和河西区。强沙尘暴过程持续时间可达 8h，单个站点沙尘暴的持续时间一般小于 2h。由此系统地揭示了沙尘气溶胶的时空特征、形成机理和变化规律，探明了沙尘气溶胶的主要来源及影响区。

2.5.3　海–气相互作用

干旱半干旱气候的年代际变率是气候系统内部变率和外强迫共同调制影响下产生的振荡，这里称其为气候的年代际调制振荡（decadal modulated oscillation，DMO）分量。以温度为例，利用 EEMD 方法，本章将气温的 DMO 分量用 EEMD 分解后的第 3～5 个本征分量之和表示。图 2.17 分别展示了全球和北半球气温的年代际变率和长期趋势变化序列。如图 2.17 所示，气温的年代际变率分量和长期趋势的幅度相当。在年代际变率影响下，气温会出现加速增温和增暖减缓的现象。相对于全球平均水平而言，北半球气温的年代际变率幅度更大，对气温年代际变化的影响也更显著。

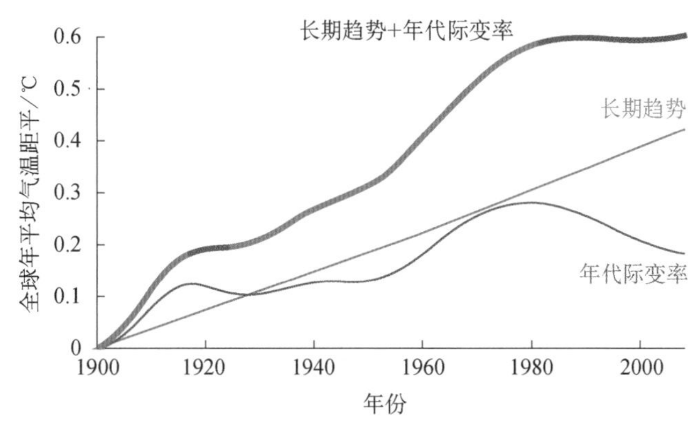

图 2.17　EEMD 分解后的全球年平均气温距平序列的长期趋势、年代际变率以及长期趋势+年代际变率（Huang et al.，2017c）

如前所述，气温的年代际变率分量和气候系统内部变率密切相关（Huang et al.，2017c）。为了研究气温年代际变率与气候系统内部变率的关联，本章用 PDO、厄尔尼诺 3.4 分量（Niño 3.4）、AMO 和北极涛动（Arctic Oscillation，AO）指数对北半球气温的年代际变率进行了逐步回归分析。图 2.18 展示的是将冷季 PDO、Niño 3.4、AMO 和 AO 指数[①]进行 EEMD 展开，然后再用其展开后的各个分量对北半球气温进行 EEMD 展开后的年代际变率分量进行逐步回归的结果。也就是说，先将 4 种指数分别利用 EEMD 展开为 6 个不同频率的分量，这样总共有 24 组序列；然后将北半球气温进行 EEMD 展开后求得其年代际变率分量，即图 2.17 所示的第 3～5 个本征分量之和；最后利用逐步回归方法，用 4 种指数展开后的 24 组变量对气温的年代际变率进行回归。如图 2.18 所示，PDO、Niño 3.4、AMO 和 AO 的年代际变率能够解释北半球气温年代际变率的 88%。对应的具体回归表达式为式（2.12），其中下标代表 EEMD 展开后本征分量的序号：

$$\begin{aligned}\mathrm{DMO}=&\,0.008+0.032\mathrm{PDO}_3+0.063\mathrm{Nino}_4\\&+0.015\mathrm{Nino}_5+0.206\mathrm{AMO}_5+0.016\mathrm{AO}_3-0.042\mathrm{AO}_4\end{aligned}\tag{2.12}$$

① AO 指数占比较小，未在图中显示。

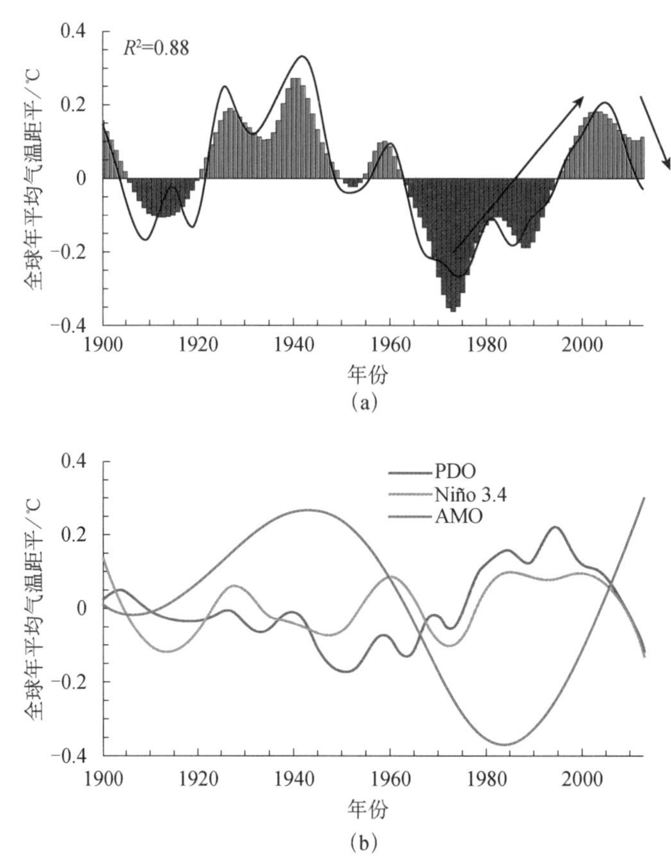

图 2.18　北半球冷季气温的年代际变率序列（a），以及用 PDO、Niño 3.4 和 AMO 进行 EEMD 分解后的各个年代际变率分量对其进行逐步回归的回归序列（b）（Huang et al.，2017c）

其中回归结果对原始序列的解释方差为 88%，其中 PDO、Niño 3.4、AMO 和 AO 的贡献率分别为 22%、18%、56%和 4%

图 2.18 的结果表明，气候内部变率和北极放大机制能激发一个 DMO，增强或者抑制年代际尺度的长期趋势。目前 DMO 处于下降阶段，动力增温与辐射增温相互平衡或抵消，导致增温减缓。DMO 通过改变经向和纬向不对称热力强迫来调节地表温度变化，特别是冷季的温度，我们发现当弱的经向热力强迫和强的纬向热力强迫组合时，DMO 对地表温度的调控最强。加速增温到增温减缓转变的原因是动力温度由增温向降温的转变抵消了辐射强迫的增温作用。动力的降温主要是 NAO、PDO、AMO 的共同作用导致，表明了年代际信号是造成加速增温和增温减缓阶段性转变的原因（Huang et al.，2017c）。PDO、Niño 3.4、AMO 和 AO 各自对北半球气温年代际变率的贡献率分别为 22%、18%、56%和 4%。因此，AMO 对北半球气温年代际变率的调制作用最强，PDO 次之，Niño 3.4 更弱，AO 的作用最小。然而，PDO 和 Niño 3.4 的共同贡献与 AMO 相当。由于 PDO 和 Niño 3.4 共同代表太平洋区域的年代际变率，AMO 代表大西洋区域的年代际变率，因此，太平洋和大西洋的年代际变率对北半球气温年代际变率的影响非常重要。

非洲、南欧、东亚和澳大利亚东部等地区的干旱化趋势使全球干旱半干旱区面积持续增加（Huang et al.，2017c），这种干旱化趋势很大程度上与太平洋年代际振荡导致的降水量减少以及 20 世纪 80 年代以来的迅速升温有密切关系（Dai，2013；Zhao and Dai，2017）。例如，Trenberth 等（2014）指出自然变化尤其是赤道东太平洋海温异常（厄尔尼诺-南方涛动，ENSO）在全球干湿变化中起重要作用。同时，由于受到 PDO 的影响和调控，在冷暖不同的 PDO 位相下，ENSO 所导致的干湿变化强度将会发生改变。Wang 等（2014）通过采用自校准的 PDSI 分析了 PDO 和 ENSO 共同影响下全球陆地干湿变化分布。结果发现当 ENSO 与 PDO 同位相时，厄尔尼诺事件造成的干湿异常的强度要剧烈得多，而且影响范围也大得多；当 PDO 与 ENSO 反位相时，厄尔尼诺事件造成的干湿异常强度相对较弱，有些区域的干湿异常甚至会消失（图 2.19）。

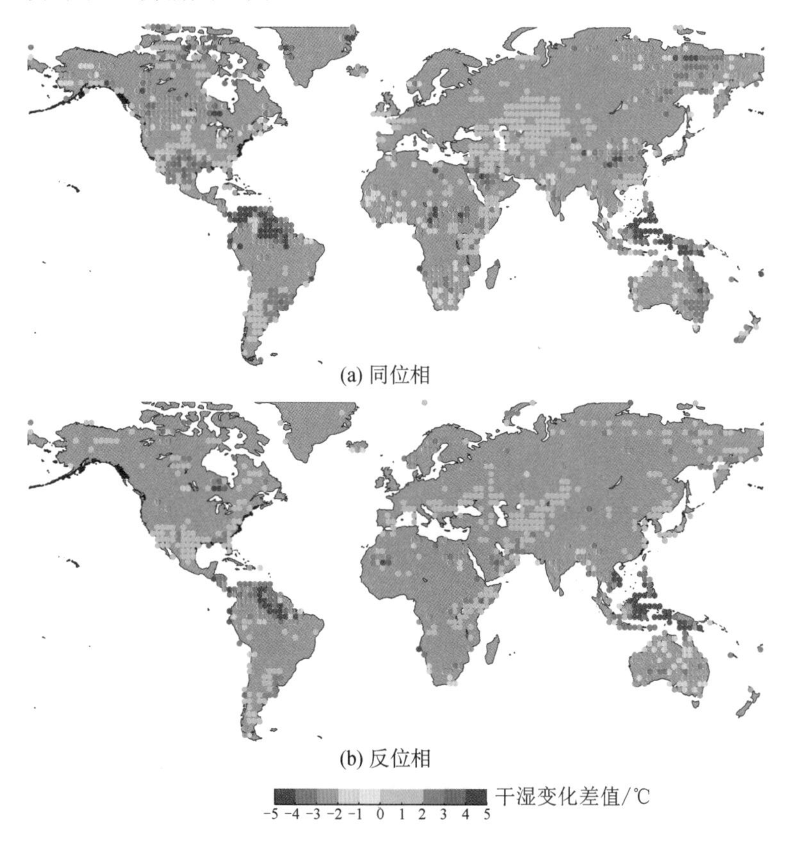

图 2.19　ENSO 和 PDO 同位相和反位相时，PDO 和 ENSO 共同影响下全球陆地干湿变化的差值分布（Wang et al.，2014）

2.5.4　干旱半干旱区对人为气溶胶变化的响应

温室气体和气溶胶是由人类活动所产生的最重要的两个强迫因子（IPCC，2007，2013）。20 世纪人为气溶胶的增加抵消了部分由温室气体造成的全球增温效应，但 21 世纪气溶胶的减少将会加剧全球系统的增温效应，这将使得温室气体造成的增温效应对气候系统的作用加剧。因此，研究和了解干旱半干旱区乃至整个陆地干旱对人为气溶胶变化的响应就显得尤为重要。

Lin 等（2016a）利用 3 组多集合通用地球系统模式（The Community Earth System Model，CESM）模拟实验，即 RCP 8.5 情景、RCP 4.5 情景及 RCP 8.5 情景下保持温室气体变化但将气溶胶及大气氧化剂含量固定在 2005 年的水平值，来研究温室气体和气溶胶造成的干旱半干旱区乃至整个陆地干燥度的变化。研究发现，虽然未来气溶胶排放的减少会增加降水，但同时也会抵消对潜在蒸散的影响，所以气溶胶对陆地平均干燥度的影响甚微，但减少气溶胶会对局域干燥度变化有显著作用。

在气候系统中，散射和吸收性气溶胶对干燥度指数的影响不同。Lin 等（2016b）利用 CESM 模拟研究了陆地干燥度对于人类活动排放的黑碳（black carbon，BC）和硫酸盐气溶胶的响应。就全球陆地而言，BC 气溶胶的辐射强迫为正值，全球气温每升高 1℃，降水减少 0.9%，PET 增加 1.0%，导致全球干燥度指数减小 1.9%（变干）。硫酸盐气溶胶的辐射强迫为负值，全球气温每降低 1℃，降水减少 6.7%，同时 PET 也减少 6.3%，从而导致全球干燥度指数减小 0.4%（变干）。因此，硫酸盐气溶胶的冷却作用对陆地干燥度的变化影响较小。尽管 BC 气溶胶和硫酸盐气溶胶对全球平均气温的影响作用相反，但对于 20 世纪的干旱化都有正的贡献。由于气溶胶相对于温室气体对全球气温变化的影响较小，蒸散量和降水量差值随温度的变化率也较小，因此气溶胶对陆地平均干燥度的净影响很小（Lin et al.，2016a，2016b；Fu et al.，2016）。

地球系统是一个复杂系统，包含多个变量，同时受多种因素共同影响。自然爆发的火山活动所喷发的火山灰（主要成分是硫酸盐）会反射太阳辐射，造成地表气温降低，降水量减少。太阳的活跃程度并不稳定，这导致发射的能量发生波动。地球绕太阳公转的轨道并非稳定，这使得地球接收到的太阳辐射能量发生变化。人为或自然引起的地表变化，特别是十九二十世纪以来农作物和草场的扩张，改变了地表反照率，影响陆-气相互作用。二氧化碳、一氧化二氮和甲烷等温室气体，人为排放的臭氧和气溶胶也影响着大气过程。

为了研究在自然强迫变化背景下的人为影响，Fu 等（2016）利用耦合地球系统模式的过去千年的多集合实验（850～2005 年）与当前到未来的大集合实验（1920～2080 年），首先检验了过去千年到未来百年全球陆面地表气温、降水量、潜在蒸散量、干燥度指数、相对湿度、有效能量和地表 2m 处风速的历史演变（图 2.20），很好地模拟出历史上几次大的火山爆发，公元 1258 年的印尼撒玛拉斯（Samalas）火山爆发、1452 年的库瓦（Kuwae）火山爆发以及 1815 年的坦博拉（Tambora）火山爆发，均能在全球陆面地表气温、降水量、潜在蒸散量的时间序列中体现。相对湿度的增加，地表可用能量的降低和轻微的地表风速变化信号均较为清晰。相对湿度的变化可能是干燥度指数变化导致的，但也可能是火山爆发导致的降温且地表降温大于海面进而使大量空气从海洋移到陆地导致的。

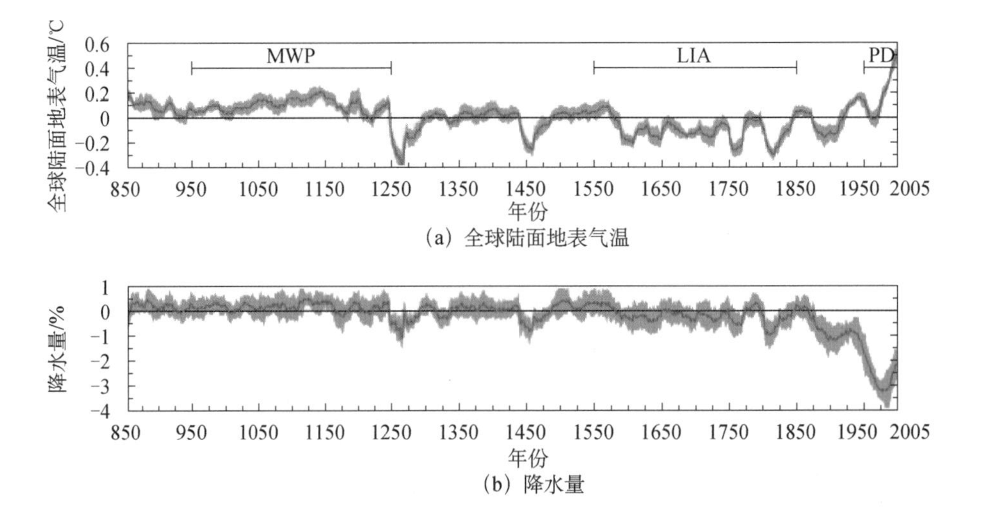

(a) 全球陆面地表气温

(b) 降水量

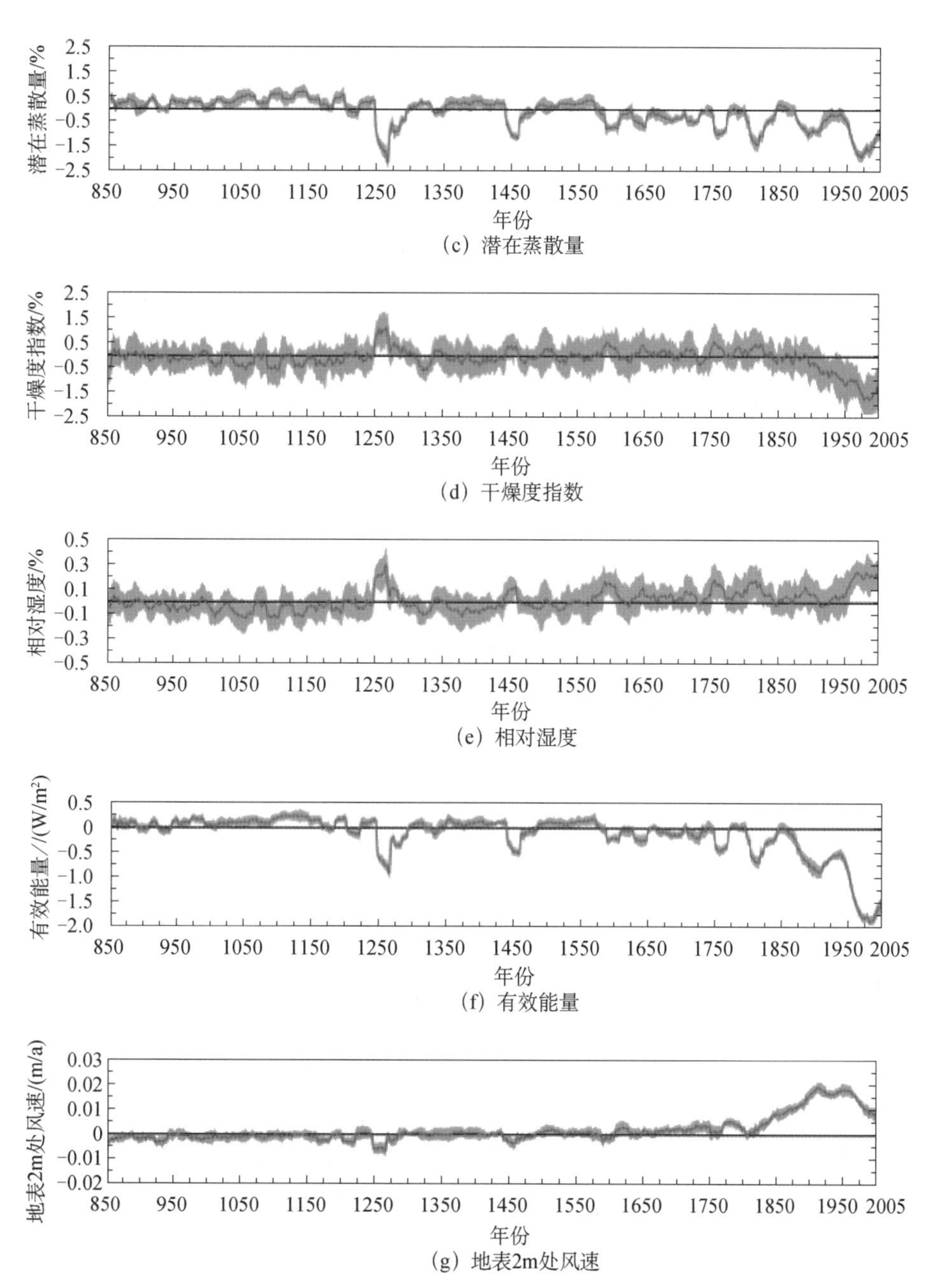

（c）潜在蒸散量

（d）干燥度指数

（e）相对湿度

（f）有效能量

（g）地表2m处风速

图 2.20　850～2005 年，CESM-LME 模拟的年际全球陆面地表气温、降水量、潜在蒸散量、干燥度指数、相对湿度、有效能量和地表 2m 处风速的时间序列（Fu et al.，2016）

MWP，中世纪暖期（950～1250 年）；LIA，小冰河期（1550～1850 年）；PD，现代时期（1950～2005 年）。红线代表集合平均，阴影区代表两倍的集合标准偏差，图中使用了 20 年的非权重平均

Fu 等（2016）检查了自然和人为强迫对陆地干燥度的影响，这一时期的强迫因子包括火山爆发、太阳活动、日地轨道变化、地表覆盖率、温室气体、对流层臭氧和气溶胶。选择了五个时期进行对比，分别是中世纪暖期（950～1250 年）、小冰期（1550～1850 年）、当前期（1950～2005 年）、过去 1000 年期（850～1850 年）和未来期（2050～2080 年）。研究发现，就全球陆地而言，中世纪暖期的干燥度指数比小冰期小 0.34%，即更干燥；当

前期相对于过去 1000 年期干燥度指数降低了 1.4%；进而预测未来期干旱程度会加剧，干燥度指数将降低 7.8%。换言之，人为强迫对干燥度指数的影响显著大于自然强迫：当前期和未来期相对于过去 1000 年期的变化分别是中世纪暖期相对小冰期变化的 4 倍和 20 倍。研究还定量指出，当前的干旱主要是因为降水减少，而未来期和中世纪暖期的干旱则是因为温度较高。但当前期和未来期的干燥度指数变化主要是由温室气体引起的，而人为气溶胶对陆地平均干燥度指数的影响很小，主要是因为人为气溶胶一方面抑制降水，同时另一方面又抑制潜在蒸散，所以并不能显著影响平均干燥度指数的大小，然而人为气溶胶可以改变引起干燥度指数变化的主要因子（如是降水还是温度）。此外，当前期相对于过去 1000 年期而言，干燥度指数的变化就幅度和符号而言都存在很大的空间非均匀性，这主要是人为气溶胶、温室气体和土地利用的共同作用造成的。

2.6 本章小结

本章系统探讨了全球干旱半干旱气候变化的时空特征，厘清了影响干旱半干旱气候变化的主要物理过程和反馈机制，主要包括：陆-气相互作用、沙尘-云-降水相互作用、海-气相互作用以及人类活动的影响等。陆-气相互作用决定了不同地区的干旱响应强度和年际变化特征。全球半干旱区是近 100 年来增温最显著的地区，这种半干旱区的强化增温是一种区域尺度现象，主要是由局域的辐射强迫增温造成的。半干旱区强化增温加快了地表蒸发，造成区域干旱化加剧，进而抑制土壤有机碳储存能力，使土壤向大气中释放更多 CO_2，导致增温效应加强，形成正反馈过程。沙尘气溶胶通过直接、间接和半直接效应三种主要途径影响干旱气候。沙尘气溶胶可通过吸收太阳辐射加快大气低层水云中云滴的蒸发、云水路径长度的减小，在干旱半干旱区云的发展和干旱化加剧过程中扮演着重要角色。海-气相互作用决定了年代际尺度上的全球干湿变化，NAO、PDO 与 ENSO 位相的不同配置可造成海陆热力差异和南北热力差异的显著变化，从而影响西风带和行星波活动强度以及阻塞频率，进而加速或减缓全球尺度的温度和降水量变化。研究还表明，人类活动的影响决定了不同地区气候的长期趋势，特别是温度和降水的长期趋势。人为强迫对干燥度指数的影响显著大于自然强迫，陆地平均干燥度指数的变化主要是温室气体增加所致，人为气溶胶对整体影响较小，但其通过对地表温度、降水量、有效能量等的作用，而成为决定干燥度变化的主要贡献因子。

参考文献

程善俊，管晓丹，黄建平，等. 2013. 利用 GLDAS 资料分析黄土高原半干旱区土壤湿度对气候变化的响应. 干旱气象，31（4）：641-649.

符淙斌，马柱国. 2008. 全球变化与区域干旱化. 大气科学，32（4）：752-760.

马柱国，符淙斌. 2005. 中国干旱和半干旱带的 10 年际演变特征. 地球物理学报，48（3）：519-525.

马柱国，符淙斌. 2006. 1951～2004 年中国北方干旱化的基本事实. 科学通报，51（20）：2429-2439.

马柱国，符淙斌. 2007. 20 世纪下半叶全球干旱化的事实及其与大尺度背景的联系. 中国科学（D 辑：地球科学），37（2）：222-233.

马柱国，黄刚，甘文强，等. 2005. 近代中国北方干湿变化趋势的多时段特征. 大气科学，29（5）：671-681.

马柱国，邵丽娟. 2006. 中国北方近百年干湿变化与太平洋年代际振荡的关系. 大气科学，30（3）：464-474.

王式功，王金艳，周自江，等. 2003. 中国沙尘天气的区域特征. 地理学报，58（2）：193-200.

卫捷，马柱国. 2003. Palmer 干旱指数、地表湿润指数与降水距平的比较. 地理学报，2003（z1）：117-124.

徐保梁，杨庆，马柱国. 2017. 全球不同空间尺度陆地年降水的年代尺度变化特征. 大气科学，41（3）：593-602.

Cai W，Cowan T，Thatcher M. 2012. Rainfall reductions over southern hemisphere semi-arid regions：The role of subtropical dry zone expansion. Scientific Reports，2：702 .

Charney J. 1975. Dynamics of deserts and drought in the Sahel. Quarterly Journal of the Royal Meteorological Society，101（428）：193-202.

Chen F，Mitchell K，Schaake J，et al. 1996. Modeling of land surface evaporation by four schemes and comparison with FIFE observations. Journal of Geophysical Research，101（D3）：7251-7268.

Chen M，Xie P，Janowiak J E，et al. 2002. Global land precipitation：A 50-yr monthly analysis based on gauge observations. Journal of Hydrometeorology，3（3）：249-266.

Chen X，Tung K. 2014. Varying planetary heat sink led to global-warming slowdown and acceleration. Science，345：897-903.

Cheng S J，Guan X D，Huang J P，et al. 2015. Long-term trend and variability of soil moisture over East Asia. Journal of Geophysical Research，120：8658-8670.

Cheng S J，Huang J P. 2016. Enhanced soil moisture drying in transitional regions under a warming climate. Journal of Geophysical Research，121：2542-2555.

Cressman G P. 1959. An operational objective analysis system. Monthly Weather Review，87（10）：367-374.

Dai A，Trenberth K E，Qian T. 2004. A global dataset of palmer drought severity index for 1870—2002：Relationship with soil moisture and effects of surface warming. Journal of Hydrometeorology，5：1117-1130.

Dai A，Zhao T. 2017. Uncertainties in historical changes and future projections of drought. Part Ⅰ：Estimates of historical drought changes. Climatic Change，144：519-533.

Dai A G. 2013. Increasing drought under global warming in observations and models. Nature Climate Change，3（1）：52-58.

Dai Y，Zeng X，Dickinson R E，et al. 2003. The common land model. Bulletin of the American Meteorological Society，84（8）：1013-1023.

Dong B，Dai A. 2015. The influence of the interdecadal Pacific oscillation on temperature and precipitation over the globe. Climate Dynamics，45（9-10）：2667-2681.

Fan Y H，Dool H V D. 2008. A global monthly land surface air temperature analysis for 1948—present. Journal of Geophysical Research，113：D01103.

Feng S，Fu Q. 2013. Expansion of global drylands under a warming climate. Atmospheric Chemistry and Physics，13（19）：10081-10094.

Friedl M A，Sulla-Menashe D，Tan B，et al. 2010. MODIS Collection 5 global land cover：Algorithm refinements and characterization of new datasets. Remote Sensing of Environment，114（1）：168-182.

Fu Q，Johanson C M，Wallace J M，et al. 2006. Enhanced mid-latitude tropospheric warming in satellite measurements. Science，312：1179.

Fu Q，Lin L，Huang J，et al. 2016. Changes in terrestrial aridity for the period 850–2080 from the community earth system model. Journal of Geophysical Research Atmospheres，121（6）：2857-2873.

Gandin L S. 1963. Objective Analysis of Meteorological Fields. Leningrad：Gidrometeorizdat.

Giannini A，Saravanan R，Chang P. 2003. Oceanic forcing of Sahel rainfall on interannual to interdecadal time scales. Science，302（5647）：1027-1030.

Guan X，Huang J，Guo N，et al. 2009. Variability of soil moisture and its relationship with surface albedo and soil thermal parameters over the Loess Plateau. Advances in Atmospheric Sciences，26（4）：692-700.

Guan X，Huang J，Guo R，et al. 2015a. Role of radiatively forced temperature changes in enhanced semi-arid warming in the cold season over East Asia. Atmospheric Chemistry and Physics，15：13777-13786.

Guan X，Huang J，Guo R，et al. 2015b. The role of dynamically induced variability in the recent warming trend slowdown over the northern hemisphere. Scientific Reports，5：12669.

Guan X，Huang J，Guo R. 2017. Changes in aridity in response to the global warming hiatus. Journal of Meteorological Research，31：117-125.

Hirschi M，Seneviratne S I，Alexandrov V，et al. 2011. Observational evidence for soil-moisture impact on hot extremes in southeastern Europe. Nature Geoscience，4（1）：17-21.

Hoerling M，Eischeid J，Perlwitz J. 2010. Regional precipitation trends：Distinguishing natural variability from anthropogenic forcing. Journal of Climate，23：2131-2145.

Huang G，Liu Y，Huang R. 2011. The interannual variability of summer rainfall in the arid and semiarid regions of Northern China and its association with the northern hemisphere circumglobal teleconnection. Advances in Atmospheric Sciences，28：257-268.

Huang J，Guan X，Ji F. 2012. Enhanced cold-season warming in semi-arid regions. Atmospheric Chemistry and Physics，12（12）：5391-5398.

Huang J，Li Y，Fu C，et al. 2017b. Dryland climate change：Recent progress and challenges. Reviews of Geophysics，55：719-778.

Huang J，Lin B，Minnis P，et al. 2006a. Satellite-based assessment of possible dust aerosols semi-direct effect on cloud water path over East Asia. Geophysical Research Letters，33（19）：L19802.

Huang J，Minnis P，Lin B，et al. 2006b. Possible influences of Asian dust aerosols on cloud properties and radiative forcing observed from MODIS and CERES. Geophysical Research Letters，33（6）：L06824.

Huang J，Minnis P，Yan H，et al. 2010. Dust aerosol effect on semi-arid climate over northwest China detected from A-Train satellite measurements. Atmospheric Chemistry and Physics，10（14）：6863-6872.

Huang J，Minnis P，Yi Y，et al. 2007. Summer dust aerosols detected from CALIPSO over the Tibetan Plateau. Geophysical Research Letters，34：L18805.

Huang J，Su J，Tang Q，et al. 2009. Taklimakan dust aerosol radiative heating derived from CALIPSO observations using the Fu-Liou radiation model with CERES constraints. Atmospheric Chemistry and Physics，9：4011-4021.

Huang J，Xie Y，Guan X，et al. 2017c. The dynamics of the warming hiatus over the northern hemisphere. Climate Dynamics，48（1-2）：429-446.

Huang J，Yu H，Dai A，et al. 2017a. Drylands face potential threat under 2℃ global warming target. Nature Climate Change，7（7）：417-422.

Huang J，Yu H，Guan X，et al. 2016. Accelerated dryland expansion under climate change. Nature Climate Change，6（2）：166-172.

Huang J，Zhang W，Zuo J，et al. 2008. An overview of the semi-arid climate and environment research observatory over the Loess Plateau. Advances in Atmospheric Sciences，25（6）：906-921.

Hulme M. 1996. Recent climatic change in the world's drylands. Geophysical Research Letters，23：61-64.

IPCC. 2007. Climate Change 2007：The Physical Science Basis. Contribution of Working Group Ⅰ to the Fourth Assessment Report of the Intergovernmental Panel on Climate Change. Cambridge：Cambridge University Press.

IPCC. 2013. Climate Change 2013：The Physical Science Basis.Contribution of Working Group Ⅰ to the Fourth Assessment Report of the Intergovernmental Panel on Climate Change. Cambridge：Cambridge University Press.

Jensen M E，Burman R D，Allen R G. 1990. Evapotranspiration and Irrigation Water Requirements. New York：ASCE Manuals and Reports on Engineering Practices No. 70.

Ji F，Wu Z，Huang J，et al. 2014. Evolution of land surface air temperature trend. Nature Climate Change，4（6）：462-466.

Ji M，Huang J，Xie Y，et al. 2015. Comparison of dryland climate change in observations and CMIP5 simulations. Advances in Atmospheric Sciences，32（11）：1565-1574.

Kalnay E，Kanamitsu M，Kistler R，et al. 1996. The NCEP/NCAR 40-year reanalysis project. Bulletin of the American Meteorological Society，77：437-471.

Kendall M G. 1975. Rank Correlation Methods. 4th edition. London：Charles Griffin.

Koren V，Schaake J，Mitchell K，et al. 1999. A parameterization of snowpack and frozen ground intended for NCEP weather and climate models. Journal of Geophysical Research，104（D16）：19569-19585.

Koster R，Suarez M. 1996. Energy and water balance calculations in the Mosaic LSM. NASA Technical Memonandur，104606（9）：59.

Kottek M，Grieser J，Beck C，et al. 2006. World map of the Köppen-Geiger climate classification updated. Meteorologische Zeitschrift，15（3）：259-263.

Lal A. 2003. Carbon sequestration in dryland ecosystems. Environmental Management，33：528-544 .

Lau K M，Lee J Y，Kim K M，et al. 2004. The North Pacific as a regulator of summer climate over Eurasian and North America. Journal of Climate，17：819-833.

Li H，Dai A，Zhou T，et al. 2010. Responses of East Asian summer monsoon to historical SST and atmospheric forcing during 1950–2000. Climate Dynamics，34（4）：501-514.

Li Y，Huang J，Ji M，et al. 2015. Dryland expansion in northern China from 1948 to 2008. Advances in Atmospheric Sciences，32（6）：870-876.

Liang X，Lettenmaier D P，Wood E F，et al. 1994. A simple hydrologically based model of land surface water and energy fluxes for general circulation models. Journal of Geophysical Research，99（D7）：14415-14428.

Lin L，Gettelman A，Fu Q，et al. 2016b. Simulated differences in 21st century aridity due to different scenarios of greenhouse gases and aerosols. Climatic Change，146（3-4）：407-422.

Lin L，Wang Z，Xu Y，et al. 2016a. Sensitivity of precipitation extremes to radiative forcing of greenhouse gases and aerosols. Geophysical Research Letters，43（18）：9860-9868.

Mann H B. 1945. Nonparametric tests against trend. Econometrica，13（3）：245-259.

Meigs R. 1953. World distribution of arid and semi-arid climates//Review of Research on Arid Zone Hydrology. Paris：UNESCO Arid Zone Programs，1：203-210.

Middleton N，Thomas D. 1997. World Atlas of Desertification. 2nd edition. London：Arnold.

Mortimore M. 2009. Dryland Opportunities. New York：Island Press.

Namias J. 1959. Recent seasonal interactions between north Pacific waters and the overlying atmospheric circulation. Journal of Geophysical Research，64：631-646.

Neelin J，Chou C，Su H. 2003. Tropical drought regions in global warming and El Niño teleconnections. Geophysical Research Letters，30（24）：2275.

New M，Hulme M，Jones P. 1999. Representing twentieth-century space-time climate variability. Part I：Development of a 1961—90 mean monthly terrestrial climatology. Journal of Climate，12（3）：829-856.

Otterman J. 1974. Baring high-albedo soils by overgrazing：A hypothesized desertification mechanism. Science，186（4163）：531-533.

Peel M，Finlayson B，McMahon T. 2007. Updated world map of the Köppen-Geiger climate classification. Hydrology and Earth System Sciences，11：1633-1644.

Peng S S，Piao S，Ciais P，et al. 2013. Asymmetric effects of daytime and night-time warming on northern hemisphere vegetation. Nature，501：88-92.

Peterson T C，Vose R S. 1997. An overview of the global historical climatology network temperature database. Bulletin of the American Meteorological Society，78（12）：2837-2849.

Qian C，Zhou T. 2014. Multidecadal variability of north China aridity and its relationship to PDO during 1900–2010. Journal of Climate，27：1210-1222.

Rodell M，Houser P，Jambor U，et al. 2004. The global land data assimilation system. Bulletin of the American Meteorological Society，85（3）：381-394.

Ropelewski C，Janowiak J，Halpert M. 1985. The analysis and display of real time surface climate data. Monthly Weather Review，113（6）：1101-1106.

Rotstayn L D，Lohmann U. 2002. Tropical rainfall trends and the indirect aerosol effect. Journal of Climate，15：2103-2116.

Safriel U，Adeel Z. 2005. Dryland systems//Hassan R，Scholes R，Ash N. Ecosystems and Human Well-being：Current State and Trends，vol 1. Washington：Island Press.

Seager R，Naik N，Vecchi G A. 2010. Thermodynamic and dynamic mechanisms for large-scale changes in the hydrological cycle in response to global warming. Journal of Climate，23（17）：4651-4668.

Sharma P，Abrol V，Abrol S，et al. 2012. Climate change and carbon sequestration in dryland soils//Abrol V，Sharma P. Resource Management for Sustainable Agriculture. Rijeka：InTech：139-163.

Sheffield J，Goteti G，Wood E F. 2006. Development of a 50-year high-resolution global dataset of meteorological forcings for land surface modeling. Journal of Climate，19（13）：3088-3111.

Sherwood S，Fu Q. 2014. A drier future? Science，343：737-739.

Thomas D. 2011. Arid Zone Geomorphology：Process，Form and Change in Drylands. 3rd edition. New Jersey：Wiley-Blackwell.

Thornthwaite C. 1948. An approach toward a rational classification of climate. Geographical Review，38：55-94.

Ting M，Kushnir Y，Seager R，et al. 2009. Forced and internal twentieth-century SST trends in the north Atlantic. Journal of Climate，22（6）：1469-1481.

Ting M，Wang H. 1997. Summertime US precipitation variability and its relation to Pacific sea surface temperature. Journal of Climate，10：1853-1873.

Trenberth K E，Fasullo J T，Balmaseda M A. 2014. Earth's energy imbalance. Journal of Climate，27：3129-3144.

Wang G，Huang J，Guo W，et al. 2010. Observation analysis of land-atmosphere interactions over the Loess Plateau of northwest China. Journal of Geophysical Research，115：D00K17.

Wang S，Huang J，He Y，et al. 2014. Combined effects of the Pacific decadal oscillation and El Niño-southern oscillation on global land dry-wet changes. Scientific Reports，4：6651.

Yue S，Pilon P，Cavadias G. 2002. Power of the Mann-Kendall and Spearman's rho tests for detecting monotonic trends in hydrological series. Journal of Hydrology，259（1-4）：254-271.

Zhang Q，Xu C Y，Zhang Z，et al. 2009. Spatial and temporal variability of precipitation over China，1951—2005. Theoretical and Applied Climatology，95（1-2）：53-68.

Zhao T，Dai A. 2017. Uncertainties in historical changes and future projections of drought. Part Ⅱ：Model-simulated historical and future drought changes. Climate Change，144：535-548.

第3章

基本气象要素的观测

3.1 引言

常规气象要素是描述大气物理状态和现象的基本变量，表征某一个特定地区不同时刻的天气状况或天气现象，主要包括空气温度、相对湿度、大气压强、风速、风向、云、降水量、能见度以及各种天气现象等，通过分析常规气象要素的基本特征及其变化状况，可准确获取大气的运动状态及其演变规律。常规气象要素数据资料主要通过各个台站观测获得，是天气数值预报和气候预测模式中所需的基础参量。因此，气象观测是气象工作和大气科学发展的基础，不仅为锋面、气旋、气团和大气波动等天气气候学理论机制的建立提供了数据支撑，还在防灾减灾和科学应对气候变化等方面发挥着重要作用。

随着科学技术的飞速发展，气象探测技术也发生了翻天覆地的变化，尤其是随着电子信息技术和信息网络系统的应用，自动气象观测以其技术先进、精确度高、可靠性好等优点逐步取代了人工观测，国家各级气象台站均已使用自动气象观测系统采集数据资料，极大地减轻了台站观测人员的工作量，且相较于人工观测获取气象观测数据更加便捷，能更好地反映近地面大气的真实状况，但受太阳辐射、海-陆热力差异以及下垫面覆盖类型等因素的影响，大气现象及其物理过程变化较快，且大气中存在不同尺度运动间的相互作用，影响因子纷繁复杂。因而，获取长期连续高质量的气象观测数据是每个测站的首要任务，而如何保障数据的代表性、准确性和可比较性则是地面气象观测站点必须考虑的主要问题。

无论是气象科学的探测与研究，还是对未来天气的模拟预报或气候预测评估，都离不开高精度、高质量的气象观测数据集。目前，全球开展最多的气象观测为地面台站常规气象资料观测，在大量数据资料不断积累的同时，气象工作者们也越来越深刻地意识到科学有效的数据质量保障体系对数据质量控制和质量管理评估的重要性。广泛应用于气象行业的各类仪器操作规范、数据采集流程等都属于气象数据资料质量保证工作的一部分，但操作规范多针对气象台站的合理选取、运行维护、传感器校准标定等。事实上，即使拥有再好的数据质量检测程序或数据质量保障体系，对于质量较差的观测数据也是无能为力的。在保障观测要求的基础上，利用数据质量检测程序进行数据质量控制是数据资料使用前必不可少的步骤。

气象要素观测主要集中在近地面层，该层约为大气边界层的 1/10，受到近地面热力和动力作用的影响十分强烈，是大气与地球表面（陆-气、海-气）进行能量和物质交换的主要层次，同时与人类各种生产生活也密切相关。近地面层基本气象要素的获取不仅可以更好地了解大气的基本状态，提高对边界层湍流运动、动量、热量、水汽和物质交换过程等的认识，还能将其合理引入短期天气预报模式中，可有效提高预报精度，尤其是对气候变化敏感地带和脆弱区域的近地层微气象学特征研究有着重要意义（Fiebrich et al.，2010）。

本章内容主要以 SACOL 站为例对常规气象要素的自动观测和数据质量控制方法（Fiebrich et al.，2010；Flemming et al.，2002；Nadolski，1998；Gandin，1987；Shafer et al.，2000）进行介绍，分析 SACOL 站空气温度、相对湿度、风速等气象要素的基本特征和边界层结构廓线，计算 SACOL 站的空气动力学粗糙度和稳定度、热量总体输送系数和动量总体输送系数，讨论动量、热量总体输送系数与空气动力学粗糙度、稳定度之间的关系。

3.2 基本原理

自动气象站是连续观测并存储气象观测数据的设备，可实时自动采集气温、相对湿度、大气压强、风速、风向、降水量、蒸发、辐射、土壤温度等气象要素数据，主要由硬件系统和软件系统两部分组成。硬件系统主要包含传感器（温度、湿度、风速、风向、气压、辐射、降水量、土壤温度、土壤湿度）、数据采集器、供电系统、通信接口以及外围设备；软件系统由采集软件和地面测报业务软件以及远程监控显示软件等组成。自动气象站利用不同传感器采集地面气象要素数据，实时存储到数据采集器中，通过网络统一传输到主控服务器上，经气象采集软件进行处理，实时观测的气象数据资料通过专业软件传出，可在主控电脑上自动显示，通过网络供气象工作人员实时浏览、查看与分析。自动气象站通过安装不同的传感器元件，可对空气温度、相对湿度、露点温度、大气压强、风速、风向、瞬时风速/风向、辐射、降水量、土壤温度、风力等级等多种要素进行采集、存储、处理、显示并输出。

不同自动气象站因具体硬件配置不同，其功能特性略有差异，但主要技术指标都具有可进行长期气象数据观测、测量精度高、通信方式便捷、数据传输可靠、数据存储容量大、气象要素数据及图像可实时显示在大屏幕显示设备上且自动上传、使用方便等特性。

另外，自动气象站的仪器不同于人工常规观测设备，主要由传感器和采集软件通过电源、信号线和主控电脑构成统一的整体，使用自动气象站进行观测之前，工作人员需熟练掌握其工作原理，了解气象站基本结构、仪器布局、电缆布置方式等，在实际观测中才能够正确操作各种设备，确保各项地面气象要素观测的顺利完成。

3.3 气象仪器的操作规范

自动气象站各传感器的使用规范是自动气象站稳定运行的基本保障，需要特别注意电源供电电压（110V 或是 220V）、信号线连接方式、避雷接地线以及通电、断电的先后程序，在开机之前需逐一检查仪器设备安装、连接和电源电压是否规范，检查仪器各部件是否均已装配，电缆线有无破损等。一般情况下，每套气象观测仪器均有完备的安装调试使用手册和说明书，工作人员应严格按照使用说明操作仪器设备，安装各类传感器元件信号线时，应先关闭采集软件供电电源，然后再依次连接传感器电缆，不能在通电情况下电接插接各种信号线，也不能带电撤换或安装传感器。雨量筒传感器由于其特殊的电路设计工作原理，支持热插拔，在安装时可以不用关闭数据采集器，但应注意先把信号线拔下再进行更换，避免人为因素产生虚假的降水记录，影响观测结果的准确性。

为保证气象仪器观测数据的准确性，观测人员需了解清楚影响仪器正常运行的各类故障问题、做出及时准确的判断，采取正确的应对措施，及时排除仪器故障，以保证仪器设备处于良好的运行状态，当遇到数据采集器工作不正常时，应先进行复位处理，做好数据备份；当复位无法解决故障时，应立刻备份数据采集器存储的数据；当雷暴天气出现时，注意及时切断供电电源，采用不间断稳压电源供电，尽量保证地面预报业务软件安全和正常运行。当短时间不能排除仪器故障或观测人员没有能力解决仪器故障时，工作人员必须按照规定补测相关变量，并通知上级业务管理部门请求技术支持。另外，自动气象站应该聘请专业的技术人员每半年对台站的仪器设备进行全面检测、维护，及时排除并解决故障。

气象仪器元件在使用过程中容易附着灰尘、露珠等，影响数据资料的准确性，因此，定期对室外仪器设备进行清洁维护是十分必要的。及时清除温度传感器和湿度传感器上的灰尘杂物，清洁感应元件的外部保护滤膜，以防止灰尘堵塞金属网孔，清除蒸发传感器金属网上的水垢和杂物，用湿布在使用 30min 前擦洗百叶箱，定期更换湿球纱布，擦拭室内外设备主机和辅助系统、显示器、数据采集器等，以确保观测的准确性。

自动气象站的各个主要感应器、电缆线和信号线等安装在室外观测场地，周围环境条件的变化会直接影响仪器的灵敏性，因此要注意确保场地四周环境的稳定。外围设备如风杯、风向杆安装在室外高塔上，容易受飞鸟雕琢而损毁，或被尘土杂物颗粒堵塞，进而导致传感器的数据不准确，因此必须及时检查设备是否有损毁；观测场草坪高度对不同深度土壤温度和湿度的感应有影响，因此必须及时修整草坪；地温观测仪器周围泥土的板结情况、地下电缆容易受鼠蚁咬损等情况也要及时发现并排除。

3.4　数据质量控制

3.4.1　观测阈值检测

观测阈值检测（range test，RT）主要是基于观测仪器能够探测要素变量的极大或极小值范围以及气象要素在理论上的变化区间。任何一种特定型号的仪器都有其固定的测量量程，在实际观测中偶尔也会由于人为影响、特殊天气过程以及电子信号接收异常等因素造成采集到的数据值远远超出仪器的量程，这些数据在物理上是不合理的，需要对其进行标识，判别其是否为异常数据。另外，还有些变量在理论上也有其上下限范围，如太阳总辐射在固定的站点有理论上的极大值，虽然太阳辐射表可观测的最大上限值更高，但在实际检测中需选用其理论上不应超过的数值作为检测标准。在本章中所有超出仪器观测阈值或者超过变量理论值的数据，都将被视为缺测值并用标识 Flag=1599 进行标识。各个变量在进行阈值检测时参考的量程范围详见表 3.1。

表 3.1　气象要素变量数据变化阈值范围

变量	RT	CRT	TSC	PERS	SNI-CT
空气温度 T_a	−40～60℃	不超过各月气候统计极值	30min 变化阈值为 4.0℃和 8.5℃	2h 内发生一次变化	7 层空气温度变化的一致性

续表

变量	RT	CRT	TSC	PERS	SNI-CT
地表热红外温度 IRT	−55～80℃	同上	同上	3h 内发生一次变化	与 2m 空气温度保持一致
土壤温度 T_s	−30～70℃	同上	2～80cm 土层 30min 增加值小于 3.0℃、2.0℃、1.5℃、1.0℃、0.5℃、0.1℃；减小值小于 7.0℃、6.0℃、3.5℃、2.0℃、0.1℃、0.05℃	2cm、5cm、10cm T_s 在 3h 内变化一次，50cm 和 8cm 在 24h 内变化一次	2cm、5cm、10cm 和 20cm 与 2m 空气温度保持一致
气压 P	600～1100hPa	阈值 780～830hPa	30min 变化阈值为 4hPa	24h 内变化一次	—
相对湿度 RH	0～100%	—	30min 变化阈值为 20%	12h 内变化一次	7 层数据保持一致（～40%）
风速 W_s	0～45m/s	—	30min 变化阈值为 3m/s	12h 内变化一次	7 层数据保持一致（5m/s）
总辐射 DSR	0～1500W/m^2	—	30min 变化阈值为 700W/m^2	15h 内变化一次	大于 USR，且与太阳高度角保持一致
反射辐射 USR	0～800W/m^2	—	30min 变化阈值为 300W/m^2	15h 内变化一次	小于 DSR，且与太阳高度角保持一致
大气逆辐射 DLR	100～500W/m^2	—	30min 变化阈值为 200W/m^2	2h 内变化一次	小于 ULR
地面长波辐射 ULR	100～700W/m^2	—	30min 变化阈值为 200W/m^2	2h 内变化一次	大于或等于 DLR
净辐射 RN	−150～600W/m^2	—	30min 变化阈值为 500W/m^2	2h 内变化一次	—
风向 WD	0～360°	—	—	12h 内变化一次	—
降水量 Prec	0～400mm	0～100mm	—	—	夏季土壤湿度的增加趋势与降水量一致
土壤含水量 SWC	0～0.5m^3/m^3	—			

3.4.2 气候阈值检测

空气温度、土壤温度以及地表热红外温度等变量不仅存在着明显的日变化，还存在着显著的季节性变化特征。观测阈值检测时使用的阈值范围比较大，不能很好地对所有野点数据进行识别，一般选用其气候阈值做更进一步的检测（气候阈值检测，climate range test，CRT）。可用统计台站周边典型区域长期的观测资料，确定出该站点变量的气候阈值（表 3.1）。观测值超出了其对应变量特定月份的最大值或者最小值，这些数据将被视为异常数据，因此气候阈值检测远比观测阈值检测步骤严格，检测并识别出不合理的野点数据以及异常数据。对于特定站点各物理量有其气候上的阈值范围，如 SACOL 站的气压值通常在 780～830hPa 变化，在极端的天气情况下 30min 的总降水量不超过 100mm 等（半干旱区降水量强度变化阈值）。这些异常数据通常出现在仪器故障或者在维护、巡检的前后时间，凡是没有通过上述检测步骤的数据均被标识为 Flag=1550，以区别于阈值检测。

3.4.3 时间变化检测

时间变化检测（temporal step check，TSC）是所有检测程序中最有效、最重要的检测方法。根据 Fiebrich 等（2010）推荐的方法，在给定 30min 时段内气象要素的变化幅度的极大值应该在一定范围之内，超出正常范围的数值均可被检测，并识别标识为 spikes、dips 和异常数据。如果实测数据起初异常增加（减小），随后又异常减小（增加），这种情况下的观测数据同样被标识为 spikes 或者 dips，本章节根据这种方法检测了所有的气象要素变量，同时确定了对应的阈值范围（表 3.1），将没有通过时间变化检测步骤的数据都标识为 Flag=1450（如果标识为野点数据也没有通过时间变化检测，则此数据被标识为 1480），如图 3.1 和图 3.2 所示。

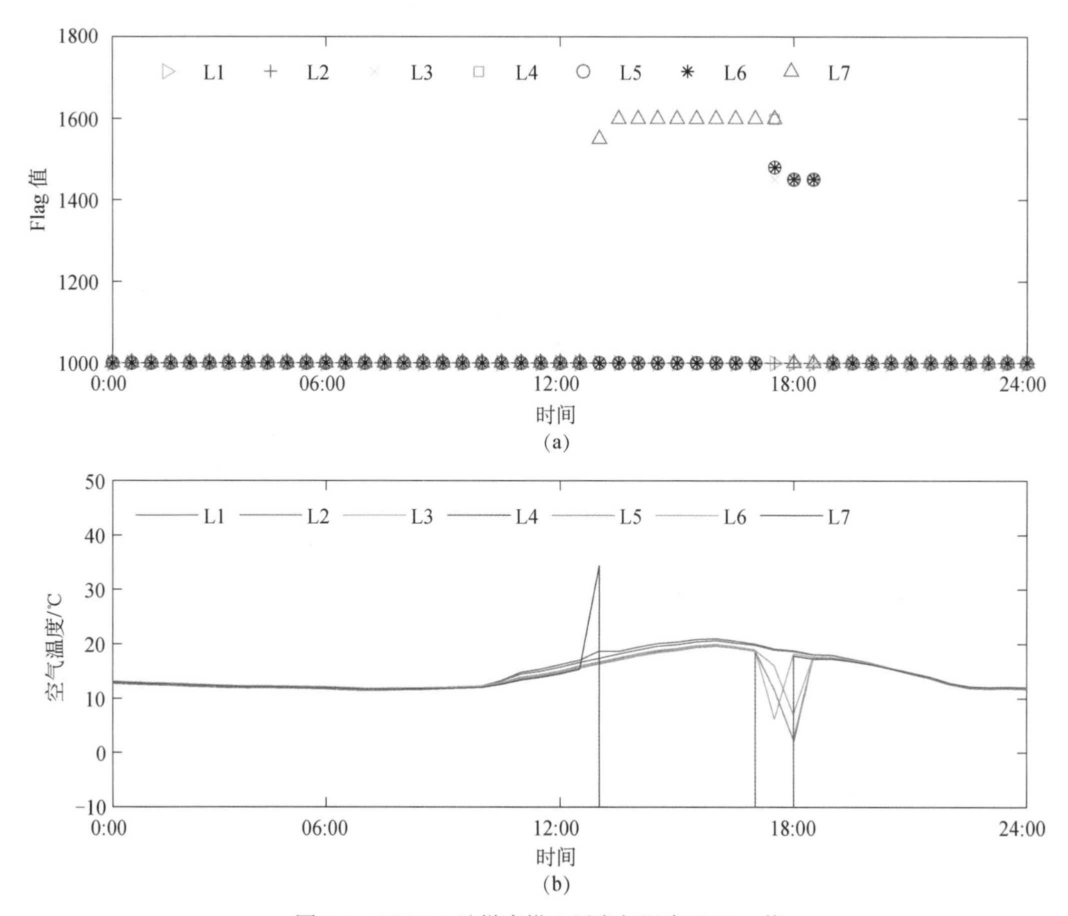

图 3.1　SACOL 站梯度塔 7 层空气温度及 Flag 值

空气温度资料中 Flag（1400～1599），横坐标为北京时间（2007 年 1 月 1 日～2012 年 12 月 31 日）

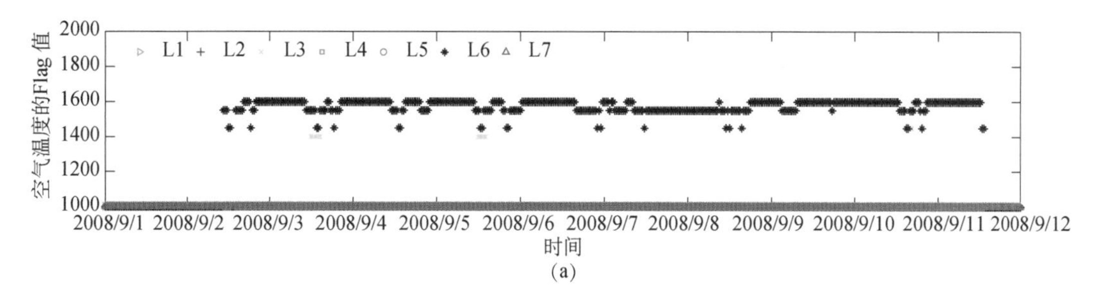

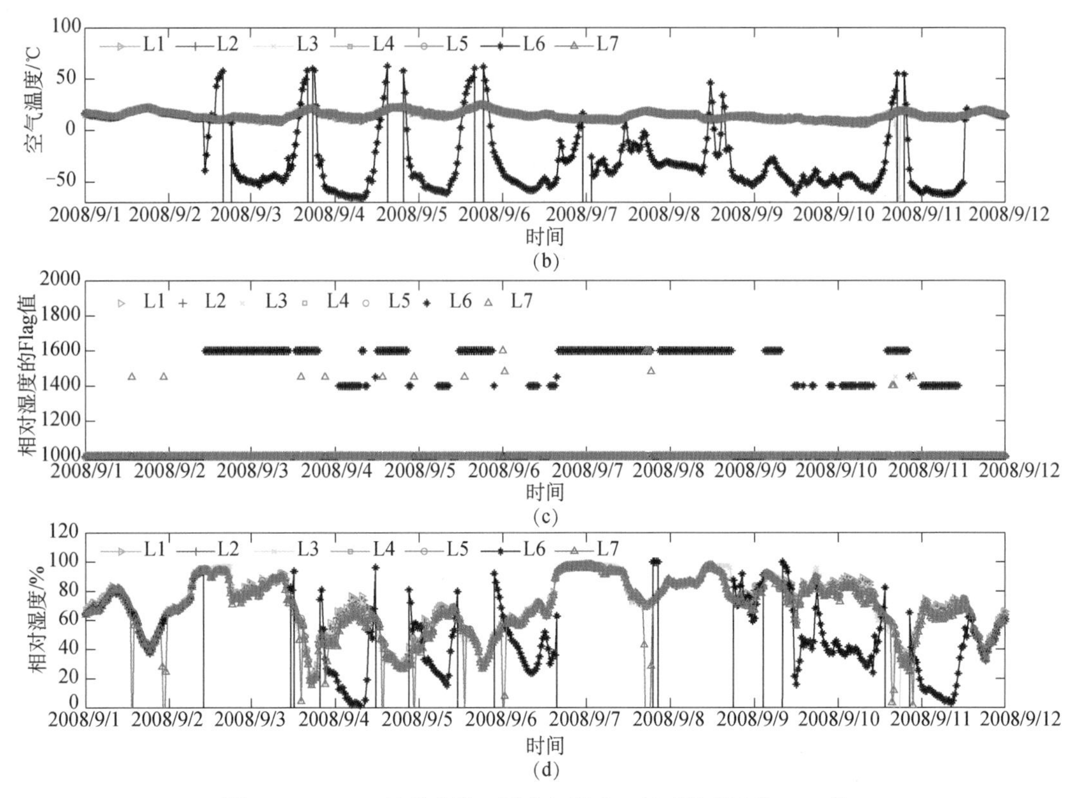

图 3.2 SACOL 站梯度塔 7 层空气温度、相对湿度及其 Flag 值

空气温度和相对湿度资料中 Flag（1400～1599），横坐标为北京时间

3.4.4 数据持续性变化检测

数据持续性变化检测（persistence test，PERS）主要是检测气象要素变量在给定的时段里连续没有发生变化的数据，这在实际过程中往往是不合理的，这些数据通常是仪器故障、传感器响应等问题造成的，给定时段的长度因变量而异，具体请详见表 3.1，将没有通过数据持续性变化检测的数据标识为 Flag=1500。

3.4.5 相似一致性检测

一些气象仪器（如温度、湿度和风速等）通常会安装在不同高度，使用的监测仪器可能是相同型号，或者不同型号的，可以对特定要素进行平行观测，如气象梯度塔上的风速、温度、相对湿度，土壤温度剖面等，因此，可以利用这些相类似的气象要素数据进行相似一致性检验（SNI-CT）。例如，地表反射短波辐射不会超过太阳总辐射值，梯度塔上不同高度层的空气温度虽存在位相滞后，但在一定范围内保持一致的变化趋势，将没有通过相似一致性检验的数据标识为 Flag=1400。

异常数据往往都不能通过以上五个检测步骤，其最终的标识 Flag 值则是第一次没有通过检验的标识值（流程如图 3.3 所示），RT（Flag=1599）、CRT（Flag=1550）、TSC（Flag=1450 或 1480）、PERS（Flag=1500）和 SNI-CT（Flag=1400），具体 Flag 标识含义见表 3.2。

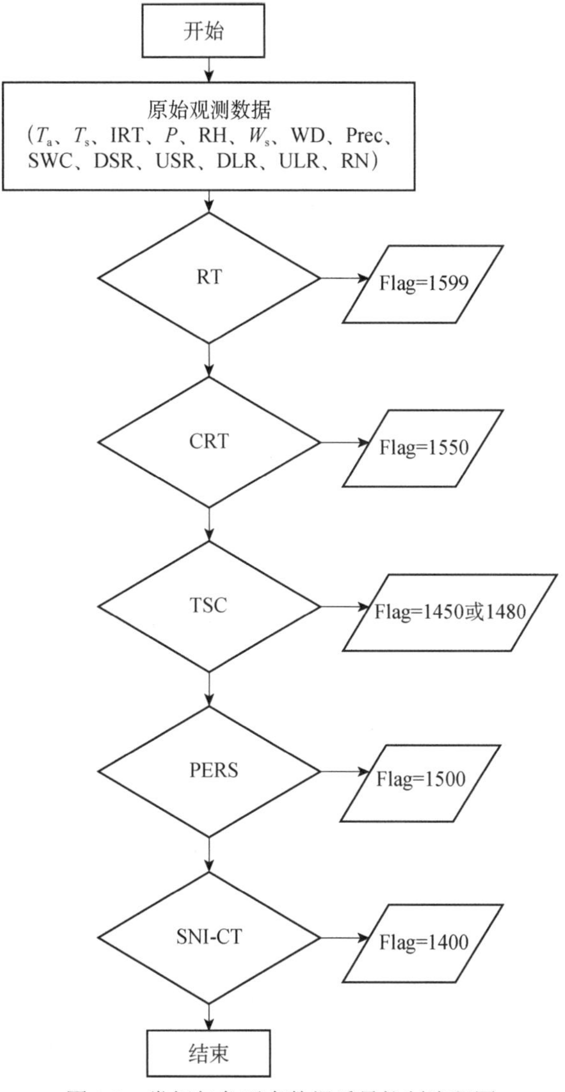

图 3.3　常规气象要素数据质量控制流程图

表 3.2　常规气象要素数据质量控制（quality control，QC）检测步骤

QC 检测	描述	Flag 标识
观测阈值检测（RT）	数据应在仪器观测的量程及气象变量理论值的变化范围之内	1599
气候阈值检测（CRT）	数据应在该站点合理的气候阈值范围内	1550
时间变化检测（TSC）	数据的时间变化不超出某一特定阈值	1450 或 1480
数据持续性变化检测（PERS）	数据在给定某一时间段内是变化的	1500
相似一致性检测（SNI-CT）	数据与同类变量的变化趋势的一致性	1400
冻土检测（FREZ）	将土壤温度低于 0℃时标识为冻土	1300
太阳辐射与太阳高度角	太阳高度角小于 0°时，太阳总辐射为 0W/m^2	1399

3.5　SACOL 站常规气象要素数据质量控制分析

通过 SACOL 站常规气象要素数据质量控制检测的结果表明梯度塔上第 7 层的空

气相对湿度未通过检测数据分别占所有缺失数据和未通过 QC 检验数据的 83.6%和 53.84%；梯度塔风速约 19.58%的数据未通过各项检测，其中未通过 SNI-CT 检测的 15.11%、PERS 检测的 4.46%，第 7 层风速数据占了所有风速未通过 QC 检验数据的 36.87%（表 3.3）。

表 3.3　SACOL 站数据质量控制检测结果　（单位：%）

变量	通过检测	缺失值	未通过检测
T_a	99.42	0.52	0.06
RH	96.51	3.17	0.32
W_s	79.95	0.47	19.58
T_s	99.70	0.26	0.04
SWC	99.74	0.26	0
IRT	99.53	0.46	0.01
DSR	98.01	1.03	0.03
P	99.53	0.47	0
Prec	95.36	4.64	0

大气压强是一个相对比较稳定的变量，受环境条件和天气状况变化的影响较小。空气温度、地表热红外温度、不同深度土壤温度和短波辐射及长波辐射通量的变化相对稳定，但受天气状况和数据采集器的影响较大，而空气相对湿度和风速变化常常与其相邻高度层上的湿度、风速的变化趋势不一致，特别是第 7 层 32m 高度处的相对湿度和风速。由于受到技术条件的影响，只能对不同深度土壤湿度的变化进行观测阈值检测，未来发展更为全面的检测方法，当前土壤湿度和降水强度的数据检测和质量控制仍是大气科学观测研究中的难点问题之一。

本章设置空气温度在 30min 内的增加值和减小值分别不超过 4.0℃和 8.0℃，但 2008 年 1 月 27 日的空气温度变化例外（图 3.4），空气温度数据被标识为 Flag=1450，在 30min 内增加了 4.0℃，但通过进一步比较其他变量，发现该变化在合理的范围之中，类似这种特殊情况极少出现，30min 内空气温度增加的阈值仍然设置为 4.0℃，因而，在经过 QC 检测后，数据仍然需要进行人工检查，以避免特殊天气或者大气条件下合理的气象变量被误判为异常数据。

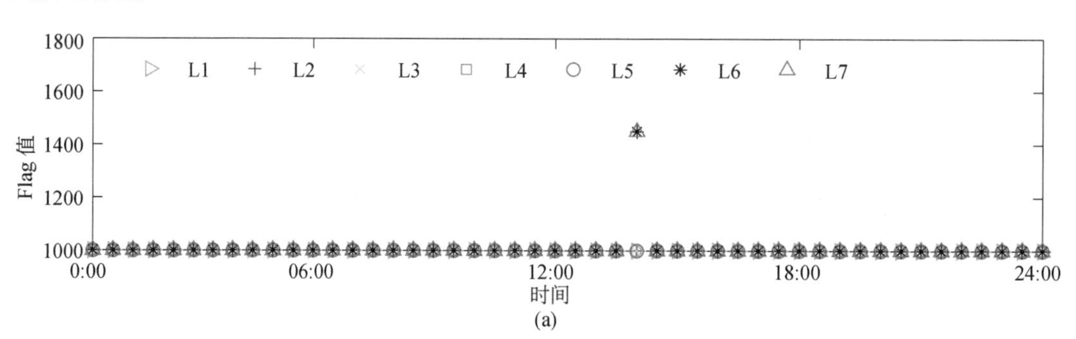

(a)

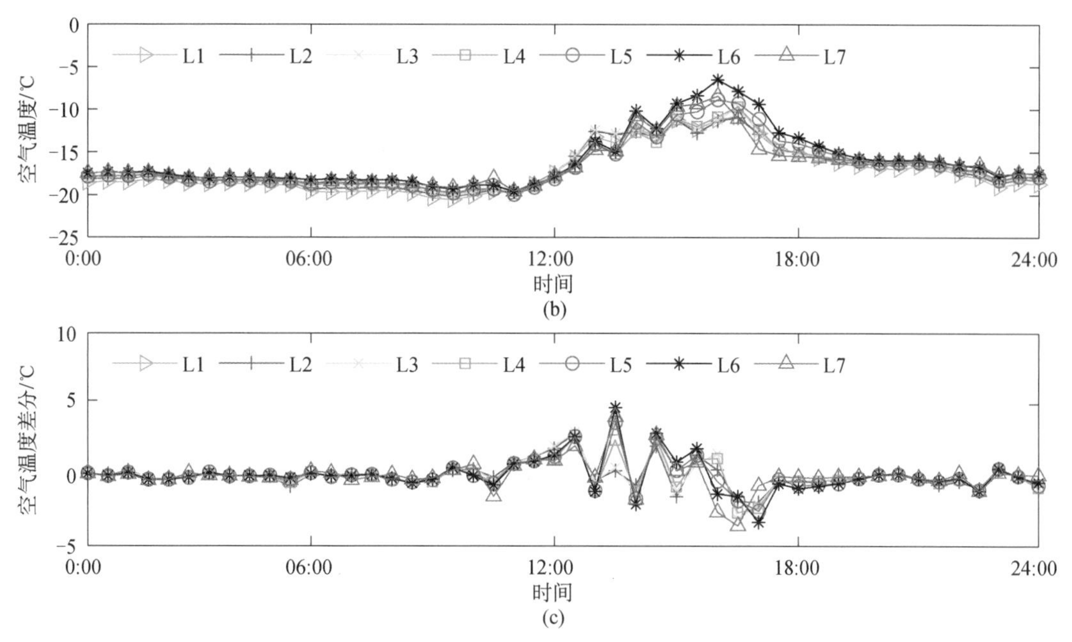

图 3.4　SACOL 站梯度塔 7 层空气温度及其 Flag 值

空气温度资料中 Flag 值为 1450，横坐标为北京时间（2008 年 1 月 27 日）

浅层土壤温度受太阳总辐射、降水和冷锋等天气过程的影响比较大，一般 30min 内增加的阈值可达到 2.0℃或者减小的阈值可达 5.0℃，而深层土壤温度相对比较稳定，对于 0.50m 和 0.80m 的土壤温度在 30min 内增加和减小的阈值分别设置为 0.50℃和 0.02℃，但是由于降水过程出现时常导致浅层土壤温度短时间内降低，土壤湿度也随着降水量的增加而逐渐增加，从而影响土壤温度的变化，在降水过程结束后的一段时间里，0.50m 的土壤湿度会有所增加，而 0.80m 的土壤温度却变化很小或几乎不变，因此 0.50m 的土壤温度相应减小，表明 0.50m 的土壤温度在 30min 内可超过 1.5℃（图 3.5），同样情况还出现在 2008 年 3 月 20 日土壤层存在冻融过程，0.80m 的土壤温度增加了 0.06℃（图 3.6），相应观测数据点被标识为 Flag=1000 的数据都通过了 QC 检验，在一定程度上也说明对数据进一步人工检测非常必要。

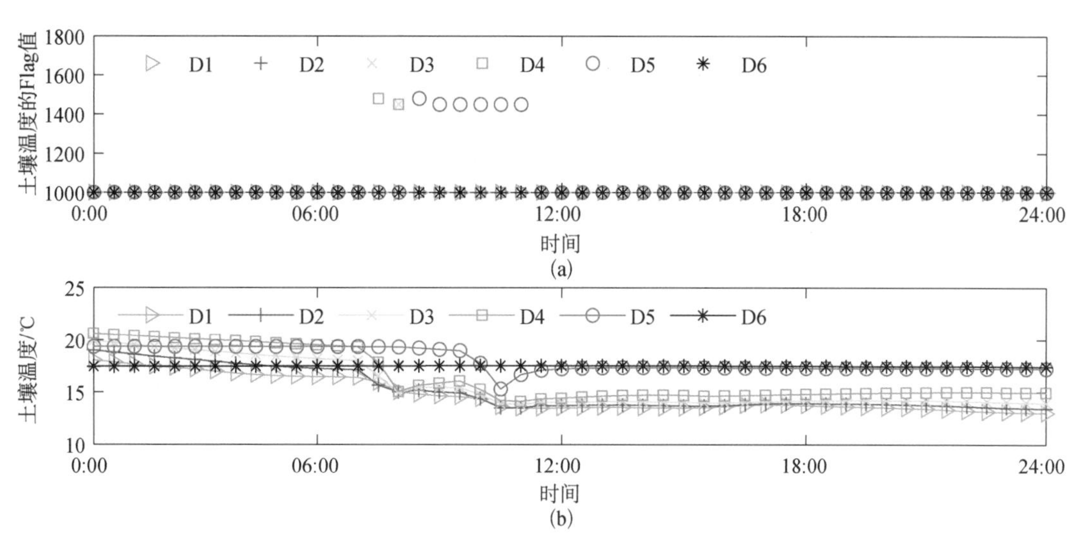

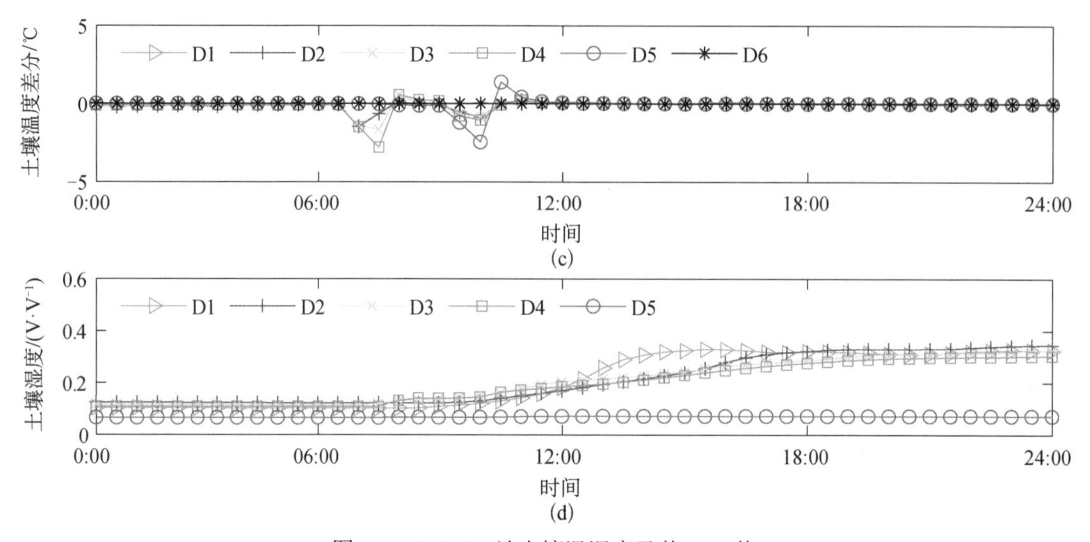

图 3.5 SACOL 站土壤温湿度及其 Flag 值

土壤温度资料中 Flag=1450 横坐标为北京时间（2007 年 6 月 16 日）

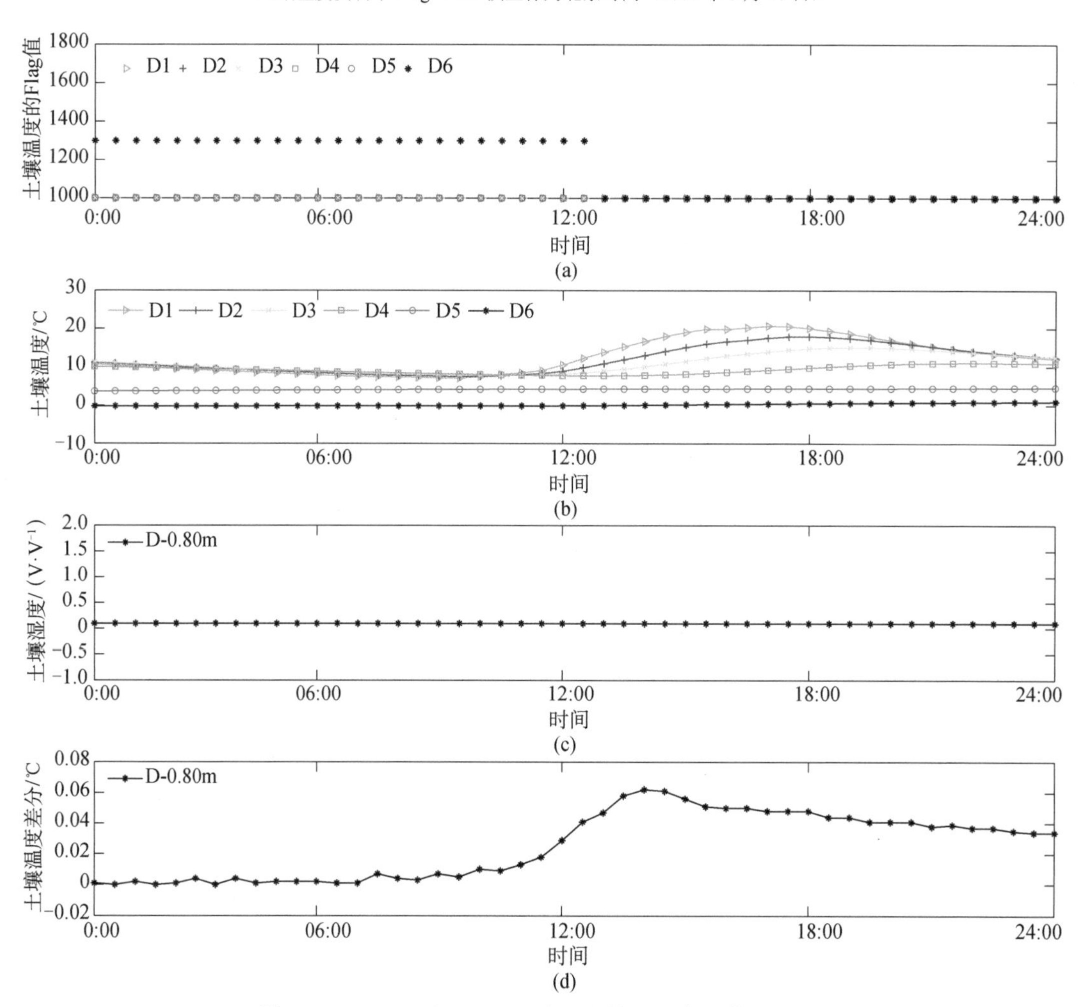

图 3.6 SACOL 站 0.80m 深度处土壤温湿度及其 Flag 值

横坐标为北京时间（2008 年 3 月 18 日）

3.6 结果分析

3.6.1 近地面气象要素特征

选用中国气象局甘肃省榆中县气象观测台站（简称榆中气象台站）（35°52′N，104°09′E）53 年（1956～2008 年）地面气象观测资料分析该区域的气候特征，榆中气象台站海拔为 1875m，与 SACOL 站相距 7km，每天采集 4 次数据，分别为北京时间的 2:00、8:00、14:00 和 20:00 时，对比榆中气象台站 1956～2008 年与 SACOL 站 2007～2012 年常规气象要素日平均值（降水量为日总量）变化特征（图 3.7），充分考虑两个站点的海拔差异后，发现 SACOL 站能很好地代表该典型区域的平均气候状况。

SACOL 站的日平均风速变化幅度明显大于榆中气象台站 53 年的平均值[图 3.7（a）]，图中黑色实线为 2.8m 处涡动系统观测的风速，日平均风速为 3.2m/s，明显高于榆中气象台站多年平均风速 1.7m/s，最大日平均风速达 9.5m/s（出现在 2009 年 5 月 1 日）。SACOL 站空气温度的季节性变化较明显，日平均气温为 8.2℃，最高日平均气温为 28.1℃（2010 年 7 月 29 日），最低值为−17.7℃（2008 年 1 月 29 日），日平均空气温度的最大温差达 45.8℃。虽然 SACOL 站比榆中气象台站的海拔高 90m，但是 SACOL 站空气温度的年均值比榆中气象台站 53 年的年均值高了约 1.4℃，造成这种偏差的原因有诸多方面，如两个台站在地理位置上的偏差、不同型号的观测仪器、观测频率以及观测高度等。水汽压和大气压的日均值也表现出明显的季节性变化规律，水汽压与空气温度呈现相同的相位变化，但大气压与空气温度的位相变化却相反[图 3.7（b）～（d）]，与榆中气象台站多年平均水汽压（7.2hPa）和大气压值（811.5hPa）相比，SACOL 站的总平均值分别为 6.8hPa 和 802.8hPa，两个站点之间的海拔差是两站大气压差异的主要原因。图 3.7（e）给出了 SACOL 站日降水量与榆中气象台站日降水量 53 年的气候平均值，榆中气象台站 53 年的年平均降水量为 370.2mm，属于典型的半干旱区，该区域降水通常主要集中在 5～10 月（生长季节），而 SACOL 站 2007～2012 年降水总量分别为 558.9mm、335.8mm、329.5mm、653.4mm、264.7mm 和 426.9mm，很明显 2007 年、2010 年和 2012 年较榆中气象台站 53 年的年平均降水量偏多，分别为榆中气象台站年平均降水量的 151%、176%和 115%，其中 2007 年和 2010 年的日降水量有些甚至超过了 50mm，最高值达到 129.6mm；2008 年、2009 年和 2011 年为降水偏少的年份，分别为榆中气象台站年平均降水量的 91%、89%和 72%。由此可见，这一区域降水的年际差异显著，降水强度、分布和频次存在着很大的变率。

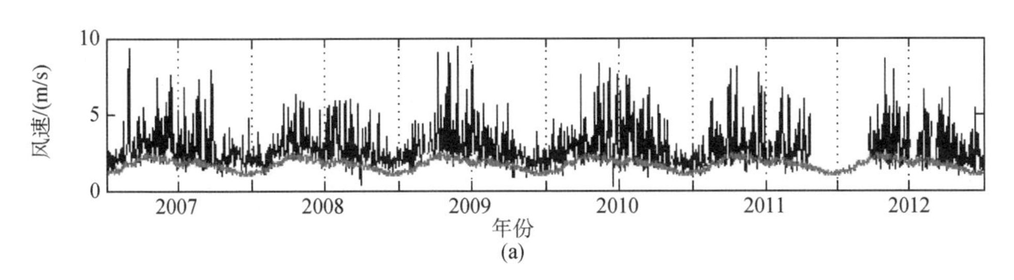

(a)

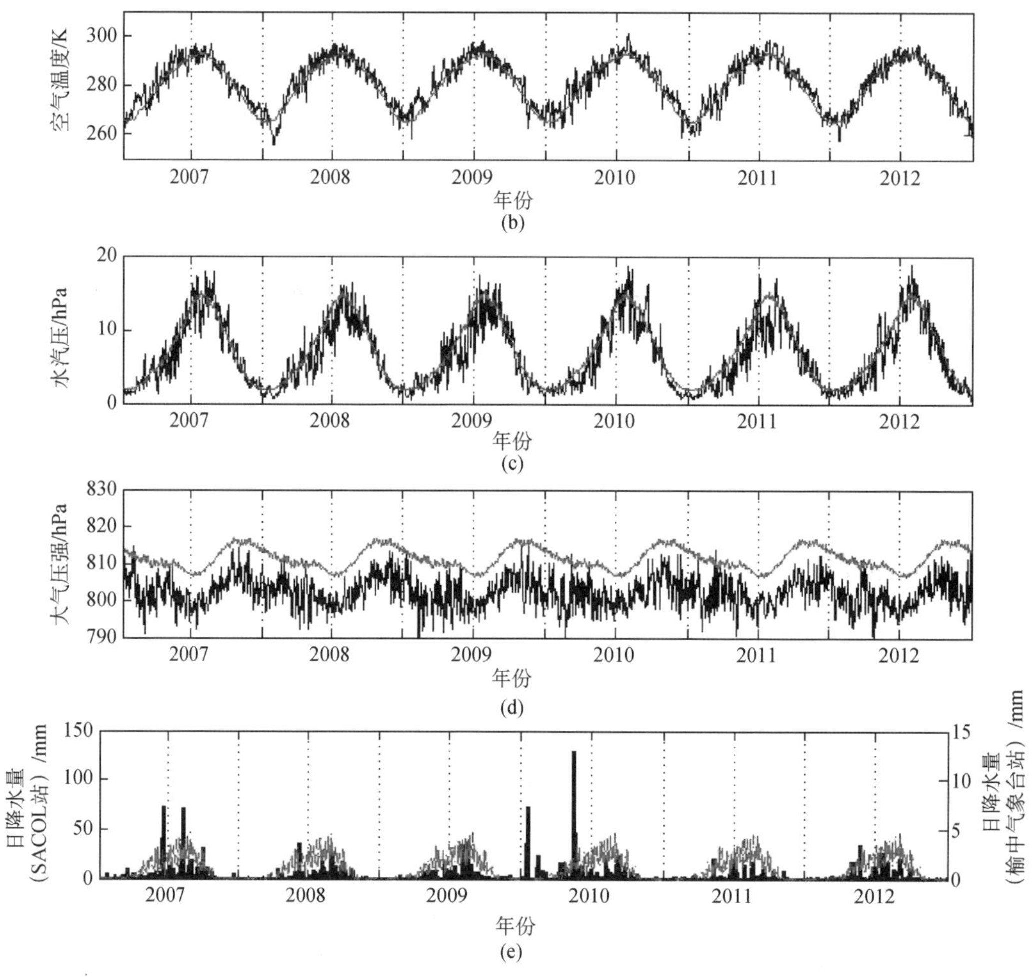

图 3.7 SACOL 站（黑色实线）和榆中气象台站（红色虚线）风速（a）、空气温度（b）、水汽压（c）和大气压强（d）的平均日变化，以及 SACOL 站日降水量与榆中气象台站日降水量 53 年的气候平均值的对比（e）

从以上分析中不难发现 SACOL 站气候变化特征可以很好地代表该区域的气候变化特征，因而如果 SACOL 站气象数据存在缺测，则可以选用榆中气象台站对应的资料进行替代填补。后文分析中除了对 2007 年 6 月和 7 月因雨量筒传感器故障而导致 SACOL 站的降水资料缺测，从而选用了榆中气象台站的替代资料，对其他变量的缺测值并未进行插值填补。

3.6.2 近地面风速

图 3.8 是 SACOL 站梯度塔 1m、4m、8m、12m 和 16m 高度层月平均风速的年变化规律，SACOL 站风速的季节性变化十分显著，各个高度层风速的年变化较为一致，且低层风速偏小，高层风速偏大，每年的 4～10 月各个高度层风速都比较大，而 11 月至次年

3 月风速相对较小；风速变化范围较大，风速的月变化范围已经超过风速值年较差的范围。

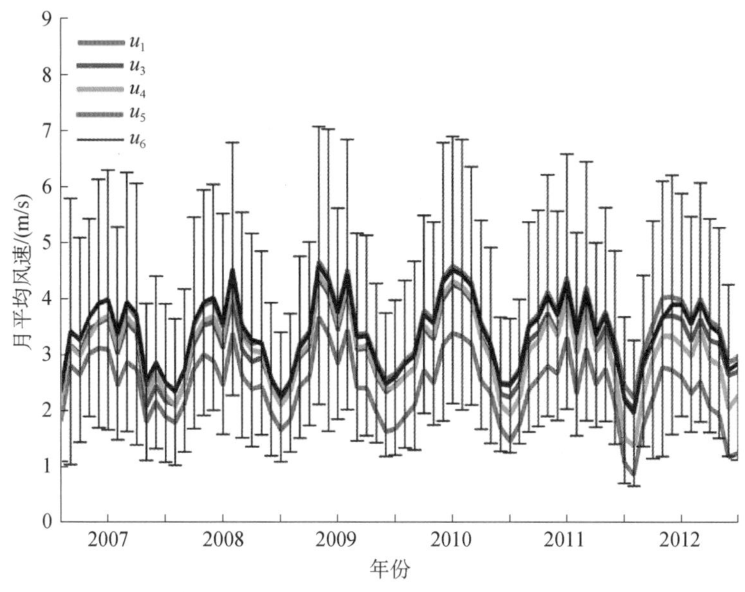

图 3.8　SACOL 站梯度塔 1m、4m、8m、12m 和 16m 高度层月平均风速的年变化

图 3.9 和图 3.10（a）分别给出了 SACOL 站 1m、2m、4m、8m、12m、16m 和 32m 处 7 个高度层季节平均风速的日变化和 1m 处 4 个季节平均风速日变化的差异，7 个高度层风速变化较一致，且存在着明显的日变化特征，其中 1m 和 32m 处的风速值分别是最低和最高，而其余 5 个高度层风速值都比较一致，低层偏低，高层偏高，差异并不明显。风速的最高值一般出现在夜间，最低值则通常出现在每天中午的 12:00 左右。春季和夏季风速的平均日变化相差不大，而春季中午时次的风速值偏小，而在四个季节中春季和夏季的风速值都比较大，秋季次之，冬季最小。通过对比 6 年每月风速的大小[图 3.10（b）]，2010 年全年风速相对偏高，尤其是在夏季，2012 年全年各月风速都偏低，2009 年春季偏高，其他各月风速均值的偏差不是很大。

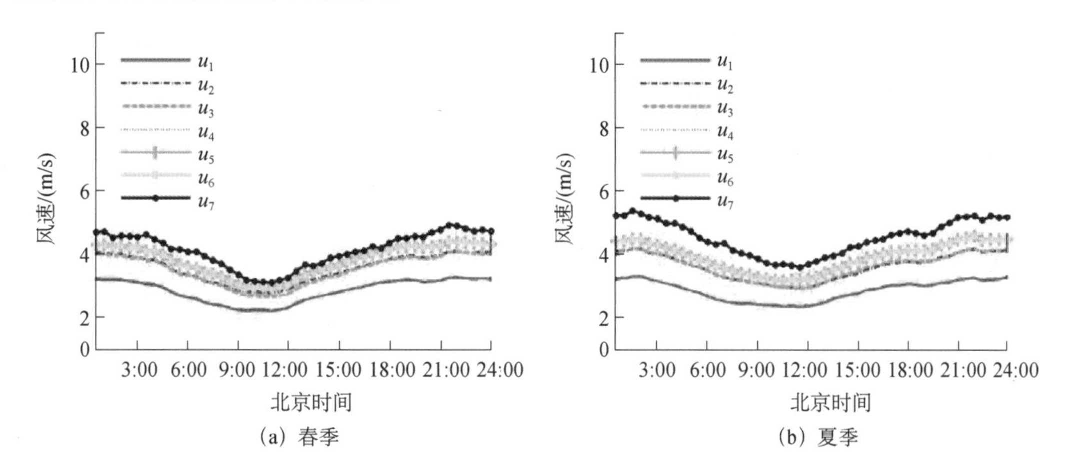

（a）春季　　（b）夏季

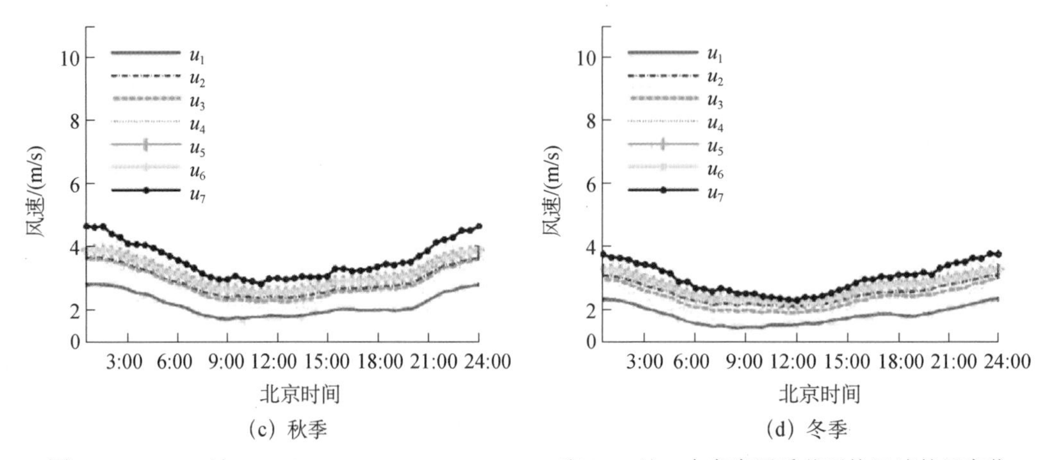

(c) 秋季

(d) 冬季

图 3.9 SACOL 站 1m、2m、4m、8m、12m、16m 和 32m 处 7 个高度层季节平均风速的日变化

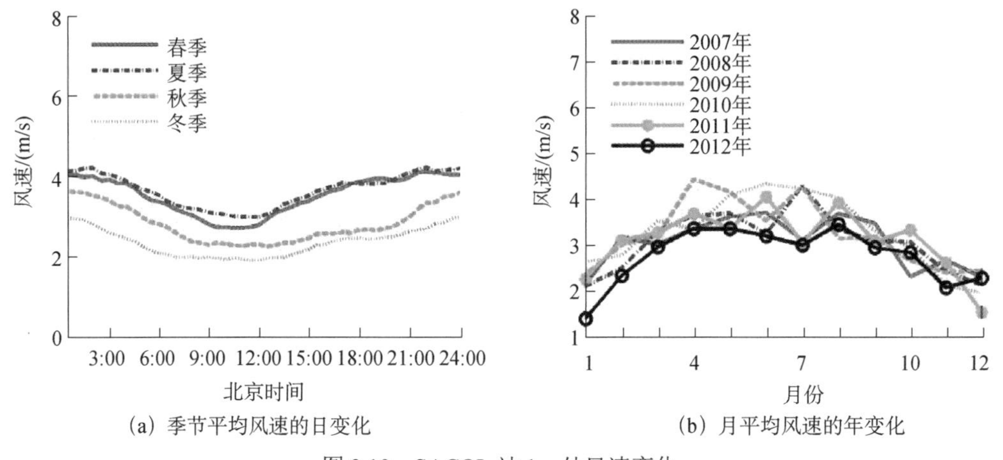

(a) 季节平均风速的日变化

(b) 月平均风速的年变化

图 3.10 SACOL 站 1m 处风速变化

鉴于梯度塔风速观测数据的不连续和仪器故障频发，只分析了数据观测相对较多的 2007 年和 2008 年的风廓线变化。图 3.11 为 SACOL 站 2007 年[图 3.11（a)、(c)、(e)、(g）]和 2008 年[图 3.11（b)、(d)、(f)、(h）]1 月、4 月、8 月和 11 月不同时刻的平均风廓线，风速的变化基本上都是随着高度的增加而增大，并不完全符合对数指数规律，其中 4～12m 的 3 个高度层上风速都呈现微小的差异，在春季和冬季表现得更加明显，而夏季则相对比较符合对数指数规律的分布，可能在冬、春季节风速梯度相对较小，而 8 月的平均风速和风速梯度变化相对较大，另外 SACOL 站复杂的地形也可能会对其产生一定的影响，风速的极大值常常出现在 0:00，而最低值则出现在 10:00～12:00。

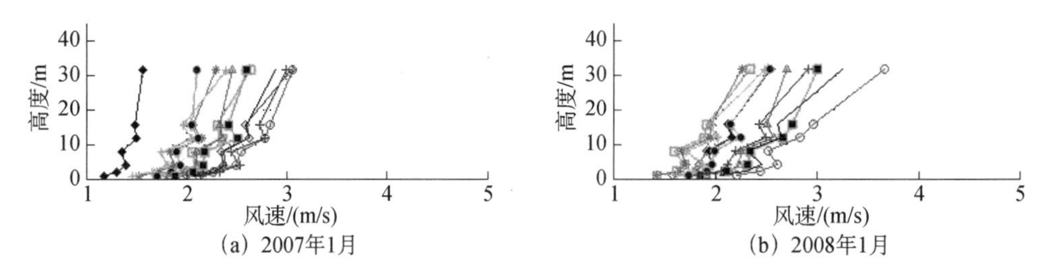

(a) 2007年1月

(b) 2008年1月

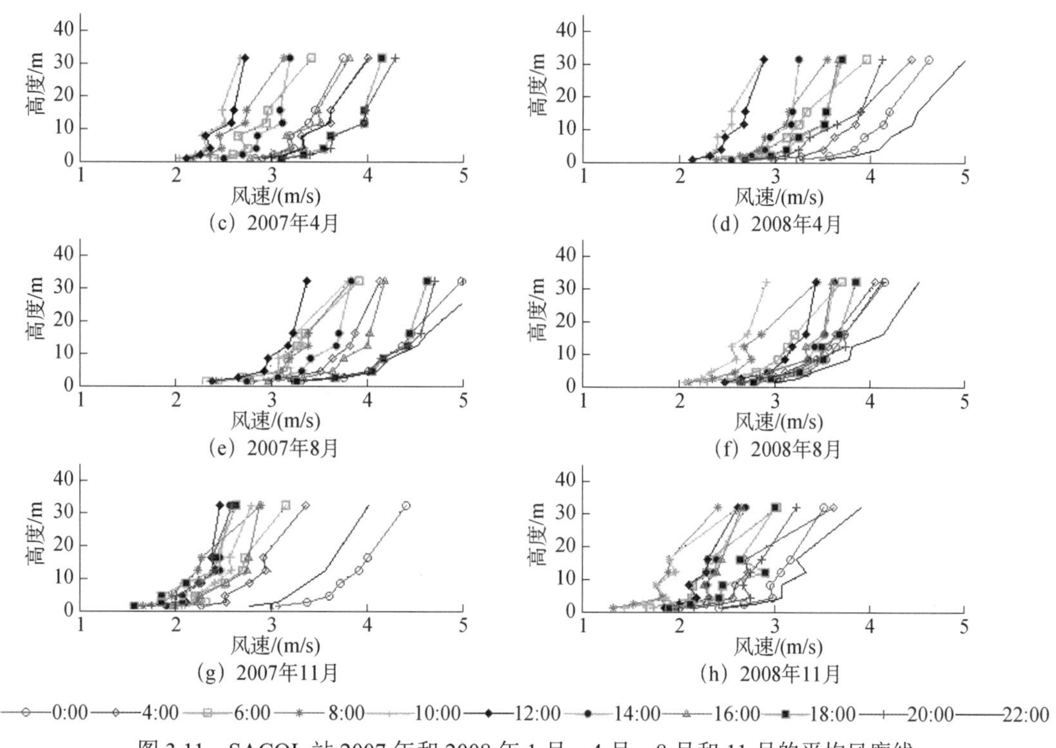

图 3.11　SACOL 站 2007 年和 2008 年 1 月、4 月、8 月和 11 月的平均风廓线

3.6.3　近地面温度

图 3.12 给出了 SACOL 站 1m、4m、8m、12m 和 16m 月平均温度的年变化，SACOL 站温度的季节性变化十分明显，夏季最高，春、秋季次之，冬季最低。温度月变化的幅度不大，明显小于温度的年较差变化，2008 年和 2009 年 1 月比其他年份的值明显偏低，而 2008～2009 年 7 月的月平均温度则相对其他年份的 7 月要偏高一些。

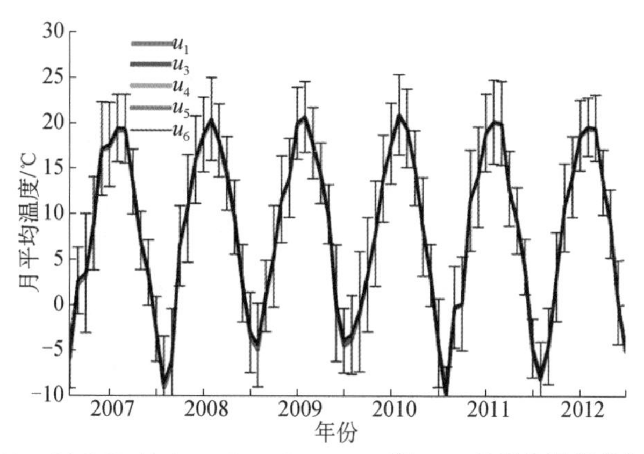

图 3.12　SACOL 站 1m、4m、8m、12m 和 16m 月平均温度的年变化

图 3.13 和图 3.14（a）分别给出了 SACOL 站 1m、2m、4m、8m、12m、16m 和 32m 处 7 个高度层季节平均温度的日变化和 1m 处 4 个季节平均温度日变化的比较，7 个高度层温度呈现出明显的日变化特征，但温度变化的幅度随着高度的增加而减小；春、夏、秋、冬 4 个季节平均温度的最低值分别为 5.2℃、15.0℃、4.8℃和−8.1℃分别出现在 8:00、7:00、8:30 和 9:00，

对应的最高值分别为 14.2℃、23.6℃、12.0℃和−0.25℃主要出现在 17:00，夏季则晚半小时，为 17:30。冬季温度的日较差最大，夏季和秋季次之，春季最小；温度梯度随着高度的增加而减小，在大气进行稳定度转换时，即达到最高值和最低值时各高度层间的温度差异也最小，夜间由于接近地面层降温速率高而出现逆温状态。图 3.14（b）为 6 年每月温度大小对比，除了在 1～3 月存在较大的差异外，其他各月的温度变化相差并不是很大，而且变化规律也较为一致。

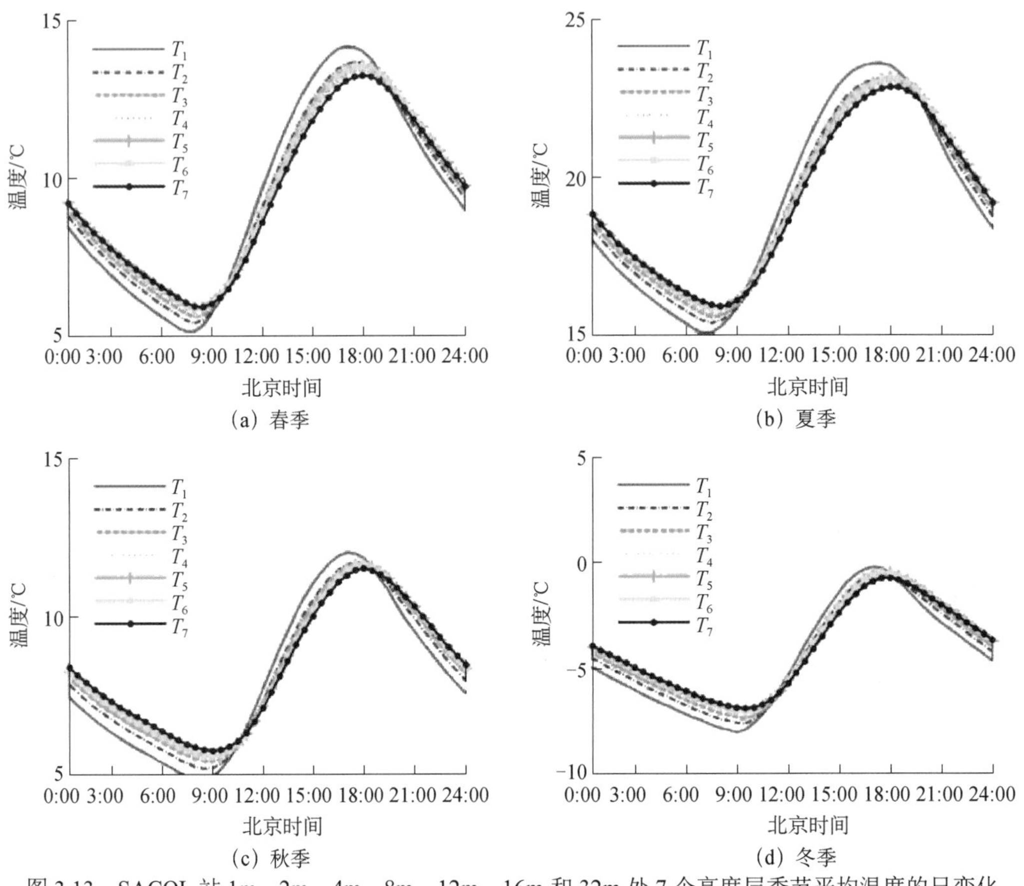

图 3.13 SACOL 站 1m、2m、4m、8m、12m、16m 和 32m 处 7 个高度层季节平均温度的日变化

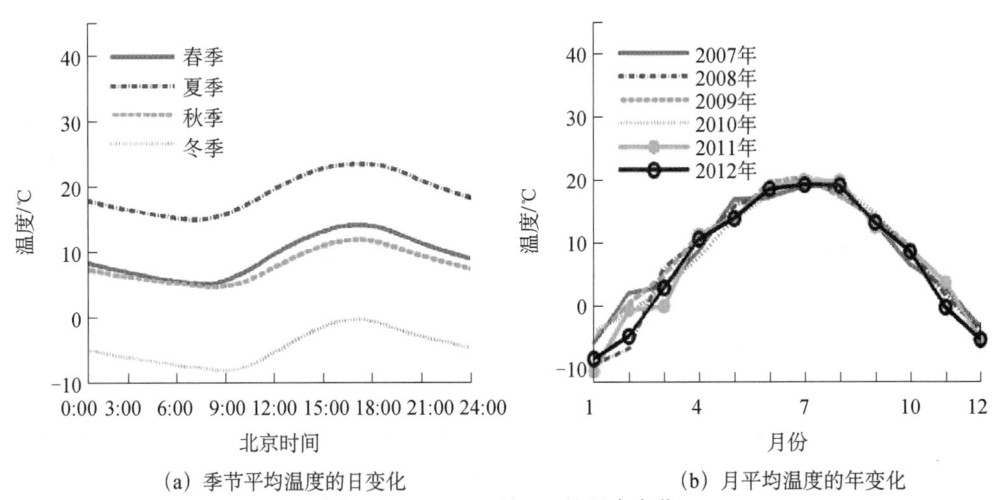

图 3.14 SACOL 站 1m 处温度变化

图 3.15 为 SACOL 站 2007 年[图 3.15（a）、（c）、（e）、（g）]和 2008 年[图 3.15（b）、（d）、（f）、（h）]1 月、4 月、8 月和 11 月不同时刻的平均温度廓线，温度在各月基本上是在每天的 16:00～18:00 达到每天的最大值，在 18:00～20:00 温度廓线由随着高度递减的趋势开始逐步转变为递增的趋势，之后大气处于稳定的逆温状态，在每天 6:00～8:00 达到日最低值，10:00～12:00 太阳辐射加热地表后逆温状态逐渐改变，大气由稳定状态向不稳定状态过渡，温度廓线逐渐转变为随高度的增加而减小的趋势。

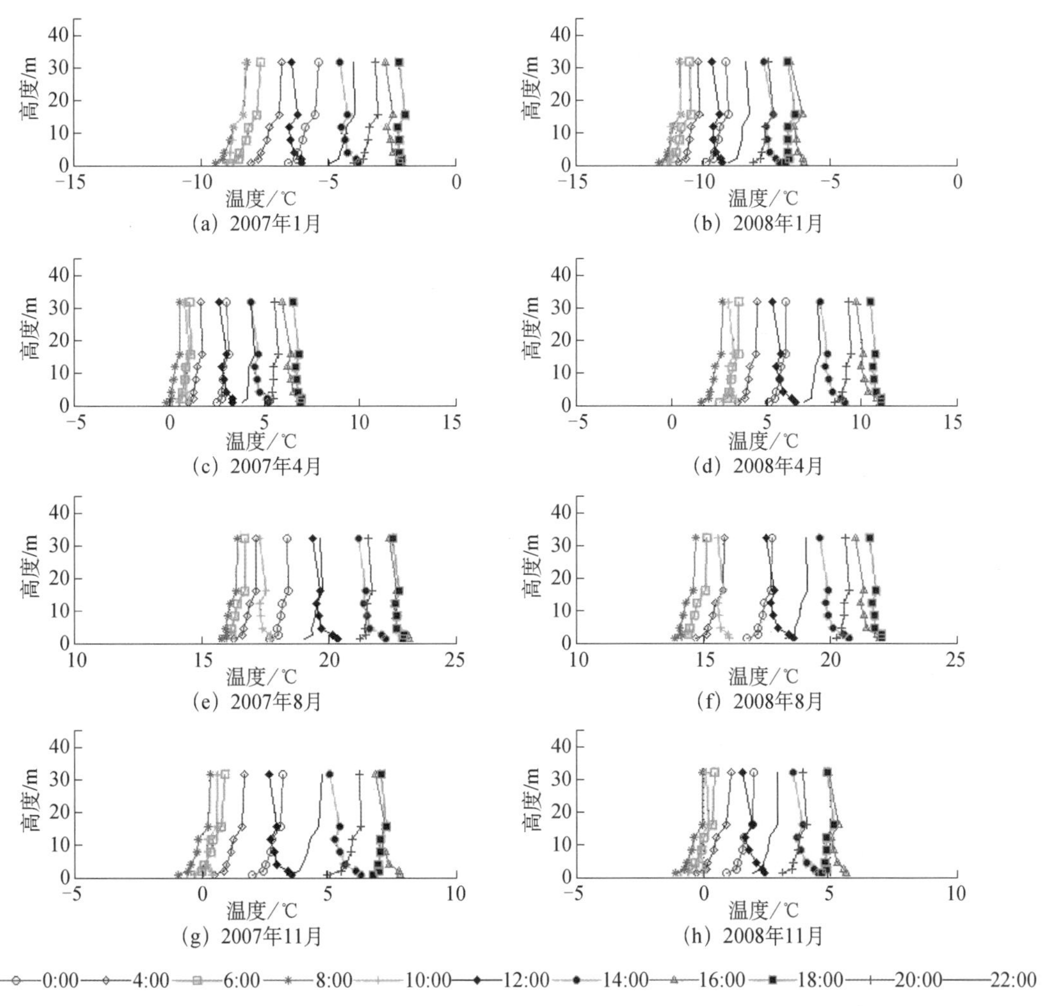

图 3.15　SACOL 站 2007 年和 2008 年 1 月、4 月、8 月和 11 月的平均温度廓线

3.6.4　近地面湿度

为了便于分析和理解该区域的干湿状况，未选用相对湿度进行分析，而是采用饱和水汽压差（VPD）来研究 SACOL 站干湿变化，饱和水汽压差定义为在某一温度下饱和水汽压与实际水汽压之间的差异，其数值越大，表明空气越干燥。

图 3.16 给出了 SACOL 站 1m、4m、8m、12m 和 16m 高度层月平均饱和水汽压差的年变化，SACOL 站饱和水汽压差的季节性变化同样十分明显，夏季最高，春、秋季次之，冬

季最低。饱和水汽压差的变化范围比较大，其月变化的范围已经超过饱和水汽压差年较差的变化范围，2010 年 6 月达到最大值。

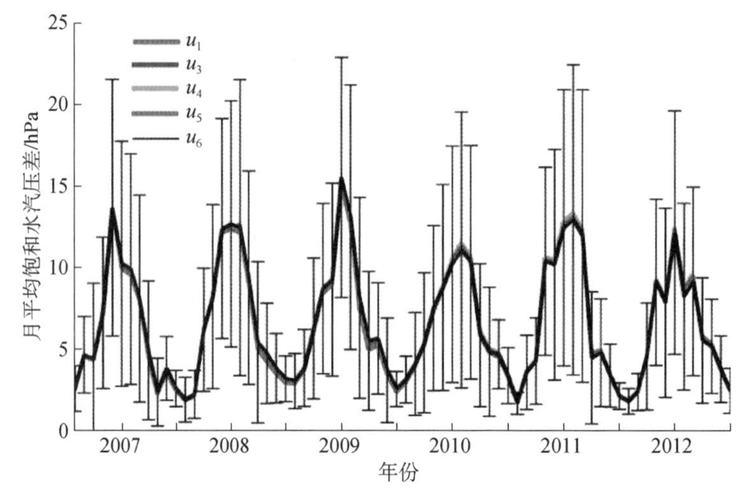

图 3.16　SACOL 站 1m、4m、8m、12m 和 16m 高度层月平均饱和水汽压差的年变化

图 3.17 和图 3.18（a）分别给出了 SACOL 站 1m、2m、4m、8m、12m、16m 和 32m 处 7 个高度层季节平均饱和水汽压差的日变化和 1m 处 4 个季节平均饱和水汽压差日变化的比较，7 个高度层的饱和水汽压差有着明显的日变化特征，冬季和秋季饱和水汽压差的变化幅度稍微偏小一些，越接近地面层饱和水汽压差越大，但夏季 32m 处饱和水汽压差要比其他高度层的偏高，并接近于地面 1m 处的值。秋季和冬季温度相对较低，饱和水汽压差在 12:00 以后才略有增加，而春、夏季节则从每天上午的 9:00 开始，其随着太阳辐射加热大气温度逐渐升高而增加。饱和水汽压差的最高值出现在 18:00，与温度出现最高值的时间比较接近，夏季尤为明显；饱和水汽压差的最低值也出现在 7:00～9:00，温度的变化在一定程度上造成了饱和水汽压差的变化。图 3.18（b）为 2007～2012 年每月饱和水汽压差大小的比较，2008 年和 2009 年饱和水汽压差偏低，2007 年 6 月以后因降水比较多，土壤湿度偏高，饱和水汽压差也比较低，而 2012 年全年饱和水汽压差相对来说都比较高，空气比较干燥，2011 年 9～12 月饱和水汽压差都比较高。

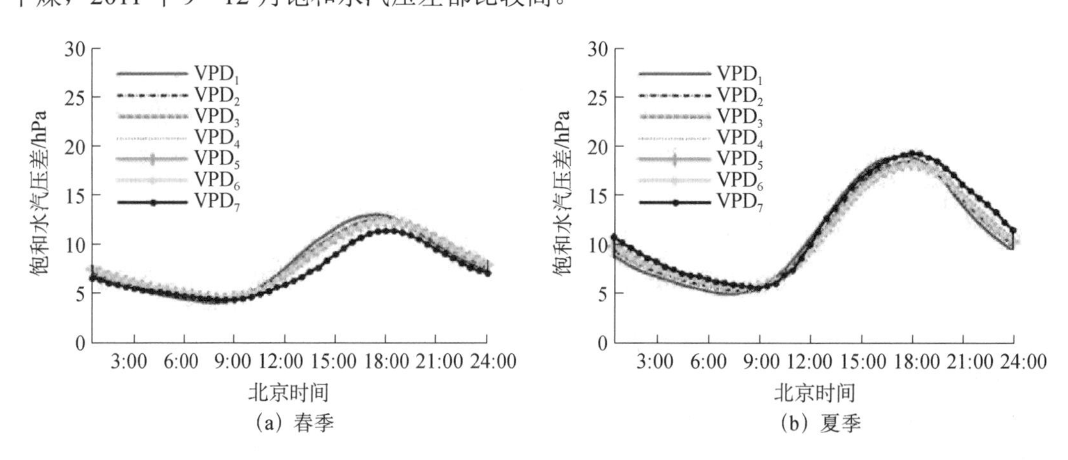

（a）春季　　（b）夏季

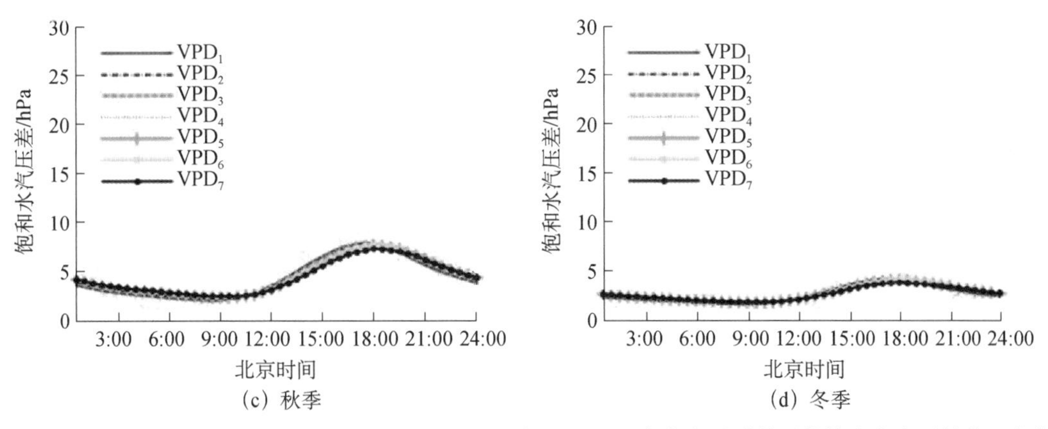

（c）秋季　　（d）冬季

图 3.17　SACOL 站 1m、2m、4m、8m、12m、16m 和 32m 处 7 个高度层季节平均饱和水汽压差的日变化

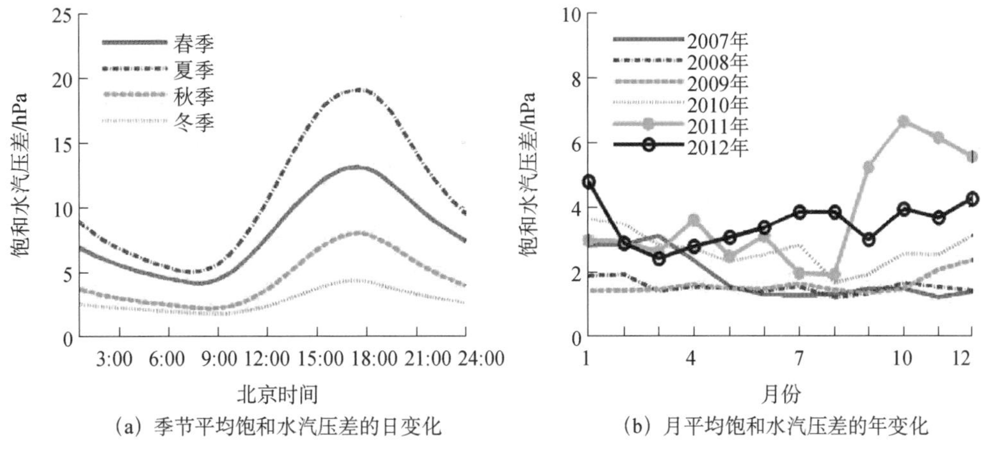

（a）季节平均饱和水汽压差的日变化　　（b）月平均饱和水汽压差的年变化

图 3.18　SACOL 站 1m 处饱和水汽压差变化

图 3.19 为 SACOL 站 2007 年[图 3.19（a）、（c）、（e）、（g）]和 2008 年[图 3.19（b）、（d）、（f）、（h）]1 月、4 月、8 月和 11 月不同时刻的平均饱和水汽压差廓线，饱和水汽压差在 8 月日较差可以达到 10hPa 以上，其他月份低于该值，2007 年和 2008 年差异较大，饱和水汽压差廓线的变化与温度廓线的变化相似，18:00 左右饱和水汽压差达到最大值后开始逐渐降低，由随着高度递减的趋势开始逐步转变为递增的趋势，夜间大气比较稳定，饱和水汽压差也比较低，每天的 8:00 左右达到最低值，在 10:00～12:00 由于太阳辐射加热地表并加热大气，大气由稳定状态向不稳定状态过渡，饱和水汽压差随着高度的增加而增加转变为随着高度的增加而减小。

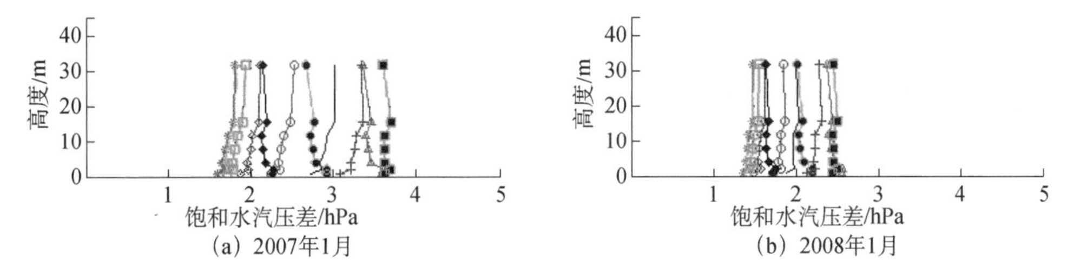

（a）2007年1月　　（b）2008年1月

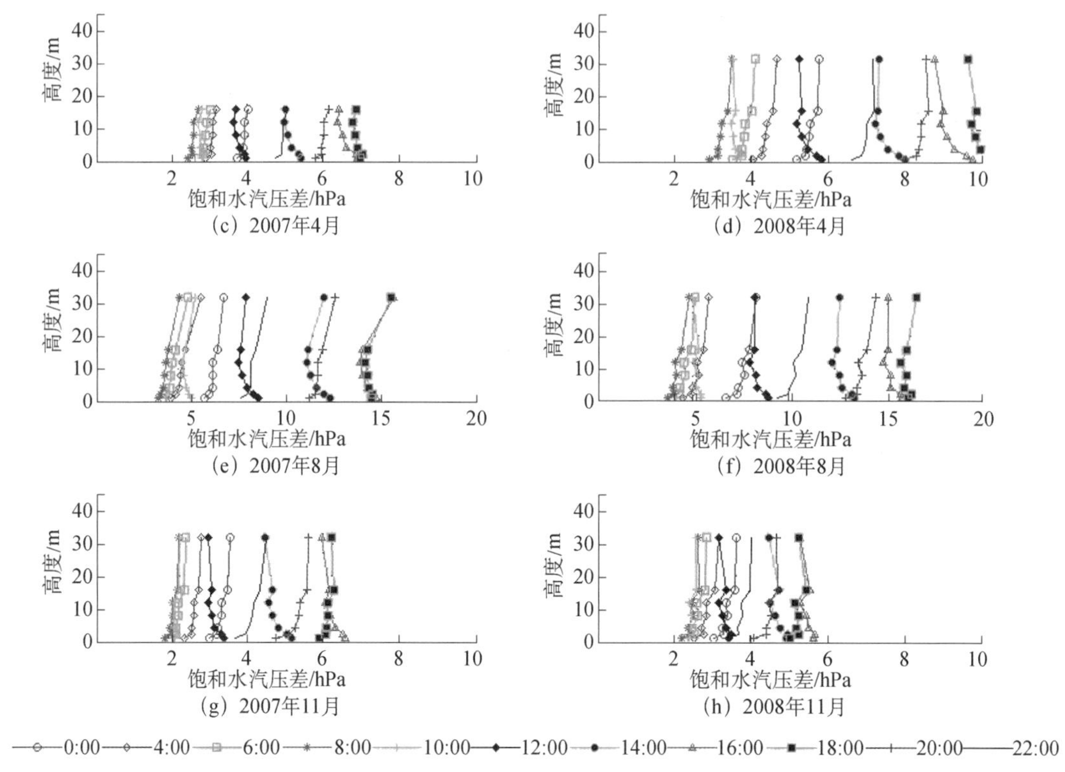

图 3.19　SACOL 站 2007 年和 2008 年 1 月、4 月、8 月和 11 月平均饱和水汽压差廓线

3.6.5　地面粗糙度的变化特征

地面粗糙度也被称为空气动力学粗糙度，指近地表面对数风廓线上风速为零时的高度，表征地表粗糙状况的具有长度量纲的特征参数，取决于粗糙元（下垫面植被）的高度、形状和分布密度，不随大气层结稳定度状况、风速等发生变化。在给定地面粗糙度的状况下，可采用风速和不同高度温度差以及湿度差，计算近地面层大气的动量、感热和潜热通量（Vickers and Mahrt，1997）。地面粗糙度不仅是表征地表面空气动力学特征的重要参数，同时也是研究大气边界层湍流属性通量参数化和陆气间能量交换过程中的基本参数之一（Vickers and Mahrt，2003）。因而，精确估算地面粗糙度对于微气象学湍流物理量的测定、改进陆面模式的参数化方案、提高模拟效果都有着重要的意义。

目前，计算地面粗糙度的方法有很多，主要有对数廓线法（赵鸣等，1991）、涡动通量法（Vickers and Mahrt，2003），温度方差法（Businger et al.，1971）等，但尚无一种最优的方法，即使是同一方法使用不同高度层的观测数据，计算结果也存在一定的偏差。根据莫宁-奥布霍夫（Monin-Obukhov）相似理论，近地面层对数风廓线关系满足如下关系：

$$\ln\frac{z-d}{z_{\mathrm{om}}}=\frac{\kappa u(z)}{u_*}+\psi_m(\zeta) \tag{3.1}$$

式中，z_{om} 为空气动力学粗糙度，m；d 为零平面位移高度，m；$u(z)$ 为观测高度 z(m)处的平均风速，m/s；u_*为摩擦速度，m/s；κ为卡曼（Karman）常数，通常取值 0.39～0.41，本章在分析计算中取值为 0.41；$\psi_m(\zeta)$为动能的稳定度修正函数，在不同大气层结条件下的表达式分别如下（Flemming et al.，2002；Gandin，1987；Shafer et al.，2000）：

当大气层结不稳定时：

$$\psi_m(\zeta)=\ln\left[\left(\frac{1+x^2}{2}\right)\left(\frac{1+x}{2}\right)^2\right]-2\tan^{-1}(x)+\frac{\pi}{2} \tag{3.2}$$

当大气层结稳定时：

$$\psi_m(\zeta)=-5\zeta \tag{3.3}$$

当大气为中性层结时：

$$\psi_m(\zeta)=0 \tag{3.4}$$

式中，$x=(1-16\zeta)^{1/4}$；ζ为稳定度；L为 Monin-Obukhov 长度，

$$\zeta=\frac{z-d}{L} \tag{3.5}$$

$$L=-\frac{u_*^3 T}{\kappa g\overline{w'T'}} \tag{3.6}$$

式中，w'、T'分别为垂直风速和空气温度的脉动值；g为重力加速度，g=9.8m/s^2。所以，空气动力学粗糙度z_{om}可以根据涡动相关通量仪的实测资料并结合以下公式计算得到：

$$z_{\mathrm{om}}=(z-d)\mathrm{e}^{-\kappa u(z)/u_*-\psi_m(\zeta)} \tag{3.7}$$

根据 SACOL 站实际情况，主要利用涡动相关通量仪提供的 2007～2012 年长期连续通量观测数据，结合式（3.1）～式（3.7），考虑风速偏小时，摩擦速度和动能的稳定度修正函数$\psi_m(\zeta)$对空气动力学粗糙度的影响较大，仅计算风速大于 2.5m/s 的时次，剔除数据资料两端各 0.5%的空气动力学粗糙度数据点，以提高获得的空气动力学粗糙度数据的可靠性。春季植株平均高度约为 0.15m，夏季植株平均高度约为 0.25m，秋季植株平均高度约为 0.30m，冬季植株平均高度约为 0.10m（Dyer，1974），零平面位移高度d为植被高度的 2/3 倍，春季到冬季零平面位移高度参考值分别为 0.10m、0.17m、0.20m 和 0.07m。

图 3.20 给出了 SACOL 站月平均空气动力学粗糙度z_{om}的年变化，可见空气动力学粗糙度有着很明显的年际变化特征，在生长季达到最大值，而在非生长季保持最小值，月平均变化幅度较大，也存在着很大的年际差异，如 2007 年、2008 年和 2010 年明显偏高于其他三个年份，且 2012 年变化幅度虽然很大，但其值却很小。月平均空气动力学粗糙度的年变化有双峰特性，3～4 月达到一个峰值，另外一个在 7～8 月，与 5 月和 6 月相比这两个峰值偏小，但仍然高于非生长季，空气动力学粗糙度多年的月平均值参见表 3.4；从分析的 6 个年份来看，前 4 年动力学粗糙度比较大，2010 年达到最大值为 0.0084m，而 2011 年和 2012 年相对偏小，最小值在 2012 年只有 0.0048m（表 3.5）。从季节性变化的角度来分析，夏季最大为 0.008m，春季次之为 0.0075m，而在秋季和冬季则相对偏低，分别为 0.0059m 和 0.0053m（表 3.6）。

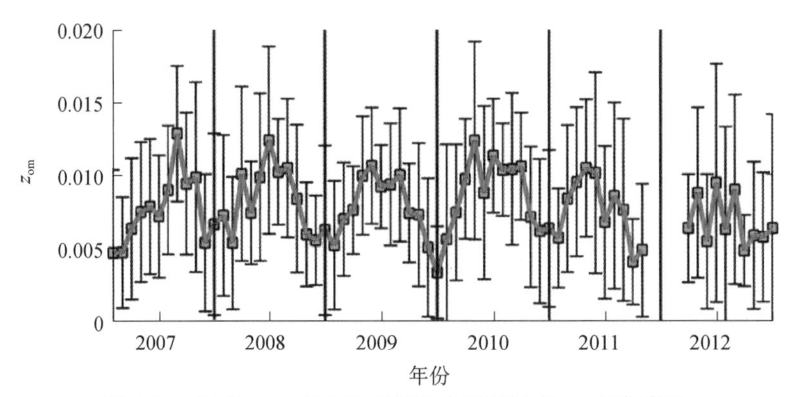

图 3.20　SACOL 站月平均空气动力学粗糙度 z_{om} 的年变化

表 3.4　空气动力学粗糙度和总体输送系数的月平均值（$\times10^{-3}$）

系数	1月	2月	3月	4月	5月	6月	7月	8月	9月	10月	11月	12月
z_{om} / m	5.1	5.8	7.5	7.9	7.0	7.1	8.6	8.4	6.6	5.6	5.1	4.8
C_d	4.1	4.5	5.5	5.9	5.7	5.3	5.7	5.3	4.6	4.4	4.0	4.0
C_h	3.7	3.9	4.4	4.0	4.1	4.0	4.3	4.5	4.8	4.8	4.4	4.1
C_{hd}	5.5	5.9	5.8	5.3	5.6	6.1	7.1	7.7	8.5	8.0	7.4	6.9
C_d/C_h	1.12	1.15	1.25	1.47	1.37	1.31	1.30	1.17	0.96	0.90	0.92	0.99

表 3.5　空气动力学粗糙度和总体输送系数的各年平均值（$\times10^{-3}$）

系数	2007年	2008年	2009年	2010年	2011年	2012年
z_{om} / m	6.9	7.9	7.3	8.4	5.7	4.8
C_d	5.0	5.3	5.0	5.5	5.0	4.4
C_h	4.0	4.8	4.3	4.0	4.1	4.4
C_{hd}	6.4	7.6	7.0	6.2	5.8	6.7
C_d/C_h	1.24	1.11	1.17	1.37	1.22	1.04

表 3.6　空气动力学粗糙度和总体输送系数的季节平均值和年平均值（$\times10^{-3}$）

系数	春季	夏季	秋季	冬季	年平均
z_{om} / m	7.5	8.0	5.9	5.3	6.9
C_d	5.7	5.4	4.4	4.3	5.1
C_h	4.2	4.3	4.7	3.9	4.3
C_{hd}	5.6	7.0	8.0	6.1	6.6
C_d/C_h	1.36	1.26	0.94	1.09	1.19

3.6.6　总体输送系数的变化特征

近地层地表面的动能和热能主要是通过湍流的动量交换和热交换向大气传输，对总体输送系数的精确计算和研究，不仅是陆-气相互作用的主要内容，还是大气数值模式模拟研究的重要组成部分和陆面模式参数化的关键问题之一，因而其对不同下垫面覆盖类型总体输送系数的确定对陆-气相互作用、大气数值模式模拟和陆面模式参数化都有着非常重要的研究意义。

总体输送系数包括地表动量总体输送系数 C_d（动量拖曳系数）、热量总体输送系数 C_h 和水汽总体输送系数 C_e，是计算地表与大气间物质和能量交换的关键参数，也是计算地表热源强度的最重要的参数之一。动量总体输送系数和热量总体输送系数分别表征湍流的动力作用和热力作用，是衡量湍流强弱程度的物理量。王慧等（2008）系统总结了国内外对陆面总体输送系数的研究，并对我国近几十年来针对该问题的研究进行了详细的总结和统计，指出目前总体输送系数的研究主要依赖于涡动相关法、廓线-通量法、经验函数参数化等，并且在青藏高原区、干旱半干旱区以及湿润区取得了大量的研究成果，李国平等（2002，2003）在青藏高原区对湍流总体输送系数的研究采用了较长时间的数据资料。众多的研究涵盖了相当丰富的下垫面类型，开展研究区域相对集中于青藏高原、黑河流域、敦煌等地区。

近地表动量通量和热量通量一般可以表述为如下形式：

$$\tau = \rho u_*^2 = \rho C_d u^2 \tag{3.8}$$

$$H = \rho C_p \overline{w'T'} = \rho C_p C_h (\theta_s - \theta_a) u \tag{3.9}$$

式中，ρ 为空气密度，kg/m^3；u 为水平风速，m/s；u_* 为摩擦速度，m/s；w' 和 T' 分别为垂直风速和空气温度的脉动值；C_p 为空气的定压比热容，J/（K·kg）；H 为感热通量，W/m^2；θ_a 和 θ_s 分别为空气位温和地表温度，K；C_d 和 C_h 分别为动量总体输送系数和热量总体输送系数。本章根据式（3.10）和式（3.11）两个公式并结合涡动相关系统观测的数据资料计算 C_d 和 C_h：

$$C_d = (u_*/u)^2 \tag{3.10}$$

$$C_h = \frac{H}{\rho C_p (\theta_s - \theta_a) u} \tag{3.11}$$

式中，空气位温和地表温度可分别由常规气象要素资料和地面向上长波辐射数据计算获得。

选用黄土高原半干旱区 SACOL 站 2007～2012 年时间通量观测数据结合式（3.8）～式（3.11），对该区域总体输送系数进行分析。图 3.21 给出了 SACOL 站月平均动量总体输送系数 C_d 和热量总体输送系数 C_h 的年变化，为了提高计算得到的总体输送系数 C_d 和 C_h 的可靠性，我们选用了风速大于 0.5m/s 时次的数据资料，并剔除了 C_d 和 C_h 频率分布两端各 0.5%的数据点发现动量总体输送系数 C_d 的季节性变化明显，除了 2012 年外基本上在生长季偏高，非生长季偏低，白天动量总体输送系数和热量总体输送系数较高，将全天动量总体输送系数进行平均，来表征白天动量总体输送的特征，将每天 10:00～17:00 的热量总体输送系数进行平均，来表征热量总体输送系统的特征 C_{hd}（陈家宜等，1993；Thom，1971）。白天的动量总体输送系数较高，但其月平均的日变化曲线并没有全天平均的那样光滑，影响白天动量总体输送系数的因素较多[图 3.21（a）]。动量总体输送系数的每月变化幅度较大，甚至能够超过其年较差，C_d 与稳定度密切相关[图 3.21（a），图 3.22（a）]。

图 3.21（b）给出了 SACOL 站热量总体输送系数 C_h 和 10:00～17:00 热量总体输送系数平均值 C_{hd} 的月平均变化，可见 C_h 的季节性变化不是很明显，只是在夏秋季节略微偏高，相比

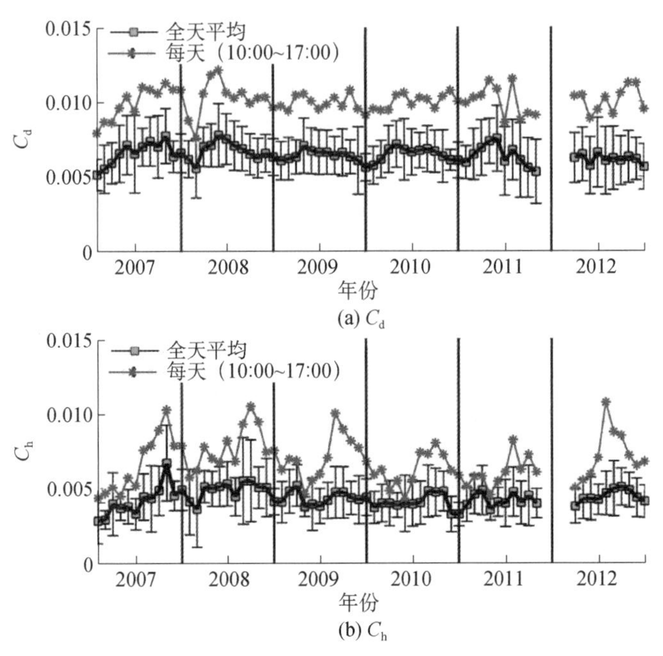

图 3.21　SACOL 站动量总体输送系数 C_d 、热量总体输送系数 C_h 月平均的年变化

较而言 C_{hd} 大很多，季节变化也非常明显，与 C_d 相似，热量总体输送系数的月变化幅度也比较大，超过了其年较差，这种现象也表明 C_h 与 C_d 均受到稳定度影响[图 3.21（b），图 3.24（b）]。

图 3.22 给出了 SACOL 站不同季节动量总体输送系数和热量总体输送系数季节平均的日变化[图 3.22（a）、（b）]，动量总体输送系数和热量总体输送系数的频率分布[图 3.22（c）、（d）]，无论是动量总体输送系数还是热量总体输送系数，其季节日平均的日较差较大。动量总体输送系数季节平均的日变化相差不大，秋季偏高，春季和夏季次之，冬季最低；除冬季外，动量总体输送系数在每天的 8:00 左右开始逐渐增大，在 13:00 时左右达到最大值，随后逐渐减小，秋季减小更为迅速，夏季和春季则相对缓慢，冬季在 9:00 左右开始逐渐增大，14:00 左右达到最大值并且迅速减小，与秋季相类似，在 0:00～7:00 一直稳定在 0.004 左右，即大气层结稳定时动量总体输送系数较小且变化不大[图 3.22（a）]。

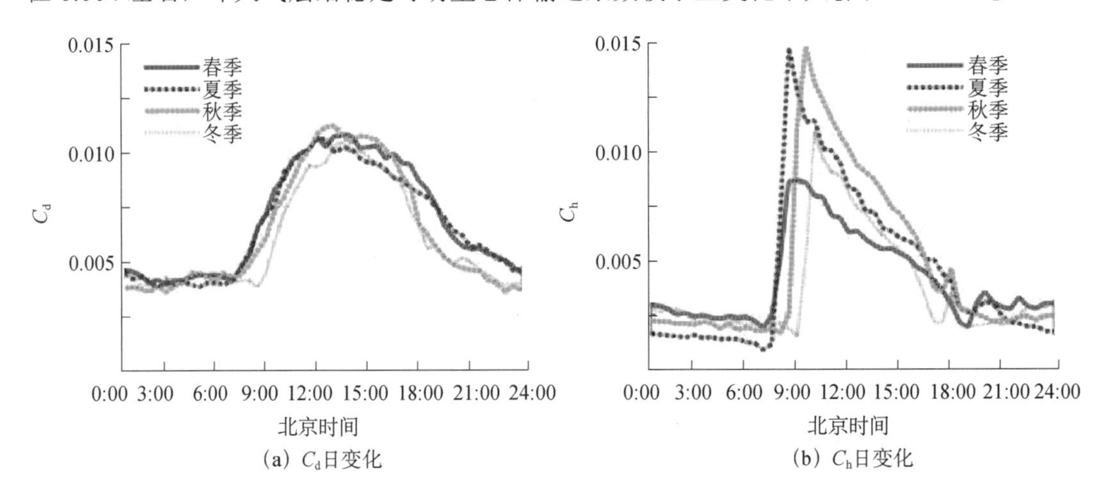

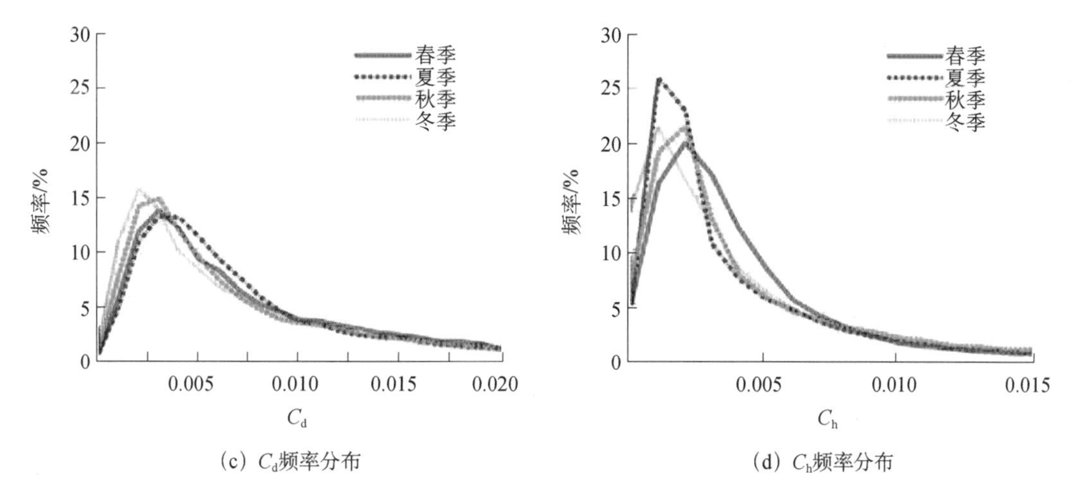

（c）C_d频率分布　　（d）C_h频率分布

图 3.22　SACOL 站不同季节动量总体输送系数 C_d、热量总体输送系数 C_h 季节平均的日变化、动量总体输送系数和热量总体输送系数的频率分布

热量总体输送系数季节平均的日变化与动量总体输送系数季节平均的日变化不同，首先热量总体输送系数的日变化幅度要比动量总体输送系数的高很多；其次热量总体输送系数的四季变化较明显，夏秋季节明显偏高，冬季次之，春季最低，因太阳辐射的季节性变化造成其峰值出现时间差异也比较明显；在日出前后，大气由稳定状态向不稳定状态转换（7:00～12:00）时，热量总体输送系数变化非常剧烈，与此时段动量总体输送系数平缓的变化形成了鲜明的对比，而且热量总体输送系数在夏季和春季达到最大值的时间明显偏早，秋季次之，冬季最晚，在达到最大值以后热量总体输送系数降低速度比较快，基本在 18:00 左右达到了最低，但在此时段前后，不同于 C_d 的变化，C_h 的变化波动比较大；在 0:00～7:00 大气层结稳定时，四个季节 C_d 的差异不大，而 C_h 差异明显，春季和冬季 C_h 稍高，秋季次之，夏季最低，这主要是由于大气逆温层在夏季对 C_h 的抑制作用，因此要比较季节性热量输送的强度，应该将白天和夜间分开考虑，如给出 10:00～17:00 的 C_h［图 3.22（b）］。

图 3.22（c）和图 3.22（d）分别给出了 C_d 和 C_h 的频率分布状况，冬季在 C_d 为 0.002 时出现最大频率、秋季在 C_d 为 0.002～0.003 时出现最大频率，春季在 C_d 为 0.003 时出现最大频率，夏季则在 C_d 为 0.003～0.004 时出现最大频率，C_d 频率谱线由冬季、秋季、春季、夏季逐渐向右偏移。C_h 在冬季出现最大频率时在 0.001 左右、夏秋季为 0.001～0.002，春季在 0.002 左右，C_h 频率谱线春季略不同于其他三个季节，谱线比较宽，振幅小，夏季同秋季和冬季相似，但是在 0.001 处高达 26%。

C_d 和 C_h 年平均的月变化曲线比较平滑，C_d 在 3～8 月变化比较明显，而且明显高于其他几个月份，C_h 变化比较平缓，只有在每年的 9～10 月偏高，这主要是由于白天和夜间的 C_h 之间各季节差异比较明显，如果只考虑每天 10:00～17:00 的 C_{hd} 变化，则可看出 C_{hd} 在 6 月开始逐渐升高，9 月达到最大，然后开始逐渐降低，在 1～5 月较低［图 3.23（a）］，各月份的 C_d、C_h、C_{hd} 和总体输送系数 C_d/C_h 的平均值详细见表 3.4。

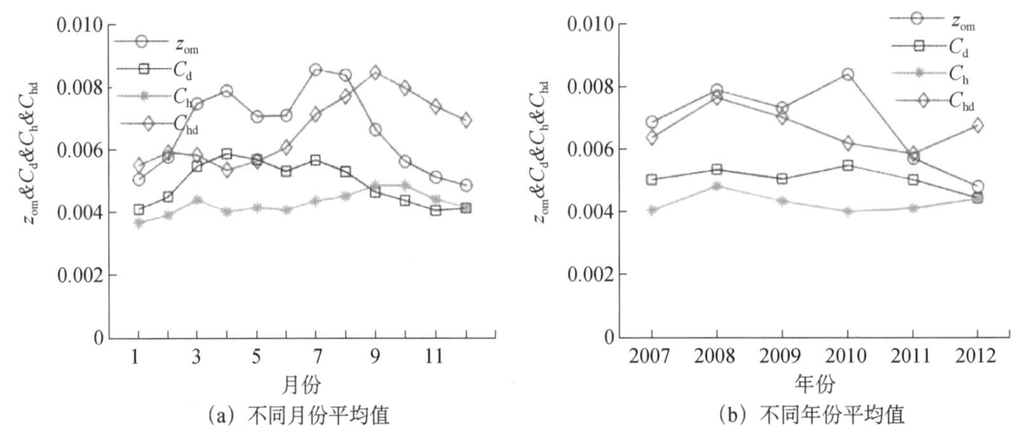

(a) 不同月份平均值　　(b) 不同年份平均值

图 3.23　SACOL 站空气动力学粗糙度 z_{om}、动量总体输送系数 C_d、热量总体输送系数 C_h、10:00～17:00 热量总体输送系数平均值 C_{hd} 变化

C_d 和 C_h 的年平均值变化非常小，C_d 基本上在多年平均值 0.0051 附近变化，2012 年偏小些为 0.0044，C_h 基本上在多年平均值 0.0043 附近，其中 2008 年偏高为 0.0048。C_{hd} 的变化基本与 C_h 的变化相似，但是数值要明显高于 C_h [图 3.23（b），表 3.5]。C_d 在春季最大为 0.0057，夏季次之，冬季偏低在 0.0043 左右；C_h 和 C_{hd} 在秋季最大分别为 0.0047 和 0.008，夏季次之，C_h 在冬季最低为 0.0039，C_{hd} 在春季最低为 0.0056，详见表 3.6。

3.6.7　总体输送系数与稳定度及空气动力学粗糙度的关系

图 3.24 分别给出了动量总体输送系数、热量总体输送系数与稳定度 z/L 的关系，当 z/L 小于 0 时，C_d 和 C_h 都明显高于 z/L 大于 0 时。z/L 小于 0 时，C_d 值基本在 0.002 以上，大气层结越不稳定，C_d 值相对偏小，在近中性时，C_d 值越高；z/L 大于 0 时，C_d 值基本上都小于 0.002，随着 z/L 逐渐增加，大气趋于更稳定的状态，C_d 值也越小。C_h 与 z/L 的关系与 C_d 与 z/L 的关系相类似，但 C_h 与 z/L 的关系更加强烈。这说明大气层结稳定度决定了 C_d 与 C_h 的变化幅度，也是造成其日较差明显高于其年较差的主要原因。

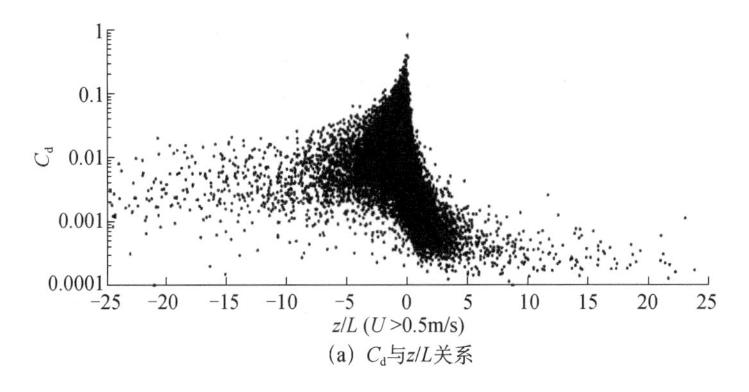

(a) C_d与z/L关系

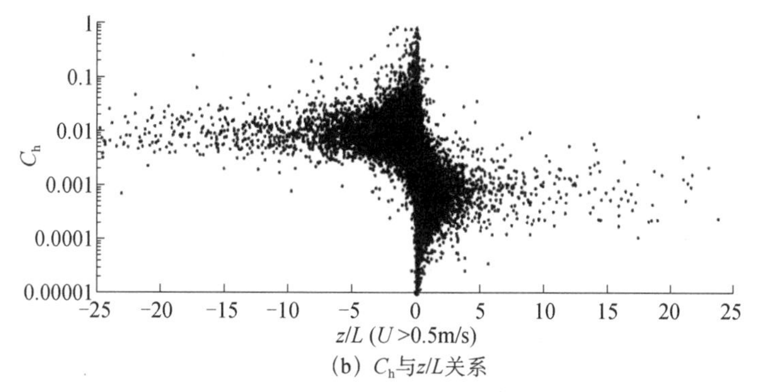

(b) C_h与z/L关系

图 3.24　SACOL 站动量总体输送系数 C_d 和热量总体输送系数 C_h 与稳定度 z/L 的关系

此外，C_d 不仅与稳定度 z/L 有很强的相关性，还与空气动力学粗糙度 z_{om} 有着密切的关系。图 3.25（a）和（b）分别给出了动量总体输送系数 C_d 和热量总体输送系数 C_h 与空气动力学粗糙度 z_{om} 的关系。由图 3.25（a）可以明显看到 C_d 随着 z_{om} 的增加而增加，其拟合关系式如下：

$$C_d = 0.043 z_{om}^{0.48} + 0.001 \tag{3.12}$$

拟合曲线的相关系数 R^2 为 0.91，与在中国干旱半干旱区的研究结果非常相似，即空气动力学粗糙度对黄土高原半干旱区的动量总体输送系数有显著影响。物理意义上，C_h 与 z_{om} 并不相关，因而，C_h 并不受空气动力学粗糙度 z_{om} 的影响。

通过以上分析，黄土高原半干旱区的动量总体输送系数不仅与稳定度 z/L 有很强的相关性，还与空气动力学粗糙度有很大的关系，受近地表下垫面状况的影响也较大，但热量总体输送系数只受稳定度 z/L 日变化的影响，与空气动力学粗糙度无关。

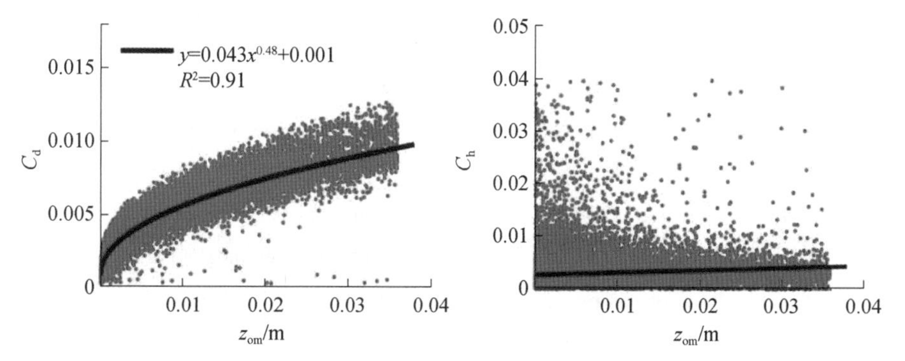

图 3.25　SACOL 站动量总体输送系数 C_d 和热量总体输送系数 C_h 与空气动力学粗糙度 z_{om} 的关系

3.7　本章小结

本章主要通过 SACOL 站常规气象要素的自动观测介绍了有关气象要素的数据质量控制方法，在利用观测资料分析区域天气气候特征时，对观测数据使用阈值、时间变化、相似一致性等数据质量检测流程，可有效提高分析数据的质量，以获取更为精确的天气特征，然而过于严苛的标准有可能使特殊天气条件下的数据被判定为异常数据，因此在数据检测过程中，对标识为异常的数据仍需进行相应的人工检测，以避免合理数据被标记为异常数据。通过对 SACOL 站 2007～2012 年的风速、空气温度、水汽压差、大气压强和降水量，以及距离该站点 7km 的榆中气象台站 1956～2008 年的历史常规气象资料对比分析，表明 SACOL 站气候变化特征可以很好地代表该区域的气候变化特征。

湍流的总体输送系数大小直接反映湍流交换活动的强弱，动量总体输送系数和热量总体输送系数的获取对研究近地层动量、热量和物质的输送有着重要的意义，物理意义上，动量总体输送系数与下垫面空气动力学粗糙度和大气层结稳定度相关，表现为湍流活动的动力输送，而热量总体输送系数其值主要与大气层结稳定度有关，与空气动力学粗糙度无关，表现为湍流活动的热力作用。因而，总体输送系数均存在明显的日变化和季节性变化特征，但空气动力学粗糙度取决于粗糙元（下垫面植被）的高度、形状和分布密度，并且不随大气层结稳定度状况、风速等发生变化，下垫面植被的生长状况是造成空气动力学粗糙度发生季节性变化的主要因素。

参 考 文 献

陈家宜，王介民，光田宁. 1993. 一种确定地表粗糙度的独立方法. 大气科学，17（1）：21-26.

李国平，段廷扬，巩远发. 2002. 青藏高原近地层通量特征的合成分析. 气象学报，60（4）：452-460.

李国平，段廷扬，吴贵芬. 2003. 青藏高原西部的地面热源强度及地面热量平衡. 地理科学，23（1）：13-18.

王慧，李栋梁，胡泽勇，等. 2008. 陆面上总体输送系数研究进展. 地球科学进展，23（12）：1249-1259.

赵鸣，苗曼倩，王彦昌. 1991. 边界层气象学教程. 北京：气象出版社.

Businger J，Wyngaard J，Izumi Y，et al. 1971. Flux-profile relationships in the atmospheric surface layer. Journal of the Atmospheric Science，28：181-189.

Dyer A. 1974. A review of flux-profile relationships. Boundary-Layer Meteorology，7：363-372.

Fiebrich C，Cynthia R，Morgan C，et al. 2010. Quality assurance procedures for mesoscale meteorological data. Journal of Atmospheric and Oceanic Technology，27（10）：1565-1582.

Flemming V，Jacobsson C，Fredriksson U，et al. 2002. Quality Control of Meteorological Observations. Automatic Methods Used in the Nordic Countries. Oslo，Norway：Norwegian Meteorological Institute.

Gandin L. 1987. Complex quality control of meteorological observations. Monthly Weather Review，116：1137-1156.

Nadolski V. 1998. Automated surface observing system（ASOS）User's Guide. Atlantic City：Federal Aviation Administration Technical Center.

Shafer M，Fiebrich C，Arndt D，et al. 2000. Quality assurance procedures in the Oklahoma mesonetwork. Journal of Atmospheric and Oceanic Technology，17：474-494.

Thom A. 1971. Monentum absorption by vegetation. Quarterly Journal of the Royal meteorological Society，7：414-428.

Vickers D，Mahrt L. 1997. Quality control and flux sampling problems for tower and aircraft data. Journal of Atmospheric and Oceanic Technology，14（3）：512-526.

Vickers D，Mahrt L. 2003. The cospectral gap and turbulent flux calculations. Journal of Atmospheric and Oceanic Technology，20（5）：660-672.

第 4 章

通量与生态的观测

4.1 引言

地表与大气间的相互作用不仅受到大气环流和太阳辐射的影响，还受地表地形起伏状况、土地利用/覆盖类型、植被覆盖类型、土壤特性、地表反照率和粗糙度等因素的影响，使地表与大气间的相互作用变得异常复杂。地表能量、水分循环以及物质交换是地-气相互作用研究的重要内容和环节，对天气过程乃至区域气候变化均起着关键作用。陆地生态系统碳循环是地球不同圈层间相互作用的纽带，也是驱动生态系统演变的关键过程，通过与生态系统中能量、水分、氮循环以及生物多样性相互耦合，直接或间接地影响着全球陆地生态系统的功能及其可持续性。因而，地表能量交换和碳循环过程已成为气候变化研究的迫切需求和关键问题之一，受到了国内外地球物理学界的广泛关注。

太阳辐射是地球系统最为重要的能源，也是地球大气运动的主要驱动力，地球-大气系统吸收了部分太阳短波辐射，而其余部分太阳辐射则以反射、散射的形式返回太空，与此同时地球-大气系统以其自身的特性向外发射着长波辐射，地表盈余的能量一部分将通过近地层湍流活动以感热通量、潜热通量的形式与其上层大气进行交换，另一部分则通过分子热传导以土壤热通量的形式与地表以下土层进行热量交换，且受地表反照率、长波发射率等影响不断地调整，使地球-大气系统平均温度并未因太阳辐射对地表持续加热而逐渐升高，地球-大气系统的能量总体上趋于平衡（Sorbjan，1989）。能量和物质循环是地-气相互作用的重要组成部分，在全球气候变化、大气环流调整过程中起着重要的作用，所有的数值模式也是建立在地表能量平衡的基础之上。近地表的能量循环主要表现为地表和大气间的湍流活动，地表和大气间不断地进行着动量、热量和水汽交换，但因地理位置、复杂的地形条件、土壤特性、植被覆盖类型和不同的土地利用方式等因素，各个地区的辐射特征并不相同，在实际的观测中能量不守恒的问题依然普遍存在，近年来不同的研究学者虽然给出了造成能量不守恒的各类原因，但仍然未能很好地解决这个问题（王介民等，2009）。

全球变化的重要表现为全球变暖，但不同气候区域对全球变暖的响应和贡献存在着显著差异。虽然干旱半干旱区仅占全球陆地总面积的 30%，但却是全球陆地平均增温的主要贡献者，特别是北半球中纬度干旱半干旱区冬季增温是全球陆地年平均增温的 2～3 倍，这些区域降水稀少，生态环境极其脆弱，对人类活动和全球气候变化十分敏感。与湿润区相比，干旱半干旱区温度变化对地表入射太阳辐射更为敏感，且因水资源匮乏使得潜在蒸发受到抑制，从而使有效能量更多地被分配到感热通量，加剧了地表增温以及水汽压差增大，导致陆地表面变得更干。因而，研究干旱半干旱区的地-气相互作用机制对于区域乃至全球气候变化均有着重要意义。

目前广泛应用于计算地表通量的方法有很多种，如空气动力学法、波文比法、涡动相关（eddy correlation，EC）法等，在众多的计算方法中，涡动相关法因其通过直接测量大气各种属性（如温度 T、风速 w、水汽密度 ρ_v 等）的湍流脉动值来计算湍流通量而得到了更加广泛的应用，与其他方法相比，并不是建立在经验关系基础之上，或从其他气象参量推论而来，而是建立在所依据的湍流理论基础之上，是各种方法中比较精密而且可靠的方法。

本章以 SACOL 站的地-气相互作用的观测为例，重点介绍涡动相关法的观测原理和数据质量控制方法，并在此基础上分析我国黄土高原半干旱区的湍流特征、能量和水分循环以及碳通量特征。

4.2 基本原理

4.2.1 涡动相关法简介

第二次世界大战后快速响应的热线风速计和温度测定仪的研制成功以及数字计算技术的进步，使得边界层湍流的观测有了重大突破，Swinbank 于 1951 年首次利用涡动相关法在地势平坦的低矮植被下垫面开展了大气边界层结构、动量通量、热量通量的观测与研究（Swinbank，1951），此后随着科学技术不断向前发展，至 20 世纪 70 年代末商用超声风速计和快速响应的开路红外气体分析仪的研发成功，极大地促进了涡动相关技术的发展，实现了近地层湍流通量和陆地生态系统 CO_2 通量的监测（于贵瑞等，2018）。涡动相关技术也被认为是目前计算地表湍流通量最好的方法之一。

通量指单位时间内单位面积上通过某物质的量，其大小取决于通过物质的浓度、通过物质的面积和时间，假设某一物理变量 s 的垂直通量 F 可用式（4.1）表示：

$$F = \frac{1}{T}\int_0^t w \cdot s\mathrm{d}t \tag{4.1}$$

式中，w 和 s 分别为垂直风速和物理量；T 为平均时间。采用雷诺（Reynolds）分解将各个物理量分解为平均量与脉动量之和的形式，即 $w = \overline{w} + w'$，$s = \overline{s} + s'$，上划线 ‾ 表示平均项；′ 表示瞬时扰动量，可得

$$F = \overline{ws} + \overline{w's'} \tag{4.2}$$

假设下垫面均匀平坦，垂直风速的平均值可以忽略（$\overline{w} = 0$），垂直平流项 $\overline{ws} = 0$，则湍流通量 $F \approx \overline{w's'}$，分别取 s 为空气温度 T、虚温 T_v、水汽密度 ρ_v 和 CO_2 浓度 ρ_c，感热通量（H）、浮力通量（H_b）、潜热通量（L_vE）和 CO_2 通量（F_c）的表达式分别如下：

$$H = \rho C_p \overline{w'T'} \tag{4.3}$$

$$H_b = \rho C_p \overline{w'T_v'} \tag{4.4}$$

$$L_v E = L_v \overline{w'\rho_v'} \tag{4.5}$$

$$F_c = \overline{w'\rho_c'} \tag{4.6}$$

同理，摩擦速度 u_*、动量通量 τ 和稳定度 ζ 的表达式如下：

$$u_* = (\overline{u'w'}^2 + \overline{v'w'}^2)^{1/4} \tag{4.7}$$

$$\tau = \rho u_*^2 \tag{4.8}$$

$$\zeta = \frac{z}{L} = -\frac{(z_m - d)\kappa(g/\overline{T})\overline{w'T_v'}}{u_*^3} \tag{4.9}$$

$$T_s = T(1 + 0.32e/p) = T(1 + 0.51q) \tag{4.10}$$

$$T_v = T(1 + 0.38e / p) = T(1 + 0.61q) \tag{4.11}$$

式中，ρ 为空气密度，kg/m^3；ρ_v' 为水汽密度的脉动量，kg/m^3；ρ_c' 为 CO_2 浓度的脉动量，kg/m^3；u'、v' 和 w' 为三维风速的脉动值，m/s；T 为空气实际温度，℃；T' 为空气实际温度的脉动值，℃；C_p 为空气的定压比热容，J/（K·kg），$C_p = 1004.67 \times (1 + 0.84q)$；$q$ 为空气比湿，$q = \rho_v / \rho$；L_v 为潜热系数，$L_v = (2.5008 - 0.0023668T) \times 10^6$，J/kg（List，1951）；$T_v'$ 为空气虚温 T_v 的脉动值，K；z 为尺度参数；z_m 为仪器的观测高度，m；d 为零平面位移高度，m；g 为重力加速度，m/s^2；L 为莫宁-奥布霍夫长度；κ 为卡曼常数，$\kappa \approx 0.4$；T_s 为超声虚温，℃；T_v 为空气虚温，℃；e 为水汽压强，hPa；p 为空气压强，hPa。

在通常情况下，超声虚温和空气虚温之间的差异很小可以忽略（$T_s \approx T_v$），由超声虚温直接计算的通量（H_s）实际上与空气虚温计算得到的浮力通量（H_b）近似相等，但在温度变化较小且水汽密度变化较高的植被冠层和海洋边界层中，二者之间的差异会非常明显，不可忽略。

4.2.2　湍流通量数据的计算与修正

由于涡动相关技术的假设条件、仪器自身、下垫面类型和大气物理过程等因素的影响，湍流通量的观测并不一定能够在理想条件下进行，在实验设计开展过程中或在数据处理过程中未能进行相应的修正，诸如野点和噪声、传感器安装不水平、横风向角、传感器间的时间滞后、频谱损失、空气密度等因素扰动产生的误差，将会在一定程度上造成对湍流通量值的高估或者低估。因而，在数据处理过程中，采用合理的数据处理流程和修订方案，可有效避免或者减小因上述各类因素对湍流通量数据计算带来的误差（Burba，2013）。

4.2.2.1　原始湍流通量资料的预处理

由于仪器自身、电子电路、大气环境（如雨、雪、尘粒等对传感器声光程的干扰）等因素干扰经常会使高频瞬时数据产生野点，野点或超出临界值的数据在用原始湍流资料计算方差、协方差等变量时产生显著影响，甚至会导致通量数据异常。为保证涡动相关数据的质量，在计算湍流通量之前对野点进行检测和剔除是非常必要的。

以 SACOL 站观测数据为例，简单介绍一下原始湍流通量资料的预处理。首先应检测三维超声风速仪（CSAT3）以及 CO_2 和水汽红外气体分析仪（LI7500）传感器的异常标识（如 $\mathrm{diag} \neq 0$），采用仪器说明书中所提供的各物理量的阈值范围剔除原始数据中的异常数据，各物理量阈值范围一般如下：垂直风速 w（−5～5m/s）、水平风速 u、v（−30～30m/s）、超声温度 T_s（−50～60℃）、水汽密度 ρ_v（0～30g/m^3）、CO_2 浓度 ρ_c（200～1000mg/m^3）和大气压强 p（50～120kPa）。

处理数据野点的方法有很多种，这里仅简单介绍 Vickers 和 Mahrt（1997）提出的处理方法，进行原始高频湍流通量时间序列的野点检测和剔除以及相应的插值。在给定长度的时间序列中，以 60s 为窗口对每个观测值进行检测，如果该点的偏差大于 N（如 3.5）倍的标准偏差，且连续异常点数目小于 L（如 L=4），则该点被判定为野点，用线性内插的方法进行填补。在实际数据处理过程中，对于阈值 N 和 L 的确定具有很大的主观性，在设置野点剔除所采用的阈值大小时，研究者需非常谨慎，以避免原始数据因太严格的标准而被大量剔除，通常可依据野点的概率分布来确定 N 和 L 阈值的大小，在一般情况下将野点比例控制在 1%之内，N 值的选取范围在 3.5～8.5。如果检测出的野点数超出该时段（如 30min）总数据的 1%，那么这个时段将不再进行湍流通量数据的计算。

由于传感器在安装时可能存在一定的间隔距离，如三维超声风速仪（CSAT3）与红外气体分析仪（LI7500）安装时会有 10～20cm 间隔，传感器采样时将会存在时间滞后性，需根据最大协方差判定滞后时间，从而消除因间隔距离产生的时间滞后性对湍流通量计算的影响，设置最大滞后时间不超过 1.0s（Vickers and Mahrt，1997），分别计算出水汽密度、CO_2 浓度与风速的平均值、方差和协方差。

此外，异常偏大或者偏小的统计量（如偏度、峰度、方差等）往往是由于仪器自身或者观测异常（Foken et al.，2004），当某一物理变量的方差超过其经验性范围时，同样取消该时段的湍流通量计算，如垂直风速的方差 $\sigma_{\mathrm{w}}^2>1.5\mathrm{m^2/s^2}$、水平风速的方差 σ_{u}^2、$\sigma_{\mathrm{v}}^2>-3.0\mathrm{m^2/s^2}$、超声温度的方差 $\sigma_{T_s}^2>2.0℃$、水汽密度的方差 $\sigma_{\rho_v}^2>4.0\mathrm{g^2/m^6}$、$CO_2$ 浓度的方差 $\sigma_{\rho_c}^2>10.0\mathrm{mg^2/m^6}$ 等。

4.2.2.2 湍流通量计算中的修正

1）坐标旋转

三维超声风速仪观测三维风速 u、v、w 的坐标系为超声坐标系（sonic coordinates），其 X 轴（u 分量）为超声风速传感器支臂的朝向，Y 轴（v 分量）则遵循右手坐标系规则而垂直于 X 轴，Z 轴（w 分量）近似平行于当地的重力加速度方向。当下垫面为倾斜地面或者仪器安装时发生倾斜，水平风速或者平行于倾斜地面的风速将在垂直方向上产生风速分量，严重影响垂直风速 w 的观测精度。因此，为了消除这种倾斜地面或者仪器倾斜所造成的影响，需要进行倾斜修正，将超声坐标系转换为平均流线型坐标系（ensemble streamline coordinates，ESC）。

Wilczak 等（2001）指出倾斜地面下将超声坐标系转换为流线型坐标系（streamline coordinates，SC），使得在理论分析时流线型坐标系下数据更容易进行比较（Finnigan，1983；Kaimal and Finnigan，1994），尽可能减小地形等因素对各参数的影响，使其更易与平坦地形下的结果进行比较，而且获得的参数也可较方便地应用于数值模式中。Tanner 和 Thurtell（1969）提出了坐标旋转的方案，Kaimal 和 Finnigan（1994）对其方案进行了详细的描述，广泛使用的坐标旋转方案有二次旋转（double rotation）、三次旋转（triple rotation）和平面拟合（planar-fit），但三次旋转在计算应力时往往会带来更大的偏差。因而，目前二次旋转和平面拟合两种方法得到了广泛应用。

二次旋转要求坐标系 x 轴与平均水平风向平行，从而使平均侧风速度和平均垂直风速为 0，即 $\overline{w}=\overline{v}=0$ 且 $\overline{w'v'}=0$，三次旋转在二次旋转的基础之上还要求 $\overline{w'v'}=0$，但这种情况是非物理的，在实际大气中也很难满足。二次旋转方法，首先将 x-y 平面绕 z 轴旋转 θ 角度，使得水平风速 v=0；

$$u_1=u_{\mathrm{m}}\cos\theta+v_{\mathrm{m}}\sin\theta \tag{4.12}$$

$$v_1=-u_{\mathrm{m}}\sin\theta+v_{\mathrm{m}}\cos\theta \tag{4.13}$$

$$w_1=w_{\mathrm{m}} \tag{4.14}$$

$$\theta = \tan^{-1}\left(\frac{\overline{v}_{\mathrm{m}}}{\overline{u}_{\mathrm{m}}}\right) \tag{4.15}$$

式中，u_{m} 为观测值；u_1 和 v_1 分别为一次旋转后新坐标系下的水平分量。然后将 x-z 平面绕 y 轴旋转 φ 角度，使得垂直风速 w=0；

$$u_2 = u_1\cos\varphi + w_1\sin\varphi \tag{4.16}$$

$$v_2 = v_1 \tag{4.17}$$

$$w_2 = -u_1\sin\varphi + w_1\cos\varphi \tag{4.18}$$

$$\varphi = \tan^{-1}\left(\frac{\overline{w}_1}{\overline{u}_1}\right) \tag{4.19}$$

经过两次旋转后的坐标系实际上为流线型坐标系，如表 4.1 所示。

表 4.1　参考坐标系

坐标系	属性
超声坐标系 （sonic coordinates）	u：超声传感器支臂方向 v：遵循右手规则垂直于 u 方向 w：近似平行于重力加速度方向
局地坐标系 （local earth coordinates，LEC）	u：向东 v：向北 w：平行于重力加速度方向
近似局地坐标系 （seemingly local earth coordinates，SLEC）	u：向东 v：向北 w：近似平行于重力加速度方向
流线型坐标系 （streamline coordinates，SC）	u：在流线型平面内指向东 v：在流线型平面内指向北 w=0
平均流线型坐标系 （ensemble streamline coordinates，ESC）	u：向东 v：向北 w=0，采用集合平均（如 planar-fit）
倾斜参考局地坐标系 （slope-referenced LEC，SRLEC）	u、v 同 SLEC $\overline{w}=\overline{U}\tan\gamma$，$\overline{U}$ 为沿着斜面的风速在水平面内的投影 γ为地形倾角

资料来源：Sun，2007。

平面拟合方法（planar-fit）（Wilczak et al.，2001）则是在所研究的时段上，首先将每个时次上的风场进行平均，然后通过数学与统计的方法确定一个平行于地面的拟合平面，最后再将每个时次上的三维风速旋转到该平面上。平面拟合方法的使用需要满足以下三个条件：①倾斜修正前的垂直风速与水平风速分量线性相关；②如果两个水平风速分量为 0，则垂直风速也为 0；③在新坐标系下的平均垂直风速为 0。然而，对于第二个条件，坐标平面旋转前后气流的动能并不守恒。因而，从严格意义上讲平面拟合方法并不是一种简单的坐标平面旋转问题（Sun，2007），平面拟合方法如下：

$$u_{\mathrm{p}} = P(u_{\mathrm{m}} - c) \tag{4.20}$$

$$u_{\mathrm{p}} = P_{11}(u_{\mathrm{m}} - c_1) + P_{12}(v_{\mathrm{m}} - c_2) + P_{13}(w_{\mathrm{m}} - c_3) \tag{4.21}$$

$$v_{\mathrm{p}} = P_{21}(u_{\mathrm{m}} - c_1) + P_{22}(v_{\mathrm{m}} - c_2) + P_{23}(w_{\mathrm{m}} - c_3) \tag{4.22}$$

$$w_p = P_{31}(u_m - c_1) + P_{32}(v_m - c_2) + P_{33}(w_m - c_3) \tag{4.23}$$

式中，u_p 为旋转后的风速矢量；P 为旋转矩阵；$\boldsymbol{c}$ 为一偏差量。在经过坐标平面旋转以后，$\bar{w}_p = 0$。

$$\bar{w}_m = c_3 - \frac{P_{31}}{P_{33}}u_m - \frac{P_{32}}{P_{33}}v_m = b_0 + b_1 u_m + b_2 v_m \tag{4.24}$$

利用多元线性回归可以得到 b_0、b_1 和 b_2 [其数值解法可参考 Wilczak 等（2001）提供的附件 A]，可得旋转矩阵各项：

$$P_{31} = \frac{-b_1}{\sqrt{b_1^2 + b_2^2 + 1}} \tag{4.25}$$

$$P_{32} = \frac{-b_2}{\sqrt{b_1^2 + b_2^2 + 1}} \tag{4.26}$$

$$P_{33} = \frac{1}{\sqrt{b_1^2 + b_2^2 + 1}} \tag{4.27}$$

利用 $P = D^{\mathrm{T}}C^{\mathrm{T}}$ 计算 P 矢量中其他的元素：

$$\sin\alpha = P_{31} \tag{4.28}$$

$$\cos\alpha = \sqrt{{P_{32}}^2 + {P_{33}}^2} \tag{4.29}$$

$$\sin\beta = -P_{32} / \sqrt{{P_{32}}^2 + {P_{33}}^2} \tag{4.30}$$

$$\cos\beta = P_{33} / \sqrt{{P_{32}}^2 + {P_{33}}^2} \tag{4.31}$$

平面拟合方法实际上是一种平均流线型坐标系，如表 4.1 所示。

Wilczak 等（2001）还指出使用二次旋转进行坐标系修正，一方面垂直风速的样本误差会导致倾角估算误差，增加了应力计算时的不确定性；另一方面二次旋转没有修正倾斜分量，将致使横向切应力存在很大的偏差，不适合处理海上数据资料。平面拟合方法则是通过一组较长时间的数据来确定旋转坐标平面，降低了样本采样误差所带来的影响，在一定程度上更具有统计意义。如果风速计被移动或者调整了垂直倾斜偏差等，则需要用平面拟合方法重新计算新的拟合平面，但二次旋转方法因使用实时数据处理并不存在这一问题。Sun（2007）在研究了美国科罗拉多大学（University of Colorado）梯度塔上的通量资料后发现，流线线型坐标系主要依赖于气流的动力学特性，而倾斜修正不仅取决于气流时间和空间上的变化，还会受到局地环流的影响。因而，在数据资料分析时，尤其是多个超声传感器的观测结果比较，需依据所研究问题慎重选取参考坐标系。局地坐标系以其不依赖于气流的动力属性且在时间和空间上不发生变化，对多个超声传感器同时观测是很好的参考坐标系，但选择该参考坐标系完全依赖于传感器是否在同一条直线上，假如所有超声传感器都对齐且平行于当地的重力加速度方向，可不做坐标平面旋转；如果所有的超声传感器在排列上有很大的不确定性，以及气流也不是平行于倾斜地面，随着时间和不同的传感器的位置不断发生变化，就很难为多传感器观测定义一个合理的参考坐标系。假如气流平行于倾斜地面且下垫面相对平坦时，平面拟合方法是较好的选择，而对于平面拟合中的平面经常发生改变时，则建议使用倾斜参考局地坐标系（slope-referenced LEC，SRLEC）（表

4.1）。利用 SACOL 站原始通量观测数据，通过比较平面拟合和无坐标旋转修正两种情况，发现平面拟合坐标旋转对感热、潜热和 CO_2 等标量的通量影响非常小，但是对动量通量和稳定度的计算影响较大，且依赖于风向的变化，地面倾角为 1.4°左右。

2）频谱损失修正

虽然随着科学技术的发展，涡动相关系统的传感器、数据采集系统变得越来越精确和可靠，但由于传感器响应时间、声程或光程上的路径平均（path-length averaging）、不同传感器之间的间距、闭路系统中的气体采样管、观测高度、采样频率、信号处理、大气状态以及数据分析方法[如窗区平均（block average）法取平均时间不够长及线性去趋势]等因素，利用涡动相关系统计算湍流通量时总是存在着高频或者低频损失（Rißman and Tetzlaff，1994；Moncrieff et al.，1997），在低频端主要受平均周期和高通滤波的影响，而在高频端主要受仪器响应特性的影响，小尺度的湍流脉动不能被观测系统捕获（Aubinet et al.，1999）。

虽然高频和低频谱损失对通量计算造成的低估不可避免，但依然可通过一些方法对湍流通量进行频谱损失修正（frequency response correction，FRC），或在实验设计时尽量减少频谱损失。这里介绍三种频谱损失修正的方法：①Moore（1986）通过谱传递函数结合特定条件下谱模式的方法估算高低频谱的损失，虽然这种方法非常便于理解与应用，但需建立在 Kaimal 等（1972）提出的谱模式假设基础之上，纵然谱模式具有很好的普适性，却不能完美地描述所研究时段内各个物理量真实的谱模态。因而，当谱模式给出的谱模态与实际大气相吻合时，该方法可很好地估计频谱损失。反之，则不能达到很好的效果。Horst（2000）指出该方法未考虑低通滤波的相位问题，也不建议考虑混叠（aliasing）效应（Blanford and Gay，1992）。②Horst（1997）提出了仅针对慢响应标量仪器的一种非常简单的修正公式 $[1+(2\pi f_{\mathrm{m}}\tau_{\mathrm{c}})^{\alpha}]^{-1}$，未考虑传感器声程或光程上的路径平均、不同传感器之间的间距和数据采集系统的影响，在使用上存在一定的局限。Massman（2000）在 Horst 工作的基础之上，提出了包含传感器时间响应、声程或光程上的路径平均、不同传感器之间的间距、信号处理以及平均时段等影响的简单计算公式，其提出的这个公式还可用于闭路涡动相关系统，虽然假设是建立在平坦地形的谱模式基础之上，但如果能够得到对数谱中的峰值频率，其在非平坦地形下就同样适用。③利用傅里叶变换得到每个平均时段上的谱，利用谱传递函数进行修正，再通过 Ogive 积分得到湍流通量，该方法利用最少的假设、数据结果更为可靠，但该方法需要计算每一个平均时段上的谱，耗费机时不利于大量数据计算。以 SACOL 站的湍流通量数据为例对前两种频谱损失修正方法进行分析和比较。

A. 谱传递函数与谱理论方法

Moore 在 1986 年提出了频谱损失修正的计算方案，Massman 和 Clement（2004）在此基础上做了进一步的修正：

$$\frac{\Delta F}{F}=1-\frac{\int_0^{\infty}[1-\sin^2(\pi f T_{\mathrm{b}})/(\pi f T_{\mathrm{b}})^2]T_{xy}(n)S_{xy}(n)\mathrm{d}n}{\int_0^{\infty}S_{xy}(n)\mathrm{d}n} \tag{4.32}$$

式中，$T_{xy}(n)$ 为一系列关于垂直风速 w 和标量 ρ_{s} 相应的谱传递函数的卷积；S_{xy} 为通量 F 的协谱；n 为自然频率；$T_{\mathrm{h_{ba}}}=[1-\sin^2(\pi f T_{\mathrm{b}})/(\pi f T_{\mathrm{b}})^2]$，是消除平均时段影响的高频滤波器的传递函数（Kaimal et al.，1989；Rannik，2001）；T_{b} 为 block averaging 法的时间长度。

对于开路涡动相关系统$T_{xy}(n)$可用式（4.33）完整描述（Moncrieff et al.，1997）：

$$T_{xy}(n)=T_{\mathrm{r}}(n)T_{\mathrm{s}}(n)T_{\mathrm{d_s}}(n)T_{\mathrm{d_v}}(n)T_{\mathrm{line_v}}(n)T_{\mathrm{line_s}}(n) \tag{4.33}$$

式中，$T_{\mathrm{r}}(n)$为数据采集系统的传递函数，$T_{\mathrm{r}}(n)=T_{\mathrm{a}}(n)T_{\mathrm{l}}^2(n)T_{\mathrm{h}}^2(n)$。其中，$T_{\mathrm{a}}(n)$为频谱重叠效应的近似传递函数，Blanford和Gay（1992）及Horst（1997）指出虽然协方差由积分时域决定，但实际上并没有计算它的频率分布，分析中未做频谱混叠（aliasing）效应的修正；$T_{\mathrm{l}}(n)$为低通滤波器的传递函数，其他所有的传递函数都会因传感器固有的几何构造对协谱造成高频衰减（Massman，2000），n_{f}为Nyquist频率（$n_{\mathrm{f}}=n_{\mathrm{s}}/2$）：

$$T_{\mathrm{l}}(n)=[1+(n/n_{\mathrm{f}})^4]^{-0.5} \tag{4.34}$$

$T_{\mathrm{h}}(n)$为高通滤波器的传递函数（Moore，1986；Massman，2000；Rannik，2001）：

$$T_{\mathrm{h}}(n)=2\pi f\tau_{\mathrm{h}}/[1+(2\pi f\tau_{\mathrm{h}})^2]^{1/2} \tag{4.35}$$

式中，$\tau_{\mathrm{h}}=T_{\mathrm{b}}/4$。

$T_{\mathrm{s}}(n)$为描述由于传感器之间的间距影响的传递函数，如果传感器之间的间距不是很大，横向分离和纵向分离的传感器都近似用以下横向分离的传递函数描述：

$$T_{\mathrm{s}}(f)=\mathrm{e}^{-9.9f^{1.5}} \tag{4.36}$$

式中，f为标准化频率，$f=ns/u$，其中，s为不同传感器之间的间距。

$T_{\mathrm{d_v}}(n)$和$T_{\mathrm{d_s}}(n)$为描述传感器固有属性的滤波函数：

$$T_{\mathrm{d}}(n)=[1+(2\pi n\tau)^2]^{-0.5} \tag{4.37}$$

式中，τ为等量时间常数，如τ_{w}和τ_{T}分别为垂直风速和温度的等量时间常数，主要由传感器的路径长度和水平平均风速决定。

$T_{\mathrm{line_v}}(n)$和$T_{\mathrm{line_s}}(n)$分别为矢量和标量描述传感器有限路径下测量谱的传递函数：

$$T_{\mathrm{line_v}}(f)=\frac{4}{2\pi f}\left[1+\frac{\mathrm{e}^{-2\pi f}}{2}-\frac{3(1-\mathrm{e}^{-2\pi f})}{4\pi f}\right] \tag{4.38}$$

$$T_{\mathrm{line_s}}(f)=\frac{1}{2\pi f}\left[3+\frac{\mathrm{e}^{-2\pi f}}{2}-\frac{4(1-\mathrm{e}^{-2\pi f})}{2\pi f}\right] \tag{4.39}$$

式中，f为标准化频率，$f=np/u$，其中，p为传感器的观测路径长度。

在谱理论模型的建立中，利用Moore（1986）使用的Kaimal等（1972，1976）和HØjstrup（1981）给出的稳定和非稳定大气层结下谱模式公式如下，

稳定层结下的谱模式：

$$nS_{\mathrm{aa}}(n)=\frac{f}{A_{\mathrm{a}}+B_{\mathrm{a}}f^{5/3}} \tag{4.40}$$

$$A_{\mathrm{T}}=0.0961+0.644\left(\frac{z}{L}\right)^{0.6} \tag{4.41}$$

$$A_{\mathrm{w}}=0.838+1.172\left(\frac{z}{L}\right) \tag{4.42}$$

$$A_{\mathrm{u}}=0.2A_{\mathrm{w}} \tag{4.43}$$

$$B_{\mathrm{a}}=3.124A_{\mathrm{a}}^{-2/3} \tag{4.44}$$

式中，a 分别为 T、u、w。

$$nS_{\mathrm{wa}}(n)=\frac{f}{A_{\mathrm{wa}}+B_{\mathrm{wa}}f^{2.1}} \tag{4.45}$$

$$A_{\mathrm{wT}}=0.284\left(1+6.4\frac{z}{L}\right)^{0.75} \tag{4.46}$$

$$A_{\mathrm{uw}}=0.124\left(1+7.9\frac{z}{L}\right)^{0.75} \tag{4.47}$$

$$B_{\mathrm{wa}}=2.34A_{\mathrm{wa}} \tag{4.48}$$

式中，a 分别为 T、u。

不稳定层结下的谱模式：

$$nS_{\mathrm{ww}}(n)=\left[\frac{f}{1+5.3f^{5/3}}+\frac{16f}{(1+17f)^{5/3}}\left(\frac{z}{-L}\right)\right]/C_{\mathrm{w}} \tag{4.49}$$

$$nS_{\mathrm{uu}}(n)=\left[\frac{210f}{(1+33f)^{5/3}}+\frac{f}{(z/z_i)^{3/5}+2.2f^{5/3}}\left(\frac{z}{-L}\right)\right]/C_{\mathrm{u}} \tag{4.50}$$

$$C_{\mathrm{w}}=0.7285+1.4115\left(\frac{z}{-L}\right) \tag{4.51}$$

$$C_{\mathrm{u}}=9.546+1.235\left(\frac{z}{-L}\right)\left[\left(\frac{z}{z_i}\right)^{3/5}\right]^{-2/5} \tag{4.52}$$

$$nS_{\mathrm{TT}}(n)=\begin{cases}\dfrac{14.94f}{(1+24f)^{5/3}}, & f<0.15\\ \dfrac{6.827f}{(1+12.5f)^{5/3}}, & f\geqslant 0.15\end{cases} \tag{4.53}$$

$$nS_{\mathrm{wT}}(n)=\begin{cases}\dfrac{12.92f}{(1+26.7f)^{1.375}}, & f<0.54\\ \dfrac{4.378f}{(1+3.8f)^{2.4}}, & f\geqslant 0.54\end{cases} \tag{4.54}$$

$$nS_{\mathrm{uw}}(n)=\begin{cases}\dfrac{20.78f}{(1+24f)^{1.575}}, & f<0.24\\ \dfrac{12.66f}{(1+9.6f)^{2.4}}, & f\geqslant 0.24\end{cases} \tag{4.55}$$

式中，C_{w} 与 C_{u} 是与稳定度相关的参数；z_i 为边界层高度；$f=\frac{nz}{u}$；$nS_{\mathrm{TT}}(n)=nS_{\mathrm{qq}}(n)$；$nS_{\mathrm{wT}}(n)=nS_{\mathrm{wq}}(n)$。

B. 分析经验公式方法

Massman（2000）给出了一组非常简单的用于估计涡动通量频谱损失的公式，虽然该方法假设是建立在平坦地形的谱模式基础之上，但如果能够得到对数谱中的峰值频率，其在非平坦地形下就同样适用，以开路涡动相关系统为例，涡动通量频谱损失公式如下：

$$\frac{1-\Delta F}{F}=\left[\frac{a^{\alpha}b^{\alpha}}{(a^{\alpha}+1)(b^{\alpha}+1)}\right]\left[\frac{a^{\alpha}b^{\alpha}}{(a^{\alpha}+p^{\alpha})(b^{\alpha}+p^{\alpha})}\right]\left[\frac{1}{(p^{\alpha}+1)}\right]\left[1-\frac{p^{\alpha}}{(a^{\alpha}+1)(a^{\alpha}+p^{\alpha})}\right] \tag{4.56}$$

式中，α在稳定条件下为1.0，在不稳定条件下为0.925；$a=2\pi f_x\tau_{\mathrm{h}}$，$b=2\pi f_x\tau_{\mathrm{b}}$，$p=2\pi f_x\tau_{\mathrm{e}}$，其中，$\tau_{\mathrm{h}}$为循环数字或者线性去趋势高频滤波器的等量时间常数，τ_{b}为平均时段高通滤波器的等量时间常数，τ_{e}为与低通滤波、传感器长度响应以及传感器之间的间距相关的等量时间常数，对等量时间常数的确定可参照Massman（2000）给出的参考计算方法，f_x为无量纲频率对数谱中峰值频率，$f_x=n_x u/z$，根据Kaimal和Finnigan（1994）对Kaimal等（1972）提出的谱模式的修正，$z/L\leqslant 0$时，$n_x=0.079$，$z/L>0$时，$n_x=2.0-1.195/(1+0.5z/L)$。

以SACOL站为例分别给出了利用谱传递函数与谱理论和分析经验公式两种方法得到的频谱损失修正值。利用Moore（1986）提出的谱传递函数与谱理论方法，得到的CO_2通量、潜热通量、感热通量和动量通量的修正值分别为14.3%、8.5%、2.6%和1.0%；而利用Massman（2000）提出的分析经验公式方法，得到的修正值分别为9.8%、6.7%、2.4和1.5%，除对CO_2通量的修正值外，两种方法的修正结果相差不大。虽然Moore（1986）提出的理论便于理解，但需建立在Kaimal等（1972）提出的谱模式假设基础之上，虽然谱模式具有很好的普适性，却不能合理地反映所研究时段内各个物理量实际的谱模态；Massman（2000）提出的分析经验公式方法，在应用上相对比较方便，且没有用理论谱的假设，在下面的分析中均采用该方法计算湍流的频谱损失。

3）超声虚温修正

Kaimal和Businger（1963）给出了超声风速仪的观测原理，在均匀一致的风场和温度场中，如果声速为c，收发探头间的声程为d，风速V沿着声程方向的分量为V_{d}和垂直于声程方向的分量为V_{n}，声脉冲在顺风方向传播的时间为t_1，在逆风方向传播的时间为t_2，V_{n}与声速间的夹角为α $\left[\alpha=\sin^{-1}\left(\frac{V_{\mathrm{n}}}{c}\right)\right]$，则可以得到两次声脉冲的传播时间：

$$t_1=\frac{d}{c\cdot\cos\alpha+V_{\mathrm{d}}} \tag{4.57}$$

$$t_2=\frac{d}{c\cdot\cos\alpha-V_{\mathrm{d}}} \tag{4.58}$$

虽然日本凯捷公司（Kaijo Denki Inc.）在1979年发展了一种利用传播时间的倒数计算风速和温度的新型超声风速仪，但对水平风速和湿度的影响仍然相当敏感。Schotanus等（1983）就此提出了解决的方案，并给出了具体的修正公式：

$$\overline{T_{\mathrm{s}}}=\overline{T}\left(1+0.51\overline{q}\right) \tag{4.59}$$

$$T_{\mathrm{s}}'=T'+0.51q'\overline{T}-\frac{2\overline{T}}{c^2}\overline{u}u' \tag{4.60}$$

$$\sigma_{\mathrm{T}}^2=\sigma_{\mathrm{T_s}}^2-1.02\overline{T}\,\overline{q'T'}-\left(0.51\overline{T}\sigma_{\mathrm{q}}\right)^2-4\frac{\overline{T}^2\overline{u}^2}{(c^2)^2}\sigma_{\mathrm{u}}^2+4\frac{\overline{T}\,\overline{u}}{c^2}\overline{u'T'}+2.04\frac{\overline{T}^2\overline{u}}{c^2}\overline{u'q'} \tag{4.61}$$

$$\overline{w'T} = \overline{w'T_s'} - 0.51\overline{T}\,\overline{w'q'} + 2\frac{\overline{T}\,\overline{u}}{c^2}\overline{u'w'} \tag{4.62}$$

式中，$\overline{T}$ 为实际空气温度的平均值，℃；T' 为实际空气温度的扰动值，℃；σ_T^2 为实际空气温度的方差，g^2/m^6；σ_q^2 为比湿的方差，g^2/m^6。

Foken（2011）将 Schotanus-correction 修正重新命名为 SND 修正，并做了进一步简化：

$$\sigma_T^2 = \sigma_{T_s}^2 - 1.02\overline{T}\,\overline{q'T'} - (0.51)^2\overline{T}^2\sigma_q^2 \tag{4.63}$$

$$\overline{w'T} = \overline{w'T_s'} - 0.51\overline{T}\,\overline{w'q'} \tag{4.64}$$

超声虚温修正可以提高 CO_2 通量 4.7%、降低感热通量 5.8%，但对潜热通量和动量通量影响较小。需要注意的是部分传感器利用软件在数据采集过程中已经对此进行了修正，具体内容需参阅传感器的使用说明书，如 Campbell CSAT3 在计算超声温度时还考虑了侧风影响（Liu et al.，2001）。

4）WPL 修正

密度扰动修正（WPL 修正）的提出源于对 CO_2 通量的计算，一种方法是利用红外气体分析仪（IRGA）测量 CO_2 浓度，为了避免水汽吸收带对红外辐射的影响，在测量之前首先将湿空气进行干燥，空气样本的体积将会减小，致使 CO_2 的浓度增加（Parkinson，1971；Saugier and Ripley，1972；Pearman，1975；Spittlehouse and Ripley，1977；Saugier and Ripley，1978）；另一种方法同样利用红外气体分析仪测量不同高度处的 CO_2 浓度，但在仪器的内部添加了一个特殊的滤光器，用以消除水汽吸收带对红外辐射的影响，可通过在不预先对空气进行干燥的情况下直接观测得到某一空气气体成分的浓度。因空气中水汽的影响，两种不同的观测方法对 CO_2 浓度的测量结果影响很大，而且在不同高度上的空气温度的差异，也会影响其浓度的测量。基于上述问题，Webb 等（1980）在一定假设的基础上提出了关于水汽通量和热通量对通量计算的修正方案。

假设观测下垫面均匀平坦、气流平稳，地表干空气的垂直通量为 0（$\overline{w\rho_a} = 0$），地表干空气没有源或者汇；微量气体成分的浓度非常小，其变化不足以影响空气浓度的变化；外部气压为常量，气压随观测高度的变化以及气压扰动的影响可忽略不计；利用干空气、湿空气、水汽和微量气体的理想气体状态方程、道尔顿定律，进行雷诺分解，并对 $\left(1+\frac{T'}{\overline{T}}\right)^{-1}$ 在 $\frac{T'}{\overline{T}}$ 处进行泰勒展开，忽略所有的 2 阶项和高阶小项，可以得到干空气密度的扰动值 ρ_d'（Liu，2005）：

$$\rho_d' = -\mu\rho_v' - \overline{\rho_a}(1+\mu\sigma)T'/\overline{T} \tag{4.65}$$

式中，$\mu = m_d/m_v$，m_d 和 m_v 分别为干空气和水汽的分子质量；$\sigma = \overline{\rho_v}/\overline{\rho_d}$。

将干空气通量守恒约束条件进行雷诺分解，即可得到平均垂直风速 $\overline{w} = -\overline{w'\rho_d'}/\overline{\rho_d}$，将 ρ_d' 的值代入进行量级分析，忽略高阶小项，可得到 $\overline{w}$ 的另一种形式：

$$\overline{w} = \mu\overline{w'\rho_v'}/\overline{\rho_d} + (1+\mu\sigma)\overline{w'T'}/\overline{T} \tag{4.66}$$

某一物理量的通量的定义：$F = \overline{w\rho_c} = \overline{w'\rho_c'} + \overline{w}\,\overline{\rho_c}$，将 $\overline{w}$ 代入：

$$F = \overline{w'\rho_c'} + \mu(\overline{\rho_c} / \overline{\rho_d})\overline{w'\rho_v'} + (1+\mu\sigma)(\overline{\rho_c} / \overline{T})\overline{w'T'} \tag{4.67}$$

对于水汽通量：

$$E = (1+\mu\sigma)\left\{\overline{w'\rho_v'} + (\overline{\rho_v} / \overline{T})\overline{w'T'}\right\} \tag{4.68}$$

由以上两式可以看出，利用水汽密度或者某一空气成分（如 CO_2）浓度计算湍流通量时，必须对水汽通量和热通量引起的密度扰动进行修正。

Webb 等同样导出了由混合比 s（$s = \rho_c / \rho_d$）和比气体含量 S（$S = \rho_c / \rho$）计算通量的公式：

$$F = \overline{\rho_a}\overline{w's'} \tag{4.69}$$

$$F = \overline{\rho}\left\{\overline{w's'} + \left[\overline{S} / (1-\overline{q})\right]\overline{w'q'}\right\} \tag{4.70}$$

由以上两式可以看出，如果能够准确测量混合比 s 或者比气体含量 S 的扰动值，通量的计算形式非常简单，且不受水汽通量或者热通量引起的密度扰动的影响，但因观测技术条件的限制，对于比湿或者混合比的快速响应测量比较困难，而对于其他空气气体成分的比气体含量或者混合比的快速响应测量更为困难。因而，目前大多数涡动相关系统都是对气体密度直接观测，而问题的关键在于如何估算平均垂直风速。

Leuning（2007）通过干空气守恒方程得到平均垂直风速，并结合某一气体成分的守恒方程推出了 WPL 修正公式，发现 WPL 修正公式不仅在下垫面均匀平坦、平稳气流情况下适用，在非平稳气流情况下同样适用。其推导过程并没有在平稳气流情况下假设干空气通量为 0，而是假设在地面或者观测层内干空气没有平流项和源汇项，以及忽略土壤脱氮作用产生的 N_2 通量、光合作用和呼吸作用产生的 O_2 通量对干空气通量的影响，此假设对于气流平稳与非平稳两种情况都适用。在其推导过程中两个非平稳项相互抵消，即任何气体成分质量通过某一固定的观测高度时，由于加热或者气压改变而导致的变化和在同一气块中的存储项的变化是一致的，二者相互抵消对通量不产生影响。Liu（2005）提出的 WPL 修正公式还需要考虑气团体积的扰动，Leuning 指出无论是测量密度扰动的仪器光程上的体积，还是观测点与地面间空气层的体积均未发生改变，在非平稳气流条件下，日出后对大气层的加热、日落后的冷却作用或者气压的改变都会造成空气层密度的改变。Massman 和 Tuovinen（2006）也指出气团体积的扰动即气体的膨胀压缩理论是独立于密度扰动修正原始假设的（干空气通量为 0），但气体的膨胀压缩理论能够推导出密度扰动修正项的数学表达式，肯定了 WPL 修正项按干空气密度扰动假设的合理性。

Webb 等（1980）还给出了感热通量的修正公式：

$$H = (c_{pa}\overline{\rho_a} + c_{pv}\overline{\rho_v})\overline{w'T'} + c_{pv}\overline{w\rho_v}(\overline{T} - T_b) - c_{pa}(\overline{\rho_a} / \overline{T})(1+\mu\sigma)\overline{wT'}^2 + (c_{pv} - \mu c_{pa})\overline{w\rho_v'T'} \tag{4.71}$$

式中，T_b 为参考温度，℃；c_{pa} 和 c_{pv} 分别为干空气和湿空气的定压比热容，J/(K·kg)。等式右边的后面 3 项比第一项要小很多，可以忽略，因而感热通量可以近似为

$$H = c_p\overline{\rho}\overline{w'T'} \tag{4.72}$$

Sun 等（1995）利用热力学第一定律、理想气体状态方程以及质量守恒方程，假设研究范围为近地层且下垫面均匀平坦，热量和质量的时间平均存储项和平流项均可忽略不计，

在层结的顶端能量传输中的热传导和分子扩散项远小于其湍流项，源汇项可忽略不计以及干空气通量在近地层为 0，也可以得到感热通量中 WPL 的修正项，并对通量的各修正项进行了简化和量级分析，同时指出如果观测平台高于几十米，或者下垫面、大气状况中含有明显的中尺度水平运动，就需要考虑平流项的影响。

以 SACOL 站湍流通量观测数据为例，发现密度扰动修正可以降低 CO_2 通量 50%，提高潜热通量 8.9%；经过 FRC、SND 修正、WPL 修正比未经任何修正时，对 CO_2 通量、潜热通量、感热通量和动量通量的影响分别为−46.7%、16.5%、−3.6%和 1.6%。

4.3 仪器安装与调试

4.3.1 仪器介绍

目前，依据涡动相关系统使用的红外气体分析仪的类型，分为开路涡动相关系统和闭路涡动相关系统，均由传感器、数据采集器和供电系统组成。开路涡动相关系统结构简单，安装、调试和维护比较方便，但容易受外接环境因素（如降水、灰尘、昆虫等）的干扰，闭路涡动相关系统结构相对复杂，需要专业性的技术人员经常开展现场维护和校正，但受天气影响较小，性能相对稳定（Burba，2013）。

以 SACOL 站所使用的开路涡动相关系统为例，主要由数据采集器（CR5000，Campbell Scientific）、三维超声风速仪（CSAT3，Campbell Scientific）、CO_2/水汽红外气体分析仪（LI7500，LI-COR）和 PC 卡及供电系统组成。三维超声风速仪（CSAT3）测量三维风速和超声虚温，CO_2/水汽红外气体分析仪（LI7500）测量 CO_2 和水汽红外气体的质量浓度，数据采集器主要完成控制测量、运算及数据存储。除 CO_2/水汽红外气体分析仪功耗（12VDC，1A）较大外，其他传感器的功耗相对较小，因而涡动相关系统可采用 12V 的直流供电，光照条件较好的区域，也可使用太阳能板和充电电池组成供电系统进行野外观测。

依据不同观测需求，可将传感器安装在不同的高度层，采样频率一般为 10～50Hz，虽然高频采样可以有效弥补高频频谱损失，但所采集数据量会大幅增加，这就需要更大的存储空间或提前更换存储卡。三维超声风速仪（CSAT3）和 CO_2/水汽红外气体分析仪（LI7500）将所采集到的信号传输到数据采集器中进行处理，使用原始数据在线程序计算湍流通量，将原始湍流数据以及计算后的数据存储在数据采集器中的存储卡上，用户获取原始湍流数据时间序列后，也可另行计算处理。通常情况下数据采集器及传感器工作温度范围在−30～50℃，在低温环境中工作，需要注意太阳能板和蓄电池的供电情况，避免其因供电不良造成不连续的数据。此外，为了研究地表能量平衡等科学问题，涡动相关系统还配备地表热通量、土壤温度、土壤湿度、空气温度、湿度以及净辐射等相关测量设备，构成了近地表能量平衡监测系统。

4.3.1.1 超声风速仪

三维超声风速仪（CSAT3）测量路径为垂直方向，采用脉冲声学模式工作，可以在恶劣天气条件下正常工作，工作原理主要是超声波在空气中传播时受风速的影响，通过测量出超声波在大气中的传播时间，便可计算出三维风速的大小，同时给出超声温度。系统提供模拟和数字两种类型输出，分别输出 U_x、U_y、U_z 和声速 C，最大采样频率可达 60Hz，目前较为先进的三维超声风速仪采样频率可达 100Hz 甚至更高。

关于三维超声风速仪的测风原理，设 A、B 两点为超声传感器所在的位置，A、B 方向上的风速分量为 u，声波的传播速度为 c，A、B 两点的距离为 L，声波从 A 到 B 的传播时间为 t_1，从 B 到 A 的传播时间为 t_2，同时考虑风速的影响，则 $t_1=L/(c+u)$，$t_2=L/(c-u)$，$u=L\times[(t_2-t_1)/t_1\times t_2]/2$，探头之间的距离 L 可精确测量，因而只需测定传播时间 t_1 和 t_2，即可由上述方程计算出 A、B 方向上的风速分量，如果在三个互相垂直的方向上同时测量，通过坐标变换后便可求解三个不同方向上的风速分量（U_x、U_y、U_z）以及瞬时总风速值，利用空气温度 T 与声速 C 的平方成正比关系，可求得超声温度值。

4.3.1.2　CO_2/水汽红外气体分析仪

水汽和 CO_2 的浓度测量主要是利用红外线吸收原理，测定光源和受光部之间的辐射吸收率，针对水汽和 CO_2 在红外线特定波段的辐射吸收情况分别测定二者的浓度，开路红外气体分析仪与三维超声风速仪都是将测定光路暴露在空气中，在外部大气环境中以 10Hz 以上的频率测量 CO_2 和水汽的密度。CO_2/水汽红外气体分析仪（LI7500）由红外线光源、检测器、截光器、透镜、窗口等部分构成，其中截光器由 4 种波段的滤光片组合而成，中心波长是 CO_2 和水汽的吸收波长以及不吸收的参照波长，由高速旋转截光器的滤光片顺次横切通路，由检测器顺次测定出透过滤光片的辐射强度，以吸收波长与参照波长的透过辐射强度之比作为透过率，从而获得吸收率经大气校正后得到相应的 CO_2 和水汽的密度（于贵瑞等，2018）。根据不同的工作环境，需定期对 CO_2/水汽红外气体分析仪（LI7500）进行维护和标定，更换传感器中的干燥剂，并对仪器零点漂移进行校准。

4.3.2　仪器安装

基于涡动相关理论的假设条件，通量观测的理想条件下是观测场地地形平坦、植被均质分布，传感器朝向为该区域的盛行风向，且在观测塔上风方向具有足够长的风浪区，观测高度则需要根据观测站点植物冠层的高度和风浪区的大小给定，一般传感器安装的高度越高，观测结果所包含上风方向的风浪区越大，为了提高通量观测的空间代表性，在风浪区能够满足观测要求的条件下，可提高观测的高度，并进一步通过印痕分析的方法综合评价通量的贡献源区。

SACOL 站位于半干旱区荒漠草地下垫面，其地形相对均匀平坦，植物冠层矮小，开展湍流通量观测时传感器的安装高度并不需要太高，通常安装高度距离地面 3m 左右便可满足基本的观测需求。以 3m 简易观测塔为例，对于仪器的安装，安装前首先选取仪器的安装位置，将观测塔三个脚架固定，使其中一个脚架朝向正北，可同时调节三个脚架上的螺母确定安装支架的高度，同时保持支架水平，然后固定好避雷针，调整拉线固定观测塔，固定后的观测塔应与水平面垂直，并做好接地工作。其次，将开路 CO_2/水汽红外气体分析仪（LI7500）、三维超声风速仪（CSAT3）分别安装固定在塔的支架上，安装过程中应将传感器朝向站点的主盛行风向或者所要研究的区域。然后将空气温湿度传感器的防辐射罩固定在塔的支架上，三维超声风速仪、开路 CO_2/水汽红外气体分析仪和空气温湿度传感器的感应部分尽量保持在同一水平面上，调好后再次检查三维超声风速仪是否水平，如果仪器上水平气泡未在中心位置则需做进一步调节。

三维超声风速仪（CSAT3）探头朝向主风向，先大致拧紧万向节，用内六角固定好安装支架，待安装高度确定后，调节三维超声风速仪至水平泡居中。CO_2/水汽红外气体分析仪（LI7500）探头稍倾斜以减少降水对观测的影响，使其与三维超声风速仪尽可能处于同一高度且相距 20～30cm，为避免线路接触不良，三维超声风速仪与 CO_2/水汽红外气体分析仪信号线缆安装时不宜绷得太紧。若采用太阳能板和蓄电池为涡动相关系统供电，太阳能板应朝正南方向，数据采集器（CR5000）与太阳能电池充电控制器放置于机箱中，若太阳能板与机箱体积较大，应与观测塔保持一定的距离且位于主风向的下方。蓄电池需要放置在防雨箱里，气温较低的区域还应注意蓄电池的保温，必要时可将蓄电池连同防雨箱埋入地下。

此外，涡动相关系统还包含土壤温度、湿度以及土壤热通量的测量，土壤湿度、温度和热通量的传感器分别安装在土壤表层以下，观测的深度和土壤层次位置主要依据研究者的目的确定，安装前应选择具有代表性的位置，制作土壤垂直剖面时，注意尽量保持土壤层次结构的完整性，以保障安装仪器后可恢复至安装前的状态。安装土壤温度和湿度等传感器时，从地表向下用米尺标出需要安装的土壤层次的位置，安装探头时应使传感器与土壤充分接触，在土质较硬的区域，为了防止损坏探头，应先用辅助工具挖出土壤，然后再插入传感器，同时做好传感器安装的土壤层次的记录，所有传感器的电缆从数据采集器箱下方的进线孔接入数据采集器，按照接线说明将各个传感器的电缆线接到数据采集器进行调试，数据均确认正常无误后填埋土壤，最后将数据采集器进线口密封，放入干燥剂并定期更换。

4.4　通量数据的质量控制

涡动相关技术一般要求在边界层（常通量层）中进行观测，大气湍流处于稳态（定常）且满足均质性，即大气湍流统计特征不随时间发生变化（稳态），大气湍流统计特征不随空间发生变化（均质性），均质性通常情况下受空气动力学粗糙度和零平面位移的影响，而异质性则通常表现为大气湍流的非稳态。因而，湍流平稳性检验在涡动相关技术测定湍流通量的数据质量控制与评价中得到了广泛的应用（Foken and Wichura，1996）。

4.4.1　湍流平稳性检验

湍流平稳性检验（steady state test，SST）是 Foken 和 Wichura（1996）在 Gurjanov 等（1984）的工作基础上提出的，主要是通过比较某一观测时段内以及将该时段平均分成几个子段的统计参数间的关系。例如，所选取的观测时段为 30min，首先计算 30min 内的总体协方差 $\overline{(w's')_{\text{whole}}}$；然后每 5min 为一段将 30min 分成 6 个子段，分别计算 6 个子段的协方差，进而计算 6 个子段协方差的平均值 $\overline{(w's')_{\text{short}}}$，湍流平稳性检验指数（IST）可以表示为

$$\text{IST} = \left| \frac{\overline{(w's')_{\text{short}}} - \overline{(w's')_{\text{whole}}}}{\overline{(w's')_{\text{whole}}}} \right| \tag{4.73}$$

当 IST 值小于 30%，表明该时段内湍流平稳，依据 Mauder 和 Foken（2015）给出的标准进行湍流通量数据的质量分级，各湍流平稳性检验指数范围所对应的质量分级如表 4.2 所示。

表 4.2　湍流平稳性检验指数和总体湍流特征检验指数分级标准　（单位：%）

分级	1	2	3	4	5	6	7	8	9
IST	0～15	16～30	31～50	51～75	76～100	101～250	251～500	501～1000	>1000
ITC	0～15	16～30	31～50	51～75	76～100	101～250	251～500	501～1000	>1000

资料来源：Mauder and Foken，2015。

注：IST 为湍流平稳性检验指数；ITC 为总体湍流特征检验指数。

4.4.2　总体湍流特征检验

总体湍流特征检验（integral turbulence characteristic test）主要用于对湍流发展状况的检验。在湍流充分发展的情况下，莫宁-奥布霍夫相似理论成立，近地层大气的归一化无量纲参数$\left(\frac{\sigma_x}{X_*}\right)$是大气稳定度$\left(\frac{z}{L}\right)$的函数，并具有其一般的表达式$\frac{\sigma_x}{X_*}=c_1\left(\frac{z}{L}\right)^{c_2}$，Foken（2008）给出了归一化标准方差在不同稳定度下的经验公式模型（表 4.3），其经验模型以及表达式中的系数c_1和c_2可以结合所研究的区域进行确定。选取表 4.3 中$\left(\frac{\sigma_\mathrm{u}}{u_*}\right)_\mathrm{model}$、$\left(\frac{\sigma_\mathrm{w}}{u_*}\right)_\mathrm{model}$和$\left(\frac{\sigma_\mathrm{T}}{T_*}\right)_\mathrm{model}$模式，总体湍流特征检验指数可表示为

$$\mathrm{ITC}=\left|\frac{(\sigma_x/X_*)_\mathrm{model}-(\sigma_x/X_*)_\mathrm{measured}}{(\sigma_x/X_*)_\mathrm{model}}\right| \tag{4.74}$$

表 4.3　归一化标准方差在不同稳定度下的经验公式模型

参数	公式	不稳定度范围	提出者
$\left(\frac{\sigma_\mathrm{u}}{u_*}\right)_\mathrm{model}$	2.6	$z/L\geqslant 0.4$	Sorbjan（1987）
	$0.44\ln\left[\frac{z+f}{u_*}\right]+6.3$	$-0.2<z/L<0.4$	Thomas 和 Foken（2002）
	$4.15(\lvert z/L\rvert)^{1/8}$	$z/L\leqslant -0.2$	Foken 等（1991）
$\left(\frac{\sigma_\mathrm{w}}{u_*}\right)_\mathrm{model}$	1.5	$z/L\geqslant 0.4$	Sorbjan（1987）
	$0.21\ln\left[\frac{z+f}{u_*}\right]+3.1$	$-0.2<z/L<0.4$	Thomas 和 Foken（2002）
	$1.3(1-2z/L)^{1/3}$	$z/L\leqslant -0.2$	Panofsky 等（1977）
$\left(\frac{\sigma_\mathrm{T}}{T_*}\right)_\mathrm{model}$	3.5	$z/L\geqslant 1.0$	Sorbjan（1987）
	$1.4(z/L)^{-1/4}$	$0.02\leqslant z/L<1.0$	Foken 等（1991，1997）
	$0.5(z/L)^{-1/2}$	$-0.062\leqslant z/L<0.02$	
	$(z/L)^{-1/4}$	$-1.0<z/L<-0.062$	
	$(z/L)^{-1/3}$	$z/L\leqslant -1.0$	

如果 ITC 值小于 30%，则表明该时段内的湍流能够很好地行程与发展，符合湍流运动的相似理论，并依据 Mauder 和 Foken（2015）给出的标准进行质量分级，ITC 分级标准如表 4.2 所示。在感热通量的绝对值小于 10W/m^2 时，很难定义σ_T/T_*，因而在这种条件下不对其做总体湍流特征检验。

4.4.3　总体质量评价及分级

通过上述数据质量检验方法，分别对 SACOL 站观测的动量通量、感热通量、潜热通量以及 CO_2 通量做湍流平稳性检验和总体湍流特征检验，根据获得的 IST 值和 ITC 值结合 Mauder 和 Foken（2015）提出的湍流通量数据质量总体分级方案（表 4.4），对各时段数据进行数据质量分级。按此类标准共分为 9 级，其中 1～3 级为高质量数据，可用于基础性的分析与研究，如发展参数化方案；4～6 级为中等质量数据，可用于一般性分析，如长期连续观测资料的处理；7～8 级数据一般不建议使用，或者用于表征通量数据的情况，在不明显与其前后数据差异很大的情况下，比插值程序填补的数据稍好；9 级的数据不建议使用可直接剔除。虽然 Rebmann 等（2005）也给出了不同的分级方式，但在如下分析中只采用了 Mauder 和 Foken（2015）的方案。图 4.1 给出了 SACOL 站通量数据质量检测与分级，其中 1～3 级高质量湍流通量数据资料约占总数据的 60%。

表 4.4　湍流通量数据质量总体分级方案

总体质量分级	1	2	3	4	5	6	7	8	9
湍流平稳性	1	2	1～2	3～4	1～4	5	≤6	≤8	9
总体湍流特征	1～2	1～2	3～4	1～2	3～5	≤5	≤6	≤8	9

资料来源：Mauder and Foken，2015。

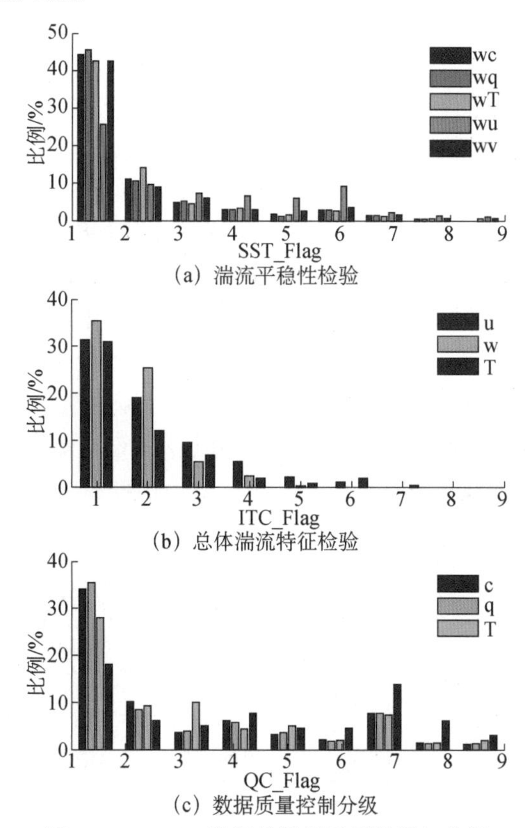

图 4.1　SACOL 站通量数据质量检测与分级

wc、wq、wT、wu、wv 分别代表垂直风速脉动值与 CO_2 浓度、水汽密度、温度、水平风速 u、v 分量脉动值的协方差的湍流平稳性检验；u、w、T 分别代表水平风速 u、垂直风速 w 和温度 T 的总体湍流特征检验；c、q、T 分别代表 CO_2 通量、潜热通量、感热通量的最终分级

4.5 观测结果分析

4.5.1 谱分析方法

近地层能量守恒问题是近十几年来人们关注较多的热点问题之一，湍流观测为了能够捕捉到较小尺度的涡旋，往往采用较高的采样频率（10～20Hz），在数据处理过程中往往计算量较大，计算时间也较长。湍流通量原始数据资料质量的好坏直接影响湍流通量计算结果的精度。因而，在计算湍流通量前评估湍流通量原始数据资料的质量以及选取合理的时间积分尺度尤为重要。为了能够更多地了解湍流时间序列的信息，评估湍流数据资料的质量，选取合理的时间积分尺度，本节将利用谱分析和 Ogive 分析两种手段进行分析和评估，并对湍流通量数据的处理及其相应的修正方法和数据质量控制进行简要的说明。

Sorbjan（1989）指出根据泰勒（Taylor）假设，同一气流在同一时刻不同的两个观测点上的相关关系和其在同一观测测点上不同时刻的相关关系一致，空间谱分布和频率谱分布可互相转换，Taylor 提出如果挟带湍流气流的平均风速 U 远远大于湍流扰动u'，在固定点 x_0 处的扰动u'可被认为是属性均一的湍流气团流过该点，有$u'(x_0, t_0+t)=u'(x_0-x, t_0)$，其中 $x=Ut$，两边同时乘以$u'(x_0, t_0)$，并取平均后可得$R_u(t)=R_u(x)$，且波数k (m^{-1})与频率$n(s^{-1})$存在以下关系$k=2\pi n/U=\omega/U$，其中 ω 为角频率（$2\pi/T$ 或者 $2\pi n$），Kolmogorov 提出在惯性次区（inertial subrange）中谱密度函数与波数（或者频率）的（−5/3）次方成正比，可据此检验并评估湍流数据质量的好坏。

选取 SACOL 站湍流通量数据资料进行分析，图 4.2（a）和（b）分别是垂直风速 U_w 在夜间 0:00 和正午 12:00 的频率谱分布图，用于频谱分析的数据采样频率为 10Hz，积分时间尺度为 30min。从总的趋势上来看，SACOL 站 U_w 的频率谱分布，无论是在夜间还是中午，惯性次区基本满足或者趋于（−5/3）次方，含能区（energy containing range）开始下降，与理论结果较为一致。同样选取分析时段为 30min，图 4.2（a）和（b）中夜间和白天之间的垂直风速的功率谱分布差异较为明显。为了便于比较，同时给出了夜间积分时间尺度为 5min［图 4.2（c）］和白天积分时间尺度为 60min［图 4.2（d）］的频率谱变化。无论选择多长的时间尺度进行分析，U_w 的湍流谱在高频段都能满足（−5/3）次方。理论上频率谱的变化趋势是一条平滑的曲线，实际中每一条频率谱变化曲线并不能达到理想状态，但在惯性次区基本满足（−5/3）次方。

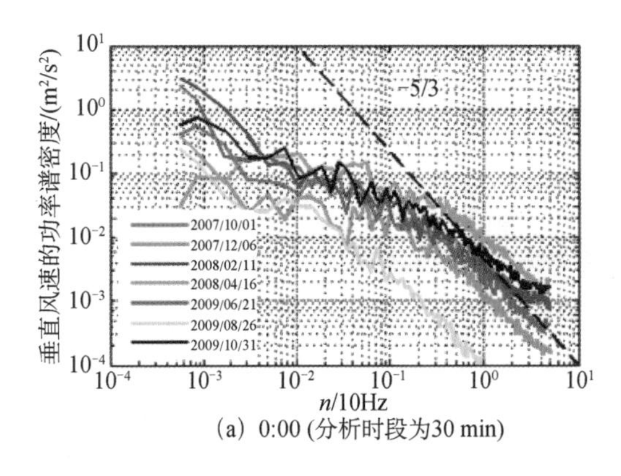

(a) 0:00 (分析时段为30 min)

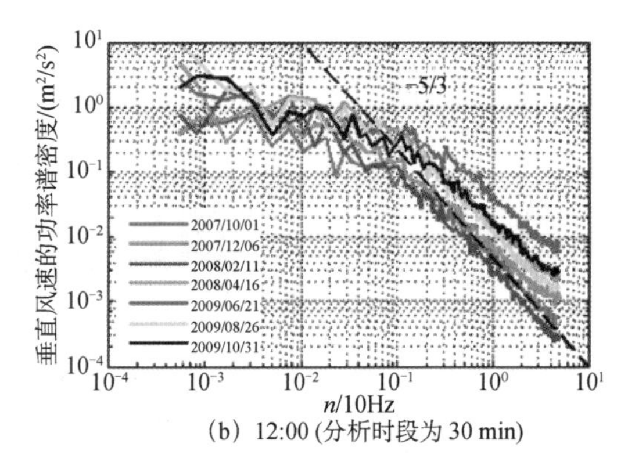

(b) 12:00 (分析时段为 30 min)

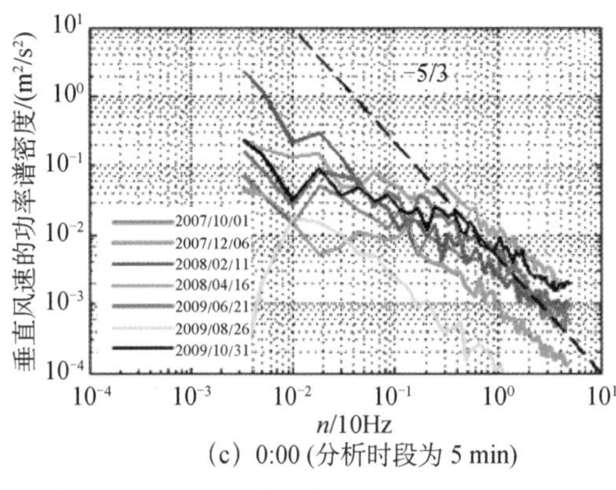

（c）0:00 (分析时段为 5 min)

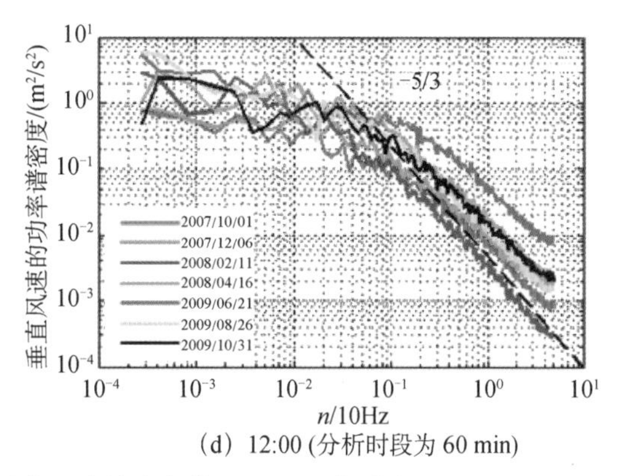

（d）12:00 (分析时段为 60 min)

图 4.2 30min 平均时段 0:00（a）和 12:00（b）垂直风速的功率谱、5min 平均时段 0:00（c）和 60min 平均时段 12:00（d）垂直风速的功率谱

此外，对湍流通量观测中的水平风速、超声温度、水汽密度和 CO_2 浓度进行频率谱分析，频率谱变化趋势都明显好于 U_w，但水汽和 CO_2 浓度的频率谱分布易受降水的影响，虽然其频率谱值偏大，但其趋势也在惯性次区满足（−5/3）次方，上述分析说明 SACOL 站的湍流通量原始资料较为合理。

4.5.2 Ogive 分析

Ogive 分析指对协谱由高频端向低频端累积积分，数值与其相应的协方差相等。利用 Ogive 分析目的在于从累积积分中了解湍流谱的大小，以及如何针对不同研究目的选择合理的积分时间尺度。下面从两个不同的角度进行分析：①选择在同一时间点不同积分时间尺度（5min、10min、30min、60min、120min 和 180min）的 Ogive；②选择同一积分时间尺度（如 180min）在不同频率处进行截断（n=1/300s^{-1}、1/600s^{-1}、1/1800s^{-1}、1/3600s^{-1}、1/7200s^{-1} 和 1/10800s^{-1}）。

4.5.2.1 同一时间点选用不同积分时间尺度

选取 2007 年 2 月 27 日和 2008 年 7 月 27 日湍流观测数据，对 0:00 和 12:00 的感热通量进行分析，如图 4.3 所示，虚线表示夜间在不同积分时间尺度下（5～180min）的特征，实线表示白天在不同积分时间尺度下的特征。

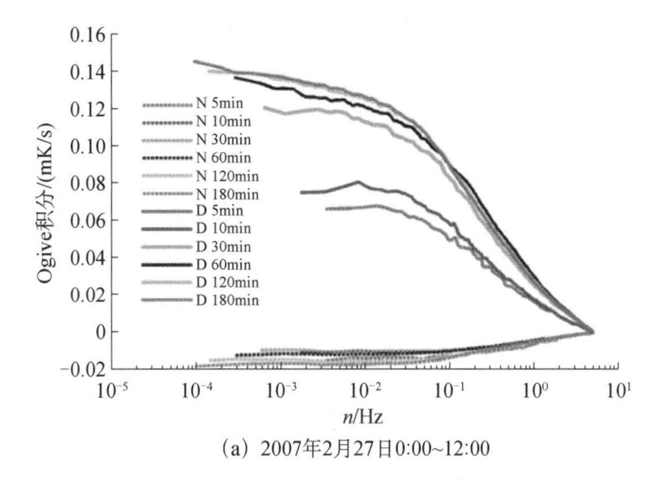

（a）2007年2月27日0:00~12:00

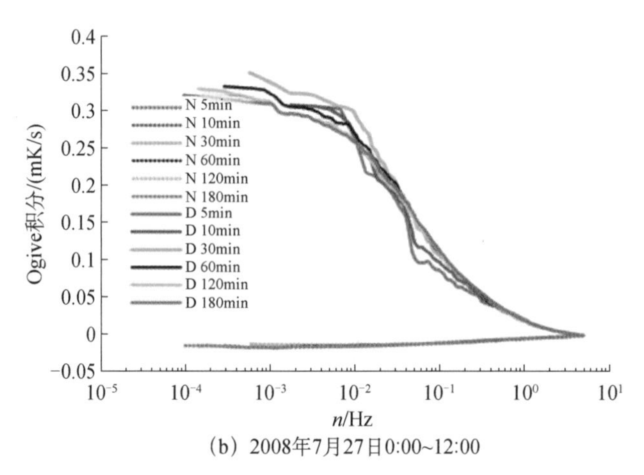

(b) 2008年7月27日0:00~12:00

图 4.3 SACOL 站 2007 年 2 月 27 日和 2008 年 7 月 27 日夜间（N）0:00 和正午（D）12:00 每 5min、10min、30min、60min、120min 和 180min 的 Ogive 积分曲线

通常情况下冬季湍流活动较弱，5min 和 10min 的 Ogive 曲线很快就趋于平缓[图 4.3（a）]，其值较 30min 或者更长时段的 Ogive 积分曲线要低，Ogive 积分曲线在不同积分时段的差异，主要是大气的非定常性所致，积分时段越长受大气非定常性影响也越大；夏季白天湍流活动发展较为强烈，存在大尺度涡旋，如果仅选用 5min 或者 10min 的积分时间尺度，由于积分时间尺度过短导致部分低频涡旋的贡献被忽略，在 Ogive 分析中积分曲线就不能快速趋于平缓。无论在冬季还是夏季的夜间，湍流活动通常比较弱，5min 或者 10min 的 Ogive 积分曲线很快趋于平缓，但在夜间的感热通量项要比中午时刻约小一个量级。因大气状态时刻都在发生着变化，Ogive 分析结果也存在很大的差异，很难从中找出一般性的变化规律。

对于夜间湍流通量的计算选用 5min 或 10min 的积分时间尺度基本上可以满足需求，虽然积分时间尺度相对较短，却也能很好地反映出短时间湍流活动发展以及能量交换的信息，但对于湍流活动发展十分强烈的夏季，选用 5min 或者 10min 作为积分时间尺度往往会忽略部分低频涡旋对能量的贡献，导致湍流通量计算值被低估，从而在一定程度上影响能量闭合率，对于湍流活动发展较强的时段，选取 30min 积分时间尺度也并不一定很理想，甚至需要选用更长的积分时间尺度。另外，积分时间尺度的选取不是越长越好，由于积分时间尺度选取越长，其反映的湍流信息的时间段也越长，在很大程度上是这段时间上的平均信息。在近中性大气层结条件下，夜间无论是选用 5min 还是 180min 作为积分时间尺度，Ogive 积分曲线仍表现出很好的一致性，大气处于定常性状态，而在白天仍然存在着一定差异。

湍流谱从高频到低频进行分析，频率越高表明湍流涡旋尺度越小，对于特定观测频率的仪器，因仪器的采样频率而造成高频损失，部分高频涡旋观测不到，但这部分高频涡旋的能量相对较小；仪器观测到的涡旋数量由高频向低频逐渐减少，在高频段涡旋数量较多，Ogive 积分曲线在高频段也较为光滑，但在低频段大尺度涡旋数量相对较少，在分析时将会产生随机误差，而随着积分时间尺度的增加，这种大尺度的涡旋数量也会增多，Ogive 积分曲线趋于光滑。5min 或者 10min 积分时间尺度的 Ogive 积分曲线在高频段没有 30～

180min 积分时间尺度的光滑。

4.5.2.2　同一积分时间尺度在不同频率下进行截断

受大气非定常性的影响，分别取 5min、10min、30min、60min、120min 和 180min 积分时间尺度进行 Ogive 分析，Ogive 积分曲线差异显著，虽然都是在同一个时刻向后取积分时间尺度，但积分时间尺度长短不同，其 Ogive 结果所代表的大气平均状态并不一样，如取积分时间尺度 5min，代表从开始时刻 5min 内的大气平均状态，如果取积分时间尺度为 180min，则代表从开始时刻 3h 内的大气平均状态。以 SACOL 站 2009 年 5 月 7 日每隔 3h 作为 Ogive 积分的开始时刻，分别选取积分时间尺度为 30min、60min、120min 和 180min 进行 Ogive 分析，图 4.4 中的竖线由右向左，分别表示 5min、10min、30min、60min、120min 和 180min 所对应的频率，夜间（18:00～次日 9:00）感热通量项通常较小，比白天约小一个量级；从积分时间尺度图 4.4 可以看到，白天在 5min 和 10min 对应的两个频率，其 Ogive 积分曲线并未趋于平缓，保持着增加趋势，30min 甚至 60min 也依然有增加趋势，但在 30min 以后其增加的趋势并不是很明显，因而无论是夜间还是白天取 30min 作为积分时间尺度已基本满足要求，仅在正午时刻可能会低估低频涡旋的贡献。

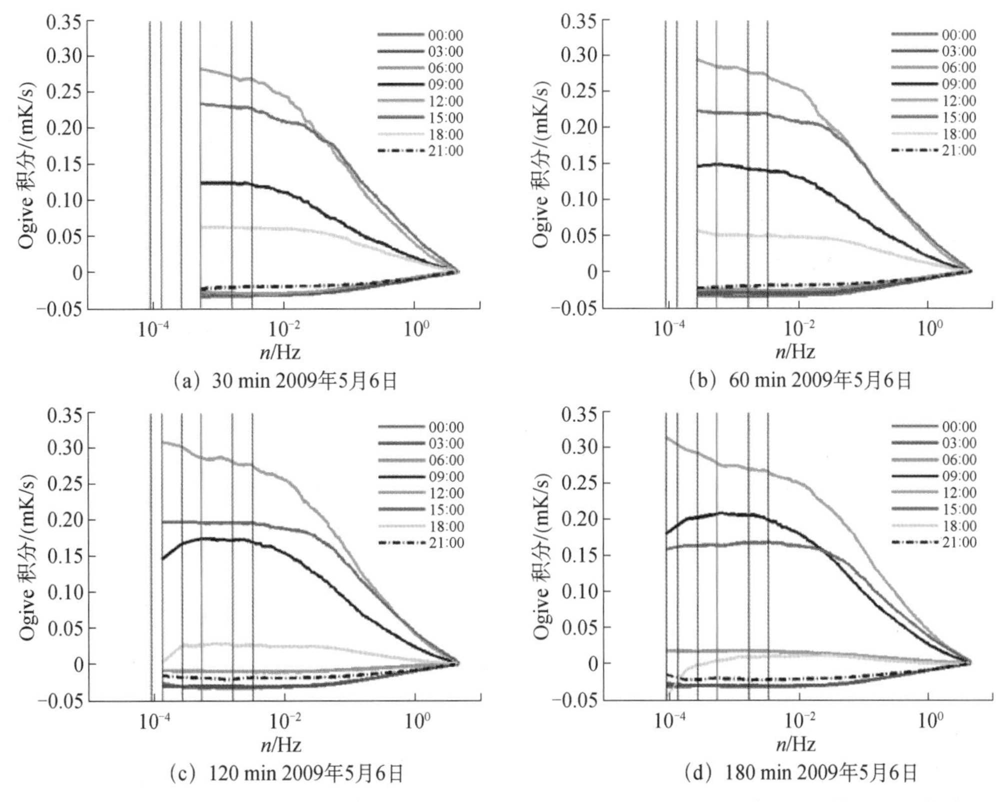

(a) 30 min 2009年5月6日　(b) 60 min 2009年5月6日

(c) 120 min 2009年5月6日　(d) 180 min 2009年5月6日

图 4.4　SACOL 站积分时间尺度为 30min、60min、120min 和 180min 每隔 3h 的 Ogive 积分

图 4.4（c）和（d）分别为平均时段 120min 和 180min，由于积分时间尺度长，在 5min 或 10min 对应频率下便趋于平缓，大量的涡旋信息在长时间尺度内被平均，随着积分时间

尺度增加，由于大气非定常性的影响（王介民等，2009）Ogive 积分曲线在低频段出现上下波动的变化趋势。对于如何选取合适的积分时间尺度，需要根据研究目的选取合理的积分时间尺度。

通常情况下选积分时间尺度为30min，虽然在夜间观测时段选用5min或者10min更为合理，但考虑到夜间湍流通量一般比白天的数值约小一个量级，因而选用积分时间尺度30min对其影响不但不显著，而且还会减少计算量；在白天湍流活动发展较为强烈的时段，取积分时间尺度30min往往会低估低频涡旋的贡献，从数值上看损失的这部分能量也相对较小，对于一般定性研究影响也可忽略，但会对能量平衡带来一定程度的影响。另外，考虑到其他仪器的观测通常也是取 30min，为便于数据统一处理分析，大多数湍流通量计算时积分时间尺度选择 30min。如果对于特定研究中需要了解更详细的湍流信息，在夜间缩短积分时间尺度，白天湍流能量交换强时适当延长积分时间尺度来降低低频涡旋贡献的损失；在风速较大时大气呈中性层结，选择5min、10min、30min或者60min，计算结果都能很好地反映其积分时间尺度内大气的平均状态。如果进行能量平衡的研究，选择的积分时间尺度就可稍长，但考虑到中尺度大气扰动的影响取60～120min。

4.5.3 能量平衡与能量分配

所有的数值模式均建立在地表能量平衡的基础上，大的偏差是不能被接受的。近地层地表能量平衡状况可作为检验该站点地-气相互作用观测的代表性衡量标准，如果需利用观测的湍流通量、土壤温度、湿度等参量检验数值模式模拟结果，那么非常有必要对该点能量平衡与能量分配状况进行评估。

近地层地表能量平衡可表示为如下形式：

$$H_s + \mathrm{L_v E} = R_n - G_s - S - Q \tag{4.75}$$

式中，H_s和$\mathrm{L_v E}$分别为感热通量和潜热通量，可由涡动相关系统观测计算；R_n为净辐射；G_s为地表热通量；S为地面到观测高度间空气或者植物冠层存储的热量（如光合作用能量）；Q为其他热量的源或汇项；R_n-G_s为有效能量。以SACOL站为例，其位于半干旱区植被稀疏且冠层高度比较低的区域，式（4.75）中的S和Q项较净辐射项较小，可忽略不计。在进行能量平衡估计时选用线性拟合和能量平衡比（EBRM）两种方法，其中线性拟合方法选用了拟合曲线过原点和拟合曲线不过原点两种不同的拟合方式；EBRM方法选用的计算公式如下：

$$\mathrm{EBRM} = \frac{\sum (H_s + \mathrm{L_v E})}{\sum (R_n + G_s)} \tag{4.76}$$

图4.5和图4.6分别给出了在不考虑土壤热储量和考虑土壤热储量两种情况下SACOL站的能量闭合率。不考虑土壤热储量时，直接利用0.05m土层观测的土壤热通量，而不考虑损失在地面至0.05m深处的能量，将（$R_n-G_{\mathrm{obs,\,5}}$）作为有效能量；而考虑土壤热储量的情况，则是利用热传导方程校正法（TDEC）（阳坤和王介民，2008）将通过土壤的温度、湿度廓线、0.05m和0.10m土层的土壤热通量（$G_{\mathrm{TDEC,\,0}}$）计算出的地表热通量，即（$R_n-G_{\mathrm{TDEC,\,0}}$）

作为有效能量；在图 4.5 和图 4.6 中分别采用两种不同的拟合方法评估 SACOL 站的能量闭合率，（a）和（b）是过原点的线性拟合方法，（c）和（d）是带有截距的线性拟合方法；（a）和（c）为只考虑净辐射、感热通量和潜热通量大于 0 的情况，（b）和（d）为全天各时次上的数据值。为了能够更精确地评估能量闭合率，降水以及数据质量比较低的时次都已被剔除，相关系数代表的是两组数据之间的相关性。

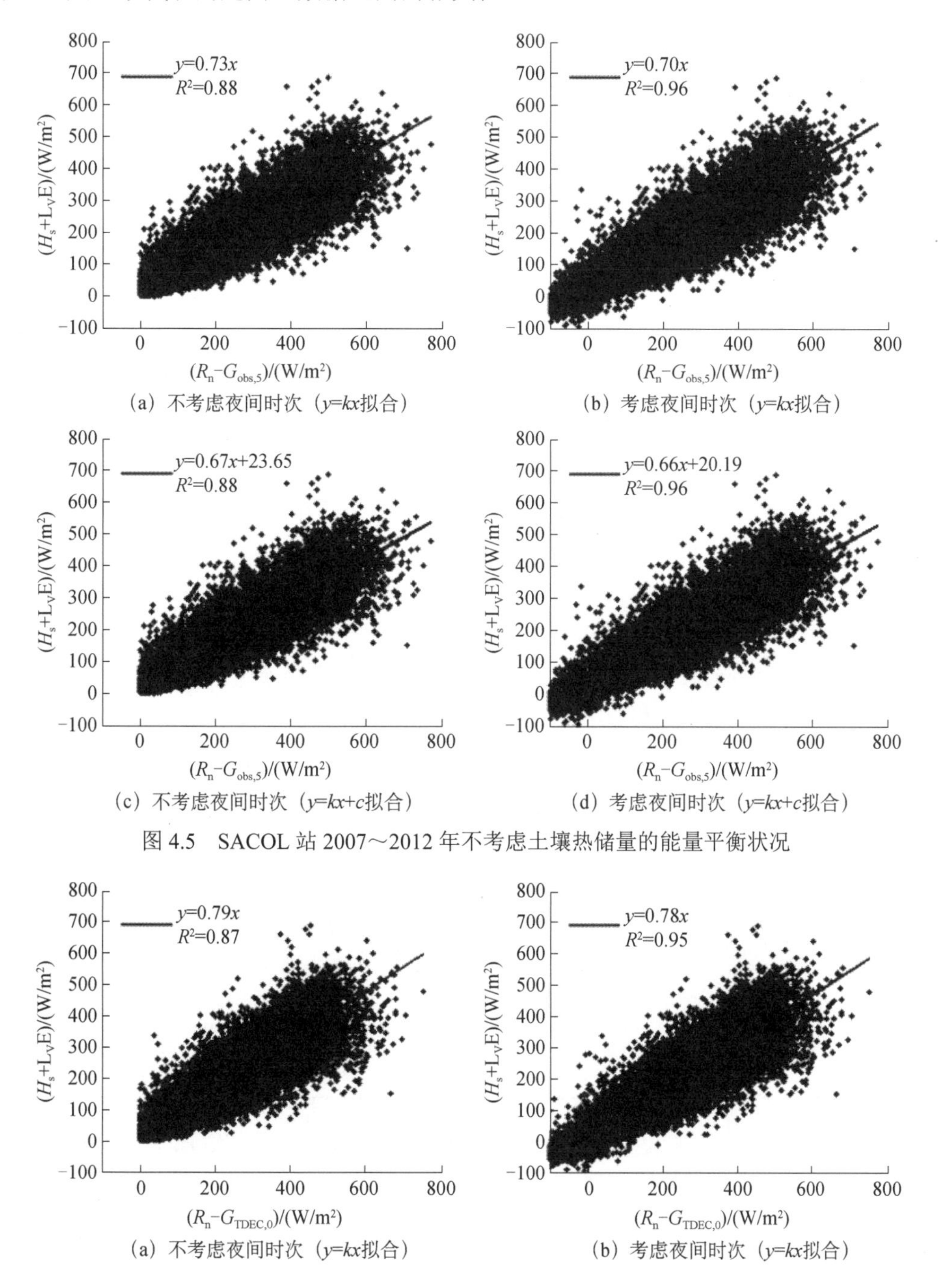

（a）不考虑夜间时次（$y=kx$拟合）　（b）考虑夜间时次（$y=kx$拟合）

（c）不考虑夜间时次（$y=kx+c$拟合）　（d）考虑夜间时次（$y=kx+c$拟合）

图 4.5 SACOL 站 2007～2012 年不考虑土壤热储量的能量平衡状况

（a）不考虑夜间时次（$y=kx$拟合）　（b）考虑夜间时次（$y=kx$拟合）

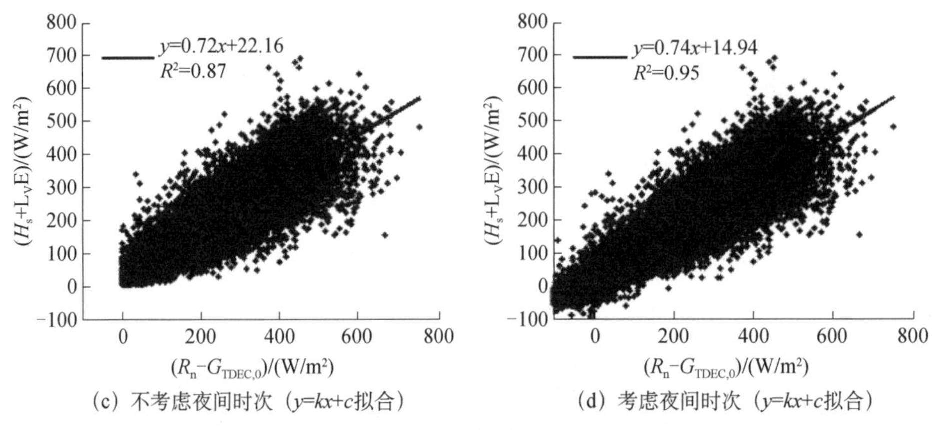

(c) 不考虑夜间时次（$y=kx+c$拟合） (d) 考虑夜间时次（$y=kx+c$拟合）

图 4.6 SACOL 站 2007～2012 年考虑土壤热储量的能量平衡状况

不管是否考虑土壤热储量，过原点的线性拟合的方法都要比不过原点的线性拟合得到的能量闭合率高 4%～6%；只利用净辐射、感热通量、潜热通量都大于 0 的数据，较考虑所有时次的情况下能量闭合率要高 1%～4%，虽然夜间净辐射、感热通量、潜热通量小于 0 的情况能量闭合率较低，但其值往往较小，在考虑所有时次的情况下，有效能量和感热通量、潜热通量的变化幅度较大，此时对夜间的数据影响并不是很大。在其他条件都相同的情况下，考虑 0.05m 土层以上的土壤热储量，能量闭合率可以提高 6%～9%，即有部分能量损失在 0.05m 以上土壤层中，由此可见在考虑能量平衡时不能忽略土壤热储量。

在考虑土壤热储量的情况，能量闭合率线性回归的斜率都小于 1.0（表 4.5），范围在 0.66～0.81，平均值为 0.784，截距范围在 10.1～16.8，平均值为 14.4。EBRM 为 0.94～1.28，平均值为 1.07。与 Fluxnet 和 Chinaflux 的结果相比都在正常的变化范围之内，2008 年的能量闭合率较高为 0.81，2011 和 2012 年较低分别为 0.66 和 0.67。

表 4.5 SACOL 站 2007～2012 年各年的地表能量平衡状况

年份	样本/个	斜率	截距	R^2	EBRM
2007	15085	0.78	15.9	0.96	0.98
2008	15252	0.81	16.8	0.96	0.94
2009	14267	0.76	16.1	0.95	0.97
2010	13736	0.75	16.0	0.95	1.02
2011	12163	0.66	10.1	0.96	1.28
2012	9914	0.67	11.4	0.96	1.24

表 4.6 为在不考虑土壤热储量和考虑土壤热储量两种情况下 SACOL 站不同季节的能量闭合率状况，在不考虑土壤热储量，春季、夏季、秋季和冬季的能量闭合率分别为 0.67、0.68、0.65 和 0.58，截距分别为 24.6、20.3、17.1 和 18.3；而在考虑土壤热储量后春季、夏季、秋季和冬季的能量闭合率依次分别为 0.77、0.76、0.73 和 0.62，截距分别为 14.8、8.0、14.1 和 19.6；春季、夏季和秋季在考虑土壤热储量的情况下，能量闭合率可以提高 12%～

15%，而冬季则只有 7%，春夏两季的闭合状况明显好于秋冬季节。

表 4.6 SACOL 站 2007～2012 年的不同季节的能量闭合率状况

公式	春季			夏季			秋季			冬季		
	斜率	截距	R^2	斜率	截距	R^2	斜率	截距	R^2	斜率	截距	R^2
$\frac{H_s+L_vE}{R_n-G_{obs,5}}$	0.67	24.6	0.95	0.68	20.3	0.95	0.65	17.1	0.96	0.58	18.3	0.95
$\frac{H_s+L_vE}{R_n-G_{TDEC,0}}$	0.77	14.8	0.95	0.76	8.0	0.95	0.73	14.1	0.95	0.62	19.6	0.94

导致近地表能量不平衡的因素有多种，如仪器的观测精度、测量误差、不同观测仪器源区的差异、湍流通量计算误差、土壤热储量估算误差、植物冠层到观测高度间的能量存储以及能量的源汇项被忽略等。通过上述分析，能量的不闭合状况同样存在着季节性差异，春季和夏季能量闭合率偏高，秋季次之，冬季最低。秋季的能量闭合率低于春夏季节 3%左右，可能是由于春夏两季植物冠层较秋季偏低，秋季有部分能量损失在了植物冠层中。此外，冬季能量闭合率偏低的主要原因有两个方面：冬季边界层较为稳定，湍流活动不能够充分发展，计算湍流通量存在很大的偏差，或者湍流水平和垂直输送所致；冬季边界层基本处于稳定状态，土壤的热传导、扩散系数受冻土的影响较大，地表热通量不一定能够真实地反映实际地表热通量的大小。

图 4.7 给出了在考虑土壤热储量时，不平衡能量季节平均的日变化和能量不闭合率季节平均的日变化。春季不平衡能量偏小，秋季次之，夏季偏大，而冬季无论是夜间还是白天偏差都较大。从能量不闭合率的日变化情况来看也是如此，春季能量不闭合率在午后偏高，夏秋两季则是每天上午最高，随着时间逐渐降低，冬季的效果较差，尤其是在午后能量不闭合率仅在 60%左右。

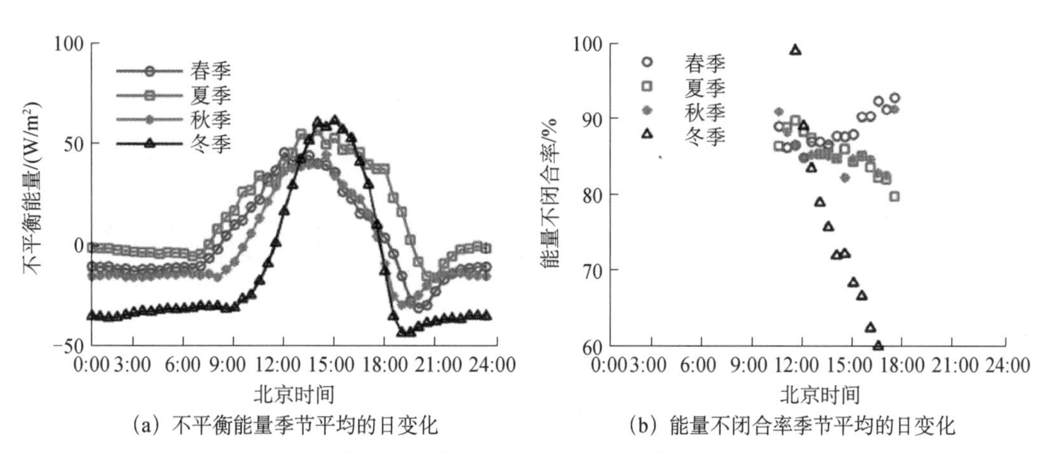

(a) 不平衡能量季节平均的日变化　　(b) 能量不闭合率季节平均的日变化

图 4.7 SACOL 站 2007～2012 年不平衡能量季节平均的日变化和能量不闭合率季节平均的日变化

图 4.8 给出了感热通量、潜热通量和地表热通量在净辐射中所占的比例，图中各点为每天能量分配比例，实线是 15 天滑动平均。感热通量和潜热通量存在着明显的负相关关

系，在雨水充沛的生长季，潜热通量占主导地位，而在降水相对较少的非生长季，感热通量占主导地位；地表热通量基本上不随着降水发生变化，但在冬季其分配比例偏低，可能是土壤热储量在计算时被低估所致。图 4.9 给出了能量分配的月平均的年变化特征，感热通量和潜热通量的分配比例存在负相关，降水季节潜热通量占比较大，但由于降水在时间和空间上的分布不均匀，存在着较大的年际差异。除冬季变化幅度较大外，土壤热通量所占的比例基本维持在 18%左右。感热通量在春季和冬季所占比例比较大，分别为 47%和 53%，而潜热通量则刚好相反分别为 20%和 11%；在夏秋两个季节感热通量虽然占较大的比例，为 35%，但仅略大于潜热通量，潜热通量所占比例分别为 30%和 29%（表 4.7）。

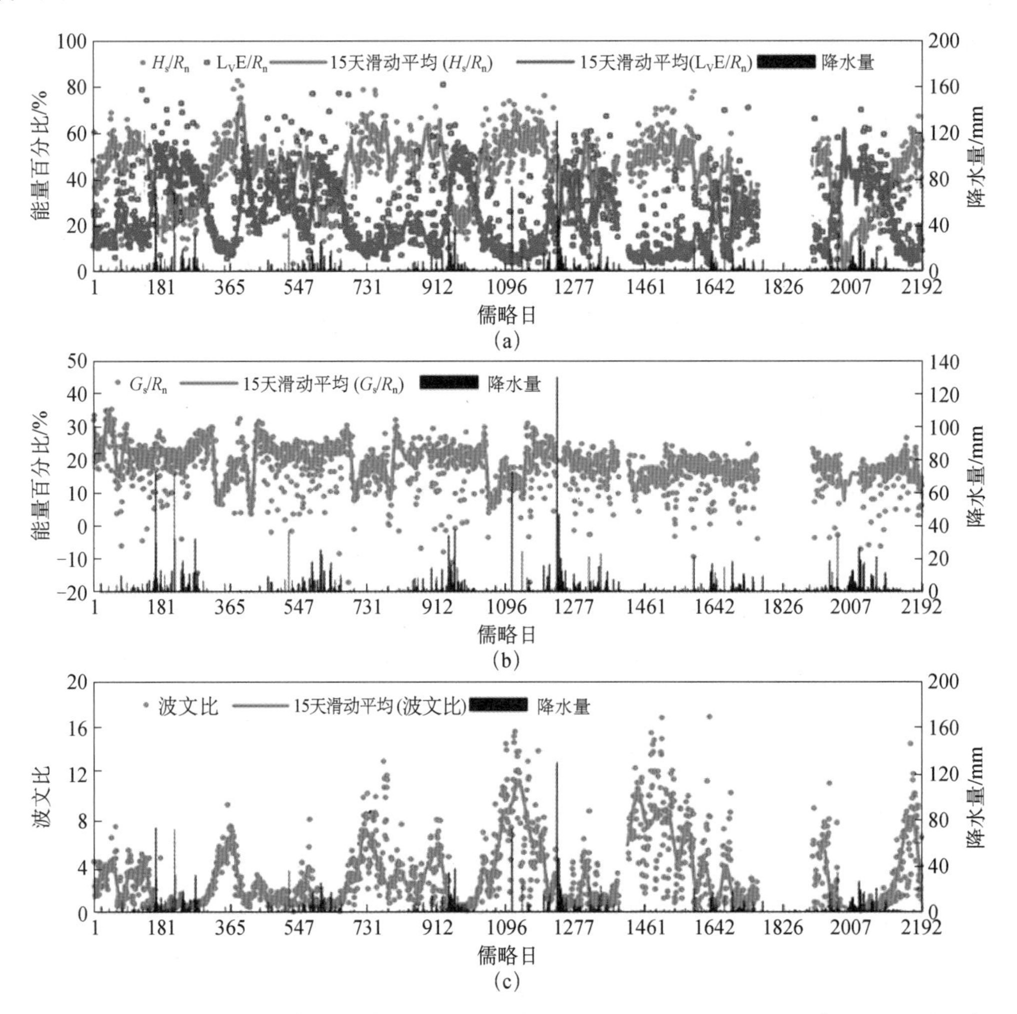

图 4.8　SACOL 站 2007～2012 年（儒略日 1～2192）能量百分比 H_s/R_n、L_VE/R_n 及其 15 天滑动平均和降水量变化（a）；能量百分比 G_s/R_n 及其 15 天滑动平均和降水量变化（b）；波文比及其 15 天滑动平均和降水量变化（c）

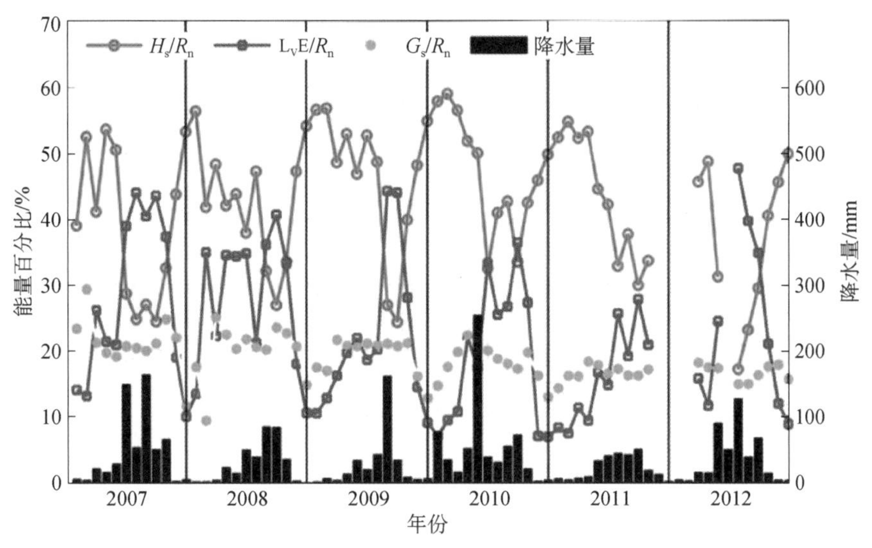

图 4.9　SACOL 站 2007～2012 年能量百分比 H_s/R_n、L_vE/R_n、G_s/R_n 和降水量月平均的年变化

表 4.7　SACOL 站 2007～2012 年季节能量分配状况（10:00～16:00）

参数	春季	夏季	秋季	冬季
H_s/R_n	0.47	0.35	0.35	0.53
L_vE/R_n	0.20	0.30	0.29	0.11
G_s/R_n	0.19	0.18	0.18	0.16

表 4.8 给出了能量分配的年际差异，感热通量在净辐射中所占比例在 2009 年和 2010 年最大均为 45%，2007 年和 2012 年最小分别为 38%和 36%；潜热通量在净辐射中所占的比例在 2007 年和 2008 年最大，均为 30%，2011 年潜热通量最小为 16%；土壤热通量在净辐射中所占的比例最大也是在 2007 年和 2008 年，均为 20%，2011 年和 2012 年最小，均为 16%。能量分配存在明显的年际差异，如 2007 年降水多的年份感热通量所占的比例偏小，但是 2010 年降水量为 653.4mm，明显高于 2007 年 94.5mm，比年平均降水量高出 283.2mm（表 4.9），但是其对能量在感热、潜热中的分配影响并不是很大，感热通量占主导地位，与较为干旱的 2008 年、2009 年相比明显偏高，主要是与 2010 年降水结构有关，虽然降水总量高，但是主要降水发生在 5 月，且降水强度很大，水分多以地表径流的形式流失，未能改变土壤深层的土壤湿度，且在该次降水之后，尤其是蒸发最旺盛的夏季，降水又明显偏少，以至潜热通量在 2010 年所占比例也仅为 22%，远小于感热通量所占的比例 45%。因而，能量分配不但与降水的总量有关，而且依赖于降水的时空分布以及降水强度。

表 4.8　SACOL 站 2007～2012 年各年能量分配状况（10:00～16:00）

参数	2007 年	2008 年	2009 年	2010 年	2011 年	2012 年
H_s/R_n	0.38	0.41	0.45	0.45	0.43	0.36
L_vE/R_n	0.30	0.30	0.24	0.22	0.16	0.25
$G_{TDEC,0}/R_n$	0.20	0.20	0.19	0.18	0.16	0.16
年降水量	558.9	335.8	329.5	653.4	264.7	426.9

表 4.9　水分平衡各分量年总量　（单位：mm）

年份	Prec	ET_P	ET
2007	558.9	798.2	487.6
2008	335.8	835.0	475.6
2009	329.5	782.6	350.1
2010	653.4	836.4	364.0
2011	264.7	945.3	287.1
2012	426.9	1013.8	460.1

注：Prec 为降水量；ET_P 为潜在蒸发量；ET 为蒸散发量。

波文比日变化和 15 天滑动平均以及降水量的变化如图 4.8（c），在生长季如有强降水，则波文比均相对较小，并在 1.0 附近，如果生长季降水较少，则波文比变化的幅度较大。基本上冬春季节明显大于 1.0，而夏秋季节依赖于降水的时空分布和强度，并在 1.0 附近变化。图 4.10 给出了波文比与土壤湿度的关系，当土壤湿度大于 $0.2m^3/m^3$ 时，波文比的变化比较小，基本在 1.0 附近，但在土壤湿度小于 $0.2m^3/m^3$ 时，波文比整体上是随着土壤湿度的减小明显地增大，但土壤湿度相对较小时，同样存在着波文比较小的情况，土壤湿度并不是决定波文比大小的唯一因素，但在土壤湿度较大时，波文比 BowenR 则主要受到土壤湿度 η_s 的控制。

$$\text{BowenR} = 0.1726\eta_s^{-1.34} \tag{4.77}$$

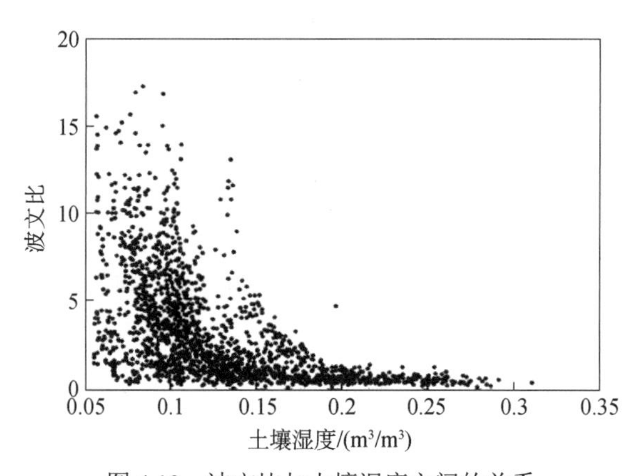

图 4.10　波文比与土壤湿度之间的关系

4.5.4　水分平衡各分量

图 4.11 给出了 SACOL 站 2007～2012 年蒸散发量（ET）、潜在蒸发量（ET_P）的日总量的年际变化；蒸散发量、潜在蒸发量和降水量（Prec）的月总量的时间序列变化特征。蒸散发和潜在蒸发都有明显的季节性变化和年际变化，降水强度和频率也存在很大的年际差异，2012 年夏季的最大潜在日蒸发量可达到 7mm，月总降水量也有很大的季节和年际差异，且降水的时间分布很不均匀。2007～2012 年的年潜在蒸发总量、实际蒸散发总量和降水量逐日累计量序列见图 4.12 和表 4.9。榆中地区 50 年平均降水总量为 370.2mm，其中 2007 年、2010 年和 2012 年均超过了 400mm，属于降水偏多的年份，2008 年、2009 年和 2011 年则相对偏少，2011 年最少，为 264.7mm，仅有年平均降水总量的 70%。

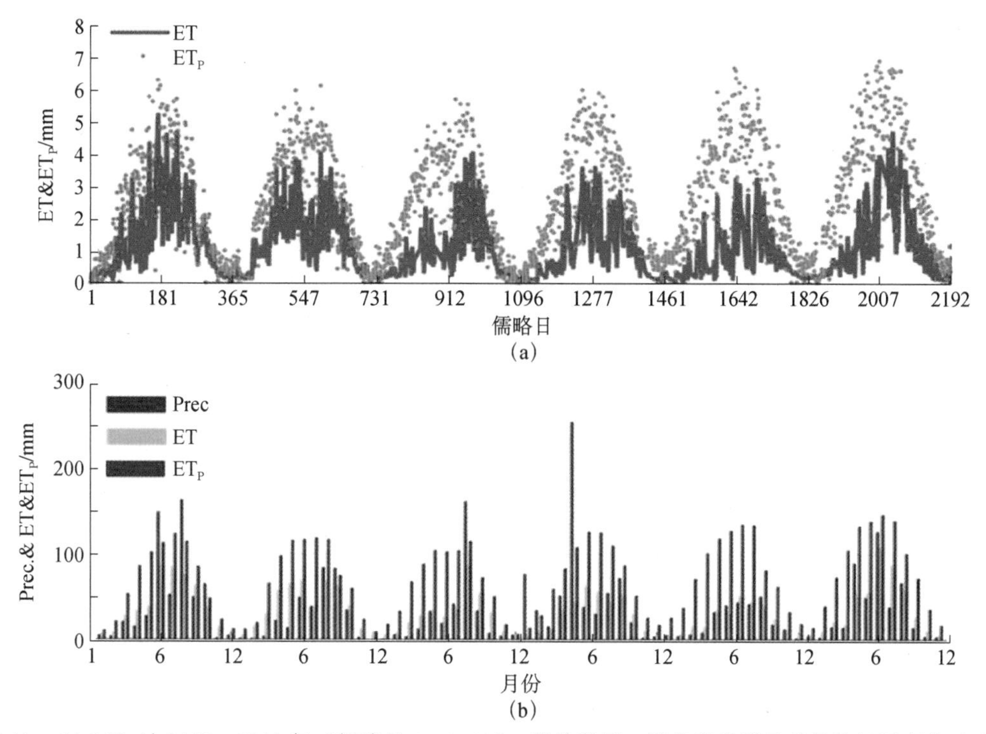

图 4.11　SACOL 站 2007～2012 年（儒略日 1～2192）：蒸散发量、潜在蒸发量日总量的年际变化（a）；蒸散发量、潜在蒸发量和降水量月总量的时间序列（b）

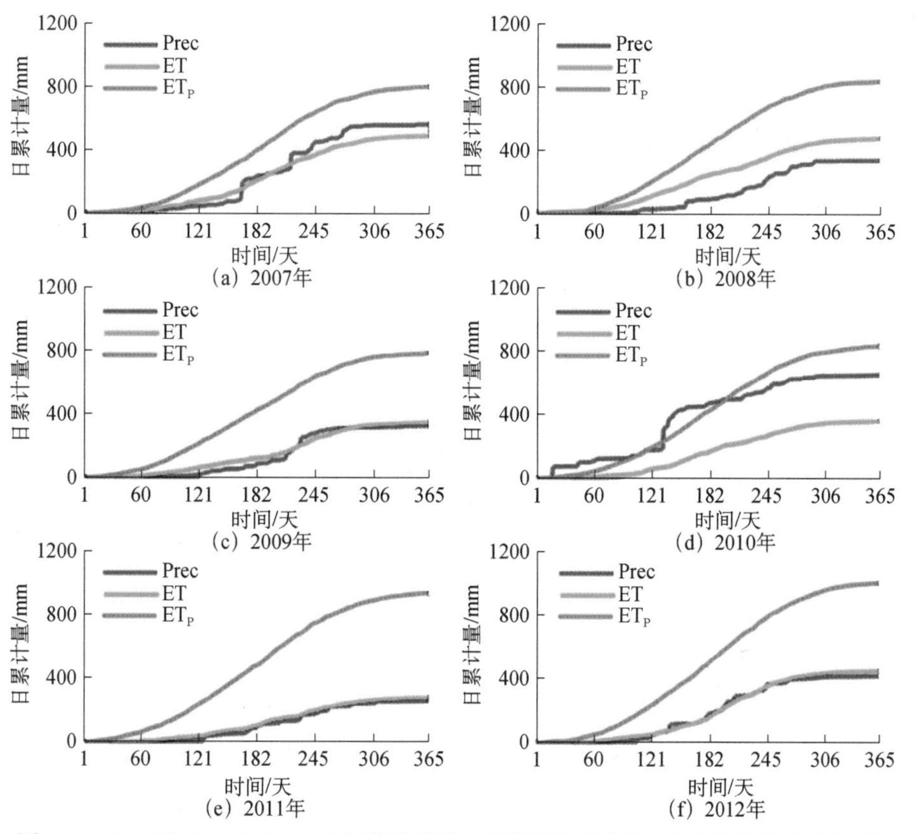

图 4.12　SACOL 站 2007～2012 年蒸散发量、潜在蒸发量和降水量的逐日累计量的序列

黄土高原半干旱区的降水年际差异比较大，大部分降水发生在每年的5～10月，在这期间降水分布的差异严重影响下垫面植被生长状况，影响地-气的能量分配和物质交换过程。通过对黄土高原半干旱区潜在蒸发和实际蒸散发的估算，得到该区域潜在蒸发的年总量在780～1020mm，实际蒸散发量在280～490mm，当年降水总量小于年平均降水总量、实际蒸散发量又高于年降水总量时，如SACOL站2008年、2009年和2011年相对干旱，影响下垫面植被的生长和生态环境；但是如果降水不能在时空尺度上均匀分布，降水频率减小，降水强度增大，形成大量的地表径流，不利于水分在土壤中存储，如2010年春季的强降水，最高值在17天时为72.8mm，135天时为129.6mm，年降水总量为653.4mm，是年平均降水总量的1.76倍，除去地表径流损失，有效降水与其他年份相差不多，且降水发生在冬春季节，对下垫面植被的生长影响较小。在潜在蒸发相对较强的夏秋季节，因降水频次减小和降水强度减弱，2010年的夏季持续干旱，下垫面植被的碳通量值却很低。因而单次降水强度、降水时空分布都将影响黄土高原半干旱区的土壤水分分布，进而影响该区域的能量分配和生态环境，只有有效降水增加才能在一定程度上缓解干旱状况。如果将降水量与潜在蒸发量之比定义为干旱指数（H），则2007～2012年H分别为0.70、0.40、0.42、0.78、0.28和0.42。H在2011年最小，这是因为2011年较为干旱，而H在2010年最大为0.78，但是由于2010年的强降水导致径流量较大，H虽然较大，但是2010年依然很干旱，2007年下半年降水较多且比较湿润，而上半年降水稀少处于干旱状态，2008年、2009年和2012年降水分布相差不大，在半干旱区的正常值范围以内。

4.5.5 CO_2通量的变化特征

SACOL站2007～2012年CO_2通量月平均日变化如图4.13所示，CO_2通量每年11月至次年3月平均日变化幅度较弱，即CO_2通量的季节平均日平均变化幅度在春季和冬季非生长季较小（图4.14）。在半干旱区植物的生长更加依赖于年降水的分布强度，从降水分布上来看，SACOL站在7～9月出现降水的概率和强度均较大，因而在生长季CO_2通量随着温度升高、降水增多以及土壤湿度增加，每年4月开始逐渐增加，7～9月地表植被的生长处于活跃期，CO_2通量达到最大值[图4.13（c），图4.14（c），图4.15（b）]。

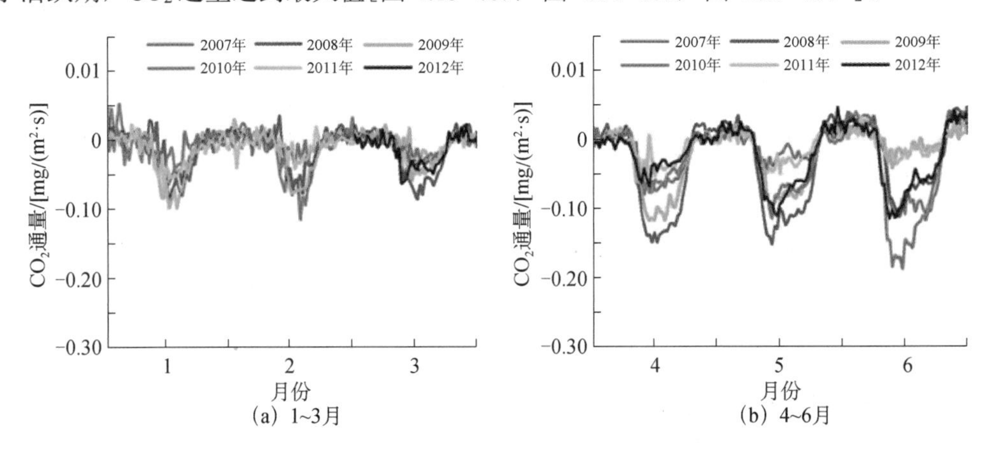

(a) 1~3月　　(b) 4~6月

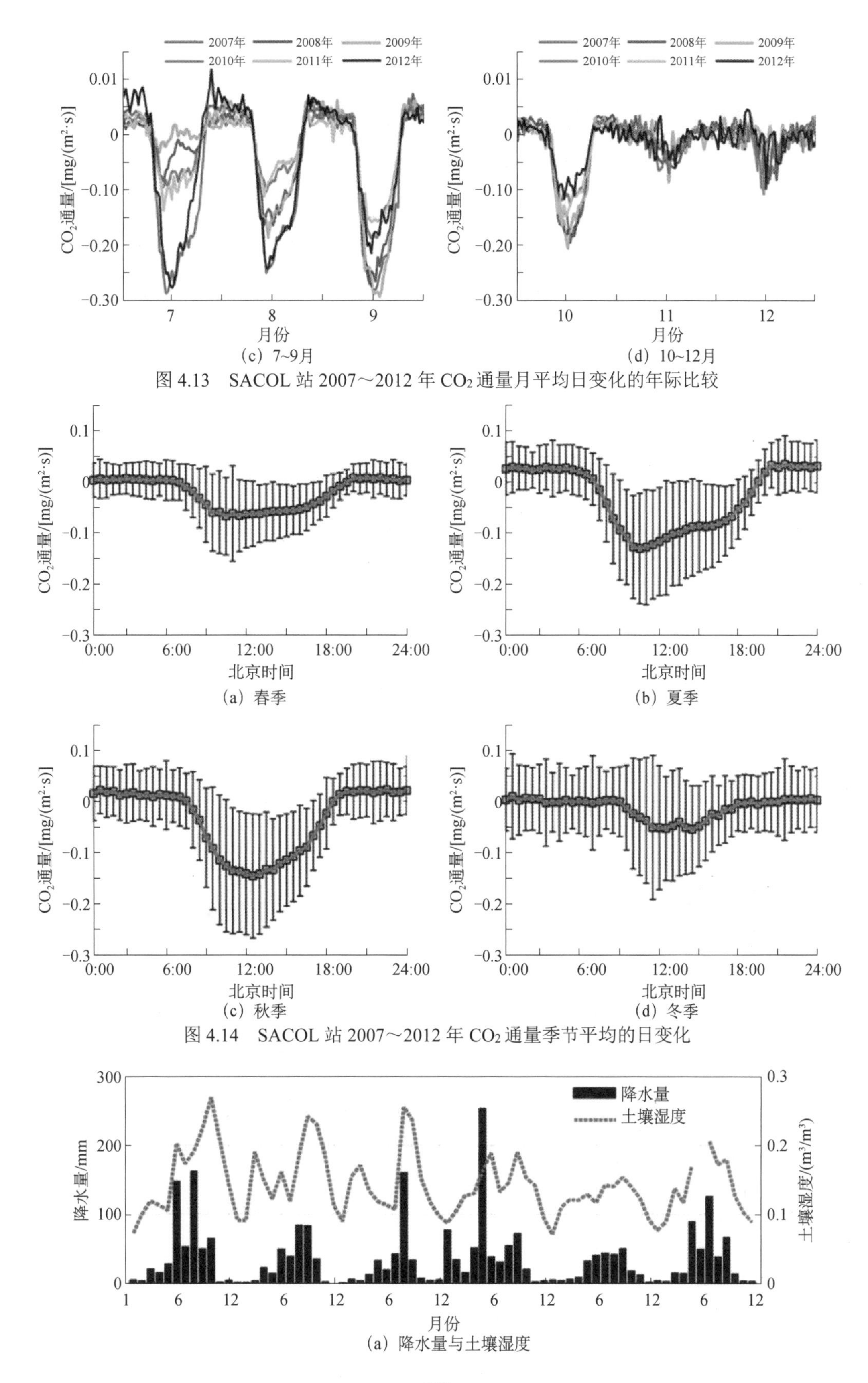

图 4.13　SACOL 站 2007～2012 年 CO_2 通量月平均日变化的年际比较

图 4.14　SACOL 站 2007～2012 年 CO_2 通量季节平均的日变化

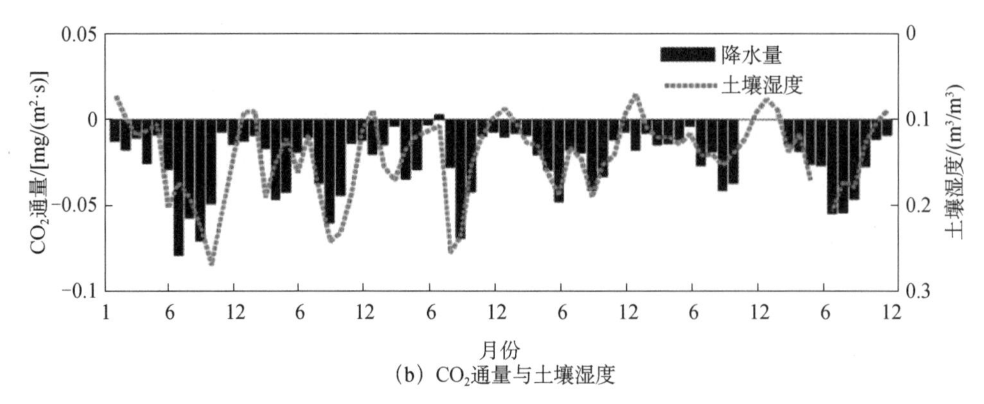

(b) CO_2通量与土壤湿度

图 4.15 SACOL 站 2007～2012 年降水量与土壤湿度、CO_2 通量与土壤湿度月平均的时间序列变化

进一步分析 SACOL 站生长季 CO_2 通量与各气象要素之间的关系（图 4.16），夏季 CO_2 通量与空气温度、土壤温度存在弱的正相关关系[图 4.16（a）、（c）]，空气温度和土壤温度越高 CO_2 通量日均值越小，在秋季为负相关[图 4.16（b）、（d）]。无论夏季还是秋季，土壤湿度和饱和水汽压差都与碳吸收保持着负相关，且土壤湿度在所有因子中对碳吸收的影响最大[图 4.16（e）、（f）]，饱和水汽压差在秋季对碳吸收的影响较夏季更强[图 4.16（g）、（h）]。

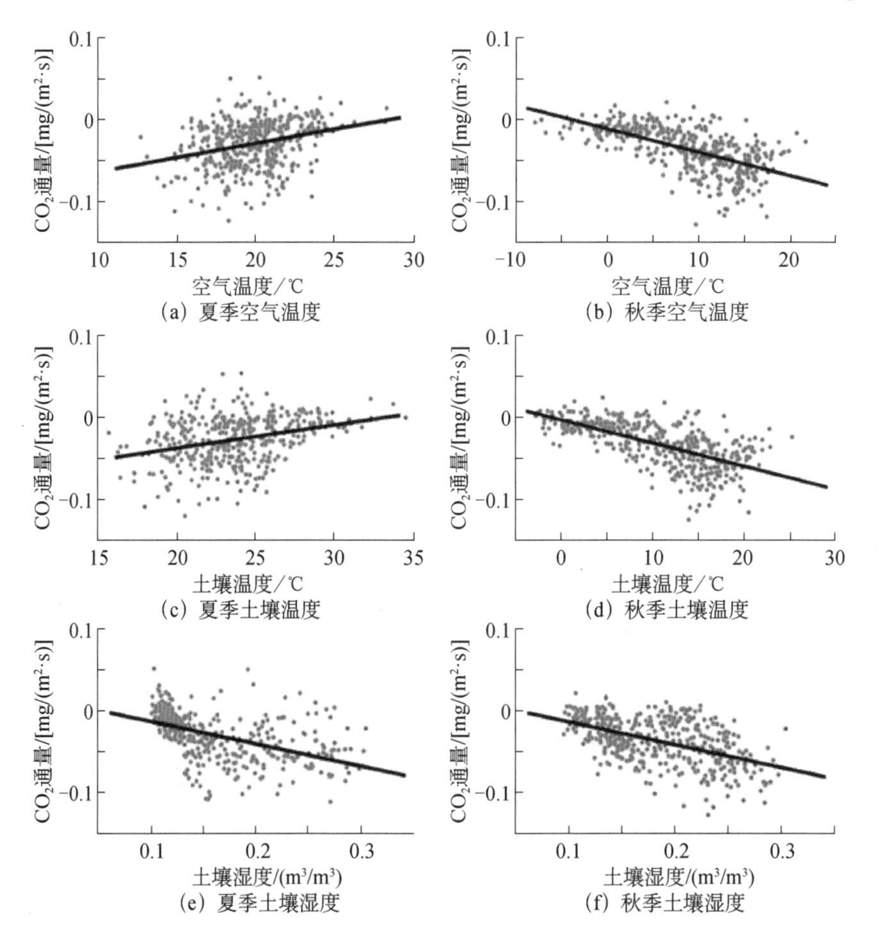

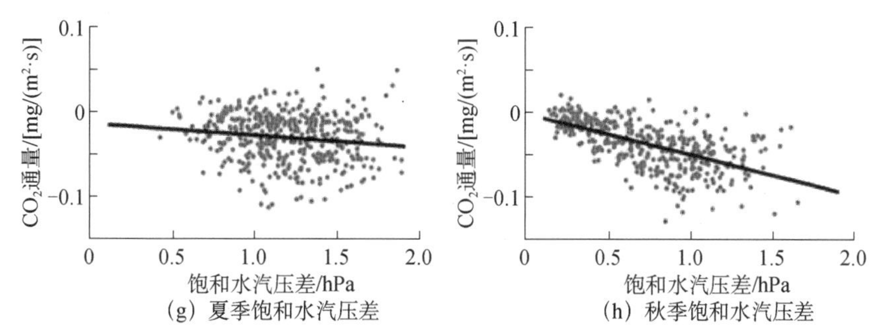

图 4.16　SACOL 站夏季和秋季 CO_2 通量与各气象要素之间的关系

对所有数据进行线性拟合[（a）R^2=0.08，RMSE=0.027；（b）R^2=0.38，RMSE=0.021；（c）R^2=0.10，RMSE=0.027；（d）R^2=0.41，RMSE=0.021；（e）R^2=0.25，RMSE=0.025；（f）R^2=0.26，RMSE=0.024；（g）R^2=0.02，RMSE=0.028；（h）R^2=0.37，RMSE=0.021]

SACOL 站每年 1～90 天、306～365 天 CO_2 通量变化比较小，1～90 天的累计值约为 0.1mg/（m²·s)，305～365 天的累计值约小于 0.1mg/（m²·s)，90～182 天的 CO_2 通量比 180～306 天的 CO_2 通量的增加速度要偏小，除了 2008 年春夏季节土壤湿度偏高，CO_2 通量累计值增加速度稍快，以及 2011 年降水偏少和土壤湿度低外，CO_2 通量累计值增加速度偏小外，其他 4 个年份差异并不大（图 4.17）。6～10 月下垫面植被覆盖高于其他月份，CO_2 通量累计值明显高于上半年，但依赖降水的时空分布和强度。

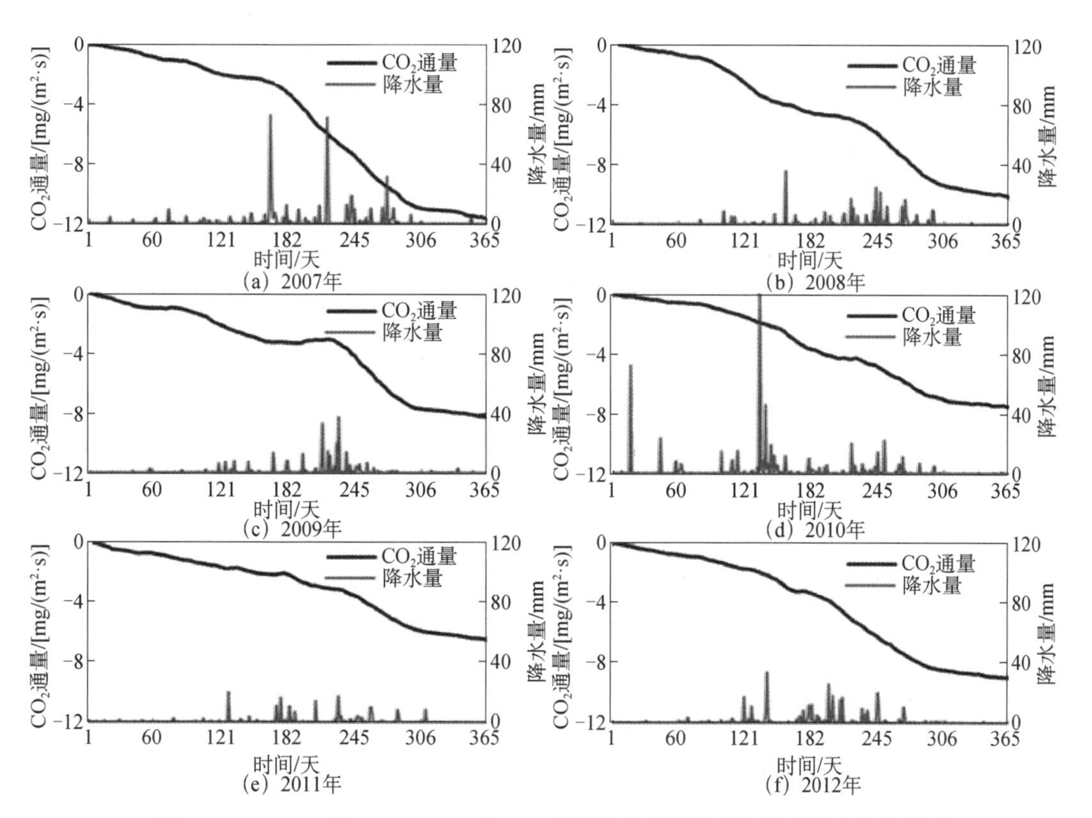

图 4.17　SACOL 站 2007～2012 年 CO_2 通量各年的累计值与降水量之间的关系

6～10 月植物相对其前半年生长状况更好，碳吸收速率明显高于上半年，但开始时间却明显依赖于降水的时空分布和强度。通过 2010 年降水的总量分布与其他年份比较，下半年降水偏多更加有利于植被的生长。对于降水偏少的年份，而潜在蒸发又相对比较大的2009年[图 4.18（a）和（c）]，若该时期土壤不能提供大量水分用于蒸发，势必影响该年份植物的生长。对于降水多的年份如 2010 年，如大部分降水事件发生在上半年，而在下半年却偏少，同样也会影响植物的生长，进而影响土地覆盖率和碳吸收。如果在某一年大量的降水能够大幅度提高土壤中水分的含量，而该年份潜在蒸发量相对偏小，或者有足够的水分用于实际蒸散（如 2007 年），土壤湿度则会在更长时间尺度上影响能量分配和碳循环。

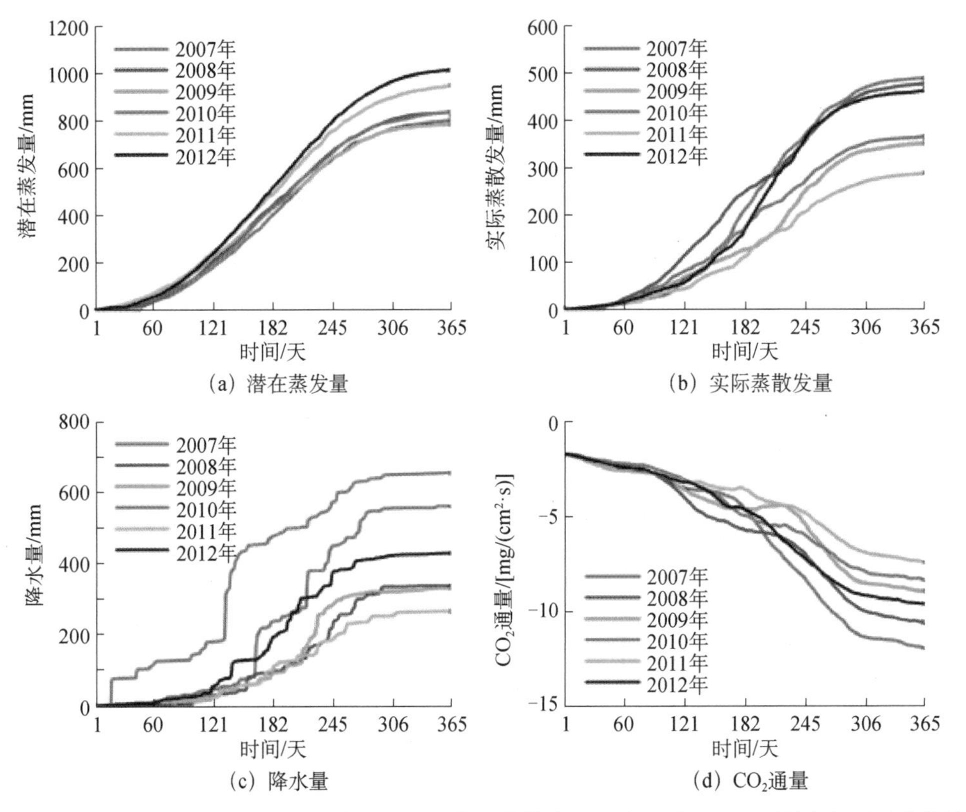

图 4.18　SACOL 站 2007～2012 年潜在蒸发量、实际蒸散发量、降水量和 CO_2 通量各年累计值的比较

4.6　本章小结

本章主要以 SACOL 站为例，介绍了涡动相关系统的组成、湍流通量计算基础理论及其数据处理方法、修正方法、数据质量控制，以及如何利用谱分析和 Ogive 分析选择合理的积分时间尺度等，同时利用黄土高原半干旱区 SACOL 站的湍流通量观测数据分析了该区域近地表能量平衡、水分循环和碳交换特征。

通过对 SACOL 站湍流通量原始数据分析，垂直风速 U_w、水平风速、超声温度、水汽密度和 CO_2 浓度的频率谱分布图在惯性次区（inertial subrange）基本满足（−5/3）次方，考虑大部分观测仪器的积分时间尺度选取，为便于数据统一处理分析，通常情况下湍流通量计算选取 30min 作为积分时间尺度，但需要注意湍流活动发展较为旺盛的时段存在对低频涡旋贡献的低估。

采用涡动相关方法计算近地表感热通量、潜热通量和 CO_2 通量时，需经过坐标平面旋转、频谱损失和密度扰动等修正。在数据资料处理过程中，根据站点实际情况慎重选取参考坐标系，坐标平面旋转修正对动量通量影响较大；针对频谱损失修正，Moore 等（1986）提出了建立在谱模式基础上的频谱损失修正方法，而 Massman（2000）提出了一种在使用上更为方便的分析公式法，使用该方法进行频谱损失修正使 SACOL 站 CO_2 通量提高了 9.8%、潜热通量提高了 6.7%、感热通量提高了 2.4%、动量通量提高了 1.5%；密度扰动修正（WPL-Correction）使 CO_2 通量降低了 50%，提高了潜热通量 8.9%。经上述修正后，总体上 CO_2 通量、潜热通量、感热通量、动量通量分别修正了−46.7%，16.5%，−3.6%和 1.6%。在数据质量控制方面，分别对 SACOL 站的动量通量、感热通量、潜热通量以及 CO_2 通量进行湍流平稳性检验和对水平风速、垂直风速和温度的总体湍流特征检验，并根据 Foken 提出的湍流通量数据质量总体分级方案对各时段的数据质量进行检测与分级，SACOL 站高质量湍流通量数据（1～3 级）约占总数据的 60%。

考虑土壤热储量可使 SACOL 站的能量闭合率提高约 8%，能量闭合率变化范围 0.66～0.81，平均值为 0.74，截距范围在 10.1～16.8，EBRM 的结果值在 0.94～1.28，平均值为 1.07，在 Fluxnet 和 Chinaflux 的结果范围内。SACOL 站全年以感热通量为主，约占净辐射能量的 41%，潜热通量次之，约占净辐射能量的 24%，地表土壤热通量最小约占 18%。感热通量和潜热通量存在着明显的负相关，并受到降水、土壤湿度的大小影响，在降水丰富的生长季，潜热通量占主导地位，在非生长季则相反。黄土高原半干旱区的地-气相互作用主要依赖于降水，降水的强度、频率和时空分布将影响土壤湿度的变化，进而影响能量分配和生态植被。

黄土高原半干旱区 SACOL 站的降水年际差异比较大，80%的降水发生在每年的 121～306 天，潜在蒸发和实际蒸散发年总量分别在 780～1020mm 和 280～490mm。一般情况下，SACOL 站每年冬季和春季的 CO_2 通量变化比较小，夏季的 CO_2 通量比秋季的 CO_2 通量增加的速度要慢。在秋季随着气温的升高、土壤湿度的增加，植物生长达到其峰值，CO_2 通量的累计值也明显高于上半年。

参 考 文 献

王介民，王维真，刘绍民，等. 2009. 近地层能量平衡闭合问题——综述及个例分析. 地球科学进展，24（7）：705-713.

阳坤，王介民. 2008. 一种基于土壤温湿资料计算地表土壤热通量的温度预报校正法. 中国科学（D 辑：地球科学），38（2）：243-250.

于贵瑞，孙晓敏，等. 2018. 陆地生态系统通量观测的原理与方法. 北京：高等教育出版社.

Aubinet M，Grelle A，Ibrom A，et al. 1999. Estimates of the annual net carbon and water exchange of forests: The EUROFLUX methodology. Advances in Ecological Research，30：113-175.

Blanford J H，Gay L W. 1992. Tests of a robust Eddy-correlation system for sensible heat-flux. Theoretical and Applied Climatology，46：53-60.

Burba G. 2013. Eddy covariance method for scientific, industrial, agricultural, and regulatory applications. LI-COR Biosciences, 166-169.

Finnigan J. 1983. A streamline coordinate system for distorted turbulent shear flows. Journal of Fluid Mechanics, 130: 241-258.

Foken T. 2008. The energy balance closure problem: An overview. Ecological Applications, 18: 1351-1367.

Foken T. 2011. Eddy Covariance: A Practical Guide to Measurement and Data Analysis. Berlin: Springer.

Foken T, Jegede O O, Weisensee U, et al. 1997. Results of the LINEX-96/2 Experiment. Deutscher Wetterdienst, Forschung und Entwicklung, Arbeitsergebnisse.

Foken T, Göckede M, Mauder M, et al. 2004. Post-field data quality control//Lee X, Massman W, Law B. Handbook of Micrometeorology. Dordrecht: Springer: 181-208.

Foken T, Skeib G, Richter S. 1991. Dependence of the integral turbulence characteristics on the stability of stratification and their use for Doppler-Sonar measurements. Meteorologische Zeitschrift, 41: 311-315.

Foken T, Wichura B. 1996. Tools for quality assessment of surface-based flux measurements. Agricultural and Forest Meteorology, 78: 83-105.

Gurjanov A, Zubkovskij S, Fedorov M. 1984. Automatic multi-channel system for signal analysis with electronic data processing. Geod Geophys Veröff, 26: 17-20.

HØjstrup J. 1981. A simple model for the adjustment of velocity spectra in unstable conditions downstream of an abrupt change in roughness and heat flux. Boundary-Layer Meteorology, 21: 341-356.

Horst T. 1997. A simple formula for attenuation of eddy fluxes measured with first-order response scalar sensors. Boundary-Layer Meteorology, 82: 219-233.

Horst T. 2000. On frequency response corrections for eddy covariance flux measurements. Boundary-Layer Meteorology, 94: 517-520.

Kaimal J, Businger J. 1963. A continuous wave sonic anemometer thermometer. Journal of Applied Meteorology, 2: 156-164.

Kaimal J, Clifford S, Lataitis R. 1989. Effect of finite sampling on atmospheric spectra. Boundary-Layer Meteorology, 47: 337-347.

Kaimal J, Finnigan J. 1994. Atmospheric Boundary Layer Flows. Oxford: Oxford University Press.

Kaimal J, Wyngaard J, Haugen D, et al. 1976. Turbulence structure in the convective boundary layer. Journal of the Atmospheric Science, 33: 2152-2169.

Kaimal J, Wyngaard J, Izumi Y, et al. 1972. Spectral characteristics of surface layer turbulence. Quarterly Journal of the Royal Meteorological Society, 98: 563-589.

Leuning R. 2007. The correct form of the Webb, Pearman and Leuning equation for eddy fluxes of trace gases in steady and non-steady state, horizontally homogeneous flows. Boundary-Layer Meteorology, 123: 263-267.

List R J. 1951. Smithsonian Meteorological Tables. Washington DC: Smithsonian Institution Press.

Liu H. 2005. An alternative approach for CO_2 flux correction caused by heat and water vapour transfer. Boundary-Layer Meteorology, 115: 151-168.

Liu H, Peters G, Foken T. 2001. New equations for sonic temperature variance and buoyancy heat flux with an omnidirectional sonic anemometer. Boundary-Layer Meteorology, 100: 459-468.

Massman W. 2000. A simple method for estimating frequency response corrections for eddy covariance systems. Agricultural and Forest Meteorology，104：185-198.

Massman W，Clement R. 2004. Uncertainty in eddy covariance flux estimates resulting from spectral attenuation//Lee X，Massman W，Law B. Handbook of Micrometeorology：a Guide for Surface Flux Measurement and Analysis. Dordrecht：Kluwer Academic Publishers.

Massman W，Tuovinen J. 2006. An analysis and implications of alternative methods of deriving density（WPL）terms for eddy covariance flux measurements. Boundary-Layer Meteorology，121：221-227.

Mauder M， Foken T . 2015. Documentation and Instruction Manual of the Eddy-Covariance Software Package TK3 (update). Bayreuth, Germany：University of Bayreuth.

Moncrieff J，Massheder J，Bruin H，et al. 1997. A system to measure surface fluxes of momentum，sensible heat，water vapour and carbon dioxide. Journal of Hydrology，188：589-611.

Moore C. 1986. Frequency response corrections for eddy correlation systems. Boundary-Layer Meteorology，37：17-36.

Panofsky H，Teanekes H，et al. 1977. The characteristics of turbulent velocity components in the surface layer under convective conditions. Boundary-Layer Meteorology，11：355-361.

Parkinson K. 1971. Carbon dioxide infra-red gas analysis. Journal of Experimental Botany，22：169-176.

Pearman G. 1975. A correction for the effect of drying of air samples and its significance to the interpretation of atmospheric CO_2 measurements. Tellus，3：311-317.

Rannik Ü. 2001. A comment on the paper by W.J. Massman ‘A simple method for estimating frequency response corrections for eddy covariance systems’. Agricultural and Forest Meteorology，107：241-245.

Rebmann C，Gockede M，Foken T，et al. 2005. Quality analysis applied on eddy covariance measurements at complex forest sites using footprint modeling. Theoretical and Applied Climatology，80：121-141.

Rißman J，Tetzlaff G. 1994. Application of a spectral correction method for measurements of covariances with fast-response sensors in the atmospheric boundary layer up to a height of 130 m and testing of the corrections. Boundary-Layer Meteorology，70：293-305.

Saugier B，Ripley E A. 1972. Micrometeorology：I. Description of Sensors and Measurement No.4. Saskatoon: University of Saskatchewan.

Saugier B，Ripley E A. 1978. Evaluation of the aerodynamic method of determining fluxes over natural grassland. Quarterly Journal of the Royal Meteorological Society，104：257-270.

Schotanus P，Nieuwstadt F，Bruin H. 1983. Temperature measurement with a Sonic Anemometer and its application to heat and moisture fluctuations. Boundary-Layer Meteorology，26：81-93.

Sorbjan Z. 1987. An examination of local similarity theory in the stably stratified boundary layer. Boundary-Layer Meteorology，38：63-71.

Sorbjan Z. 1989. Structure of the Atmospheric Boundary Layer. Upper Saddle River：Prentice-Hall.

Spittlehouse D L，Ripley E A. 1977. Carbon dioxide concentrations over a native grassland in Saskatchewan. Tellus，29（1）：54-65.

Sun J. 2007. Tilt corrections over complex terrain and its implication for CO_2 transport. Boundary-Layer Meteorology，124：143-159.

Sun J，Esbensen S，Mahrt L. 1995. Estimation of surface heat flux. Journal of the Atmospheric Science，52（17）：3162-3171.

Swinbank W. 1951. The measurement of vertical transfer of heat and water vapor by eddies in the lower atmosphere. Journal of Meteorology，8：135-145.

Tanner C，Thurtell G. 1969. Anemoclinometer Measurements of Reynolds Stress and Heat Transport in the Atmospheric Surface Layer. Madison：University of Wisconsin.

Thomas C，Foken T. 2002. Re-evaluation of Integral Turbulence Characteristics and Their Parameterizations. Wageningen:15th Conference on Turbulence and Boundary Layers.

Vickers D，Mahrt L. 1997. Quality control and flux sampling problems for tower and aircraft data. Journal of Atmospheric and Oceanic Technology，14：512-526.

Webb E，Pearman G，Leuning R. 1980. Correction of flux measurements for density effects due to heat and water vapour transfer. Quarterly Journal of the Royal Meteorological Society，106：85-100.

Wilczak J，Oncley S，Stage S. 2001. Sonic anemometer tilt correction algorithms. Boundary-Layer Meteorology，99：127-150.

第5章

辐 射 观 测

5.1 引言

太阳辐射是地-气系统中各种物理、化学和生物过程最基本、最主要的能量来源，是维持地表温度，促进地球上大气运动、水循环、生命活动和变化的主要动力。到达大气上界的太阳辐射[也被称为太阳常数 S_0，一般取值（1367±4）W/m^2]主要是短波辐射，其光谱能量的99%集中在0.29～3.0μm波长范围内，而其中大约50%的太阳辐射能量集中在可见光谱区（波长0.39～0.76μm），约7%在紫外光谱区（波长<0.4μm），约43%在红外光谱区（波长0.76～1000μm），能量峰值位于0.55μm波长处。太阳短波辐射通过地球大气层时，将与空气中的气体分子和颗粒物质发生相互作用，一部分能量被空气分子、气溶胶、云滴和冰晶颗粒等散射、吸收与反射，另一部分到达地表面，被地面吸收或反射。其中，空气分子、气溶胶和云层将部分太阳短波辐射反射回宇宙外部空间，并向四周散射太阳辐射；吸收热辐射能量后，同时会向外太空和地面分别发射大气长波辐射和短波辐射。地表面吸收向下的短波辐射和大气长波辐射后，也会分别向上反射短波辐射和发射地面长波辐射，这些辐射能量在大气中的传输过程又经历了多次散射、吸收与反射等作用，通过改变太阳辐射的传播方向，使能量在空间上进行重新分配，调整大气的垂直热力、动力结构和大气环流运动，进而影响不同尺度天气和气候系统的形成、发展与演变（Liou，2002；石广玉，2007）。

Stephens等（2012）结合最新的地基观测、云与地球辐射能量系统（CERES）卫星遥感资料、海洋热含量（OHC）观测和第五次耦合模式比较计划（CMIP5）多模式的模拟集成结果等数据集描述了2000～2010年太阳辐射在地-气系统传输过程中各种相互作用以及地-气系统年平均能量收支平衡的分布模型（图5.1）。由图可知，大气层顶和地表面的辐射能量收支分别为-（0.6±0.4）W/m^2、（0.6±17）W/m^2，因此，地-气系统年平均的辐射能量收支是接近于平衡状态的。假设在大气层顶入射的太阳总辐射值为（340.2±0.1）W/m^2（$S_0/4.0$），其中约有29.4%被大气、云层和地球表面反射回宇宙外空间[（100±2.0）W/m^2]，即地-气系统的行星反照率约为0.30；约有22.1%被云、空气分子和气溶胶粒子等吸收[（75±10）W/m^2]，约有48.5%的入射太阳辐射被地球表面吸收[（165±6）W/m^2]，加上地球表面吸收向下的大气长波辐射（345.6±9）W/m^2，即地球表面吸收净辐射通量约为510.6W/m^2，其中17.2%转化为潜热通量[（88±10）W/m^2]向大气释放，4.7%转化为感热通量[（24±7）W/m^2]释放，约有（0.6±17）W/m^2能量滞留在地球表面，77.9%以热红外辐射[（398±5）W/m^2]形式向大气中传输。同时，大气还吸收来自地球表面的感热通量、潜热通量和长波辐射[（53±9）W/m^2]，即大气吸收的总能量值为240W/m^2（即太阳短波辐射与地面长波辐射之和）。因此，大气吸收的太阳短波辐射能量占其总能量的31.2%，这意味着驱动大气运动能量的68.8%来自地球表面（包含海洋和陆地）。而大气中的云滴粒子、气溶胶颗粒、温室气体（如CO_2、CH_4和O_3等）和地表下垫面是吸收、散射或反射太阳短波辐射和（或）热红外长波辐射的主要因素，它们的时空分布调整了辐射能量在全球不同地区、不同高度的分布结构，因此它们是影响全球辐射能量收支平衡的关键调节器。自工业革命以来，由于各种人类活动加剧和城市化进程迅速发展的影响，大气组分（主要是温室气体、空气污染物与气溶胶）和土地覆盖状况均发生了明显的改变，对全球地-气系统能量收支的平衡状态产生了显著的扰动，全球气候变化的研究主要探究这种扰动过程及其伴随的气候辐射强迫作用（吴国雄等，2014）。

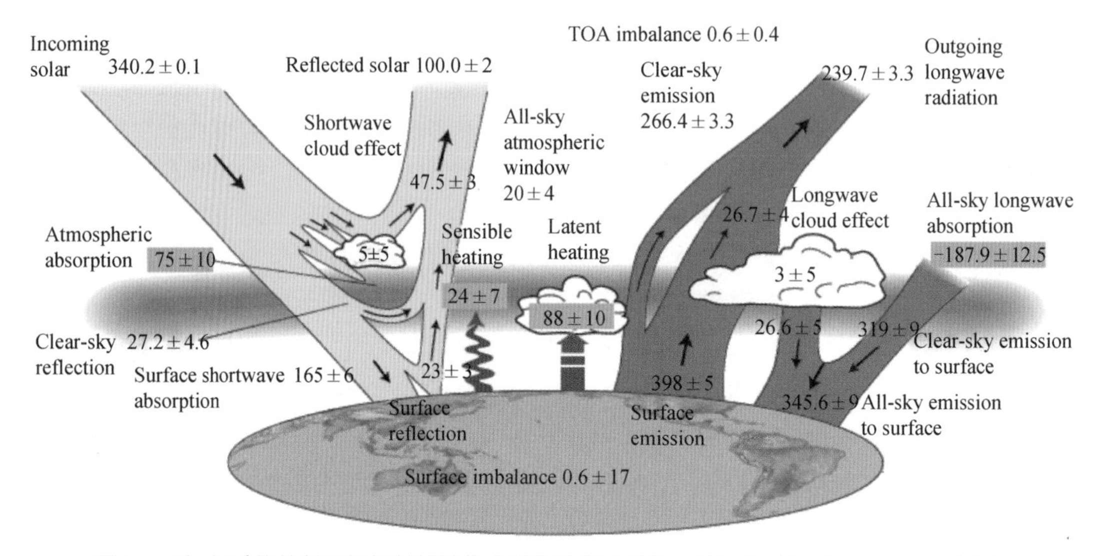

图 5.1 地-气系统的年平均辐射能量收支平衡分布（单位：W/m²）（Stephens et al.，2012）

黄色表示太阳短波辐射，粉红色表示热红外长波辐射，紫色长方形表示大气辐射能量收支平衡的四个主要部分，深红色箭头表示感热通量，紫色箭头表示潜热通量。TOA imbalance 是大气层顶的辐射能量收支，Surface imbalance 是地表面的辐射能量收支；Incoming solar 是在大气层顶入射的太阳辐射通量，Atmospheric absorption 是大气吸收的太阳辐射值，Clear-sky reflection 是晴空反射的短波辐射，Shortwave cloud effect 是云的短波辐射效应，Surface shortwave absorption 是地表面吸收的太阳短波辐射，Surface reflection 是地表面反射的太阳短波辐射，Reflected solar 是地-气系统反射的太阳短波辐射，Sensible heating 是感热通量，Latent heating 是潜热通量。Surface emission 是地面向上发射的长波辐射，Outgoing longwave radiation 是出射到外太空的长波辐射，All-sky atmospheric window 是全天空的大气窗口，Clear-sky emission 是晴空下出射到外太空的长波辐射，Longwave cloud effect 是云的长波辐射效应，All-sky longwave absorption 是全天空下吸收的长波辐射，Clear-sky emission to surface 是晴空下入射到地表面的长波辐射，All-sky emission to surface 是全天空下入射到地表面的长波辐射

气温和降水是描述某一个地区气候特征的两个重要因素。到达地球表面的太阳总短波辐射能够直接影响地表温度的日变化及年际变化，是控制地表温度的关键因子。因此，在全球尺度范围内对到达地球表面的各种短波和长波辐射通量进行长期、连续监测是研究全球气候变化内容的一个重要基础。从 20 世纪 50 年代后期（即 1957～1958 年的国际地球物理年）开始，世界各国陆续对到达地球表面的太阳总辐射开展了广泛的连续监测（申彦波等，2008；Wild et al.，2005），截至目前已获得了几十年的历史观测资料，这为全球气候变化的研究提供了非常宝贵的基础数据，包括 GEBA（Global Energy Balance Archive）、WRDC（World Radiation Data Center）和 CMDL（Climate Monitoring and Diagnostics Laboratory）等数据集。通过分析这些实测资料，大量研究表明，1960～1990 年到达地球表面的太阳总辐射在全球大部分地区均呈现出一致的下降趋势，这就是所谓的“全球变暗”（global dimming）现象。例如，从 1960～1990 年，美国接收到的太阳总辐射能量下降了 6W/（m^2·10a）（相对变幅为-3%）（Liepert，2002），欧洲地区接收到的太阳总辐射能量

下降了 2.7W/（$m^2 \cdot 10a$）（相对变幅为-2%）（Ohmura and Lang，1989），苏联地区接收到的太阳总辐射能量下降了 1～8W/（$m^2 \cdot 10a$）（Abakumova et al.，1996），北极地区接收到的太阳总辐射能量下降了 3.6W/（$m^2 \cdot 10a$）（相对变幅为-4%）（Stanhill，1995），全球陆地接收到的太阳总辐射能量平均降幅在 2～5.1W/（$m^2 \cdot 10a$）（相对变幅在-1%～-3%）（Alpert et al.，2005；Gilgen et al.，1998；Liepert，2002；Stanhill and Cohen，2001）。中国大范围地区在 1960～2000 年也经历了类似的“全球变暗”现象，接收到的太阳总辐射能量下降了 4～7W/（$m^2 \cdot 10a$）（相对变幅在-5%～-12%）（Che et al.，2005；Liang and Xia，2005；Qian et al.，2007；Shi et al.，2008）。但是，从 1985 年以后，这种“全球变暗”趋势发生了转变，即从 1990～2005 年到达地面的太阳总辐射能量在全球大范围地区又呈现出一致的上升趋势，全球接收到的太阳总辐射能量平均增加的幅度为 2～8W/（$m^2 \cdot 10a$）（相对变幅在 5%～12%）（Dutton et al.，2006；Long et al.，2009；Shi et al.，2008；Wild et al.，2005，2008，2009），这就是所谓的“全球变亮”现象（Global Brightening）。Wild（2009）研究指出，气溶胶（浓度含量、理化特征）、云（云量、云光学特性）和气溶胶-云相互作用是“全球变暗”或“全球变亮”的主要影响因素，这种影响随着环境空气污染程度的不同而存在显著的区域性差异，而地球轨道参数、太阳黑子活动和水汽变化的影响的贡献相对比较小，可以忽略。这种“全球变暗”或“全球变亮”现象将会对全球气候变暖、水循环和碳循环过程、陆地生态系统和冰冻圈（冰川与积雪覆盖）产生深远的影响。

5.2 概念、定义和单位

准确的辐射通量观测不仅是研究干旱气候变化的重要基础，它主要在以下几个方面具有重要的应用：①研究地-气系统各种辐射通量的传输、转化、分配及其时空分布变化特征；②探究入射或出射到地-气系统的辐射能量及其收支平衡；③满足生物学、医学、农林、建筑学及工业活动对太阳辐射的需求；④对比校验卫星遥感产品辐射通量的反演精度及算法的改进。由于太阳短波辐射和地球长波热红外辐射的光谱波长分布几乎没有重叠，因此，在常规测量和模型计算中常常可以将两者分开处理；在气象学中，这两种类型辐射通量的总和被称为总辐射。本章主要介绍入射与出射到地球表面的各种辐射通量及其观测仪器、工作原理、数据处理、质量控制和校准标定等内容。全球地基辐射观测项目通常主要包括宽波段短波辐射通量（0.3～3.0μm）和窄波段辐射强度的观测。宽波段辐射通量观测包括太阳直接辐射（0.2～4.0μm）、散射辐射和地面反射短波辐射（0.3～3.0μm），长波辐射（或热红外辐射）包括大气向下长波辐射和地面向上长波辐射（4.2～50.0μm），主要用于研究地-气系统能量收支平衡；而窄波段辐射强度的观测通常用于研究地基或空基遥感反演气溶胶、云滴粒子和空气气体成分的微物理、光学及辐射特性参数，这部分知识将在第 6 章及其他章节中进行详细介绍。本章所涉及的观测项目和仪器设备都符合世界气象组织（World Meteorological Organization，WMO）和全球地面辐射基准监测网（Baseline Surface Radiation Network，BSRN）的观测标准及精度要求。

5.2.1 太阳短波辐射

太阳常数是指在日地平均距离处，大气层顶与太阳光垂直的单位面积、单位时间内接收到的太阳辐射能量，通常用 S_0 表示。尽管该参数被称为常数，但它并不是一个固定不变的值，不仅受太阳黑子内部活动影响，而且由于不同仪器的观测精度、测量标准及方法的差异而有所不同，世界气象组织（WMO，2008）推荐的太阳常数 S_0 一般取值为（1367±4）W/m^2。

太阳总辐射通量是指地球表面某一观测点水平方向上接收到来自上半球空间，2π 球面度立体角内太阳直接辐射与散射辐射的总和（单位为 W/m^2，光谱范围在 0.2～4.0μm）。地面接收到的太阳直接辐射有 99%以上的能量集中在 0.29～3.0μm 光谱范围。太阳总辐射通量是辐射观测中最基本、最重要的一个项目，可以通过总辐射表直接测量，也可根据独立的太阳直接辐射与散射辐射观测计算总和而获得。影响到达地球表面的太阳总辐射通量主要受到纬度、太阳高度角、海拔、大气透明度、地形坡度、云量和天气状况等因素的影响。

太阳直接辐射通量是指垂直于太阳光入射方向，太阳辐射经过大气层，但未发生任何散射衰减而直接到达地表的那部分太阳辐射能量在单位时间、单位面积的分布（单位为 W/m^2，光谱范围在 0.2～4.0μm）。它可以通过直射辐射表测量（为避免偏离太阳光入射方向的其他方向散射辐射对观测的影响，直接辐射表一般设计具有较小的视场角，见 5.4.1 节），也可通过分别观测太阳总辐射和散射辐射，再计算二者的差值得到太阳直接辐射通量。

太阳散射辐射通量是指太阳辐射通过大气层时，由于受到空气分子、气溶胶、云滴和冰晶等粒子的散射作用，从天空的不同方向到达地球表面的一部分太阳辐射（单位为 W/m^2），可以通过将总辐射表安装在太阳跟踪器（solar tracker）上，并用遮挡片或遮光球遮挡太阳光对仪器所张的立体角部分，即通过遮挡直接辐射的方式进行测量。散射辐射主要受到大气中的空气分子、气溶胶颗粒、污染物、云类型及云量的影响。

地面反射短波辐射是指到达地球表面的太阳总辐射中，被地球表面反射回大气的那一部分太阳短波辐射（单位为 W/m^2）。可以通过将总辐射表朝下安装，测量下半球 2π 球面度立体角内地表反射的太阳辐射通量。其数值大小除了受太阳总辐射的影响，还主要与下垫面性质有关，如地表的植被覆盖状况、土壤类型和土壤湿度，同时也与观测期间的天气状况和太阳高度角有关。

总紫外辐射（TUV）是指光谱范围在 0.10～0.40μm 的那一部分太阳辐射，占太阳总辐射的 5%～7%（单位为 W/m^2）。紫外辐射按照不同波长的生物效应可分为紫外线 A［段］UVA（0.315～0.40μm）、紫外线 B［段］UVB（0.28～0.315μm）和紫外线 C［段］UVC（0.10～0.28μm）。由于太阳紫外辐射中全部的 UVC 和大部分的 UVB 被平流层中的臭氧、氧气、氮气等分子吸收，所以到达地球表面的紫外辐射主要包含 UVA（约占总紫外辐射的 99%）和少量的 UVB 波段能量。由于紫外辐射不仅严重影响人体健康、生物的生存环境以及农作物的产量，还是平流层中高层大气温度增加的一个重要因子，对紫外辐射的观测研究已经引起全世界科学家和各国政府的高度关注。太阳辐射主要光谱范围分布如图 5.2 所示。

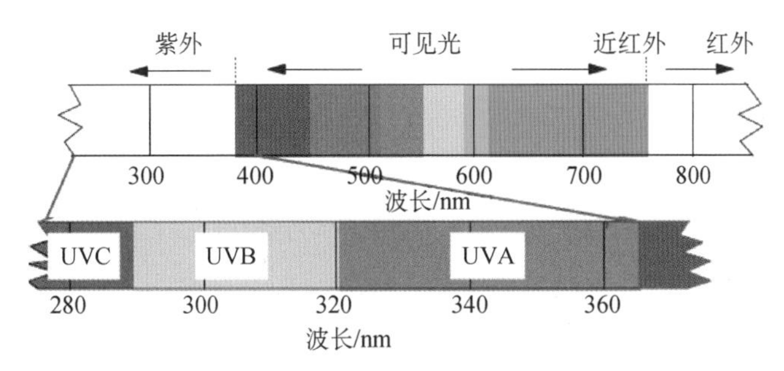

图 5.2　太阳辐射主要光谱范围分布图

光合有效辐射（photosynthetically active radiation，PAR）是指太阳辐射中对绿色植物光合作用有效的光谱能量，波长范围在 0.38～0.76μm，与可见光基本重合[单位为 W/m^2 或者 mol.photons/（$m^2·s$）]。光合有效辐射占太阳直接辐射的比例随着太阳高度角的增加而增加，最高可达 45%。而在散射辐射中，光合有效辐射的比例可达到 60%～70%，所以多云天气反而提高了光合有效辐射的比例。光合有效辐射是影响植物光合作用的一个主要环境因子，直接决定了植物的光合速率，是植物生长所需的基本能量，同时也是影响海洋浮游生物初级生产力的重要因子。

5.2.2　热红外长波辐射

大气在吸收地面长波热红外辐射的同时，又以热辐射的方式发射能量，这称为大气辐射。与太阳的温度相比，大气自身的温度相对比较低，其发射辐射对应的波长较长，所以通常也被称为大气长波辐射或大气热红外辐射。

大气向下长波辐射是指大气辐射中向下的那一部分长波辐射，与地面长波辐射的方向相反，所以也被称为大气逆辐射（单位为 W/m^2，光谱范围在 4.0～50.0μm）。云量越多、空气相对湿度越大，大气中含有的水汽、二氧化碳浓度越高，大气吸收的地面长波辐射就越多，在热力平衡状态条件下，大气逆辐射也就越强。因此，大气长波辐射是与大气温度、相对湿度廓线和天空云量等物理量有关的函数。

地面向上长波辐射是指地面吸收太阳短波辐射和大气向下长波辐射后，根据自身温度高低，以热红外辐射的方式向上发射长波辐射能量（单位为 W/m^2，光谱范围在 4.0～50.0μm），因此，它主要受地表温度和地表下垫面性质的控制，其辐射通量的大小由斯蒂芬-玻尔兹曼定律和地表发射率共同决定。地面长波辐射大部分被云和大气层吸收，其中一部分透过大气层进入到外太空。

5.2.3　地表净辐射

地球表面一方面吸收太阳短波辐射和大气向下长波辐射而获得能量，另一方面向上反射短波辐射，同时又以其自身的温度不断向外发射热辐射能量，这些向下太阳短波辐射与地面向上反射短波辐射的差值称为净短波辐射；而大气向下长波辐射与地面向上长波辐射的差值称为净长波辐射。净短波辐射和净长波辐射的能量之和，称为地表净辐射，有时也称其为地表辐射平衡。地表净辐射主要用于支配感热通量、潜热通量释放和土壤及植物冠层热通量存储。

5.3 基本原理

热电偶（thermocouple）是指将两根不同材质成分的导体（如铜、银或金等金属）焊接起来组成的一个闭合回路，当一端较热、另一端较冷时即可在开路状态下存在温度梯度差，此时两端之间就产生了温差电动势 V_s，闭合回路中就会有电流通过，这就是所谓的泽贝克效应（Seebeck effect）。如图 5.3 所示，由两种不同材质的导体或半导体 A 和 B 组成一个回路，将其两端相互连接起来，只要两个接点处的温度不同，一端成为工作端或热端，另一端成为参考端或冷端，回路中将产生一个温差电动势，其方向取决于温度梯度，其大小与两个端点的温度差成正比，这种现象称为“热电效应”。热电堆（thermopile）是由两个或多个热电偶串联起来组成的一种回路器件。各个热电偶输出的热电动势是相互叠加的，因而热电堆显著增强了输出的信号值。

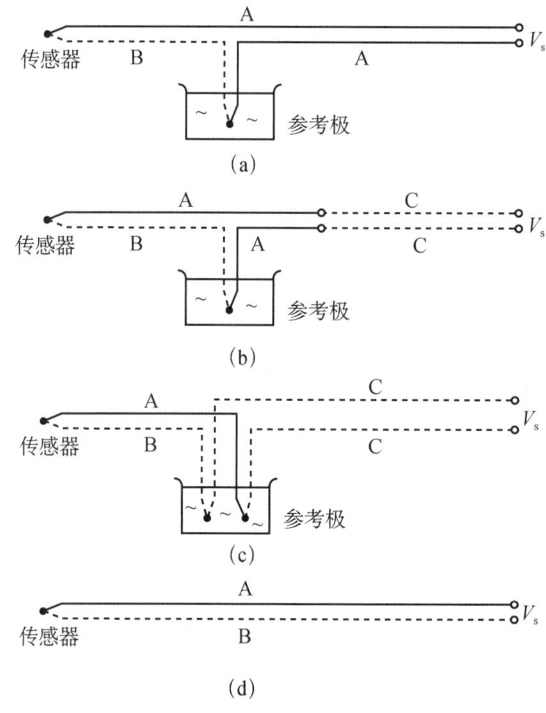

图 5.3 热电偶回路工作原理

虽然不同型号的短波辐射表在结构设计上有所不同，但是基本的工作原理是相同的，国际上普遍采用热电堆式传感器。根据热电堆测量温度的方法，探测宽波段辐射通量的基本原理是将传感器中心涂上帕森光学黑漆（非波长选择性吸收），黑漆材料主要吸收某一种特定光谱波长范围的辐射能量，吸收热量后传感器产生热量流通过热电阻流向热汇（即辐射表主体），通过将探测器热电阻两端的温度差转换为电势差，根据电势差是吸收太阳辐射值的线性函数，将电势差转换为传感器接收的辐射通量值。热电堆式总辐射表主要分为全黑型和黑白型两种类型。

国际上通用的辐射表制造厂家主要有美国 Eppley 实验室、荷兰 Kipp&Zonen 公司、日本 EKO 公司，俄罗斯、芬兰和澳大利亚等也分别研制生产各国的仪器产品。从 20 世纪 50 年代开始，我国气象台站也将太阳总辐射作为一项基本的观测项目，当时主要使用由苏联进口或仿制的黑白型天空辐射表。20 世纪 90 年代初期，我国气象台站启用自主研制的全黑型太阳总辐射表，并全部更换型号（杨云等，2010）。热电堆式辐射表主体温度的上升很容易受到风、降水和周围环境（“冷”天空）热辐射损失的影响。因此，辐射表的传感器一般用两层圆顶玻璃罩密封。这些玻璃罩允许半球水平面上不同方向入射的太阳辐射（约 98%）均匀透过，入射的太阳辐射被探测器吸收。辐射表外壳的干燥器充满硅胶，防止辐射表穹顶玻璃罩出现水珠，减少水珠在无风的晴朗夜间时段引起的显著降温效应。如图 5.4 所示，宽波段短波辐射表一般由传感器、两层圆形穹顶玻璃罩（内罩和外罩）、副支架、干燥装置、防辐射罩、信号线、电源线和固定螺母等部件组成。

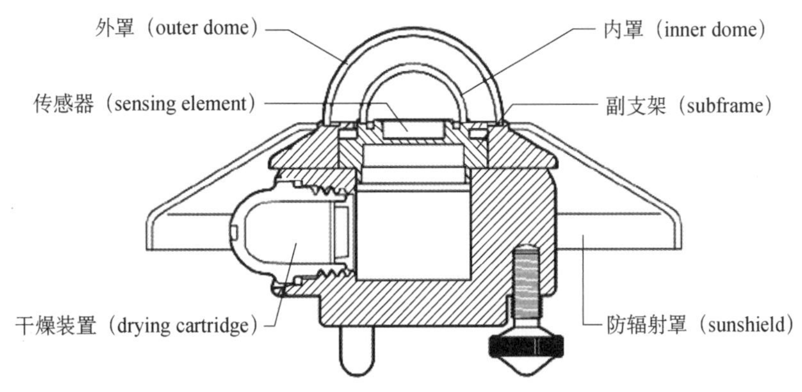

图 5.4 宽波段短波辐射表的基本结构

源自荷兰 Kipp&Zonen 公司主页 https:// www.kippzonen.com，并对各部件进行中文翻译

5.4 观测仪器与安装

5.4.1 仪器介绍

国际上通用的短波辐射表主要有荷兰 Kipp&Zonen 公司生产的 CMP 系列、美国 Eppley 实验室研制的 PSP 型和 B&W 型黑白辐射表。我国气象台站的辐射通量观测主要采用我国自行研制的全黑型太阳总辐射表，如 DFY 型和 TBQ 系列等。

本节以荷兰 Kipp&Zonen 公司研制的 CMP21 型短波辐射表为例进行介绍，其他总辐射表的结构基本类似。CMP21 型短波辐射表（也被称为日射强度计）主要用于测量 180°水平面上的太阳短波辐射通量（光谱范围：0.3～3.0μm），若将其向下安装则可以测量地面反射的太阳辐射，如果安装在单轴或双轴太阳跟踪器上还可以测量天空散射辐射通量。CMP21 型是 CM21 型的新一代升级产品。此类仪器探测的波长范围在 0.305～2.80μm，符合 ISO 9060-2018 国际标准和世界气象组织的次级标准（secondary standard）。仪器的主要特点是体积小巧、重量轻、安装便捷，高质量的穹顶玻璃罩和全密封设计使表体内部的热电偶能够避免受到外部周围环境的影响，同时经过优化的独立温度补偿探测器，具备响应速度快、高精度、高稳定性等优点。为了减少露珠、雨滴、冰雪和辐射表表体向外传输热辐射对探测温度结果造成的可能影响（也被称为“零点偏移”或“热偏移”），建议给 CMP21 型短波辐射表安装加热、通风罩，以尽可能减小“零点偏移”误差的影响。CMP21 型短波表测量误差一般小于 $10W/m^2$，响应时间为 1.7s，标定系数（即灵敏度）为 $7\sim14\mu V/(W\cdot m^{-2})$，仪器的余弦响应误差在±1%之间。穹顶玻璃罩由两层半球形石英玻璃组成，既可以防风遮雨，又对来自 0.3～3.0μm 波段内各个方向的短波辐射是均匀透明通过的。图 5.5 是 2007 年 4 月 30 日安装在 SACOL 站辐射平台上进行平行对比观测的两台 CMP21 型短波辐射表（分别是含和不含通风加热系统装置），试图分析通风加热系统装置对太阳短波辐射观测结果的可能影响。

（a）不含通风加热系统装置

（b）安装有通风加热系统装置

图 5.5　两个 CMP21 型短波辐射表安装在 SACOL 站进行平行对比观测

从 2006 年 8 月开始，SACOL 站安装了一套四分量地面净辐射通量观测系统，主要由两台 CM21 型短波辐射表和两台 CG4 型长波辐射表组成，分别朝上和朝下方向安装，以测量向下的太阳总辐射、地面反射短波辐射、大气向下长波辐射和地面向上长波辐射通量，并且可以获得该站点局地宽波段的地表反照率、净短波辐射、净长波辐射和净辐射能量。众所周知，宽波段的地表反照率是辐射传输模式计算中一个重要的输入参数，对于准确模拟大气层顶和地球表面的辐射通量及辐射强迫具有重要作用。如图 5.6 所示，四个辐射表分别安装在 1.5m 高度的“工字形”辐射平台架子上，两个朝上的长波和短波辐射表安装有通风加热系统装置，而朝下的两个辐射表不含通风加热系统。

图 5.6　四分量地面净辐射通量观测系统

分别由朝上、朝下的两台 CM21 型短波辐射表和两台 CG4 型长波辐射表组成美国 Eppley 实验室生产研制的 PSP 型高精度太阳辐射表是世界气象组织一级辐射表，也可以用于测量 0.285～2.80μm 波段范围内的太阳总辐射、地表反射辐射和天空散射辐射通量。其结构设计、工作原理、透光性能等与 CMP21 型日射强度计基本一致。PSP 型传感器主要包含一个组合热电堆电路、WG295 型玻璃罩、接收器、水平调节装置、水平泡、调节螺栓以及干燥剂；仪器的直径为 14.6cm，高为 11.06cm，重约为 3.2kg；仪器的外壳为铸造青铜体，外层为白色珐琅遮蔽盘，传感器的校准标定可溯源到瑞士达沃斯的世界辐射测量基准（world radiometric reference，WRR），仪器本身自带温度补偿功能。大量研究表明，即使给 PSP 型传感器上安装了加热、通风装置，但无论是在白天或夜间，其“零点偏移”误差都比 CMP21 型短波表的要大一些，所以，必须对 PSP 表测量的天空散射辐射进行“零点偏移”订正，具体内容将在本章第 5.5 节中进行详细讨论。PSP 型短波辐射表的灵敏度大约为 9μV/（W•m^{-2}），测量量程在 0～2800W/m^2 范围的非线性误差为±0.5%，−20～40℃温差变化的依赖性为±1%，随着太阳天顶角变化的余弦响应在 0°～70°为±1%，70°～80°的余弦响应为±3%。图 5.7 是拍摄于 2010 年 4 月 25 日民勤地区一次强沙尘暴天气过程中新购置的两台 PSP 型短波辐射表和两台 PIR 型长波辐射表进行室外平行对比观测试验。

图 5.7　新购置的两台 PSP 型短波辐射表和两台 PIR 型长波辐射表在民勤站进行平行对比观测
2010 年 4 月 25 日民勤地区强沙尘暴天气

美国 Eppley 公司研制的 B&W8-48 型黑白短波辐射表也可以测量 0.285～2.80μm 波段范围内的太阳总辐射、地表反射辐射和天空散射辐射通量。其探测器是一个差分热电堆，热端接收器一般为黑色，而冷端接收器为白色（图 5.8）；热电堆为黑色涂层金属和白色的钡硫酸盐表面；内置的温度补偿热敏电阻电路可以减少环境温度的可能影响；铝制的外壳含有一个水平泡和一组水平调节螺栓。与 CMP21 型和 PSP 型的全黑型热电堆仪器不同，B&W8-48 型辐射表的冷、热两个参考端黑白相间均匀分布在同一个热状态下，因此，其“零点偏移”误差相对很小，大部分时间段都能保持在 1W/m^2 以内。但是，由于其光学玻璃的透光性、光谱性、方向性，以及石英玻璃罩厚度比前两类短波辐射表的稍差（如响应时间慢，方向性响应较差，黑、白两种涂料随时间的变化不一致），因此，B&W8-48 型黑白短波辐射表一般只用于测量天空散射辐射通量，而没有广泛应用于太阳总辐射的长期测量①。

① Mcarthur L J B. 2004. World Climate Research Programme Baseline Surface Radiation Network（BSRN）. Operation Mannal Version 2.1.

图 5.8　B&W8-48 型黑白短波辐射表

源自美国 Eppley 实验室主页，http://www.eppleylab.com

5.4.1.1　太阳直接辐射的测量

CHP1 型高质量直接辐射表由荷兰 Kipp&Zonen 公司研制生产，完全遵循国际标准化组织（ISO）和世界气象组织的一级观测标准，其测量精度和可靠性在 CH1 型直接辐射表的基础上进行了大幅度升级改进。每台 CHP1 表在出厂前都已经进行严格标定，同时也符合世界辐射测量基准标定要求。CHP1 型直接辐射表一般配备 PT-100 铂电阻和 10kΩ 热电偶传感器（用于温度补偿修正），主要测量 0.2～4.0μm 光谱范围的太阳辐射通量。如果将其安装在太阳跟踪器上则可以测量垂直太阳表面的直接辐射和太阳周围很窄的环形天空的散射辐射。其响应时间一般为 5s，灵敏度为 7～14μV/（W·m^{-2}），全视场角为 5°±0.2°，环境工作温度范围在−40～80℃。

与 CHP1 型直接辐射表类似，美国 Eppley 实验室研制的 NIP 型直接辐射表安装在任何一种类型的太阳跟踪器上（图 5.9，图 5.10），也测量 0.2～4.0μm 光谱范围的太阳直接辐射通量。NIP 型传感器也满足 ISO 国际辐射二级标准和世界气象组织规定的高精度直接辐射观测要求，表体总长度为 27.94cm，表体几何尺寸与太阳光入射孔径比为 10∶1，相当于约 5°的全视场角，灵敏度大约为 8μV/（W·m^{-2}），响应时间最短为 15s，“零点偏移”误差在±1W/m^{2} 左右，温度依赖性为±1%，非线性误差为±0.2%，工作温度范围在−40～80℃。

图 5.9　安装在 2AP 型双轴太阳跟踪器上的 CHP1 型（左侧）和 NIP 型（右侧）直接辐射表

平台上左侧和右侧分别为带通风罩与遮光球的 CMP21 型短波辐射表和 CGR4 型长波辐射表（2007 年 8 月 10 日拍摄于 SACOL 站）

图 5.10 安装于 2AP 型双轴太阳跟踪器上的 NIP 型（左侧）和 CHP1 型（右侧）直接辐射表
平台上左侧和右侧分别为带通风罩与遮光球的 PSP 型短波辐射表和 PIR 型长波辐射表（2010 年 6 月 16 日拍摄于民勤站）

5.4.1.2 太阳跟踪器

荷兰 Kipp&Zonen 公司研制的 2AP 型双轴太阳跟踪器（two-axis suntracker）是全球地面辐射基准监测网（BSRN）推荐采用的一款跟踪设备。2AP 型跟踪器的主要优点有观测精度高、性能优越、载荷能力好、环境适应性强等，可以在各种野外恶劣天气条件下全天候进行太阳自动跟踪定位。跟踪器通过 RS232 串口通信线与电脑连接，通过设置软件“WIN2AP GD”中的准确世界时间（北京时间−8）、站点的纬度和经度等地理信息，数据采集模块内部的程序会自动计算各个时刻的太阳天顶角和方位角，并驱动跟踪器自动跟踪与瞄准太阳，建议在晴朗无云的中午时段调节跟踪器对准太阳的精度。调好跟踪器后，一般每个月定期检查太阳的跟踪情况即可。观测人员可以通过检测固定在跟踪器两侧的两个固定圆环判断太阳是否对准良好，如果太阳光斑均能入射到两个小孔内，则说明对准良好；也可以利用总辐射表测量的太阳总辐射通量与直接辐射加散射辐射之和进行对比，检验太阳跟踪器的跟踪状态是否良好。2AP 型双轴太阳跟踪器的被动跟踪精度优于 0.1°；当配备太阳传感器（sun sensor）时，其主动跟踪精度甚至优于 0.02°。

所有辐射表通过与美国 Campbell 公司生产的 CR1000 型或 CR3000 型数据采集器连接，可以实时接收、存储数据资料（每 2s 记录一次数据），时间分辨率设置为 1min。每天日出前（一般为 07:00 之前）由工作人员按照使用说明对辐射表传感器镜头进行清洁维护，以保证获取高精度的辐射通量资料。各种类型辐射表的主要技术指标参数详见表 5.1，或者参照荷兰 Kipp&Zonen 公司主页（http://www.kippzonen.com）和美国 Eppley 实验室主页（http://www.eppleylab.com）。

表 5.1 各类辐射表的关键技术指标参数

参数	CMP21	PSP	B&W8-48	CHP1	NIP	CGR4	PIR
ISO 等级	二级标准	二级标准	一级标准	一级标准	二级标准	—	—
光谱范围/μm	0.305～2.80	0.285～2.80	0.285～2.80	0.2～4.0	0.2～4.0	4.5～42	3.5～50

续表

参数	CMP21	PSP	B&W8-48	CHP1	NIP	CGR4	PIR
零点偏移/(W/m^2)	<7	<7	<0.5	<1	<1	<2	—
温度响应/%	±1	±2	±2	±0.5	±1	±1	±1
非线性/%	±0.5	±0.5	±1	±0.5	±0.2	±1	±1
响应时间/s	<5	<15	<60	<5	<15	<6	<2
灵敏度/[μV/(W·m^{-2})]	7～14	9	8	7～14	8	5～10	4
视场角/(°)	180	180	180	5±0.2	5	180	180
工作温度/℃	−40～80	−40～80	−40～60	−40～80	−40～80	−20～50	−40～60

5.4.2 仪器安装

站点的选择：在理想情况下，辐射表的安装位置应该确保在任何时刻站点周围没有任何障碍物妨碍辐射观测；如果站点周围有障碍物，则选址时应确保在日出和日落期间内周边障碍物的仰角不能超过5°，这对测量获取高精度的太阳辐射通量是非常重要的。太阳散射辐射受地平线以上周围障碍物的影响相对太阳总辐射而言较小。例如，在整个360°方位角范围内，如果周围障碍物的仰角为5°，则向下太阳散射辐射仅减小0.8%。同时，辐射表应安装在工作人员易于维护的位置，如易于清洁玻璃外罩和便于更换干燥剂等日常维护操作。热废气（温度>100℃）的排放会在辐射表吸收的光谱范围内产生一些热辐射能量，这将直接影响测量结果。因此，辐射表的安装位置应该尽可能远离浅色墙壁，以及其他可能将太阳光反射到辐射表或发射短波辐射的物体。

检查辐射表干燥剂的状态，新鲜的干燥剂应该呈现红色或橙色，如果干燥剂颜色变为淡粉色或白色，则应该立即更换新的干燥剂。

安装固定：每台CMP型短波辐射表均配备两套不锈钢螺栓（5mm直径）、垫圈、螺母和尼龙绝缘圈等备件。首先将短波辐射表安装在一个坚实稳固的底座支架或平台上，并用螺栓将辐射表与水平底座固定好。底座支架或平台的温度变化范围比周围空气温度的变化范围更大，由于辐射表表体的温度波动会产生噪声信号，因此，建议通过调节水平螺栓的高度使辐射表与底座平台隔开一定距离。同时，确保信号线或电缆线的屏蔽层接地状况良好，以防止因雷电引起过高电流的影响。

仪器电缆线朝向：原则上，对辐射表信号线和电源线的朝向没有特殊的要求，虽然世界气象组织推荐信号线应指向最近的地磁极（如在北半球电缆线指向北极），以尽可能减少电源线连接产生的加热。

水平调节：精确的太阳短波辐射或长波辐射测量要求辐射表在观测过程中始终保持水平状态。通过转动两个水平螺栓调整辐射表的水平位置，当水平仪的气泡集中在标记环内时，表示辐射表的位置是水平的。逐渐拧紧辐射表的两颗固定螺丝，同时要确保整个过程中辐射表始终保持水平。

电缆线和防辐射罩的安装：首先，将信号线和电源线插头接入辐射表正确的端口位置，用螺丝刀拧紧插头锁环。其次，安装太阳防辐射罩以防止由于辐射表表体过热而产生噪声信号。最后，通过防辐射罩可以清楚地看到水平气泡是否处于正常状态，便于对辐射表水平方向进行日常的例行检查。

日常维护：为了获取高精度的辐射通量，辐射表玻璃外罩需要用纯净水或酒精进行定期清洁，以去除玻璃外罩上的灰尘、水珠等杂物，每天早晨太阳升起前（理想的清洁时间）对辐射表进行维护。在晴朗无风的夜晚，由于辐射表内部与外部周围冷空气的热量交换，辐射表外罩上常常会附着小水珠，这些水珠会直接影响测量结果，应该及时清除。建议给辐射表安装由荷兰 Kipp&Zonen 公司生产的 CV2 型通风罩，以加强辐射表与周围空气的交换流通，使辐射表外罩温度始终高于露点温度，从而减少辐射外罩上水珠的形成。尤其在易形成白霜或露珠的秋季或者冬季，建议打开加热通风系统。注意：测量地表反射辐射通量的辐射表上不能安装 CV2 型通风罩。

每周需要检查辐射表的水平气泡位置，检查干燥剂的颜色是否保持红色或者橙色。当干燥剂颜色变成白色或完全透明时（通常连续工作几个月后），必须及时更换新的硅胶干燥剂，同时检查辐射表和电缆线是否完好，如果有损坏，则应该及时更换或重新进行接线，以免信号失真而影响观测结果。

在户外连续工作的辐射表，由于长期暴露在太阳光的照射下，辐射表的灵敏度（或校准系数）随着时间会将发生变化，建议每两年对辐射表进行一次全面的校准标定。对各种类型辐射表的校准标定工作一般可委托中国气象局气象探测中心或世界辐射中心完成。

5.5 数据质量控制和仪器标定

5.5.1 测量误差

不同类型的辐射表都具有不同的测量精度，由于受到标定校准方法、标定时间间隔和清洁维护等因素的影响，不同台站辐射的观测值与真实值之间通常会存在一定的系统偏差。对于次级标准（最高精度），世界气象组织允许小时平均辐射的最大误差为 3%，日平均辐射的最大误差为 2%，这是因为随着累积时间的变长，一些响应变化将会相互抵消。由荷兰 Kipp&Zonen 公司研制的 CMP22 型短波辐射表，其小时平均和日平均辐射的最大误差分别为 2%和 1%，这是目前最高精度的短波辐射表。多年的研究经验表明，通过安装精心设计的强制加热、通风装置，可以减少“零点偏移”所产生的系统误差。因此，建议给 CMP21 型短波辐射表安装上荷兰 Kipp&Zonen 公司生产的 CV2 型通风装置使“零点偏移”偏差尽可能降到最低。

5.5.2 仪器的标定

对辐射仪器定期进行校准标定是获取高精度辐射观测数据的一个重要前提。宽波段辐射表的标定通常需要从余弦响应、光谱响应和绝对响应（也被称为灵敏度测试）三个方面进行，通常将太阳光或者实验室内人造灯作为标准光源。余弦响应一般由光学传感器对从不同角度入射的太阳辐射吸收不均匀而造成。辐射表在出厂前一般由原生产厂家进行余弦响应订正，并由其提供给用户定标结果。例如，PSP 型短波辐射表的余弦响应为：±1%@0°～

70°天顶角和±3%@70°～80°天顶角，即在早晨和傍晚时段余弦响应造成的最大误差，而正午时段其误差相对较小。通常用直接辐射与散射辐射之和来替代太阳总辐射，以减小因余弦响应而造成的误差。光谱响应指传感器和玻璃罩长时间暴露于太阳光的照射下造成传感器吸收光谱波段的偏移，主要对窄波段辐射传感器的影响最大，而宽波段辐射表不需要进行光谱响应定标。绝对响应定标，即灵敏度标定，指的是传感器能够测量到的最小的被探测辐射通量的能力。仪器在出厂前必须都由制造商进行严格的灵敏度测试，一般建议每两年至少进行 1 次标定。

世界、区域或各个国家的辐射中心主要负责辐射仪器校准标定的基准。瑞士达沃斯世界辐射中心（World Radiation Centre，WRC）负责世界辐射测量精度的基准，国际标准仪器团队（WSG）建立世界各国辐射仪器的参考基准。WRC 每 5 年举行一次国际辐射仪器的对比试验，各个国家的标准辐射母表与 WSG 基准仪器进行比对，然后再对各个国家的辐射表进行传递校准标定。中国气象局气象探测中心几乎承担了国内所有气象台站及大部分研究观测站辐射仪器的校准标定任务。国家气象计量站一直保持着我国太阳辐射观测的最高基准，每 5 年定期代表国家到世界辐射中心参加由世界气象组织举办的辐射基准观测的国际比对定标。每两年举办一次由中国气象局气象探测中心与国家气象计量站联合举办的全国太阳标准辐射仪器定期比对、校准活动，以保证全国辐射观测量的准确、可靠与统一。国内各个省（自治区、直辖市）气象局的标准辐射母表与全国基本辐射表进行对比验证、校准后，再对各市、县气象台站的辐射表进行传递校准标定，以保持统一的基准精度。不同类型辐射表通常采用不同的标定设备系统，一般主要分为室内标定和室外标定两种方法。

5.5.2.1 短波辐射表的标定

（1）室内标定：其标定设备系统由短波辐射表标定系统（calibration facility radiometer，CFR）、标准参考母表（与世界辐射中心的辐射表进行溯源标定）、标定工作台、标准光源和高精度万用表组成。在标定实验室内利用标准光源（金属卤化物灯）照射出的 500W/m^2 稳定光强（一般为 500～1000W/m^2），已知标定系数的标准母表与待标定的短波辐射表同时接收标准灯的发射能量，交换两个辐射表的位置并进行多次测量，根据两个辐射表接收到的能量相等就可以计算并确定待标定辐射表的校准系数。室内标定要求提供一个黑暗的实验室（即墙面和地板应为黑色或灰色），以减少发射光线对标定结果的影响；同时，标准参考母表与待标定的短波辐射表必须是同一型号。

（2）室外标定：其标定设备系统由标准参考母表或 CMP22 型高精度短波辐射表、平台支架和数据采集系统组成。以太阳光为标准光源，将已知标定系数的标准母表与待标定的短波辐射表安装固定在同一水平支架上，进行平行对比观测并采集输出信号。标定一般选择在晴空无云、稳定干洁的大气条件下进行，两个辐射表接收到的太阳辐射通量应该是一致的，这样即可确定出待标定辐射表的校准系数。室外标定的站点要求设在高海拔、人为活动影响较小的偏远地区，如我国的瓦里关国家本底站；同时，标定应选择在晴朗、干洁、稳定的大气条件下进行，以减少因天气过程变化对标定结果的可能影响。

5.5.2.2 直接辐射表的标定

直接辐射表标定系统由腔体直接辐射表、工作台、太阳跟踪器和数据采集器组成。将AHF型腔体辐射表和待标定的直接辐射表安装在同一个太阳跟踪器上，并同时接收太阳光的能量。标定选择在晴空无云、稳定干洁的大气条件下进行，两个直接辐射表接收到的太阳直接辐射通量应该是一致的，这样即可确定出待标定辐射表的校准系数。

太阳直接辐射表的标定一般由AHF型腔体辐射表或POM06型绝对辐射表组成，标准母表需要定期送到世界辐射中心与各个国家的标准表进行对比、校准定标，然后对国内各个台站的直接辐射表进行传递校准标定。

5.5.2.3 长波辐射表的标定

黑体辐射标定由长波辐射表标定系统（calibration facility infrared，CFI）、标准母表、标定工作台、低温黑体标准光源和高精度万用表组成。利用半球形黑体标准光源模拟产生类似于天空/大气辐射的低温信号，已知标定系数的标准母表与待标定的长波辐射表同时接收标准光源的发射能量，根据两个辐射表接收到的能量相等就可以计算并确定待标定辐射表的校准系数。此外，世界气象组织和世界辐射中心建议，在晴朗、干洁的大气条件下，将已知标定系数的标准母表与待标定的长波辐射表进行平行对比观测，以确定待标定长波辐射表的校准系数。

5.5.3 辐射通量的计算

太阳总辐射通量$I_{\downarrow sw}$由辐射表的电压输出值U_{out}除以其灵敏度或校准系数（因子）S_{sen}得到，计算公式为

$$I_{\downarrow sw}=\frac{U_{out}}{S_{sen}} \tag{5.1}$$

式中，$I_{\downarrow sw}$为太阳总辐射通量，W/m^2；U_{out}为辐射表的电压输出值，μV；S_{sen}为辐射表的灵敏度或校准系数，μV/（W·m^{-2}）。

太阳直接辐射通量由直接辐射表的电压输出值除以对应的灵敏度或校准系数，计算公式为

$$I_{Direct}=\frac{U_{outD}}{S} \tag{5.2}$$

式中，I_{Direct}为太阳直接辐射通量，W/m^2；U_{outD}为直接辐射表的电压输出值，μV；S为直接辐射表的灵敏度或校准系数，μV/（W·m^{-2}）。

当一台长波辐射表受到太阳辐射的直接照射时，表体也会向周围相对较冷的大气中传输热辐射能量。因此，长波辐射表的辐射通量应该等于大气向下长波辐射通量与辐射表向外发射热辐射能量之差，其计算公式为

$$I_{\downarrow Lw}=\frac{U_{outLW}}{S}+\sigma\times T_b^4 \tag{5.3}$$

式中，$I_{\downarrow Lw}$为大气向下长波辐射通量，W/m^2；U_{outLW}为长波辐射表的电压输出值，μV；S为长波辐射表的灵敏度或校准系数，μV/（W·m^{-2}）；σ为斯特藩-玻耳兹曼常量，取值为5.67×

10^{-8}W/（m^2·K^4）；T_b为长波辐射表的表体温度，K。

5.5.4 短波辐射表的“零点偏移”误差修正

短波辐射表的“零点偏移”（或“热量偏移”）是仪器传感器内部、穹顶玻璃罩和周围环境外部空气（“冷天空”）热量不平衡，发生了热红外辐射交换而损失能量，从而造成的辐射表观测值出现系统性偏低的现象。Philipona（2002）研究指出，夜间的“零点偏移”误差一般可达到−1W/m^2的量级，而在白天可能会超过−10W/m^2的量级，所以，常常通过给仪器安装上强制加热通风系统，加快传感器与周围空气之间的气流交换，以减小这一误差（杨云等，2010）。世界气象组织（WMO，2008）指出，对于安装有加热通风系统的高精度、科研级的太阳短波辐射表可以允许“零点偏移”误差的最大值为±7W/m^2（在净辐射能量为200W/m^2时），同时规定，在环境温度变化为±5K/h时允许偏移误差为±7W/m^2。

图5.11是2010年春季兰州大学大气科学学院在甘肃省民勤治沙综合试验站（民勤站）开展的沙尘暴野外加强观测期间各种辐射表的夜间“零点偏移”变化情况。由图可知，美国Eppley实验室研制的B&W8-48型黑白短波辐射表和TUVR型总紫外辐射表的夜间“零点偏移”误差都很小，变化范围均在±0.5W/m^2，可以忽略不计；NIP型直接辐射表的夜间“零点偏移”误差在−2～2W/m^2变化，而PSP型短波辐射表的偏移量为−5～−1W/m^2，白天对应的“零点偏移”误差将会变得更大，这个量值偏差在太阳总辐射（800～1000W/m^2）中所占的比例较小，但对散射辐射通量观测（～100W/m^2）的影响是比较大的，因此，需要对PSP型短波辐射表测量散射辐射的“零点偏移”误差进行有效修正。

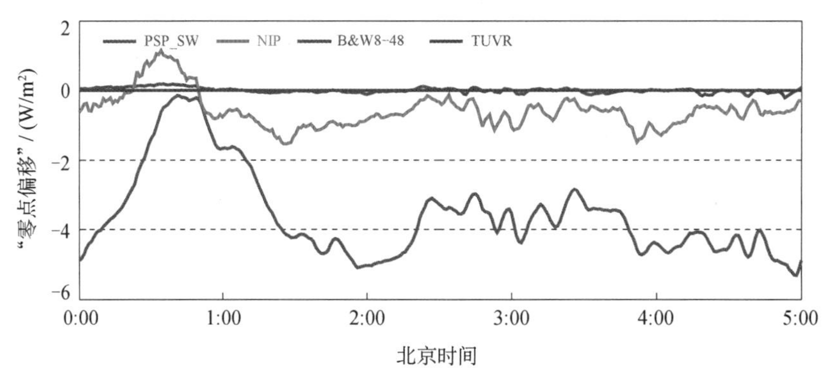

图5.11 2010年春季民勤站各个辐射表的夜间“零点偏移”变化

PSP_SW表示PSP型太阳短波辐射表的测量值，NIP表示NIP型直接辐射表的测量值，B&W8-48表示B&W8-48型黑白短波辐射表的测量值，TUVR表示TUVR型总紫外辐射表的观测值

图5.12是2007年5月1日SACOL站由荷兰Kipp&Zonen公司研制的各种辐射表的夜间“零点偏移”变化情况。由美国Eppley实验室生产的NIP型直接辐射表和由荷兰Kipp&Zonen公司生产的CH1直接辐射表的夜间“零点偏移”变化较为一致，变化范围都在−2～1W/m^2；而CMP21型短波辐射表无论是否装有加热通风系统，其夜间“零点偏移”误差均在−4～−1W/m^2范围内变化，很明显，没有安装加热、通风系统的短波辐射表夜间“零点偏移”误差变得更大些，最大值为−4.5W/m^2，因此，对短波辐射表安装合适的加热通风系统能从一定程度上降低其“零点偏移”误差。

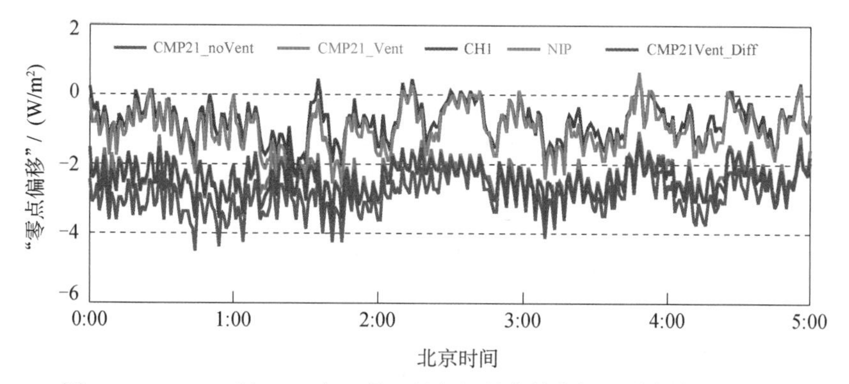

图5.12 SACOL站2007年5月1日各辐射表的夜间“零点偏移”变化

CMP21_noVent是不带加热通风系统的CMP21型太阳短波辐射表的测量值，CMP21_Vent是安装有加热通风系统的CMP21型太阳短波辐射表的测量值，CH1是CH1型太阳直接辐射表的测量值，NIP是NIP型直接辐射表的测量值，CMP21Vent_Diff是安装有加热通风系统的CMP21型散射辐射表的测量值

近些年来，荷兰Kipp&Zonen公司在降低短波辐射表“零点偏移”误差方面已经开展了大量的工作，并对CMP21型太阳短波辐射表进行了多次产品升级改进，使其“零点偏移”误差范围控制在±5W/m^2，且保持比较稳定；然而，不同版本的产品具有不同的设计构造和性能指标，这对研究全球太阳总辐射、直接辐射的长期变化趋势的准确测量将存在一定的影响，如“全球变亮”或“全球变暗”现象。正因为如此，美国几乎大部分气象台站、研究院所等单位都统一采用Eppley实验室生产的PSP型短波辐射表，并且近几十年来也没有对这一产品进行比较大的升级更新，主要是考虑保持同一种类型辐射表对长期变化趋势观测的一致性。同时，多年来许多学者一直致力于研究PSP型短波辐射表的“零点偏移”误差问题，并发展了各种各样的改进方法以试图减小这一误差。例如，Haeffelin等（2001）在PSP型短波辐射表的传感器内部及玻璃内罩与外罩之间分别安装了两个热敏电阻，以实时监测表体内部和外部之间的温度梯度变化情况，同时，将一台PIR型长波辐射表进行同期连续观测以获取净长波辐射能量(net_IR)；他们发现，PSP型短波辐射表玻璃内罩和外罩的温度差与net_IR之间存在很好的对应关系。结果表明，对于安装有加热通风系统及遮光带的PSP型短波辐射表，在晴空条件下“零点偏移”误差可达−15W/m^2，而在阴天条件下接近于0W/m^2。但是这种通过增加温度探测元件的方法改变了表体内部的结构、气流流场，最终会对辐射观测结果造成一定的影响。为此，根据辐射表玻璃外罩的温度正比于表体内部的气压值，Ji和Tsay（2010）在PSP型短波辐射表玻璃的内罩与外罩之间安装了一个微小的气压感应元件，同时在辐射表外的底部安装了一个热敏电阻以探测外罩的温度变化，结合理想气体状态方程，在不改变表体内部结构的前提下，实现了对白天和夜间的“零点偏移”误差的有效探测，但是，这种方法目前仅仅处在试验与测试阶段，商品化产品目前还未正式投入到市场中。基于PSP型短波辐射表与PIR型长波辐射表具有类似的内罩结构和热电堆传感器特点，Dutton等（2001）将一台PSP型短波辐射表与一台PIR型长波辐射表同时进行平行观测，两个辐射表都安装加热通风系统和太阳遮光装置，在假设夜间PSP型短波辐射表与PIR型长波辐射表同时达到热量平衡状态的前提下，采用PIR型长波辐射表的玻璃内罩、外罩的温度及net_IR对PSP型短波辐射表测量散射辐射的“零点偏移”误差进行了有效修正。将PSP型短波辐射表的“零点偏移”误差记为corr，按照Dutton等（2001）的推荐方法，corr可表示为

$$\mathrm{corr} = K_0 + K_1 \times \mathrm{net\_IR} + K_2 \times \sigma \times (T_\mathrm{d}^4 - T_\mathrm{c}^4) \tag{5.4}$$

式中，corr 为短波辐射表的“零点偏移”误差，W/m^2；net_IR 为 PIR 型长波辐射表测量的净长波辐射值，W/m^2；σ 为斯特藩-玻耳兹曼常量[$\sim 5.67\times10^{-8}W/(m^2\cdot K^4)$]；$T_c$ 为 PIR 型长波辐射表的玻璃内罩温度，K；T_d 为 PIR 型长波辐射表的玻璃外罩温度，K；K_0、K_1 和 K_2 为拟合回归系数。

经过修正后的散射辐射 $Diff_{corr}$ 可根据式（5.5）计算：

$$Diff_{corr} = Diff_0 - corr \tag{5.5}$$

式中，$Diff_0$ 为未经过修正的散射辐射，由 PSP 型散射辐射表测量获得。

corr、net_IR、T_c 和 T_d 等变量可根据平行观测的 PSP 型短波辐射表和 PIR 型长波辐射表同时直接测量得到，时间分辨率为 1min。我们假定 00:00～05:00 夜间时段内 PSP 型短波辐射表和 PIR 型长波辐射表均处于热量平衡状态，将这一夜间时段输出的实测数据值代入式（5.4）中，利用最小二乘法分别拟合出 K_0、K_1 和 K_2 三个回归系数，假设白天和夜间时段的散射辐射表都处于相同的热辐射平衡状态，就可以对全天 PSP 型短波辐射表的“零点偏移”误差进行有效修正。应该注意，这种方法仅仅适用于安装有加热通风系统和太阳遮光装置的 PSP 型短波辐射表测量的散射辐射，而对于其他类型短波表的修正需开展进一步详细的科学试验与分析工作。

图 5.13 给出了民勤站不同天气条件下（2010 年 5 月 18 日、22 日及 6 月 8 日和 17 日）经过“零点偏移”修正和未经过修正的散射辐射通量日变化特征，并与辐射传输模式模拟的空气分子瑞利散射辐射通量进行比较。结果表明，经过“零点偏移”修正后，不同天气下分别可以补偿 8～12W/m^2（晴空天气下）和 4～6W/m^2（多云天气下）的散射辐射。同时，实际测量的晴空天气下散射辐射通量都比模式模拟计算的瑞利散射辐射通量大，这是由于实际大气中气溶胶粒子的存在散射了一部分太阳辐射能量。

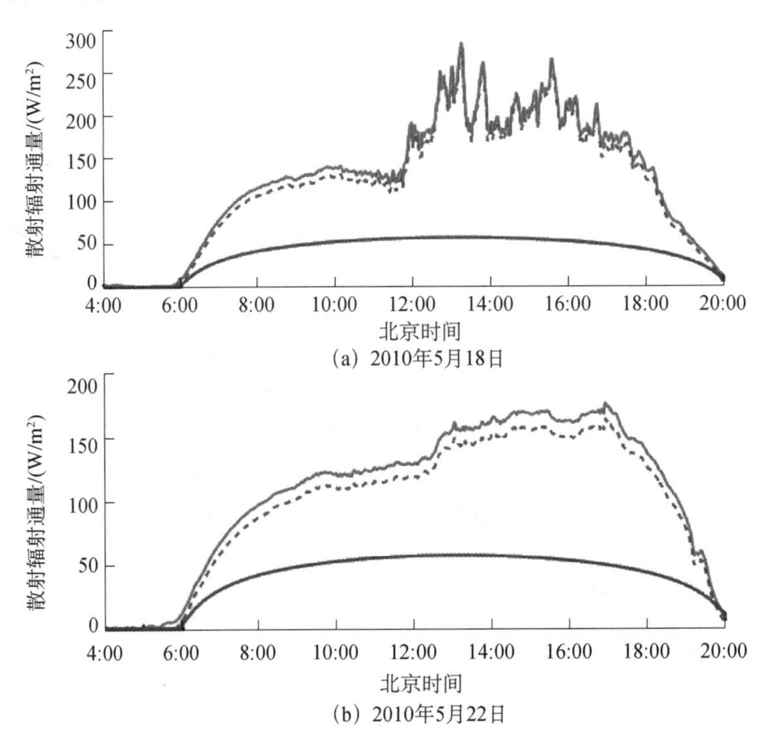

(a) 2010年5月18日

(b) 2010年5月22日

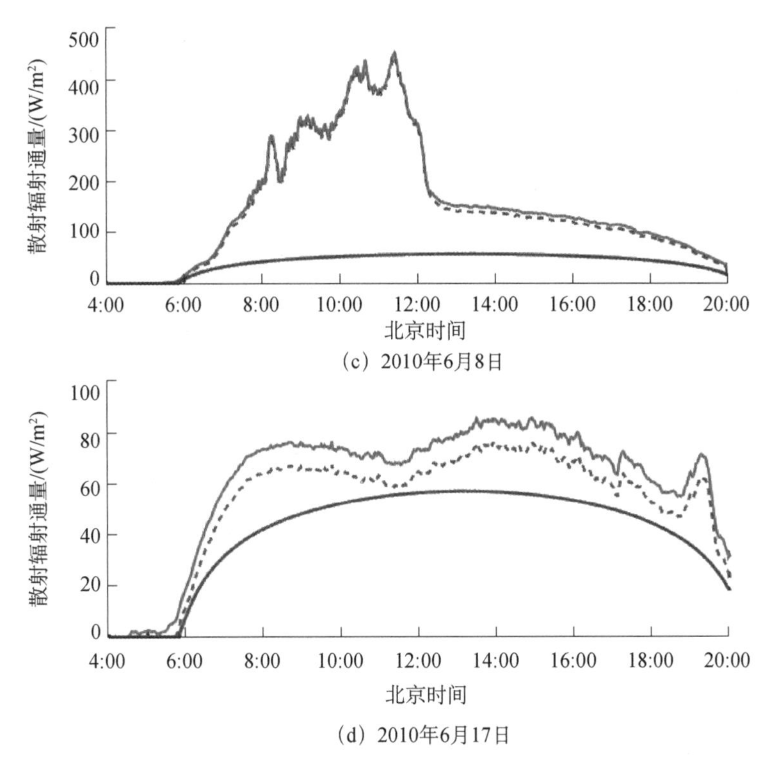

图 5.13　民勤站 PSP 型短波辐射表经过“零点偏移”修正（红色实线）与未修正（蓝色虚线）的散射辐射与模拟的空气分子瑞利（绿色实线）散射辐射通量对比（Bi et al.，2013）

5.5.5　数据质量控制

辐射表安装在户外进行长期连续观测时，由于仪器日常维护、故障和检修等过程的影响，原始数据不可避免地存在偏差、出现错误或缺测等。当某一个时刻的数值记录出现类似“−999”或者“NAN”等乱码时，表示该时刻为无效测量或数据存在问题。当采集获取了一段时间的辐射通量数据后，定期对原始资料数据进行连续性检测和实时的质量评估是非常重要的，通过此方式可以有效地发现不合理的数据并及时进行修正，这将为后期科学研究工作的开展提供高质量的数据资料。首先，找出不合理或超出常规值范围的野点、拐点数据，并将其标记，探究具体原因，如果是仪器清洁维护期间或其他人为影响因素造成的，则用“−999”代替；其次，为了保证观测资料的数据连续性，必要时利用前后时刻有效观测数据资料对缺失的辐射数据进行多项式插值补缺。

本章主要介绍辐射通量观测资料的数据质量控制过程，在数据质量控制的过程中出现的主要变量如下：

θ 为太阳天顶角（90°－太阳高度角）；μ 为太阳天顶角的余弦值；S_0 为太阳常数，取值为 1367W/m^2；S_a 为日地平均距离处所接收到的太阳辐射；σ 为斯特藩-玻耳兹曼常量，取值为 5.67×10^{-8}W/（m^2·K^4）；T_a 为空气温度，单位为 K，T_a 应该满足：170K<T_a<350K；DnSW 为太阳总辐射；UpSW 为地面向上反射短波辐射；DirNormal 为太阳直接辐射；DirSW 为太阳直接辐射乘以 μ（DirNormal×μ）；DifSW 为太阳散射辐射；DnLW 为大气向下长波辐射；UpLW 为地面向上长波辐射。

本章采用全球地面辐射基准监测网（BSRN）推荐的数据质量控制方法对各类辐射通

量数据进行严格的检验、筛选与剔除等程序（Ohmura et al.，1998），主要有以下五个检验步骤。

5.5.5.1 “物理上的可能极值”范围检验

数据质量控制的第一步，检查可能出现的超出辐射通量观测的“物理上的可能极值”和随机性误差值。具体程序是：将 1min 平均的原始辐射观测数据与各类辐射通量的“物理上的可能极值”（即最大值和最小值）进行比较，如果实测值超出了“物理上的可能极值”范围，则表示这些观测数据有可能是不合理的，先对其进行标记。这个步骤比较简单，可以不依赖于其他辐射资料的观测值并且适用于任何一种辐射通量的检验。各类辐射通量的“物理上的可能极值”详见表 5.2。

表 5.2　各类辐射通量“物理上的可能极值”　（单位：W/m^2）

辐射通量	最小值	最大值
太阳总辐射	−4	$S_a \times 1.5 \times \mu^{1.2} + 100$
散射辐射	−4	$S_a \times 0.95 \times \mu^{1.2} + 50$
太阳直接辐射	−4	S_a
地面向上反射短波辐射	−4	$S_a \times 1.2 \times \mu^{1.2} + 50$
大气向下长波辐射	40	700
地面向上长波辐射	40	900

5.5.5.2 “历史极端值”范围检验

这个步骤的判别条件比第一个步骤更为严格，用于核查原始的辐射通量数据是否处在历史同期对应的辐射观测极端值的范围之内。第二步检验辐射通量的上下限范围主要根据 SACOL 站的实际情况进行确定，可以从历年的长期辐射观测数据获得。没有通过第二个步骤检验的辐射通量数据，并不能说明实测数据是错误的，也有可能是历史上出现的概率比较小，需要做进一步校验。各类辐射通量“历史极端值”详见表 5.3。

表 5.3　各辐射通量历史同期对应的极端值　（单位：W/m^2）

辐射通量	最小值	最大值
太阳总辐射	−2	$S_a \times 1.2 \times \mu^{1.2} + 50$
散射辐射	−2	$S_a \times 0.75 \times \mu^{1.2} + 30$
太阳直接辐射	−2	$S_a \times 0.95 \times \mu^{0.2} + 10$
地面向上反射短波辐射	−2	$S_a \times \mu^{1.2} + 50$
大气向下长波辐射	60	500
地面向上长波辐射	60	700

5.5.5.3 “各种辐射通量之间的比较”检验

各种不同辐射通量之间一般存在稳定的相关关系。例如，可以将总辐射表观测到的太阳总辐射通量与测得的直接辐射通量及散射辐射通量之和进行比较，在晴朗、稳定的天气条件下，这两个变量之间的差值应该在仪器观测的误差范围以内，具体步骤如下。

太阳总辐射通量占短波总辐射通量的比例：

当θ<75°，且（DirSW+DifSW）大于 50W/m^{2}时，应该满足：DnSW/（DirSW+DifSW）<±8%；

当 93°>θ>75°，且（DirSW+DifSW）大于 50W/m^{2}时，应该满足：DnSW/（DirSW+DifSW）<±15%；

太阳散射辐射比（散射辐射/太阳总辐射）：

当θ<75°，且 DnSW>50W/m^{2}时，应该满足：DifSW/DnSW<1.05；

当 93°>θ>75°，且 DnSW>50W/m^{2}时，应该满足：DifSW/DnSW<1.05；

地面向上反射短波辐射比较：

当（DirSW+DifSW）大于 50W/m^2 时，应该满足：UpSW<（DirSW+DifSW）或者 UpSW<DnSW；

对于大气向下长波辐射，应该满足：$0.4\times\sigma T_a{}^4<\text{DnLW}<\sigma T_a{}^4+25$；

对于地面向上长波辐射，应该满足：$\sigma(T_a-15\text{K})^4<\text{UpLW}<\sigma(T_a+25\text{K})^4$；

大气向下长波辐射和地面向上长波辐射的关系，应满足：DnLW<UpLW+25 且 DnLW>UpLW−300；

5.5.5.4 太阳跟踪精度的检测

当θ<85°时，如果（DirSW+DifSW）/（$S_0\times\mu$）>0.6 同时 DifSW/（DirSW+DifSW）>0.9，则表示太阳跟踪不准确，需要重新调整太阳跟踪器。

5.5.5.5 晴空条件下空气分子瑞利散射的检验

当（DirSW+DifSW）大于 50W/m^2 且 DifSW/（DirSW+DifSW）>0.8，即散射辐射值小于空气分子的瑞利散射值，则表示观测不准确。

经过以上五个步骤的数据质量控制评价，我们可以检测出一些不合理的野点或拐点数据，并用“−999”代替。为确保观测资料的长期连续性，对这些被剔除的数据资料进行合理的插补是十分有必要的。常见的数据插补方法（Eva et al.，2001）有查算表（LookUp Table）、基于平均日变化（MDV）和多元线性回归三种。本节主要介绍相邻数据线性内插填补的方法，具体如下。

根据连续缺失或不合理的数值数目 n 的大小，分为以下四种情况进行线性内插：

当 n=1，则采用（1/2，1/2）的线性内插进行填补；

当 n=2，则采用（1/3，2/3）的线性内插进行填补；

当 n=3，则采用（1/4，2/4，3/4）的线性内插进行填补；

对于 $n\geqslant4$ 的长时间缺失数据，则不做插补。

综上，经过标准严格的数据质量控制、筛选、剔除和插补后，我们获得了高质量的辐射通量数据资料，根据这些数据可以进行分析研究并开展科学工作。例如，进行辐射通量长时间序列的变化趋势分析，计算小时平均、日平均、月平均和季节平均，以开展季节演变规律或长期年际变化特征的研究。

为了检验各种地面辐射通量的观测精度及效果，首先对同一个站点不同类型辐射表的测量结果进行对比校验。图 5.14 是 2010 年春季民勤站野外试验期间各种地表辐射通量之间的相互比较。很明显地看到，各种辐射通量都呈现出非常一致的结果，基本与 $y=x$ 直线重合，所有物理量的相关系数都显著优于 0.999，说明不同类型辐射表观测结果的一致性很好，也进一步证实了参与比对的所有新购置的宽波段辐射表都具有较高的精度。如果将两个不同变量的相对差异 Bias 表示为：Bias=（I_y-I_x）/I_x×100%，则图 5.14 显示了不同类型的辐射表测量的太阳直接辐射通量、太阳总辐射通量的相对差异（MED）分别为−0.23%、6.18%、−4.27%和 1.51%。由图 5.14（a），CHP1 型直接辐射表测量的太阳直接辐射与 NIP 型直接辐射表的观测结果非常一致，总平均差异只有−0.84W/m^2，完全满足全球地面辐射基准监测网（BSRN）规定的最小偏差范围（约 2.0W/m^2），这是很好理解的，因为实验使用的所有辐射表都是最新购置的。然而，B&W8-48 型黑白辐射表观测的太阳总辐射比 PSP 型短波表的结果偏大，总平均偏大 35.8W/m^2，可能有三个主要原因：①B&W8-48 型黑白短波辐射表没有安装通风装置，白天强烈的太阳光线照射使得传感器内部及周围空气增温更快，造成比安装有通风装置的短波辐射表观测结果偏大；②B&W8-48 型黑白短波辐射表的“零点偏移”误差很小，全天最大变化范围为±1W/m^2，而 PSP 型短波辐射表存在较大的“零点偏移”误差，夜间的偏移可达−10W/m^2，而晴空白天的偏移值可达−30～−20W/m^2；③B&W8-48 型黑白短波辐射表的余弦响应可能产生一定的影响。由图 5.14（c）和（d）可知，太阳直接辐射 NIP（太阳天顶角的余弦值）与散射辐射之和（PSP_Diff）计算得到的太阳总辐射通量（NIP+PSP_Diff），比 B&W8-48 型黑白短波辐射表测量的总辐射通量结果偏小，总平均偏小约 10.7W/m^2，这里没有对测量散射辐射通量的 PSP 型短波辐射表进行“零点偏移”误差修正可能是太阳总辐射通量偏小的一个主要原因。因此，为了避免出现的各种误差影响，在台站条件允许的情况下，我们建议先对 PSP 型散射辐射表进行“零点偏移”误差修正后，将散射辐射通量和太阳直接辐射通量之和作为太阳总辐射通量，而不用水平面短波辐射表直接测量的结果。

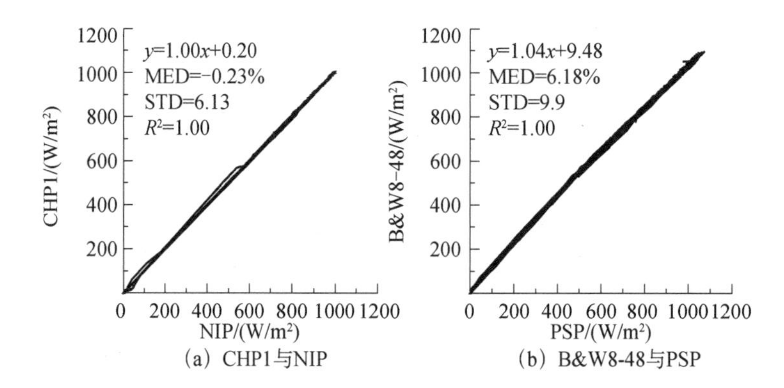

(a) CHP1与NIP (b) B&W8-48与PSP

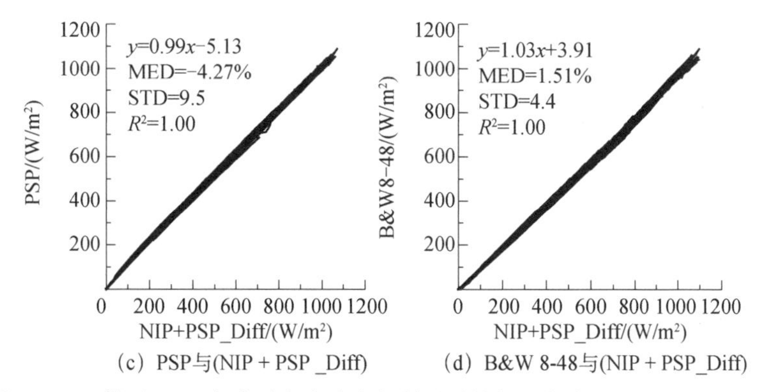

(c) PSP与(NIP + PSP _Diff)　　(d) B&W 8-48与(NIP + PSP_Diff)

图 5.14 民勤站 2010 年春季各个地表辐射通量的相互校验（Bi et al.，2013）

5.6 主要观测结果

5.6.1 典型天气辐射通量的日变化

在大气辐射传输模式计算和陆-气相互作用过程的研究工作中，全面深入分析理解各个辐射通量的变化规律，对于研究地-气系统的辐射能量收支平衡是十分重要的。本节主要以 SACOL 站及开展的多次野外观测试验为例，分析典型区域到达近地面不同辐射通量的日变化规律、季节和年际变化特征。

为了探究各种辐射通量在不同典型天气条件下的日变化规律，我们挑选了 2007 年 4 月 13～17 日、8 月 7～11 日、11 月 2～6 日、2008 年 1 月 6～10 日四个时段，其中每个时段都连续出现晴天、多云、阴天和降雨天气（11 月没有降雨），分别代表春、夏、秋、冬四个季节的典型天气条件下各种辐射通量的日变化，如图 5.15 所示。从 SACOL 站同期的雨量筒观测资料可知，研究时段具体的降雨日期和日总降水量分别为：4 月 13 日 2.3mm、4 月 14 日 0.3mm、4 月 16 日 4.2mm、4 月 17 日 2.1mm、8 月 8 日 31.8mm、1 月 10 日 2.4mm。

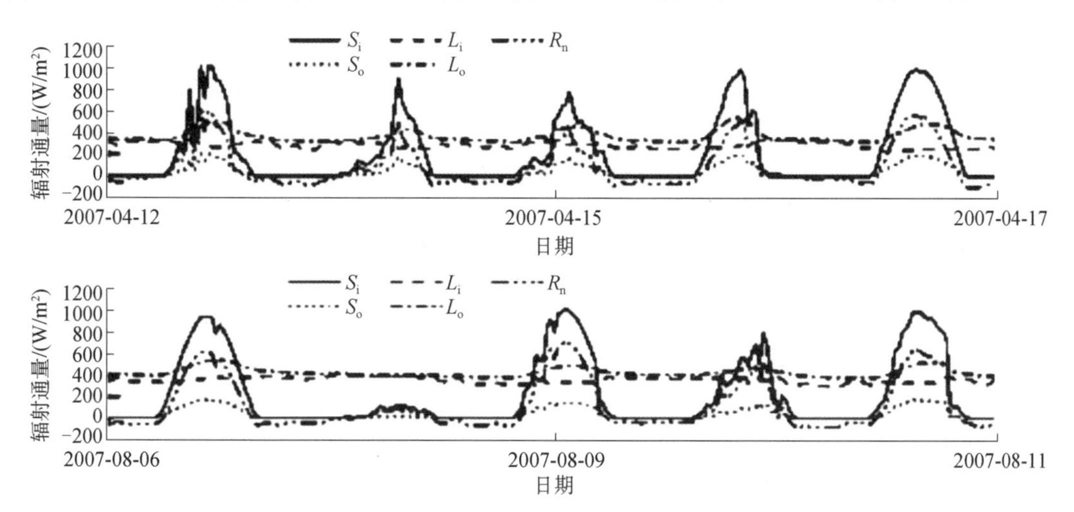

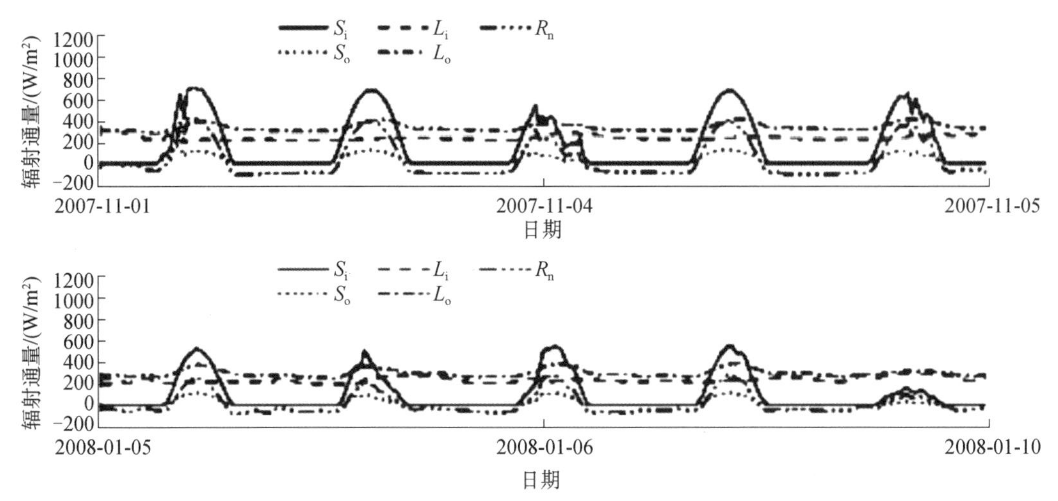

图 5.15　典型天气条件下 SACOL 站各辐射通量的日变化（闭建荣，2008）

S_i 指太阳总辐射通量，S_o 表示地面向上反射短波辐射通量，L_i 表示大气向下长波辐射通量，L_o 指地面向上长波辐射通量，R_n 表示净辐射通量（下同）

由图 5.15 可知，除了大气向下长波辐射通量的日变化相对比较小之外，其他辐射通量的日变化都十分显著。受到不同天气过程的扰动影响，其日变化特征曲线在分布形式上存在一定的差异，同时，各个辐射通量日变化的幅度、极大值等也呈现出明显的季节性变化规律。随着不同天气状况的出现，太阳总辐射通量（S_i）的波动最为显著，它受云量和云类型的影响最大，晴空条件下其日变化曲线非常光滑：夜间为零或较小负值（由“零点偏移”导致），随着太阳高度角的增大而呈现出标准的倒“U”形日变化曲线结构，而多云和阴天条件下曲线的波动变化很大，同时阴天和雨天的日变化存在较低值，尤其降雨天气下其日变化曲线呈现出极其不规则的特征，几乎看不到标准的光滑曲线结构。图 5.15 显示了太阳总辐射通量从 8 月 8 日中午（降雨）的 69.0W/m^2 增加到 8 月 9 日中午（上午多云，午后晴天）的 899.8W/m^2，而 8 月 10 日中午（阴天）为 394.1W/m^2；太阳总辐射通量的变化特征也明显地再现了逐日白昼的天气变化情况。例如，8 月 8 日降雨→8 月 9 日上午多云→午后晴天→8 月 10 日阴转多云→8 月 11 日多云转晴。晴天条件下太阳总辐射通量的日最大值也存在明显的季节性变化：春季为 857.7W/m^2，夏季为 905.4W/m^2，秋季为 626.6W/m^2，冬季为 429.2W/m^2。

不同天气条件下，地面向上反射短波辐射通量（S_o）的日变化特征与太阳总辐射通量的非常一致，这归因于地面向上反射短波辐射通量 S_o 主要受太阳总辐射通量、天气过程和下垫面地表状况的影响；在较短的一段时间内，地表状况的变化相对比较小，地面反射辐射通量与太阳总辐射通量保持较为一致的变化趋势。S_o 的日变化受地表下垫面特性的影响较为显著，同时，植被覆盖状况、土壤含水量等也都影响 S_o 的变化，总体而言，春季影响较大，夏季影响较小。

大气向下长波辐射通量（L_i）的日变化相对较小，全天几乎保持恒定值，阴、雨天气条件下 L_i 稍有增加，这主要因为是云滴或冰晶粒子层向下发射热红外长波辐射，而且随季节呈现出一定的变化，春、夏、秋、冬四个季节的 L_i 平均值分别为 285.6W/m^2、348.6W/m^2、234.4W/m^2 和 231.9W/m^2。

地面向上长波辐射通量（L_o）主要由地表温度的变化控制，其日变化也相对较小，晴

天条件下 L_o 最大，多云天气次之，阴天和雨天最小；夏季日变化最大值为 140.4W/m^2，冬季最小值为 56.5W/m^2，主要归因于夏季半干旱地区地表温度的日较差大，而冬季相对较小；L_o 全年平均的最小值为 292.8W/m^2，春季最小值为 312.8W/m^2，夏季最小值为 373.3W/m^2，秋季最小值为 294.3W/m^2，冬季最小值为 190.6W/m^2。

净辐射通量（R_n）是地表能量收支平衡的一个重要组成部分，是驱动大气环流运动的主要能量来源，直接支配陆面与大气之间交换的感热通量和潜热通量。白天地表吸收的辐射能量（短波辐射与长波辐射之和）大于地表支出的辐射能量，所以白天 R_n 一般为正值，太阳辐射起到主导作用，中午前后 R_n 达到最大值。夜间地表只接收大气逆辐射，地表发射的向上长波辐射大于大气向下的长波辐射，所以夜间 R_n 一般为负值，通常在凌晨达到最小值。R_n 由负值转变为正值出现的时间大致在日出后一个小时，而由正值转为负值的时间则出现在日落前一个小时左右，这表明了辐射收支平衡在白天以太阳总辐射为主导，而在夜间以地面向上长波辐射为主。云天条件下白天和夜间 R_n 的绝对值均将减小，这是由于白天的云层显著减少到达地面的太阳直接辐射，而夜间云层的存在能极大增强大气向下长波辐射，因此补偿了部分地表热红外辐射损失的能量。春、夏、秋、冬四个季节晴天条件下 R_n 的日最大值分别为 636.2W/m^2、689.6W/m^2、392.8W/m^2 和 286.3W/m^2。

为了有效识别典型晴空天气条件，根据同期 TSI-880 型全天空成像仪观测的每分钟天空彩色图像（352 空成像仪像素、24 位 JPGE 格式），可有效甄别出晴空、沙尘、高云、低云和降雨等重要天气过程。同时，利用实验期间人工记录的每小时云量、云类型、天气状况和能见度等信息，我们选取了 2 个完整晴空（5 月 22 日和 6 月 17 日）和 5 个部分晴空天气（5 月 18 日、6 月 4 日、6 月 8 日、6 月 10 日和 11 日），研究民勤站沙漠地区典型晴空条件下各个地表辐射通量的日变化特征。很明显，晴空条件下太阳总辐射通量、直接辐射通量、散射辐射通量和总紫外辐射通量均表现出非常平滑的日变化曲线规律，最大值分别为 1011W/m^2、1063W/m^2、80W/m^2 和 50.4W/m^2。总紫外辐射通量与太阳总辐射通量的日变化基本一致，两者比例的平均值为 4.7%，变化范围在 3%～9%。结合晴空指数（K_t）、最大紫外辐射（UV_0）及太阳总辐射（DnSW），闭建荣等（2014）建立了民勤地区紫外辐射（UV）的估算方程：$UV=2.94+1.22\times(K_t\times UV_0)$ 和 $UV=0.047\times DnSW$，均能较好地估计该地区太阳总紫外辐射的变化趋势。同时，试验期间我们还安装了两套 PIR 型长波辐射表，分别不含和含有太阳遮光装置，并根据两台辐射表输出的内罩、外罩温度进行了温度补偿修正。由图 5.16 可知，含有太阳遮光装置的辐射表观测到大气向下长波辐射比没有安装遮光装置的结果偏小，这主要是太阳光线直接照射使得长波辐射表表体温度迅速升高所致。因此，在条件允许的台站，测量大气向下长波辐射时，建议增加遮光装置，以减少太阳光线直接照射的可能影响。

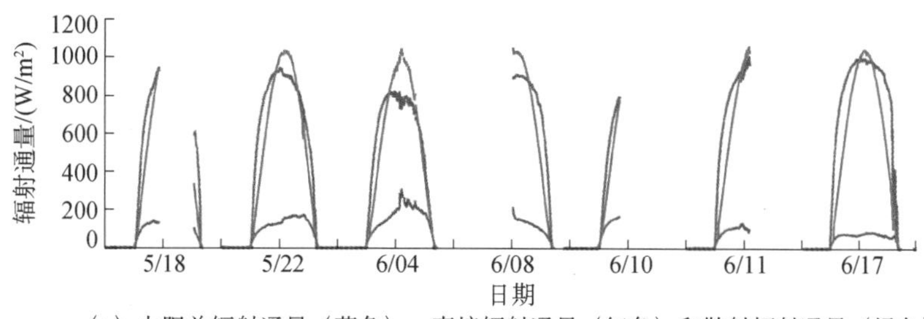

(a) 太阳总辐射通量（蓝色）、直接辐射通量（红色）和散射辐射通量（绿色）

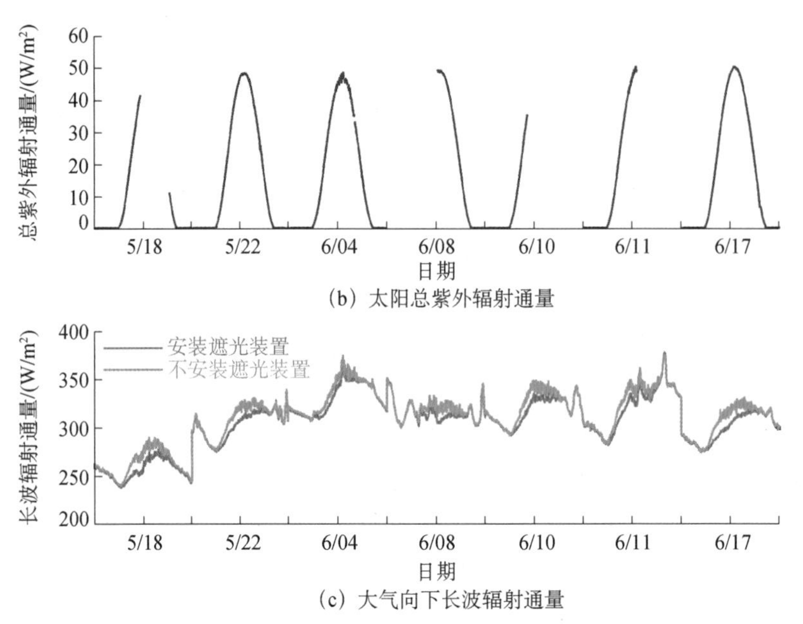

（b）太阳总紫外辐射通量

（c）大气向下长波辐射通量

图 5.16　2010 年春季民勤站在沙尘暴野外试验期间典型晴空条件下各辐射通量的日变化特征（Bi et al.，2013）

2014 年春季兰州大学大气科学学院在敦煌戈壁农田地区开展了一次沙尘暴加强观测试验，获取了非常宝贵的地面辐射和沙尘气溶胶数据资料。图 5.17 是 3 个典型晴空天气和 2 个沙尘暴天气过程中各种地面辐射通量的日变化特征。完全晴空条件下，太阳直接辐射通量、总辐射通量和散射辐射通量都呈现出非常平滑、对称的日变化曲线，最大值分别可达 1050W/m^2、1000W/m^2 和 80W/m^2，均出现在 13:00 左右，这主要受太阳高度角和空气分子瑞利散射与吸收的影响。空气中的沙尘粒子通过散射和吸收太阳辐射作用阻挡了到达地球表面的太阳短波辐射通量。由图 5.17（a）可知，沙尘粒子的存在显著减小了到达地面的太阳直接辐射通量，导致白天到达地面的太阳直接辐射通量减小了−350～−200W/m^2，同时明显增加了地面的散射辐射，增加量为 150～300W/m^2。因此，空气中沙尘颗粒对到达地面的太阳总辐射的总衰减效应为−150～−50W/m^2。被沙尘粒子吸收的部分太阳短波辐射能够加热沙尘层（Bi et al.，2014），改变大气的垂直热力结构，进而对大气边界层和云形成的微物理过程产生深远的影响（Huang et al.，2006；Li et al.，2016）。地面接收到的大气向下长波辐射主要取决于云类型、云量、水汽和 CO_2 等温室气体（Wang and Dickinson，2013）。总体而言，大气中云的存在将显著影响大气向下长波辐射的日变化特征。由图 5.17（d）可知，3 个完全晴空条件下的大气向下长波辐射通量呈现出非常一致的平滑日变化曲线，这进一步证实了本研究使用云识别方法的可靠性。沙尘暴天气过程中大气向下长波辐射通量的日变化呈现出一定程度的波动，同时比晴空条件下的长波辐射通量大 40～60W/m^2。这主要是由于被加热的沙尘层向下发射长波热辐射，这从一定程度上增强了到达地球表面的长波辐射通量。同时，空气中的水汽含量也能明显影响到达地面的大气向下长波辐射通量。例如，6 月 9 日（完全晴空天气）的大气向下长波辐射通量均高于其他两个晴空天气和 4 月 30 日的沙尘天气的大气向下长波辐射通量，这主要归因于 6 月 9 日空气中相对湿度或水汽含量均比其他时间的高。

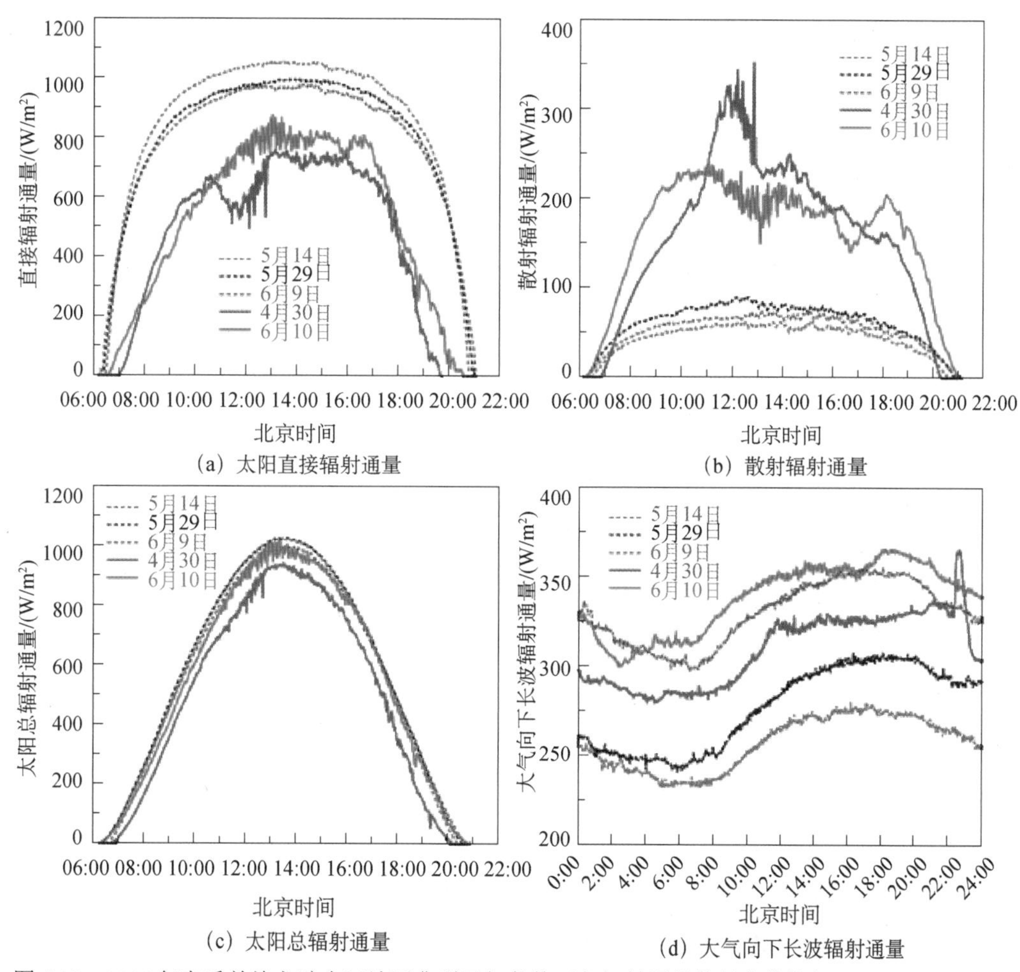

(a) 太阳直接辐射通量

(b) 散射辐射通量

(c) 太阳总辐射通量

(d) 大气向下长波辐射通量

图 5.17 2014 年春季敦煌戈壁农田地区典型天气条件下各辐射通量的日变化特征（Bi et al.，2017）

数据的时间分辨率为 1min。完全晴空天气为 5 月 14 日、5 月 29 日和 6 月 9 日；沙尘暴天气为 4 月 30 日和 6 月 10 日

5.6.2 平均日变化特征

本节对经过数据质量控制的有效资料每天进行半小时平均，如北京时间 07:00～07:30，07:30～08:00，…，18:30～19:00，然后计算不同月份、季节或年份的日平均，就可以获得各个月份、季节或年份各辐射通量的平均日变化值。与其典型晴空天气条件的日变化类似，除了大气向下长波辐射的变化非常小之外，各辐射通量的平均日变化曲线均呈现出典型的平滑、对称结构特征。这表明了黄土高原半干旱地区年平均的地表辐射通量受天气过程的影响较小，其日平均循环特征主要受太阳日活动规律控制，这一结论与敦煌荒漠区的变化基本一致（张强和王胜，2007）。此外，在当地正午 13:00 太阳总辐射通量、地面向上反射短波辐射通量和净辐射通量均达到了最大值，分别为 680.4W/m^2、157.9W/m^2 和 342.7W/m^2；而大气向下长波辐射通量的极大值为 298.3W/m^2，出现在 15:00，地面向上长波辐射通量的最大值为 476.7W/m^2，出现在 14:00（图 5.18）。这表明，平均日变化中半干旱区地球表面对太阳短波辐射的加热需要 1h 的响应时间，而大气则需要 2h 左右。这一结

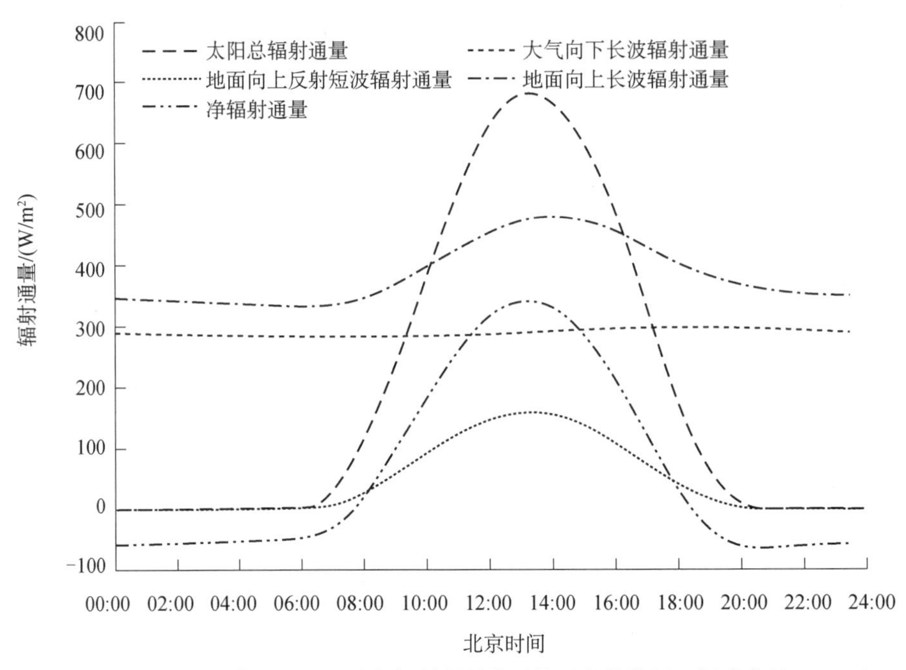

图 5.18 2006～2007 年 SACOL 站各辐射通量的平均日变化特征（闭建荣等，2008）

果与杨兴国等（2005）研究的陇中黄土高原定西站地表辐射变化的结果是一致的。大气向下长波辐射和地面向上长波辐射的最小值分别为281.5W/m²和332.4W/m²，均出现在06:00，这正是地球表面辐射冷却最强的时刻；而净辐射的极小值为−65.1W/m²，出现在 20:30 时，刚好对应太阳落山的时间。

太阳总辐射、地面向上反射短波辐射、大气向下长波辐射、地面向上长波辐射和净辐射的年总平均值分别为 204.2W/m²、47.8W/m²、288.8W/m²、383.9W/m² 和 61.2W/m²，将平均值先乘以(24×3600)s，再除以 10^6，即可获得对应辐射量的年平均日积分值[MJ/(m²·d)]。各辐射量对应的年平均日积分值分别为 17.65MJ/（m²·d）、4.13MJ/（m²·d）、24.95MJ/（m²·d）、33.17MJ/（m²·d）和 5.29MJ/（m²·d），总辐射和净辐射的日积分值均略大于敦煌荒漠区（张强和王胜，2007），分别大 0.66MJ/（m²·d）和 5.21MJ/（m²·d），而地面向上反射短波辐射、大气向下长波辐射和地面向上长波辐射的日积分值比敦煌荒漠区的小，分别小 0.35MJ/（m²·d）、1.15MJ/（m²·d）和 1.34MJ/（m²·d）。黄土高原半干旱区的平均净辐射与干旱区的差异最大，这表明，半干旱区净辐射可支配给感热通量、潜热通量和土壤热通量的能力明显强于干旱的荒漠地区（闭建荣等，2008）。

5.6.3 平均月变化特征

由图 5.19 可知，太阳总辐射通量、大气向下长波辐射通量、地面向上长波辐射通量和净辐射通量的平均月变化特征基本一致，但是，由于受下垫面地表覆盖状况和天气过程等因素的影响，年变化呈现出不规则或区域性的特征。同时，太阳总辐射通量和地面向上反射短波辐射通量的最大值都出现在 2006 年 5 月，而不是在 7 月，主要原因是 7 月的降水和阴雨天气比 5 月多，这显著减少了到达地面的太阳总辐射。大气向下长波辐射通量在 2006 年 7 月均出现最大值，到 2007 年 1 月出现最小值，之后又逐渐增加，这主要是由太阳活动季节性变化规律控制，同时，年循环变化中大气和地表对太阳辐射加热大约需要两个月的响应时间。净辐射通量呈现出更为显著的季节性变化特征，即夏季（6 月）达到极大值，地表面储存热量；冬季（12 月）的净辐射通量很小，甚至出现负值，如 2006 年 12 月为−3.01W/m^2，地球表面损失热量，与太阳总辐射保持了比较一致的变化特征，这进一步表明了太阳总辐射是影响净辐射变化的主导因子。月平均的地面向上反射短波辐射通量变化不明显，但在 2006 年 12 月出现一个较大的突变值，这主要是受冬季降雪天气的影响，地面覆盖的积雪对太阳短波辐射有较强反射能力的缘故。

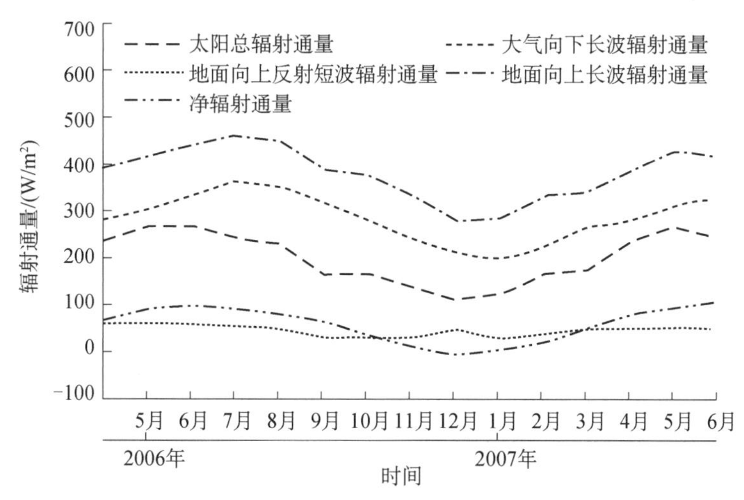

图 5.19 2006～2007 年 SACOL 站各辐射通量的平均月变化特征（闭建荣等，2008）

净辐射通量的年平均值为 61.2W/m^2，其变化振幅最大为 111.5W/m^2，相对变幅为 102.8%，这比敦煌荒漠区（100%）稍大（张强和王胜，2007）。此外，太阳总辐射和地面向上反射短波辐射的年平均值分别为 204.2W/m^2 和 47.8W/m^2，最大变幅分别为 154.6W/m^2 和 31.8W/m^2，相对变幅为 57.2%和 50.1%；地面向上长波辐射和大气向下长波辐射的年平均值分别为 288.8W/m^2 和 384.0W/m^2，最大变幅为 162.6W/m^2 和 180.4W/m^2，相对变幅为 44.6%和 38.9%。综上讨论，黄土高原半干旱区各辐射通量的年变化中，净辐射最大，太阳总辐射和地面向上反射短波辐射次之，大气向下长波辐射最小。这也从一定程度上说明，该地区的年平均云量比干旱区的相对较多，同时空气更为湿润，大气和土壤对地表辐射变化的“缓冲”作用更强。

5.6.4 卫星产品的对比验证

为了评估卫星遥感产品在我国黄土高原半干旱地区的适用性，Yan 等（2011）使用 SACOL 站 2008～2010 年每 1min 平均的辐射通量数据对 Terra 和 Aqua 卫星反演计算的 FLASHFlux SSF 地表辐射通量遥感产品进行了详细的对比验证。Terra 和 Aqua 卫星由美国国家航空航天局云与地球辐射能量收支平衡计划项目发射，其主要科学目标是全面阐明云和气溶胶在调节全球地-气系统能量收支平衡中的作用，它提供了全球不同区域对流层顶、地球表面和大气中各辐射通量资料（Wielicki et al.，1996）。根据其提供的云量产品资料，Yan 等（2011）将研究区域内云量（cloud fraction）小于 5%的情形定义为晴空，而将出现云量大于或等于5%的情形定义为有云。

卫星遥感资料以SACOL站为中心，计算球形区域范围（30km×30km）辐射通量的平均值，而对Terra和Aqua卫星过境时间前后10min的地面辐射观测资料求平均值后，进行相互对比验证。从图5.20可知，晴空条件下CERES-SSF卫星遥感辐射通量结果与SACOL站地面实测资料十分吻合，相关系数优于0.975；晴空天气下Terra卫星的反演明显低估了太阳总辐射DnSW，平均低估约为-6.4W/m^2，但有云条件下Terra产品却高估了太阳总辐射，平均高估约6.3W/m^2，主要原因是Terra反演模型中输入参数的平均云透过率和多云天气下地表反照率均比实际值偏高，而半干旱区经常出现的薄卷云可能是造成这个问题的关键因素。无论晴空或多云天气条件，Terra卫星反演的地面向上反射短波辐射UpSW均被高估了，分别被高估了3.5W/m^{2}和3.9W/m^2，可能归因于反演模型中使用的太阳总辐射和地表反照率均偏大。Yan等（2011）分别统计了Terra/Aqua卫星遥感产品和SACOL站实测地表反照率的季节平均值，发现卫星反演的地表反照率全年均比地面观测结果偏大，除了冬季两者差异比较小外，其他三个季节卫星产品都明显地高估了SACOL站的地表反照率（表5.4）。Terra卫星反演的大气向下长波辐射DnLW在晴空条件下被低估了（～-0.5W/m^2），而在多云条件下被高估了（～3.5W/m^2），主要是由反演模型中输入的大气温度和相对湿度垂直廓线误差导致的，同时模型中并未考虑气溶胶浓度分布及理化特性。Terra卫星反演的地面向上长波辐射UpLW在晴空和多云条件下都被低估了，夜间时段的反演结果明显优于白天；模型中输入的地表热红外温度和地表发射率偏低可能是造成这个偏差的主要原因。SACOL站所属的黄土高原半干旱区沟壑纵横，不平坦、非均一的特殊地形难免会对卫星遥感精度及代表性造成一定的影响。综上，除了需要提高地面向上长波辐射的反演精度外，Terra和Aqua卫星提供的CERES-SSF地表辐射通量遥感产品在黄土高原半干旱区的反演精度完全满足长期气候变化研究的精度要求。

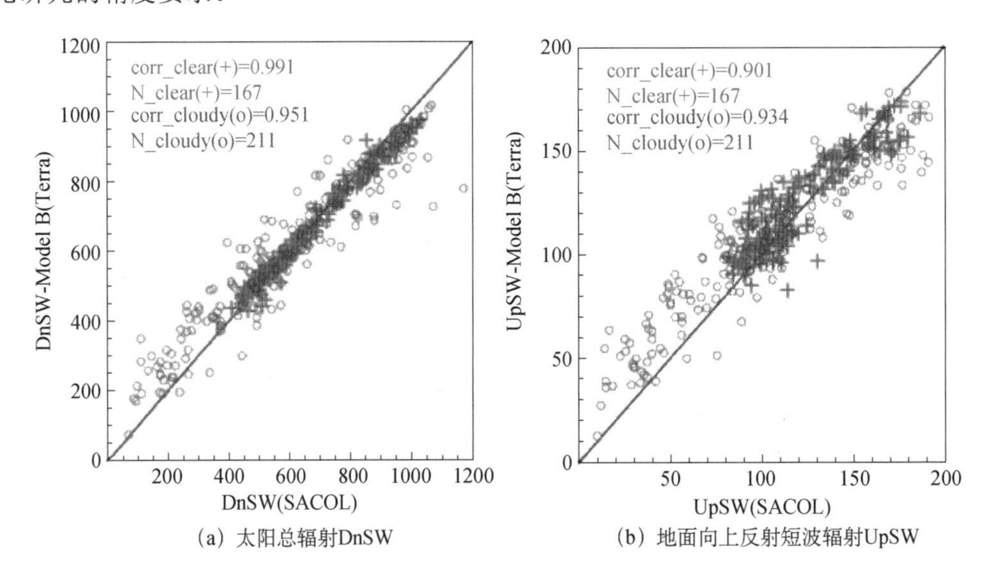

(a) 太阳总辐射DnSW　　(b) 地面向上反射短波辐射UpSW

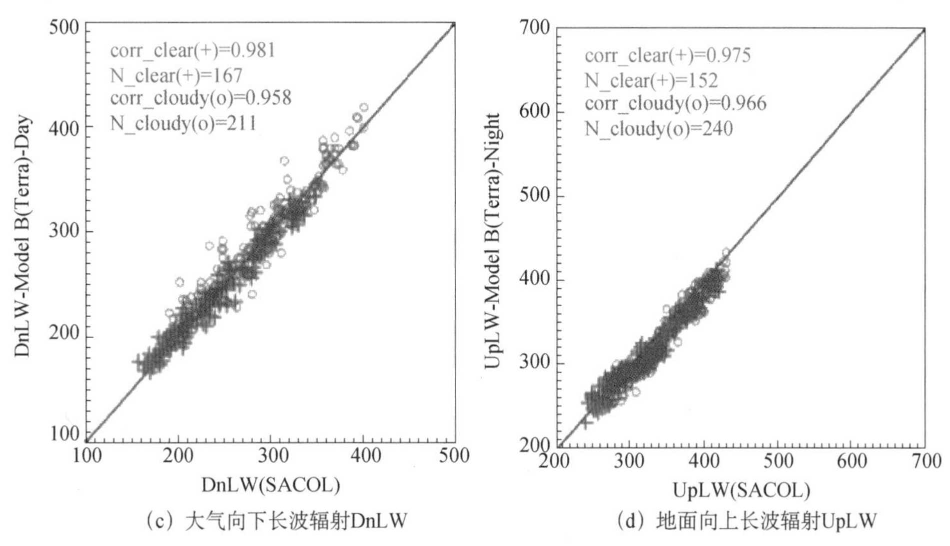

（c）大气向下长波辐射DnLW　　（d）地面向上长波辐射UpLW

图 5.20　SACOL 站 2008～2010 年各辐射通量与 Terra 卫星遥感产品的对比验证（Yan et al.，2011）

corr_clear（+）和 N_clear（+）分别表示晴空下的相关系数和相互比较的数据点，而 corr_cloudy（o）和 N_cloudy（o）分别表示多云下的相关系数和相互比较的数据点；DnSW-Model B（Terra）表示 Terra 卫星 B 模型反演的太阳总辐射以此类推；UpSW（SACOL）是 SACOL 站地面观测的地面向上反射短波辐射，以此类推；Day 和 Night 分别表示白天和夜间

表 5.4　Terra/Aqua 卫星遥感和 SACOL 站实测地表反照率的季节平均值

观测方式	春季	夏季	秋季	冬季
Terra 卫星	0.191	0.190	0.190	0.194
Aqua 卫星	0.193	0.193	0.192	0.195
SACOL 站观测	0.188	0.184	0.169	0.193

资料来源：Yan et al.，2011。

5.7　本章小结

本章主要介绍了入射和出射到地球表面各种太阳短波和热红外长波辐射通量的概念定义、观测仪器、工作原理、安装调试、数据处理、数据质量控制、日常维护及校准标定等内容。同时，分析了我国西北地区几个典型站点不同天气条件下（晴空、多云、阴天、降雨天气和沙尘暴过程）各地面辐射通量的日变化、月变化和季节性变化特征，并探究影响这些演变规律的主要控制因子，还利用 SACOL 站多年地面辐射实测资料评估了 Terra/Aqua 卫星辐射通量遥感产品在我国黄土高原半干旱区的适用性。限于篇幅，本章内容没有涉及对区域气候模式模拟辐射通量结果对比验证的介绍，也没有研究各种辐射通量的长期变化趋势（典型为 30 年）对区域气候变化的潜在影响。

近百年来，全球气候正在经历以气温变暖为主要特征的变化，各种人类工农业生产活动的加剧和城市化进程的发展引起了大气组分（包括温室气体、空气污染物与气溶胶）和土地覆盖状况均发生了显著的改变，加上沙尘、气溶胶含量的叠加贡献，使得当前区域气候模式模拟我国干旱、半干旱地区的地-气系统能量辐射收支分布和水循环过程仍然存在比较大的不确定性，进而增加了对这一地区主要灾害天气和极端气候事件预测预警的难度。

为了更深入全面地厘清干旱半干旱区气候变化机理机制过程，需要从区域或全球尺度上对不同气候类型的地区开展各种辐射通量的长期连续、高精度综合立体观测，并定期对传感器光学元件进行校准标定，以确保获取高质量的辐射数据观测资料，更好地改进这一地区卫星遥感产品的准确性和气候模式模拟的精度。这就要求每个野外观测台站必须具备稳定、持续的运行经费支持以及高精度的仪器设备和高水平的实验观测技术队伍。

参 考 文 献

闭建荣. 2008. 黄土高原半干旱区地表能量平衡的观测试验研究. 兰州：兰州大学.

闭建荣，黄建平，高中明，等. 2014. 民勤地区紫外辐射的观测与模拟研究. 高原气象，33（2）：413-422.

闭建荣，黄建平，刘玉芝，等. 2008. 黄土高原半干旱区地表辐射特征. 兰州大学学报（自然科学版），44（3）：33-38.

申彦波，赵宗慈，石广玉. 2008. 地面太阳辐射的变化、影响因子及其可能的气候效应最新研究进展. 地球科学进展，23（9）：915-923.

石广玉. 2007. 大气辐射学. 北京：科学出版社.

吴国雄，林海，邹晓蕾，等. 2014. 全球气候变化研究与科学数据. 地球科学进展，29（1）：15-22.

杨兴国，马鹏里，王润元，等. 2005. 陇中黄土高原夏季地表辐射特征分析. 中国沙漠，25（1）：55-62.

杨云，丁蕾，王冬. 2010. 总辐射表夜间零点偏移试验与分析. 气象，36（11）：100-103.

张强，王胜. 2007. 干旱荒漠区土壤水热特征和地表辐射平衡年变化规律研究. 自然科学进展，17（1）：211-216.

Abakumova G M，Feigelson E M，Russak V，et al. 1996. Evaluation of long-term changes in radiation，cloudiness and surface temperature on the territory of the former Soviet Union. Journal of Climate，9：1319-1327.

Alpert P，Kishcha P，Kaufman Y J，et al. 2005. Global dimming or local dimming：Effect of urbanization on sunlight availability. Geophysical Research Letters，32：L17802.

Bi J，Huang J，Fu Q，et al. 2013. Field measurement of clear-sky solar irradiance in Badain Jaran desert of northwestern China. Journal Quantitative Spectroscopy & Radiative Transfer，122：194-207.

Bi J，Huang J，Shi J，et al. 2017. Measurement of scattering and absorption properties of dust aerosol in a Gobi farmland region of northwestern China—A potential anthropogenic influence. Atmospheric Chemistry and Physics，17：7775-7792.

Bi J，Shi J，Xie Y，et al. 2014. Dust aerosol characteristics and shortwave radiative impact at a Gobi Desert of northwest China during the spring of 2012. Journal of the Meteorological Society of Japan，92A：33-56.

Che H，Shi G，Zhang X，et al. 2005. Analysis of 40 years of solar radiation data from China，1961—2000. Geophysical Research Letters，32：L06803.

Dutton E G，Mickalsky J J，Stoffel T，et al. 2001. Measurement of broadband diffuse solar irradiance using current commercial instrumentation with a correction for thermal offset errors. Journal of Atmospheric and Oceanic Technology，18：297-314.

Dutton E G，Nelson D W，Stone R S，et al. 2006. Decal variations in surface solar irradiance as observed in a globally remote network. Journal of Geophysical Research，111：D19101.

Eva F，Dennis B，Richard O，et al. 2001. Gap filling strategies for defensible annual sums of net ecosystem exchange. Agricultural and Forest Meteorology，107：43-69.

Gilgen H，Wild M，Ohmura A. 1998. Means and trends of shortwave irradiance at the surface estimated from GEBA. Journal of Climate，11：2042-2061.

Haeffelin M，Kato S，Smith A M，et al. 2001. Determination of the thermal offset of the Eppley precision spectral pyranometer. Applied Optics，40：472-484.

Huang J，Lin B，Minnis P，et al. 2006. Satellite-based assessment of possible dust aerosols semi-direct effect on cloud water path over East Asia. Geophysical Research Letters，33：L19802.

Ji Q，Tsay S C. 2010. A novel nonintrusive method to resolve the thermal dome effect of pyranometers：Instrumentation and observational basis. Journal of Geophysical Research，115：D00K21.

Li Z，Lau W K M，Ramanathan V，et al. 2016. Aerosol and monsoon climate interactions over Asia. Reviews of Geophysics，54：866-929.

Liang F，Xia X A. 2005. Long-term trends in solar radiation and the associated climatic factors of China for 1961—2000. Annals of Geophysics，23：2425-2432.

Liepert B G. 2002. Observed reductions of surface solar radiation at sites in the United States and worldwide from 1961 to 1990. Geophysical Research Letters，29（10）：1421.

Liou K N. 2002. An Introduction to Atmospheric Radiation. New York：Academic Press.

Long C N，Dutton E G，Augustine J A，et al. 2009. Significant decadal brightening of downwelling shortwave in the continental United States. Journal of Geophysical Research，114：D00D06.

Ohmura A，Duthon E G，Forgan B，et al. 1998. Baseline surface radiation network（BSRN/WCRP）：New precision radiometry for climate research. Bulletin of the American Meteorological Society，79：2115-2136.

Ohmura A，Lang H. 1989. Secular variation of global radiation over Europe//Lenoble J，Geleyn J F. Current Problems in Atmospheric Radiation. Hampton: Deepak，Publishing.

Philipona R. 2002. Underestimation of solar global and diffuse radiation measured at Earth's surface. Journal of Geophysical Research，107（D22）：4654.

Qian Y，Wang W，Leung L R，et al. 2007. Variability of solar radiation under cloud-free skies in China：The role of aerosols. Geophysical Research Letters，34：L12804.

Shi G，Hayasaka T，Ohmura A，et al. 2008. Data quality assessment and the long-term trend of ground solar radiation in China. Journal of Applied Meteorology and Climatology，47：1006-1016.

Stanhill G. 1995. Global irradiance，air pollution and temperature changes in the Arctic. Philosophical Transactions of the Royal Society A—Mathematical Physical and Engineering Sciences，352：247-258.

Stanhill G，Cohen S. 2001. Global dimming：A review of the evidence for a widespread and significant reduction in global radiation. Agricultural and Forest Meteorology，107：255-278.

Stephens G L，Li J，Wild M，et al. 2012. An update on Earth's energy balance in light of the latest global observations. Nature Geoscience，5：691-696.

Wang K，Dickinson R E. 2013. Global atmospheric downward longwave radiation at the surface from ground-based observations，satellite retrievals，and reanalyses. Reviews of Geophysics，51：150-185.

Wielicki B A，Barkstrom B R，Harrison E F，et al. 1996. Cloud and the Earth's radiant energy system（CERES）：An Earth observing system experiment. Bulletin of the American Meteorological Society，77：853-868.

Wild M. 2009. Global dimming and brightening：A review. Journal of Geophysical Research，114：D00D16.

Wild M，Gilgen H，Roesch A，et al. 2005. From dimming to brightening：Decadal changes in surface solar radiation. Science，308：847-850.

Wild M，Grieser J，Schar C. 2008. Combined surface solar brightening and increasing greenhouse effect support recent intensification of the global land-based hydrological cycle. Geophysical Research Letters，35：L17706.

Wild M，Trussel B，Ohmura A，et al. 2009. Global dimming and brightening：An update beyond 2000. Journal of Geophysical Research，114：D00D13.

WMO. 2008. Guide to meteorological instruments and methods of observation. 7th ed. Geneva：World Meteorological Organization.

Yan H，Huang J，Minnis P，et al. 2011. Comparison of CERES surface radiation fluxes with surface observations over Loess Plateau. Remote Sensing of Environment，115：1489-1500.

第 6 章

气溶胶观测

6.1 引言

气溶胶是指悬浮在气体介质中的固态或液态颗粒所组成的气态分散系统。对应的，大气气溶胶通常是指悬浮在大气中粒径大小在 0.001～100μm 的各种固体和（或）液体微粒与气体载体共同组成的多相体系（王明星，1999）。在大气科学和环境科学研究中，大气气溶胶也被称为大气颗粒物；液态气溶胶微粒一般呈球形，主要是雾，而固态气溶胶一般呈不规则形状，主要有灰尘、烟、霾等。虽然气溶胶在地球大气中的含量相对较少，但它在地-气系统各个圈层过程中所起的作用却不容忽视，气溶胶颗粒不仅能降低能见度、危害人类健康和生态环境、影响交通运输安全及人们各种正常的工农业生产和生活活动，而且也是一个非常关键的气候强迫因子，对雾霾污染的形成、云-降水的分布、地-气系统的能量收支平衡和全球气候变化都具有深远的影响，已经引起各国科学家和政府部门的广泛关注。气溶胶的污染特征及其对环境和气候变化的影响程度主要取决于其粒子的大小、形态、相态、化学组分和浓度含量，然而这些特性常常呈现出很大的空间分布和时间变化差异。气溶胶的化学组分十分复杂，按照其来源可以分为一次气溶胶和二次气溶胶。一次气溶胶以微粒形式从产生源直接排放到大气中，而二次气溶胶是在大气中由一次污染物气体（如二氧化硫、氮氧化物、碳氢化合物等）通过光化学氧化、催化氧化或其他化学反应转化而生成的颗粒物。它们可以来自被强风卷起的细灰和尘土颗粒、火山喷发的火山灰等散落物、海水溅沫破裂或蒸发形成的盐粒、土壤和岩石风化产生的黏土微粒、森林火灾燃烧排放的烟尘、植物的孢子花粉、细菌、真菌等自然源，也可以来自化石和非化石燃料的燃烧、交通运输、城市建设及各种工农业生产活动中排放的煤烟粒子、空气污染物和建筑扬尘等人为源。按照其化学组分及形成机理划分，气溶胶又可分为 8 种类型（IPCC，2013），分别为：①城市-工业型气溶胶，主要来源于工业生产中化石和非化石燃料的燃烧排放，如烟煤颗粒；②沙尘气溶胶，主要由强风将地表大量的尘土粒子扬起并卷入空气中；③碳质气溶胶（黑碳和有机碳），主要指森林火灾与生物质秸秆不完全燃烧产生的黑碳或来源于植物生长过程中排放的有机碳物质；④海盐气溶胶，由海水溅沫或蒸发产生的海盐粒子；⑤硫酸盐气溶胶；⑥硝酸盐气溶胶；⑦铵盐气溶胶；⑧火山灰气溶胶。一般而言，半径小于 1μm 的气溶胶细粒子，主要由气体到微粒的成核、凝结、凝聚等过程所生成；而较大的粗粒子，如沙尘和海盐，则是由固体或液体的破裂等机械过程所形成。它们在结构上可以是均相的，也可以是非均相或多相的，已经生成的气溶胶在大气中仍然有可能再参与大气的化学反应或物理过程。气溶胶的自然去除主要有三种途径：①由颗粒物自身重量而产生的自然干沉降；②雨除（作为云凝结核形成雨滴而降落）和降水冲刷而产生的湿沉降，这是最有效的一种清除途径；③在大气动力作用下由于撞击而被捕获在地面、植物或其他物体表面上。控制一次气溶胶颗粒物排放主要采用除尘技术，而控制二次气溶胶颗粒物主要通过减少其各种前体气体污染物的排放。二次颗粒物的形成机制和变化规律是当前环境科学研究中的一个重要前沿科学问题。

气溶胶粒子一般主要集中在大气边界层内，当细颗粒物（粒径≤2.5μm）的浓度达到足够高值时，将对人体健康造成威胁，尤其是患有慢性呼吸道和心血管疾病的人群，如慢性支气管炎、肺气肿和冠心病等。空气中的气溶胶还能携带并传播细菌、真菌、病毒和致癌物质，可能会导致一些地区流行性疾病的暴发。室内装修各种油漆、涂料和家具等装饰材料释放出的甲醛、挥发性有机物等有害物质，在有限的空间范围内将使得室内空气污染程度比室外高出 5～10 倍，进而引发各种重大疾病，尤其是老年人和小孩等人群。气溶胶颗粒主要通过四种方式影响全球气候变化：直接辐射效应、间接辐射效应、半直接效应和冰雪反照率机制。直接辐射效应是指气溶胶粒子通过直接散射和（或）吸收太阳短波辐射或热红外长波辐射，调整对流层顶、地表面及大气层内部辐射能量的重新分布，进而影响全球地-气系统的行星反照率和能量收支平衡（Charlson et al.，1992）。间接效应是指气溶胶颗粒作为云凝结核或冰核，通过改变云滴或冰晶的粒子大小、数密度和生命周期等关键的微物理、光学特征，进而改变云的辐射特性、降水效率与分布，最终间接影响气候系统的能量收支及全球的水循环过程（Twomey，1977；Ackerman et al.，2000；Ramanathan et al.，2001a；Li et al.，2016）。气溶胶的间接效应又可分为第一间接效应和第二间接效应。半直接效应是指云层中的吸收性气溶胶（如黑碳）能够强烈吸收太阳辐射，通过加热大气云层，导致云量蒸发而减少（Hansen et al.，1997；Menon et al.，2003；Huang et al.，2006a，2006b）。此外，大气中的光吸收性气溶胶（如黑碳、有机碳和沙尘）通过长距离传输沉积到冰雪表面时，能够降低雪和冰的反照率，增强其对太阳辐射的吸收，促使冰雪温度升高，加速冰川的融化，这就是“雪/冰反照率机制”（Warren and Wiscombe，1980；Jacobson，2004；Huang et al.，2011）。政府间气候变化专门委员会第五次评估报告（IPCC，2013）明确指出，相对于工业革命的 1750 年，2011 年总人为辐射强迫的最佳估计值为 2.29W/m^2（变化范围为 1.13～3.33W/m^2），其中，由于太阳辐照度变化（代表自然因素）产生的辐射强迫为（0.05±0.05）W/m^2；由 CO_2 等温室气体排放产生的总辐射强迫为（3.00±0.78）W/m^2，而大气气溶胶总效应（包括气溶胶造成的云调节）的辐射强迫为（−0.90±1.00）W/m^2（中等可信度），这是综合考虑了大多数气溶胶产生的负强迫作用和黑碳吸收太阳辐射产生的正贡献计算得到。具有高可信度的是，气溶胶及其云的相互作用已抵消了源于充分混合的温室气体引起的全球平均正强迫的很大一部分，它们仍然是总辐射强迫估算中的最大不确定性来源（图 6.1）。

由于不同类型的气溶胶具有不同的理化特征、光学、辐射特性以及时空分布，各种气溶胶之间还可能通过凝结、碰并过程发生不同方式的混合（内部混合或外部混合），直接导致了准确描述不同地区各种类型气溶胶特征的难度，进而影响了其在气候模式中模拟的不确定性（Charlson et al.，1992）。由于气溶胶对气候系统的冷却作用能部分抵消由温室气体造成的增温效应，与二氧化碳等温室气体相比，定量确定各种气溶胶类型的源强及辐射强迫更为困难（石广玉等，2008），主要是因为：①温室气体在大气中停留时间比较长（一般以年为尺度），而气溶胶粒子的生命周期一般只有几小时至两周（与粒径大小和气象环境条件有关），主要集中在排放源附近，导致了其时空分布的不均一性；②温室气体的气候效应

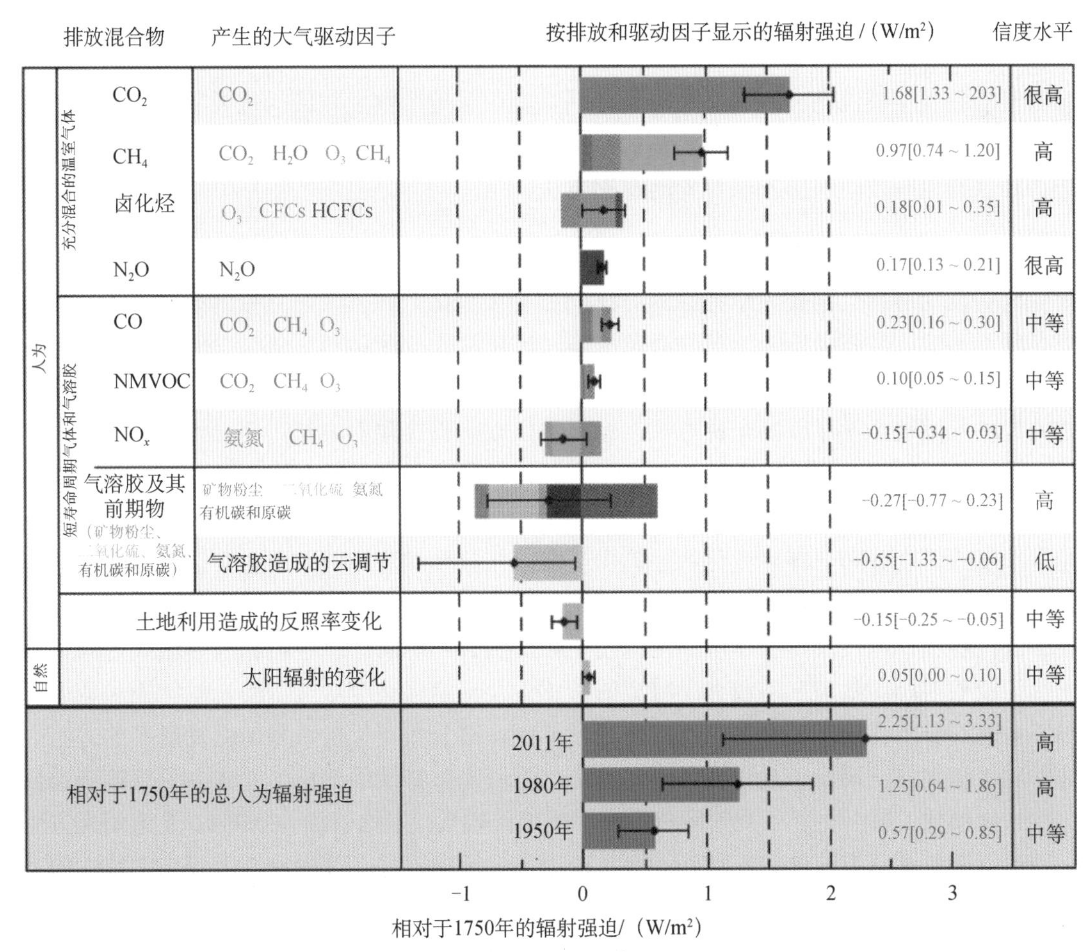

图 6.1　相对于 1750 年，2011 年的气候变化主要驱动因子的辐射强迫估计值和总的不确定性（IPCC，2013）

图中给出的估计值是全球平均辐射强迫值，这些估计值的划分是根据使驱动因子复合排放混合物或排放过程。净辐射强迫的最佳估计值用黑色菱形表示，并给出了相应的不确定性区间

在全球尺度范围全年都保持比较一致，而气溶胶的辐射强迫主要影响北半球，并且表现出极大的季节性和区域性差异，如我国西北地区春季以沙尘气溶胶为主，京津冀地区夏季、秋季以城市污染型气溶胶为主，北方大部分地区冬季以燃煤采暖排放的煤烟粒子及污染物为主；③温室气体的气候效应与下垫面性质无关，而气溶胶辐射强迫作用受下垫面条件影响较大，不同反照率下垫面可能引起气溶胶辐射强迫符号相反的影响；④CO_2 和 CH_4 等主要温室气体的吸收不易发生变化，而各种类型气溶胶的散射和吸收能力可能随粒子大小、环境相对湿度的变化而产生较大变化；⑤不同种类的气溶胶粒子能吸附一些水汽及气体污染物，在太阳光的照射下污染物可能在颗粒表面发生各种复杂的非均相化学反应，直接改变气溶胶的光学及辐射特征；⑥各种气溶胶颗粒之间相互作用与粒子的浓度、化学成分和尺度大小都呈现出非线性关系。因此，全面认识不同地区气溶胶光学特征、理化特性及其时空分布是定量评估其辐射强迫与环境气候效应的关键（毛节泰等，2002；石广玉等，2008）。

6.1.1 气溶胶光学特性地基遥感

气溶胶光学特性的准确信息是定量评估其辐射强迫及气候效应的重要前提。地基遥感气溶胶特征一般比卫星遥感具有更高的精度，常常被用来验证卫星遥感产品。地基观测方法主要包括地基被动遥感方法和主动遥感方法。

6.1.1.1 地基被动遥感方法

地基被动遥感气溶胶光学特性的方法一般主要包括全波段太阳直接辐射法、天空散射辐亮度遥感法、多波段光度计光谱消光法等。研究人员（邱金桓，1995；邱金桓等，1995）基于理论分析与对比试验，提出了从晴空条件下全波段太阳直接辐射数据确定 0.7μm 波长处大气柱气溶胶光学厚度的一种方法，即全波段太阳直接辐射方法。罗云峰等（2002）利用我国 46 个甲级辐射站 1961～1990 年逐日太阳直接辐射日总量和日照时数资料，反演计算了 30 年来各站逐年、逐月 750nm 通道气溶胶光学厚度的平均值，并分析了我国气溶胶光学厚度的时空分布与年际变化特征。由于我国气象台站观测的太阳直接辐射和总辐射资料数据时间比较长，利用这种方法可以很好地研究我国不同地区气溶胶光学厚度长时间序列的变化特征，但反演光学厚度的准确度明显受到云的影响。邱金桓和周秀骥（1984）基于气溶胶散射相函数对气溶胶光学特征的敏感性及天空辐亮度对气溶胶光学特性和地面反照率敏感性分析提出了综合遥感气溶胶光学厚度、谱分布、折射率与地面发射率的方法。他们应用这种方法研究了北京地区不同季节气溶胶光学特性的变化，并建立了气溶胶谱分布参数化模式，指出北京冬季气溶胶折射率虚部比较大，平均值约为 0.057。光谱消光方法是当前气溶胶遥感方法中比较准确，而且应用最广泛的一种有效探测气溶胶光学特性的方法。采用的仪器主要为多波段太阳光度计，其原理是利用从可见光-近红外波段范围内一系列窄波段滤光片（通常半带宽度小于 10nm）测量大气对太阳直接辐射的消光，进而反演计算气溶胶光学厚度和粒子谱分布等信息。赵柏林等（1983）于 1980 年首先利用自行研制的 7 波段光度计对北京地区进行了 1 年的气溶胶特性遥感观测并反演计算了粒子谱，毛节泰等（1983）分析了这次遥感获得的气溶胶光学厚度特征、变化规律及其与气象条件的关系。吕达仁等（1981）提出了同时测量直接消光和小角度散射反演计算气溶胶光学厚度和谱分布的方法；邱金桓等（1983）对这一方法进行了试验研究，利用该方法可以较好地提供 0.1～10μm 粒径范围内的气溶胶谱分布信息。由于地基多波段光度计方法遥感的多种优势，当前国内外已经建立的多个气溶胶地基观测网络，如由美国国家航空航天局发起、全球很多科研机构单位共同参与建立了全球地基气溶胶观测网络（AERONET，Holben et al.，1998）；由日本、中国、蒙古国等国家联合建立的亚洲地区气溶胶-云-辐射相互作用的地基综合观测网络（SKYENT）（Takamura et al.，2004）；2002 年由中国气象局在我国北方典型地区布设了 50 多台 CIMEL 太阳光度计观测站点，首次建立了我国沙尘气溶胶光学特性地基观测网，重点对我国北方地区沙尘气溶胶的光学特征进行长期监测（Che et al.，2009，2015）；由中国科学院大气物理研究所与美国马里兰大学联合建立的中国太阳分光辐射观测网（CSHNET）（Wang et al.，2011）对我国不同地区典型城市的气溶胶光学厚度进行了有效观测。

6.1.1.2 地基主动遥感方法

激光雷达技术是主动观测遥感气溶胶光学特征的主要手段，它能同时提供气溶胶光学厚度和消光系数垂直分布廓线信息。由美国NASA发起在全球不同地区建立了全球地基激光雷达网（MPLNET）（Welton et al.，2001），它主要采用由美国Sigma Space公司研制的微脉冲激光雷达（型号：MPL-4）对全球典型站点气溶胶垂直廓线及其光学特性进行长期监测。由日本国立环境研究所发起，联合中国、韩国、蒙古国等几个东亚国家建立了所谓的亚洲激光雷达网（ADNet，http://www-lidar.nies.go.jp/）主要用于监测和研究亚洲地区沙尘气溶胶的传输过程（Yumimoto et al.，2010）。20世纪60年代中期中国研制成功第一台激光气象雷达，并进行了一系列激光雷达探测大气的实验研究。吕达仁等（1977）于1976年利用一台红宝石激光雷达，同时配合太阳光衰减测量，定量分析了北京地区晴空低层3km以下的大气消光系数分布和光学厚度，获得了非常宝贵的观测资料。1982年5月，邱金桓和周秀骥等（1984）首次利用激光雷达对沙尘暴粒子的消光特性及其垂直分布进行了遥感，并表明沙尘暴发生时气溶胶光学厚度将有一个量级的变化。中国科学院安徽光学精密机械研究所利用自行研制的532nm和1064nm双波段激光雷达对大气气溶胶的水平和垂直方向消光特性进行长期探测，并分析了不同天气条件下典型气溶胶垂直分布和气溶胶指数特征变化（周军和岳古明，1998）。

6.1.1.3 气溶胶光学特性卫星遥感

由于卫星遥感产品具有很高的空间覆盖范围，常常被用于研究大区域或全球尺度上气溶胶光学特性的时空分布。赵柏林和俞小鼎（1986）利用NOAA-AVHRR资料遥感了渤海上空大气气溶胶的光学特征；李正强等（2003）利用多通道太阳辐射计观测研究黄海海域气溶胶的光学厚度；毛节泰和李成才（2002）、李成才等（2003a，2003b）利用EOS-Terra卫星搭载的MODIS传感器资料分析了北京及中国东部地区气溶胶光学特性，并与地面光度计的观测结果进行对比分析。夏祥鳌（2006）对比分析了MODIS与AERONET在陆地上空的气溶胶光学厚度产品后指出，大多数站点的MODIS产品均高估了气溶胶光学厚度，并建议使用蓝光波段的产品；王莉莉等（2007）利用中国地区太阳分光辐射观测网气溶胶光学厚度资料，评估了MODIS卫星产品在中国不同地区的适用性。虽然卫星产品在某些地区具有一定的精度，但在定量研究气溶胶的环境与气候效应时仍存在很大的不确定性，尤其是不同气溶胶类型与地表反照率对卫星反演带来难以估计的误差。当前的卫星产品在具有较高地表反照率的地区（如积雪覆盖的高原或戈壁、沙漠区域）难以获得合理的气溶胶光学特征信息。因此，如何将卫星遥感反演的气溶胶光学参数直接用于研究其环境与气候效应仍需要进行大量的探索（Kaufman and Tanre，1997）。李成才等（2003b）指出，对于类似北京的超大城市，面积覆盖广、建筑物类型多、地表反照率信息复杂，卫星在反演城市气溶胶的时空分布时仍存在很大的不确定性。因此，对于中国不同地区地表植被覆盖分布与气溶胶类型具有较大的差异性，具体的卫星反演算法还需要做进一步的订正与完善，结合地面同期的太阳光度计资料进行对比验证是十分必要的。

6.1.2 气溶胶辐射强迫模拟研究

从1990年以来，我国人口的爆炸式增长已经带动了经济的快速发展、工农业生产活动的剧烈增长以及城市化进程的高速飞跃。这种显著的增长直接导致了对能源燃料（如煤炭、石油和生物质燃料等）消耗的大幅度需求，增加了大气中各种污染物和气溶胶颗粒的排放，加剧了城市环境质量的污染（He et al.，2002）。因此，复合型大气污染已经成为当前中国最主要的环境问题之一（张小曳等，2013；贺泓等，2013）。人口高度稠密和经济迅猛发展的大都市地区（如北京、上海和广州）已经向中国的环境问题提出了巨大挑战。特别是，大量城市群的出现，如京津冀、长江三角洲和珠江三角洲经济圈，更进一步加剧和扩展了空气污染的程度与覆盖范围。2013 年 1 月 11～19 日，一场罕见的大气灰霾污染席卷了我国中东部大范围地区，其中受害最严重的为北京、天津和石家庄等京津冀区域人口密度最大的城市（Che et al.，2014）。多地 $PM_{2.5}$ 质量浓度值接连出现或濒临“爆表”，其中北京市区 $PM_{2.5}$ 颗粒小时浓度值高达 600μg/m^3 以上，且曾一度逼近 1000μg/m^3，超标高达 10 倍以上；我国 74 个城市环境监测站中有 33 个城市的空气质量达到严重污染程度。实际上，中国气象局公布，仅 2013 年 1 月北京地区就出现了五次非常严重的重灰霾污染事件，且每次过程污染的程度之高、持续时间之长均为 50 年以来最为严重。为此，各地纷纷出台了空气质量重污染应急方案，加大对锅炉燃煤、机动车辆排放、工厂企业等达标排放的控制。此次面积超过 100 万 km^2 的重灰霾污染天气已经严重影响了人们的身体健康、正常的生产生活活动以及交通运输安全。

我国作为东亚主要的工业区和沙尘源区之一，由于气溶胶的形成、沉降、远距离输送、理化特性和辐射强迫等方面的重要作用以及影响机制的复杂性，近年来该地区气溶胶的气候效应已经成为当前大气科学的研究热点之一（毛节泰等，2002；张小曳，2007；石广玉等，2008）。国际上已经开展了许多针对亚洲地区气溶胶特性及其环境、气候效应问题的大型试验，如亚洲气溶胶特征试验（ACE-Asia）（Huebert et al.，2003）、太平洋沙尘暴联合观测实验（PACDEX）（Huang et al.，2008）、亚洲大气环境气溶胶粒子试验（Nakajima et al.，2003）、“大气棕色云团 ABC”计划（Ramanathan et al.，2008）、印度洋试验（INDOEX）（Ramanathan et al.，2001b）、中国-日本合作研究项目“风送沙尘的形成、输送机制及其对气候与环境影响的研究”（石广玉和赵思雄，2003；Mikami et al.，2006）等。最近几十年，我国学者也开展了基于观测资料估算气溶胶辐射效应的工作。成天涛等（2005）结合 2001 年春季浑善达克沙地野外观测的辐射数据和大气辐射模式，计算沙尘对大气向下长波辐射平均强迫增加 16.76W/m^2，减少地面净辐射能量平均为 62.76W/m^2，而夜间地表长波辐射净损失平均为 67.84W/m^2。车慧正等（2007）将天空辐射计观测资料代入 Rstart5b 辐射传输模式中计算了 2003～2004 年北京市区气溶胶在地面和大气层顶的辐射强迫变化范围分别为−58.73～−17.47W/m^2 和−3.3～11.73W/m^2。Xia 等（2007）研究表明，香河地区气溶胶将会导致到达地面的年平均短波辐射减少 32.8W/m^2，这相当于云辐射效应的量级（约−41W/m^2）。Li 等（2010）根据中国地区手持光度计观测网的资料首次评估了中国地区晴空下气溶胶的直接辐射强迫分布，指出全国平均的日平均气溶胶直接辐射强迫在大气层顶、地表处和大气中分别为−15.7W/m^2、0.37W/m^2 和 16.07W/m^2。一些学者结合地面观测和模式估算了东亚-北太平洋地区沙尘气溶胶的辐射强迫，并指出中国沙漠和太平洋上空的沙尘层对大气具有明显的加热作用（王宏等，2007；张华等，2009）。Huang 等（2007）结合 Fu-Liao 模式和卫星反演的气溶胶单次散射反照率（SSA）研究了塔克拉玛干沙漠地区沙尘气溶胶的加热率，结论中指出沙尘气溶胶的短波与长波辐射加热率在大气顶和地面都起着重要的作用，且对消光系数廓线信息有很强的依赖性。廖宏等（Liao and Seinfeld，1998）、银燕等（Yin and Chen，2007）和钱云等（Qian et al.，2009）分别通过数值模式验证了亚洲沙尘气溶胶的半直接辐射效应的观测事实。IPCC 报告表明，沙尘气溶胶全球平均辐射强迫与硫酸盐和生物燃烧等人为气溶胶的全球平均辐射强迫具有同等量级；然而，有关沙尘气溶胶辐射强迫的估计仍存在较大的不确定性，甚至其强迫的正负号也没有完全确定（$-0.3\sim0.1\mathrm{W/m^2}$），间接效应的不确定性更大（IPCC，2013）。因此，详细了解和定量计算不同地区沙尘气溶胶光学特性及其辐射强迫成为准确预测它们在未来气候变化中重要作用的关键。

6.2　概念、定义和单位

气溶胶微物理、化学、光学和辐射特性的准确测量是评估其气候效应和环境影响的一个重要前提。本节主要介绍获取大气气溶胶颗粒的粒径大小、尺度谱分布、质量/数浓度、散射和吸收系数、光学厚度、波长指数、单次散射反照率（或称单次散射比）、复折射指数、不对称因子和相函数等综合特性的观测仪器、工作原理、数据处理、质量控制和校准标定等内容。世界气象组织对气溶胶的观测项目主要包括光学厚度、波长指数、质量浓度和浑浊度系数。本章所涉及的观测项目和仪器设备都符合世界气象组织（WMO，2003）和中国国家环境空气质量的观测标准及精度要求。

6.2.1　气溶胶

大气能见度（visibility，也称为气象视程）一般是指具有正常视力的人在当时的天气条件下能从背景（天空或地面）中识别出具有一定大小的目标轮廓的最大地面水平距离，它是反映大气透明度的一个重要指标，单位为千米（km）。能见度的测量通常可用人工目测的方法，也可以使用大气透射仪或激光前向散射能见度仪等设备探测。Cao 等（2012）研究指出，细颗粒物浓度增加、空气相对湿度增大和风速减小是降低大气能见度的主要影响因素。

消光是指地球大气的各种成分对太阳光线的阻碍衰减作用，造成能见度下降，包括散射和吸收作用。

消光系数 b_{ext}：是气溶胶粒子对太阳辐射衰减的能力，单位为 $\mathrm{Mm^{-1}}$（$1\ \mathrm{Mm^{-1}}=10^{-6}/\mathrm{m}$），它是散射系数与吸收系数之和；可以用激光雷达直接探测，也可以结合积分浊度仪与黑碳仪同时测量散射系数和吸收系数而计算获得。

散射系数 b_{sp}：也称为体积散射截面，气溶胶颗粒散射从紫外–近红外波段太阳辐射的能力，单位为 $\mathrm{Mm^{-1}}$。粒子散射能力主要取决于其粒径大小、形状和复折射指数（主要由化学组分决定）。散射系数主要由两种方法确定，一种是利用积分浊度仪直接测量得到；第二种是结合测量的粒子谱分布和米散射理论反演计算气溶胶颗粒的散射系数，其在计算时需要假设复折射指数（实部和虚部），计算过程复杂且存在较大的误差。所以，利用积分浊度仪方法测量是目前研究气溶胶散射系数最直接、最有效的方法。

吸收系数 b_{ap}：气溶胶颗粒吸收从紫外-近红外波段太阳辐射的能力，单位为 Mm^{-1}。主要由两种方法确定，一种是仪器直接测量，如粒子烟灰吸收光度计（PSAP）和光声光谱仪（photo-acoustic spectrometer，PAS）；第二种是计算方法，根据黑碳仪测量的黑碳质量浓度乘以质量吸收系数，反演得到吸收系数。

粒度是粒子直径的可测量指标，一般用当量直径描述气溶胶的粒度。不规则气溶胶颗粒的当量直径就是与之具有相同物理性质的球形粒子的直径。一般有空气动力学直径、迁移率当量直径、质量当量直径、表面当量直径、扩散当量直径等。

空气动力学直径（D_p）：又称气体动力学当量直径，是指单位密度（$1g/cm^3$）的球体粒子在静止空气中作低雷诺数运动时，达到与实际粒子相同的最终沉降速度（V_s）时的直径。也就是将空气中实际的颗粒粒径换成具有相同空气动力学特性的等效直径。由于 D_p 决定了实际粒子在空气中的行为，D_p 是气溶胶粒径测量的一个重要参数。

悬浮在空气中较大的颗粒物质由于其重力作用会在较短的时间内沉降到地球表面，而较小的颗粒物能长时间悬浮在大气中。

总悬浮颗粒物（total suspended particulate，TSP）：是指悬浮在环境大气中空气动力学直径小于或等于 100μm 的颗粒物，单位为 mg/m^3 或 $\mu g/m^3$。

可吸入颗粒物（PM_{10}）：是指悬浮在环境大气中空气动力学直径小于或等于 10μm 的颗粒物，大约相当于人头发丝粗细的 1/5，可进入人体的鼻腔和口腔，单位为 mg/m^3 或 $\mu g/m^3$。

细颗粒物（$PM_{2.5}$）：是指悬浮在大气中空气动力学直径小于或等于 2.5μm 的颗粒物，相当于人头发丝粗细的 1/20，单位为 mg/m^3 或 $\mu g/m^3$。由于 $PM_{2.5}$ 对人体健康威胁更大，极易富集于肺部深处，因此又被称为入肺颗粒物。与较粗大的颗粒物相比，$PM_{2.5}$ 富含更大量的有毒有害物质，而且能在大气中停留更长时间，传播距离也更远，对大气环境质量及人体健康的影响也更大，是引起黑肺和灰霾天的因素之一。

以上各参数的定义在《环境空气质量标准》（GB 3095—2012）规范中已有明确规定。

气溶胶光学厚度（aerosol optical depth，AOD）是指当太阳光线经过大气层时，气溶胶粒子通过散射和吸收作用消减太阳光能量的大小。整层大气柱的 AOD 可以用不同高度层的消光系数在垂直方向上的积分计算得到。AOD 表征了大气浑浊度的关键参量，是研究气溶胶辐射效应的重要因子。作为描述气溶胶光学特征物理量中最基本和最关键的重要参数之一，AOD 值大小直接决定了气溶胶在大气层顶和地表处的直接辐射强迫量级的大小。消光系数垂直分布的相关知识将在第 8 章中进行详细讨论，本节不再赘述。

气溶胶的单次散射反照率（也被称为单次散射比）是指气溶胶散射系数与总消光系数的比值，主要用来度量气溶胶粒子散射和吸收能力的相对重要性，$SSA=\frac{b_{sp}}{b_{ext}}=1-\frac{b_{ap}}{b_{ext}}$。SSA 值一般在 0～1 变化，当气溶胶为完全散射类型时，如硫酸盐或硝酸盐等，SSA=1；当气溶胶为强光吸收类型时，SSA=0，如黑碳。研究表明，大气中的黑碳、有机碳和沙尘气溶胶在紫外-可见光波段具有一定强度的光吸收能力。

相位函数：辐射在给定方向上散射光的角度分布。

不对称因子 $g(\lambda)$ 被定义为角度散射相函数的余弦加权平均，用来度量前向散射与后向

散射的辐射量，可表示为

$$g(\lambda)=\frac{\int \cos\theta p(\lambda,\theta)\mathrm{d}\cos\theta}{\int p(\lambda,\theta)\mathrm{d}\cos\theta} \tag{6.1}$$

式中，$p(\lambda,\theta)$是散射相函数；g 值为−1 表示完全后向散射，g 值为 1 表示完全前向散射。

复折射指数：表征了气溶胶粒子对太阳短波辐射和/或长波辐射的散射与吸收能力的一个基本参量，主要由实部（R_e）和虚部（R_i）组成。实部 R_e 反映了粒子散射太阳光能力的强弱，虚部 R_i 则表征了粒子吸收太阳辐射能力的强弱，主要与气溶胶颗粒的化学组分、粒径尺度和混合状态有密切关系。

6.2.2　气候效应

全球地表温度变化：是指全球地表面温度与其气候平均值的差异，通常基于按照面积加权的海面温度距平和地面气温距平的全球平均值；它是表征全球气候变化直接因子，但受气候系统中各种反馈过程的巨大影响。

辐射强迫：指大气中某一种成分因子的变化所引起的对流层顶（或大气层顶）净辐射通量的改变（包括短波辐射和长波辐射），单位为 W/m^2，用于衡量某个因子改变地球-大气系统中入射和逸出能量平衡的影响程度。正的辐射强迫值表示使地表变暖，而负的辐射强迫值表示使地表变冷。

全球增温潜能值（GWP）与全球温变潜能势（GTP）：是指瞬态释放 1kg 某种温室气体所产生时间积分的辐射强迫与对应 1kg 参照气体辐射强迫的比值，是基于充分混合的温室气体辐射特性的一个重要指数。常常用于衡量相对于二氧化碳的，在所选定时间内进行积分的，当前大气中某个给定的充分混合的温室气体单位质量的辐射强迫。全球增温潜能值表示这些气体在不同时间内在大气中保持综合影响及其吸收外逸热红外辐射的相对作用，它对应对气候变化的政策制定有重要意义。

用辐射强迫来表征不同因子气候效应相对大小的优点：

（1）辐射强迫可以指示气候变化的总体趋势；

（2）由于避开了地-气系统中的多种复杂反馈过程，所以我们可以比确定气候变化本身高得多的精度来确定它，从而比较各种辐射强迫因子的相对大小。

直接辐射强迫：气溶胶粒子通过直接散射和（或）吸收太阳短波辐射或长波红外辐射，扰动地-气系统的能量收支；直接辐射强迫的符号是可正、可负的，取决于气溶胶粒子散射和吸收太阳辐射的相对能力。

间接辐射强迫：即气溶胶和云的相互作用，气溶胶粒子作为云凝结核或冰核，改变云的微物理和辐射特性及其生命周期，间接影响地-气系统的能量平衡，它涉及气溶胶扮演云凝结核（如水云或冰云）角色，改变云滴大小、浓度等微物理特性，从而对降水和水循环产生影响。

半直接效应：当云层中的吸收性气溶胶增强太阳加热率、促进低云蒸发，会造成云量和云反照率的减小，并进而影响气候变化。

能量收支平衡：在气候系统内总入射能量和总外逸能量之间的平衡。如果此差异是正值，则出现变暖；如果差是负值，则出现变冷。全球长期平均总能量收支的差应该为零。由于基本上气候系统所获得的所有能量均来自太阳，能量收支差为零则意味着太阳总入射量一定等于被反射的太阳辐射与气候系统外逸的热红外辐射之和。总辐射平衡的扰动称为辐射强迫，无论是自然的还是人为因素的。

6.3 基本原理

由于大气气溶胶具有十分复杂的化学组成和较大的时空分布特征，当前气溶胶对全球或区域气候变化影响仍然存在很大的不确定性，也是造成天气、气候模式模拟结果偏差较大的一个重要因素。气溶胶综合特性参量的探测，可以采用地面现场试验直接采样分析、高空采样、地基遥感和卫星遥感等技术手段。地面/高空现场采样和地基遥感均能够获取更为准确的气溶胶参数信息，但只能在有限的一定区域内进行，很难获取大范围的气溶胶特征参数；卫星遥感可以弥补这个不足，特别在环境恶劣的高原荒漠地区和广阔的海洋区域，卫星能突显出其无法比拟的优势（毛节泰和李成才，2002）。

实现对空气中各种悬浮颗粒物的质量浓度、粒径大小、散射和吸收特性等重要参数的连续现场测量方法主要基于惯性质量、迁移率（电子迁移和空气动力迁移）、电子衰减、光散射和光吸收等原理。基于惯性质量和电子吸收原理连续测量空气中 PM_{10} 质量浓度通常有三种方法，包括重量法、微量振荡天平称重法（R&P tapered element oscillating microbalance）和 β 射线法（U.S. EPA，1990）。它们被美国国家环境保护局指定为测定 PM_{10} 质量浓度的三种等效方法。

6.3.1 质量浓度的测量原理

1）总悬浮颗粒物的测量

总悬浮颗粒物（TSP）的国家标准测定方法是称重法。采用大流量采集器、精密分析天平、烘箱等设备，采集、测量大气样品，以获得大气中粒径在 100μm 以下的悬浮颗粒物质量浓度。其采样和测量的基本原理是：通过具有一定切割特性的采样器，以恒速抽取一定体积的空气，将空气中粒径小于 100μm 的悬浮颗粒物经过大流量采样器，收集在已恒重并称重的玻璃纤维滤膜上，使空气中粒径在 100μm 以下的悬浮颗粒物被阻留在滤膜上，然后将滤膜按使用前的控制条件恒重处理后再次称重，根据采样前后滤膜的质量之差并除以采样总体积，可计算获得大气中的总悬浮颗粒物的质量浓度。

2）可吸入颗粒物和细颗粒物的测量

PM_{10} 和 $PM_{2.5}$ 的质量浓度一般采用重量法、β 射线法或微量振荡天平法直接测定。中国国家环境监测网一般采用 β 射线法（采样管恒温加热）测定 PM_{10} 和 $PM_{2.5}$ 的质量浓度，而本章节涉及的多次野外实验采用微量振荡天平法测定 PM_{10} 的质量浓度。

6.3.1.1　重量法的基本原理

将 PM_{10} 和 $PM_{2.5}$ 颗粒物直接采集在滤膜上，然后用天平称重。还有就是滤膜并不能把所有粒径的颗粒物都收集到，一些极细小的颗粒还是能穿过滤膜。只要滤膜对于 0.3μm 以上的颗粒有大于 99%的截留效率，就算是合格的。损失部分极细小的颗粒物对结果影响并不大，因为那部分颗粒对 $PM_{2.5}$ 的重量贡献很小。重量法的主要优点是国标方法，最直接最可靠，是验证其他方法是否准确的标杆，而缺点是不能显示瞬时值，只能显示平均值。重量法是监测 PM_{10} 和 $PM_{2.5}$ 颗粒物质量的基准方法，作为判定连续自动监测方法的准确性和可靠性。中国和国际上均规定不同原理的 PM_{10} 和 $PM_{2.5}$ 自动监测方法只有与手工重量法监测结果比对一致，才能应用于连续测量颗粒物的质量浓度。

6.3.1.2　微量振荡天平称重法的基本原理

微量振荡天平称重法的工作原理是：振荡微天平是用特殊的含硼非热胀高温玻璃材质制成的空心锥形玻璃管，粗头的一端固定，细头的另一端可安放滤膜，采样气流从粗头进，从细头出，颗粒物被截留在滤膜上。在电场的作用下，细头以一定频率振荡，该频率和细头滤膜重量的平方根成反比，电子系统能连续监测该频率的变化。当气溶胶颗粒积聚在滤膜上时，锥形管的振荡频率相应减少；根据质量和频率间的相关变化，微处理器系统能及时计算出滤膜上所累计颗粒物的总质量、质量流量和质量浓度（Patashnick and Rupprecht，1991）。振荡天平法是基于航天技术的锥形元件微量振荡天平原理而研制的。通过测定系统频率的变化可测得对应时间颗粒物浓度。微量振荡天平法的主要优点是准确，灵敏度高，适应范围广，可连续监测，对应的缺点是体积大，价格昂贵。

RP1400a 型环境大气颗粒物监测仪（TEOM）利用一个真空泵抽入环境样气，PM_{10} 切割头控制样气颗粒的粒径大小，通过一个恒定的流量分配器控制进入锥形管的气流流量，质量传感器的空心锥形管振荡天平一端固定，另一端作自由谐振动，石英锥形管振荡端上安装可更换的滤膜，当采样气流经过滤膜时，沉积在滤膜上的颗粒物将改变振荡质量，从而引起振荡频率发生变化，根据沉积在采样滤膜上颗粒物的质量与振荡频率存在一定线性关系，通过连续测量振荡频率的变化，可计算出 PM_{10} 颗粒物的质量浓度。为了校准标定系统并确定回复力常数，可以在锥形管振荡端上安放已知质量的滤膜，通过测量其振荡频率变化进而计算确定回复力常数（Rupprecht et al.，1992）。

6.3.1.3　β 射线法的基本原理

β 射线法的基本原理是：原子核在发生 β 衰变时，放出 β 粒子。β 粒子实际上是一种快速带电粒子，它的穿透能力较强，当它穿过一定厚度的吸收物质时，其强度随吸收层厚度增加而逐渐减弱的现象叫作 β 吸收。环境空气由抽气泵吸入采样管，气体经过滤膜后排出，而将 $PM_{2.5}$ 颗粒收集到滤膜或滤纸上，然后照射一束 β 射线（能量范围在 0.01～0.1MeV），射线穿透颗粒物时被衰减，衰减的程度与颗粒物增加的重量成正比，根据测定射线的衰减量就可以计算出颗粒物 PM_{10} 或 $PM_{2.5}$ 的质量浓度（Wedding and Weigand，1993）。β 射线法的优点是准确度高，传感器信号和颗粒物质量关联度高，而其缺点是响应速度慢，通常只用它的小时平均浓度值。

6.3.1.4 激光散射方法的基本原理

常规惯性冲击器是基于空气动力学原理收集不同粒径气溶胶颗粒，但无法做到实时监测，而且分析精度不高；基于激光散射原理的激光粒子计数器所测得的颗粒空气动力学粒径，测量结果受颗粒折射率、形态和入射角等多种因素的影响。光散射法的基本原理是：当光照射在空气中悬浮颗粒物上时，会产生散射光，散射光的强度与其质量浓度成正比。通过测量散射光强度，应用质量浓度转换系数，计算得出颗粒物浓度值。这种方法的优点是检测速度快，体积小，便于携带，适合公共场所的颗粒物浓度测量，而缺点是测量结果的不确定性高于其他方法。

美国 TSI 公司研制的 APS-3321 型空气动力学粒径谱仪（图 6.2）很好地解决了上述问题，能高精度、实时分析气溶胶颗粒的空气动力学粒径及浓度分布情况。其测量基本原理是：采样泵将样本空气吸入采样管内，气流经过喷嘴加速后，由于惯性作用不同粒径的颗粒会产生不同的初始加速度；在经过探测区域时，不同粗细的气溶胶粒子将对两束平行激光源产生不同的光学散射信号，通过将该信号转换成电子脉冲信号，脉冲信号波峰之间的时间（即粒子在两束激光源之间飞行的时间）提供了气溶胶空气动力学粒径谱的信息。由于基于飞行时间的空气动力学粒径仅仅与粒子形状相关，从而避免了折射系数和米散射的干扰。通过专用的 AIM（Aerosol Instrument Manager）软件对每个样本进行计算和分析，可以获得每个样本的气溶胶数浓度谱、质量浓度谱及粒径谱分布。

德国 Grimm 公司生产研制的 EDM-180 型颗粒物粒径谱仪主要基于激光散射的原理同时测量颗粒物质量浓度及粒径分布，其基本原理是：真空抽气泵以一个恒定的气流流量 1.20L/min 将环境空气吸入样气室，一束半导体 660nm 的激光源以高频率激光照射样气室，高频的激光确保能照射到样气室内的大部分颗粒物，如果在某一时刻测量室中没有颗粒物，激光源将穿过样品室到达吸收井被吸收；如果有颗粒物存在，激光照射在样气上将发生散射，在同一平面上散射光经过反射镜（与激光源的散射角为 90°）聚焦后到达对面的检测器，根据接收到散射脉冲信号的频次和强度，散射光的强弱与颗粒物的直径大小有关，脉冲信号计数器记录颗粒物的个数同时脉冲信号分析器给出了每个颗粒物相应的脉冲强弱的分级，也就可得到出每个颗粒物粒径的大小和数量浓度分布。最后通过模式计算得到 PM_{10}、$PM_{2.5}$ 和 $PM_{1.0}$ 的质量浓度。观测数据可通过 RS232 数据线实时传输到电脑上，并同时可存储到主机内部的数据存储卡中。EDM-180 型颗粒物分析仪内置采样泵自动控制采样流量恒定在 1.2L/min，环境空气被抽进分析气室，穿过激光束，到达粉尘过滤器，所有粉尘颗粒都被收集。其中，一部分过滤后的干净气体，通过特定的气路，生成气幕，起到保护激光光源、检测器和激光井的作用，防止尘污染仪器的光学元器件。

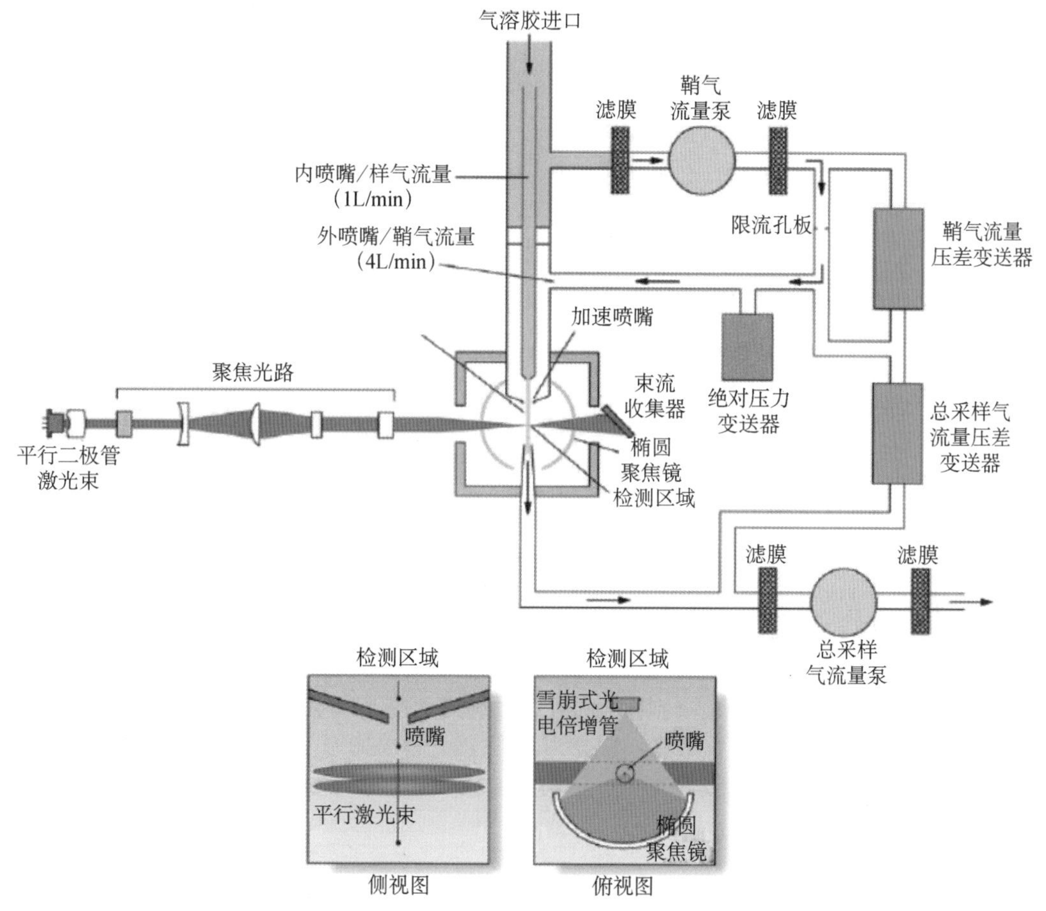

图 6.2　APS-3321 型空气动力学粒径谱仪系统的采样气路示意图

源自美国 TSI 公司主页，www.tsi.com

6.3.2　积分浊度仪工作原理

积分浊度仪的工作原理主要基于 Beer 消光定律：$I=I_0\times e^{(-b_{ext}x)}$，其中 I_0 为光源强度，I 为经过介质厚度为 x 后的光强，b_{ext} 为大气消光系数（散射系数与吸收系数的总和）。积分浊度仪的名称来源于该仪器的几何构造和光学照明设计。其测量气溶胶散射系数的基本原理是：利用一束漫射光源 $\varPhi$（单色发光二极管阵列）从侧向照射测量腔体的气溶胶颗粒和气体分子，其散射光线经过光栅的缝隙进入光检测器 L，光电倍增管采集到通过光栅的散射光强 B，然后浊度仪的内置处理器自动将电信号转化为腔体内的总散射系数，总散射系数减去空气分子的瑞利散射项即可获得气溶胶粒子的散射系数 b_{sp}，其计算表达式为

$$B=\frac{1}{\varOmega}\int_{\theta_1}^{\theta_2}\mathrm{d}L=\frac{\varPhi}{y}\int_{\theta_1}^{\theta_2}\beta(\theta)\sin\theta\mathrm{d}\theta\approx\frac{\varPhi}{y}\int_0^{\pi}\beta(\theta)\sin\theta\mathrm{d}\theta=\frac{\varPhi}{2\pi y}b_{sp} \tag{6.2}$$

式中，B、$\varOmega$、$\varPhi$、θ 分别为检测器接收到的散射光强度、检测器立体角、漫射光源强度和散射角（即入射光与散射光的夹角，θ_1 和 θ_2 表示最小和最大的散射角）；$\beta(\theta)$ 为体积散射系数；b_{sp} 为散射消光系数。

该积分散射方法由 Beuttell 和 Brewer（1949）首次提出，Middleton 于 1958 年、Butcher 和 Charlson 于 1972 年对该积分式进行了完善，这是积分式浊度仪测量原理的基本方程式。积分浊度仪主要包括两种类型：单波长积分浊度仪和多波长积分浊度仪。单波长积分浊度仪适用于空气质量和能见度的探测及研究，而结构复杂的多波长积分浊度仪可以在两个角度范围内测量气溶胶颗粒的散射系数 b_{sp}，即它可以测量 7°～170°的总散射系数和 90°～170°的半球后向散射系数，其中，在对后向散射系数的测量中，多波长积分浊度仪利用逆光后向散射窗阻挡 7°～90°范围内的光线，只允许反方向的散射光传输到光电倍增管（Anderson et al.，1996；Anderson and Ogren，1998）。

6.3.3 光吸收黑碳仪工作原理

黑碳仪的工作原理是基于滤膜采样的光学衰减测量法，利用黑碳气溶胶对光的强吸收特性。仪器的发光二极管出射单个或多个波长的激光，石英滤膜样品上所收集的粒子对光吸收造成的衰减。相对于黑碳气溶胶的光吸收而言，其他气溶胶类型对可见光吸收可以忽略，当一束入射光源照射在附着有气溶胶颗粒的滤膜样品时，由于黑碳粒子对可见光具有强烈的吸收衰减特征，通过连续测量透过滤膜样品的不同波段的光学衰减量计算出样品中黑碳气溶胶的质量浓度。仪器利用内置的小气泵抽取空气，气流流量由流量计控制并测量，通过软件设备一个固定的流量阈值，仪器可通过电子微调抽气泵功率使流量稳定在合适的范围内。当气溶胶粒子进入气泵后，沉积在石英滤膜上，计算光线通过滤膜后的衰减量即可计算获取各个波段的黑碳质量浓度。

美国 Magee 公司研制生产的 AE-31 型黑碳仪和美国西雅图辐射研究实验室生产研制的 PSAP 型黑碳颗粒物吸收光度计都属于光学衰减测量方法，由于滤膜的多向散射、滤膜样品中粒子散射以及其他光吸收物质吸收所造成的光学衰减，测量光吸收系数和黑碳质量浓度存在一定的误差，需要进行一系列较为复杂的校准订正。为了克服这个缺点，美国 Thermo 公司研制的 5012 型多角度吸收分光光度计在腔体内部增加了多个角度光散射的测量，可用于校正颗粒物累积在滤膜上多次散射造成的误差影响。

6.3.4 光度计反演基本原理

地面太阳光度计测量从可见光到近红外波段范围内不同波长的太阳直接辐射通量，结合比尔-朗伯定律，计算获得总消光光学厚度，减去空气分子瑞利散射和各种气体吸收光学厚度后，即可获得气溶胶光学厚度。某一个通道接收到的太阳直接辐射值遵循比尔-朗伯-布格定律，其表达式为

$$V(\lambda)=V_0(\lambda)\times d^{-2}\times\exp[-m(\theta)\times\tau(\lambda)] \tag{6.3}$$

式中，$V(\lambda)$ 为波长 λ 在垂直于地面上接收到的太阳直接辐射，对应仪器的输出电压值；$V_0(\lambda)$ 为平均日地距离处大气上界波长 λ 的太阳直接辐射，对应仪器的标定系数；d 为测量时刻的日地距离因子（天文单位 AU）；$m(\theta)$ 为大气光学质量；$\tau(\lambda)$ 为整层大气柱波长 λ 的总消光光学厚度。

对于理想平面平行的均一大气层，在太阳天顶角 θ 小于 75°时，大气光学质量可以用天顶角余弦的倒数[$1/\cos(\theta)$]近似表示。但是太阳光经过实际大气层时由于空气折射将产生略呈弧形弯曲，当太阳天顶角 θ 比较大时（如日出或日落前后），近似表达式将不适用。为了减小因大气光学质量对 AOD 造成的可能误差，这里根据 Kasten 和 Young（1989）推荐的修正公式计算 $m(\theta)$，表达式为

$$m(\theta)=\frac{1}{\cos(\theta)+0.150\times(93.885-\theta)^{-1.253}} \tag{6.4}$$

在式（6.3）和式（6.4）以及下文中，天顶角 θ 的单位均为弧度。式（6.4）是世界气象组织和 AERONET 推荐计算大气光学质量的公式，其精度是准确、可靠的。Michalsky（1988）结合了天文、地理和大气折射等因素后，给出了计算某个站点的太阳方位角、天顶角、日地距离因子、太阳赤纬等参数的算法，用户只需确定了站点精确的经度、纬度和准确的观测时间等信息后，即根据程序计算相关地理参数。

对式（6.3）两边取自然对数，则比尔-朗伯定律的线性表达式为

$$\ln[V(\lambda)\times d^2]=\ln[V_0(\lambda)]-\tau(\lambda)\times m(\theta) \tag{6.5}$$

只要确定了 $V(\lambda)$、d、$V_0(\lambda)$ 和 $m(\theta)$ 值，即可计算 $\tau(\lambda)$ 值。$V(\lambda)$ 是仪器输出的电压值，由光度计观测；某个站点的 d、θ 和 $m(\theta)$ 等参数可根据程序计算。因此，某个波长 λ 上的标定系数 $V_0(\lambda)$ 是计算总消光光学厚度的关键。

6.3.4.1　空气瑞利分子散射和吸收气体订正

总消光光学厚度主要由气溶胶光学厚度（τ_a）、空气分子瑞利散射光学厚度（τ_R）和吸收气体的光学厚度（τ_{abs}）组成：

$$\tau(\lambda)=\tau_a(\lambda)+\tau_R(\lambda)+\tau_{abs}(\lambda) \tag{6.6}$$

Shaw（1976）研究表明，气溶胶光学厚度的误差主要取决于仪器的标定系数、测量误差和气体吸收等因素，而标定系数的精度是最关键的影响因子。Holben 等（1998，2001）指出，大气中各种气体吸收的光学厚度贡献不超过 0.05，这对于高浓度气溶胶地区可以忽略，但对于清洁的乡村背景站必须考虑气体吸收的贡献。Xia 等（2011）发现青藏高原中部的纳木错站气溶胶 AOD 的年平均值为 0.029；Che 等（2011a）表明瓦里关全球大气本底站 AOD 的平均值在 0.10 以内；Bi 等（2013，2014）指出，巴丹吉林沙漠地区晴空条件下 AOD_{500} 的平均值在 0.04～0.08，而敦煌戈壁地区的 AOD 背景平均值在 0.03～0.12。因此，研究这些清洁背景地区的气溶胶光学特征时，必须考虑气体吸收的贡献作用。

许多研究者发展了各种经验关系计算气体分子瑞利散射光学厚度（τ_R）。基于瑞利分子散射的基本理论，Bodhaine 等（1999）开发了有效计算 τ_R 的拟合公式，本节以 SACOL 站（104.14°E，35.95°N，海拔为 1965.8m）为例，简单对比常见几种曲线拟合公式与 Bodhaine 等（1999）方法的差异。

$$\tau_R(\lambda)=\sigma\times\frac{P\times A}{m_a\times g} \tag{6.7}$$

$$\tau_{\mathrm{R}}(\lambda)=\frac{P}{P_0}\times 0.00877\times \lambda^{(-4.15+0.2\lambda)} \tag{6.8}$$

$$\tau_{\mathrm{R}}(\lambda)=0.008569\times \lambda^{-4}\times(1+0.0113\times\lambda^{-2}+0.00013\times\lambda^{-4}) \tag{6.9}$$

$$\tau_{\mathrm{R}}(\lambda)=0.0088\times \lambda^{(-4.15+0.2\times\lambda)}\times \mathrm{e}^{(-0.1188\times z-0.00116\times z^2)} \tag{6.10}$$

$$\tau_{\mathrm{R}}(\lambda)=0.00864/\lambda^{(3.916+0.074\times\lambda+0.05/\lambda)}\times\frac{P}{P_0} \tag{6.11}$$

$$\tau_{\mathrm{R}}(\lambda)=(0.00864+6.5\times10^{-6}\times z)\times \lambda^{(-3.916+0.074\times\lambda+0.05/\lambda)}\times\frac{P}{P_0} \tag{6.12}$$

式中，σ 为空气分子散射截面，P_0 和 P 分别为海平面气压（=1013.25hPa）与站点气压，hPa；A 为阿伏伽德罗常数；m_a 为平均空气分子质量；g 为重力加速度（考虑了不同海拔和地理位置的影响）；波长 λ 的单位为 μm；z 为海拔，km。式（6.7）～式（6.12）引自相关论文（Bodhaine et al.，1999；Dutton et al.，1994；Hansen and Travis，1974；Stephens，1994；Frohlich and Shaw，1980；Liou，2002）。

由图 6.3（a）可知，$\tau_{\mathrm{R}}(\lambda)$ 主要在紫外波段的消光光学厚度有较大差异，不同经验拟合公式计算的 $\tau_{\mathrm{R}}(\lambda)$ 在 340nm、380nm、440nm 和 500nm 最大差异分为 0.3、0.2、0.1、0.05，即随着波长的增加空气分子瑞利散射的贡献逐渐变小。式（6.9）的差异最大，主要因为（6.9）式只根据波长 λ 拟合标准大气的分子散射光学厚度，而没有考虑海拔高度的影响。式（6.12）与参考公式的差异最小。式（6.7）、式（6.8）、式（6.10）和式（6.11）的 $\tau_{\mathrm{R}}(\lambda)$ 值在波长大于 440nm 基本上一致。所以，只要综合考虑了站点气压（或海拔）和波长两个因素，空气瑞利分子散射光学厚度的计算都是比较合理的。我们建议采用拟合经验公式[式（6.7）]计算 $\tau_{\mathrm{R}}(\lambda)$。图 6.3（b）是利用式（6.7）分别计算不同气压值 750hPa、775hPa、800hPa、825hPa 和 850hPa 的 $\tau_{\mathrm{R}}(\lambda)$。由图可知，在 340nm、380nm、440nm 和 500nm 波长的最大差异分为 0.07、0.044、0.024、0.014，表明大气压对 $\tau_{\mathrm{R}}(\lambda)$ 计算结果的影响比较小，尽管如此，在计算 $\tau_{\mathrm{R}}(\lambda)$ 时建议使用同期实时观测的地面气压资料。

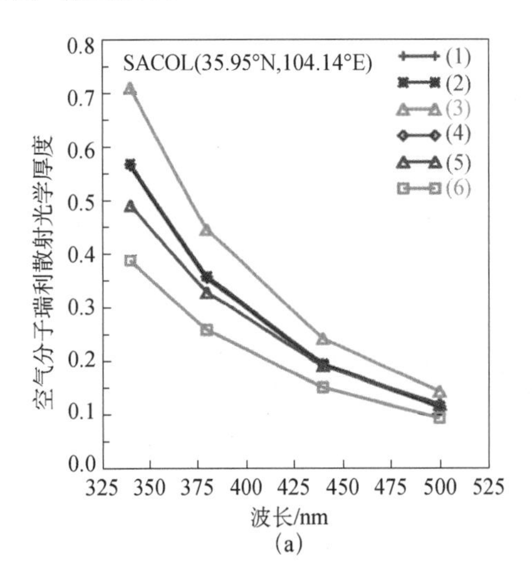

(a)

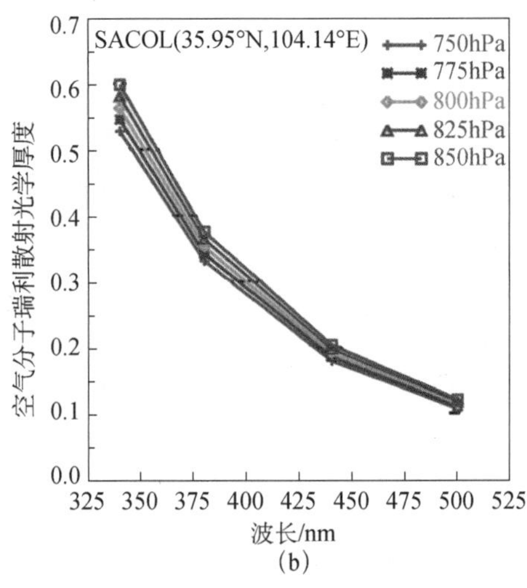

(b)

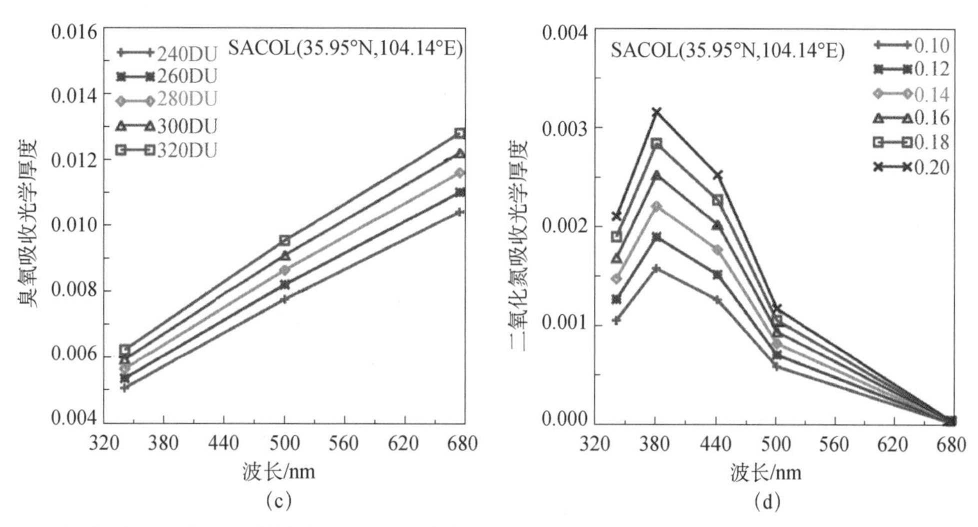

图 6.3 不同经验拟合公式计算的空气分子瑞利散射光学厚度（a），不同气压值的瑞利散射光学厚度（b），不同臭氧含量的臭氧吸收光学厚度（c）和不同 NO_2 柱含量的吸收光学厚度（d）（闭建荣，2014）

在可见光波段，大气中的主要吸收气体有臭氧和二氧化氮，而在近红外波段，大气分子的吸收主要是水汽（940nm），由于水汽吸收谱线在 940nm 波长上变化比较剧烈，对水汽订正比较复杂，这里仅将 940nm 波长的光学厚度作为一个参考。臭氧和二氧化氮吸收的光学厚度可由吸收系数乘以柱浓度含量计算得到，而吸收系数根据已发表的文献获得（胡方超等，2007），详见表 6.1。臭氧吸收光学厚度 $\tau_{O_3}(\lambda)$ 可表示为

$$\tau_{O_3}(\lambda) = K_{O_3}(\lambda) \times U_{O_3} \tag{6.13}$$

式中，$K_{O_3}(\lambda)$ 为臭氧吸收系数，cm^{-1}，Heuklon（1979）修正了臭氧模式后获得 U_{O_3} 的经验计算式：

$$U_{O_3} = DU_{O_3} + \{150 + 40 \times \sin[0.9865 \times (d_n - 30)] + 20 \times \sin[3 \times (Lon + 20)]\} \times \sin^2(1.28 \times Lat) \tag{6.14}$$

式中，DU_{O_3} 为站点的臭氧柱含量，DU，其日平均值可以从 TOMS/OMI 卫星臭氧产品的主页上获取（http://toms.gsfc.nasa.gov/ozone/）；d_n 为儒略日；Lat 和 Lon 分别为站点的纬度和经度。由表 6.1 可知，臭氧主要在 340nm、500nm 和 675nm 波长存在较强的吸收，并随着波长的增加而不断增强，而在 440nm 波长的吸收比较弱。臭氧柱含量在 240～320DU 范围内的吸收光学厚度在 0.005～0.013 变化，且臭氧含量每相差 20DU 对应的光学厚度相差 0.0002～0.0004。二氧化氮的吸收光学厚度也由式（6.13）计算，二氧化氮柱含量的年平均值为 $0.145cm^{-1}$（www.temis.nl/airpollution/no2.html），由图 6.3（d）和表 6.1 可知，二氧化氮主要在 340～500nm 存在吸收带，并且含量从 $0.10 \sim 0.20cm^{-1}$ 变化范围内其吸收光学厚度总的贡献不超过 0.004。

表 6.1 不同波长臭氧、二氧化氮、水汽吸收系数和水汽吸收指数

波长/nm	臭氧吸收系数	二氧化氮吸收系数	水汽吸收系数	水汽吸收指数
340	0.0307	0.010505	0.0	0.0
380	0.00038	0.015754	0.0	0.0

续表

波长/nm	臭氧吸收系数	二氧化氮吸收系数	水汽吸收系数	水汽吸收指数
440	0.00269	0.012608	0.0009	0.512
500	0.0301	0.00585	0.0002	0.659
675	0.0413	0.000218	0.02695	0.605
870	0.00155	0.0	0.0295	0.521
940	0.000596	0.0	0.1539	0.545
1020	0.0000491	0.0	0.0025	1.015
1640	0.0	0.0	0.0025	1.015

资料来源：闭建荣，2014。

6.3.4.2 Ångström 波长指数

Ångström（1964）研究指出，假设气溶胶粒子满足 Junge 谱分布时，AOD 与波长之间存在一定的变化关系，并给出了经典的 Ångström 波长指数公式：

$$\tau_a(\lambda)=\beta\times\lambda^{-\alpha} \tag{6.15}$$

式中，α 为 Ångström 波长指数，表征了大气柱内气溶胶粒子的谱分布，它在一定程度上反映粒子的大小；α 值一般在 0～2 范围内变化，平均值大约为 1.3；β 为 Ångström 浑浊系数，表示整层大气柱中气溶胶颗粒的相对浓度，与大气柱内的气溶胶粒子总数有关。一般而言，较小 α 值表示较大粒径的粗颗粒占主导，而较大 α 值表示小粒径的细颗粒占主导。例如，当 α 值接近于 0 时表示大粒径的沙尘颗粒占主导，而当 α 值接近于 2 时表明小粒径的烟雾粒子占主导（Dubovik et al.，2002）。城市-工业型气溶胶的 α 值一般在 1.1～2.4 范围内，生物质燃烧气溶胶的 α 值一般在 1.2～2.3 范围内，沙尘气溶胶的 α 值一般在−1～0.5 范围内，而海盐气溶胶 α 值一般在 1.1～1.8 范围内。

本章采用对数线性拟合方法计算 Ångström 波长指数，即对式（6.15）两边取自然对数，根据 440nm、500nm、675nm 和 870nm 波长的 AOD 拟合计算 α 值。最后，可计算任意一个波长的 Ångström 浑浊系数 β 值：$\beta=\tau_a(0.5\mu m)/0.5^{-\alpha}$。Ångström（1964）研究表明，$\beta$ 值一般在 0～0.5 范围内，$\beta\leqslant0.1$，表示清洁干净的大气，$\beta\geqslant0.2$，表示相对浑浊的大气。

6.4 观测仪器与安装

6.4.1 仪器介绍

本章节主要介绍的仪器设备有：环境颗粒物监测仪、空气动力学粒径谱仪、颗粒物粒径谱仪、积分浊度仪、黑碳仪、黑碳颗粒物吸收光度计、多角度吸收分光光度计、天空辐射计、太阳光度计等。下文将对仪器的主要组成结构、关键技术指标、工作原理及其标定等方面进行介绍说明。

6.4.1.1 环境颗粒物监测仪（tapered element oscillating microbalance，TEOM）

美国 Rupprecht & Patashick 公司研制的 RP 1400a 型环境颗粒物监测仪以滤膜采集为基础，主要采用微量振荡天平称重法连续、实时在线直接测量室内（外）环境空气中直径小于 10μm 颗粒物的质量浓度（单位为 $\mu g/m^3$）。RP 1400a 型仪器主要包含 PM_{10} 切割头、锥形元件振荡天平传感器、控制电子器件、流量分配器和三脚架安装等部件。仪器工作采样时，气流流量为16.67L/m^{3}的空气通过PM_{10}切割头后，只有直径小于或等于10μm的气流粒子流经采样滤膜；在切割头的出口，气流总量被分配器分流，一路15.67L/m^{3}的气流流出旁路，另一路1.0L/m^{3}的气流通过质量传感器的样品滤膜；当采样气流经过滤膜时，沉积在滤膜上的颗粒物将改变滤膜质量，进而导致振荡频率发生变化，根据沉积在采样滤膜上颗粒物的质量与振荡频率存在一定线性关系，通过连续测量振荡频率的变化，可计算出PM_{10}颗粒物的质量浓度。RP 1400a型监测仪获得美国EPA（认证号为EQPM-1090-079）和欧洲环境质量标准认证（EN-12341），其测量范围在0～5g/m^3，分辨率为0.1μg/m^3，最低检测限值为0.01μg/m^3，采样的时间间隔是2s 1次（可调），精度为±1.5μg/m^3（1h平均）和±0.5μg/m^3（24h平均）。

6.4.1.2 空气动力学粒径谱仪（aerodynamic particle sizer）

美国TSI公司研制的APS-3321型空气动力学粒径谱仪，在很宽的粒径范围内实时在线、高分辨率同时测量颗粒物的空气动力学直径和数浓度谱分布。它通过测定在加速气流中不同大小粒子通过检测区域的精密飞行时间（TOF）技术来实时测量粒子的空气动力学粒径，其粒径的测量范围在0.5～20μm，共有52个通道；同时采用光散射测量技术测量0.37～20μm的光散射强度；总采样流量为5.0L/min，样气流量为1.0L/min。粒径谱仪可以选择配备3302A型气溶胶稀释器，在高质量浓度条件下（如强沙尘暴、重雾霾污染天气）可以选择进行100∶1或者20∶1两种稀释；如果将两台稀释器串联起来，可提供高达10000∶1的稀释；这样在高颗粒物质量浓度条件下，APS-3321型粒径谱仪仍然能够正常观测，而且不会超出探测浓度上限。

6.4.1.3 颗粒物粒径谱仪（EDM-180型）

德国Grimm公司生产研制的EDM-180型颗粒物粒径谱仪主要基于激光散射方法，实时、连续在线同时测量大气中PM_{10}、$PM_{2.5}$和$PM_{1.0}$的质量浓度及31个粒径通道的数浓度（个/L，0.25～32μm范围）。该仪器全自动自检，不需更换切割头，采样流量自动恒定在1.2L/min（±5%），同时测量环境温度、相对湿度、压力，进行自动压力补偿。仪器的优点有：运行稳定、系统维护少、耗材低、减震效果好，各项指标均符合欧洲标准（EN-12341、EN-14907）和美国EPA认证（$PM_{2.5}$）。在环境空气湿度较大情况下，样气气室内的颗粒物表面可能有凝结水，常规采用加热干燥除湿方法，这样会造成样气中半挥发性有机物（如硫酸盐、硝酸盐、铵盐等）的部分损失。EDM-180型监测仪采用的等温除湿方法是：根据传感器测量的环境相对湿度自动判断是否启动除湿功能，可预先设置湿度阈值（如RH=45%），当湿度低于45%，则仪器不启动除湿系统；当湿度高于45%时，仪器自动启动除湿功能，样气通过采样管内的Nafion管进入气室，除湿系统在Nafion管壁外产生比采样流量大的气流，这样在Nafion管的内外壁产生压差，水分子将从高压的内管通过壁膜进入低压的外管；Grimm公司特殊设计的Nafion管对样气进行等温除湿，避免了常规的加热干燥除湿方法造成样品中半挥发性有机物的损失。

6.4.1.4 积分浊度仪（integrating nephlometer）

积分浊度仪最早由 Beutell 和 Brewer 于 1949 年设计出来，之后经过 Heintzenberg 和 Charlson（1996）多次改进后形成了成熟的 TSI 多波段积分浊度仪探测技术。本章散射系数的观测使用了美国 TSI 公司生产研制的 3563 型三波段积分浊度仪（450nm、550nm 和 700nm），它可以直接测量气溶胶粒子在不同通道 7°～170°的总散射系数和 90°～170°的后向散射系数。TSI-3563 型积分浊度仪可以利用已知散射特性的标定气体（如 CO_2、CCl_2F_2 等）进行校准标定，也可以直接用干洁空气进行标定，干洁空气由仪器自带的过滤装置产生，仪器的测量精度为 0.2Mm^{-1}，时间分辨率一般设定为 5min。前向散射（即非理想散射角效应）的截断误差根据 Anderson 和 Ogren（1998）建议的方法进行修正，研究证实采样气流的相对湿度在 10%～40%时由相对湿度引起的气溶胶散射系数截断误差最小，采样管加热装置可以确保整个采样期间相对湿度小于 40%。积分浊度仪的主要优点有：可以开展全天候连续、自动观测，不破坏气溶胶的组分，且标定方法简单、方便；可以直接测量获取气溶胶的总散射系数和后向散射系数；仪器本身的噪声小、分辨率高。因此，它可被广泛应用于气候变化的研究和环境质量监测中。

6.4.1.5 M9003 型积分浊度仪（integrating nephlometer）

M9003 型积分浊度仪由澳大利亚 Ecotech 公司研制生产，它使用单色发光二极管阵列作为光源，具有低功耗、长寿命、高信噪比等特点，操作简便，能够对散射角在 10°～170°范围内气溶胶粒子的散射系数进行实时、连续探测。仪器直接测量单波段气溶胶的散射系数，测量范围为 0～2000Mm^{-1}，测量波长主要由 450nm、525nm 和 700nm 三种。由于 M9003 浊度仪的测量积分区间为 10°～170°，会造成一定的测量截断误差。理论研究表明，当空气中气溶胶颗粒主要为细粒子时，积分浊度仪的截断误差小于 10%，但粗颗粒的截断误差可达 40%以上。

M9003 型积分浊度仪属于单波长积分浊度仪，在采样泵的驱动下，空气通过进气管进入光学测量腔体，测量后通过排气口排出。在光学测量腔体内，空气样品对发光二极管发出的入射光产生散射，由光电倍增管对正比于入射光强的散射光信号进行检测。光学测量腔体内装有光学隔板，只允许一个狭小锥体内的散射光可以到达光电倍增管，其散射角在 10°～170°，并且阻挡多次散射的杂散光进入光电倍增管。在这种条件下，光电倍增管产生的信号正比于样气的散射系数 b_{sca}，光学测量腔体内还安装了光阱和多层隔板，用于消除器壁对光源的反射光合杂散光。光学测量腔体内，由已知透射比材料制成的快门每分钟关闭两次，从而使浊度仪对测量系统的变化做出调整。

6.4.1.6 黑碳仪（aethalometer，AE）

美国 Magee 公司研制生产的 AE-31 型黑碳仪采用光学衰减方法实时、连续同步测量不同波段的黑碳质量浓度，它有 7 个测量通道，波长分别为 370nm、470nm、520nm、590nm、660nm、880nm 和 950nm，带宽为 20nm；采样流量为 5L/min，仪器精度为 1ng/m^3，时间分辨率为 5min；仪器采用标准气体定期进行校准标定（www.mageesci.com）。

在一定范围内，某个波段 λ 的光学衰减量 ΔATN_λ 与单位面积 A 采样滤膜上黑碳气溶胶的沉积量有如下线性关系：

$$\Delta \text{ATN}_{\lambda} = \ln\left(\frac{I_0}{I}\right) = \sigma_{\lambda} \times \text{BC} \tag{6.16}$$

式中，$\Delta\text{ATN}_{\lambda}$ 为某一个波长采样一个周期的光学衰减量；I_0 为采样前透过滤膜的光强；I 为采样后透过滤膜样品的光强；σ_{λ} 为某一个波长黑碳气溶胶的比衰减系数，表示单位面积沉积在滤膜上单位质量的黑碳颗粒对光的衰减，m^2/g。根据黑碳气溶胶的不同来源及混合状态，σ_{λ} 值在一定范围内变化，一般在 10～$19\text{m}^2/\text{g}$。本章节采用美国 Magee 公司推荐的 σ_{λ} 与波长变化关系式 $\sigma_{\lambda} = 14625/\lambda$ 确定各个波段的 σ_{λ} 值，如 880nm 波段的 σ_{λ} 值推荐为 $16.6\text{m}^2/\text{g}$，黑碳气溶胶浓度为单位面积采样膜上的黑碳质量，单位为 ng/m^2。

6.4.1.7　黑碳颗粒物吸收光度计（particle soot absorption photometer，PSAP）

由美国西雅图辐射研究实验室生产研制的 PSAP 型黑碳颗粒物吸收光度计主要基于滤膜方法，用于研究气溶胶吸收系数，它有单波段和三波段（470nm、522nm 和 660nm）两种型号。当空气气流流过仪器左边的主滤膜时，气溶胶颗粒被收集在采样膜上，然后气流通过右边的参照滤膜，滤膜上方有光源，下方有光电探测器，通过对比两个滤膜透过率的变化可以计算采集在滤膜上气溶胶颗粒的吸收系数。Bond 等（1999）、Virkkula 等（2005）、Sheridan 等（2005）对仪器的工作原理、观测过程中流量、滤膜大小以及非吸收性颗粒散射产生的误差进行了系统的描述，气溶胶吸收系数 σ_{PSAP} 可表示为

$$\sigma_{\text{PSAP}} = \frac{1}{(1.2369 \times T_{\text{r}} + 0.8135)} \times \sigma_0 \tag{6.17}$$

式中，T_{r} 为滤膜的透过率；σ_0 为标准方法测量的吸收系数，其表达式为 $\sigma_0 = \frac{A}{Q \times \Delta t} \times \ln\left(\frac{I_t - \Delta t}{I_t}\right)$，其中，$A$ 为滤膜面积，Q 为间隔时间 Δt 内通过滤膜的气流流量，$I_t - \Delta t$ 和 I_t 分别为间隔时间 Δt 前后滤膜的光强。

6.4.1.8　多角度吸收分光光度计（multi angle absorption photometer，MAAP）

美国 Thermo Scientific 公司生产的 5012 型多角度吸收分光光度计可测量激光透过滤膜后的衰减量，根据光束通过采样样品后的衰减量与滤膜上黑碳气溶胶质量浓度的线性关系，可直接计算出黑碳的质量浓度。5012 型多角度光度计的测量波长为 670nm，使用滤膜玻璃纤维收集大气中气溶胶颗粒，仪器腔体内部增加了光散射的测量，可用于校正颗粒物累积在滤膜上多次散射造成的误差影响。在进气口安装了 2.5μm 的切割头，进气管长度为 1.5m，使用外径为 1/2in（1in=2.54cm）的碳质防静电导管，室温保持在 25℃左右；实时连续观测，采样频率为 1min 输出并保存在电脑上。美国 Thermo 公司推荐 670nm 的比衰减系数 σ_{670} 值为（6.5±0.5）m^2/g，根据实测的黑碳质量浓度，我们可以计算对应波长的光吸收系数。

测量地面气溶胶综合特性参量的各类仪器设备的关键技术指标、测量范围和精度等信息如表 6.2 所示。

表 6.2　各类气溶胶仪器的关键技术指标

指标	TEOM	EDM-180	APS-3321	TSI-3563	M9003	AE-31	MAAP
测量范围	0～5g/m^3	0～6mg/m^3 1～2×10^6 个/L	0～10mg/m^3 0～10^3 个/cm^3	0～2000 Mm^{-1}	0～2000 Mm^{-1}	0～1000 Mm^{-1}	0～1000 Mm^{-1}

续表

指标	TEOM	EDM-180	APS-3321	TSI-3563	M9003	AE-31	MAAP
分辨率	0.1μg/m³	0.1μg/m³	0.1μg/m³	0.44 Mm⁻¹，0.17 Mm⁻¹，0.26 Mm⁻¹	0.3 Mm⁻¹	0.1μg/m³	0.66 Mm⁻¹
精度/%	±1.5	±1	±1	±1	±1	±1	±1
激光波长/nm	—	660	655	450，550，700，3 波段	525	370～950，7 波段	670
散射角/（°）	—	90	—	9～170	10～170	—	—
流量/（L/min）	16.7	1.2	5	—	5	2～5	8～20
工作温度/℃	0～40	0～40	0～40	0～40	0～40	0～40	-20～60

6.4.1.9　天空辐射计（sky radiometer）

日本 PREDE 公司研制生产的天空辐射计（型号：POM-01 或 POM-02），是亚洲气溶胶-云-辐射相互作用地基观测网（SKYNET）的主要仪器（Takamura et al.，2004）。POM-01 型辐射计采用硅光电二极管和旋转式滤光片测量从可见光-近红外通道的太阳直接辐射值，其中心波长为 315nm、400nm、500nm、675nm、870nm、940nm 和 1020nm。POM-02 型在 POM-01 型基础上增加了 InGaAs 光电二极管用于探测近红外波段的辐射值，即增加了 340nm、380nm、1600nm 和 2200nm 共 4 个通道，具体技术参数详见表 6.3。其中，315nm 和 940nm 波长的数据可分别反演臭氧总含量（Khatri et al.，2014）和水汽含量（Uchiyama et al.，2014）。1600nm 和 2200nm 波长的辐射数据可反演云光学参数；其他波段的资料可计算气溶胶光学厚度。315nm 通道的半波带宽为 3nm，而其他通道为 10nm。观测的视场角为 1.0°，最小散射角为 3°。仪器在白天实时自动跟踪太阳并进行观测，时间分辨率为 10min。传感器安装在双轴跟踪器上，通过电脑软件控制跟踪器并精确测量太阳直接辐射，由数字伺服电机执行等高圈天空辐亮度扫描。仪器配有一个降雨传感器，当有水滴落到雨量传感器上时辐射计将自动回到主位置（朝下）以保护光学镜头受到雨水的沾污。天空辐射计每年送到日本气象研究所或中国气象局与标准仪器进行室外平行对比定标观测，如果滤光片老化严重，将送到原厂家进行透过率检测。为确保观测数据的准确性，一般滤光片的透过率低于 80%时，厂家建议用户须更换新的滤波片。图 6.4 是天空辐射计进行太阳直接辐射和天空散射辐射观测（包括主平面和太阳等高度角天空扫描）等工作模式示意图。

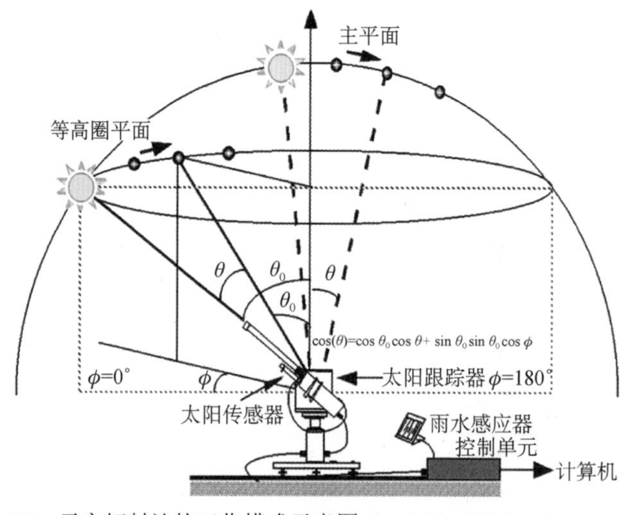

图 6.4　天空辐射计的工作模式示意图（Aoki and Fujiyoshi，2003）

表 6.3　天空辐射计的主要技术指标参数

指标	POM-01 型	POM-02 型
测量方法	分光光度计，紫外-近红外	分光光度计，紫外-增强近红外
探测器	硅光电二极管	硅光电二极管（紫外-可见） InGaAs 光电二极管（近红外）
跟踪器	实时自动精确跟踪太阳	
波段/nm	315、400、500、675、870、940、1020	315、340、380、400、500、675、870、940、1020、1600、2200
半波宽度/nm	3（315）、10（其他通道）	
波段精度/nm	2	
视场角/（°）	1	
软件	Windows 控制和数据采集软件，可设置仪器参数、天顶角和天空扫描方式	
通信方式	RS232 串口通信	
供电系统	110/230VAC，50/60Hz，可选 24VDC	
工作温度/℃	−10～45	−30～35
低温选择/℃	−30～45	−50～35
高温选择/℃	−10～60	−35～50

6.4.1.10　太阳光度计（CE-318）观测及其标定

法国 CIMEL 公司研制的 CE-318 型太阳光度计可自动测量不同波长的太阳直接辐射和天空散射辐亮度值，反演获取整层大气柱气溶胶光学特性参量。CE-318 型太阳光度计是全球地基气溶胶自动监测网（AERONET）和中国气象局建立的气溶胶地基遥感观测网络（CARSNET）的标准仪器。系统主要由光学瞄准仪、传感器元件、双轴步进电机、数据采集、控制箱、三脚架、直流电源供电和太阳能电板等组成。光学瞄准仪有两个观测筒，一个准直筒直接探测不同波长的太阳直接辐射通量，另一个含有透镜的准直筒探测不同天顶角的天空辐亮度。仪器的视场角为 1.2°，四象限太阳跟踪精度优于 0.1°。太阳直接辐射的测量误差小于 2%，而天空散射辐射的观测误差小于 5%。仪器每年被送到美国国家航空航天局的戈达德空间飞行中心（GSFC）与标准的参考仪器进行室外对比定标和室内光源校准，以检测传感器滤光片的精度（Holben et al.，1998）。目前国内的中国气象局大气成分观测与服务中心（Che et al.，2009；Tao et al.，2014）、中国科学院空天信息创新研究院（Li et al.，2008）和中国科学院安徽光学精密机械研究所的通用光学定标与表征技术重点实验室都分别建立了独立的太阳光度计仪器标定中心，分别承担了国内大部分台站光度计的室外标准仪器的对比定标和 2m 积分球辐射源室内校准定标等任务。与天空辐射计的工作模式类似，CE-318 型太阳光度计不仅能自动跟踪并进行太阳直接辐射的实时观测，同时也可进行太阳主平面扫面、太阳等高圈（或等高度角）天空扫描或极化通道天空扫描等测量。光度计在 1min 内自动跟踪并进行 3 次太阳直接辐射测量，每隔 15min 左右进行一次天空辐亮度扫描，并将数据资料自动保存在控制箱的存储卡里，并在完成观测后传输到接收数据的电脑上。如果建立了 DCP 远程传输平台，太阳光度计还能通过卫星实现远程传输数据。图 6.5 为太阳光度计在 SACOL 站不同工作模式下的实物图。

图 6.5　太阳光度计的不同工作模式（2010 年 8 月 6 日拍摄于 SACOL 站）

6.4.2　仪器安装

6.4.2.1　环境颗粒物监测仪（TEOM）

RP1400a 型颗粒物监测仪的质量传感器元件（TEOM）和控制单元要求安装固定在室内一个平坦、稳固的平台或实验架子上，一根绝热加热采样管伸出室外屋顶，通过信号电缆、空气管路、气流管线和橡胶管接头连接仪器传感器和采样管；用圆形法兰盘固定采样管，并密封好连接处，依次安装固定三脚架、分流装置和 PM_{10} 切割头及管线等。仪器通电之前，应该提前安装好采样滤膜，滤膜应始终保存在传感器单元内部，保持室内环境干燥和室温条件（15～30℃）。滤膜的安装和更换：滤膜的使用寿命取决于采样颗粒物粒径、空气环境的污染程度、主流量比的设置和滤膜的负载率。为确保观测数据的准确性，当负载率等于 90%时，应必须及时更换新的采样滤膜。当滤膜的负载率大于 90%时，仪器控制面板上的红色指示灯“A”会变亮，故障按钮会从“OK”变为“×”。通过仪器传感器的主气流流量标准值为 1L/min 左右，如果低于正常值范围，应更换新的在线放大过滤器。仪器正常工作后，可以通过仪器自带的 TEOMCOMM 软件将观测数据实时显示并下载、存储在计算机上。

仪器的日常维护：每次更换新的采样滤膜时，应全面清理 PM_{10} 切割头上的灰尘杂物，建议至少每个月清理一次，每次清洗时，检查“割头型密封圈是否有磨损；每 6 个月左右检测并更换控制单元后面板的在线大过滤器；至少每年清理空气管道 1 次，用软毛刷清除其内壁上附着的颗粒物；每 1.5 年重建采样真空泵。

气流主流量出现不正常范围值时，请按照以下步骤逐一排除问题的原因：首先检查气水分离器芯、大过滤器是否堵塞；更换限流孔、清洁电磁阀，阀座及 V 形密封圈；更换电磁阀上部的白色过滤器；正确地更换流量传感器（主路、辅路）；清洁 PM_{10} 切割头及全部采样管；检查确定真空泵是否运行正常，否则更换备件；如更换或拆装气路系统部件后，则需要及时检漏；雨季时应及时检查，根据雨杯水量做出判断，进行气路系统除水处理。

为确保获取高质量、精确的观测数据，在安装、调试仪器过程中，请严格按照以下程序进行：①安装滤膜时不要用手接触滤膜表面；②每次使用装膜工具（尤其是装标准膜的红色工具）前要清洗工具与膜接触的部分；③控制单元和传感器单元必须配对使用，即两者的系列号必须一致；④放大板与质量传感器必须配对使用，否则必须用示波器重新调整放大板；⑤为防止产生结露，机房温度不要低于 28℃，主路进气管要加绝热套，要把黑色的主流量管和绿色的辅流量管切短到适当长度，不要太长；⑥每次拆装管路的任何部分后需要重新捡漏，如有泄漏就不能工作；⑦在暴风雨到来时，或颗粒物质量浓度大于 $10mg/m^3$（如强沙尘暴），为了不损坏仪器传感器元件，建议关闭仪器设备。

6.4.2.2　颗粒物粒径谱仪（EDM-180 型）

EDM-180 型颗粒物粒径谱仪主要由主机（电源、采样泵、除湿系统、光学分析系统、气路等）、连接件、1.5m 标准采样管、延长管、气象要素传感器和存储卡等组成，安装前先检查各个部件是否齐全、完整。为避免人类活动的影响，仪器采样管一般安装在楼顶空旷处，采样口周围无遮挡物；为采样管提前钻好一个直径为 65～70mm 的圆孔，并做好防水；实验室内需要一个平整、稳固的工作台安放仪器主机和数据采集电脑。准备好连接件及固定件，与主机连接；完成连接件的安装。安装采样管：①根据安装环境定位传感器信号线，注意不要压到传感器信号线；②拆下切割头，保存好固定螺丝；③从采样管下端安装防水杯，连接排水管；④抬起升降杆；⑤插入传感器信号线；⑥将采样管轻轻左右旋转插入固定架，采样管上红点朝向前面板，注意不要压到传感器信号线，注意采样管与仪器铜嘴连接正常，最后固定前方六角螺丝；⑦连接传感器信号线。再次检查各连接线、管路、数据线、电源线和接地线合适，插入数据存储卡，就可以按步骤开机自检；如果安装正常，仪器屏幕显示 PM_{10}、$PM_{2.5}$ 观测数值一般低于 $5\mu g/m^3$，如果数值无明显降低或数值过大，请检查仪器与采样管、采样管与延长管连接处是否有漏气。

日常巡检：每天查看仪器屏幕面板上的状态灯“常巡检”：每天查是否指示正常工作；根据环境天气状况判断实时观测到的 PM 颗粒物质量浓度是否出现不合理的异常值；检查仪器软件的运行情况和仪器内部时钟时间是否准确。仪器维护：定期清洁切割头、采样光室、采样管路、滤芯和校准标定；建议至少每三个月对各项进行维护，如强沙尘暴、重雾霾污染等天气过程结束后，需要对仪器设备及时进行清洁、维护。

6.5　数据质量控制和仪器标定

在实验室内或者户外连续工作的气溶胶仪器，由于激光光源的损耗、光学元件的老化等因素，仪器设备的校准系数随着时间会发生偏移变化，建议每年对气溶胶监测仪器的光源及主要光学元件进行 1 次校准标定。对各种类型气溶胶仪器的校准标定工作一般可委托仪器代理公司或原厂家完成。

6.5.1 测量误差

不同类型的气溶胶监测仪都具有不同的测量精度，受到标定校准方法、标定时间间隔和清洁维护等因素的影响，不同台站的气溶胶参数观测值与真实值之间通常会存在一定的系统偏差，此时仪器应该进行校准定标。一般根据将带定标的设备与同种类型的新仪器在干洁的实验室内进行平行对比观测定标，获取新的标定系数。

6.5.2 仪器的标定和订正

对气溶胶关键传感器进行定期的校准标定是获取高精度气溶胶综合特性观测数据的重要前提。气溶胶观测仪器设备的标定通常需要从光源校准标定和平行对比定标两个方面进行。

6.5.2.1 环境颗粒物监测仪（TEOM）

RP 1400a 型颗粒物监测仪观测到大气环境中气溶胶粒子的质量浓度原则上应该都是正值，但是在实际观测过程中数据资料会出现一些负值浓度，这可能是滤膜的动力学过程和仪器故障两大方面造成的。为了减少环境高的相对湿度对测量结果造成的影响，我们给采样管增加了加热除湿装置（恒定加热温度为 50℃），在除湿的同时可能会导致一些挥发性或半挥发性气溶胶化合物（如硫酸盐、硝酸盐和铵盐）损失，从而会产生负值信号。

1）滤膜的动力学过程造成的

滤膜的动力学过程一般会影响所测得的颗粒物质量浓度，主要包括以下五点：①非挥发性颗粒物；②挥发性颗粒物，主要包括沉积在滤膜上的固态颗粒物和从滤膜上挥发掉的气态颗粒物两种存在形式；③粘在滤膜上的人为物质，如化学物质，在一定的条件下也会从滤膜上挥发；④温度变化的影响；⑤仪器参数漂移，如电子漂移的影响。除了①项将会增加测得的质量浓度外，其余项将减少测得的质量浓度；当减少的质量大于滤膜增加的质量时，仪器观测的质量浓度就会出现负值，这就是滤膜的动力学过程。这个过程是客观存在的，只是 TEOM 仪器在实际运行中真实地反映了这个过程。

由于仪器的温度变化和参数漂移都比较小，所以负值出现的主要影响来自挥发性颗粒物。当环境污染程度比较高时，大气中的颗粒物主要由非挥发性颗粒物组成，挥发性颗粒物只占很小的比例，此时测得的质量浓度在大多情况下是正值。当环境条件比较清洁、干净时，挥发性颗粒物在大气中所占的比例就会增大，使测得的质量浓度变成负值。这就是在正常状态下仪器出现负值的一个原因。有时由于空气中微小的水滴的形成，负值也可能达到每立方米几百微克。水汽形成和蒸发的过程有以下特点：在测得较稳定的质量浓度的背景下突然出现一个较大的质量浓度值，这个数值可以达到每立方米几百到几千微克，甚至更高。这是因为水滴落在滤膜上引起的质量增加。然后经过一段时间连续出现一系列负值，这是水滴逐渐蒸发的结果。

2）仪器故障造成的

（1）气流通道漏气：此时应及时检测仪器各接头是否漏气；

（2）真空泵抽力减弱：可用真空泵修理配件重建真空泵；

（3）质量流量控制器损坏：及时清理流量控制器，或更换新的流量传感器；

（4）电路板损坏：此时应及时更换坏的频率计数板，放大板或 CPU 板；

（5）电源间歇性中断：请排除电源故障；

（6）采样滤膜没有装好：重新安装滤膜。

仪器故障造成的负值，其数值一般都比较大，可以达到每立方米数千微克，甚至每立方米数万微克或每立方米数十万微克。如果出现这么大的负值，可以确定存在仪器故障，此时应剔除对应异常数据。

为了避免负值的出现，仪器正常运行过程中，请确保尽可能满足以下条件：①保证工作电压稳定；②确保实验室内空气、箱体、上盖加热器的温度稳定；③主（辅）流量稳定；④采样系统畅通；⑤室内温度控制在 26～28℃；⑥室内采样管包装绝热层；⑦避免多次连续启动仪器；⑧加装现场总线设备监控管理系统 FDMS；⑨更换新的采样滤膜。

6.5.2.2　黑碳仪资料的校正方法

气溶胶光吸收系数是评估其气候辐射强迫效应的一个重要输入参量。AE-31 型黑碳仪虽然能同时对不同通道的气溶胶光吸收系数进行连续观测，但是基于滤膜方法测量得到的光吸收系数常常存在一定的系统误差，需要对其进行校正。黑碳仪测量误差主要有：①样品滤膜多向散射造成光学衰减，使得总消光增加；②滤膜中其他气溶胶类型散射造成的光衰减；③随着滤膜中光吸收物质的不断累积，光衰减度逐渐增大，使得承载滤膜的光学路径减小，从而影响测量结果。针对这些误差来源，当前国内外主要采用 5 种校正算法：Weingartner 等（2003）、Arnott 等（2005）、Schmid 等（2006）、Virkkula 等（2007）和 Coen 等（2010）。但经过校正后，黑碳浓度的测量结果仍存在负值、零值和无穷大值等不符合理论和实际情况的问题，金施群等（2013）基于上述 5 种校正方法，并利用沉积惯性等原理对气溶胶的透射衰减系数 b_{ATN} 和参考量 C_{ref} 进行多次校正，他们发现，改进的新算法能够修正黑碳仪 98%以上不符合理论和实际情况的测量值，可以进一步降低测量误差。

6.5.3　太阳光度计的标定

太阳光度计/天空辐射计直接辐射的校准标定通常有三种方法。

（1）标准光源标定法：在一个黑暗环境的标定实验室内，标准光源发射一束已知发射能量光线照射光度计的光学瞄准仪，通过测量传感器接收到的光辐射能量，就可以确定标定系数，这是最便捷的校准方法。Shaw（1976）指出，标准光源光谱辐射值的变化对定标结果造成较大的误差，一般在 10%以内。

（2）兰利标定法：在晴朗无云、干洁稳定的天气条件（即气溶胶浓度日变化较小）和气体分子吸收影响较小等理想状况下，通过测量光度计在不同太阳天顶角、不同波长的太阳直接辐射值，结合比尔-朗伯定律进行线性回归，即可确定标定系数。这种方法要求的大气环境条件非常严格，全球只有一些高海拔的台站才符合，如美国夏威夷岛的冒纳罗亚火山观测站（Mauna Loa Observatory，155°57′ W，19°53′N，海拔 3400m）（Holben et al.，1998）和西班牙伊萨纳天文台（Izana Observatory，16.499°E，28.309°N，海拔 2391m）。我国的瓦里关全球大气本底站（100.896°E，36.283°N，海拔 3816m）（Che et al.，2011b）和四川省理塘高山站（100.262°E，29.976°N，海拔 3913m）（Li et al.，2008）也是符合兰利标定方法的两个理想观测站点。

（3）传递标定法：将已经校准过的光度计（也称标准参考仪器）作为基准，与待标定的光度计安装在同一站点进行同步比对观测，以实现同一标准精度的目的。这种方法非常适合开展大量光度计的统一标定，其要求的天气条件为晴空、干净清洁和大气稳定，对站点的要求没有太过于严格（Li et al.，2008；Che et al.，2009）。

对于太阳光度计天空散射辐射的标定通常采用积分球辐射源校准方法。在实验室内以2m 积分球辐射源作为标准光源，根据待定标太阳光度计测得的信号值和标准光源的辐亮度值确定标定系数。这种方法标定的绝对误差在 5%以内（Holben et al.，1998；Li et al.，2008；Tao et al.，2014）。

SACOL 站有两台太阳光度计，一般光学传感器至少每年被送到美国国家航空航天局的戈达德空间飞行中心（GSFC）与标准参考光度计进行室内标准光源标定和室外对比传递定标，以检测滤光片的精度。仪器在野外连续运行观测，我们通常假定各个通道的标定系数在一段时间内没有发生变化。然而，户外连续工作的光学元器件长期暴露在太阳光线的直射下，其滤光片的透过率难免出现逐渐老化，同时滤光片的光谱也会偏离中心波长。因此，用户应根据天气条件定期进行兰利标定方法室外标定，计算各个通道的标定系数变化，掌握传感器的老化情况，这对于确保获取高精度的气溶胶特征参量资料是十分必要的。我们选取晴朗无云、干洁、稳定的天气条件，太阳光度计在不同太阳天顶角下进行太阳直接辐射测量，结合比尔-朗伯定律和兰利标定方法拟合计算各个波长的标定系数。式（6.5）左端 $\ln[V(\lambda)\times d^2]$ 项为 Y 轴与右端的 $m(\theta)$ 项为 X 轴画直线，用最小二乘法进行最优线性回归拟合，直线的斜率为垂直总消光光学厚度 $-\tau(\lambda)$，Y 轴上的截距为 $\ln[V_0(\lambda)]$，这就是兰利标定方法。

图 6.6 是 SACOL 站 2009 年不同晴天条件下太阳光度计的兰利标定方法定标结果。我们结合不同波长太阳直接辐射的日变化和同期全天空成像仪每分钟 1 张天空状况高清晰图像对晴空条件进行识别。由图可知，光度计各个通道接收到电压值的对数项 $\ln[V(\lambda)\times d^2]$ 与大气光学质量 $m(\theta)$ 呈现出非常显著的线性拟合关系，相关系数 R^2 都优于 0.995，说明兰利标定方法在 SACOL 站的校准结果是十分理想的。表 6.4 对比了 SACOL 站 10 个晴空天气下不同波长的兰利标定方法定标结果与 AERONET 校准结果。太阳光度计的传感器于 2009 年 2 月被寄到美国 NASA 的戈达德空间飞行中心与标准仪器进行传递对比定标。由于 940nm 波段是水汽强吸收带，需要对水汽吸收进行订正，这里给出 940nm 的结果只作为一个参考。由表 6.4 可知，只用 1 天或 2 天的标定结果不具有代表性；AERONET 也建议，选取 8 天以上理想晴空天气进行兰利标定才可能符合一定的代表性。本章分别计算了 10 天标定结果的平均值与 AERONET 校准结果的相对偏差在 440nm、675nm、870nm 和 1020nm 波长分别为 2.59%、−1.76%、0.94%和 0.82%，这表明了 SACOL 站兰利标定方法的结果与 AERONET 校准结果保持很好的一致性，同时也反映了太阳光度计具有较强的工作稳定性，是适合于

在野外连续运行的仪器。

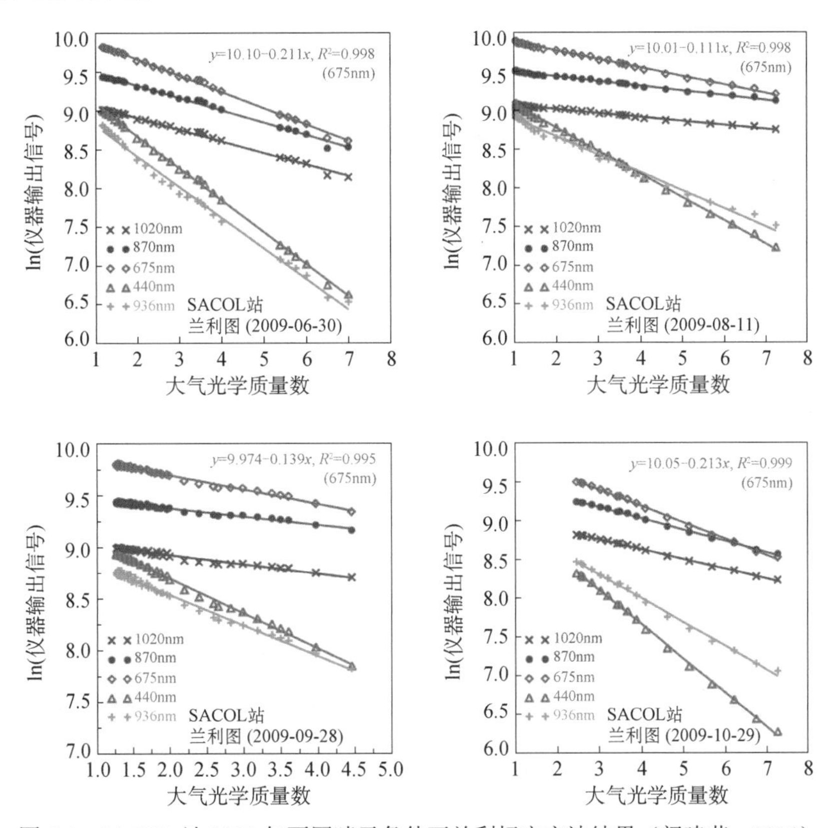

图 6.6　SACOL 站 2009 年不同晴天条件下兰利标定方法结果（闭建荣，2014）

表 6.4　SACOL 站 2009 年 10 个晴空天气的兰利标定方法与 AERONET 传递标定结果对比

日期	1020nm	870nm	675nm	440nm	940nm	标定时段
2009/06/30	10124.9	15658.02	24340.59	13584.19	10137.84	下午
2009/08/11	9281.88	14443.88	22235.46	12101.74	9456.29	下午
2009/08/30	8905.14	13755.04	20958.6	11010.58	8083.98	下午
2009/09/28	9020.836	13863.3	21466.67	117772.06	9215.44	全天
2009/10/04	9214.36	14593.86	22166.98	11829.35	10095.9	下午
2009/10/16	8867.87	14253.55	21474.73	11365.85	9801.9	下午
2009/10/29	9456.3	15185.41	23231.34	12763.47	10375.29	下午
2009/11/17	9416.06	16993.88	26173.52	15387.06	15541.92	上午
2009/12/25	9004.09	15559.12	23798.52	13648.34	14301.61	下午
2009/12/28	8962.12	15551.75	23852.26	13757.16	14225.9	下午
总平均值	9225.36	14985.78	22969.87	12721.98	11123.61	—
AERONET	9301.95	15128.57	22572.55	13060.29	16578.04	2009/02
偏差/%	0.82	0.94	−1.76	2.59	32.90	—

资料来源：闭建荣，2014。

云筛选算法：除了降水天气过程，CE318 型太阳光度计在晴空或多云天气下都能自动实时跟踪太阳并进行连续观测。如何从原始数据资料中剔除云的影响，对于准确获取高质量的气溶胶特征参量是十分重要的。AERONET 观测网根据 Smirnov 等（2000）提出的云筛选算法有效剔除了云干扰的数据。此算法的核心是假定云光学厚度的时间变化率比气溶胶 AOD 的时间变化要大，主要分为 5 个步骤：数据质量检测、三组测量数据稳定性判据、日稳定性检测、平滑性判据和三倍标准偏差判据。算法的具体介绍、计算过程及物理解释请参照 Smirnov 等（2000）的文章。云筛选算法流程如图 6.7 所示。

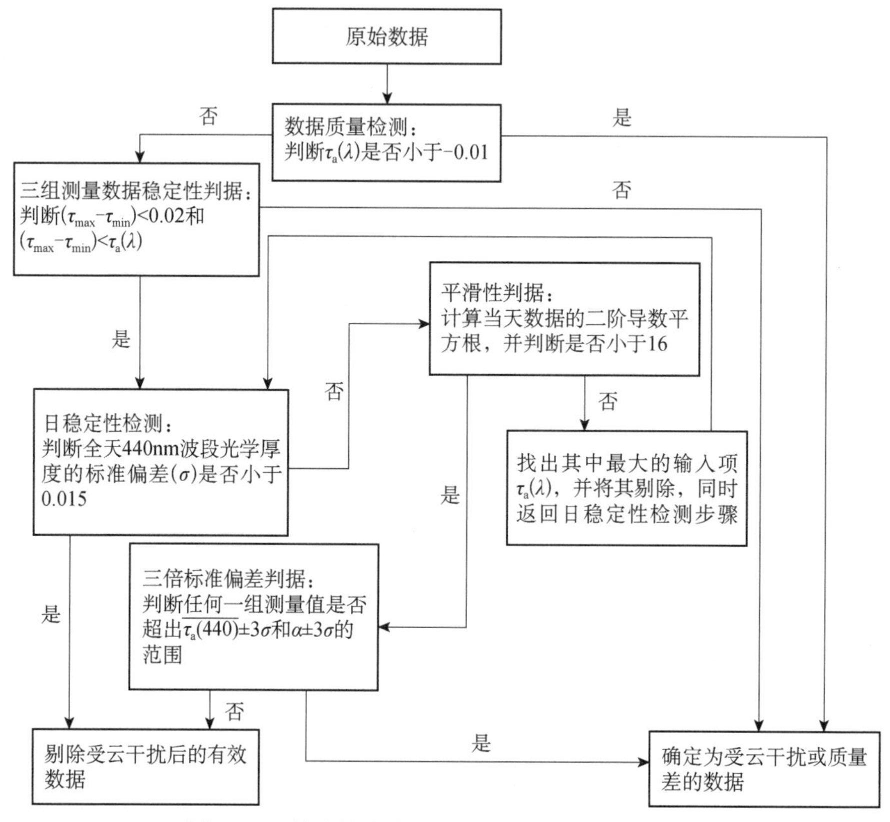

图 6.7 云筛选算法流程图（Smirnov et al.，2000）

τ_{max} 表示气溶胶光学厚度最大值；τ_{min} 表示气溶胶光学厚度最小值；$\overline{\tau_a(440)}$ 表示 440nm 波长气溶胶光学厚度的平均值；α 表示 Ångström 波长指数

6.5.4 结果对比验证

本章主要采用 Nakajima 等（1996）开发的 SKYRAD.PACK 程序软件计算处理天空辐射计观测的太阳直接辐射、天空散射数据和固体立体角等原始数据，具体的反演方案和计算过程请参照 Nakajima 等（1996）的讨论。结合 TOMS 卫星提供的日平均臭氧柱含量、MODIS 卫星产品的不同波段光谱地表反射比、同期的地面气压值等资料，可以反演获得各个波长的气溶胶光学厚度、粒子尺度谱、单次散射反照率、不对称因子和空气复折射指数等物理量。其中，云筛选算法主要根据 Khatri 和 Takamura（2009）提出的结合太阳总辐射资料和 AOD 值光谱变化特征剔除云干扰数据。而 CE-318 型太阳光度计的气溶胶光学特性参数来自 AERONET 提供的反演产品（Holben et al.，1998）。

图 6.8 为天空辐射计观测的 SACOL 站 4 个波长 AOD 值与同期太阳光度计观测结果的散点图对比。我们只统计了两种仪器观测时间差在 3min 以内的 AOD 瞬时值，时间段为 2009 年 3～11 月，共 1520 组有效数据。结果表明，两种仪器观测 440nm、675nm、870nm 和 1020nm 波长的 AOD 值非常一致，相关系数分别为 0.9777、0.9810、0.9660 和 0.9718，总平均差异分别为−7.92%、−0.60%、−6.57%和−8.28%。

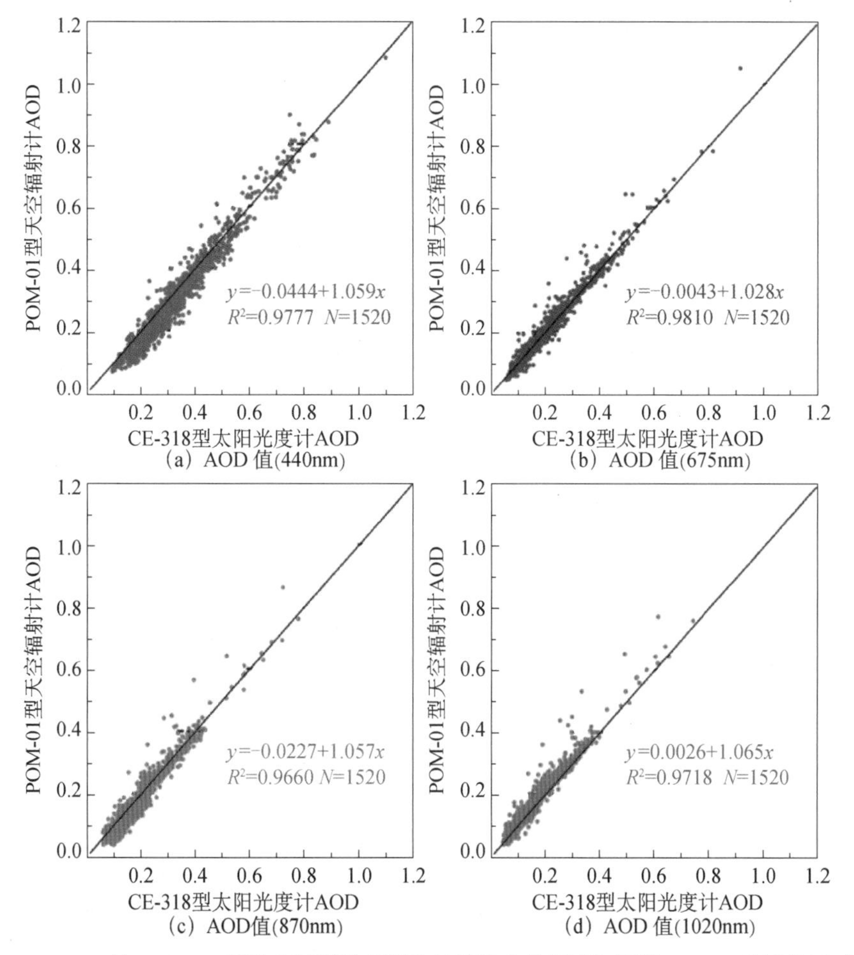

图 6.8　SACOL 站 POM-01 型天空辐射计观测的气溶胶光学厚度与同期 CE-318 型太阳光度计的结果对比（闭建荣，2014）

Dubovik 和 King（2000）、Dubovik 等（2000）采用 Nakajima 等（1996）提出的算法和限制条件处理了太阳光度计观测资料，并反演获取气溶胶尺度谱分布。图 6.9 是 SACOL 站 POM-01 型天空辐射计反演的溶胶尺度谱分布与同期 CE-318 型太阳光度计的对比结果。我们也分析了两台仪器在 3min 之内的谱分布瞬时值，共有 50 天有效数据。很明显，两种仪器反演的气溶胶尺度谱分布均呈现出双峰结构，其中粗模态分布的一致性比较好，而 CE-318 型光度计反演的细模态尺度谱分布比 POM-01 型天空辐射计的结果偏高。

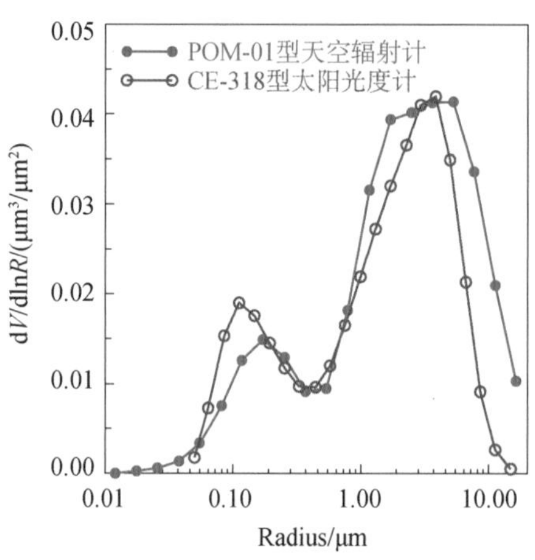

图 6.9 SACOL 站 POM-01 型天空辐射计反演的溶胶尺度谱分布与同期 CE-318 型太阳光度计的对比结果（闭建荣，2014）

时间为 2009 年 4～10 月，共 50 天有效数据

6.5.5 数据质量控制

气溶胶仪器在实验室内或户外进行长期连续运行观测和校准过程中，由于仪器日常维护、故障和检修等过程的影响，原始数据不可避免地存在偏差、出现错误或缺测等问题。如果某一个时刻的记录数值出现类似“−999”或者“NAN”等乱码时，表示该时刻为无效测量或数据存在问题。对出现的各种异常的数据点进行标记并合理剔除，主要包括仪器运行不良、连接不良、等待数据恢复时段、零点检查、跨度检查、零点校准、跨度校准、有效数据不足、数据超出仪器观测的上限或下限等。当采集获取一段时间的气溶胶变量数据后，定期对原始资料进行连续性检查和实时的质量评估是非常重要的，通过此方式可以有效地发现不合理的数据并及时进行修正，这将为后期研究工作的开展提供高质量的资料基础。首先，找出不合理或超出常规值范围的野点、拐点数据，并将其标记，探究具体原因，如果是仪器清洁维护期间或其他人为影响因素造成的，则用“−999”代替；其次，为了保证观测资料的连续性，必要时对缺失的数据资料进行插补。

在整理数据过程中，我们发现有些时刻 $PM_{2.5}$ 和 PM_{10} 质量浓度数据都是“0”，则将这些数据标记为“−999”，表示缺测；同时还出现 $PM_{2.5}>0$ 且 $PM_{10}=0$ 的情形，此时将 PM_{10} 也标记为“−999”，表示缺测。近期，Wu 等（2018）提出了一套基于残差概率的自动化方法对中国环境监测总站的异常数据进行了有效识别，主要包括时间一致性、空间一致性、小变化异常、周期异常和 $PM_{10}<PM_{2.5}$ 等方法，该方法可以准实时方式（1min 内）对全国 1436 个国控站点六项常规污染物（PM_{10}、$PM_{2.5}$、SO_2、NO_2、CO 和 O_3）监测中的可疑异常数据进行标记和识别，目前已被应用于中国环境监测总站的空气质量预报系统。本章主要根据 Wu 等（2018）提出的时间/空间一致性、小变化与周期异常和 $PM_{10}<PM_{2.5}$ 方法对 $PM_{2.5}$ 和 PM_{10} 的异常数据点进行识别、标记，对不合理的数据用“−999”表示。我们将经过一系列质量控制后的数据表示为整理数据，并对数据进行整编、保存。

黑碳质量浓度的质量控制主要有仪器订正和异常数据检查。仪器正常观测过程中，操作人员每天按时检查、记录仪器的各个参数并记录天气现象，定期检查室内温度是否为25℃左右，定期检测仪器的零点，每个月对仪器抽气泵的进气流量进行订正。在资料处理过程中，对原始数据进行筛选，通常使用阈值范围检查和时变检查的方法对数据进行质量控制。

1）阈值范围检查

将观测数据超出黑碳质量浓度出现物理上不可能的阈值定义为异常数据，合理甄别并剔除这些不合理数据点。例如，由于停电造成数据出现错误代码，出现强降水和沙尘暴等可能影响黑碳质量浓度的观测结果的重要天气过程，因为强降雨天气的湿沉降清除作用将明显降低空气中的黑碳浓度，强沙尘暴天气产生的细颗粒进入采样管影响观测结果；采样滤膜上累积的黑碳含量超过阈值后将自动更换下一张滤膜，新滤膜由于累计黑碳浓度较少，造成前后两个观测数值误差较大。

2）时变检查

黑碳仪是根据测量的光衰减量乘以吸收系数获取黑碳质量浓度。由于测量光强度的传感器元件上的信号波动有可能导致一定时间内相邻的数据表现出正值、负值的大幅频繁振荡，而其小时平均值却变化不大，这些数据不能作为“噪声”剔除。因此，为了便于数据处理和分析，在不改变黑碳气溶胶小时浓度基本变化规律的基础上，先对所有 5min 平均的数据进行 5 点滑动平均处理后，将实测数据与 5 点平滑值的相对偏差超过 15%的数据点剔除，消除数据正/负异常变化对结果处理的影响后，再计算小时平均的质量浓度。

经过以上步骤的质量控制，我们检测出一些不合理的数据点，并用“−999”代替。为确保观测资料的长期连续性，对被剔除的数据值进行合理的插补是十分有必要的。本节主要介绍相邻数据线性内插填补的方法，具体请参照 5.5 节内容。经过标准严格的质量控制、筛选、剔除和插补后，我们获得了高质量的气溶胶特性数据资料，根据这些数据可以开展科学研究分析工作。例如，进行气溶胶消光、散射和吸收特性长时间序列的变化趋势分析，计算小时平均、日平均、月平均和季节平均，以开展季节或年际变化特征研究。

6.6　主要观测结果

本小节以 SACOL 站和我国西北地区多次野外加强观测试验为例，分析典型天气条件下气溶胶综合特性参量的日变化、季节变化与年际变化特征及其平均光谱变化，以深入探究西北干旱半干旱地区气溶胶光学特征的变化规律。地面气溶胶现场观测主要参量有 PM_{10} 质量浓度、散射系数、吸收系数、粒径谱分布，而太阳光度计/天空辐射计观测不同波长的太阳直接辐射和天空辐亮度数据可反演获得气溶胶光学厚度（AOD）、Ångström 波长指数、水汽柱含量（WVC）、单次散射反照率（或称单次散射比，SSA）、不对称因子（ASY）、尺度谱分布（$dV/d\ln R$）、复折射指数的实部（real part，Re）和虚部（imaginary part，RI）等重要的光学、微物理特性参数。为了使统计结果具有代表性，在计算气溶胶光学参量的日平均值时，本节只统计有效观测数据大于 10 个的天数，而在计算月平均值时，我们只统计每个月的有效观测天数大于 10 天；进而可以计算季节平均和年平均值。

6.6.1　典型天气条件下气溶胶特性的日变化

由于实际观测得到的气溶胶粒径区间范围不均匀，且粒径范围跨度较大，为了保留粒径分布的全部信息同时显示出小粒径细颗粒的谱分布特征，气溶胶粒子直径 D 一般用对数表示，粒子数浓度谱函数可表示为：$N(\mathrm{d}D)=\mathrm{d}N/\mathrm{dlog}D$，其中，$D$ 为粒子直径，单位为 μm，$\mathrm{d}N$ 为粒径在 $\log D \sim \log D+\mathrm{dlog}D$ 的粒子数，$\mathrm{dlog}D$ 为粒径增量，$N(\mathrm{d}D)$为粒子数浓度函数。

图 6.10 是 2012 年春季敦煌戈壁农田地区 PM_{10} 小时平均的质量浓度、670nm 气溶胶吸收系数及散射系数和粒径谱分布的时间序列变化。整个实验期间，敦煌地区气溶胶各种光学特性参量均表现出剧烈的日变化和季节变化特征。很明显，4 月 1 日至 5 月 10 日地面气溶胶的质量浓度都明显高于 5 月中旬至 6 月份的浓度，与天空辐射计反演整个大气柱气溶胶含量的结果是一致的（Bi et al.，2014），这主要受到春季敦煌地区频繁发生沙尘暴天气的影响。此外，局地各种人类活动对高浓度的气溶胶粒子也有一定的贡献作用。5 月 10 日前属于该地区的非生长季节，各种农业耕作活动过程（如翻耕、犁地、耙地和土地规整等）使更多疏松的农田土壤颗粒裸露，频发的强冷锋天气系统将这些尘土粒子吹起并卷入大气中，对高浓度的气溶胶贡献了重要的叠加效应。而在植被生长季节（5 月 10 日以后），农田的作物逐渐发芽、生长，裸露的疏松土壤细粒子不断被植被根系和叶子覆盖、固定，因而不易被强风吹起。整个期间 PM_{10} 质量浓度、670nm 散射系数和吸收系数的总平均值分别为（113±169）$\mu g/m^3$，（53.3±74.8）Mm^{-1} 和（3.2±2.4）Mm^{-1}；晴朗背景天气条件下，PM_{10} 质量浓度主要在 0～50$\mu g/m^3$ 范围内变化，这说明敦煌地区光散射和光吸收物质的背景浓度相对是比较低的。因此，人类活动排放或干扰（如农田耕作、燃烧排放）引起的任何一个小扰动将显著影响这一地区的气溶胶光学、辐射特性。我们捕捉到几个较强的沙尘暴天气过程，如 4 月 4 日、21～22 日和 30 日，5 月 1～3 日、8～11 日和 20 日，6 月 4 日和 10 日，在这些沙尘天气中 PM_{10} 质量浓度最大值均高于 1000$\mu g/m^3$，甚至达到 2000$\mu g/m^3$，是总平均值的 10～20 倍；散射系数大于 400Mm^{-1}（最大值达 800Mm^{-1}），而吸收系数都在 10～25Mm^{-1} 范围内。同时，可以看出，敦煌地区 2012 年 4～5 月中旬沙尘天气出现的频次和强度明显比 6 月份的强。由图 6.10 可知，在两次强沙尘天气过程中，沙尘粒子数浓度主要集中在粒径为 0.5～6μm，数浓度在粒径 1～3μm 范围内保持极大值。平均日变化的沙尘粒子数浓度也主要集中在粒径为 0.5～6μm，数浓度在粒径 1～3μm 范围内保持极大值。

我们进一步分析了 APS-3321 型空气动力学粒径谱仪观测的敦煌地区 0.5～20μm 范围内 52 个通道不同粒径的沙尘质量浓度，并分别统计 0.5～2.5μm、2.5～20μm、5.0～20μm 和 10.0～20μm 波段范围内沙尘质量浓度占总质量浓度（0.5～20μm）的比例。如图 6.11 所示，整个观测期间，0.5～2.5μm 范围内沙尘质量浓度百分比在 3.3%～49.8%，平均值为（12.9±5.0）%；2.5～20μm 范围内沙尘浓度百分比在 50.2%～96.7%，平均值为（87.1±5.0）%；5.0～20μm 范围内沙尘浓度百分比在 7.4.2%～77.1%，平均值为（50.2±11.7）%；而 10.0～20μm 范围内沙尘浓度百分比在 0～36.7%，平均值为（6.6±7.0）%。在非沙尘天气条件下，各个粒径范围内沙尘含量百分比变化较为平稳，且存在明显的差异特征；当沙尘天气发生时，各粒径范围内的沙尘含量显著增加，很明显，0.5～2.5μm 粒径范围内的沙尘含量增加的幅度比 10.0～20μm 的沙尘含量大。这主要是由于只有地面风力达到足够强大时才有可能将地面上大粒径（>10μm）的沙尘颗粒吹到高空，同时粗沙尘粒子具有较大的重力作用，在大气中很快又沉降回到地表面。

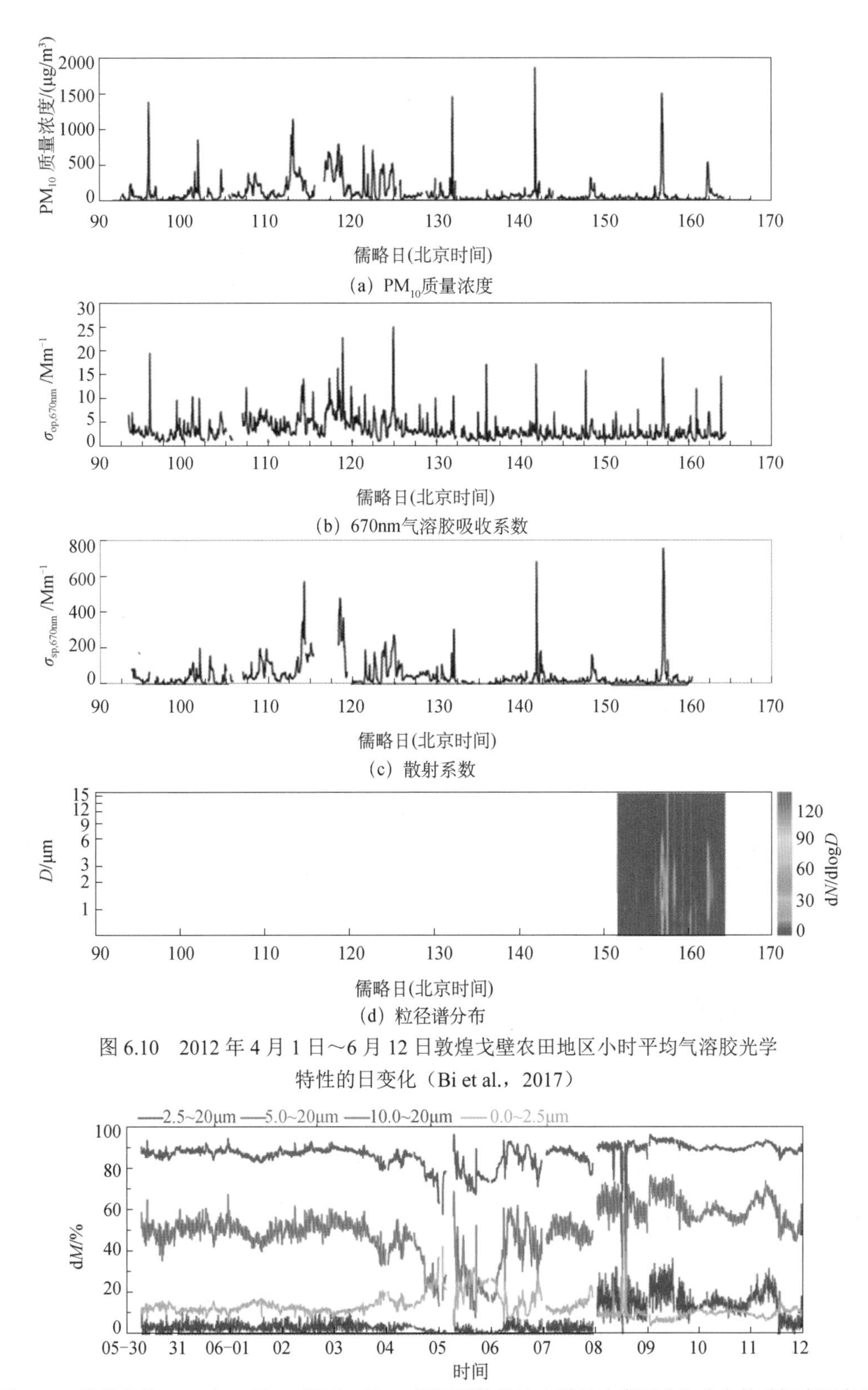

图 6.10　2012 年 4 月 1 日～6 月 12 日敦煌戈壁农田地区小时平均气溶胶光学特性的日变化（Bi et al.，2017）

图 6.11　敦煌戈壁 2012 年 5 月 30 日至 6 月 12 日不同粒径沙尘质量浓度百分比分布的时间序列变化

数据分辨率为 5min

为了进一步研究敦煌地区沙尘气溶胶的特征，我们分析了几个典型的沙尘和晴空干洁天气条件下的气溶胶光学参量变化。从图 6.12（a）可知，沙尘天气过程中 Ångström 波长指数 α 变化幅度很小，均小于 0.3，而对应的 AOD_{500} 值从 0.3 变化到 1.6 范围内。而晴空干洁天气下，AOD_{500} 值在 0.0～0.2 变化，而对应的 α 值 0.4 到 1.4 范围内变化。这两个显著的变化关系可以作为区分我国西北地区沙尘气溶胶与晴空背景气溶胶的一个重要判断依据。

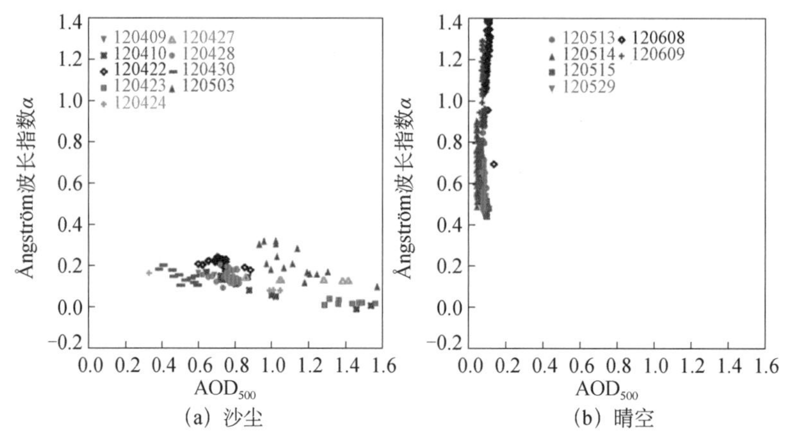

图 6.12　敦煌地区沙尘和晴空天气条件下 Ångström 波长指数 α 与 AOD_{500} 的散点分布（Bi et al.，2014）

图 6.13 给出了敦煌地区沙尘和晴空天气条件下日平均的气溶胶粒子尺度谱分布。在晴空和沙尘两种典型天气条件下气溶胶尺度谱分布的粗模态都明显占主导，且变化幅度十分剧烈；而细模态的谱分布则呈现出相对稳定的变化。晴空条件下敦煌地区细模态粒子的尺度谱占有一定的比例，与粗模态达到可比的量级。2012 年 4 月 23 日强沙尘天气下粗模态和细模态粒子的尺度谱分布在半径 3.62μm 和 0.173μm 处出现极大峰值，分别为 0.87μm³/μm² 和 0.010μm³/μm²；4 月 30 日扬沙天气下粗模态和细模态粒子在 1.69μm 和 0.173μm 处的尺度谱浓度峰值分别为 0.13μm³/μm² 和 0.0074μm³/μm²；而 5 月 29 日晴空、干洁条件下粗模态和细模态粒子在 2.47μm 和 0.173μm 处的谱浓度峰值分别为 0.0164μm³/μm² 和 0.004μm³/μm²。强沙尘、扬沙和晴空三种典型天气条件下粗模态与细模态粒子的尺度谱体积浓度比 C_{vc}/C_{vf} 分别为 87、17.6 和 4.1（表 6.5）。

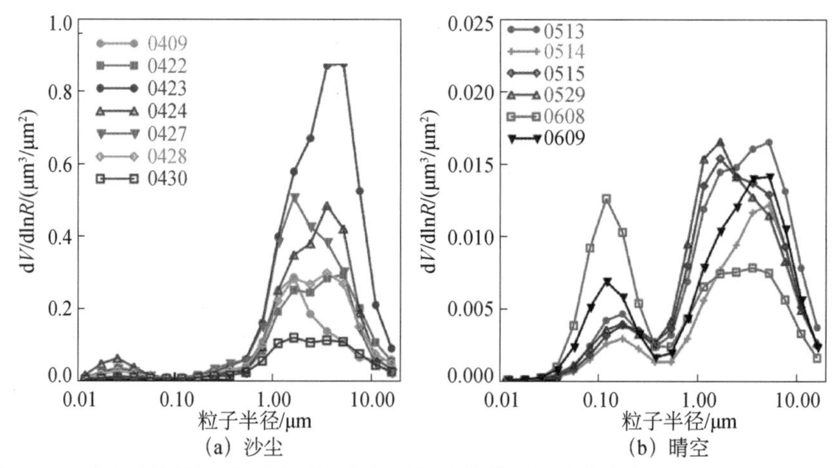

图 6.13　敦煌地区沙尘和晴空天气条件下气溶胶粒子尺度谱分布（Bi et al.，2014）

表 6.5　沙尘和晴空天气条件下敦煌地区气溶胶粒子尺度谱分布

变量	强沙尘		扬沙		晴空	
	细模态	粗模态	细模态	粗模态	细模态	粗模态
料子半径/μm	0.173	3.62	0.173	1.69	0.173	2.47
$dV/d\ln R$/（$\mu m^3/\mu m^2$）	0.010	0.87	0.0074	0.13	0.004	0.0164

资料来源：Bi et al.，2014。

6.6.2　气溶胶光学特性变化特征

由图 6.14 可知，地面气溶胶光学特性参数都表现出显著的日变化和季节变化规律，即春季和冬季光学参量值均比较大，而夏季和秋季相对较小。2007～2010 年，PM_{10} 质量浓度、520nm 散射系数和吸收系数的总平均值分别为（120±122）μg/m^3、（155±102）Mm^{-1} 和 16±10Mm^{-1}，所以，520nm 的单次散射反照率平均值为 0.90±0.06。春季（3～5 月）PM_{10} 质量浓度常常出现极大值，平均值为（163±199）μg/m^3，这主要受到沙尘暴天气和局地扬沙贡献的影响，强沙尘暴过程中 PM_{10} 质量浓度值甚至超过 2500μg/m^3；冬季（11 月至次年 2 月）PM_{10} 质量浓度、散射系数和吸收系数的平均值分别为（121±68）μg/m^3、（240±145）Mm^{-1} 和（26±13）Mm^{-1}，散射系数和吸收系数的最大值可分别达到 894Mm^{-1} 和 68Mm^{-1}，这主要受到冬季燃煤取暖和局地人类活动排放的影响。虽然春季 PM_{10} 质量浓度显著地增加，但春季散射系数和吸收系数的平均值却仅仅是冬季的一半。因此，从多年统计结果上看，SACOL 站气溶胶散射系数和吸收系数变化主要由 PM_{10} 浓度、粒径大小分布和化学组分共同决定。夏季和秋季（6～10 月）各个气溶胶光学参量均显示出相对较低的值，主要是受到降雨冲刷过程的影响，使得气溶胶颗粒通过湿沉降去除。

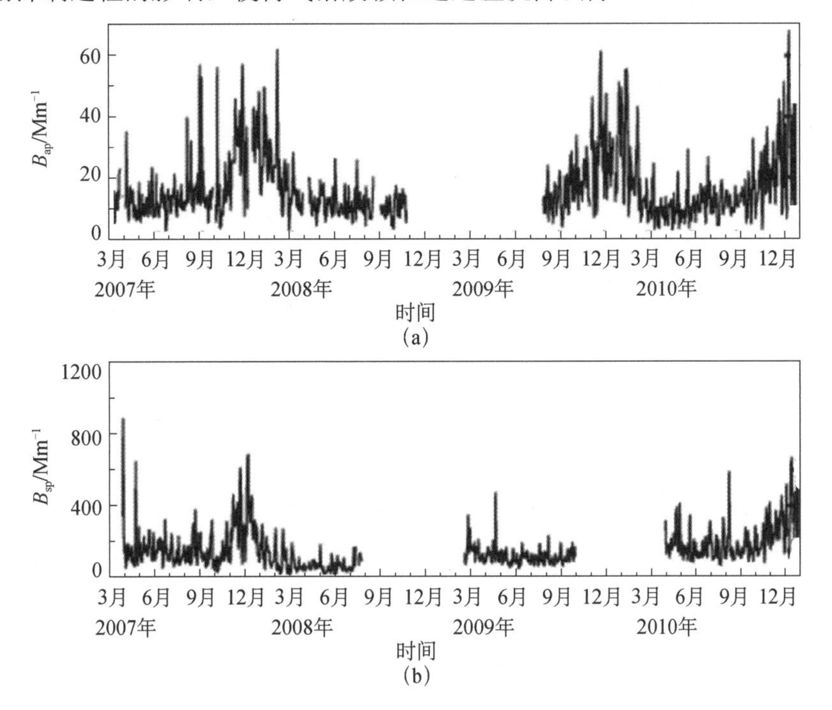

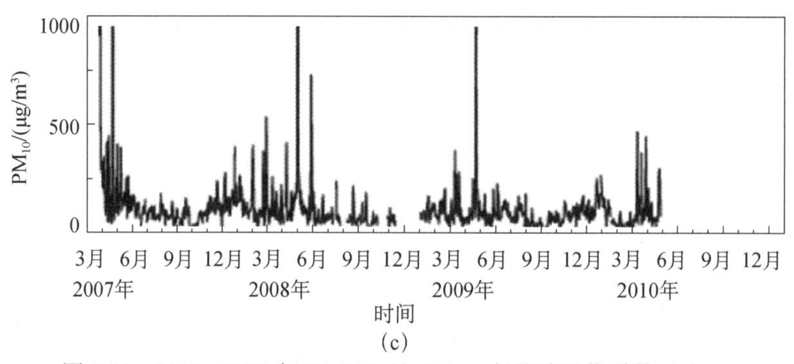

图 6.14　2007～2010 年 SACOL 站 520nm 气溶胶吸收系数（a）、散射系数（b）和 PM_{10} 质量浓度的日平均变化（c）（Pu et al.，2015）

图 6.15 给出了 2007～2010 年 SACOL 站气溶胶直径在 0.5～10μm 范围内的数浓度谱分布 $dN/d\ln D_p$ 的平均日变化特征。与气溶胶光学特性参数类似，地面气溶胶粒子数浓度谱分布也呈现了非常明显的季节循环变化规律，即冬季出现极大值，春季次之，夏季和秋季最小，日平均最大值为 4040 个/cm^3，对应的粒子直径为 0.72μm。2007～2010 年 0.5～2μm 直径范围的细颗粒物在 SACOL 站占据主导地位，而当气溶胶粒子的直径大于 5μm 时，数浓度谱分布 $dN/d\ln D_p$ 显著降低，这反映了大粒径颗粒物在空气中沉降比较快，不易长时间悬浮在大气中。

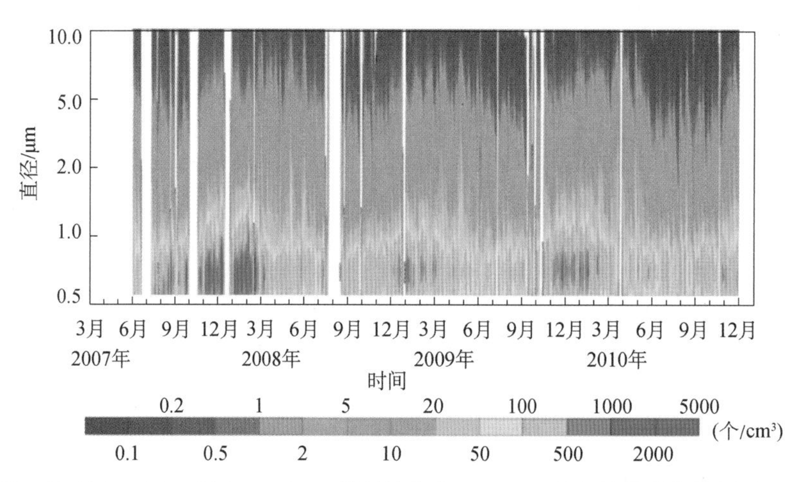

图 6.15　SACOL 站 2007～2010 年 0.5～10μm 粒径谱分布 $dN/d\ln D_p$ 的平均日变化特征（Pu et al.，2015）

图 6.16 是 SACOL 站 2006～2012 年 500nm 气溶胶光学厚度（AOD_{500}）、Ångström 波长指数（α）和水汽柱含量（WVC）的日变化情况。黄土高原半干旱地区 AOD_{500}、α 和 WVC 都表现出明显的季节变化和年际变化规律；15 天滑动平均的季节变化也十分显著，但变化幅度比日变化小。每年的 3～5 月 AOD_{500} 常常出现极大值（1.0～3.0），而 AOD_{500} 最高值都出现在 4 月，这与西北地区每年春季频发的沙尘暴天气过程具有很好的一致性，即强风天气将大量的尘土粒子吹起并卷入高空中，显著增加了气溶胶颗粒的浓度；每年的 11 月至次年 2 月时段 AOD_{500} 出现次极大值，主要与局地冬季燃煤取暖排放煤烟颗粒的贡献有关。夏、秋季节 AOD_{500} 值都小于 0.5，且保持相对平稳的

变化，主要原因有：这一地区夏、秋季节气溶胶受来自然源和局地人类活动排放的影响，同时，集中的降水过程对气溶胶粒子有较好的湿清除作用，使得空气相对清洁、干净。因此，SACOL 站夏、秋季节的气溶胶浓度能很好地代表半干旱地区的乡村背景水平。AOD_{500} 多年总平均值为 0.41±0.27，变化范围在 0.075～2.9，这结果明显比沙漠乡村站多年平均的 0.34±0.12 稍大，比我国中部和东部地区城市站的 0.54±0.18 和 0.74±0.18 小，但与其他黄土高原站点的 0.42±0.05 相当（Che et al.，2015）。α 与 AOD_{500} 呈现相反的日变化趋势。春季的 α 一般出现低值，大部分的 α 值都小于 0.5，这表明较大粒径的沙尘颗粒占主导；而夏、秋季节 α 值都大于 0.5，大约一半以上天数的 α 值大于 1.0，这表明小粒径的细粒子占主导。α 多年总平均值为 0.88±0.34，变化范围在 0.002～1.76，这与其他黄土高原站的 0.82±0.05 一致，比沙漠乡村站的 0.55±0.19 稍大，而我国中部和东部地区城市站的 1.19±0.12 和 1.05±0.23 小（Che et al.，2015）。水汽柱含量 WVC 的日变化特征与降水过程的出现呈现很好的一致性，1 月 WVC 处于最小值<0.25cm，逐渐增加到 7 月或 8 月的最大值～2.8cm，然后又逐渐减小到 12 月的极小值，这与春、夏、秋、冬季节分明的气候特征是吻合的。SACOL 站多年平均的 WVC 值为（0.82±0.59）cm。

Pinker 等（2004）研究表明，美国西部半干旱区亚利桑那州地区（图姆斯通站）月平均的 AOD_{500} 值变化范围在 0.03～0.12；Holben 等（2001）也指出美国西南部干旱内陆盆地的新墨西哥州维塞利亚站多年平均的 AOD_{500} 值只有 0.08。对比结果表明，虽然我国的半干

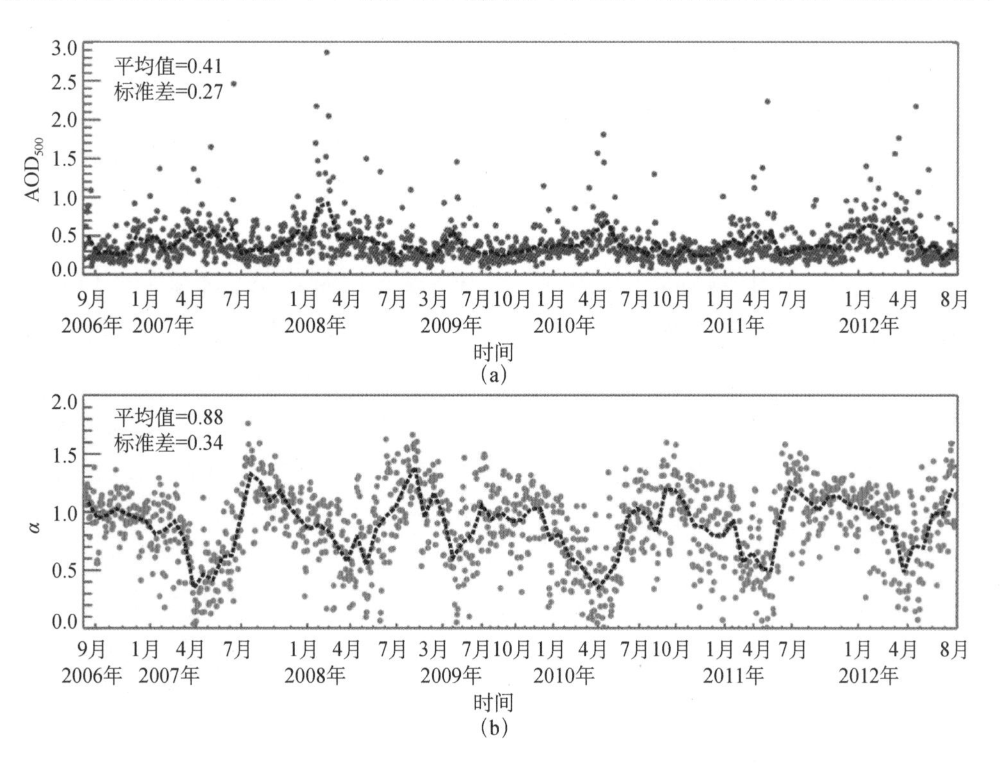

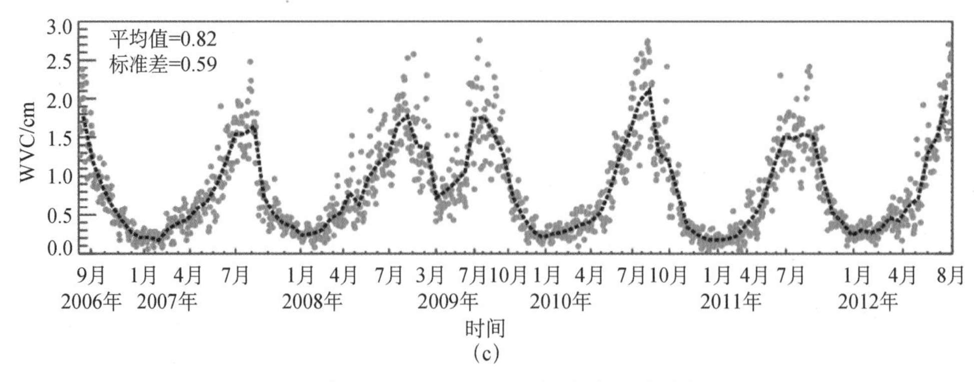

图 6.16 2006～2012 年 SACOL 站 500nm 气溶胶光学厚度（AOD_{500}）(a)、Ångström 波长指数（α）(b) 和水汽柱含量（WVC）(c) 的日变化特征（闭建荣，2014）

黑色短虚线是 15 天滑动平均变化

旱区与美国的半干旱区有类似的气候特征，如降水量少、蒸发量强烈，但我国半干旱区年平均的 AOD 值是美国地区的 3～5 倍，主要是由于我国半干旱地区不仅受到局地各种人类活动排放的影响（如城市-工业污染物、农业沙尘、碳质气溶胶、硫酸盐和硝酸盐等），同时也受到沙漠/戈壁地区长距离输送的沙尘气溶胶影响。Huang 等（2010）利用 MODIS 卫星遥感产品研究了我国半干旱地区春季平均的 AOD 值约为 0.30，比同期美国半干旱地区的大约 65.9%，这个结论与本研究的结果是比较一致的。

气溶胶光学特性参数与水汽柱含量的平均日变化在验证卫星遥感产品及大气订正起着重要的作用。本章分别对各个季节所有经过数据质量控制的数据进行半小时平均，如北京时间 07:00～07:30，07:30～08:00，…，18:30～19:00，就能获得不同季节气溶胶光学特征物理量的平均日变化。

由图 6.17（a）可知，AOD_{500} 的平均日变化在白天时段保持相对平稳的变化，冬季平均日变化值最大，春季次之，而夏、秋季节的日变化相对较小。这主要是由于冬季时段（采暖期在 11 月～次年 3 月）北方地区通过燃煤取暖过程排放了大量的煤烟颗粒及污染物，而此时期内天气过程相对比较稳定，以静风、平稳天气为主，非常不利于污染物的扩散，使得冬季各个时刻 AOD_{500} 的平均值保持在一个比较高的水平；春季虽然大量沙尘粒子被输送到高空大气中，但这个季节常常伴随着强风天气系统，使得悬浮在空气中的大粒径气溶胶比较快沉降到地面或扩散到下游地区，只有在强沙尘暴天气出现的时段 AOD_{500} 值才出现极大值；夏、秋季由于集中降雨的湿清除作用，使得这个时段的气溶胶浓度保持比较低的水平，且变化较为稳定。冬季为燃煤采暖期，AOD_{500} 值在早晚时刻（比如 08:30 和 17:30）比较小<0.35，而白天 11:30 达到最大值 0.50，极大值一直持续到 14:00，然后又逐渐减小到 17:30 时的 0.35；早晚时刻的低值可能是由于早晚时段太阳高度角较小，太阳光线经过的大气路径较长，空气分子对太阳辐射散射消光较强，使得光学质量较大，同时稳定的天气条件使得污染物一般只存在大气边界层内，导致垂直方向的光学厚度值较低；随着太阳高度角的增加，空气垂直对流运动加强，大气变得不稳定，通过湍流交换将边界层内的污染物不断与自由大气层对流交换，使得整层大气柱内的气溶胶粒子浓度达到一个较高的水平，在

14:00 左右对流达到最强，所以 11:00～14:00 出现了最高值，而后随着湍流交换的减弱，大气逐渐回归稳定状态，AOD_{500} 值也变为较小值。春季沙尘天气盛行的同时也常常伴随有大风的出现，所以 AOD_{500} 值在白天时刻波动比较大（0.35～0.50），而且在 16:00～18:00 时出现最大值～0.46，这与强沙尘天气主要出现在 15:00～18:00 时段是一致的。夏、秋季节 SACOL 站气溶胶主要来源于局地排放，集中的降水过程清除了部分污染物和气溶胶颗粒，使得这两个季节的 AOD_{500} 值白天保持平稳变化及较低水平 0.25～0.30；值得注意的是，两个季节都在早上 07:30 时刻有一个小峰值和夏季的 17:00～19:00 也出现峰值，分别为 0.325，0.35 和 0.31，这可能与早晨/下午上下班高峰期交通运输的排放有关，值得做进一步研究。

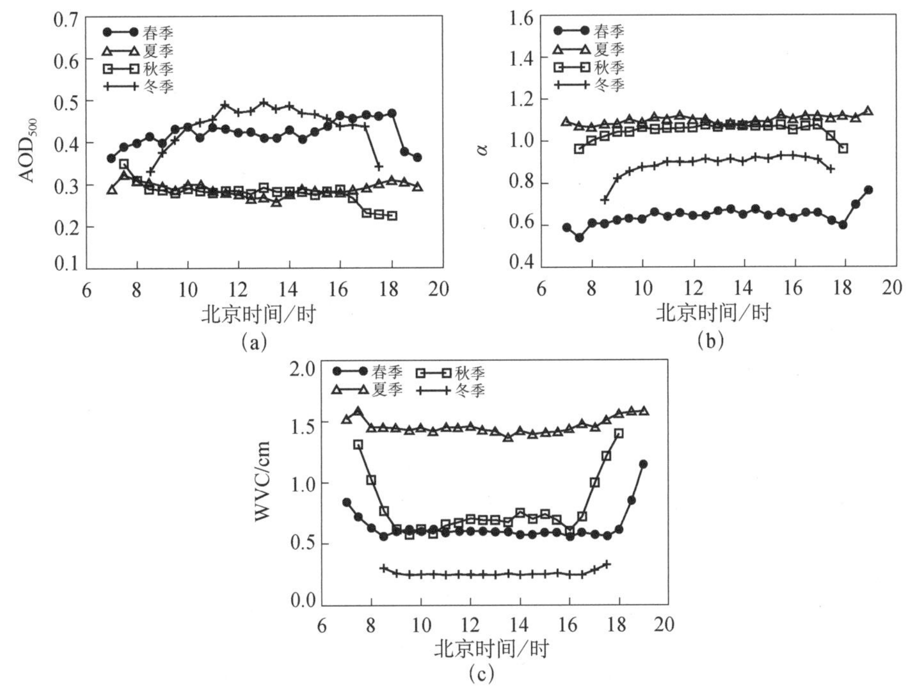

图 6.17　2006～2012 年 SACOL 站气溶胶光学厚度 AOD_{500}（a）、Ångström 波长指数（α）（b）和水汽柱含量（WVC）（c）的平均日变化（闭建荣，2014）

图 6.17（b）描述了平均 α 在白天保持相对稳定的变化，春季 α 值最小，保持在 0.6～0.65，主要是输入沙尘颗粒的贡献；冬季次之，保持在 0.80～0.92，主要是冬季燃煤排放贡献；夏、秋季节保持较高的值～1.1，表明以细粒子为主。由于冬季是干季，其 WVC 的平均日变化在白天非常稳定，基本保持在 0.24cm 附近变化；虽然降雨集中在夏季，WVC 的平均日变化在白天也比较稳定，基本在 1.45～1.50cm 变化，说明整个季节的 WVC 变化还是比较均匀的；春季 09:00～18:00 时 WVC 的平均日变化也基本保持在 0.60cm 附近变化，而秋季 09:00～16:00 时 WVC 的平均日变化在 0.60～0.75。一个明显的特征，在春、秋季的 09:00 以前和 16:00 以后 WVC 的平均日变化相对比较剧烈，变化幅度分别为 0.55cm 和 0.7cm，如此大的水汽含量变化，可能与早晚时段太阳光线经过大气路程变长，增加了水汽吸收通道的信号，但这又无法解释为何夏季和冬季不存在早晚出现高值，具体原因值得以

后做进一步深入研究。

图 6.18 描述了 2006～2012 年 SACOL 站气溶胶尺度谱分布的平均季节变化。四个季节都显示出显著的双峰分布结构，春季粗模态粒子（coarse-mode）明显占主导，主要归因于输入大量沙尘颗粒的贡献，粗模态平均尺度谱体积浓度最高值为 0.134μm³/μm²，对应粒子半径为 2.24μm，细模态尺度谱体积浓度最高值为 0.023μm³/μm²，对应粒子半径为 0.113μm，所以粗模态与细模态粒子体积浓度比（C_{vc}/C_{vf}）为 5.8 左右。冬季粗模态粒子也占主导地位，很显然主要是由于冬季燃煤取暖排放的煤烟粒子等污染物的贡献；但相对春季而言，其细模态粒子也占有一定的比例，两种模态尺度谱体积浓度最高值分别为 0.076μm³/μm² 和 0.031μm³/μm²，对应粒子半径分别为 3.86μm 和 0.194μm，因此，C_{vc}/C_{vf} 比值约为 2.5。夏、秋季节，粗模态粒子与细模态粒子达到相同的量级；夏季两种模态尺度谱体积浓度最高值分别为 0.041μm³/μm² 和 0.026μm³/μm²，对应粒子半径分别为 2.94μm 和 0.148μm，而秋季两种模态体积浓度最高值分别为 0.034μm³/μm² 和 0.023μm³/μm²，对应粒子半径分别为 3.86μm 和 0.148μm；所以，夏季和冬季 C_{vc}/C_{vf} 比值分别为 1.6 和 1.5。这些平均结果能很好代表这一地区大气柱中气溶胶尺度谱分布特征，可为辐射传输模式或区域气候模型提供准确的尺度谱参数。

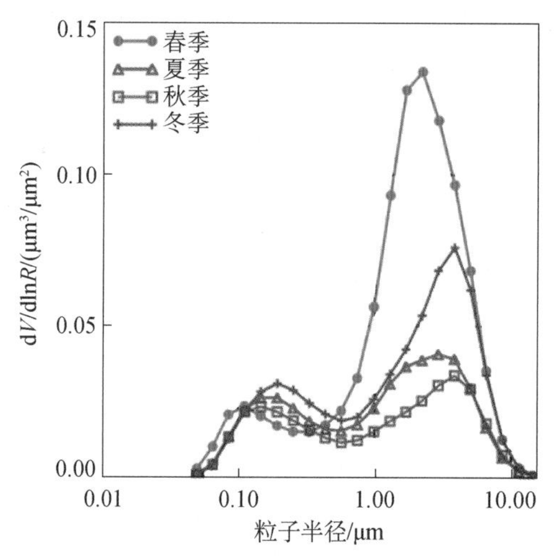

图 6.18　2006～2012 年 SACOL 站气溶胶尺度谱分布的平均季节变化（闭建荣，2014）

气溶胶的单次散射反照率（SSA）（也被称为单次散射比）主要用来度量气溶胶粒子对太阳辐射散射和吸收作用的能力。研究表明，大气中的碳物质和沙尘气溶胶在紫外波段具有较强的光吸收能力。图 6.19 表明，SACOL 站 SSA_{675}、ASY_{675} 和复折射指数实部 Re 都呈现出显著的季节变化特征，这主要与不同月份气溶胶颗粒的化学组分、粒径大小和浓度含量等有关。单次散射反照率 SSA_{675} 的月平均值在 0.90 附近变化，少数月份出现较大波动，如 2007 年 9 月 SSA_{675} 平均值非常低，只有 0.76，具体原因有待于做进一步分析。复折射指数实部 Re 的月平均值呈现出更为剧烈的波动，变化幅度在 1.38～1.57；而 ASY_{675} 变化相对比较小，变化范围为 0.66～0.72。SSA_{675}、ASY_{675} 和 Re 的多年总平均值分别为（0.913±0.04）、（0.684±0.01）和（1.499±0.04），这些结果将为区域气候模式模拟黄土高原半干旱地区气溶胶气候强迫效应提供重要的输入参量。

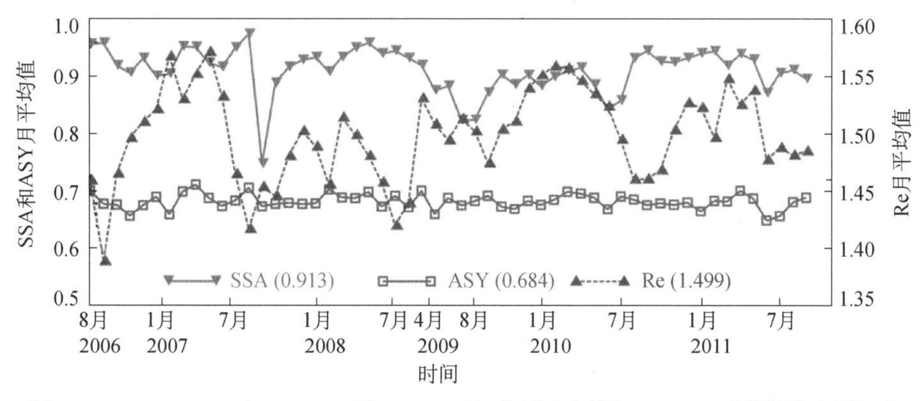

图 6.19　2006～2011 年 SACOL 站 SSA_{675}（红色倒三角形）、ASY_{675}（蓝色正方形）和复折射指数实部 Re（绿色三角形）的月平均变化（闭建荣，2014）

图 6.20 描述了 SACOL 站 SSA、ASY、复折射指数实部 Re 和虚部 RI 季节平均的光谱变化特征。各个波长 SSA 平均值在 0.87～0.96 变化，春季 SSA 值通常比较大，且随着波长的增加表现出稍微增大的趋势，如 SSA 从 440nm 波段的 0.922 增加到 675nm 波段的 0.947、870nm 波段的 0.953 和 1020nm 波段的 0.952，440nm 波段具有一定光吸收能力的可能原因是沙尘粒子中含有铁氧化物成分。Alfaro 等（2004）对中国乌兰察布沙漠站（39°26′N/105°40′E）的纯沙尘颗粒进行采样，并在实验室内对沙尘气溶胶的光吸收能力进行了有效探测，指出纯沙尘粒子在 325nm 波段的质量吸收系数是 660nm 波段的 6 倍左右，对应的 SSA_{325} 值约为 0.80，而 SSA_{660} 值高达 0.97；他们研究表明，纯沙尘粒子在紫外波段的强光吸收主要是由于纯沙尘中含有铁氧化物（如赤铁矿和针铁矿等）。在夏季，SSA 值的光谱变化比较小，440nm、675nm、870nm 和 1020nm 的值分别为 0.940、0.944、0.943 和 0.940，说明夏季 SACOL 站上空气溶胶化学组分相对比较单一。在秋季，SSA 值随着波长的增加而呈递减的趋势，440nm、675nm、870nm 和 1020nm 的值分别为 0.908、0.904、0.897 和 0.883。冬季 SSA 值先从 440nm 波段的 0.906 增加到 675nm 波段的 0.922，然后逐渐减小到 870nm 波段的 0.920 和 1020nm 波段的 0.911。

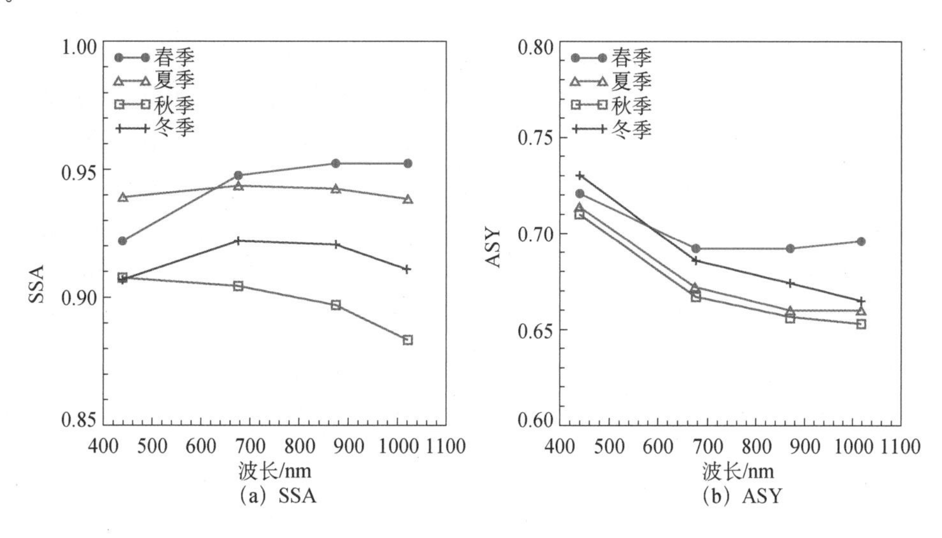

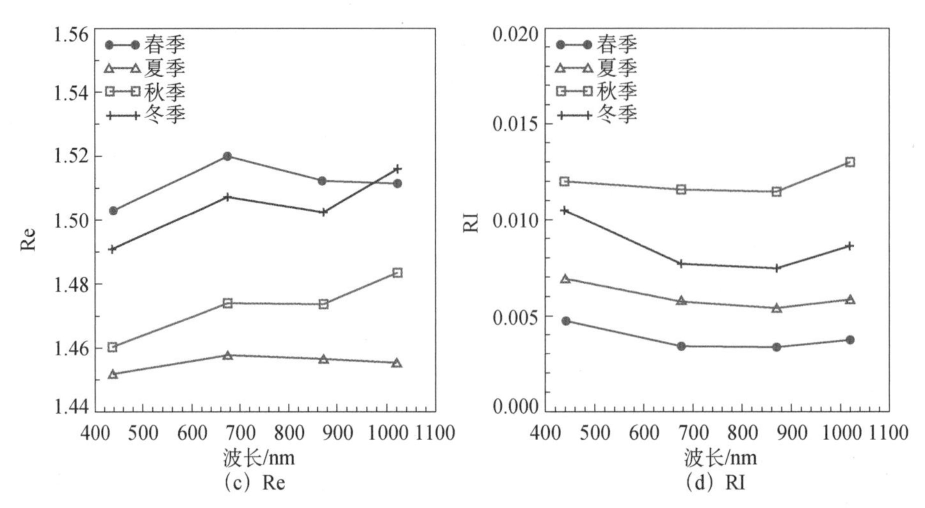

(c) Re

(d) RI

图 6.20 SACOL 站季节平均的光谱变化特征 SSA（a）、ASY（b）、复折射指数实部 Re（c）和虚部 RI（d）（闭建荣，2014）

不对称因子 ASY 的季节平均值在 0.65～0.73 范围内变化，ASY 值随着波长的增加而呈现出减小的趋势。在沙尘颗粒占主导的春季，ASY 值在 670～1020nm 波段基本保持不变，440nm、675nm、870nm 和 1020nm 的值分别为 0.721、0.692、0.693 和 0.696。复折射指数的实部 Re 反映了气溶胶散射太阳光能力的强弱。夏季 Re 的平均值在 1.45 附近变化，440nm、675nm、870nm 和 1020nm 的值分别为 1.452、1.458、1.457 和 1.455，这再次说明了夏季 SACOL 站上空大气气溶胶散射能力较弱且化学组分相对单一；春季 Re 平均值保持最大，先从 440nm 波段的 1.503 增加到 675nm 波段的 1.520，然后又减小到 870nm 波段的 1.512 和 1020nm 波段的 1.511，这表明春季 SACOL 站大气气溶胶的散射能力很强；冬季 Re 平均值保持次大值，先从 440nm 波段的 1.491 增加到 675nm 波段的 1.507，然后又减小到 870nm 波段的 1.502，再次增加 1020nm 波段的 1.516；秋季的 Re 值和冬季的变化趋势一致，只是数值较低，440nm、675nm、870nm 和 1020nm 的值分别为 1.460、1.474、1.473 和 1.483。复折射指数虚部 RI 反映了气溶胶吸收太阳辐射能力的强弱，在四个季节的变化趋势基本一致，即 RI 值从 440nm 波段到 675nm 波段、870nm 波段逐渐减小，然后在 1020nm 波段表现出稍微增大的变化特征。秋季平均 RI 值最高，440nm、675nm、870nm 和 1020nm 波段分别为 0.0120、0.0116、0.0114 和 0.0129，表明 SACOL 站细模态气溶胶粒子具有一定的光吸收能力；冬季 RI 值为次高值，440nm、675nm、870nm 和 1020nm 的值分别为 0.0105、0.008、0.007 和 0.009；夏季 440nm、675nm、870nm 和 1020nm 的值分别为 0.0068、0.0057、0.0054 和 0.0058；春季平均的 RI 值最低，所有波长 RI 值都小于 0.005，440nm、675nm、870nm 和 1020nm 的值分别为 0.0047、0.0034、0.0034 和 0.0037，这进一步证实了春季 SACOL 站上空大粒径沙尘颗粒的光吸收能力比较弱。

6.6.3 气溶胶直接辐射强迫

气溶胶直接辐射强迫分为瞬时辐射强迫和日平均或月平均辐射强迫。瞬时辐射强迫是指某一个时刻由于某种特定气溶胶类型的浓度、含量增加而造成对大气层顶、地表面及大气层辐射能量平衡收支的影响，它主要是被用于研究某个重要的天气过程，如火山爆发向大气中排放大量的火山灰颗粒、沙尘暴天气向空气高层输送大量沙尘粒子或严重的灰霾污染事件等，这些特殊的事件将会造成较大的瞬时辐射强迫值；而特殊过程过后，瞬时辐射强迫值急剧减小。而对于大范围区域或全球尺度的气候变化研究而言，这些特殊事件常常被视为典型的突发事件来研究，长期研究更关注的是日平均或月平均辐射强迫。为了计算日平均辐射强迫，我们先对太阳光度计或天空辐射计反演得到的各个通道气溶胶光学厚度、单次散射反照率、不对称因子及 Ångström 波长指数、水汽总含量求日平均值，假定整层大气柱中气溶胶的成分、浓度和总含量在全天中保持相对恒定不变，然后将日平均的光学特征参量内插到有云存在、缺失数据和夜间时刻，以获得连续的日变化时间序列；再结合日平均的臭氧总量、光谱地表反射比、宽波段的地表反照率和低层大气温度、相对湿度廓线，计算以 30min 为间隔的气溶胶瞬时辐射强迫值，最后对得到的各个时刻瞬时辐射强迫求日平均值，即可获得日平均的气溶胶直接辐射强迫。根据日平均的直接辐射强迫值计算月平均值。具体计算公式如下：

$$\mathrm{ARF} = (F_{\mathrm{net}})_{\mathrm{aerosol}} - (F_{\mathrm{net}})_{\mathrm{without\,aerosol}} \tag{6.18}$$

$$\mathrm{ARF}^{\mathrm{TOA}} = (F_{\mathrm{net}})^{\mathrm{TOA}}_{\mathrm{aerosol}} - (F_{\mathrm{net}})^{\mathrm{TOA}}_{\mathrm{withoutaerosol}} \tag{6.19}$$

$$\mathrm{ARF}^{\mathrm{SFC}} = (F_{\mathrm{net}})^{\mathrm{SFC}}_{\mathrm{aerosol}} - (F_{\mathrm{net}})^{\mathrm{SFC}}_{\mathrm{withoutaerosol}} \tag{6.20}$$

$$\mathrm{ARF}^{\mathrm{ATM}} = \mathrm{ARF}^{\mathrm{TOA}} - \mathrm{ARF}^{\mathrm{SFC}} \tag{6.21}$$

$$F_{\mathrm{net}} = F_{\downarrow}^{\mathrm{SW}} - F_{\uparrow}^{\mathrm{SW}} \tag{6.22}$$

其中，式（6.18）是计算气溶胶短波直接辐射强迫 ARF 的公式，而大气层顶 $\mathrm{ARF}^{\mathrm{TOA}}$ 和地表 $\mathrm{ARF}^{\mathrm{SFC}}$ 处的值分别由式（6.19）和式（6.20）计算，对应大气层的 $\mathrm{ARF}^{\mathrm{ATM}}$ 值由 $\mathrm{ARF}^{\mathrm{TOA}}$ 减去 $\mathrm{ARF}^{\mathrm{SFC}}$ 得到；净辐射通量 F_{net} 表示某个大气层向下太阳短波辐射通量 $F_{\downarrow}^{\mathrm{SW}}$ 与向上太阳短波辐射通量 $F_{\uparrow}^{\mathrm{SW}}$ 的差值，本研究中如果没有特殊说明，均指整层大气柱的净辐射通量。

6.6.3.1　SACOL 站气溶胶直接辐射强迫特征

辐射传输模式介绍。SBDART（Santa Barbara DISORT atmospheric radiative transfer）辐射传输模式是由美国加利福尼亚大学圣芭芭拉分校计算地球系统科学研究所（ICESS）于 1998 年开发，主要用于计算晴空和有云条件下地球大气及地表处的平面平行辐射传输过程（Ricchiazzi et al.，1998）。模式能够计算从紫外、可见光到红外波段辐射的所有重要散射与吸收过程。SBDART 模式主要基于三部分关键的程序模块，即复杂的离散纵坐标辐射传输模块（DISORT）、LOWTRAN 7 低分辨率的大气透射模块和云滴与冰晶粒子对光散射的 Mie 理论模拟结果。此程序软件不仅适合于对大气辐射能量平衡和卫星遥感中的各种辐射传输问题的研究，同时可进行特殊天气过程的个例研究与敏感性分析。模式中输入的大气廓线可以提供大气压、温度、水汽和臭氧密度的垂直分布，它内部带有六种默认给定的标准大气廓线，分别代表热带地区、中纬度地区夏季、中纬度地区冬季、副极地地区夏季、副极地地区冬季的标准大气廓线以及美国标准大气廓线 US62。同时，用户也可以根据计算站点的探空观测资料，自行给定实际的大气廓线信息。

本研究使用 Version 2.4 版本的 SBDART 程序代码，采用 delta 四流近似的辐射传输方案，模式提供了 65 个大气层及 40 个辐射流的计算。模式的主要输出变量有大气层顶和地表处向下短波辐射通量、向上短波辐射通量与直接辐射通量。研究已经证明（Bi et al.，2013），SBDART 模拟的地表辐射通量与地面实测资料的误差在 3%以内。气溶胶模块的主要输入包括太阳光度计反演 440nm、675nm、870nm 和 1020nm 波长的气溶胶光学厚度、单次散射反照率、不对称因子以及 Ångström 波长指数、水汽含量，其他波长的气溶胶厚度根据已知波段的 AOD 值代入 Ångström 波长指数公式中计算得到，而其他光学特性参数由这些已知通道的信息和气溶胶与云光学性质（optical properties of aerosols and clouds，OPAC）模型；（Hess et al.，1998），经过线性内插或的方法计算获得。根据模拟的不同时间分别选用中纬度夏季和冬季两种标准大气廓线。大气柱臭氧含量由美国国家航空航天局日平均的 TOMS 卫星产品（Ozone Monitoring Instrument，NASA Aura mission）提供。模式中各个通道的光谱地表反射比由 MODIS 卫星版本 5 的光谱地表反射率产品计算（MOD09）。同时，宽波段范围的地表反照率由地面观测资料或 CERES 卫星（Aqua 或 Terra 传感器）在晴空天气条件下的平均值提供。

6.6.3.2 SACOL 站辐射闭合实验

在计算气溶胶直接辐射强迫前，为了验证输入参数的合理性并提高模式模拟计算的精确度，首先进行辐射闭合实验。辐射闭合实验是指将辐射传输模式模拟得到的大气层顶及地表面上的太阳总辐射、直接辐射和散射辐射通量与同期的卫星遥感产品和/或地面辐射观测数据进行对比，分析模拟值与实际观测值之间的差异。辐射闭合实验可以很好地验证输入模式中各个气溶胶光学特性参数及其他重要参量的准确性及可靠性。如果辐射闭合，则表明模式的输入参数精度是合理的；如果实验不闭合，则需要不断调整输入参量并代入辐射传输模式中，直到模拟结果与观测数据接近为止。这一步骤对于准确计算气溶胶的直接辐射强迫是非常重要的。

利用同期的地面辐射观测资料对模式模拟结果进行对比验证，能更深入检查模式各个关键输入参数的精度。图 6.21 给出了 SBDART 模拟的 SACOL 站 2006～2010 年各地表辐射通量与同期地面观测的太阳直接辐射（NIP 型）、散射辐射（CMP21 型）、计算的太阳总辐射（NIP 型+CMP21 型）和 CMP21 短波表测量总辐射的对比，有效数据点有 1685 个。SACOL 站多年辐射闭合实验的结果与 2010 年春季民勤站的类似，但多年结果显示出更多的散点分布。由图 6.21 可知，SBDART 模拟的地表面太阳直接辐射通量总体比 NIP 直接辐射表的测量值偏低，绝对差异为−86～87W/m^2，总平均差异为−（9.7±28.8）W/m^2，主要的原因可能是反演的 AOD 值或 WVC 值偏高。模拟的散射辐射值大体比 CMP21 表测量的结果偏高（注：CMP21 表的“零点偏移”误差较小，本研究未对其进行校正），绝对差异在−59～38W/m^2，总平均差异为（11.8±12.1）W/m^2，这主要是由太阳光度计反演的 SSA 和 ASY 值偏高所致。模拟的太阳总辐射值比计算值稍偏高，而比 CMP21 表直接观测的结果偏低，绝对差异分别为−109～111W/m^2 和−97～53W/m^2，总平均差异为（2.1±32.3）W/m^2 和−（7.7±16.0）W/m^2。从绝对差异上看，各个变量之间存在较大的偏差，但图 6.21（a）～（d）

表明，模拟与观测的各个辐射通量之间的相关系数分别为 0.992、0.980、0.991 和 0.998，相对偏差百分比分别为−15.6%、9.1%、0.94%和−2.0%，即 SACOL 站多年的模拟值与地面实测结果之间的平均差异基本可以接受，但今后需要从改进各个关键输入参量精度考虑以提高辐射传输模式在这一地区模拟结果的精度。

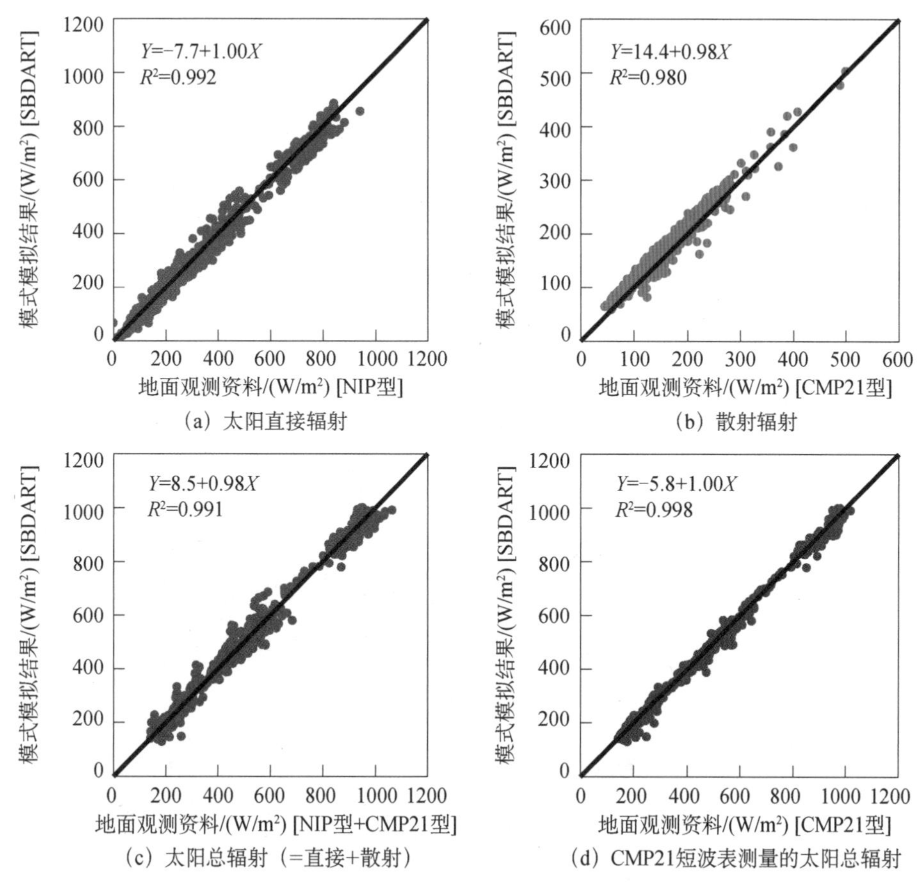

图 6.21　SBDART 模式模拟的 SACOL 站 2006 年 8 月～2010 年 3 月各地表辐射通量与同期地面观测资料对比（闭建荣，2014）

黑色实线为 $Y=X$ 直线

6.6.3.3　SACOL 站气溶胶直接辐射强迫季节变化

气溶胶粒子在地表面和大气层顶对能量辐射收支的影响主要取决于其浓度含量、化学成分、尺度谱和垂直分布等信息及下垫面地表覆盖条件。根据前面内容的定义，我们先计算 24h 平均(即日平均)的气溶胶直接辐射强迫值(aerosol shortwave radiative forcing，ARF)，然后根据日平均值计算对应月份的月平均值及标准偏差。图 6.22 描绘了 SACOL 站 2006 年 8 月～2010 年 3 月大气层顶 TOA 处及地表面 SFC 处月平均的 ARF 变化特征，对应的标准偏差用黑色条形线表示。由图知，TOA 和 SFC 处的 ARF 呈现非常明显的月平均变化特征，一般两者的 ARF 值在春季和冬季达到较高的值，主要是受春季沙尘气溶胶和冬季燃煤采暖排放的煤烟粒子的影响；而夏季和秋季 ARF 值保持在低值水平。大气层顶 TOA 处 ARF 的月平均值均为较小的负值，从−12.6W/m² 变化到 0.06W/m²，而地表面 SFC 处月平均的

ARF 值均为中等强度的负值，即从−34.4W/m² 变化到−9.9W/m²，因此，整层大气层的 ARF 值都为中等强度的正值，从 5.54W/m² 变化到 27.9W/m²，这表明 SACOL 站气溶胶多年月平均值在大气层顶为较小的冷却，在地表面为中等强度的冷却，而对整层大气层为中等强度的加热效应。ARF 在 TOA、SFC 和 ATM 的总平均值分别为−（5.8±3.0）W/m²、−（21.1±5.4）W/m² 和（15.4±5.7）W/m²，即由于大气中气溶胶具有较强的吸收或散射能力，地表处的冷却率约是大气层顶的 3.6 倍左右。

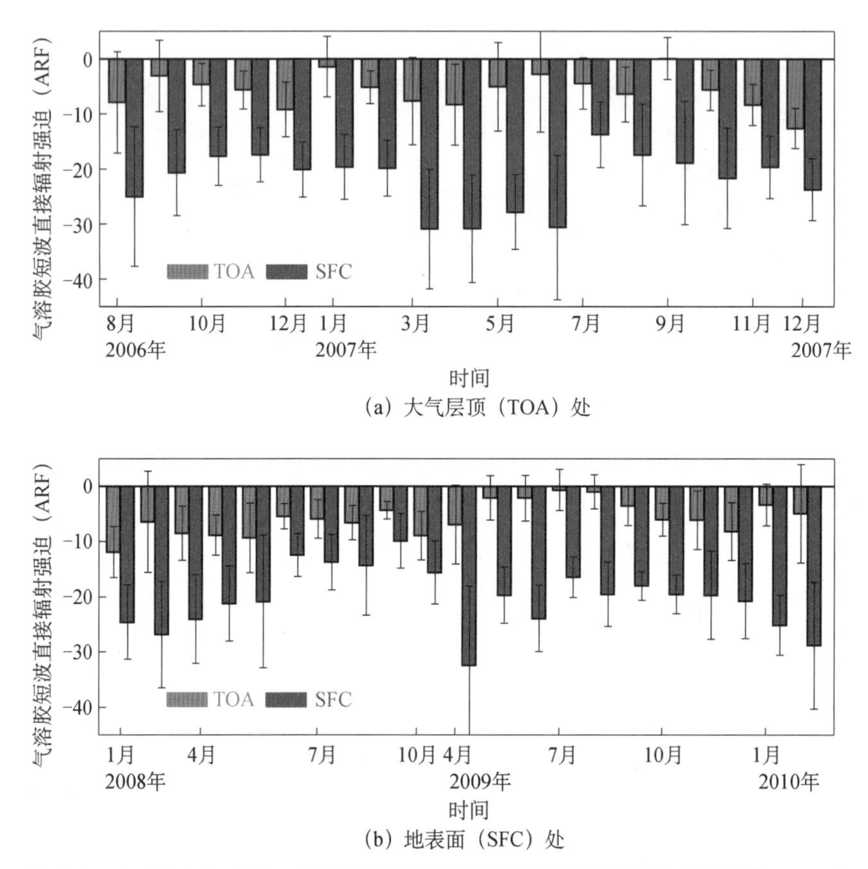

图 6.22　SACOL 站 2006～2010 年月平均气溶胶直接辐射强迫值（闭建荣，2014）

黑色条形线表示加上或减去一个标准偏差

进一步根据气溶胶直接辐射强迫的月平均值计算对应年份的年平均值及标准偏差，图 6.23 给出了 SACOL 站 2006～2010 年大气层顶（TOA）、地表面（SFC）和大气层（ATM）处对应年平均的 ARF 变化。与 ARF 月平均的变化趋势类似，其年平均变化也呈现了明显的年际变化特征，但各年份之间的差异相对不是很大；如 2006 年 ARF 值在 TOA、SFC 和 ATM 的年平均值分别为−（6.1±2.5）W/m²、−（20.2±3.1）W/m² 和（14.1±3.1）W/m²，而 2007 年对应的分别为−（5.6±3.4）W/m²、−（22.9±5.8）W/m² 和（17.2±6.0）W/m²。从 2006～2010 年地表面气溶胶的冷却率分别是大气层顶的 3.3 倍、4.1 倍、2.4 倍、5.2 倍和 6.5 倍，这主要是由大气中气溶胶颗粒具有较强的散射或吸收能力而导致的；由于 2010 年只计算 3 个月的数据，而且集中在冬季（1～2 月）～春季（3 月）时段，所以对应的气溶胶粒子吸收或散射效率较强。根据多年平均的 ARF 值计算对应年总平均值，在 TOA、SFC 和 ATM 的总平均值分别为-（5.5±1.5）W/m^2、-（21.9±3.3）W/m^2 和（16.4±4.5）W/m^2，这一结果与上述所有月平均的结果差别不大。表 6.6 描述了 SACOL 站多年 ARF 平均值与全球不同典型站点结果的对比情况。其中，Yu 等（2006）结合多颗卫星遥感产品与全球化学传输模式模拟了全球陆地上气溶胶在 TOA 和 SFC 的总平均值分别为-（4.9±0.7）W/m^2 和-（11.8±1.9）W/m^2。Li 等（2010）研究表明，全国陆地上空气溶胶在 TOA、SFC 和 ATM 的年平均值分别为（0.3±1.6）W/m^2、-（15.7±8.9）W/m^2 和（16.0±9.2）W/m^2。很显然，SACOL 站多年平均的 AFR 值在 TOA 处与全球陆地平均的结果相当，比全国陆地上空的平均值偏低，这部分原因可能是由于我国华北和东部沿海等地的气溶胶具有一定强度的光吸收能力；而在地表面 SACOL 站的结果是全球陆地平均的 1.8 倍，而比中国陆地上空的平均值稍低；SACOL 站气溶胶在大气层的加热能力比全国陆地平均稍高～0.4/Wm^2。从区域尺度上看，SACOL 站上空气溶胶在大气层顶具有较弱的冷却效应，而对大气层具有中等强度的加热效应。

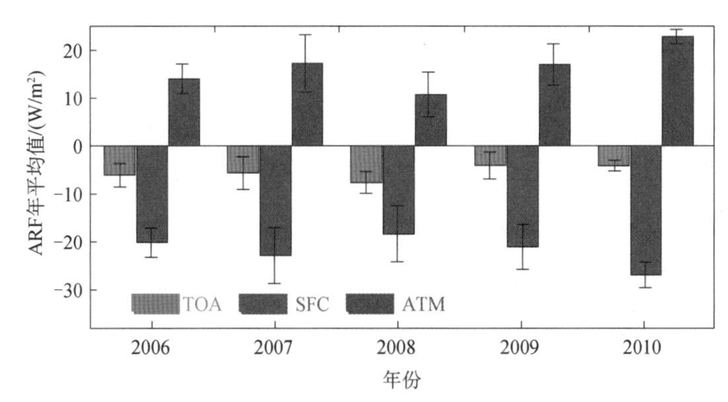

图 6.23 SACOL 站 2006～2010 年月平均气溶胶直接辐射强迫值（闭建荣，2014）

黑色条形线表示加上或减去一个标准偏差

将气溶胶直接辐射强迫效率 ARF_{Eff} 定义为日平均的 ARF 值（$ARF_{Dailymean}$）与对应日平均的 AOD_{500} 之比。ARF_{Eff} 的月平均值由相应月份的日平均计算，而年平均从对应年份的月平均计算得到，如式（6.23）所示。当计算 TOA、SFC 或 ATM 处的 ARF_{Eff} 值时，式（6.23）中 ARF 日平均值换为对应不同上标即可。

$$ARF_{Eff} = \frac{ARF_{Dailymean}}{AOD_{500}(dailymean)} \tag{6.23}$$

由表 6.6 可知，从 2006～2010 年平均的 ARF_{Eff}^{SFC} 值分别为-（57.2±8.8）W/m^2、-（57.3±12.1）W/m^2、-（48.2±6.6）W/m^2、-（60.5±7.3）W/m^2 和-（70.9±8.5）W/m^2，总的平均值为-（58.8±8.2）W/m^2，该结果比印度洋实验期间的-（72.2±5.5）W/m^2（Ramanathan et al.，2001b）、东亚地区的-（73.0±9.6）W/m^2（Kim et al.，2005）和全国陆地平均的-（65.4±4.7）W/m^2（Li et al.，2010）偏小。Kim 等（2005）研究了东亚地区几个典型站点春季沙尘气溶胶的平均 ARF_{Eff}^{SFC} 值在-94～-65W/m^2 范围内变化，他们指出强吸收性气溶胶与沙尘粒子混合能够显著加强气溶胶 ARF_{Eff}^{SFC} 值的大小。SACOL 站多年平均的 ARF_{Eff}^{SFC} 值都比其他典型站点的值低，从一定程度上说明这一地区的气溶胶平均吸收能力比其他区域的弱。

表 6.6 SACOL 站多年平均的 ARF 值与全球不同站点对比

站点/年份		ARF^{TOA}	ARF^{SFC}	ARF^{ATM}	ARF^{SFC}_{Eff}	备 注
年份	2006 年	−6.1±2.5	−20.2±3.1	14.1±3.1	−57.2±8.8	SACOL 站
	2007 年	−5.6±3.4	−22.9±5.8	17.2±6.0	−57.3±12.1	SACOL 站
	2008 年	−7.6±2.3	−18.4±5.9	10.7±4.7	−48.2±6.6	SACOL 站
	2009 年	−4.1±2.8	−21.1±4.7	17.0±4.3	−60.5±7.3	SACOL 站
	2010 年	−4.1±1.1	−26.9±2.6	22.8±1.5	−70.9±8.5	SACOL 站
	总平均值	−5.5±1.5	−21.9±3.3	16.4±4.5	−58.8±8.2	SACOL 站
站点	全球陆地	−4.9±0.7	−11.8±1.9	—	−80～−48	Yu et al., 2006
	印度实验	−7.0±1.0	−23.0±3.0	16.0±2.0	−72.2±5.5	Ramanathan et al., 2001b
	东亚地区	—	−43～−13	—	−73.0±9.6	Kim et al., 2005
	张掖站	0.52±1.7	−22.4±8.9	—	−95.1±10.3	Ge et al., 2010
	中国陆地	0.30±1.6	−15.7±8.9	16.0±9.2	−65.4±4.7	Li et al., 2010
	太湖站	—	−38.4	—	−51.4	Xia et al., 2007

资料来源：闭建荣，2014。

6.6.4 SACOL 站 ARF 与光学参数的相关性

图 6.24 描述了 SACOL 站多年日平均的 ARF^{TOA}、ARF^{SFC} 与日平均 AOD_{500} 的相关关系。日平均的 ARF^{TOA}、ARF^{SFC} 绝对值随着 AOD_{500} 的增加而呈现明显增加的趋势，即 AOD_{500} 值的大小直接决定了 ARF^{TOA}、ARF^{SFC} 量级的大小。在 TOA 和 SFC 处最优线性拟合的斜率分别为−21.88 和−34.47，较多的散点分布与日平均 SSA 和 ASY 值较大变化有关，即从多年数据表明，SACOL 站地区大气气溶胶由各种粒径大小、光吸收能力不同的气溶胶类型组成。具体可能有哪些气溶胶类型及化学组分等重要信息，需要在这一地区长时间采集样品并进行实验室内化学元素分析才能实现，这一项工作将在以后实验中开展。所有的 ARF^{TOA}、ARF^{SFC} 值与日平均 AOD_{500} 最优线性拟合方程分别为：$ARF^{TOA}=2.31-21.88\times AOD_{500}$ 和 $ARF^{SFC}=-8.34-34.47\times AOD_{500}$，对应的相关系数都十分显著，分别为 0.737 和 0.768。

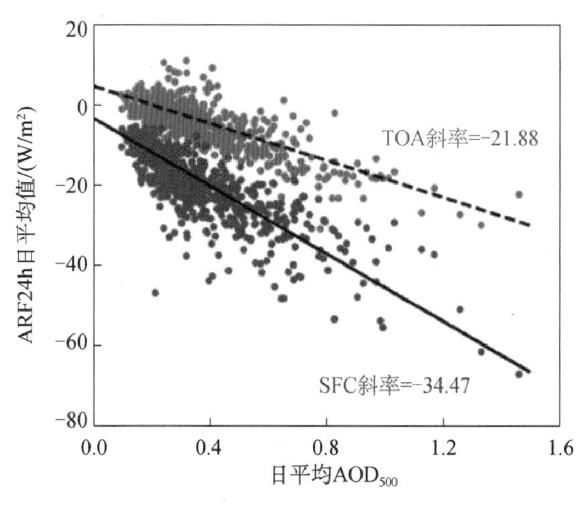

图 6.24 SACOL 站 2006～2010 年日平均的 ARF^{TOA}（红色）、ARF^{SFC}（蓝色）与日平均 AOD_{500} 相关关系的散点图（闭建荣，2014）

黑色虚线为 ARF^{TOA} 的拟合线，而黑色直线为 ARF^{SFC} 的拟合线

图 6.25 给出了 SACOL 站日平均的 ARF^{TOA}、ARF^{SFC} 与 SSA_{676} 的散点分布关系。图 6.25（a）表明，日平均的 ARF^{TOA} 值随着 SSA_{676} 值的增加而呈现逐渐减小的趋势，而且当 $SSA_{676}<0.84$ 时 ARF^{TOA} 都为正值，这说明 SSA_{676} 值大小直接决定了 SACOL 站 ARF^{TOA} 的符号。ARF^{TOA} 值与 SSA_{676} 的线性拟合方程为：$ARF^{TOA}=78.6-94.9\times SSA_{676}$，相关系数比较显著为 0.80。Ramanathan 等（2001a）指出，对于固定的地表反照率，当 SSA>0.95 时 ARF^{TOA} 恒为负值，而当 SSA<0.85 时 ARF^{TOA} 恒为正值；Hansen 等（1997）也证实了，对于一块确定的云层和地表下垫面类型，气溶胶对全球平均地表温度起到冷却或增温作用，关键取决于 SSA 的值，当全球平均的 $SSA_{500}<0.86$ 时，气溶胶对全球地表温度具有增暖作用。所以，本研究的结果具有一定的区域代表性。从图 6.25（b）可知，日平均的 ARF^{SFC} 与 SSA_{676} 相关关系不明显，SSA_{676} 值从 0.72 变化到 0.90 的范围内，ARF^{SFC} 值主要集中在 −40～0W/m² 区间内，而 SSA_{676} 值从 0.90～1.0 小范围内变化，ARF^{SFC} 值则散点分布在−70～0W/m² 的较宽范围内。ARF^{SFC} 值随 SSA_{676} 的增加呈现非常弱的减小趋势，两者的线性拟合方程为：$ARF^{SFC}=24.1-53.3\times SSA_{676}$，相关系数十分不明显，只有 0.33，这说明 SSA_{676} 值不是决定 ARF^{SFC} 正负符号及量级大小的主要因子。

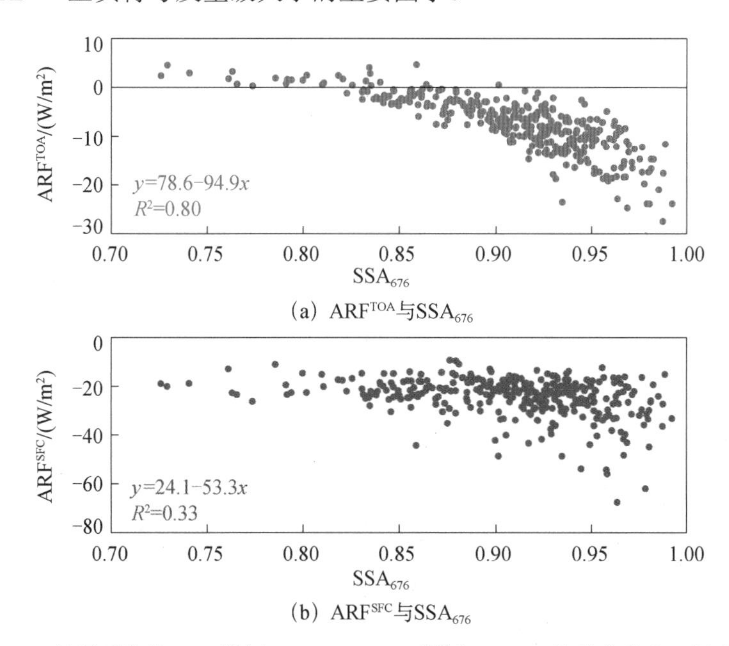

图 6.25　SACOL 站日平均的 ARF^{TOA} 与 SSA_{676}、ARF^{SFC} 与 SSA_{676} 的散点分布（闭建荣，2014）

图 6.25 类似，图 6.26 显示了辐射强迫值与空气复折射指数虚部 RI_{676} 的散点图关系。很有趣的是，当 RI_{676} 值在 0～0.01 范围内时，对应的 ARF^{TOA} 值均为负值，且散点分布在−30～0W/m² 变化。日平均的 ARF^{TOA} 值随着 RI_{676} 值的增加而表现出逐渐增大的趋势，而且当 $RI_{676}>0.02$ 时 ARF^{TOA} 都为正值（虽然只有十几天的数据点），这是因为复折射指数虚部 RI_{676} 值直接表征了气溶胶光吸收能力的强弱，当 $RI_{676}>0.02$ 时，说明有较强吸收能力的气溶胶类型存在，从而决定了 ARF^{TOA} 为正的强迫值。两者的相关系数也比较显著为 0.61，其线性拟合方程为：$ARF^{TOA}=-11.7+416\times RI_{676}$。

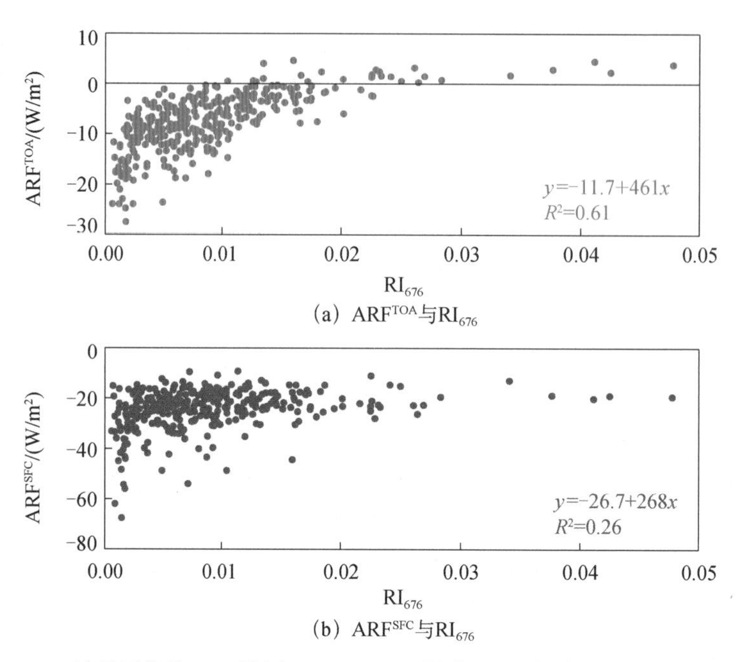

图 6.26 SACOL 站日平均的 ARF^{TOA} 与 RI_{676}、ARF^{SFC} 与 RI_{676} 的散点分布（闭建荣，2014）

与图 6.25（b）的结果类似，ARF^{SFC} 与 RI_{676} 的相关关系不明显，RI_{676} 值在 0～0.05 变化，ARF^{SFC} 值均为负值，且散点分布在−70～0W/m² 的区间内。ARF^{SFC} 值与 RI_{676} 的相关性非常弱，两者的线性拟合方程为：$ARF^{SFC}=-26.7+268\times RI_{676}$，相关系数也只有 0.26，这同样也说明了 RI_{676} 值不是决定 ARF^{SFC} 值量级大小及正负符号的关键因子。

图 6.27 显示了日平均的 $ARFE^{TOA}$ 值随着 SSA_{676} 的增加而表现出逐渐减小的趋势，即 SSA_{676} 值从 0.72 变化到 1.0 范围内，对应 $ARFE^{TOA}$ 值从 30W/m² 线性减小到−40W/m²，而且当 $SSA_{676}<0.84$ 时 $ARFE^{TOA}$ 都为正值，这也说明了 SACOL 站 SSA_{676} 值大小直接决定了 $ARFE^{TOA}$ 的正负符号；两者的最优线性拟合方程为：$ARFE^{TOA}=137-167\times SSA_{676}$，相关系数非常显著，高达 0.83。而 $ARFE^{SFC}$ 值随着 SSA_{676} 的增加而呈现出逐渐增大的变化，即 SSA_{676} 值从 0.72 增加到 1.0 范围内，对应 $ARFE^{SFC}$ 值从−130W/m² 线性增加到−20W/m²，意味着 $ARFE^{SFC}$ 的绝对值减小了。这表明 SSA_{676} 值越小时 $ARFE^{SFC}$ 值量级越大，而当 SSA_{676} 接近于 1 时，$ARFE^{SFC}$ 量级大小迅速降低。两者的相关性也比较显著，相关系数为 0.80，线性拟合方程为 $ARFE^{SFC}=-300+265\times SSA_{676}$。

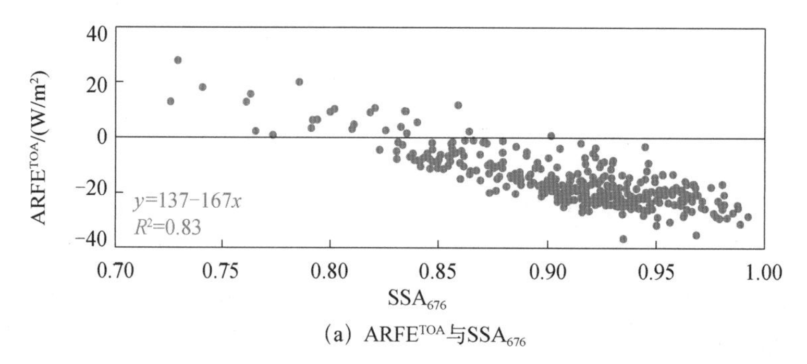

(a) $ARFE^{TOA}$与SSA_{676}

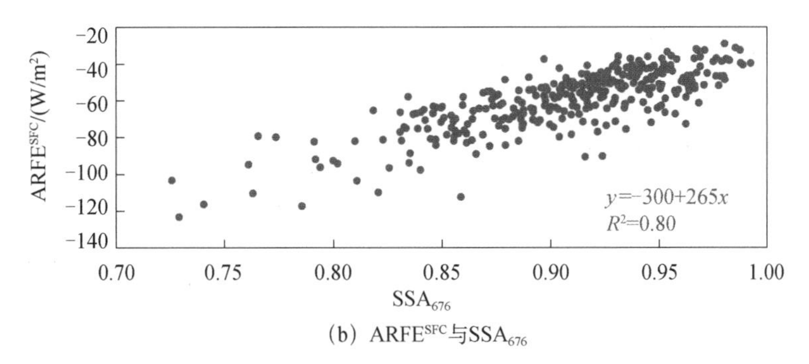

(b) $ARFE^{SFC}$与SSA_{676}

图 6.27　SACOL 站日平均的 $ARFE^{TOA}$ 与 SSA_{676}、$ARFE^{SFC}$ 与 SSA_{676} 的散点分布（闭建荣，2014）

与图 6.27 类似，图 6.28 表示了对应的辐射强迫效率 ARFE 与空气复折射指数虚部 RI_{676} 的散点图关系。与 SSA_{676} 的情况相反，$ARFE^{TOA}$ 值随着 RI_{676} 的增加而呈现出逐渐增大的变化，同时，$ARFE^{SFC}$ 值随着 RI_{676} 的增加而表现出大致减小的趋势，其线性相关关系仍比较显著，相关系数分别为 0.71 和 0.62，对应的拟合方程分别为：$ARFE^{TOA}=-23.1+903\times RI_{676}$ 和 $ARFE^{SFC}=-47.4-1294\times RI_{676}$。

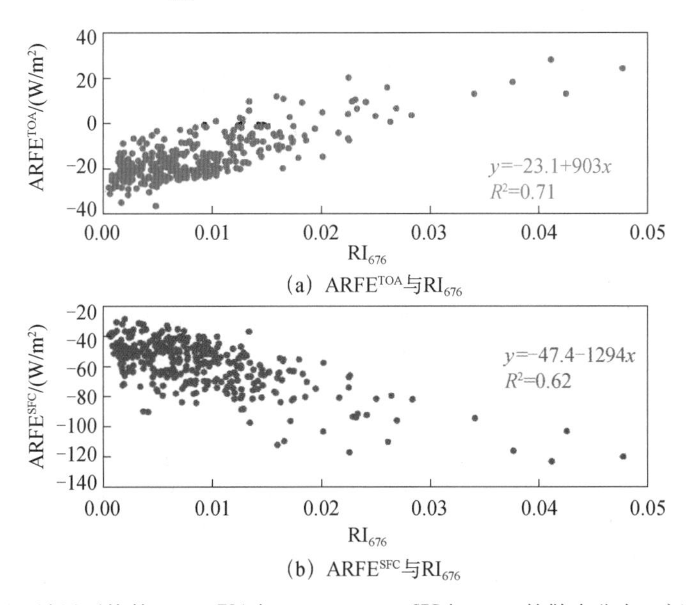

图 6.28　SACOL 站日平均的 $ARFE^{TOA}$ 与 RI_{676}、$ARFE^{SFC}$ 与 RI_{676} 的散点分布（闭建荣，2014）

6.7　本章小结

本章主要介绍了测量大气中气溶胶颗粒的质量浓度、数浓度、粒径谱分布、散射系数、吸收系数、光学厚度、单次散射反照率和不对称因子等综合特性参数及其观测仪器、工作原理、数据处理、反演方法、质量控制和校准标定等内容，并对一些典型站点的观测结果进行初步分析。限于篇幅，并没有涉及对卫星遥感气溶胶产品和模式模拟结果的对比验证，也没有研究气溶胶微物理、光学特性的长期变化趋势对区域气候变化的潜在影响。

全面准确地理解干旱半干旱地区水循环和能量收支平衡及其在全球气候系统中的贡献作用，如何更科学、合理地预测干旱半干旱地区未来气候变化，缓解水资源短缺问题，是当前干旱半干旱地区气候变化研究计划的两大科学目标。获取不同类型气溶胶粒子的散射与吸收特性、光学厚度、尺度谱、单次散射反照率和不对称因子等综合特性参数的长期变化特征，是准确评估沙尘、黑碳气溶胶对区域气候变化影响的重要前提，因此，需要开展干旱半干旱地区气溶胶颗粒微物理、化学、光学和辐射特性参量的长期、连续观测。

参 考 文 献

闭建荣. 2014. 西北地区气溶胶特征及其直接辐射强迫的观测模拟研究. 兰州：兰州大学.

车慧正，石广玉，张小曳. 2007. 北京地区大气气溶胶光学特性及其直接辐射强迫的研究. 中国科学院研究生院学报，24（5）：699-704.

成天涛，吕达仁，陈洪滨，等. 2005. 浑善达克沙地沙尘气溶胶的粒子谱特征. 大气科学，29（1）：147-153.

贺泓，王新明，王跃思，等. 2013. 大气灰霾追因与控制. 环境科学，28（3）：344-352.

胡方超，张兵，陈正超，等. 2007. 利用太阳光度计 CE318 反演气溶胶光学厚度改进算法的研究. 光学技术，33 增刊：38-43.

金施群，邢金玉，李保生. 2013. AE 测量结果的校正算法研究. 电子测量与仪器学报，27（9）：874-881.

李成才，毛节泰，HonLau A K，等. 2003b. 利用 MODIS 光学厚度遥感产品研究北京及周边地区的大气污染. 大气科学，27（5）：869-880.

李成才，毛节泰，刘启汉. 2003a. 利用 MODIS 遥感大气气溶胶及气溶胶产品的应用. 北京大学学报（自然科学版），39（z1）：108-117.

李正强，赵凤生，赵崴，等. 2003. 黄海海域气溶胶光学厚度测量研究. 量子电子学报，20（5）：635-640.

罗云峰，吕达仁，周秀骥，等 2002. 30 年来我国大气气溶胶光学厚度平均分布特征分析. 大气科学，26（6）：721-730.

吕达仁，魏重，林海. 1977. 低层大气消光系数分布的激光探测.大气科学，3：199-205.

吕达仁，周秀骥，邱金桓. 1981. 消光-小角度散射综合遥感气溶胶分布的原理与数值实验. 中国科学，12：1516-1524.

毛节泰，李成才. 2002. MODIS 卫星遥感北京地区气溶胶光学厚度及与地面光度计遥感的对比. 应用气象学报，13（1）：127-135.

毛节泰，王强，赵柏林，等. 1983. 大气透明度光谱和浑浊度的观测. 气象学报，41（3）：322-331.

毛节泰，张军华，王美华. 2002. 中国气溶胶研究综述. 气象学报，60（5）：625-634.

邱金桓. 1995. 从全波段太阳直接辐射确定大气气溶胶光学厚度. I：理论. 大气科学，19（4）：385-394.

邱金桓，汪宏七，周秀骥，等. 1983. 消光-小角度散射法遥感气溶胶谱分布的实验研究. 大气科学，7（1）：33-41.

邱金桓，杨景梅，潘继东. 1995. 从全波段太阳直接辐射确定大气气溶胶光学厚度. II：实验研究. 大气科学，19（4）：586-596.

邱金桓，周秀骥. 1984. 角散射法遥感气溶胶折射率的理论分析. 中国科学，14（10）：962-970.

石广玉，王标，张华，等. 2008. 大气气溶胶的辐射与气候效应. 大气科学，32（4）：826-840.
石广玉，赵思雄. 2003. 沙尘暴研究中的若干科学问题. 大气科学，27（4）：591-606.
王宏，石广玉，王标，等. 2007. 中国沙漠沙尘气溶胶对沙漠源区及北太平洋地区大气辐射加热的影响. 大气科学，31（3）：515-526.
王莉莉，辛金元，王跃思，等. 2007. CSHNET 观测网评估 MODIS 气溶胶产品在中国区域的适用性. 科学通报，52（4）：477-486.
王明星. 1999. 大气化学. 2 版. 北京：气象出版社.
夏祥鳌. 2006. 全球陆地上空 MODIS 气溶胶光学厚度显著偏高. 科学通报，51（19）：2297-2303.
张华，马井会，郑有飞. 2009. 沙尘气溶胶辐射强迫全球分布的模拟研究. 气象学报，67（4）：510-521.
张小曳. 2007. 中国大气气溶胶及其气候效应的研究. 地球科学进展，22（1）：12-16.
张小曳，孙俊英，王亚强，等. 2013. 我国雾-霾成因及其治理的思考. 科学通报，58（13）：1178-1187.
赵柏林，王强，毛节泰，等. 1983. 光学遥感大气气溶胶和水汽的研究. 中国科学（B 辑），10：951-962.
赵柏林，俞小鼎. 1986. 海上大气气溶胶的卫星遥感研究. 科学通报，31：1645-1649.
周军，岳古明. 1998. 大气气溶胶光学特性激光雷达探测. 量子电子学报，15（2）：140-148.
Ackerman A S，Toon O B，Stevens D E，et al. 2000. Reduction of tropical cloudiness by soot. Science，288：1042-1047.
Alfaro S C，Lafon S，Rajot J L，et al. 2004. Iron oxides and light absorption by pure desert dust：An experimental study. Journal of Geophysical Research，109：D08208.
Anderson T L，Covert D S，Marshall S F，et al. 1996. Performance characteristics of a high-sensitivity，three-wavelength total scatter-backscatter nephelometer. Journal of Atmospheric and Oceanic Technology，13：967-986.
Anderson T L，Ogren J A. 1998. Determining aerosol radiative properties using the TSI 3563 Integrating Nephelometer. Aerosol Science and Technology，29：57-69.
Ångström A. 1964. The parameters of atmospheric turbidity. Tellus，16：64-75.
Aoki K，Fujiyoshi Y. 2003. Sky radiometer measurements of aerosol optical properties over Sapporo，Japan. Journal of the Meteorological Society of Japan，81（3）：493-513.
Arnott W P，Hamasha K，Moosmuller H，et al. 2005. Towards aerosol light-absorption measurements with a 7-wavelength aethalometer-evaluation with a photoacoustic instrument and 3-wavelength Nephelometer. Aerosol Science and Technology，39：17-29.
Beuttell R G，Brewer A W. 1949. Instruments for the measurement of the visual range. Journal of Scientific Instruments，26：357-359.
Bi J，Huang J，Fu Q，et al. 2011. Toward characterization of the aerosol optical properties over Loess Plateau of northwestern China. Journal Quantitative Spectroscopy & Radiative Transfer，112（2）：346-360.
Bi J，Huang J，Fu Q，et al. 2013. Field measurement of clear-sky solar irradiance in Badain Jaran Desert of northwestern China. Journal Quantitative Spectroscopy & Radiative Transfer，122：194-207.
Bi J，Huang J，Shi J，et al. 2017. Measurement of scattering and absorption properties of dust aerosol in a Gobi farmland region of northwestern China—A potential anthropogenic influence. Atmospheric Chemistry and Physics，17：7775-7792.

Bi J，Shi J，Xie Y，et al. 2014. Dust aerosol characteristics and shortwave radiative impact at a Gobi Desert of northwest China during the spring of 2012. Journal of the Meteorological Society of Japan，92A：33-56.

Bodhaine B A，Wood N B，Dutton E G，et al. 1999. On Rayleigh optical depth calculations. Journal of Atmospheric and Oceanic Technology，16：1854-1861.

Bond T C，Anderson T L，Campbell D. 1999. Calibration and intercomparison of filter-based measurements of visible light absorption by aerosol. Aerosol Science and Technology，30（6）：582-600.

Cao J J，Wang Q Y，Chow J C，et al. 2012. Impacts of aerosol compositions on visibility impairment in Xi'an，China. Atmospheric Environment，59：559-566.

Charlson R J，Schwartz S E，Hales J H，et al. 1992. Climate forcing by anthropogenic aerosols. Science，255：423-430.

Che H，Wang Y，Sun J. 2011a. Aerosol optical properties at Mt. Waliguan Observatory，China. Atmospheric Environment，45（33）：6004-6009.

Che H，Wang Y，Sun J，et al. 2011b. Assessment of In-situ Langley calibration of CE-318 sunphotometer at Mt. Waliguan Observatory，China. SOLA，7：89-92.

Che H，Xia X，Zhu J，et al. 2014. Column aerosol optical properties and aerosol radiative forcing during a serious haze-fog month over north China. Atmospheric Chemistry and Physics，14：2125-2138.

Che H，Zhang X，Chen H，et al. 2009. Instrument calibration and aerosol optical depth validation of the China aerosol remote sensing network. Journal of Geophysical Research，114：D03206.

Che H，Zhang X Y，Xia X，et al. 2015. Ground-based aerosol climatology of China：Aerosol optical depths from the China aerosol remote sensing network（CARSNET）2002—2013. Atmospheric Chemistry and Physics，15：7619-7652.

Coen M C，Weingartner E，Apituley A，et al. 2010. Minimizing light absorption measurement artifacts of the aethalometer：Evaluation of five correction algorithms. Atmospheric Measurement Techniques，3：457-474.

Dubovik O，Holben B N，Eck T F，et al. 2002. Variability of absorption and optical properties of key aerosol types observed in worldwide locations. Journal of the Atmospheric Sciences，59：590-608.

Dubovik O，King M D. 2000. A flexible inversion algorithm for retrieval of aerosol optical properties from sun and sky radiance measurements. Journal of Geophysical Research，105（D16）：20673-20696.

Dubovik O，Smirnov A，Holben B N，et al. 2000. Accuracy assessments of aerosol optical properties retrieved from aerosol robotic network（AERONET）Sun and sky radiance measurements. Journal of Geophysical Research，105（D8）：9791-9806.

Dutton E G，Reddy P，Ryan S，et al. 1994. Features and effects of aerosol optical depth observed at Mauna Loa，Hawaii：1982—1992. Journal of Geophysical Research，99（D4）：8295-8306.

Frohlich C，Shaw G E. 1980. New determination of Rayleigh scattering in the terrestrial atmosphere. Applied Optics，19（11）：1773-1775.

Ge J，Su J，Ackman T P，et al. 2010. Dust aerosol optical properties retrieval and radiative forcing over northwestern China during the 2008 China-U.S. joint field experiment. Journal of Geophysical Research，115：D00k12.

Hansen J，Sato M，Ruedy R. 1997. Radiative forcing and climate response. Journal of Geophysical Research，

102（D6）：6831-6864.

Hansen J E，Travis L D. 1974. Light scattering in planetary atmospheres. Space Science Reviews，16：527-610.

He K，Huo H，Zhang Q. 2002. Urban air pollution in China：Current status，characteristics，and progress. Annual Review of Energy & the Environment，27：397-431.

Heintzenberg J，Charlson R J. 1996. Design and applications of the integrating nepholometer：A review. Journal of Atmospheric and Oceanic Technology，13（5）：987-1000.

Hess M，Koepke P，Schult I. 1998. Optical properties of aerosols and clouds：The software package OPAC. Bulletin of the American Meteorological Society，79：831-844.

Heuklon T K V. 1979. Estimating atmospheric ozone for solar radiation models. Solar Energy，22（1）：63-68.

Holben B N，Eck T F，Slutsker I，et al. 1998. AERONET：A federated instrument network and data archive for aerosol characterization. Remote Sensing of Environment，66（1）：1-16.

Holben B N，Tanre D，Smirnov A，et al. 2001. An emerging ground-based aerosol climatology：Aerosol optical depth from aeronet. Journal of Geophysical Research，106（D11）：12067-12097.

Huang J，Fu Q，Zhang W，et al. 2011. Dust and black carbon in seasonal snow across northern China. Bulletin of the American Meteorological Society，92：175-181.

Huang J，Lin B，Minnis P，et al. 2006a. Satellite-based assessment of possible dust aerosols semi-direct effect on cloud water path over East Asia. Geophysical Research Letters，33：L19802.

Huang J，Minnis P，Chen B，et al. 2008. Long-range transport and vertical structure of Asian dust from CALIPSO and surface measurements during PACDEX. Journal of Geophysical Research，113：D23212.

Huang J，Minnis P，Lin B，et al. 2006b. Possible influences of Asian dust aerosols on cloud properties and radiative forcing observed from MODIS and CERES. Geophysical Research Letters，33：L06824.

Huang J，Minnis P，Yan H，et al. 2010. Dust aerosol effect on semi-arid climate over northwest China detected from A-Train satellite measurements. Atmospheric Chemistry and Physics，10：6863-6872.

Huang J，Minnis P，Yi Y，et al. 2007. Summer dust aerosols detected from CALIPSO over the Tibetan Plateau. Geophysical Research Letters，34：L18805.

Huebert B N，Bates T，Russell P B，et al. 2003. An overview of ACE-Asia：Strategies for quantifying the relationships between Asian aerosols and their climatic impacts. Journal of Geophysical Research，108（D23）：8633.

IPCC. 2013. Climate Change2013. The Physical Science Basis. Contribution of Working Group I to the Fifth Assessment Report of the Intergovernmental Panel on Climate Change. Cambridge：Cambridge University Press.

Jacobson M Z. 2004. Climate response of fossil fuel and biofuel soot，accounting for soot's feedback to snow and sea ice albedo and emissivity. Journal of Geophysical Research，109：D21201.

Kasten F，Young A T. 1989. Revised optical air mass tables and approximation formula. Applied Optics，28（22）：4735-4738.

Kaufman Y J，Tanre D. 1997. Strategy for direct and indirect methods for correcting the aerosol effect on remote sensing：From AVHRR to EOS-MODIS. Remote Sensing of Environment，55：65-79.

Khatri P，Takamura T. 2009. An algorithm to screen cloud-affected data for sky radiometer data analysis. Journal of the Meteorological Society of Japan，87（1）：189-204.

Khatri P，Takamura T，Yamazaki A，et al. 2014. Use of 315 nm channel data of the sky radiometer to estimate the columnar ozone concentration：A preliminary study. Journal of the Meteorological Society of Japan，92A：185-194.

Kim D H，Sohn B J，Nakajima T，et al. 2005. Aerosol radiative forcing over East Asia determined from ground-based solar radiation measurements. Journal of Geophysical Research，110：D10S22.

Li Z，Lau W K M，Ramanathan V，et al. 2016. Aerosol and monsoon climate interactions over Asia. Reviews of Geophysics，54：866-929.

Li Z，Lee K H，Wang Y，et al. 2010. First observation-based estimates of cloud-free aerosol radiative forcing across China. Journal of Geophysical Research，115：D00K18.

Li Z Q，Blarel L，Podvin T，et al. 2008. Transferring the calibration of direct solar irradiance to diffuse-sky radiance measurements for CIMEL sun-sky radiometers. Applied Optics，47（10）：1368-1377.

Liao H，Seinfeld J H. 1998. Effect of clouds on direct aerosol radiative forcing of climate. Journal of Geophysical Research，103：3781-3788.

Liou K N. 2002. An Introduction to Atmospheric Radiation.San Diego: Academic.

Menon S，Brenguier J L，Boucher O，et al. 2003. Evaluating aerosol/cloud/radiation process parameterizations with single-column models and Second Aerosol Characterization Experiment（ACE-2）cloudy column observations. Journal of Geophysical Research，108（D24）：4762.

Michalsky J. 1988. The astronomical almanac's algorithm for approximate solar position（1950—2050）. Solar Energy，40（3）：227-235.

Mikami M，Shi G Y，Uno I，et al. 2006. Aeolian dust experiment on climate impact：An overview of Japan-China joint project ADEC. Global and Planetary Change，52：142-172.

Nakajima T，Sekiguchi M，Takemura T，et al. 2003. Significance of direct and indirect radiative forcings of aerosols in the East China Sea region. Journal of Geophysical Research，108：8658.

Nakajima T，Tonna G，Rao R，et al. 1996. Use of sky brightness measurements from ground for remote sensing of particulate polydispersions. Applied Optics，35（15）：2672-2686.

Patashnick H，Rupprecht E G. 1991. Continuous PM_{10} measurements using the tapered element oscillating microbalance. Journal of the Air and Waste Management Association，41：1079-1083.

Pinker R T，Pandithurai G，Holben B N，et al. 2004. Aerosol radiative properties in the semiarid western United States. Atmospheric Research，71（4）：243-252.

Pu W，Wang X，Zhang X，et al. 2015. Size distribution and optical properties of particulate matter（PM_{10}）and black carbon（BC）during dust storms and local air pollution events across a Loess Plateau site. Aerosol and Air Quality Research，15：2212-2224.

Qian Y，Gong D，Fan J，et al. 2009. Heavy pollution suppresses light rain in China：Observations and modeling. Journal of Geophysical Research，114：D00k02.

Ramanathan V，Agrawal M，Akimoto H，et al. 2008. Atmospheric Brown Clouds：Regional Assessment Report with Focus on Asia. Nairobi：United Nations Environment Programme.

Ramanathan V，Crutzen P J，Kiehl J T D，et al. 2001a. Aerosols，climate，and the hydrological cycle. Science，

294：2119-2124.

Ramanathan V，Crutzen P J，Lelieveld J，et al. 2001b. Indian Ocean experiment：An integrated analysis of the climate forcing and effects of the great Indo-Asian haze. Journal of Geophysical Research，106：28371-28398.

Ricchiazzi P，Yang S，Gautier C，et al. 1998. SBDART：A research and teaching software tool for plane-parallel radiative transfer in the Earth's atmosphere. Bulletin of the American Meteorological Society，79：2101-2114.

Rupprecht E G，Meyer M，Patashnick H. 1992. The tapered element oscillating microbalance as a tool for measuring ambient particulate concentrations in real time. Journal of Aerosol Science，23：S635-S638.

Schmid O，Artaxo P，Arnott W P，et al. 2006. Spectral light absorption by ambient aerosols influenced by biomass burning in the Amazon Basin. I：Comparison and field calibration of absorption measurement techniques. Atmospheric Chemistry and Physics，6：3443-3462.

Shaw G E. 1976. Error analysis of multi-wavelength sun photometry. Pure and Applied Geophysics，114（1）：1-14.

Sheridan P J，Arnott W P，Ogren J A，et al. 2005. The Reno aerosol optics study：An evaluation of aerosol absorption measurement methods. Aerosol Science and Technology，39（1）：1-16.

Smirnov A，Holben B N，Eck T F，et al. 2000. Cloud screening and quality control algorithms for the AERONET database. Remote Sensing of Environment，73：337-349.

Stephens G L. 1994. Remote Sensing of the Lower Atmosphere. Oxford：Oxford University Press.

Takamura T，Nakajima T，SKYNET community group. 2004. Overview of SKYNET and its activities. Optica Pura y Aplicada，37（3）：3303-3308.

Tao R，Che H，Chen Q，et al. 2014. Development of an integrating sphere calibration method for Cimel sunphotometers in China aerosol remote sensing network. Particuology，13：88-99.

Twomey S. 1977. The influence of pollution on the shortwave albedo of clouds. Journal of the Atmospheric Sciences，34（7）：1149-1152.

Uchiyama A，Yamazaki A，Kudo R. 2014. Column water vapor retrievals from sky radiometer（POM-02）940 nm data. Journal of the Meteorological Society of Japan，92A：195-203.

U.S. EPA.1990. Compilation of air pollutant emission factors. Volume I：Stationary point and area sources. Washington DC：U. S. Environmental Protection Agency，Office of Air and Radiation，Office of Air Quality Planning and Standards.

Virkkula A，Ahlquist N C，Covert D S，et al. 2005. Modification，calibration and a field test of an instrument for measuring light absorption by particles. Aerosol Science and Technology，39（1）：68-83.

Virkkula A，Makela T，Hillamo R，et al. 2007. A simple procedure for correcting loading effects of aethalometer data. Journal of the Air and Waste Management Association，57：1214-1222.

Wang Y，Xin J，Li Z，et al. 2011. Seasonal variations in aerosol optical properties over China. Journal of Geophysical Research，116：D18209.

Warren S G，Wiscombe W J. 1980. A model for the spectral albedo of snow. II：Snow containing atmospheric aerosols. Journal of the Atmospheric Sciences，37：2734-2745.

Wedding J B，Weigand M A. 1993. An automatic particle sampler with beta gauging. Journal of the Air and Waste Management Association，43：475-479.

Weingartner E，Saathoff H，Schnaiter M，et al. 2003. Absorption of light by soot particles：Determination of the absorption coefficient by means of aethalometers. Aerosol Science，34：1445-1463.

Welton E J，Campbell J R，Spinhirne J D，et al. 2001. Global monitoring of clouds and aerosols using a network of micro-pulse lidar systems//Singh UN，Itabe T，Sugimoto N. Lidar Remote Sensing for Industry and Environmental Monitoring. Sendai：Second International Asia-Pcific Symposium on Remote Sensing of the Atmosphere，Environment and Space：151-158.

WMO. 2003. Aerosol Measurement Procedures：Guidelines and Recommendations，GAW Report No. 153，TD No. 1178. Geneva：WMO.

Wu H J，Tang X，Wang Z F，et al. 2018. Probabilistic automatic outlier detection for surface air quality measurements from the China national environmental monitoring network. Advances in Atmospheric Sciences，35（12）：1522-1532.

Xia X，Li Z，Holben B，et al. 2007. Aerosol optical properties and radiative effects in the Yangtze Delta region of China. Journal of Geophysical Research，112：D22S12.

Xia X，Zong X，Cong Z，et al. 2011. Baseline continental aerosol over the central Tibetan plateau and a case study of aerosol transport from South Asia. Atmospheric Environment，45（39）：7370-7378.

Yin Y，Chen L. 2007. The effects of heating by transported dust layers on cloud and precipitation：A numerical study. Atmospheric Chemistry and Physics，7：3497-3505.

Yu H，Kaufman Y J，Chin M，et al. 2006. A review of measurement-based assessments of the aerosol direct radiative effect and forcing. Atmospheric Chemistry and Physics，6：613-666.

Yumimoto K，Eguchi K，Uno I，et al. 2010. Summer time tran-Pacific transport of Asian dust. Geophysical Research Letters，37：L18815.

第 7 章

微波辐射计探测

7.1　引言

微波辐射计无须对外发射电磁信号便能实时探测大气温度和相对湿度廓线等参数，完全以被动接收的方式工作，除此之外，相对无线电探空仪及其他光学仪器，它还拥有实时连续、无人值守操作及全天候探空的优势。地基多通道微波辐射计就是采用被动式、地基和微波遥感技术相结合的探测仪器。微波辐射计不仅可以获得高时空分辨率的大气温湿探空资料，还可以改进和加强现有的观测手段，并且用于校验卫星反演资料等的准确性。作为一种无源的遥感设备，微波辐射计已经被广泛应用到大气探测研究中。反演计算出的高时空分辨率的大气温湿廓线等参数，在数值天气预报，气候变化研究，以及人工影响天气工程等领域具有重要的价值（Westwater，1969；Solheim et al.，1996；赵柏林等，1978；周秀骥等，1982；王普才等，1991；雷恒池等，2001）。

微波辐射计通过探测目标物体微弱的热辐射能量，从而识别出目标的存在与否、距离远近以及形状大小等信息。它纯粹以被动接收的方式工作，无须对外发射电磁信号，甚至也不依赖目标主动发射的电磁波。其探测原理的基础来自量子理论：只要温度不低于 OK，任何物体均具有向外辐射电磁能量的能力，且这种辐射能量分布在整个电磁频谱上，而辐射强度的大小及其频谱形状与物体的物理温度和材料性质等多种因素有关。因此，无论是自然物体还是人造物体都会产生电磁辐射，只不过这种辐射能量的强度太微弱，普通手段无法准确测量及精确感知其变化情况，因而将其称为热辐射噪声。一般来说，雷达等常规设备要么将其视为影响探测的有害噪声，要么忽略其存在。而微波辐射计恰恰是专门用于接收和测量这种微波辐射噪声的特殊设备。

将地基多通道微波辐射计用于大气探测，无须对外发射电磁信号即能获得敏感频段的大气辐射强度谱，经过进一步的数据处理，就有可能解算出高时空分辨率的大气温湿廓线（即大气温度、湿度沿垂直方向的分布数据），这能够为中小尺度天气实时监测、预警、数值天气预报研究和人工影响天气的作业指挥等方面提供重要的观测数据和决策依据。它的重要意义如下。

7.1.1　微波辐射计是大气温湿廓线观测的实时探测设备

大气温湿廓线以及云中的液态水等是数值天气预报中最重要的气象参数之一，对天气预报、人工影响天气工程选择最佳作业时间、防洪指挥决策部门提供实时天气形势和降雨特性资料至关重要。多年来人们一直在探索精准而有效的大气温湿廓线的探测和反演方法，包括利用无线电探空仪和微波辐射计等方法。

对大气温湿廓线和云中液态水的探测方式中，探空气球和飞机观测受时间和空间限制，气象雷达对早期对流发展不太敏感，卫星在边界层观测误差较大。微波辐射计是一种非常有价值的无源遥感设备，是大气探测的重要手段之一。微波辐射计时空分辨率高，便于探测温湿廓线、降水量和云水路径，以及获得精细的大气结构观测资料，为数值天气预报、数值模拟、大气环流分析、人工影响天气等科研业务提供重要的观测数据。国外研制的地基微波辐射计与风廓线雷达结合的仪器，已逐渐代替探空气球，与各种天气雷达互为补充，连续不间断地组网观测，为气候变化研究提供长期、连续的观测资料。

研究结论普遍认为，微波辐射计具有其他大气探测手段不能替代的独特优势，具体如下。

（1）与探空气球等方法相比，具有可以进行连续不间断观测的特点，能够实现对其覆盖区域天气过程的不间断实时监测。由于仪器无须发射探测信号，因此相对探空气球而言其保密性强，这对于用于军事目的的大气参数测量、精确预报和动态监测具有重要的意义。

（2）与地基探空雷达相比，具有系统建设、运行成本低、无电磁辐射污染等优点。

（3）与卫星遥感相比，具有较高的低空垂直分辨率，有效避免了由云的遮挡和强吸收导致的卫星遥感在对流层底部的探测性能差等问题。

（4）具有可以长期连续工作、无人值守和便于组网等独特优势。它不仅能获得探测路径气柱上的水汽和液态水总量信息，还能够持续对大气温湿廓线进行高分辨率探测。同时能够弥补探空气球的不足，并且将液态水廓线的探测变为可能。

因此，地基多通道微波辐射计的研制具有非常重要的科学意义及社会效益。此外，微波辐射计特有的隐蔽探空能力在军事应用领域将大有可为。

7.1.2　为人工影响天气工程提供连续的第一手实时观测资料

我国是世界上气象灾害种类最多、活动最频繁、危害最严重的国家之一，气象灾害造成的损失约占各种自然灾害损失的70%以上，每年因气象灾害造成的经济损失占国民生产总值的1%～3%。为了有效减轻因干旱、台风、暴雨、高温、大风、雪灾、冰雹、沙尘暴、大雾、低温冷害、雷电等气象灾害，以及由此引发的洪涝、山洪、风暴潮、山体滑坡、泥石流、森林（草原）火灾、荒漠化等次生和衍生灾害造成的损失，提高应对突发公共事件应急的气象保障能力，迫切需要进一步加强对气象灾害的综合、立体、连续观测，提高气象灾害的监测能力（栾彩霞，2012）。

我国疆域辽阔，气象灾害多发。对于大气温湿度及云水含量的探测，尽管现阶段已布设了一些无线探空站点，但站点的数量及密度上仍十分稀疏，且分布不合理。为减少灾害性天气对工农业生产和国民经济造成的巨大威胁，国家正在不断加强现代化气象观测手段，增强人工影响天气的能力。在一些发达国家，其已开始代替无线电探空气球，在数值天气预报、人工影响天气工程中承担关键角色。

有关大气中水汽含量和云中液态水含量及其降水特性的测量研究，对天气预报、人工影响天气部门选择最佳作业时间，以及对防洪指挥决策部门获得实时天气形势和降雨特性资料是至关重要的。为了得到更高精度的大气温湿廓线，地基多通道微波辐射计可以配合其他的测量手段进行联合观测，组成综合观测平台。例如，利用无线电探空仪提供统计先验信息、利用毫米波测云雷达提供云底高度、通过地基多通道微波辐射计观测亮温来反演云水路径和液态水廓线。研究结果表明，这种方法得出的云中液态水的均方根误差要比传统方法的误差小10%～20%（Frisch et al.，1998；Löhnert and Susanne，2003）。

我国云物理专家明确指出，地基多通道微波辐射计在中小尺度天气过程监测和精细预报工作中具有重要作用，如果能够业务化布网运行，将大幅提高我国天气监测能力和预报精度，是我国气象和人工影响天气事业大量急需的先进气象探测装备（郭学良等，2013；朱元竞等，1994）。

7.1.3　研制我国自主技术的新型多通道微波辐射计，打破国外技术垄断，实现我国气象探测技术自动化

在微波遥感探测装备研制领域，欧美发达国家起步较早且处于领先位置，经过几十年持续研究和应用实践，已经开发出基于各种平台的结构合理、高精度、高稳定、探测功能强大的多通道微波辐射计，使包括星载、机载以及地基等各种平台在内的微波辐射计各展所长、协同工作。目前，国外的微波辐射计技术已发展相对成熟，正向着多通道、高频率和网络化方向发展。

在国内，微波辐射计研制工作早在 20 世纪 70 年代就相继起步并开展了广泛的遥感试验。由于微波辐射计研制需要深厚的设计技术、丰富的实践经验和扎实的工业基础，我国在这一领域的技术手段相对滞后且研究相对不足。需要在系统总体构建、硬件功能实现、软件算法等各个方面开展深入研究和创新设计，并通过大量试验验证来加以改进，从而真正达到实用化的水平。

相较于欧美国家数十年积淀，我国在这一领域的发展仍然任重而道远，相关研制单位还需要在系统总体构建、硬件功能实现、软件算法等各个方面开展深入研究和创新设计，并通过大量试验验证来加以改进，从而向着真正达到并赶超国外进口仪器的方向前进。

7.2　大气微波遥感原理

对于微波无源遥感而言，适当选择微波辐射计的工作波长、极化方式和入射角，接收物体发射和散射的微波辐射，可以从接收辐射信号中分析出被观测物体（目标）的某些特征信息，从而识别被测目标（张祖荫和林士杰，1995；张光锋，2005）。微波辐射计用于大气遥感，最重要的理论支撑是量子物理中的黑体辐射原理、普朗克黑体辐射定律和大气科学中的大气辐射传输理论。

7.2.1　概论

微波一般是指波长在 1mm～1m、频率在 300MHz～300GHz 范围内的电磁波，包括分米波、厘米波、毫米波和亚毫米波。微波频率比一般的无线电波频率高，通常也称为“超高频电磁波”。微波的基本性质通常呈现为穿透、反射、吸收三个特性，作为一种电磁波也具有波粒二象性。大气微波遥感的基本原理就是利用微波信号与大气的相互作用，以此遥感探测大气要素信息（王小兰，2005）。微波有一定的穿透能力，故能获得较深层的信息，微波遥感分为主动微波遥感和被动微波遥感。自 20 世纪中叶以来，微波雷达、微波辐射计、多普勒雷达、风廓线雷达等主动遥感技术开始应用于大气探测领域，在监测降水、云系发展、台风、冰雹等天气系统等方面发挥了重要的作用。同时，按照普朗克黑体辐射定律，

大气在某波段的吸收越强，辐射也越强，因此在吸收带有较强的大气辐射，能够提供大气遥感的信息。利用被动微波遥感技术，接收并处理大气层发射的微波辐射信号，反演计算出大气参数信息。

7.2.2 物质热辐射理论

自然界中的一切物质，无论气体、液体、固体和等离子体，只要其温度高于 OK，任何时刻就都在向外辐射电磁波，这种辐射称为热辐射。物质的辐射强度及其随波长的分布取决于物质的绝对温度、分子结构及辐射表面特征等因素，不同物质具有不同的电磁辐射特性，这正是利用辐射计开展无源探测的物理基础（乌拉比和穆尔，1988）。

近代量子力学研究指出：由于物质内部电子能级、震动和转动能级的跃迁，它们在很宽的频带内发射电磁辐射，或者吸收相应频率的电磁辐射。因此，宇宙中的一切物质，只要处在绝对温度零度以上，任何时刻就都在向外辐射电磁波。不同物体发射、吸收和散射电磁辐射的能力是不同的，既与物体表面及其内部的几何结构有关，又与物体内部媒质的介电常数和温度的空间分布状况有关（张光锋，2005）。

所谓黑体指的是在所有频率上既没有反射又没有透射、完全吸收所有入射辐射能量的理想的完全不透明的材料。按照基尔霍夫辐射定律，处于热力学平衡状态的物体所辐射的能量与吸收的能量之比，与物体本身性质无关，仅与波长和温度有关。一个温度保持稳定的黑体是一个完全的吸收体，同时也就必然是一个完全的辐射体，其吸收本领越强辐射本领也越强，否则就不能保持热平衡。德国物理学家普朗克提出了著名的黑体辐射定律，即绝对温度为 T 的黑体辐射谱亮度 $B_{\mathrm{f}}(T)$ 为

$$B_{\mathrm{f}}(T)=\frac{2h\cdot f^{3}}{c^{2}}\cdot\frac{1}{\exp[h\cdot f/(k\cdot T)]-1} \tag{7.1}$$

式中，h 为普朗克常数（$h=6.626\times10^{-34}\ \mathrm{J\cdot s}$）；$c$ 为真空中的光速（$c=3\times10^{8}\ \mathrm{m/s}$）；$k$ 为玻尔兹曼常数（$k=1.38\times10^{-23}\ \mathrm{J/K}$）；$f$ 为所研究的辐射频率；T 为热力学温度。

物质的辐射强度及其随波长的分布取决于物质的绝对温度、分子结构及辐射物体的表面特征等因素，因此，适当选择观测仪器的工作波长、极化方式和入射角，用于接收物体发射和散射的微波辐射，可以从接收到的辐射信号中分析出被观测物体（目标）的某些特征信息，这就是无源微波遥感的理论基础。但这种微波波段的热辐射强度太微弱，雷达等普通手段无法准确测量及精确感知其变化情况，要么将其视为影响灵敏度的有害噪声，要么忽略其存在。

在较低频段（包括整个微波–毫米波段），普朗克［辐射］公式可以用瑞利–金斯公式近似代替，表达式变得非常简单：$B_{\mathrm{f}}=2kT/\lambda^{2}$（$\lambda$ 为波长）。当 $\lambda\cdot T>0.77$ 时，瑞利–金斯公式与普朗克［辐射］公式的计算结果相差仅 1%；当 $f=300\ \mathrm{GHz}$，$T=300\ \mathrm{K}$ 时误差为 3%，这在工程上是完全可以接受的。

从瑞利–金斯公式可见，黑体辐射能量与其绝对物理温度成正比。当带宽 Δf 很窄时，物理温度为 T 的黑体辐射谱亮度定义为

$$B_{\mathrm{b}}=B_{\mathrm{f}}\cdot\Delta f=2kT\cdot\Delta f/\lambda^{2} \tag{7.2}$$

黑体是完全辐射体，但它只是一个理想模型，实际物体并不能完全吸收入射到它上面的所有频率的全部能量，还存在反射，因而被称为灰体。根据能量守恒定律，在相同的物理温度T上，灰体辐射的能量小于实际黑体辐射的能量，且与方向有关，因此将灰体的亮度定义为$B(\theta,\phi)$。因而描述实际物体的亮度时，必须用一个低于其物理温度的“等效温度”代替实际的物理温度，并且其还是方向的函数，记为$T_B(\theta,\phi)$。通常称$T_B(\theta,\phi)$为实际物体的亮度温度，简称为亮温。因而实际物体的亮度可以用亮温表示为

$$B(\theta,\phi)=\frac{2k}{\lambda^2}T_B(\theta,\phi)\Delta f \tag{7.3}$$

对于温度均匀的物体，将它的亮温与同一物理温度下黑体辐射谱亮度的比值定义为比辐射率，即$\rho(\theta,\phi)=B(\theta,\phi)/B_{\mathrm{b}}=T_B(\theta,\phi)/T$，可见实际物体的亮温不可能大于其物理温度。例如，在微波-毫米波段，高性能吸波材料的比辐射率接近 1，而金属物体的比辐射率则接近于零，并且实际的物体，同一物质的比辐射率与其表面状况、观测方向以及极化方式都有关系。

对置于黑体暗室中的无耗微波天线所接收的功率P_{b}，可以用黑体辐射谱亮度B_{f}的积分表示：

$$P_{\mathrm{b}}=\frac{1}{2}A_{\mathrm{e}}\int_f^{f+\Delta f}\iint_{4\pi}B_{\mathrm{f}}F_n(\theta,\phi)\mathrm{d}\Omega\mathrm{d}f \tag{7.4}$$

式中，A_{e}为天线有效面积；$F_n(\theta,\phi)$为天线归一化方向图。

如果观测的频带相对较窄，B_{f}在Δf内近似不变。按照瑞利-金斯公式有：$B_{\mathrm{f}}=2kT/\lambda^2$，则式（7.4）可以简化为

$$P_{\mathrm{b}}=\frac{1}{2}A_{\mathrm{e}}\int_f^{f+\Delta f}\iint_{4\pi}\frac{2kT}{\lambda^2}F_n(\theta,\phi)\mathrm{d}\Omega\mathrm{d}f=kT\cdot\Delta f\frac{A_{\mathrm{e}}}{\lambda^2}\iint_{4\pi}F_n(\theta,\phi)\mathrm{d}\Omega \tag{7.5}$$

式（7.5）中的双重积分正好代表天线归一化方向图的立体角Ω_{p}，即

$$\Omega_{\mathrm{p}}=\iint_{4\pi}F_n(\theta,\phi)\mathrm{d}\Omega \tag{7.6}$$

由于$A_{\mathrm{e}}=\lambda^2/\Omega_{\mathrm{p}}$，式（7.6）可进一步化简得到$P_{\mathrm{b}}=kT\cdot\Delta f$，这表明物体表面的微波辐射噪声功率与其自身物理温度之间是线性关系。因此，若测得物体的微波噪声辐射功率，且通过定标得到线性方程的各项系数，即可反演出物体的物理温度。

7.2.3　大气的微波辐射特性

大气对微波的吸收包括气体分子和云中液态水等的吸收，对尘埃颗粒的吸收可以忽略。在微波波段，吸收气体最强的是水汽和氧气，分别对应 K 波段和 V 波段。臭氧也有一定的吸收作用，其他微量气体（如H_2S、SO_2、NO、CO）也具有各自的吸收谱线，由于这些气体含量稀少，吸收特性也相对较弱。根据普朗克黑体辐射定律，吸收越强，辐射也越强，因此可以根据大气中这些气体的微波吸收和辐射特性进行遥感探测，进而定量地反演大气参数。下面简要介绍氧分子和水汽分子的吸收和辐射理论基础（周秀骥等，1982）。

众所周知，气体分子内部具有三种运动方式：分子的转动、分子内部各原子核的震动

及电子的轨道运动，此外，还有电子的自旋和原子核的自旋运动。按照量子力学的观点，这些运动的能量只能取不连续的值，即处于一些不连续的“能级”上，这些能级可以用一定的量子数表示，不同能级之间的跃迁产生或吸收电磁波。在外电磁场的作用下，气体分子转动能从低能态向高能态跃迁，产生对微波的吸收。

7.2.3.1 氧气分子的微波吸收特性

根据分子微波波谱学的理论，气体分子对微波的吸收和发射主要是分子转动能级之间量子跃迁的结果，其谱线结构比红外振动-转动光谱简单。

对大气氧分子的微波波谱研究得较多，氧分子 $^{16}O_2$ 是双原子分子，因而属于直线型分子。氧分子的转动常数 $B=43.1\,\text{GHz}$。Van Vleck 最早研究了氧分子的微波波谱，指出：由于 O_2 在结构上的对称性，其基本电偶极矩等于零，转动能级量子数 N 只能取奇数。但是 O_2 具有两个不配对的电子，形成两个玻尔磁子，使得 O_2 具有微弱的磁偶极矩。这两个电子的自旋方向平行，净电子自旋等于 1，电子基态是三重简并的 $^3\Sigma$ 态。电子自旋与分子的转动之间存在着强的耦合，使得每一个转动能级分裂成三个子能级。若以 s 代表电子自旋量子数，则总角动量量子数 J 可以取三个数值：$J=N+1, N, N-1$，从而形成转动能级三重分裂的精细结构，正是这些精细结构之间的跃迁，使其产生对微波的吸收。上述跃迁的选择定则为

$$\Delta J=\pm 1,\ \Delta N=0$$

因此，对于给定的转动能级量子数 N，有一对共振吸收线：$J=N-1\rightarrow N$，$J=N+1\rightarrow N$，它们的共振频率分别以 v_{N-}，v_{N+} 表示。在通常的大气条件下，位于 $N>33$ 的能级上的分子数已经很少，相应的吸收线也很弱。这样，氧分子的微波吸收谱便具有明显的频率分区。若取最大的 $N=45$，则总共有 23 对共振吸收线，其中有一条位于 118.75MHz，其余的 45 条集中在 50～70MHz 附近，形成了一个以 60MHz 为中心的共振复合带。虽然服从 $\Delta N=\pm 2$ 选择定则的转动能级跃迁也是允许的，但它们所对应的频率已超出目前微波技术所能观测的下限，位于亚毫米和远红外波段。上述这些结果为后来的理论和实验所证实。由于 5mm 吸收带的波长大，技术上易于实现，因而它在微波传输和大气遥感应用上占有重要的位置。

7.2.3.2 水汽分子的微波吸收特性

水汽是三原子极性分子，其电偶极矩不为零。水汽分子虽然在几何结构上有对称性，但其三个惯性主轴彼此不等，属于非对称分子。在外来电磁场的作用下，水汽分子转动能级的跃迁，产生对电磁波能量的吸收。根据水汽分子转动能级的分布和跃迁的选择定则，可以确定水汽分子转动能级跃迁所对应的共振吸收线，大部分处于远红外和亚毫米波段，只有两条（$\lambda_1=1.348\,\text{cm}$ 和 $\lambda_2=0.164\,\text{cm}$）位于微波波段。这两条吸收线构成了水汽分子在微波区的主要吸收特征，它们都具有单谱线结构。

水汽分子对微波的吸收与微波频率有关，通常按照吸收线与微波频率的相对位置，将水汽的吸收简单地分成共振吸收和剩余吸收两部分，前者是靠近微波频率的水汽吸收线的吸收，后者是远离微波频率的水汽吸收线（包括远红外波段的吸收线）的吸收，这后一部

分又叫作远翼吸收或连续吸收。

水汽的微波吸收系数为

$$\alpha_{\mathrm{H_2O}}(v)=\frac{8\pi^3 Nv}{3ckTQ_{\mathrm{r}}}\mu^2 g_i\phi_i \mathrm{e}^{-E_i/kT} f(v,v_i) \tag{7.7}$$

式中，μ为水汽分子的基本电偶极矩，$\mu=1.87\times10^{-18}\mathrm{e.s.u}$（绝对静电单位）；$c$=2.6742；$N$为转动能级量子数；$v$为频率；$k$为玻尔兹曼常数；$T$为温度，K；$E_i$为能级，$i$=1，3，5，7，…，45；$Q_{\mathrm{r}}$为水汽分子转动能级配分函数，由水汽分子的转动常数$A=8.332\times10^2\,\mathrm{GHz}$，$B=4.327\times10^2\,\mathrm{GHz}$，$C=2.985\times10^2\,\mathrm{GHz}$，可得$Q_{\mathrm{r}}=0.0344T^{3/2}$；$\phi_i$为等效线强；$g_i$为统计权重因子，与跃迁低能级量子数的奇偶性有关，对于水汽分子而言：

$$g_i=\begin{cases}1, & \text{当低能级量子数}\tau\text{为偶数时}\\ 3, & \text{当低能级量子数}\tau\text{为奇数时}\end{cases} \tag{7.8}$$

另外，$f(v,v_i)$叫作线形函数。其中一个重要的线形参数是吸收线的半宽度Δv。在压力加宽起控制作用的条件下，Δv与气体的压力和温度有关。但是，因为水汽分子彼此发生碰撞的截面比水汽分子与其他分子的碰撞截面大几倍，在精确的计算中需要考虑谁起的自加宽作用，此时压力加宽的半宽度为

$$\Delta v=s(p/760)(300/T)^n(1+\beta\cdot e/p) \tag{7.9}$$

式中，s为温度等于 300K、压力等于 1 个大气压下的线宽；β为自加宽效率因子；e为水汽分压；p为大气压强。s、n、β由实验确定。

原则上，水汽的剩余吸收可按式（7.7）将所有远离微波频率的各条吸收线的吸收系数加在一起。对于水汽的微波吸收可言，吸收线远翼，当$v\ll v_i$，以及$\Delta v\ll v_i$时，Van Vleck-Weisskopf 线形函数可以简化为

$$f(v,v_i)\approx 2\Delta v\cdot v/\pi v_i^3 \tag{7.10}$$

此时剩余吸收为

$$\alpha'_{\mathrm{H_2O}}(v)=\frac{16\pi^2 Nv}{3ckTQ_{\mathrm{r}}}\mu^2\Delta v\sum_j g_i\phi_i \mathrm{e}^{-E_j/kT}\frac{1}{v_i} \tag{7.11}$$

7.2.3.3　云的微波吸收特性

云由液态水滴和冰晶粒子群组合而成，直径分布在 1～100μm，超过 100μm 时就会形成降水。云的微波吸收和辐射就是一群水滴或冰晶的吸收和辐射的总和。

在一般情况下，粒子的吸收截面和散射截面与粒子大小、入射波长和折射指数等要素之间的解析关系相当复杂，只有当粒子的大小与入射波长相比很小时，即$2r/\lambda\ll1$，它们之间有较简单的关系，这就是瑞利（Rayleigh）近似。为了直观地考察云滴在微波波段，瑞利近似的适用范围，在 0.1～3cm 的各波长，分别对直径为 10μm、20μm、30μm 和 100μm 的云滴，计算了各自的瑞利近似的吸收截面与相应米散射（Mie）的衰减截面的比值$Q_{\mathrm{aRay}}/Q_{t\mathrm{Mie}}$。结果表明，对于直径在 30μm 左右的云滴，在整个微波波段完全可以用瑞利近似。即使对于 100μm 的大云滴，在微波波段也不会导致太大的误差。当波长小于 1.6mm 时，用瑞利近似所引起的偏差在 80%～90%。因此在研究云的微波辐射时，完全可以用瑞

利近似。

在瑞利近似条件下，吸收截面（Q_a）和散射截面（Q_s）分别为

$$Q_a = \frac{8\pi^2 r^3}{\lambda} \mathrm{Im}\left(-\frac{m^2-1}{m^2+1}\right) \tag{7.12}$$

$$Q_s = \frac{128\pi^5 r^6}{3\lambda^4} \left|\frac{m^2-1}{m^2+2}\right|^2 \tag{7.13}$$

两式相除：

$$\frac{Q_a}{Q_s} = \frac{3}{2}\left(\frac{\lambda}{2\pi r}\right)^3 \frac{\mathrm{Im}(-k)}{|k|^2} \tag{7.14}$$

式中，

$$k = \frac{m^2-1}{m^2+2} \tag{7.15}$$

通常比值 $\mathrm{Im}(-k)/|k|^2 \leqslant 10^{-1}$ 量级。r 为云滴粒子半径；λ 为微波辐射的波长；m 为复折射指数。在微波波段，对于最大的云滴（100μm 直径），吸收比散射要大一个量级以上，一般情况下，可达 3 个量级左右。于是，当微波波段计算云的衰减系数时，可以用吸收系数代替。

在自然云中，单位体积的云滴集合呈现一定的大小分布，称之为云滴谱。若单位体积中半径在 r 和 $r+\mathrm{d}r$ 之间的云滴个数为 $n(r)$，则云滴谱的吸收系数可表示为

$$\alpha_c = \int_0^\infty n(r) Q_a \mathrm{d}r \tag{7.16}$$

将式（7.12）代入得

$$\alpha_c = \frac{0.6\pi}{\lambda\rho} \mathrm{Im}(-k) \cdot M \tag{7.17}$$

式中，ρ 为水的密度；M 为云中含水量。若 ρ 以 g/cm^3 为单位，M 以 g/m^3 为单位，λ 以 cm 为单位，在式（7.17）吸收系数 α_c 单位为 km^{-1}。

7.2.4　地基微波辐射计研究及应用进展

微波辐射计在中小尺度天气过程的监测和精细的预报工作中具有重要作用，可以为人工影响天气工程提供连续的第一手实时大气温湿廓线资料。

7.2.4.1　国外研究及应用进展

大气微波遥感的理论研究工作始于 20 世纪 40 年代。许多学者研究了水汽和氧气的微波吸收特性，从理论上确定了大气水汽分子和氧气分子的微波吸收带，并对吸收系数做了计算，为大气微波辐射理论的研究奠定了基础。

大气微波遥感技术最先在卫星观测上获得应用。1961 年，Meeks 等首先提出从气象卫星上接收大气氧气在 5mm 吸收带所发射的辐射信号，以探测大气温度垂直分布的设想。1968 年 9 月，苏联“宇宙-243”科学卫星装载了四通道微波辐射计（波长分别为 0.8cm、1.35cm、3.40cm、8.50cm），成功地获取从空间探测水面上大气水汽总含量、云中含水量与降水强度的结果。1970 年 10 月，在“宇宙-394”科学卫星上，继续进行了 8mm 微波辐射

计的观测试验。1972 年，美国气象实验卫星 “雨云-5” 上装载了五通道（频率分别为 53.65GHz、54.90GHz、31.40GHz、22.235GHz）微波波谱仪与波长 1.55cm 的电扫描微波辐射计，进行了大气温度垂直廓线、水汽总含量、海面温度与降水强度的观测试验，其结果肯定了在气象卫星探测系统中发展大气微波遥感的重要价值。1974 年，美国在“雨云-6”上又发展了五通道（频率分别为 52.85GHz、53.85GHz、55.45GHz、31.65GHz、22.235GHz）微波波谱仪和波长 0.81cm 电扫描微波辐射计的观测试验。在这些试验的基础上，从 1978 年开始，四通道（频率分别为 50.3GHz、53.74GHz、54.96GHz、57.95GHz）微波波谱仪已被列入美国第三代气象业务卫星系列的探测项目，并投入气象业务应用。它能提供有云地区大气温度垂直廓线。同时，气象卫星上的试验表明，对探测海洋、冰雪等地表特征，微波遥感具备其他遥感技术所没有的特殊能力。在 1978 年美国发射的海洋卫星上，微波遥感是最主要的海洋探测技术，与空间微波遥感探测发展的同时，地面微波遥感所探测的大气温度分布、水汽密度分布、云和降水强度分布等也取得富有成效的结果（周秀骥等，1982）。

Westwater 等自 1969 年开始研究地基的微波遥感方法，研制出 K 波段和 V 波段微波辐射计，并利用统计法、线性回归法等方法反演大气的温度、水汽含量和液态水含量，探测温度廓线在 3km 以下能够达到均方根误差在 2K 的精度（Westwater，1969，1970，1972，1978；Westwater et al.，1975； Guiraud et al.，1979；Hogg et al.，1983）。微波辐射计开始广泛应用于各类观测试验，并与激光雷达、风廓线雷达、云雷达、梯度观测塔及卫星观测等资料相互结合补充，进行大气温度、水汽、云中液态水含量、过冷水云等要素探测和云的微物理特性的研究，为临近预报、数值天气预报、气候变化研究、灾害预警、边界层遥感、航空气象等提供实时基础数据。

欧美国家对遥感技术高度重视并持续深入研究，开发出一系列基于各种平台的微波-毫米波气象辐射计产品，并成功转入商业化，批量生产，投入市场。本节选取国外两款代表性的微波辐射计，介绍其产品特性。

美国 Radiometrics 公司研发的 TP/WVP-3000 型辐射计是世界上实现商品化的地基多通道微波辐射计，采用超外差接收方案，单一外差、直接双边带的变频接收机体系结构，拥有两个频段（K 和 V）共计 12 个通道，在 22～30GHz 波段设置了 5 个通道，在 51～59GHz 波段设置了 7 个通道。TP/WVP-3000 型的升级型号为 MP-3000A 型，实现了 35 通道的观测，将两个射频子系统（RF）整合到一起，它们共享同一天线和天线定位系统，其功能指标进一步提升，在 22～30GHz 波段设置 21 个通道，在 51～59GHz 波段设置 14 个通道。反演的大气廓线从 0～500m 高度上每 50m 输出一个数据，500m～2km 高度上每 100m 输出一个数据，2～10km 每 250m 输出一个数据，共 58 个反演层。在约 7km 以上，大气中的温度和水汽密度接近气候平均值。

MP-3000A 是目前国际上比较先进、功能比较完善的代表性产品，它能够精确检测 5mm 及 13mm 频段大气辐射强度谱，并利用神经网络算法实时给出高精度高分辨率的温度、相对湿度和水汽密度廓线等数据，具有很高的技术水平和实用价值。

德国 RPG 公司 HATPRO 型地基多通道微波辐射计也是目前世界上较为先进的新一代微波辐射计之一。HATPRO 的多通道滤波器组具有并行快速稳定检测信号的能力，其高分辨力、快速采样能力、三维快速扫描能力、快速定标能力、探测器组的亮温稳定能力等性能都很卓越。同时，该仪器具备高度完备的自动化能力，包括无人值守网络操控功能、现场数据实时处理和存储能力，以及全天候观测、多地域适应、较强的抗旋摇能力等。

德国 RPG 公司通过把波导滤波器和多个接收器模块化[单片微波集成电路（MMIC）技术]，实现了多通道并行测量，各通道带宽独立，中心频率定位精度极高。与传统单接收器扫频技术相比，多通道并行滤波接收器组测量更精确、系统更稳定、采样更快速。优化的大天线、窄波束改善了空间分辨率。在天顶方向与独有的边界层多角度扫描观测模式联合使用，大大提高了垂直廓线的分辨率。同时采用独有的多通道并行测量技术（14、42、98 通道可选），性能稳定、测量精确、高度自动化，软件功能卓越，能实时连续检测大气边界层和对流层的温度、湿度、液态水的垂直廓线和总量信息。代表性产品有：RPG-HATPRO 和 RPG-TEMPRO 微波辐射计为滤波器组分频体制，采用 14 通道反演大气温湿廓线，其中 7 个通道用来测量大气温度廓线，7 个通道用来测量大气湿度廓线。HATPRO 微波辐射计采用了硬件并行滤波器组接收信号。滤波器组制造技术要求高，但是它的好处是可以同时接收所有通道的信号，独立进行滤波处理。通过对接收机注入经过噪声源标定的精确噪声信号来检测系统非线性和系统噪声温度漂移。此后信号经过低噪声放大之后进入多通道检波器中，每个通道都有自己的检波器。这种接收体制实现了多通道的并行检测，可对水汽和氧气的吸收谱线进行快速检测。

HATPRO 辐射计可以在平原、高海拔山地、海表等地区观测，数据资料用于数值天气预报、中小尺度的天气分析、人工影响天气工程、资料同化、边界层特征研究、环境污染预报服务等。

MP-3000A 和 RPG-HATPRO 是两款具有代表性的微波辐射计，分别具有各自的特点。它们都可以提供从地面到 10km 高空范围内的温度、相对湿度、水汽密度以及液态水的垂直廓线等数据，由于技术的发展，加上寻求探空仪替代品需求的加强，用于探测反演大气温度和湿度的多通道微波辐射计得到了迅速的发展，性能比较如下。

1）仪器校准精度

两类仪器的亮温校准精度基本相当，其中 MP-3000A 的绝对精度在天空亮温接近环境温度时效果最好（如 V 频段的最高通道），并随参考黑体与天空温度绝对差值的增加而降低。HATPRO 通过校准可以获得一个在±0.5K 范围内的绝对校准精度。

2）辐射测量分辨率

辐射测量分辨率对于两类仪器来说都与积分时间的长短有关。其中 MP-3000A 的辐射分辨率在 0.1～1K 的范围内变化，在 250ms 的积分时间内标准的分辨率为 0.25K。而 HATPRO 在 1s 的积分时间内 K 频段为 0.1K，V 频段为 0.2K。然而积分时间的长短不仅影响命令执行时间，还会对系统热噪声和其他随机噪声有影响。

3）垂直分辨率及精度

MP-3000A 输出的大气温湿廓线在垂直方向划分为 58 层，而 HATPRO 的垂直分辨率在水汽密度和温度的廓线上是不相同的，在对流层温度和湿度廓线的垂直分辨率及精度如表 7.1 所示。

表 7.1　HATPRO 辐射计的分辨率及精度

参数	高程：分辨率	高程：精度
温度	0～1.2km：50m 1.2～5km：200m 5～10km：400m	0～500m：0.25K RMS 500m～1.2km：0.5K RMS 1.2～4km：0.75K RMS 4～10km：1.00K RMS
湿度	0～2km：200m 2～5km：400m 5～10km：800m	绝对湿度：0.02g/m^{3}RMS 相对湿度：5% RMS

注：RMS 表示均方根。

从表 7.1 中可以看出，HATPRO 微波辐射计不仅有着不同的垂直分辨率，还在不同高度层上的温度廓线具有不同的观测精度。这是由于温度廓线的分辨率和精度在 0～1.2km 的范围内由边界层扫描模式获得，而在 1.2～10km 范围内通过天顶扫描模式获得。

影响辐射计光学分辨率的一个重要因素是辐射计的波束宽度，波束宽度应尽可能小。但是较窄的波束宽度就要求较大的天线口径，这就是 HATPRO 辐射计的天线口径（250mm）几乎是 MP-3000A（150mm）的两倍，辐射计整机的体积和重量也比较大的一个主要原因。

4）其他参数对比

由于研究条件的限制，很难对两种型号的辐射计做全面深入的比较。两类仪器的其他参数对比见表 7.2，这能够反映两类仪器之间的一些差异（Cimini et al，2011）。

表 7.2　两类微波辐射计的其他参数对比

功能及参数	MP-3000A 型	HATPRO 型
观测亮温范围/K	0～400	0～800
积分时间/s	0.01～2.5	≥0.51，用户可选
频率范围及标准通道数量 水汽带（K 频段） 氧气带（V 频段）	22～30GHz，21 通道 51～59GHz，14 通道	22～31GHz　7 通道 51～58GHz　7 通道
光学分辨率及旁瓣电平 水汽带 氧气带	4.9～6.3°，−24dB 2.4～2.5°，−27dB	3.5°，<−30dB 1.8°，<−30dB
红外通道最大数量	1	2
长期的温度漂移/（K/a）	0.5	0.2
工作环境 温度/℃ 相对湿度/%	−40～35 0～100	−40～45 0～100
数据接口	RS422	RS232
功耗/W	一般为 200 最大为 400	稳定时 150 开机时 350
低温源安装方式	主机顶部	主机侧面
主机尺寸/cm^3	50×28×76	63×40×105
重量/kg	29	60

此外，还有其他型号地基多通道微波辐射计，如 22 通道的 MICCY、25 通道的 GSR等。

地基微波辐射计已逐渐代替了探空气球观测的温度、湿度廓线，与各种天气雷达互为补充，连续不间断地组网观测，为气候变化研究提供了长期、连续的观测资料。当前，正向多通道、高频和网络化的方向发展，如 Cimini 等（2011）建立了观测网 MWRnet（http://cetemps.aquila.infn.it/mwrnet），开展微波辐射计长期观测研究，同时将微波辐射计的观测数据资料、软件、算法等共享。

7.2.4.2 国内研究及应用进展

我国的微波辐射计研究工作始于 20 世纪 70 年代。北京大学赵柏林、毛节泰等研制出我国第一台 5mm 频段地基微波辐射计（图 7.1），并将其用于遥感大气温度层结试验，利用扫角法迭代反演获得温度层结，获得的温度廓线在 5km 以下均方根误差在 2～3K 以内（赵柏林等，1978，1981；赵柏林，1983）。中国科学院大气物理研究所吕达仁、林海等于 1976 年研制出 3.2cm 频段非平衡式 Dicke 地基测雨微波辐射计（图 7.2），进行遥感大气湿度和区域降水量，同时利用 8.6mm 和 3.2cm 两个波长地面辐射计探测云中含水量，并联合雷达和微波辐射计系统探测云中含水量和雨强分布，推进了反演原理和传感器技术的发展（大气物理研究所一〇五组，1978；吕达仁和林海，1980；魏重等，1982；林海等，1984）。周秀骥等对大气微波辐射器及其遥感特性、温度的层结常数分布、遥感方程和函数的基本性质、水汽的遥感方法、雨滴的辐射特征等进行了分析讨论和数值实验，微波遥感理论研究获得比较系统的发展（周秀骥，1980；黄润恒，1980；林海等，1981；薛永康等，1983）。魏重等分别用 1.35cm 波长地面微波辐射计探测大气中水汽总量及其分布和两波段（1.35cm 和 8.5mm）微波辐射计遥感云及大气的可降水和液态水，并在西太平洋热带海域海洋进行大气综合考察，获得水汽场的动态变化和云中液态水的演变规律，分析研究海域的水汽总量和云中液态水的统计变化及年际变化特征（魏重等，1982，1984；黄润恒和邹寿祥，1987；王普才等，1991）。微波辐射计用于人工影响天气工程的观测试验，监测大气中总水汽含量和云中液态水的含量及其连续变化，作为评估人工增雨资源条件的方法，为人工增雨选择作业区（朱元竞等，1994；雷恒池等，2001），并广泛用于观测淮河流域、平原地区、高原地区、半干旱区等地区的水汽和云中液态水的含量观测，为数值天气预报、气候变化研究提供精细的大气参数及其变化特征，并深入研究和比较了新型多通道微波辐射计在大气温湿廓线、水汽通量、云水含量、降水和大气成分探测等方面的能力及效果。同时，陈洪滨、雷恒池等开始将微波辐射计用于星载和机载（图 7.3）中，用于观测云液态水和过冷水的含量（陈洪滨，2000，2002；雷恒池等，2003）。

中国科学院东北地理与农业生态研究所赵凯等研制了 K 频段数字增益波动补偿辐射计。中国气象科学研究院研制了双通道全天空自动扫描微波辐射仪（周秀骥，2006），如图 7.4 所示。中国兵器工业集团西安电子工程研究所成功研制了 35 通道 MWP967KV 型地基微波辐射计，国产化率达到 90%以上。中国电子科技集团公司第二十二研究所研制了 K 频段双通道地基微波辐射计及多通道 QFW-6000 微波辐射计；另外，还有中国科学院国家空间科学中心、长春海思电子信息技术有限责任公司、北京爱尔达电子设备有限公司、南京大桥电子设备有限公司、南京理工大学、华中科技大学等均取得了不少科研成果。

图 7.1　北京大学研制微波辐射计（赵柏林等，1978）

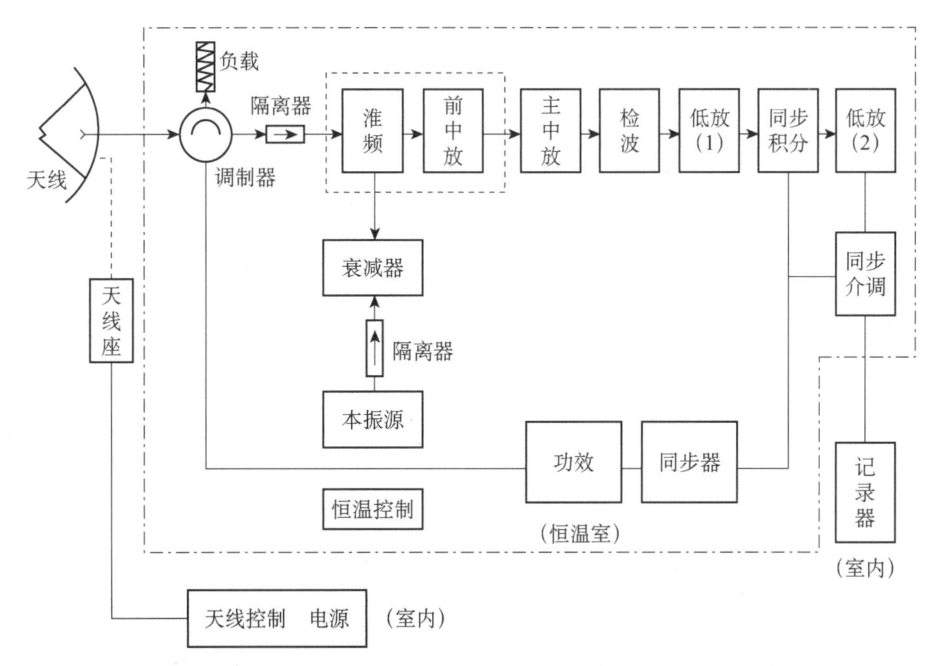

图 7.2　中国科学院大气物理研究所研制的测雨微波辐射计（吕达仁和林海，1980）

图 7.3　机载微波辐射计

图 7.4　双通道全天空自动扫描微波辐射仪（周秀骥，2006）

微波辐射计是我国数值天气预报和人工影响天气工程大量急需的先进大气探测装备，研制具有我国自主知识产权的地基多通道微波辐射计已迫在眉睫。实现业务化布网运行将大幅提高我国对天气的监测能力和预报精度。

7.3 仪器的安装调试

本书重点介绍 TP/WVP-3000 型和 MWP967KV 型两种辐射计的硬件组成。介绍兰州大学与中国兵器工业集团第 206 研究所（西安电子工程研究所）于 2009～2013 年联合开发并研制成功的微波辐射计原理样机，包括辐射计的系统组成、天线、转台、接收机、数据处理单元等分系统。原理样机实现了一体化的整机设计、多传感器的集成、紧凑的双波段天线组件、小步进扫频式的多通道辐射探测，实现了冷热源人工标定与自动标定措施的结合。除此之外，目前已经掌握了小型化高性能毫米波天线技术、宽带低副瓣毫米波馈源技术、宽带低损耗毫米波波束分配技术、宽带高性能毫米波面天线技术、宽带参数化密集通道接收机技术、极微弱高频信号精密检测技术及多传感器集成一体化设计技术。

7.3.1 TP/WVP-3000 型微波辐射计

美国 Radiometrics 公司研发的 TP/WVP-3000 型微波辐射计是一种新型的 12 通道地基微波辐射计，用于在数值天气预报、气候变化等领域开展广泛观测，外部构造及内部结构如图 7.5 所示。该辐射计在水汽敏感的 K 波段（22～30GHz）设置了 5 个通道（22.235GHz、23.035GHz、23.835GHz、26.235GHz、30.00GHz），在温度敏感的 V 波段（51～59GHz）设置了 7 个通道（51.25GHz、52.28GHz、53.85GHz、54.94GHz、56.66GHz、57.29GHz、58.80GHz），能够直接测量这 12 个通道的微波辐射亮温。同时，辐射计还带有测量温度、相对湿度和气压的地面气象传感器，并且使用了对准天顶的红外温度计测量云底温度，频段为 9.6～11.5μm。利用辐射计的反演软件可以连续反演获得从地表至高空 10km 之间的温度、水汽密度以及液态水的垂直廓线，0～1km 分辨率为 100m，1～10km 分辨率为 250m，共计 47 层数据。

兰州大学于 2006 年引进了 TP/WVP-3000 型微波辐射计，并在兰州大学半干旱气候与环境观测站（SACOL）进行了常规观测（Huang et al.，2008），先后参加了 2006 年甘肃张掖民乐祁连山观测试验、2010 年我国星载降水雷达机载校飞试验、2012 年 MWP967KV 型地基多通道微波辐射计对比观测试验、2013 年山西忻州气溶胶与云相互作用观测试验、2014 年中国气象局气象探测中心机载 W 波段云雷达探测试验等多项大型观测试验，观测数据主要用于各类分析对比研究中。

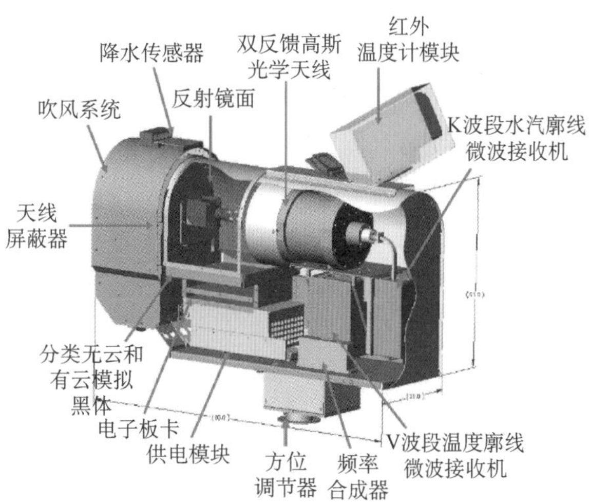

（a）外部构造图　　（b）内部结构图

图 7.5　TP/WVP-3000 型微波辐射计外部和内部结构

7.3.2　MWP967KV 型辐射计

兰州大学与中国兵器工业集团第 206 研究所（西安电子工程研究所）联合开发，研制成功了地基 35 通道 MWP967KV 型辐射计原理样机。这是一款我国自主研制的自动化、多功能、高精度的新型大气微波遥感探测设备，本节论述了辐射计的硬件研制工作，包括辐射计的系统组成、天线、转台、接收机、数据处理单元等分系统。

7.3.2.1　辐射计的用途

MWP967KV 型地基多通道微波辐射计（图 7.6）具有完整的自主知识产权，系统灵敏度高、工作稳定，标定功能完善，具有室外全天候无人值守连续工作的能力，操作控制及显示界面简洁直观，数据分类及保存方法科学合理规范，灵活的数据显示和回放功能便于用户回溯查阅和处理研究。

图 7.6　MWP967KV 型地基多通道微波辐射计

7.3.2.2 总体布局

MWP967KV 型地基多通道微波辐射计的主机结构总体布局如图 7.7 所示。其天线采用单反射面形式，但反射面和馈源各自独立安装，其中馈源固定不动，反射面安装在步进转台上，能够在机箱控制单元的控制下实现 360°转动，以便天线波束指向观测目标；K 波段接收机安装在 K 波段馈源后方，二者之间采用波导实现硬连接；V 波段接收机安装在馈源下方，二者之间采用波导实现硬连接，而本振信号则利用半刚性高频同轴电缆送至接收机。

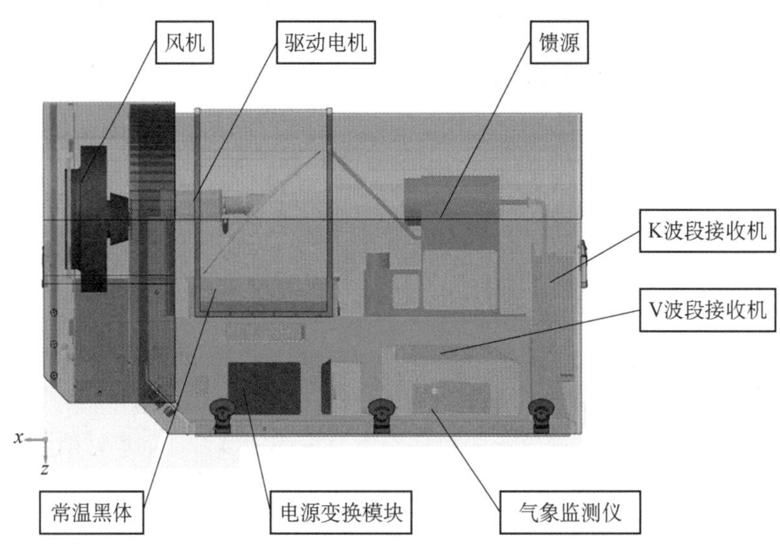

图 7.7 MWP967KV 型地基多通道微波辐射计的主机结构总体布局图

7.3.2.3 整机系统组成

MWP967KV 型地基多通道微波辐射计整体划分为主机和终端两部分。其中，主机由双频段天线组件、双接收机系统、频率综合器本振、精密步进转台、标准黑体辐射源、温度传感器、温湿压计、红外观测仪、电源变换器、检控单元以及雨雾防护装置组成，如图 7.8 所示。

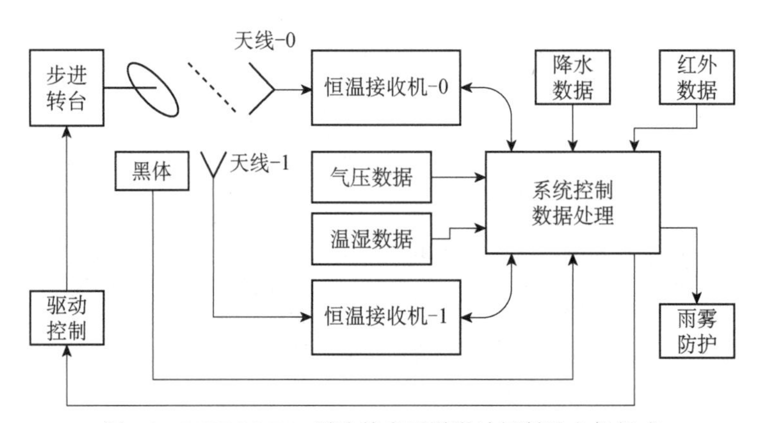

图 7.8 MWP967KV 型地基多通道微波辐射计主机组成

MWP967KV 型地基多通道微波辐射计终端以 PC 机＋Windows 操作系统为工作平台，其软件组成包括：主机通信接口、人机界面、亮温数值计算、大气参数反演算法、系统主控及其他辅助功能。表 7.3 中所列为整机技术。

表 7.3　MWP967KV 型地基多通道微波辐射计整机技术

主机电气设计	转台系统	终端主控系统
主机结构设计	电源系统	定标算法
组合天线系统	检控单元	廓线反演算法
水汽通道接收	红外测量系统	数据显示系统
温度通道接收	环境测量系统	天线测试系统
温度稳定系统	定标源系统	电气测试系统
雨雾驱除系统	终端计算机	环境测试系统
内部互联系统	外部电缆系统	外场测试系统

物体的微波辐射信号是极其微弱的非相干信号，因此与信噪比总是大于 1 的传统接收相干信号的接收机不同，微波辐射计接收的信号是比本机噪声功率小得多的各种物体辐射的微波热噪声功率，其本质是一台微波波段的高灵敏度接收机（蔡新泉等，1988）。它由天线、宽带接收机和数据记录/储存装置等部分组成，能够高度精密地探测到输入噪声功率的较小的量值及变化，这个变化经过辐射计系统后将直接反映在输出电压上，通过输出电压信号的特征来获知被探测物体特性（张祖荫和林士杰，1995）。

7.3.2.4　分系统互连结构

MWP967KV 型地基多通道微波辐射计整体划分为主机和终端，其中主机及风机等辅助装置为室外部分，终端为室内部分，两部分之间通过数据传输电缆相连接，分系统互连结构如图 7.9 所示。

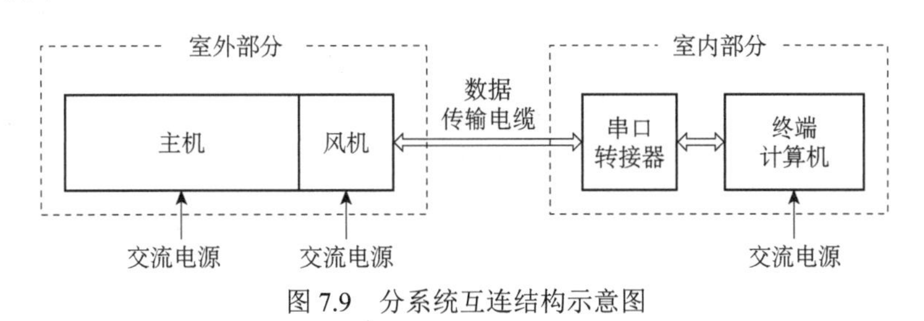

图 7.9　分系统互连结构示意图

7.3.2.5　分系统组成及工作过程

1）天线

天线分系统由透波天线罩、抛物反射面、极化分离器和两个接收馈源组成，工作频率分为 K 和 V 两个波段的频率，如图 7.10 所示。

天空辐射的能量透过透波天线罩，由抛物反射面接收，聚焦并改变传输方向，通过极化分离器，分别被 K 波段馈源和 V 波段馈源接收，接收到的微弱噪声信号通过波导下行传输到辐射计接收机。两个频段的天线馈源共用一套反射面，这样不但有利于两个波束同时指向同一个目标区域，还能显著减小转动机的复杂性，降低设备的体积和重量。

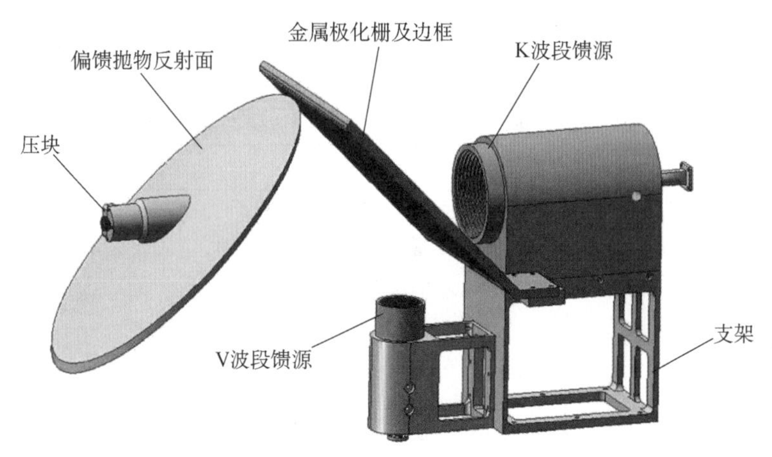

图 7.10　低副瓣双频复合天线示意图

由于微波辐射计应用于大气辐射的精确测量对天线提出了低旁瓣特性的要求，其采用偏馈抛物反射面的天线形式。天线馈源波束中心射出的电波投射在反射器上经反射后射向天空，这种设计的一个优点是几乎没有口径遮挡，从而天线的旁瓣电平取决于天线的表面精度和口面场分布函数；另一个优点是，它具有相当小的返回损耗，因此该形式还具有优良的驻波特性，系统的驻波特性基本上由馈源本身的驻波特性决定。由反射面加工精度引起理论曲线的偏离而造成的反射不会进入馈源内。

从天线馈源到偏馈抛物反射面反射器的中心，与母抛物面的轴线有一个90°的偏置角，它的轮廓边缘是以焦点为顶点的圆锥面与母抛物面的相贯线，该偏馈抛物反射面的投影口径在辐射口面上为圆。

偏馈抛物反射面在数控机床上加工成型。为了保证反射面绕焦轴转动时与馈源之间的位置度关系，将其后面的旋转轴与反射面做成一体，避免了零件转接带来的误差。

MWP967KV 型地基多通道微波辐射计天线系统包含两个馈源，分别工作于 K 波段和 V 波段。馈源由三部分组成，即馈电波导、过渡段和辐射段。馈电波导是一段直波导；过渡段是一段锥形波纹喇叭；辐射段是锥形波纹喇叭。

由于要满足天线低副瓣特性的要求，因此馈源必须具有：旋转对称的主极化方向图，低的交叉极化峰值电平，良好的驻波特性，低旁瓣特性。通过采用波纹喇叭的形式，它能够较好地实现上述性能要求。图 7.11 为辐射计天线测试过程及典型数据（天线方向图）。

2）转台

转台用于承载和旋转定位微波辐射计的天线反射面，主要包括一个可绕 360°圆周方向旋转的驱动机构及驱动控制组合。转台系统的主要功能如下：①承载微波辐射计的天线抛物反射面；②按检控单元指令要求产生规定的转动动作并上报到达信息。

转台系统主要由可绕 360° 圆周方向旋转的驱动机构及驱动控制组合等组成，如图 7.12 所示。驱动机构主要包括步进电动机、减速器等；驱动控制组合内含有控制板、电机驱动器等。控制板由控制计算机、接口及数字 I/O 等组成。

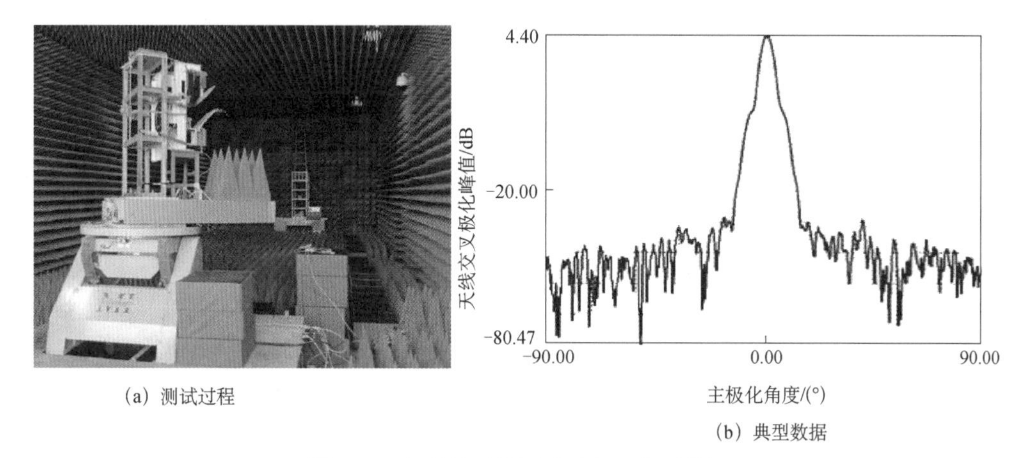

(a) 测试过程

(b) 典型数据

图 7.11　辐射计天线测试过程及典型数据

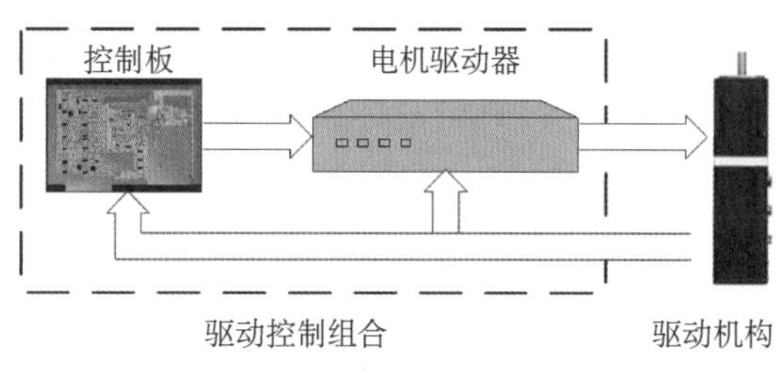

图 7.12　转台系统组成示意图

3）接收机

MWP967KV 型地基多通道微波辐射计接收机系统包括 K 波段、V 波段两部独立的数字视频接收机，用于接收来自对应天线的微弱噪声信号，经高放、双边带下变频、滤波、平方律检波、直流放大、低通滤波处理后，进行高精度 A/D 变换和数据处理，将最终数据传输到中心机用于气象反演；两部接收机分别置于两个恒温箱内以增强系统噪声温度和增益的稳定性。

两个波段的接收机分别置于两个独立的恒温箱内，由天线接收到的微弱噪声信号通过波导下行传输到辐射计数字视频接收机，将信号经直流放大后再双边带下变频为中心频率固定的中频信号。此中频信号通过二极管平方律检波，变为与输入功率成正比的电压信号，然后经过低通滤波处理后，进行高精度 A/D 变换，将其变为数字信号后进行数据处理。用于接收机校准的噪声源由系统控制在校准期间工作，输出的噪声经定向耦合器进入接收机，通过相同的处理后由数据处理模块进行接收机校准。

4）毫米波接收机

毫米波接收机完成对微弱信号的直流放大、双边带下变频、低通滤波。辐射计接收机的输入信号包括：天线噪声温度（天线主瓣和副瓣接收到的场景噪声信号和天线自身噪声温度）、接收机等效噪声温度等。为降低系统等效噪声温度，检波器之前的高中频部分的总增益应该尽量大。同时，为确保检波器始终工作于平方律区域，检波器之前的高中频增益应根据动态范围的上下限进行合理设计，使得检波器始终工作于小信号的平方律区域。

5）视频接收机

MWP967KV 型地基多通道微波辐射计的视频接收机主要由直流放大、补偿和模拟积分器组成，模拟积分器用有源滤波器来实现。经接收机平方律检波后，K、V 波段的输出电压信号非常微弱，直接进行采集测量是无法满足系统的精度要求的，必须对输出信号进行放大。放大倍数越大，系统的测量结果越准确，如果对输出电压进行直接放大，则必须考虑所采用的 A/D 芯片的动态范围和位数。为了充分利用 A/D 芯片的位数，所设计的电路除了考虑电压多级放大外还必须考虑电压补偿，并且放大后的电压在 A/D 芯片承受的范围内。为保证 A/D 芯片采集的电压灵敏度（即系统能检测到辐射计输入电压微小的变化），通常要求低频放大倍数很大。同时采取电压补偿时保证输出电压在 A/D 芯片采集范围内。

6）A/D、接口控制及数据预处理

接收机 A/D 转换器对幅度检波放大后的低频信号进行采样，然后将量化后的亮温电压通过串行口送往检控单元，其采样及预处理的原理框图见图 7.13。MWP967KV 型地基多通道微波辐射计接收机采用现场可编程门阵列（FPGA）对 A/D 芯片进行控制，完成数据的采集；FPGA 采用状态机设计形式，控制 A/D 芯片工作：先启动 A/D 工作，检测到转换过程完成后，读取 A/D 转换结果，然后将计算结果传递给单片机存储；单片机存储 A/D 转换结果，根据检控单元的要求，将计算结果通过串行口传递给检控单元。

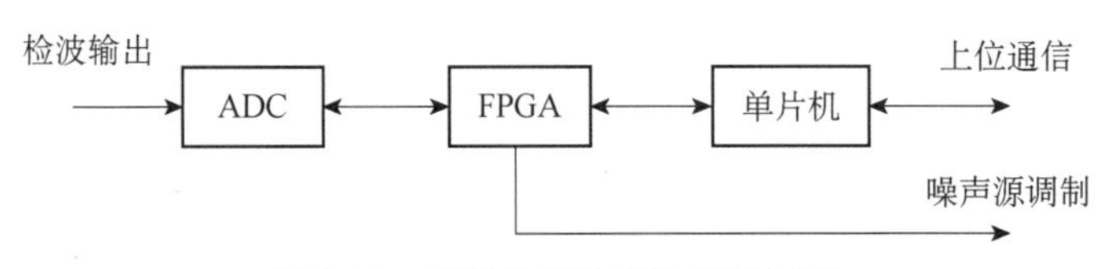

图 7.13　采样及预处理的原理框图

ADC 为模-数转换器；FPGA 为现场可编程门阵列

7）接收机恒温

环境条件对于微波辐射计的影响，其严重性和复杂性远远高于其他设备，特别是环境温度的变化会对辐射接收装置的工作状态产生显著的干扰，因此关于环境条件方面的设计问题不仅在于整个系统各组成部分的环境适应性，还包含应对环境温度变化干扰辐射接收装置工作状态的措施。MWP967KV 型地基多通道微波辐射计的接收系统拥有一套完善的恒温方案，综合利用高精度的温度传感器、智能恒温控制算法及大功率温控执行器件，具有精确测温、加热或制冷的执行功能，协同实现辐射接收装置的高精度恒温功能，其恒温系统组成如图 7.14 所示。

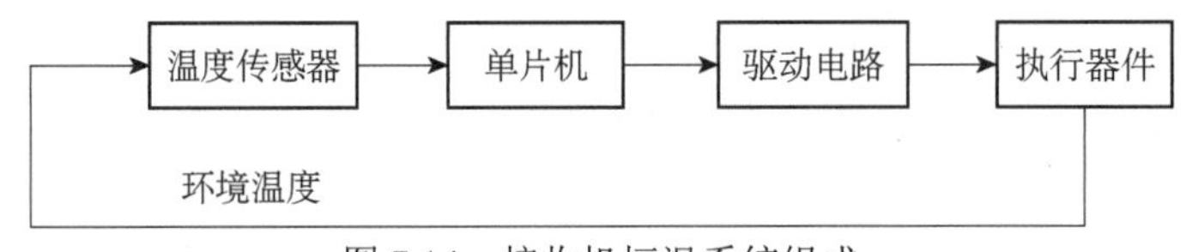

图 7.14　接收机恒温系统组成

8）检控单元

检控单元采用数字信号处理器（DSP）和 FPGA 相结合的组成形式，完成微波辐射计工作控制、数据预处理及通信功能。检控单元以 DSP 为处理核心，是主机（下位机）与终端机（上位机）之间所有数据和控制指令传输的枢纽，接收上位机的相关指令对前端机内各分系统进行控制，并返回相关数据给上位机。检控单元和终端机之间通信采用 RS-422 总线方式，和前端机内各分系统单元通信主要采用 RS-232 总线方式。数据接口协议取决于传感器的技术要求。涉及的传感器包括：前端机内的温度传感器、表面温湿压传感器、雨水感应器、红外观测仪以及定位/授时设备（卫星定位系统）。

观测指令执行流程为：DSP 通过 RS-422 总线首先接收终端机指令，根据指令类型提取指令中的有关数据存储到 DSP 中，然后按指令的要求和前端机内相关分系统通信，控制转台转动到相应角度，控制接收机开始执行观测、设定接收机参数或接收机状态信息上报，读取温湿压传感器的环境参数，读取机箱温度传感器的数据，读取红外观测仪的数据，读取卫星接收机的指定信息等。各种信息在 FPGA 中进行汇总、整理和存储，并根据前端机的指令类型相应的指令格式上报所需要的信息，如亮温电压、机箱环境参数、接收机环境参数、各分系统设备状态等。检控单元与各分系统的通信采用并行处理的方式，与每个分系统拥有独立的通信总线，因此整机拥有很高的实时性和并行工作的能力。

7.3.2.6　系统信息流程

MWP967KV 型地基多通道微波辐射计选择性接收顶部空域大气水汽频段和氧气频段的毫米波辐射能量，利用观测一组特定频点得到亮温电压，通过电压–亮温换算得到对应的大气辐射亮温（强度谱），然后根据大气多参数垂直分布情况和敏感通道大气辐射强度谱影响的综合数值关系，实时逆向推导出对流层大气的垂直分布数据，即大气温湿廓线。整机系统信息流程如图 7.15 所示。

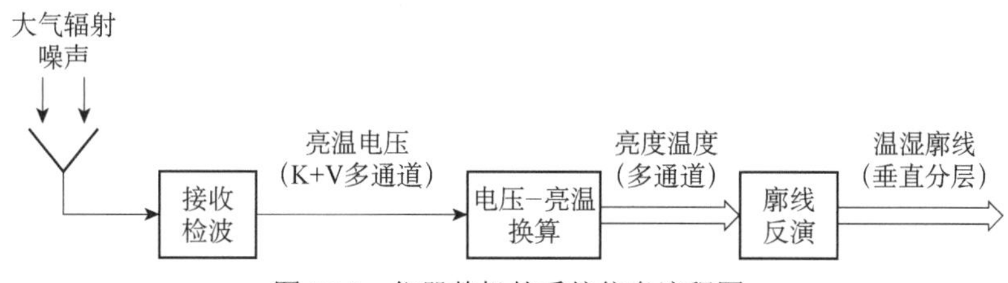

图 7.15　仪器整机的系统信息流程图

7.3.2.7　辐射能量接收与采集

MWP967KV 型地基多通道微波辐射计对空观测时，向下辐射的大气辐射噪声能量透过辐射计天线罩，由抛物反射面聚焦并改变传输方向，分别被 K 波段喇叭馈源和 V 波段喇叭馈源接收。两路信号分别通过波导传输到对应的辐射接收机，接收机将毫米波信号变频为中心频率固定的中频信号。此中频信号通过二极管平方律检波，变为与输入功率成正比的低频电压信号，然后经过视频滤波、放大和补偿，再采样量化并转换为数字电压形式。大气辐射能量接收与采集过程如图 7.16 所示。

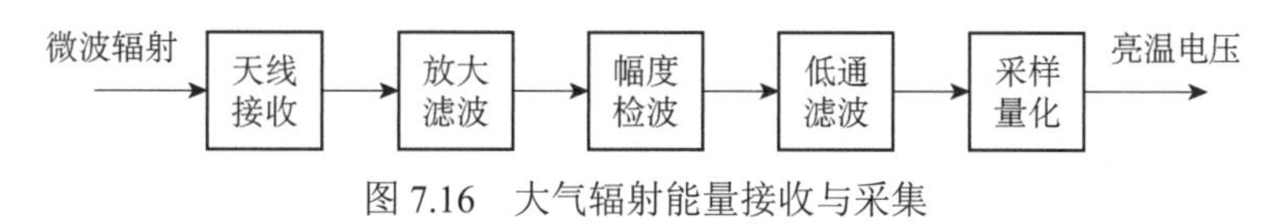

图 7.16　大气辐射能量接收与采集

亮温观测输出电压 U_O 与输入辐射亮温 T_A 之间的关系构成辐射计方程，理想的线性辐射计具有如下关系式：

$$U_O = k \cdot \gamma \cdot B_{HF} \cdot G_{HF} \cdot G_{LF} \cdot (T_A + T_{RN}) \mathrm{def} G_S \cdot (T_A + T_{RN}) \tag{7.18}$$

式中，k 为玻尔兹曼常数；B_{HF} 为接收机检波前（射频及中频部分）等效噪声带宽；γ 为平方律检波器的检波系数；G_{HF} 为检波前功率增益；G_{LF} 为检波后电路（低通滤波器、积分器等）电压增益；T_A 为接收天线噪声温度；T_{RN} 为接收机等效噪声温度；G_S 为辐射计总的等效变换增益。

7.3.2.8 辐射计参数及功能指标

目前，MWP967KV 型地基多通道微波辐射计样机已经实现的主要功能和指标如表 7.4 所示。

表 7.4 MWP967KV 型地基多通道微波辐射计参数及功能指标

参数类型	参数及功能指标
遥感探测通道数	35 通道（水汽波段 21 通道＋氧气波段 14 通道）
探测工作频段	水汽波段 22～30GHz、氧气波段 51～59GHz
太阳辐射影响	＜10°
角度扫描范围	俯仰 360°步进周扫
角度扫描分辨率	≤0.2°
角度定位误差	≤0.2°
遥感空域	地表至高空 10km
积分时间	典型值 1s
亮温测量范围	0～400K
亮温分辨力	＜0.2K
亮温测量精度	＜0.5K
系统可靠性	MTBF≥3000h
光学分辨率	水汽通道典型 3.8°、温度通道典型 1.9°
天线旁瓣电平	水汽通道≤-25dBc、温度通道≤-35dBc
连续工作能力	24h 连续工作
允许工作环境	温度-40～40℃、相对湿度 0～100%、大气压力 550～1100hPa
允许储存环境	温度-45～55℃、相对湿度 0～100%、大气压力 550～1100hPa
雨雾防护	疏水天线罩、雨水感应、自动鼓风系统
探测产品	大气辐射亮温、温度廓线、水汽廓线、相对湿度廓线、云水廓线、水汽积分总量、云水含量、云底温度、云底高度
环境数据	气温、气压、湿度、降雨、红外、云高
垂直分辨率	50m@0～500m、100m@500m～2km、250m@2～10km
数据记录	基本探测数据（分级实时存储）、分类气象产品
数据显示	实时廓线、时间剖面、历史数据
测量实时性	实时采样、实时反演
输出数据类型	基本探测数据、分类气象数据
数据记录能力	基本数据实时保存、气象数据集中导出
终端操作界面	中文界面、实时廓线图显示、时间剖面图显示、历史数据显示
实时廓线图	同时显示图表数量≥3 时，显示数据可在大气温度廓线、水汽廓线、相对湿度廓线、液态水廓线之中任意选择
时间剖面图	同时显示二维彩图数量≥2 时，时间跨度最大值≥48h，显示数据可在大气温度廓线、水汽廓线、相对湿度廓线、液态水廓线之中任意选择
辅助信息	运行参数、实时环境和实时自检
标定设备	内置定标源、外置液氮制冷定标源

续表

参数类型	参数及功能指标
标定数据处理	自动计算、自动更新
系统监控	运行状态实时监控，集中显示、自动记录、自动报警

7.3.2.9　系统技术特点

MWP967KV 型地基多通道微波辐射计完全基于国内自主技术研制，充分考虑了国内环境特点及用户需求，产品设计经过反复试验和优化，技术上达到了先进性、实用性、可靠性及安全性要求。产品通过严格的静态测试和鉴定试验，并在国内多家用户单位不同地理环境及气候条件下开展了大量试验和对比观测，具有以下特点。

（1）综合采用了偏馈抛物反射面和低副瓣波纹喇叭天线、改进型全功率辐射计恒温接收机、水汽通道和温度通道双接收、神经网络算法实时反演大气温湿廓线等先进技术；

（2）自主研制成液氮制冷低温源作为一级参考源，并自主研制成同频段毫米波耦合噪声源作为二级参考源，解决了仪器高精度标定的难题；

（3）基于自主技术完成仪器研制和生产，拥有完整自主知识产权，整机国产化率达到90%以上，采用模块化结构设计，仪器维护、保养及升级方便快捷，并可根据具体用户需求进行定制和功能扩充；

（4）仪器设计满足室外工作条件，在日常观测中周期性自动完成定标，并支持绝对定标数据的自动处理，具备全天候工作能力，雨雪条件下仍可进行有效探测，特别适合长期气象观测业务使用；

（5）仪器运行状态实时全面监控、自动记录、自动报警，并具有断电自动恢复功能，具备长期无人值守、自动运行工作的能力；

（6）仪器设计将大气温度、湿度多通道探测、多参数环境监测、环境防护、系统检测控制及电源等多种功能高度集成，并对各部分的测量输出进行一体化处理，实现了大气多参数探测能力；

（7）自主研制的高性能参数化毫米波大气辐射测量接收机，能够在宽频带范围内密集扫描工作，可支持数千个探测通道灵活组合；

（8）自主研制的小型化组合毫米波辐射计天线具有水汽、温度通道同时照射能力，有利于探测目标的同一性和同时性，还显著降低转动机构的复杂性，减小设备体积和重量；

（9）仪器终端软件采用全中文的图形化界面，系统控制、管理和数据处理的功能完备，操作控制及显示界面简洁直观，数据分类及保存方法科学、合理、规范，灵活的数据显示和回放功能便于用户回溯查阅和处理研究；

（10）仪器不但具备对大气多种分布参数及总量参数连续监测的能力，还支持多种工作模式和数据处理算法，并可提供符合国家军用标准的加固型笔记本电脑终端；

（11）仪器工作稳定可靠，设计满足防雷等安全规范要求，并具备抗外界电磁干扰的能力，不受电台和手机等射频信号干扰；

（12）环境适应能力强，满足高原、寒冷地区、炎热地区等多种工作条件，并具有对现场环境等多参数的监测能力。

7.3.2.10 辐射计的标定

根据辐射计经典设计理论，无论何种构成形式、何种工作频率的辐射计，其视频输出电压 U_{O} 与天线口面处的目标亮温 T_{A} 之间的关系都可用一个线性方程近似表示：

$$U_{\mathrm{O}} = G_{\mathrm{S}} \cdot (T_{\mathrm{A}} + T_{\mathrm{RN}}) \tag{7.19}$$

式中，G_{S} 为辐射计的系统增益；T_{RN} 为系统等效噪声温度。

辐射计的实际应用是通过测量 U_{O} 来计算 T_{A}，这就要求首先确定系统自身特性参数 G_{S} 和 T_{RN}。确定 G_{S} 和 T_{RN} 真实值的过程称为辐射计的标定（卢建平等，2014）。

微波辐射计的仪器标定可以分为两种方法。第一种方法称为分项标定：单独通过对辐射计天线的标定，建立辐射计天线输入输出指示与噪声温度之间的精确关系；再通过对接收机的单独标定，建立接收机的输出指示与外部输入的噪声温度之间的精确关系。这种方法一方面需要借助专用的微波暗室和测试设备获得天线辐射效率、主波束效率、接收机功率增益、等效噪声温度等一系列参数，才能将天线温度与辐射计的输出指示联系起来，操作过程复杂、费时费力、成本高昂；另一方面，利用已知噪声温度的定标负载代替天线，因此造成定标模式和工作模式的失配损失不同，需要进行精密的校正，整个过程需要测量的中间参数较多，故误差来源多，定标精度低（彭树生和李兴国，1997）。第二种方法是整体标定法，是将辐射计天线对准已知亮温的标准辐射源，并通过改变该辐射源的亮温得到不同的辐射计输出指示，从而确定输出指示和输入亮温之间的精确定量关系。这种方法把辐射计天线和接收机看作一个整体，且定标模式与工作模式的信号传输方式完全相同，因此从理论上讲其精确度高、重复性好且能够反映真实的系统整体参数，也更容易实现外场条件下的应用。该方法成功实施的关键在于需要精确的亮温已知，以及分布均匀的展源置于天线的接收口面处，使之充满天线的主波束立体角，从而给辐射计天线提供准确一致的亮温。

MWP967KV 型地基多通道微波辐射计采用整体标定法，并采用冷热辐射源实现系统参数的绝对定标：让辐射计先后对亮温为 T_{h} 的热辐射源和 T_{c} 的冷辐射源进行观测，相应的辐射计输出电压值分别为 U_{h} 和 U_{c}。若在定标过程中 G_{S} 和 T_{RN} 保持恒定，则有（任守勤，1975）：

$$\begin{cases} U_{\mathrm{h}} = G_{\mathrm{S}} \cdot (T_{\mathrm{h}} + T_{\mathrm{RN}}) \\ U_{\mathrm{c}} = G_{\mathrm{S}} \cdot (T_{\mathrm{c}} + T_{\mathrm{RN}}) \end{cases} \tag{7.20}$$

上述两个线性方程联合求解，就可以确定未知量 G_{S} 和 T_{RN}。但该方法由于忽略了实际存在的非线性因素，因此计算的结果总是存在误差，不能满足高精度的应用需求；由于实际的辐射计接收特性并不是真正线性的，因此采用非线性方程能更精确地描述辐射计的接收特性：

$$U_{\mathrm{O}} = G_{\mathrm{S}} \cdot (T_{\mathrm{A}} + T_{\mathrm{RN}})^{\alpha} \tag{7.21}$$

式中，α 称为系统非线性因子，具体值需由定标过程确定。

MWP967KV 型地基多通道微波辐射计在硬件设计上，接收机电路增加一个附加噪声源，交替工作于激发和未激发两种状态。噪声源未激发时不产生附加噪声，即辐射计系统等效噪声温度仍为 T_{RN}；而激发时变为 $T_{\mathrm{RN}}+T_{\mathrm{nd}}$，其中 T_{nd} 是附加噪声源产生的附加噪声温度。因此对任何目标场景进行观测时，辐射计将交替输出两个电压值，其中一个对应于噪声源未激发态，另一个对应于噪声源激发态，则采用标准冷热源定标时，将得到四个输出电压值，即构成一个非线性方程组：

$$\begin{cases} U_{\mathrm{Bc}}=G_{\mathrm{S}}\cdot(T_{\mathrm{c}}+T_{\mathrm{RN}})^{\alpha}, & U_{\mathrm{Ac}}=G_{\mathrm{S}}\cdot(T_{\mathrm{c}}+T_{\mathrm{nd}}+T_{\mathrm{RN}})^{\alpha} \\ U_{\mathrm{Bh}}=G_{\mathrm{S}}\cdot(T_{\mathrm{h}}+T_{\mathrm{RN}})^{\alpha}, & U_{\mathrm{Ah}}=G_{\mathrm{S}}\cdot(T_{\mathrm{h}}+T_{\mathrm{nd}}+T_{\mathrm{RN}})^{\alpha} \end{cases} \tag{7.22}$$

式中，U_{Ac}、U_{Bc}、U_{Ah} 和 U_{Bh} 分别为四种状态下的辐射计输出电压值；而未知量除 G_{S} 和 T_{RN} 外，还增加了两个未知量 α 和 T_{nd}，正好可由上述四方程联合求出。α 和 T_{nd} 的稳定性远高于 G_{S} 和 T_{RN}，因此计算结果具有更高的精确度，这种方法称为“四点非线性法”，原理如图 7.17 所示。

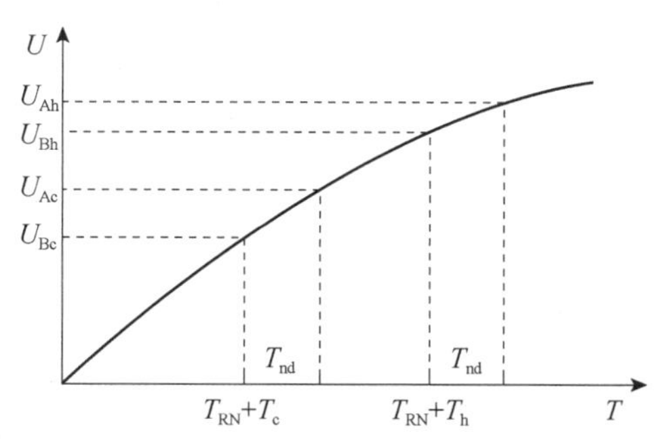

图 7.17　“四点非线性法”标定原理图

MWP967KV 型地基多通道微波辐射计的黑体辐射源由发射率接近 1 的高性能微波吸收材料制成，工作频带覆盖天线的两个工作频段，并处于规定温度的稳定状态下。其中，常温黑体集成在整机机箱内，并在其内部嵌入温度传感器，使用液氮制冷黑体时安装在整机机箱上方、用毕后卸下。三级定标处理流程设计图见图 7.18。

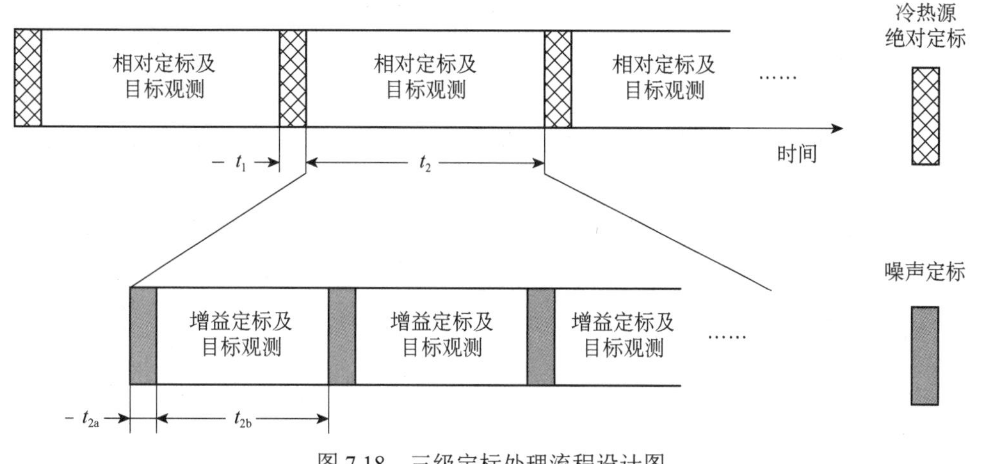

图 7.18　三级定标处理流程设计图

定标时，需要将液态氮注入特殊设计的液氮容器，使其中的微波吸收材料温度降至液氮沸点，形成一个发射功率微弱但精确已知的信号源，安装在辐射计天线向上照射的波束范围内，与机箱内部的常温辐射源共同完成绝对定标。在定标过程中，终端处理软件连续自动地采集测量数据、通过数据处理算法自动计算出系统各项参数并保存（卢建平，2010）。MWP967KV 型地基多通道微波辐射计两种工作状态图见图 7.19。

(a) 探空工作状态

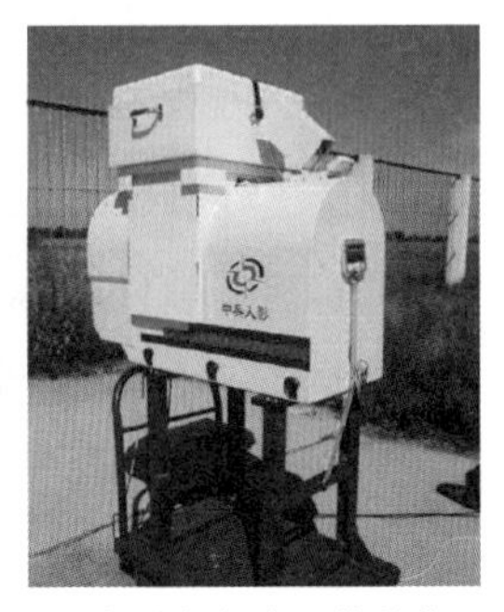

(b) 液氮标定工作状态

图 7.19　辐射计工作状态图

7.3.2.11　软件系统设计

1）终端软件组成

MWP967KV 型地基多通道微波辐射计的终端以通用个人计算机及 Windows 操作系统作为工作平台，具有完整的系统控制、温湿廓线反演和人机界面功能系统。系统组成及逻辑关系如图 7.20 所示。

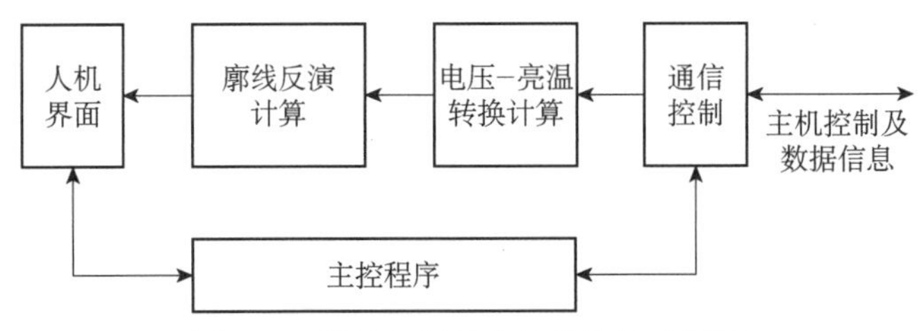

图 7.20　微波辐射计终端软件组成框图

终端处理软件将主机各通道探测所得的亮温电压分别换算成辐射亮温，再利用多通道亮温数据反演出大气温湿廓线、水汽及液态水总量。接收和反演的数据实时规范存储，并在终端屏幕上以形象直观的图形方式实时显示出来。终端机通过键盘和鼠标接收用户输入的指令，对辐射计系统各项参数进行更改、对系统工作模式进行设定，并将这些指令下达给主机。主控模块控制整个系统的工作流程，承担用户、中心机与前端机、指挥控制中心的数据通信工作，并调用反演模块完成大气数据处理工作。

2）软件功能

软件功能框图如图 7.21 所示，有关图 7.21 中各部分的功能介绍如表 7.5 所示。

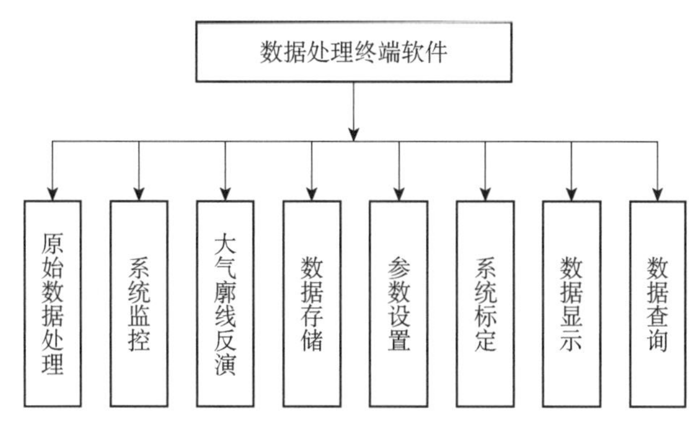

图7.21 微波辐射计终端软件功能框图

表7.5 数据处理软件各部分的功能介绍

系统监控	实时监测中央控制单元及各测量单元的工作状态
原始数据处理	原始数据处理单元将微波辐射计接收机的测量数据处理生成为反演所需的基础数据，再利用检测校准系数，将基础数据转换为天空亮温值
大气廓线反演	大气廓线反演模块采用神经网络方法，将天空亮温值反演出各探测要素的廓线
数据存储	将测得的基础数据、亮温值和各要素廓线数据以文件的形式存贮，便于用户浏览和查询
参数设置	主要包括测站信息、存储属性设置等
系统标定	包括温度标定及系统增益标定，并生成标定文件供廓线反演使用
数据显示	实时显示所测要素的廓线及时间累积图
数据查询	根据用户需求查询历史数据并显示

7.4 数据处理与质量控制

本节基于微波辐射传输模式（microwave radioactive transfer model，MWMOD）和神经网络技术，发展了一套地基多通道微波辐射计温湿廓线的反演算法，实现地表至高空10km之间的大气温度廓线、水汽廓线、相对湿度廓线、液态水廓线及水汽积分总量和液态水含量的反演计算。本节在介绍大气微波辐射传输理论和算法研究概况之后，对反演算法原理和流程进行了阐述。

7.4.1 大气微波辐射传输理论

地球大气是自然界的热噪声源，时时刻刻都在向各个方向辐射噪声能量，因此也遵从物质热辐射定律，其向外辐射的电磁波是全方向的，并且覆盖了整个微波、毫米波直至红外波段。大气在微波频段的辐射特性依赖于其对微波能量的吸收，而大气中的氧气、水汽和云雨等的吸收决定了大气微波的吸收特性。

在对流层中，大气中的氧气、水汽和云雨等的吸收决定了大气微波的吸收特性，图7.22描绘出100GHz以下的大气微波吸收特性。由于大气的温度、密度和气压以及云层和降雨随高度而变化，因而大气的吸收系数（包括气体分子和水汽的吸收系数）是高度的函数。将包围地球的大气层分成众多薄层，若每层的厚度足够小，则每一层大气的吸收系数近似为常数。这种计算用的大气模型叫作球面分层大气模型。而在较小的天顶角（观察方向与地面法线的夹角）时，采用更简单的水平分层模型仍然有很好的近似性。即认为地球表面是一个水平面，大气薄层是一些平行于地面的水平分层。

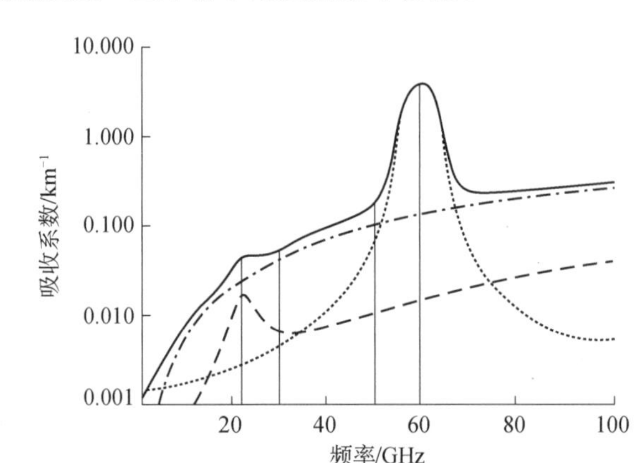

图 7.22　大气微波吸收特性

在大气中，由于微波辐射的波长较长，除降雨外，大气分子和云内液态水的散射相对于吸收可以忽略不计，只需考虑大气对微波辐射的放射和吸收过程（周秀骥等，1982）。在热平衡状态下，大气在微波频段的辐射特性依赖于其对微波能量的吸收。对于非散射大气，按照大气分层原理，在局地热平衡情况下，从地面观测的微波频段大气辐射亮温可以采用如下简化公式计算：

$$T_{\mathrm{B}}(\theta,f)=T_{\infty}\exp[-\int_{0}^{\infty}\alpha\cdot\sec\theta\mathrm{d}z]+\int_{0}^{\infty}T(z)\cdot\alpha\cdot\sec\theta\cdot\exp[-\int_{0}^{z}\alpha\cdot\sec\theta\mathrm{d}z]\mathrm{d}z \qquad (7.23)$$

式(7.23)称为大气中的微波辐射传输方程，右边第一项是宇宙背景辐射经大气衰减后到达地面的辐射，第二项是大气自身的辐射。T_{∞}为宇宙背景的辐射亮温；θ为天顶角；f为观测频率；$T(z)$为高度z处的大气温度；α为大气吸收系数，是大气中各组分的吸收系数之和（朱元竞等，1994），即有

$$\alpha=\alpha_{氧气}+\alpha_{水汽}+\alpha_{云液态水} \qquad (7.24)$$

对于式(7.23)的大气遥感方程的求解即为反演。从测量一组不同波长通道的微波辐射值$T_{\mathrm{B}}(\theta,f)$，反演出其温度或成分浓度的方法，称为扫频法；从测量同一波长通道而不同天顶角θ时的大气微波辐射值$T_{\mathrm{B}}(\theta,f)$中，反演气象信息要素空间分布的方法，称为扫角法，如图 7.23 所示。一般地，扫角法不能给出大气水平不均匀结构的信息。

大气中氧气的辐射强度依赖于氧气的密度和物理温度。由于大气中氧气的混合比是不随海拔改变的，因此任意高度的辐射强度仅依赖于该处的物理温度；大气温度廓线可由测量反映氧气特性的 60GHz 一边频点的亮温谱得到。谱线中心的不透明度很大使得所有的信号仅仅来自天线近上方，由中心向外扫描，辐射计可以向大气内“看到”更深（更高）之处，这样就可以得到海拔信息，这使得温度垂直分布的反演成为可能。

水汽的垂直分布信息包含在气压展宽的水汽线辐射强度和形状里。在高海拔处，水汽的辐射集中在一个窄的谱线，而在低海拔处，谱线由于气压而展宽。辐射强度正比于水汽的密度，因此扫描辐射谱的轮廓并对观测数据进行数学变换可以得到水汽廓线（Westwater et al.，2005）。

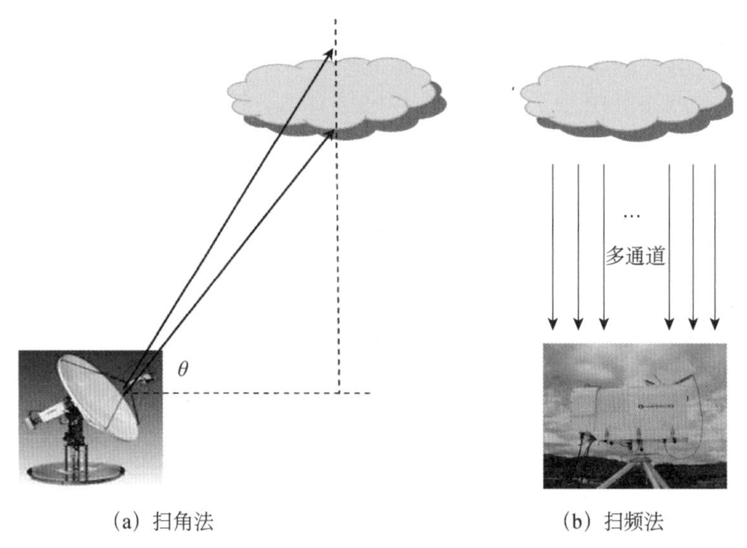

(a) 扫角法　　(b) 扫频法

图 7.23　获得大气微波辐射值的两种遥感方法

微波辐射的波长比云雾粒子的半径大得多，在传输过程中受云雾的干扰较小，微波波段是进行大气温度和水汽遥感的理想波段。微波辐射计利用大气中氧的 60GHz 附近的吸收带探测大气的温度分布参数；在温度确定的前提下，利用大气中水汽在 22.235GHz 附近的吸收带探测大气的湿度分布参数；在温度和压力已知的情况下，云的微波辐射强度直接与云中液态水总量成正比，因此利用云等大气微波窗区发射的微波辐射，能定量地探测云中液态水总量（LWP）。一般选用的波段为：7～10GHz 探测降水强度，22～30GHz 地基探测水汽廓线，51～59GHz 地基探测温度廓线，150～183GHz 卫星探测水汽廓线。

7.4.2　微波辐射计反演算法

由微波辐射计观测亮温反演大气廓线的方法有：线性方程组法、经验正交函数法、控制最小二乘法、光滑法、最佳外延法、估计值理论方法、统计回归法、人造核函数法、逐步回归法、蒙特卡罗算法、牛顿迭代法、神经网络算法等。其中，具有代表性的反演方法介绍如下。

（1）经验正交函数法：构造出经验正交函数，获得最佳拟合；

（2）逐步回归法：从一组亮度温度回归大气层结，进行逐步回归计算，通过筛选得到最优的指标组成回归方程；

（3）牛顿迭代法：通过反复迭代计算，当$|Tb(n+1)-Tb(n)|<\delta$时收敛，此时 T（n）（p）为反演结果；

（4）神经网络算法：通过对大量样本的多次学习、训练，获得一组最佳神经网络系数。

不同的反演技术具有不同的特点。牛顿迭代法求解算法简单，但需要的运算时间长。优化估计、贝叶斯（Bayesian）最大概率法、一维变分同化反演需要估计先验廓线，并从先验数据中估计协方差。逐步回归法算法简单清楚，但需要一组初始数据。卡尔曼

（Kalman）滤波算法是一个大气状态的动态模型（曹雪芬，2013）。神经网络算法是一种新型的统计反演算法，利用已有的历史无线探空资料，通过微波辐射传输方程，计算出廓线对应的亮温集。分别以模拟的微波辐射亮温作为输入参数，以对应的温湿廓线作为输出样本，在构造的神经网络训练中进行循环神经网络训练，经过百万次的迭代计算后，获得一组融合该区域大气廓线数据集的神经网络参数。其中，回归算法和神经网络算法使用广泛并成功应用于微波辐射计的反演技术中。

近年来，具有清晰的物理概念模型的物理反演算法越来越受到重视，不过分依赖历史无线探空资料的物理反演算法是今后的研究方向。通过建立具有微波辐射传输模型，采用一维变分同化反演，以一定廓线为初始廓线，通过多次修改廓线值和模式计算获得亮温，当输出的亮温与实际观测的亮温误差相对最小时，此时的廓线即为反演出的结果。物理反演方法优点是依赖历史探空数据少，缺点是反演计算量太大，适用于实时性要求不高的数据反演。

综上所述，反演方法的原理均可以归结成：通过构造出经验正交函数，获得最佳拟合、最优指标的回归方程或最佳神经网络系数，使得反演的温湿廓线结果与实际大气廓线误差最小。这些算法都或多或少地依赖一定的历史无线探空资料，尤其是神经网络算法，依赖已有站点的历史无线探空资料。在环境恶劣、气候复杂、探空站点稀少的高原地区缺乏历史无线探空资料。这些反演方法很难获得较好的应用。几种代表性的反演算法的对比结果如表 7.6 所示（王波，2007）。

表 7.6　几种代表性的反演算法的对比结果

反演方法	优点	缺点
蒙特卡罗算法 迭代算法 遗传算法	不依赖于历史数据 可表现出异常变化 算法使用简单	运算时间长，实时性差 算法不稳定
最优估计法	可表现出异常变化 算法使用简单 精度较高	依赖于历史数据 存在数值发散现象 运算量大
Kalman 滤波算法	适应能力强 适于实时处理 做出估计的同时给出估计误差方差	依赖于历史数据 需建立精确的滤波模型 存在滤波发散现象
统计回归法	精度较高，运算速度快 能表现出异常变化 建模简单，算法稳定	依赖于历史数据
神经网络算法	精度很高，运算速度快 能表现出异常变化 黑盒效应，无需建模 算法稳定	依赖于历史数据 对训练样本要求较高

7.4.3　大气温湿廓线反演算法系统

当微波辐射计的天线主波束指向目标时，天线接收到目标辐射和传播介质辐射等辐射能量，引起天线视在温度的变化。天线接收的信号经过混频、放大、滤波、检波、定标和数据处理后，得到所测要素的亮温送往数据处理终端。将获得的亮温数据进行反演计算后，可以得到大气温度廓线、水汽廓线、相对湿度廓线、液态水廓线、水汽积分总量及液态水含量。

7.4.3.1　算法简介

通过改进观测资料的处理方法，对试验区历史无线探空数据进行处理后，分无云和有云两种情况，同时针对 GPS 探空缺少液态水廓线观测，通过模式分析计算出探空资料中缺乏的液态水廓线，构造出晴空无云和有云两种样本数据集。运用 MWMOD 模拟计算这两种情况下的微波亮温集，并合并成统一的样本集。改进 BP 神经网络计算模型，利用最新高性能计算系统，通过神经网络学习训练，获取代表该地区的神经网络系数，将 K 波段（22～30GHz）和 V 波段（51～59GHz）微波辐射亮温输入训练好的神经网络，通过正向计算反演出地表 0～10km 的 47 层或 58 层大气温度、水汽、相对湿度、液态水廓线及水汽积分总量和液态水含量。设计的反演原理如图 7.24 所示。

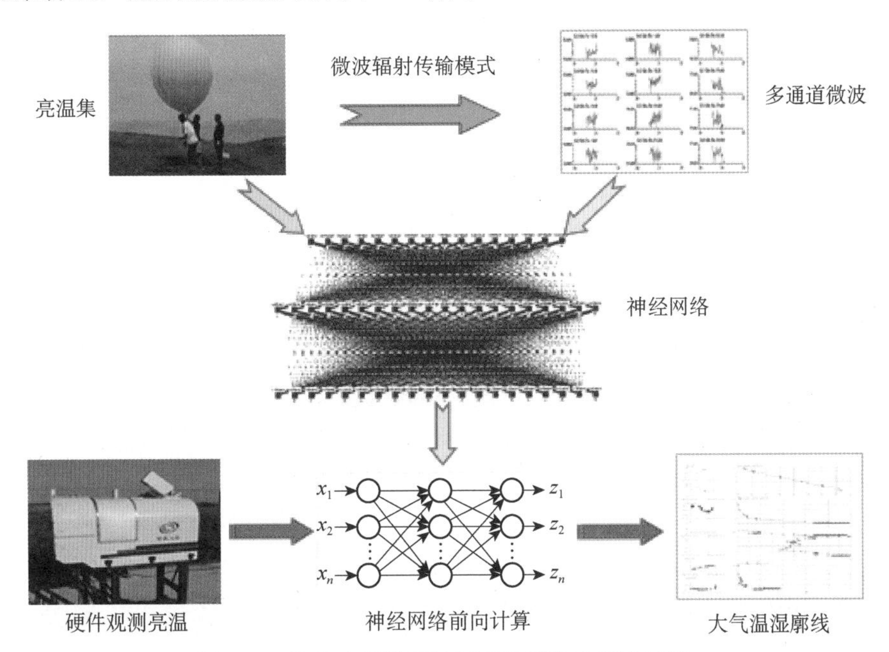

图 7.24　地基多通道微波辐射计反演原理流程图

7.4.3.2　微波观测通道选择

12 通道微波辐射计一般在水汽敏感的 K 波段（22～30GHz）设置了 5 个通道（22.235GHz、23.035GHz、23.835GHz、26.235GHz、30.00GHz），在温度敏感的 V 波段（51～59GHz）设置了 7 个通道（51.25GHz、52.28GHz、53.85GHz、54.94GHz、56.66GHz、57.29GHz、58.80GHz），直接测量这 12 个通道的微波辐射亮温，进行大气廓线反演工作。

35 通道地基微波辐射计选择的探测频率如图 7.25 所示，描绘出了 100GHz 以下频率的标准大气辐射亮温谱。图中 35 根红色的谱线标示出国产 MWP967KV 型地基微波辐射计样机所使用的观测通道，其中水汽频段有 21 个通道，氧气频段有 14 个通道，这一系列频率点比较全面地反映了大气在这一段频谱的水汽和氧气吸收特性，因此获得较好的大气温湿廓线反演效果。探测频率为：22.000GHz、22.235GHz、22.500GHz、23.000GHz、23.035GHz、

23.500GHz、23.835GHz、24.000GHz、24.500GHz、25.000GHz、25.500GHz、26.000GHz、26.235GHz、26.500GHz、27.000GHz、27.500GHz、28.000GHz、28.500GHz、29.000GHz、29.500GHz、30.000GHz、51.250GHz、51.760GHz、52.280GHz、52.800GHz、53.340GHz、53.850GHz、54.400GHz、54.940GHz、55.500GHz、56.020GHz、56.660GHz、57.290GHz、57.960GHz、58.800GHz。

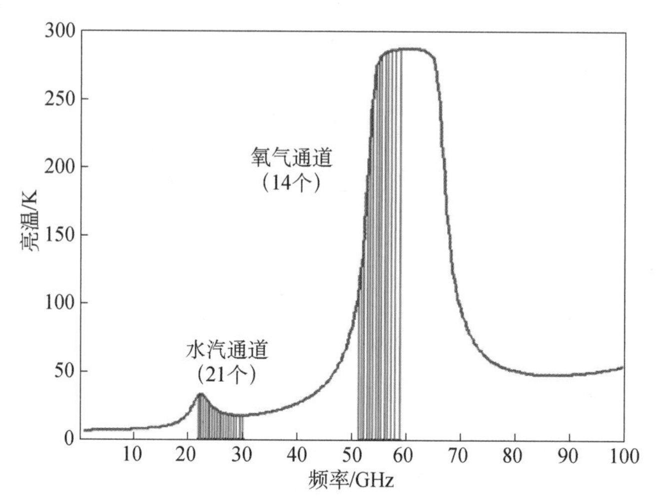

图 7.25　35 通道地基微波辐射计选择的探测频率

7.4.3.3　MWMOD 简介

地基多通道微波辐射计观测的是大气整层的下行辐射亮温，本章模拟下行辐射亮温采用微波辐射传输模式为（MWMOD），该模式由各独立模块发展而来。海洋下垫面上的大气辐射传输模拟由德国基尔大学海洋科学研究所开发，模拟海冰的微波辐射部分由华盛顿大学的托马斯（Thomas C. Grenfel）开发。各模块被集成到模型中来研究考虑海冰、开阔洋面和大气极化时的微波辐射。MWMOD 采用多次散射方法求解极化辐射传输方程，能够模拟 1～1000GHz 内的微波辐射。利用 MWMOD 和有关毫米波传输模型的相关代码计算水汽和氧气的吸收，用米散射理论计算云的吸收和散射系数，用微波传输理论来计算极化相函数，用菲涅耳方程模拟洋面反射特性，采用 Hollinger 和 Stogryn 的经验关系模拟洋面风速的影响（郭杨等，2012）。

7.4.3.4　反演算法流程

设计的反演原理的流程分为以下步骤。

（1）以北京地区为例，以 1994～2014 年的历史无线探空资料为样本集，经过先期去除资料个别数据量缺失、数据转换、插值等处理后，对数据进行分类处理，以相对湿度为判据，分为大气晴空无云数据集和有云数据集两种状况，分别计算处理。

第一，对于晴空无云数据集，利用 MWMOD，以晴空的大气温度、湿度、气压、高度等历史数据作为输入参数，计算获得对应的多通道微波辐射亮温数据集、水汽积分总量和液态水含量，其中液态水含量为零。

第二，对于有云数据集，以大气相对湿度廓线作为初始数据，使用绝热液态水含量分析的方法，模拟分析出液态水廓线，再输入 MWMOD 中，计算出有云模式下的多通道微波辐射亮温数据集和水汽积分总量及液态水含量。绝热液态水含量分析方法如下：

首先设定一个相对湿度（RH）的阈值（取 RH 为 90%），探空数据中若相对湿度大于这一阈值，则表明该层有云（液态水）出现（Karstens et al.，1994）。每层云中绝热液态水含量为

$$C_{\mathrm{LW\_ad}}(h)=\int_{z_0}^{h}\rho(z)\frac{c_{\mathrm{p}}}{L}(\Gamma_{\mathrm{d}}-\Gamma_{\mathrm{s}})\mathrm{d}z \tag{7.25}$$

式中，z_0 为云底高度，m；ρ（z）为空气密度，$\mathrm{kg/m^3}$；c_{p} 为空气定压比热容，J/（kg·K）；L 为汽化潜热，J/kg；Γ_{d} 为干绝热递减率，K/m；Γ_{s} 为湿绝热递减率，K/m；$C_{\mathrm{LW\_ad}}$ 为每层液态水含量的上限值，$\mathrm{kg/m^3}$。考虑到夹卷、降水和凝结作用，对 $C_{\mathrm{LW\_ad}}$ 进行修正后得到每层云中实际的液态水含量为

$$C_{\mathrm{LW}}=C_{\mathrm{LW\_ad}}(1.239-0.145\ln\Delta h) \tag{7.26}$$

式中，Δh 为云顶与云底的高度差，m；C_{LW} 是修正后的每层云中实际的液态水含量，$\mathrm{kg/m^3}$。

（2）将晴空无云模式计算获得的亮温数据集和有云状况计算获得的亮温数据集，与大气探空历史廓线一一对应，合并成综合数据集。一组大气温度、湿度、液态水廓线及水汽积分总量和液态水含量，对应一组模拟计算获得的多通道微波亮温数据及地表参数。

为增强对噪声信号的抗干扰能力，对亮温数据集进行添加随机噪声处理，方程为

$$\mathrm{BT}=\mathrm{BT}_0+\beta\cdot\mathrm{RAND}(N) \tag{7.27}$$

式中，$\mathrm{BT_0}$ 为初始值；RAND（N）为随机数产生函数，生成−1～1 的一个随机数；β 调节取值权重大小，取 β=1.5。

（3）对样本集进行归一化处理，使其线性分布在[0，1]区间，便于输入神经网络进行学习与训练，以亮温 BT 为例，归一化方程如下：

$$\mathrm{BT_{normalized}}=\frac{\mathrm{BT}-\mathrm{BT_{min}}}{\mathrm{BT_{max}}-\mathrm{BT_{min}}} \tag{7.28}$$

（4）分别以模拟的微波辐射亮温作为输入参数，以对应的大气温湿廓线及第一层的大气温度、湿度、气压作为输出样本，构造改进型 BP 神经网络训练样本集，经过高性能计算系统的百万次循环神经网络训练，获得一组能够代表该区域大气廓线参数的神经网络系数。

神经网络采用改进型 BP 神经网络类型。网络分为三层：输入层、中间层和输出层。输入层与中间层链接的同时，也与输出层链接，共同作用输出层的数值。以 35 通道微波辐射计为例，输入层共计 38 个节点，包括微波辐射亮温、仪器测得的地面温度、湿度与大气气压。中间层和输出层均为 58 个节点。

三层节点通过权重函数链接，每个节点下一次的输出由当前输入、阈值及激活函数组成，通过作用函数后输出：

$$N_j(t+1)=\frac{1}{1+\mathrm{e}^{-\left[\sum_i w_{ij}O_i(t)-\theta_j\right]}} \tag{7.29}$$

式中，N 为当前 t 时的输出；w_{ij} 为链接节点（i）和（j）的权重函数；θ为节点的阈值。

对于 35 通道反演算法，神经网络通过三层 132 个节点、5517 个链接构造出一个非线

性系统，输入的亮温数据加地表参数与温湿廓线一一对应，通过学习与训练，神经网络反演获得的值与真实值误差最小。神经网络训练成熟后，这些反演信息就隐含在这些系数中，复杂的计算在反演前大规模的计算中完成，从而节省了后续正向反演的计算时间。

（5）大气廓线反演的正向计算。对于微波辐射计探测，以 35 通道地基微波辐射计的观测亮温和仪器观测的地表温度、湿度、气压为参数，输入至神经网络模型，计算出 58 层大气温度、水汽、相对湿度、液态水廓线及水汽积分总量和液态水含量。分辨率为地表 0～10km 的 58 层的大气温湿廓线，0～500m 分辨率为 50m，500m～2km 分辨率为 100m，2～10km 分辨率为 250m，如图 7.26 所示。

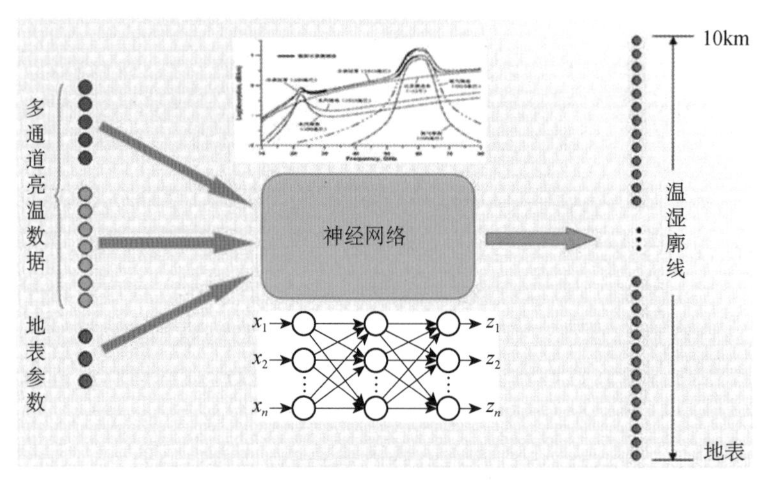

图 7.26　大气温湿廓线正向反演计算示意图

以本章算法和开发的程序为基础，申请计算机软件著作权一项：多通道微波辐射计温湿廓线反演软件，登记号：2014SR068089，证书号：软著登字第 0737333 号。界面如图 7.27 所示。

图 7.27　多通道微波辐射计温湿廓线反演系统界面图

7.5　主要观测结果

本节以观测的多通道地基微波辐射计实际亮温和仪器实测的地表温度、湿度、气压作为参数，输入至神经网络模型，正向反演获得地表 0～10km 的大气温度、水汽密度、相对湿度、液态水廓线及大气整层的水汽积分总量和液态水含量。

7.5.1　TP/WVP-3000 型微波辐射计反演数据对比与分析

美国 Radiometrics 公司为购买方开发了一套神经网络反演软件用于本地区的大气廓线反演。若购买方不能提供该地区多年的探空数据，则采用全球上相似地区的探空资料。对于兰州大学引进的 TP/WVP-3000 型微波辐射计，仪器只提供针对兰州地区的神经网络文件，而对于天津滨海新区试验和江苏盐城东台试验等观测地区，虽然其利用微波辐射计能够观测获得精确的亮温数据，但无法进一步获得所需要的准确的大气廓线，因此必须针对试验所在的观测区域，开发一套微波辐射计大气温湿廓线及水汽积分总量和液态水含量的反演算法，用于试验对比分析研究。

基于微波辐射传输模式和神经网络的反演算法，以试验地区近二十年的历史无线探空资料为样本集，经过先期去除资料数据量缺失、格式转换、插值等处理后，进行分类处理，分为大气晴空无云和有云数据集两种状况。对于晴空无云的样本集，利用大气微波辐射传输模式，以晴空的大气温度、湿度、气压、高度等信息作为输入参数，计算获得 12 通道微波辐射亮温、水汽积分总量和液态水含量，其中液态水含量为零。对有云数据集，以大气相对湿度廓线作为初始输入，使用绝热液态水含量分析方法，模拟计算出液态水廓线。将晴空无云模式计算的亮温数据集和有云状况计算的亮温数据集与大气廓线一一对应，合并成综合数据集。为增强对噪声信号的抗干扰能力，对亮温数据集进行添加随机噪声处理。将模拟的 12 通道微波辐射亮温归一化后作为输入参数，以对应的大气温湿廓线及第一层的大气温度、湿度、气压作为输出，构造改进型 BP 神经网络训练样本集，在高性能计算中心平台上，经过百万次循环神经网络训练，获得一组能够反演试验区大气廓线的神经网络参数。以观测的 12 通道地基微波辐射计实际亮温和仪器实测的地表温度、湿度、气压为参数，输入至神经网络模型进行正向计算，反演获得地表 0～10km 共 47 层的大气温度、水汽、相对湿度、液态水廓线及大气整层的水汽积分总量和液态水含量。

上述 12 通道地基微波辐射计反演算法对试验期间（2010 年 6～7 月、9～10 月）的微波辐射计观测亮温资料重新进行反演计算处理。为作精确的对比分析，选取试验期间实施了 GPS 探空观测的两个代表性时间（7 月 10 日 9:58 和 7 月 20 日 10:05），将反演获得的大气温度、水汽密度、相对湿度、液态水廓线和 GPS 探空结果作对比分析图 7.28 和图 7.29。GPS 探空的起始位置（38.25°N，117.62°E）与 TP/WVP-3000 型微波辐射计距离在 30m 以内。探空数据每 2s 自动观测一次，包括地面至高空近 30km 高度内 2500 多层的大气气压、温度、相对湿度、位势高度、风向风速、露点温度等信息。为了与微波辐射计反演数据作对比分析，从中抽取 47 个相同高度的大气温度、相对湿度的廓线信息，并计算相对应的水汽密度廓线。

图 7.28 所示，微波辐射计观测亮温反演的大气廓线与 GPS 探空结果对比：与 7 月 10 日 9:58 反演对比，反演的大气温度廓线在 7km 以下误差均在 3K 以内，水汽廓线在 6km 以下最大误差均在 $3g/m^3$ 以内，大气底层高度的结果与 GPS 探空观测接近，误差很小。如图 7.29 所示，7 月 20 日 10:05 的反演结果，在 1km 以下的温度廓线最大误差为 3K，在 1～10km 的反演效果非常理想，误差很小，接近探空观测值；水汽廓线在 5km 以下几乎与 GPS 探空观测结果一致，误差在 $0.5g/m^3$ 以内。反演的部分廓线精度优于 Solheim 等（1996）的反演结果。

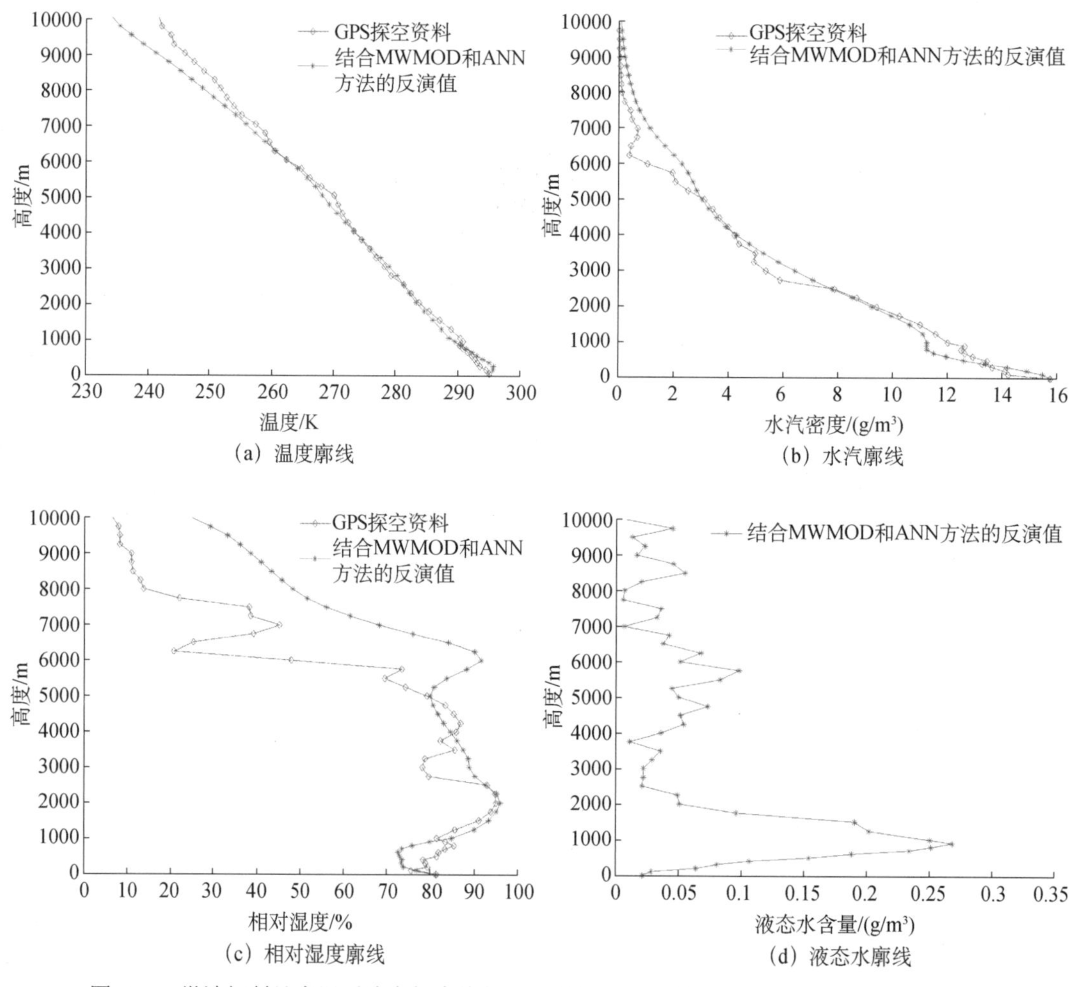

图 7.28　微波辐射计亮温反演大气廓线与 GPS 探空结果对比（2010 年 7 月 10 日 09:58）

ANN 为人工神经网络

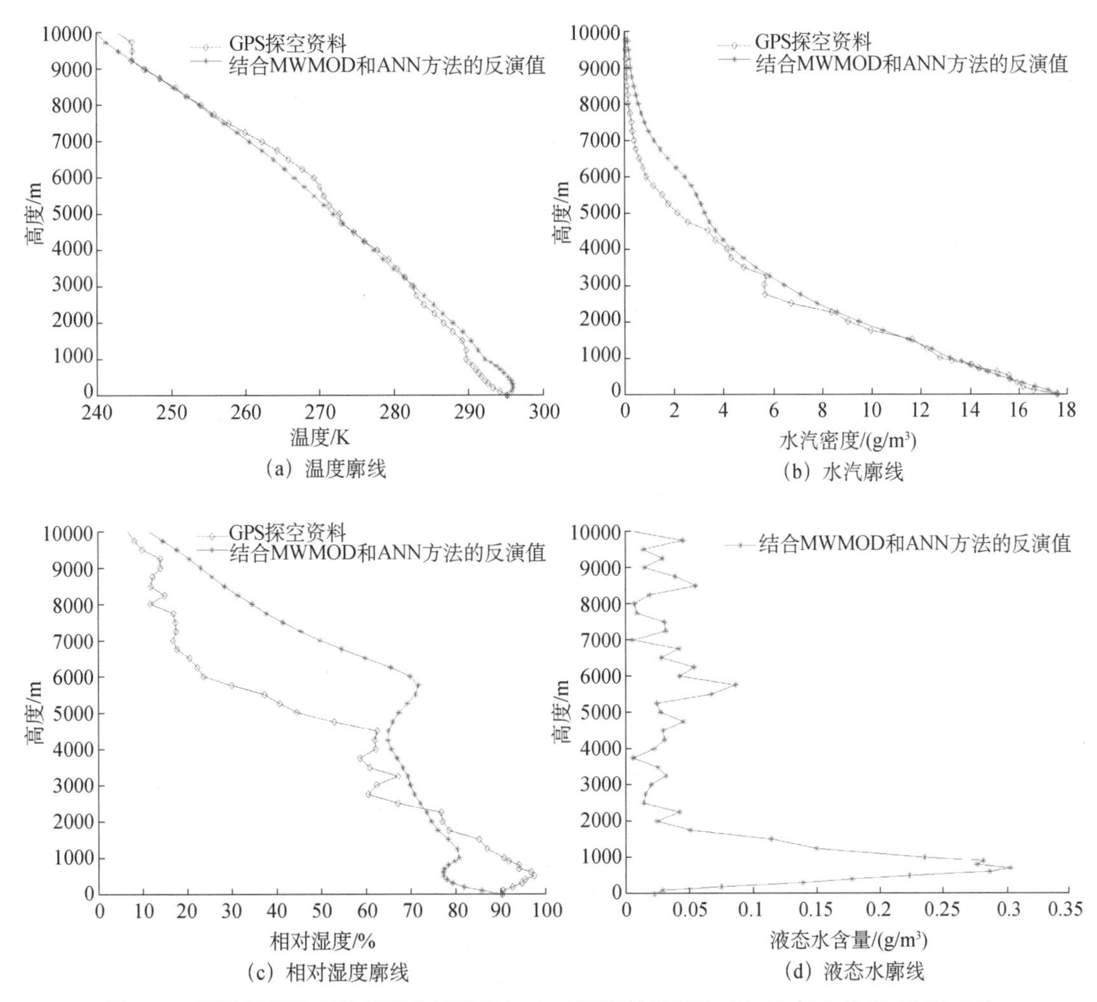

图 7.29　微波辐射计亮温反演大气廓线与 GPS 探空数据对比（2010 年 7 月 20 日 10:05）

本节算法反演的相对湿度廓线由水汽密度廓线和温度廓线计算获得，从图 7.28 和图 7.29 中看出，6km 以下较好地拟合了廓线的趋势，6km 以上偏差稍大，这是温度廓线和水汽廓线两个误差的共同作用，相乘放大的结果。若水汽廓线和温度廓线均匀有 5%的相对误差，则相对湿度廓线会出现 25%的误差。由于水汽廓线在高空处数值小，即便有较小的误差，计算获得的相对湿度廓线也会出现较大的偏差。这正是相对湿度廓线反演精度有待提高的困难之处。

利用反演算法对试验期间所有观测亮温进行反演计算，仍选取 7 月 10 日和 20 日试验过程期间的数据分析。GPS 探空仅能够给出一条廓线，无法给予长时间连续观测数据，微波辐射计具有自动观测、反演、存储的功能，实时反演提供大气温度、水汽、相对湿度及液态水廓线数据，为试验的顺利开展提供了丰富的观测资料。对于 7 月 10 日，从图 7.30 中分析看出，在 7～9 点，出现一次降水过程，降水到来后，高层大气温度降低，相对湿度增高，反演液态水廓线极大值在 2.1g/m^3，水汽积分总量和液态水含量都较大，分别达到了 7.5cm 和 2.8mm，为试验提供了实时准确的观测数据。

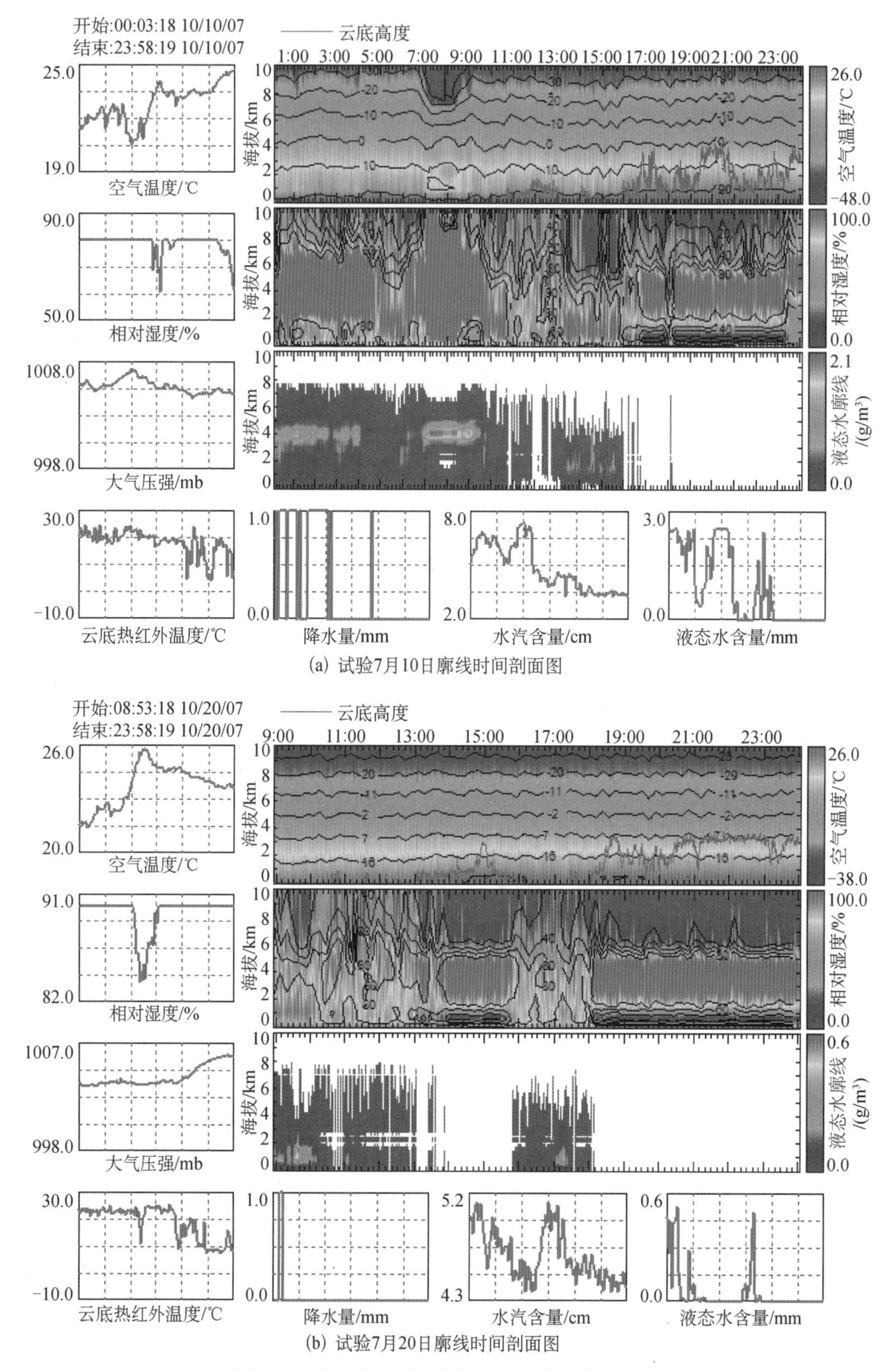

(a) 试验7月10日廓线时间剖面图

(b) 试验7月20日廓线时间剖面图

图 7.30　典型校飞试验期间温湿廓线连续剖面图

1mb=1hPa

7.5.2　MWP967KV 型微波辐射计的试验验证及数据对比分析

以研制的 MWP967KV 型地基 35 通道微波辐射计的硬件和软件系统为观测基础，在陕西、河北、北京、甘肃、吉林、山西等六省市开展 8 次验证试验和考核，加电工作时间累计超过 6000h，对辐射计的性能和反演精度进行了多项验证，对微波辐射计的观测个例、典型天气下的观测结果和观测数据样本进行了详细地分析和对比验证。

7.5.2.1　试验验证

MWP967KV 型地基多通道微波辐射计先后进行了多次试验验证，包括在研发区开展整机基本功能试验，初步验证整个系统原理和电气设计的正确性；在陕西、河北、甘肃等地区开展野外试验，验证软硬件的系统工作状态，通过与进口仪器对比试验进行功能和性能验证；在北京地区开展技术鉴定试验。先后共经历了 8 次试验验证，具体时间和地点如下。

（1）2011 年 9 月 29 日～2011 年 11 月 24 日：西安研发区基本功能试验，初步验证系统原理和电气设计的正确性。

（2）2011 年 12 月 26 日～2012 年 1 月 15 日：河北保定涿州外场试验，与 MP-3000A 型 35 通道地基微波辐射计对比，进行功能验证。

（3）2012 年 2 月 17 日～2012 年 2 月 23 日：西安研发区性能验证试验，验证软硬件系统的工作状态。

（4）2012 年 4 月 24 日～2012 年 5 月 16 日：河北保定涿州-北京试验，与 MP-3000A 型 35 通道地基微波辐射计对比，进行功能和性能验证。

（5）2012 年 6 月 19 日～2012 年 7 月 10 日：甘肃兰州半干旱区试验，与 TP/WVP-3000 型 12 通道地基微波辐射计对比，进行功能和性能验证。

（6）2012 年 9 月 4 日～2012 年 11 月 9 日：北京外场鉴定试验，与 MP-3000A 型 35 通道地基微波辐射计和探空数据作对比试验，验证多种天气条件下的微波辐射计观测性能。

（7）2013 年 7 月：参加中国气象局气象探测中心在吉林试验基地开展的集中测评试验。

（8）2013 年 8 月：在西藏那曲参加“第三次青藏高原大气科学试验水分循环观测与研究”观测试验。

1）西安研发区基本功能试验

MW967KV 型地基多通道微波辐射计样机于 2011 年 9～11 月，在西安电子工程研究所科研楼顶层露台开展对空观测试验（图 7.31）。通过此次试验：①完成了整个系统的基本功能调试，使系统各部分能够正常协调工作，具备绝对标定和连续对空遥感的工作能力，并获得了初步的操作经验和感性认识；②初步验证了整个系统原理和电气设计的正确性；③成功完成首次液氮标定试验，并首次获得连续的大气辐射强度谱数据。

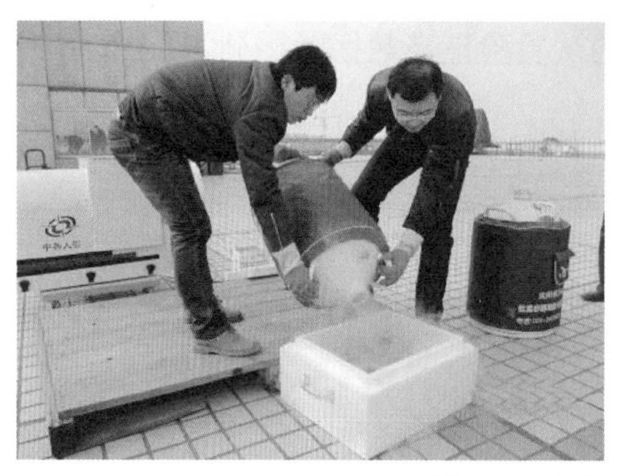

图 7.31　试验工作现场（一）

2）河北保定涿州外场试验

MW967KV 型地基多通道微波辐射计于 2011 年冬季开始在河北保定涿州进行了第一次外场性能摸底测验。涿州市气象局是中国气象局人影中心的实验基地之一，场内装备了一台美国 Radiometrics 公司研发的 MP-3000A 型 35 通道地基微波辐射计（图 7.32），其作为参照标准。此次冬季外场试验，MW967KV 型地基多通道微波辐射计在大雨雪之外的多种天气条件下，开展了 13 次液氮标定工作，其余时间以大气观测试验为主，累计加电工作时间超过 400h。

图 7.32　试验工作现场（二）

通过此次对照试验：①使辐射计样机具备了垂直向上实时剖视大气温湿廓线以及总量信息的能力；②所研制的液氮制冷低温源和常温源能够专为信号源使用，实现了标定辐射计系统参数的功能；③与参照系统进行了实时连续的横向数据对比，辐射计样机输出的大气特征量，在数值上与参照系统具有一定的近似性，基本证明辐射计样机设计所运用的理论基础和主要技术路线均正确、微波辐射计所属各分机指标体系和约束条件设计基本正确和完备、各分系统样机基本功能设计正确、指标满足初步要求；④并为下一步工作积累了设计经验、指明了改进方向，以及需要完善的细节设计。

3）西安研发区性能验证试验

MW967KV 型地基多通道微波辐射计项目组春节前从河北保定涿州实验场撤回后，针对试验结果表现的问题，对整个试验过程、试验环境因素以及大量实时数据进行了全面的分析和验算，对每一个可能的故障点和误差源都进行了认真的验证、分析和改进，对硬件系统进行了反复检查、测量和调整优化，对软件系统也进行了一定程度的优化和改进。

2012 年春节过后，项目组先后多次在西安电子工程研究所科研楼顶层露台开展了液氮标定和对空观测试验活动，结合实验室测试和检修，排除了一些非常隐蔽的硬件故障和不稳定因素，并重新装配了一套低温标定源。在此基础之上，于 2 月下旬开展了一次为期约一周时间的观测试验，其中 2 月 20 日下午至 22 日午后的对空观测试验连续进行 46h（跨越两个夜晚），获得了连续的大气观测资料。微波辐射计样机给出的数值曲线特征与地表温湿度、大气状况演变趋势吻合。通过此次试验：①验证了软硬件整改后的系统工作状态；②再次考验了系统的实时观测能力和连续加电工作能力；③定性地证明了系统测量数据的正确性。

4）河北保定涿州-北京试验

为调查天线组件在辐射计整机安装条件下的真实性能，项目组于 2012 年 4 月上旬在西安电子工程研究所新建的大型天线综合性能测试实验室进行了测试实验（图 7.33），并对数据计算过程进行了完善。在前一阶段对辐射计系统全面整改的基础上，MW967KV 型地基多通道微波辐射计于 2012 年 4 月下旬至 5 月中旬开展了第二次外场观测对比试验（图 7.34），先后辗转河北保定涿州和北京两地开展了外场观测试验。此次外场试验主要是与参照目标同地、同步开展对空观测，取得多种天气条件下双方的观测数据，进行数据的对比和量化评估。试验首先在河北保定涿州市气象局试验场地进行，以当地装备的一台美国 Radiometrics 公司研发的 MP-3000A 型 35 通道地基微波辐射计为参照标准（该设备处于常年 24h 连续工作状态）。

图 7.33　天线整机测试

图 7.34　河北保定涿州-北京第二次外场观测对比试验工作现场

在保定涿州期间，共进行了 10 次液氮标定，还测试了晚间、凌晨等特殊时间环境对标定过程和结果的影响。保定涿州试验结束后，将 MW967KV 型地基多通道微波辐射计样机转移至北京地区，持续开展试验工作约十天时间。试验参照标准是一台美国 Radiometrics 公司研发的 MP-3000A 型 35 通道地基微波辐射计，属新进设备，工作状态稳定，能够满足试验对比需求。北京试验现场实景见图 7.35，左侧设备为 MP-3000A 型 35 通道地基微波辐射计主机，右侧为 MW967KV 型地基多通道微波辐射计主机。

图 7.35　北京试验现场实景

在北京试验期间，共开展 2 次液氮标定，并且在连续对空观测工作期间经历了几次降雨，完整地观测到晴空、多云、雨前、小雨及雨后等各种天气情况，获得了较为丰富的实验数据，从而对 MW967KV 型地基多通道微波辐射计样机的性能有了较为明确的评价：①MW967KV 型地基多通道微波辐射计样机观测获得的 V 波段亮温数据较精确，拟合曲线也较平滑，数据质量较好；②K 波段亮温在理论范围之内，由于 K 波段亮温较低，对微波辐射计观测硬件来讲，要获得如此低的观测值是一件困难的工作；③观测反演的大气廓线（从地表至 3km 范围内）与对比系统相似度较高，但在 3.5km 高空以上的反演值有误差，需要进一步改进提高反演效果。

5）甘肃兰州半干旱区试验

为进一步验证 MW967KV 型地基多通道微波辐射计样机的性能指标及天气环境适应能力，MW967KV 型地基多通道微波辐射计项目组于 2012 年 6 月，前往兰州市榆中地区开展外场观测试验（图 7.36）。此次外场试验地点是兰州大学半干旱气候与环境观测站（位于兰州大学榆中校区萃英山顶，海拔约 1965.8m，35.57°N，104.08°E）。观测场占地约 120 亩（1 亩≈666.67m^2），下垫面属于典型的黄土高原地貌，塬面梁峁基本为原生植被。属温带半干旱气候，年平均气温 6.7°C，1 月平均气温−8℃，7 月平均气温 19℃。年平均降水量 381.8mm，相对湿度 63%。山顶全年盛行西北风和东南风，年平均风速约 1.6m/s。全年日照时数 2607.2h 左右。

图 7.36　甘肃兰州榆中观测试验

MW967KV 型地基多通道微波辐射计在晴天、阴天、大风及降雨条件下进行了连续对空观测试验，与 SACOL 站的 TP/WVP-3000 型 12 通道地基微波辐射计进行了各方面性能的比对试验。试验为期 21 天，经过现场调研、数据分析、讨论研究后得出结论：①MW967KV 型地基多通道微波辐射计样机硬件工作正常；②MW967KV 型地基多通道微波辐射计样机与兰州大学引进的美国 Radiometrics 公司研发的 TP/WVP-3000 型 12 通道地基辐射计在多种天气条件下测量大气辐射亮温，水汽通道和氧气通道均有较高的一致性；③两台仪器观测输出的大气温湿廓线数据存在差距，这主要与训练数据及其算法有关。

6）北京外场鉴定试验

为严格考核 MWP967KV 型地基多通道微波辐射计样机的主要功能和技术性能是否满足任务书的规定要求，为转入设计定型提供依据，2012 年 9 月 4 日于北京再次开展技术鉴定试验。

试验场地及设备布置情况如图 7.37 所示，其中右图中左边为两台美国 MP-3000A 型 35 通道地基微波辐射计主机，右边为 MWP967KV 型地基多通道微波辐射计主机。微波辐射计在对空观测模式下连续工作，输出的大气参数测量结果与检验标准进行比对，从而检验辐射计样机的功能和技术性能。

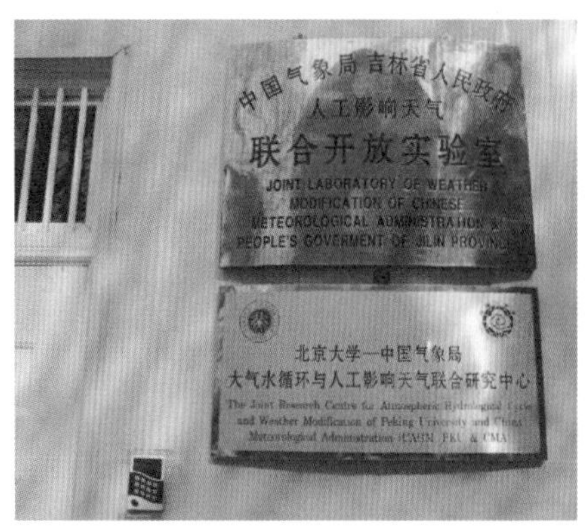

图 7.37　试验场地及设备布置情况

本次实验始于 2012 年 9 月 4 日，一直持续至 11 月上旬，样机加电工作时间超过 1200h。通过此次试验：①多次经历了晴空、多云、阴天、小雨、大雨、雨夹雪、大雪等各种天气状况，获得了丰富的试验数据；②对大气温湿廓线反演算法进行了更加深入和细致的研究，使大气反演结果获得显著改善，与此同时还投入相当大的精力不断完善终端用户界面，使其更加专业、美观和实用；③以北京市气象部门公布的无线电探空结果作为数据检验标准，并与试验现场装备的 MP-3000A 型 35 通道地基微波辐射计开展实时数据对比。大气观测输出与检验标准进行两个层次的比较，即大气下行辐射亮温和大气温湿廓线，分别计算这些数据的平均偏差、标准差以及相关性。

从检验结果来看，该仪器测量输出的大气亮温、温度廓线、水汽廓线、相对温湿廓线、水汽积分总量和液态水含量数据，与探空气球的一致性较好；与试验现场装备的进口仪器对比，数据相似度较高。图形化窗口界面将大气测量结果以曲线图的形式实时描绘在计算机屏幕上，允许用户在不同显示风格中任意选择。与进口仪器相比，研制的 MWP967KV 型地基多通道微波辐射计样机自检功能比较完善，系统各部分的工作参数和故障状态能够及时准确地显示在终端界面上。在试验期间，研制的辐射计样机多次经历长时间和较大面积的降雨，甚至 2012 年 11 月 4 日在北京地区大雪天气，都没有中断样机的观测工作，更没有发生系统故障（图 7.38）。这些都比较充分地验证了 MWP967KV 型多通道地基微波辐射计的连续工作能力、环境适应能力和可靠性。从实验过程的表象来看，进口仪器比较容易受到降雨的干扰，输出的大气温湿廓线经常出现明显的不合理情况，而 MWP967KV 型地基多通道微波辐射计样机的输出结果却较为合理。

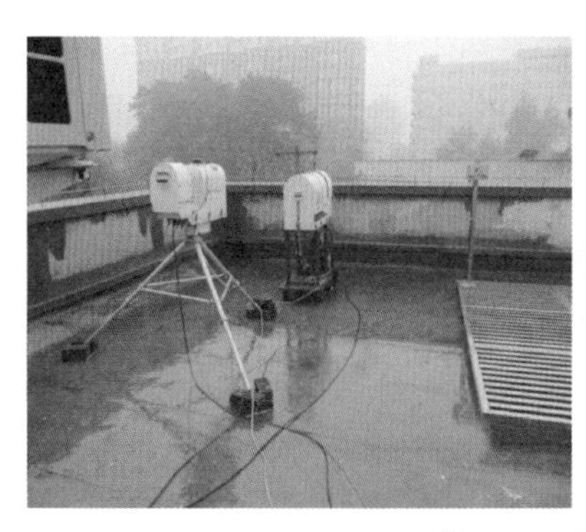

图 7.38　雨雪天气工作现场

7）试验小结

（1）2011 年 10 月至 2012 年 11 月，MWP967KV 型地基多通道微波辐射计先后在陕西、甘肃、河北、北京等省市进行了验证试验，累计加电工作运行约 4000h，设备仪器未出现故障现象。

（2）鉴定试验期间，设备样机在多种天气条件下进行了连续对空观测和数据采集试验，连续加电工作时间约 1200h，未出现任何故障，展示出长时间连续实时观测大气的能力，系统运行稳定可靠。

（3）样机测量输出数据与无线电探空仪对比，各项数据符合较好；与试验现场装备的进口仪器对比，数据相似度较高。

（4）测试结果表明，样机试验结果满足实际使用要求，在雨、雪条件下的输出结果比进口仪器更合理。

（5）样机具备多参数的大气遥感能力，不仅能探测路径气柱上的水汽积分总量和液态水含量，还能够反演出高时间分辨率的大气温度、湿度和水汽廓线；终端具有图形化窗口界面，操作信息准确直观，能以曲线图的形式实时显示观测结果，并进行规范存储，便于后续处理和回溯，有利于业务应用。

（6）该样机具有完善的自检功能和状态监测功能，便于用户进行日常维护。

（7）除上述 6 次观测试验验证之外，MWP967KV 型地基多通道微波辐射计还参加了中国气象科学研究院灾害天气国家重点实验室组织的在海拔 4508m 的西藏那曲气象站，开展的“第三次青藏高原大气科学试验水分循环观测与研究”观测试验（图 7.39），及中国气象局气象探测中心在吉林试验基地开展的集中测评试验（图 7.40），通过实验检验辐射计的观测能力。

图 7.39　辐射计原理样机在西藏那曲气象站试验现场

图 7.40　中国气象局气象探测中心集中测评试验现场

7.5.2.2　典型天气观测个例效果

在 2012 年秋末冬初为期两个多月的对比观测试验期间，北京地区的天气变化较为活跃。进口的 MP-3000A 型仪器和 MWP967KV 型地基多通道微波辐射计同步工作，多次进行了连续的天气动态监测试验，并利用探空资料进行数据比较。

1）北京秋季晴空

图 7.41 显示出在北京晴空状况下（2012 年 10 月 10 日 UTC 11:25），MWP967KV 型地基多通道微波辐射计反演的大气温湿廓线自地表至高空数值逐渐减小，水汽高度集中在 1km 以下的边界层内，且在低空有少许波动，廓线变化比较平滑，符合大气晴空的廓线特征。

(a) 天空状况

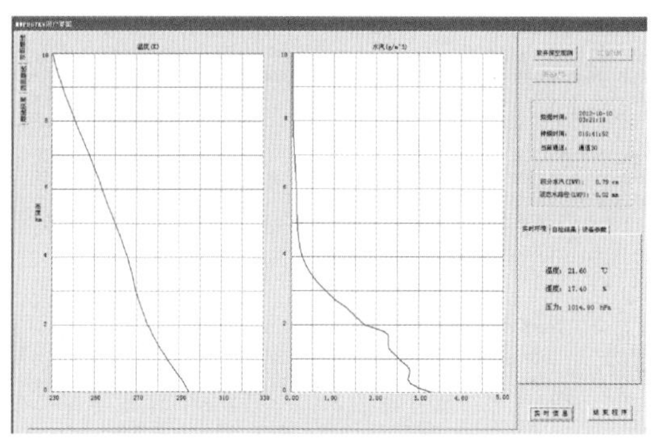

(b) 温湿廓线反演界面

图 7.41　北京秋季晴空状况下大气温湿廓线个例

2）北京秋季积云

如图 7.42 所示，有薄云层的情况下（2012 年 10 月 11 日 UTC 17:44），大气温湿廓线与晴空类似，但水汽廓线的数值要明显高于晴空条件下的数值。

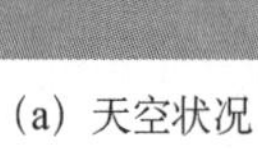

(a) 天空状况

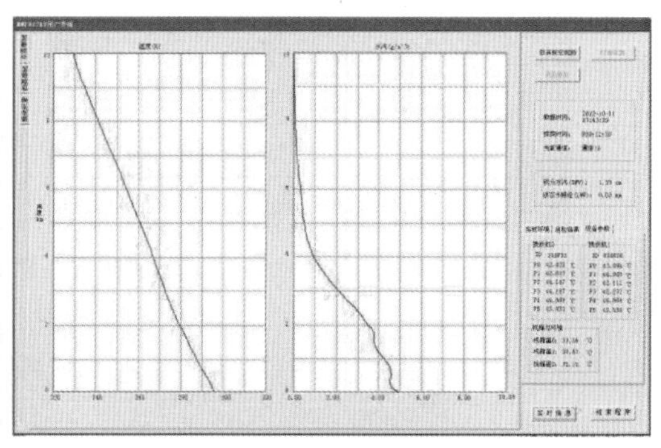

(b) 温湿廓线反演界面

图 7.42　北京秋季积云状况下大气温湿廓线个例

3）北京阴天

2012 年 11 月 3 日全天，北京地区持续中雨，从夜间至次日凌晨又转为大雪，随后断续降雪直至午后方才停歇，在此期间两种辐射计均开展了正常的对空观测工作。在阴天积云（2012 年 11 月 3 日 UTC 08:41）的状况下，温度廓线表现平滑，水汽廓线和相对湿度廓线在水汽饱和的云层出现峰值（图 7.43）。

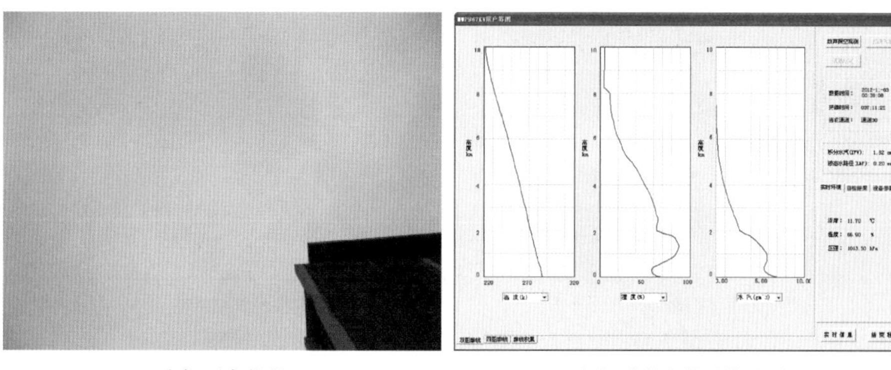

(a) 天空状况　　(b) 温湿廓线反演界面

图 7.43　北京秋季入冬阴天状况下大气温湿廓线个例

4）北京中雨

从图 7.44 中可以看出，在中雨（2012 年 11 月 3 日 UTC 15:53）的状况下，温度廓线表现波动，水汽廓线在中层出现峰值，相对湿度廓线在云层出现最大值。

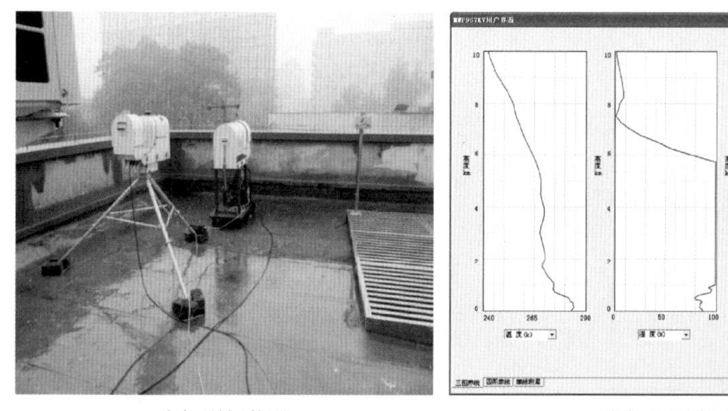

(a) 现场状况　　(b) 温湿廓线反演界面

图 7.44　北京入冬中雨状况下大气温湿廓线个例

5）北京入冬降雪

如图 7.45 所示，在入冬降雪（2012 年 11 月 4 日 UTC 09:42）的状况下，温度廓线表现较大波动，仍能模拟出趋势，但国外仪器出现观测错误值，水汽和相对湿度廓线仍能模拟出较好的观测值。当降雪结束之后，两种微波辐射计的观测结果都能与探空资料保持较高的一致性。

6）北京降雨过程

在试验期间经历了两次降雨过程，完整地观测到晴空、多云、雨前、小雨及雨后放晴的不同天气转换情况。其中在 5 月 13 日下午 16:45～17:00 和 18:42～19:05（北京时间）连降两场较大的阵雨，天气变化情况非常具有代表性。两种辐射计实时输出的水汽积分总量和液态水含量动态探测数据如图 7.46 所示，其中图 7.46（a）是水汽积分总量的变化曲线，图 7.46（b）是液态水含量的变化曲线。

(a) 现场状况

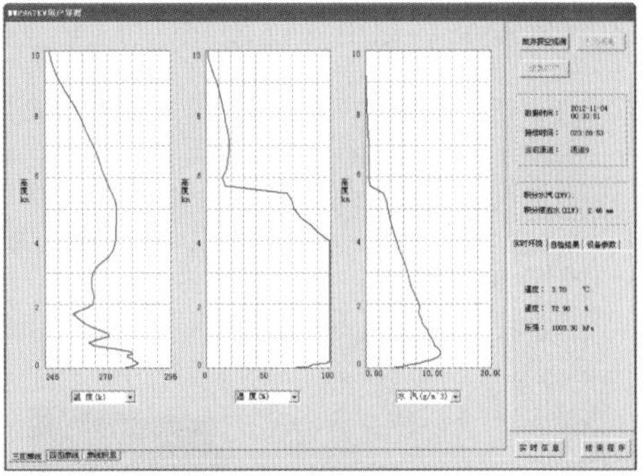

(b) 温湿廓线反演界面

图 7.45　北京入冬降雪状况下大气温湿廓线个例

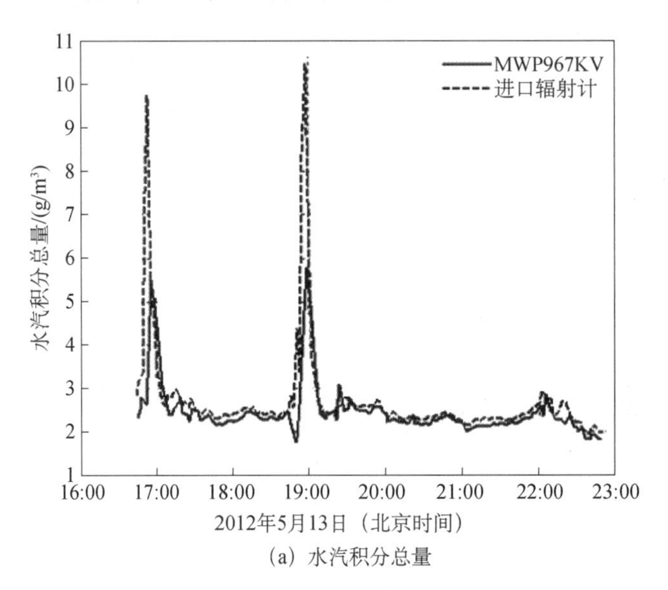

(a) 水汽积分总量

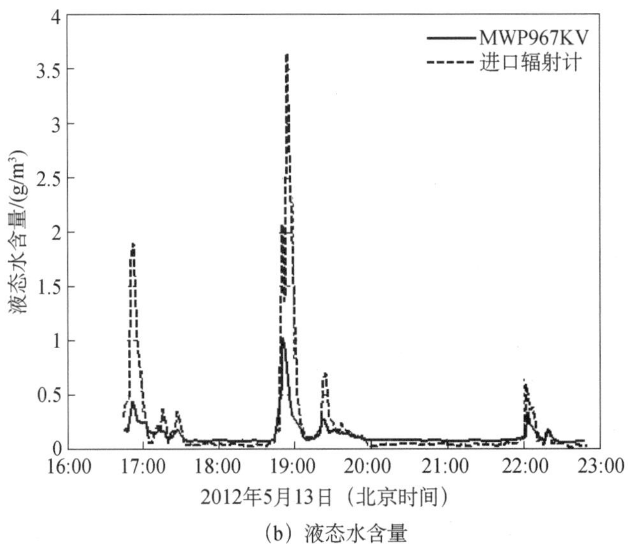

(b) 液态水含量

图 7.46　北京降雨过程积分水汽和液态水观测个例

由图 7.46 可见，在非降雨条件下，国产 MWP967KV 型辐射计与进口 MP-3000A 型辐射计各自观测所得水汽积分总量和液态水含量的数据相当一致。而且无论 MWP967KV 型辐射计还是进口仪器，每次的降雨过程在水汽积分总量和液态水含量演变曲线中都很好地表现了出来。其中两次较大的降雨过程，在图中表现为两个陡峭的尖峰，第一个尖峰对应时间 16:54，第二个尖峰对应时间 18:57。此时两种辐射计的观测输出在数值上有一定差别，而雨停以后，二者的观测数据很快又接近一致。

在降雨条件下，MWP967KV 型辐射计的观测数据与进口辐射计差别较大，分析认为主要存在两种可能的原因：一是两种仪器的硬件材料、设计及加工工艺不同，使得辐射计天线罩的浸湿程度、水滴附着厚度等物理数据不同，二是两种仪器在训练样本的筛选以及神经网络结构等方面存在不同的设计思路和技术特点。

7.5.2.3　试验数据对比分析

为使观测试验最有代表性，选取 2012 年 9 月上旬至 11 月上旬试验期间，晴空条件下微波辐射计与无线电探空相同时刻的 69 组探测样本数据，进行对比分析。样机与进口地基多通道微波辐射计同场地观测和对比，以及利用北京南郊探空气象站每日发布的无线电探空结果作为试验数据的检验标准（探空气球施放地点与辐射计试验场的直线距离约 17km）。在这段时间内，北京地区的天气变化较往年明显活跃，降雨频繁，甚至出现了普降大雪的极端天气。非降雨天气条件下的无线电探空样本共有 69 个，利用这 69 个无线电探空样本对辐射计的实时观测数据进行了对比检验，统计了温湿两个频段的大气辐射亮温以及反演所得大气温湿廓线的平均偏差、均方根误差以及相关性。

MWP967KV 型辐射计（用 ZP 表示）和 MP-3000 型辐射计（用 MP 表示）观测地点在中国气象局内，无线电探空数据利用北京南郊探空气象站的观测数据，利用 MWMOD 模拟计算出微波亮温。北京南郊探空气象站数据在北京时间早 08:00 和晚 20:00 各有一次无线探空作业，这两个时刻分别对应标准世界时（UTC）00:00 和 12:00。微波辐射计大约每 2min 输出一次观测数据，气球从地表升至 10km 高空，大约需要半小时，因此选取探空时点半小时时间段内的微波辐射计观测数据，取平均后与无线电探空数据进行对比。

对 MWP967KV 型地基 35 通道微波辐射计的观测数据，分两个层次作对比分析，分别是微波辐射亮温和反演所获大气廓线数据。MWP967KV 型地基多通道微波辐射计的亮温观测结果为仪器的直接测量数据；探测仪测量获得的大气温湿廓线数据，通过微波辐射传输模式模拟计算之后，获得对应频点的亮温，结合其他类型微波辐射计的观测结果进行统计分析，给出观测数据的平均偏差、标准差以及相关系统的统计分析结果。观测值（$X_{i,\text{meas}}$）与探空模拟计算（$X_{i,\text{true}}$）平均偏差（BIAS）和均方根误差（RMSE）定义为

$$\text{BIAS} = \frac{1}{n}\sum_{i=1}^{n}(X_{i,\text{meas}} - X_{i,\text{true}}) \tag{7.30}$$

$$\text{RMSE} = \sqrt{\frac{1}{n}\sum_{i=1}^{n}(X_{i,\text{meas}} - X_{i,\text{true}})^2} \tag{7.31}$$

1）亮温观测对比

微波辐射计亮温观测值的准确性会直接影响到后续神经网络反演算法的精度，因此仪器应尽可能地提高抗噪能力和观测精度。无线电探空仪能够直接测量空中多种大气参数，是国内外长期公认的大气观测检验标准，但无线电探空仪并不能直接得到大气亮温数据，需要利用微波辐射模式进行亮温的模拟计算。图 7.47 的两幅曲线图分别给出了试验期间，MWP967KV 型地基多通道微波辐射计观测亮温与同期探空资料模拟亮温在 K 频段（水汽通道）和 V 频段（温度通道）的平均误差和均方根误差，其中图 7.47（a）为 K 频段误差，图 7.47（b）为 V 频段误差。

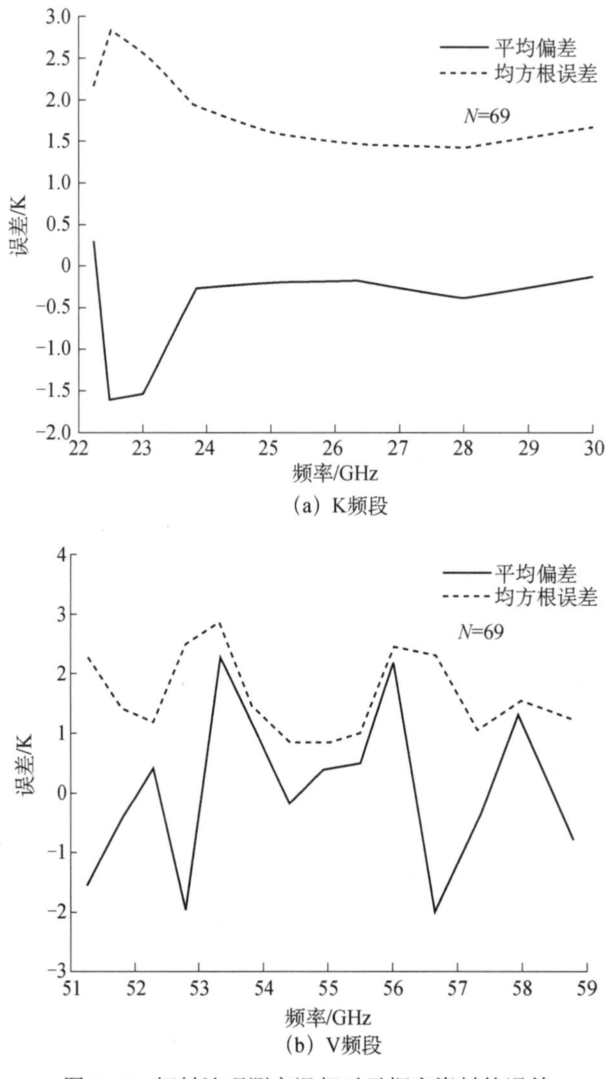

图 7.47　辐射计观测亮温相对于探空资料的误差

从图 7.47 的对比结果可以看出，K 频段平均偏差基本都小于 1K，仅是在水汽吸收峰附近的平均偏差大于 1K，这主要是由于在水汽吸收峰处受水汽的影响较大；在利用微波辐射模式计算探空模拟亮温时，需要利用经验模式估算可降水量和云中液态水含量，由于这些估算方法的局限性使得估算结果不够准确，将对探空亮温的模拟计算精度带来一定的影响，导致这些频点的平均偏差较大。对于 V 频段来说尽管测量误差相对于 K 频段偏大，但平均相对偏差都小于 2.5%，相对较小。

将辐射计观测亮温与探空模拟亮温在散点图上作对比分析，从图 7.48 对比发现，MWP967KV 型辐射计在 K 波段和 V 波段观测的大气辐射亮温与探空模拟亮温之间具有很好的线性相关性，在 K 波段，相关系数达到 0.98422，V 波段达到了 0.99965，具有较高的一致性。K 波段的散点较为分散，且其相关性略低于 V 波段结果，原因是 K 波段的大气辐射亮温更低，一般介于 10～70K，接近宇宙背景亮温，仪器探测到低的亮温具有很大的难度。对比结果表明，MWP967KV 型辐射计观测亮温具有很高的可信度，为后续的神经网络反演大气廓线奠定了基础，同时仪器具有很高的抗噪声能力和观测精度。

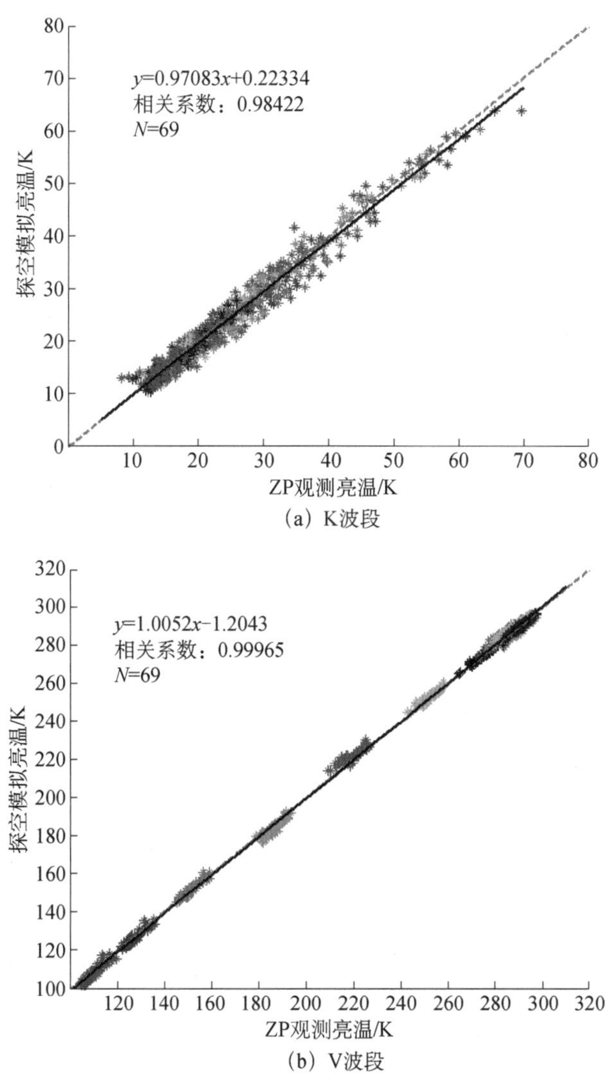

（a）K波段

（b）V波段

图 7.48　MWP967KV 型辐射计观测亮温与探空模拟亮温对比

图中不同颜色表示不同天的比较结果，下同

为进一步验证观测亮温的准确性，将美国 Radiometrics 公司研发的 MP-3000 型辐射计观测亮温与探空数据模拟的亮温进行对比，如图 7.49 所示，在 K 波段，相关系数为 0.9897，在 V 波段，相关系数为 0.99974。同时，将 MWP967KV 型与 MP-3000 型辐射计观测亮温对比（图 7.50），在 K 波段，相关系数为 0.99005，在 V 波段，相关系数为 0.99987。对比表明，MWP967KV 型辐射计观测亮温与探空模拟亮温和 MP-3000 型辐射计观测亮温均非常接近，相关性较好，取得了较高的一致性观测结果。

2）观测数据样本实例

图 7.51～图 7.56 列举了 MWP967KV 型辐射计与探空观测结果的一些廓线样本数据实例。曲线图中的实线是辐射计输出的廓线样本，而虚线是无线电探空仪的廓线样本。

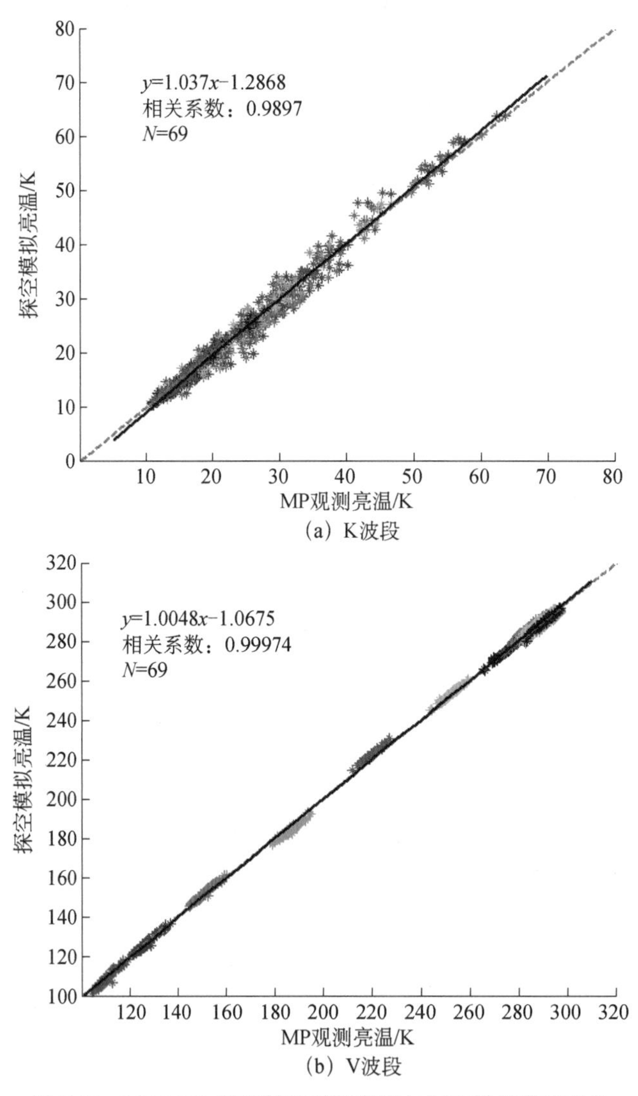

图 7.49　MP-3000 型辐射计观测亮温与探空模拟亮温对比

从样本对照结果中可以看出温度廓线较接近实际探空数据，误差较小。水汽和相对湿度廓线尽管有一定的误差，但反演廓线很好地描述了大气中水汽密度和相对湿度随高度的变化趋势以及数值变化情况，这也说明了神经网络反演结果的有效性和准确性。

3）温度廓线观测反演对比

为使 BP 神经网络具有较好的普适性，除了对网络设计本身的优化外，还在网络训练时选用了北京南郊探空气象站的历史探空资料来计算模拟亮温作为网络输入参数，将探空

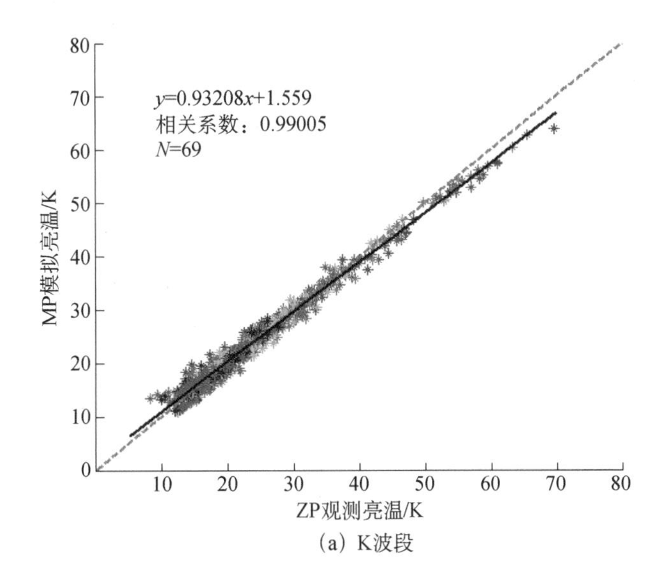

(a) K波段

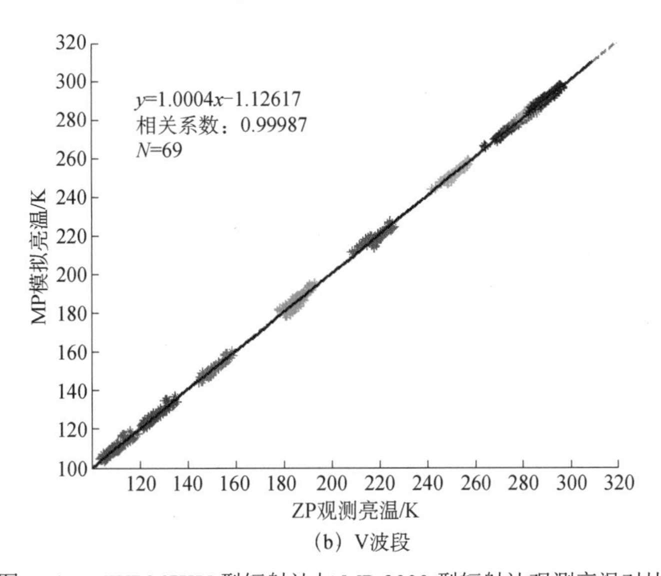

(b) V波段

图 7.50　MWP967KV 型辐射计与 MP-3000 型辐射计观测亮温对比

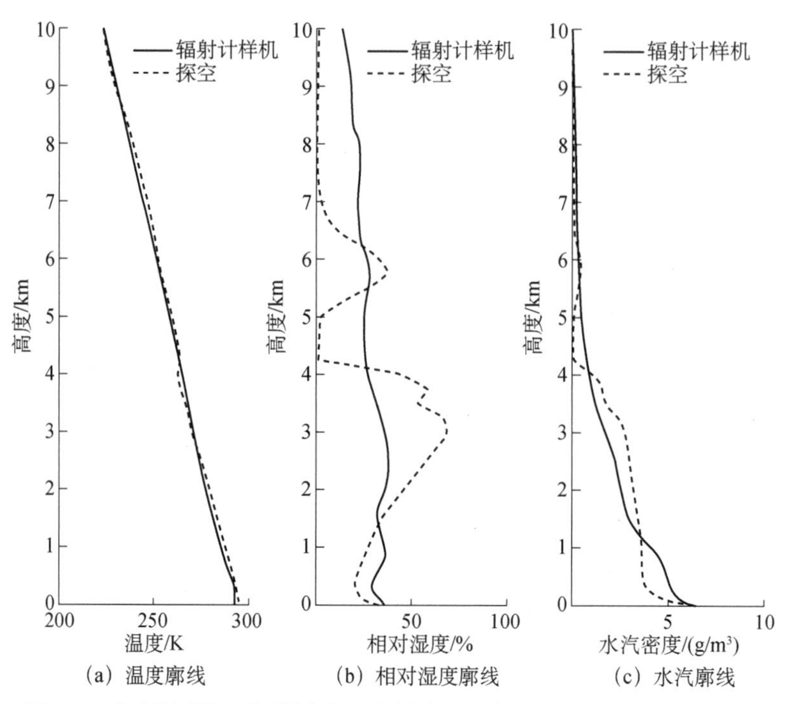

图 7.51 辐射计样机观测样本与探空样本对比实例（2012 年 9 月 14 日）

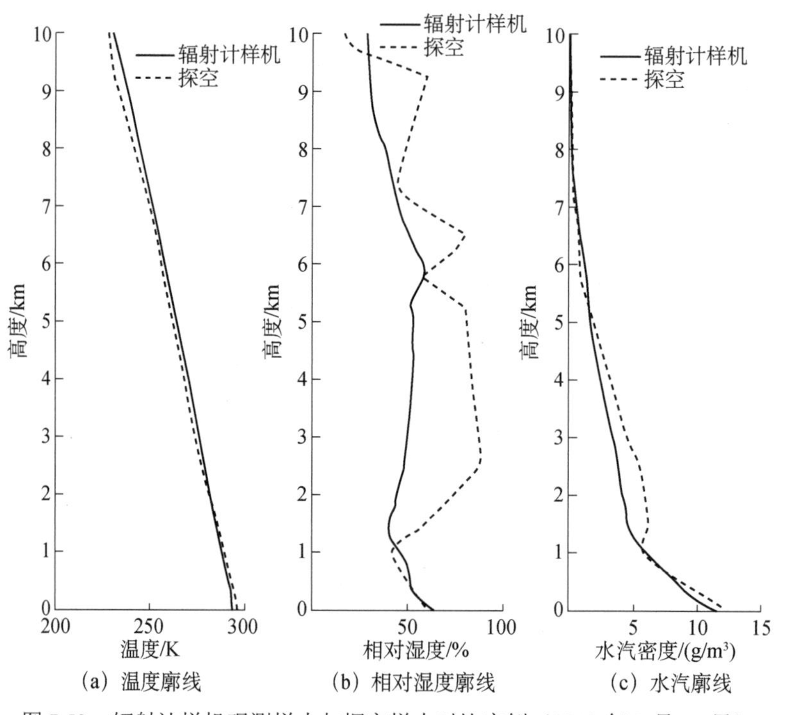

图 7.52 辐射计样机观测样本与探空样本对比实例（2012 年 9 月 21 日）

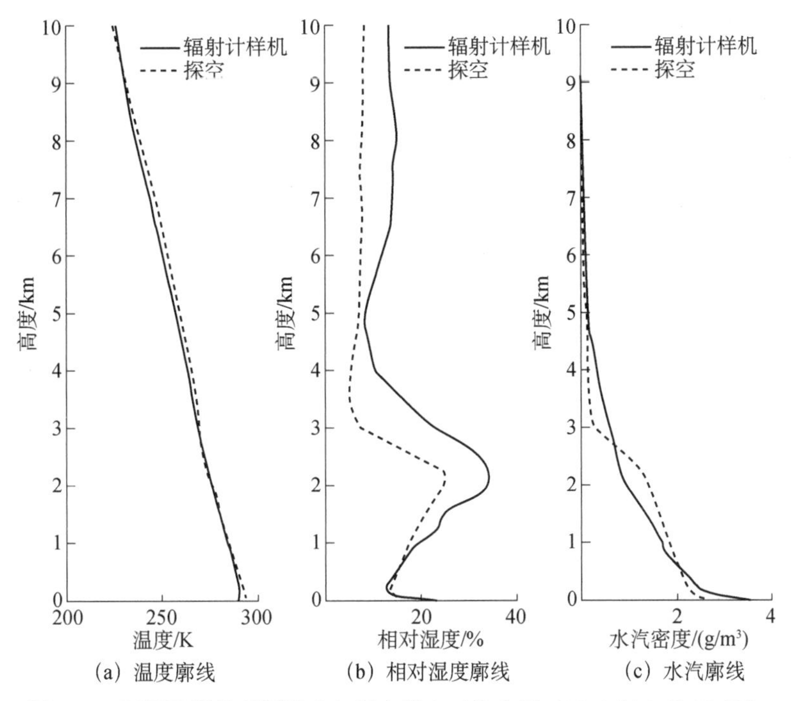

图 7.53　辐射计样机观测样本与探空样本对比实例（2012 年 9 月 28 日）

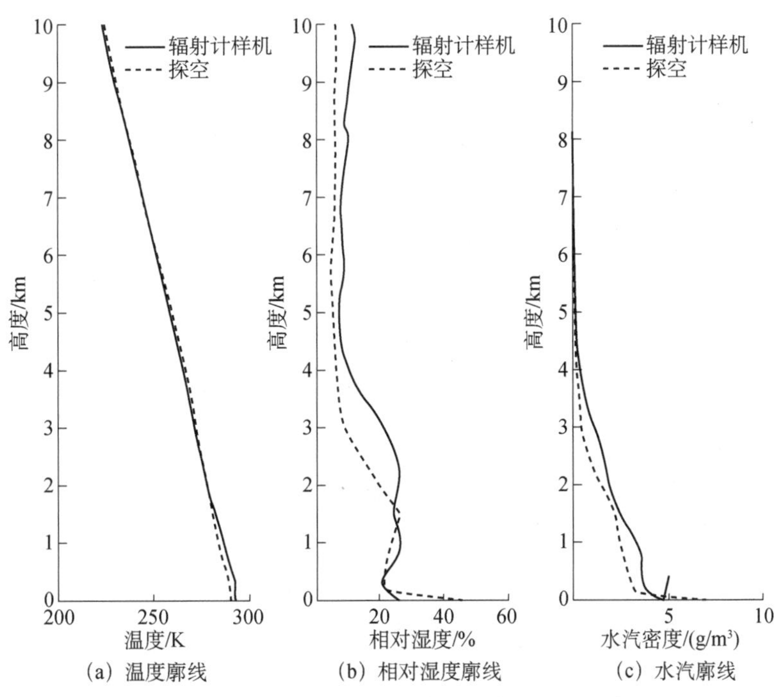

图 7.54　辐射计样机观测样本与探空样本对比实例（2012 年 9 月 29 日）

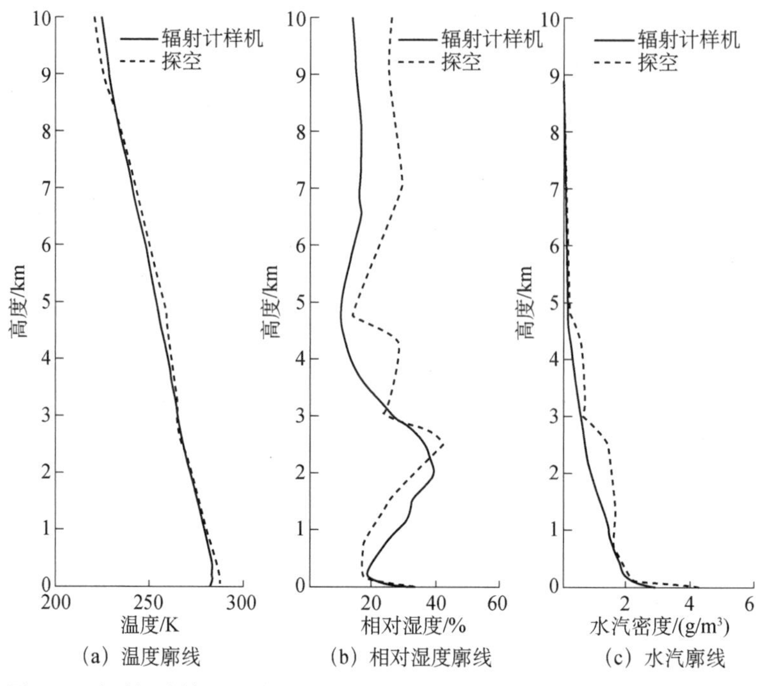

(a) 温度廓线 (b) 相对湿度廓线 (c) 水汽廓线

图 7.55 辐射计样机观测样本与探空样本对比实例（2012 年 10 月 17 日）

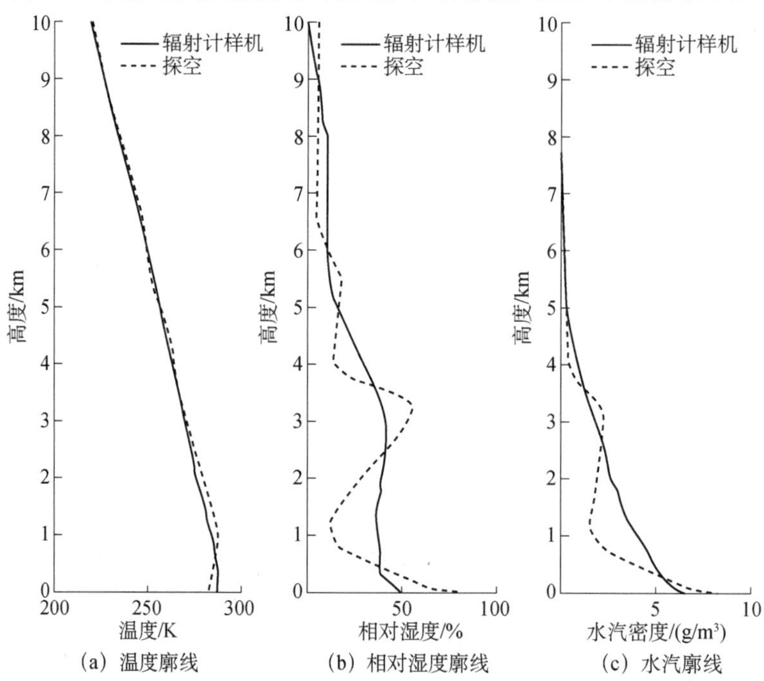

(a) 温度廓线 (b) 相对湿度廓线 (c) 水汽廓线

图 7.56 辐射计样机观测样本与探空样本对比实例（2012 年 10 月 19 日）

的大气温度和湿度廓线等作为网络输出值进行训练。选用大量历史探空数据作为训练样本有利于为神经网络算法提供尽可能多的先验信息。然而利用探空数据计算的模拟亮温和辐射计实测亮温存在一定的差异，这就会对反演结果带来一定的影响，为此本章用训练好的神经网络对仪器观测的亮温进行大气温度和水汽廓线的反演并与探空结果作对比，计算了温度廓线和水汽廓线的平均误差和均方根误差。

如图 7.57 所示，MWP967KV 型辐射计硬件观测亮温作为神经网络方法输入，反演计算出大气温度廓线，与探空温度廓线作对比分析。温度廓线平均偏差不大于 2K，均方根误差在 5K 以内。在近地面层（<0.5km），反演温度比探空温度大 1.5K 左右，在 1～2km 范围，两者趋于一致。在 3km 处，反演温度的平均值比探空温度高 1K 左右。从图 7.57（b）瞬时值来看，220～290K，温度误差比较均一。反演的温度廓线与探空数据相关性达到 0.99286。

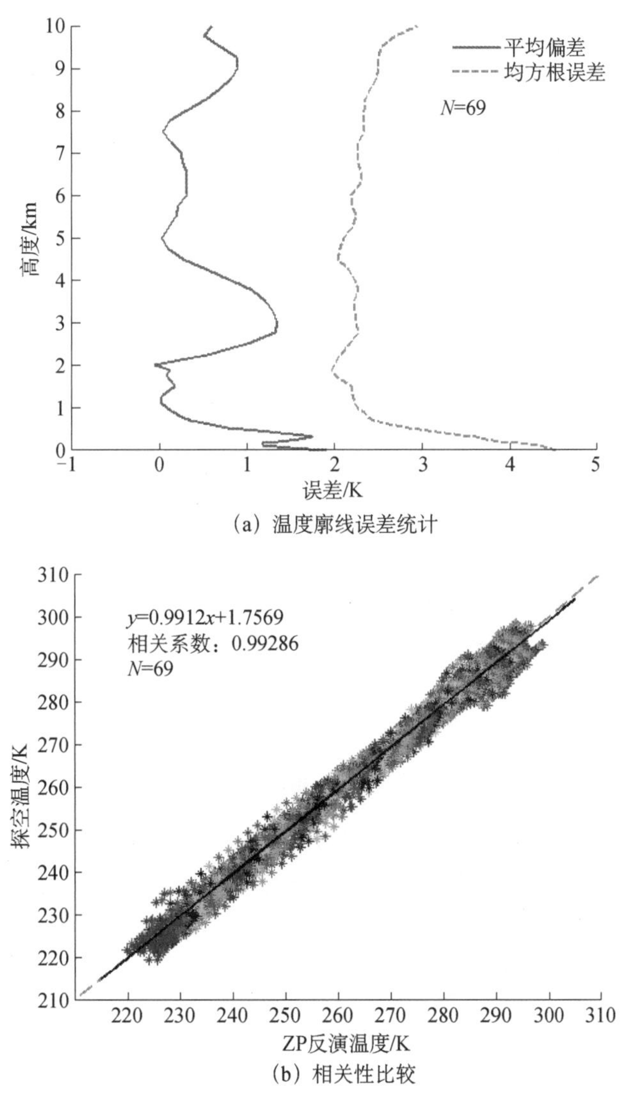

（a）温度廓线误差统计

（b）相关性比较

图 7.57　MWP967KV 型辐射计反演大气温度廓线与探空温度廓线对比

如图 7.58 所示，将 MP-3000 型辐射计观测亮温反演的大气温度廓线与探空温度廓线作对比分析，反演的温度廓线在近地面层（＜0.5km）与探空结果较接近，误差约在±1K，而近地面层之上，平均误差整体偏低，可达−4K。反演的温度廓线与探空数据瞬时值的相关性达到 0.99149。

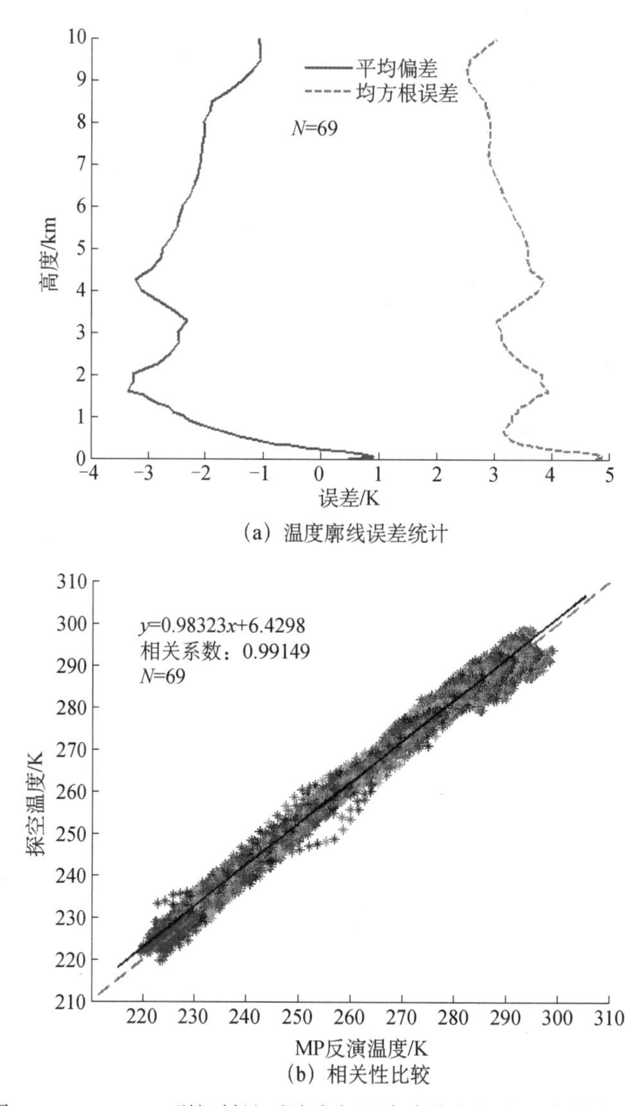

（a）温度廓线误差统计

（b）相关性比较

图 7.58　MP-3000 型辐射计反演大气温度廓线与探空温度廓线对比

将国产 MWP967KV 型辐射计与国外 MP-3000 型辐射计反演的大气温度廓线作对比（图 7.59），两者变化形态一致，国产微波辐射计在各层的值都偏高，且误差主要在 1～6km，平均偏差范围在 4K 以内，相关系数达到 0.99728，在 230～270K，MP-3000 型辐射计反演温度大都低于相应的 MWP967KV 型辐射计的瞬时反演温度。

4）水汽密度廓线观测反演对比

由图 7.60 可见 MWP967KV 型辐射计反演获得的水汽密度与探空水汽密度对比，误差由下及上有减小的趋势，平均偏差不超过 1.5g/m^3，由于辐射计带有温湿度传感器，通过计算获得底部第一层的水汽密度，并以此作为观测值，逐步对上层进行修正处理，故使得水汽密度在底层的误差相对较小。而由于高层水汽变化幅度小，反演相对准确，平均偏差在

2km 以上接近 0K。从瞬时反演值来看[图 7.60（b）]，水汽密度越大，误差范围越宽，在 6～10g/m^3，多为低估，而在大于 10g/m^3，多为高估。

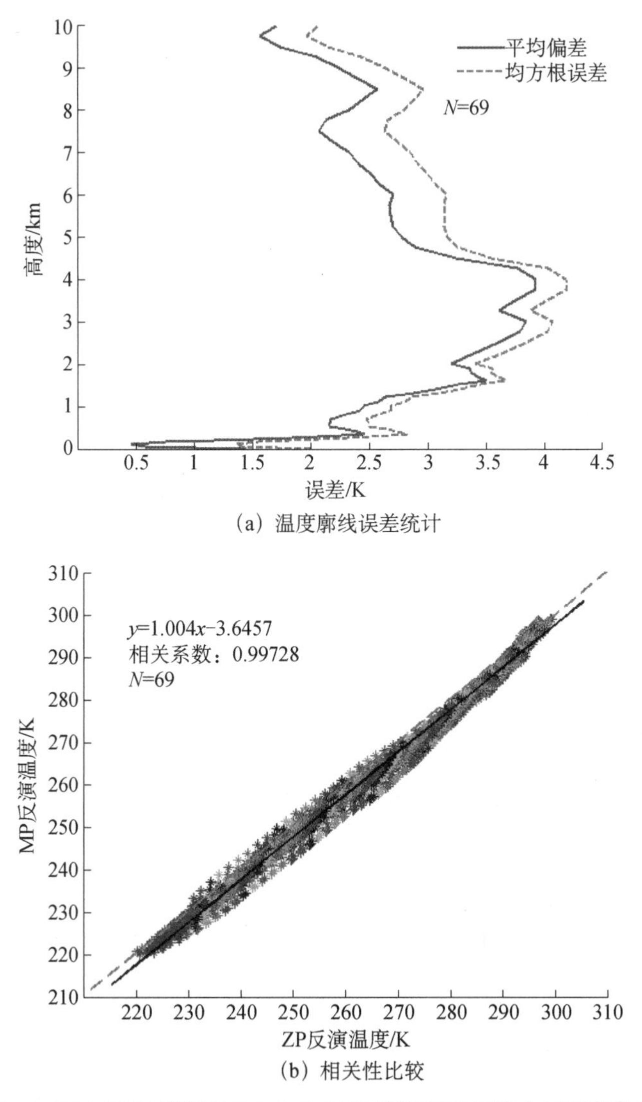

(a) 温度廓线误差统计

(b) 相关性比较

图 7.59　MWP967KV 型辐射计与 MP-3000 型辐射计反演大气温度廓线对比

图 7.61 是 MP-3000 型辐射计反演获得的水汽密度与探空水汽密度的对比，与 MWP967KV 型辐射计反演误差非常近似（图 7.62）。图 7.62 的结果表明，与探空水汽密度对比，MWP967KV 型辐射计与 MP-3000 型辐射计反演水汽密度更接近，相似性更高，主要原因是两者仪器距离更加接近，探空观测与辐射计位置相隔 17km 的距离，两者之间的大气环境存在一定的差异，水汽密度的实际值有较大差异。

5）水汽积分总量观测反演对比

由图 7.63～图 7.65 可知，与水汽密度类似，MWP967KV 型辐射计与 MP-3000 型辐射计反演的水汽积分总量与探空相比更接近，相似性更高，相关系数达到 0.98963。

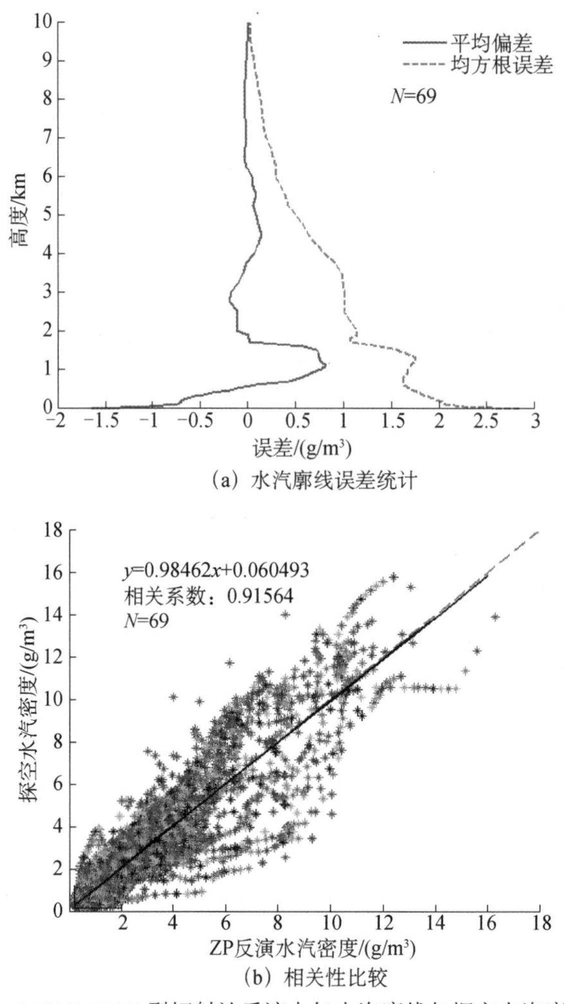

（a）水汽廓线误差统计

（b）相关性比较

图 7.60　MWP967KV 型辐射计反演大气水汽廓线与探空水汽廓线对比

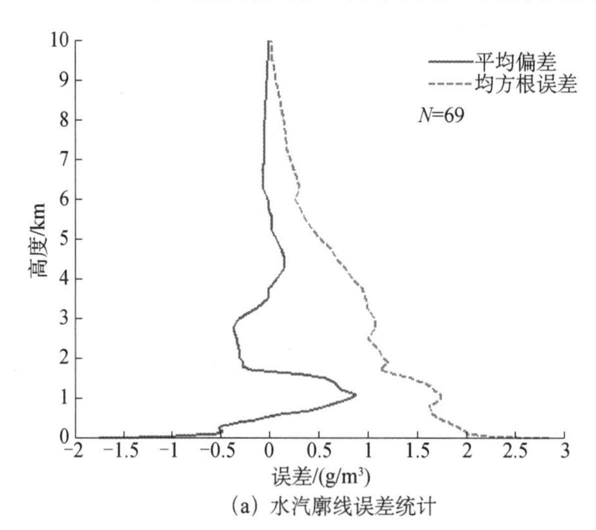

（a）水汽廓线误差统计

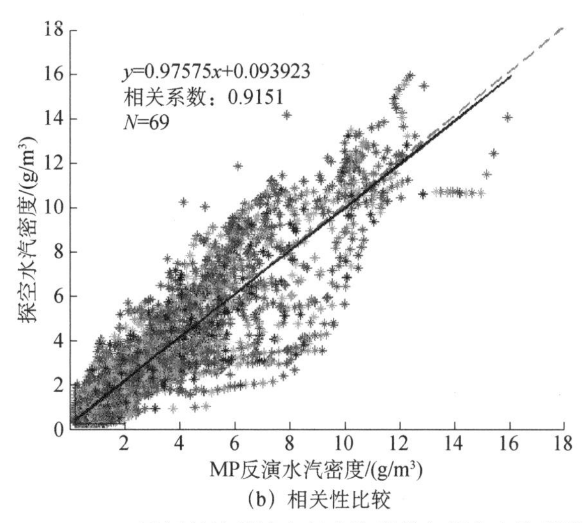

（b）相关性比较

图 7.61　MP-3000 型辐射计反演大气水汽廓线与探空水汽廓线对比

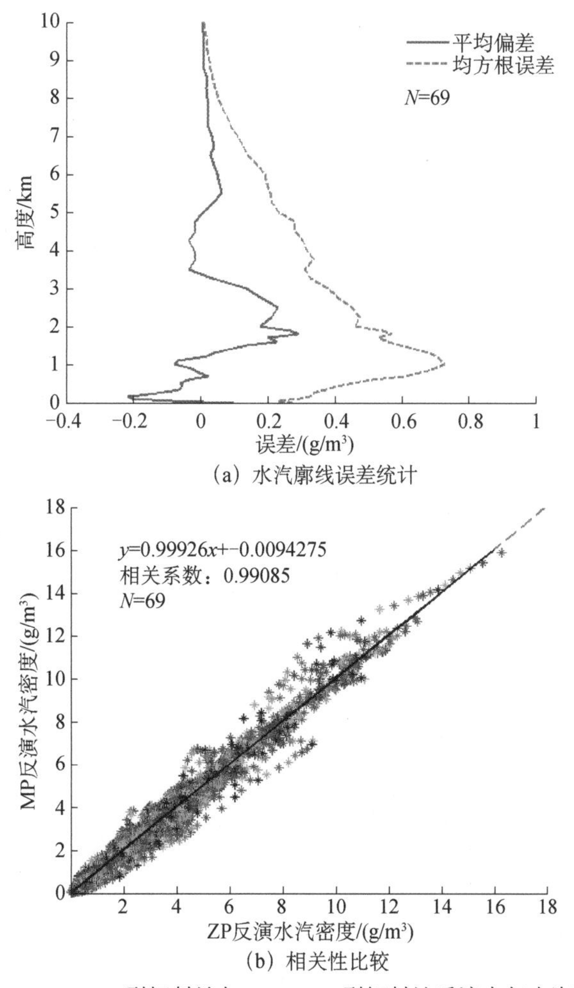

（b）相关性比较

图 7.62　MWP967KV 型辐射计与 MP-3000 型辐射计反演大气水汽廓线对比

综上所述，温湿廓线误差基本在近地面层相对较大，随后减小，在高空随高度上升略有变大。进一步分析结果，近地面层的误差主要是客观原因所致：虽然辐射计试验场与无线电探空仪施放地点之间直线距离为 17km，但由于辐射计工作地点设在市区内的中国气象局院内，与北京南郊探空气象站所处城郊之间的低空大气实际上存在不可忽视的差异，这是近地面层误差较大的主要原因之一；另外，探空资料中并没有直接的水汽密度测量值，而是利用温度、相对湿度等数据通过经验模式计算得到，这也会导致一定的误差，使得仪器观测结果与探空水汽密度的差异变大；此外，探空气球上升到 10km 的高度大约需要半小时，并随着气流随意飘动，难以保证它准确探测到探空站上方的大气信息，而辐射计观测的时间分辨率较高（每分钟一条数据）且始终探测顶空同一视场，观测期间的天气背景与历史样本也可能存在差异，这都是辐射计反演温湿廓线与探空温湿廓线存在一定差异的原因。

从试验过程和数据统计对比结果来看，虽然存在客观误差因素的影响，但是 MWP967KV 型辐射计样机测量大气辐射亮温及温湿廓线的结果仍与同期无线电探空数据具有较好的一致性。完全可以预测，若辐射计工作场地靠近探空气球施放点，则各项探测结果的误差必将进一步减小（特别是低空数据），与场内一同工作的进口的同类仪器的数据对照结果也为这一论断提供了有力的佐证。

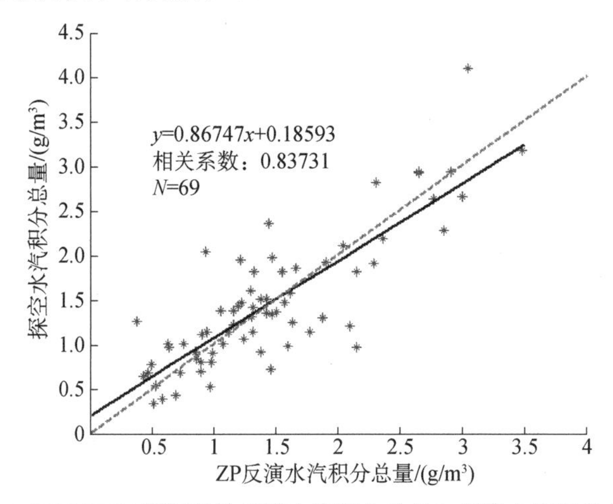

图 7.63　MWP967KV 型辐射计反演水汽积分总量与探空水汽积分总量对比

黑线为线性拟合，红色虚线为 1∶1 线

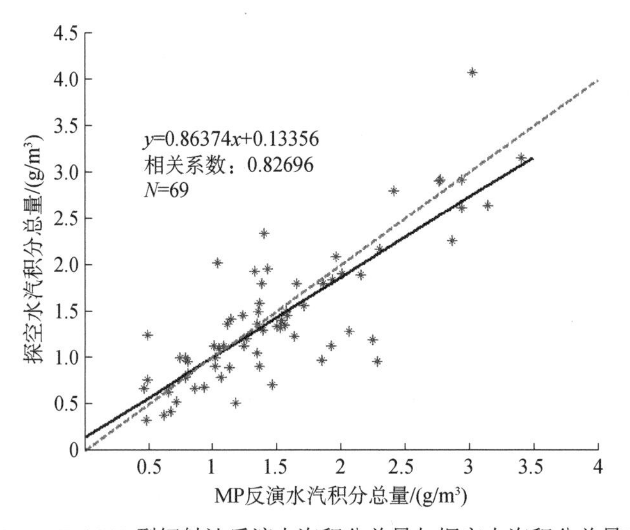

图 7.64　MP-3000 型辐射计反演水汽积分总量与探空水汽积分总量对比

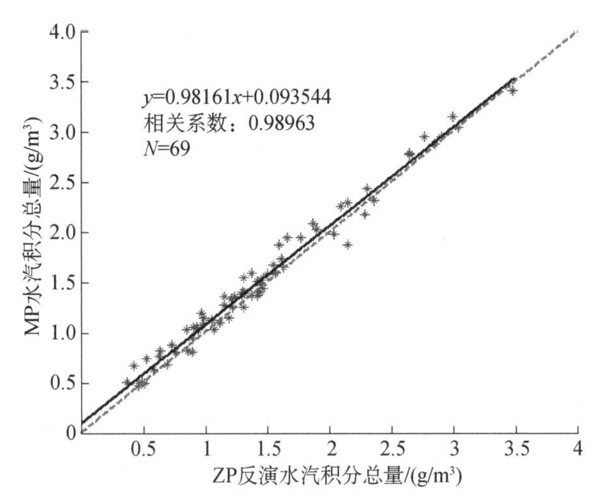

图 7.65　MWP967KV 型辐射计与 MP-3000 型辐射计反演水汽积分总量对比

7.6　本章小结

本章从地基微波辐射计大气遥感的角度出发，分析大气微波遥感的概况、微波辐射计的应用价值和意义，较为详细地总结了国内外的研究概况和进展；并在此基础上，利用兰州大学引进的 12 通道微波辐射计，参与了我国首次星载降水雷达的校飞试验，发展了一套多通道地基微波辐射计的反演算法，用于试验的数据分析的对比观测中。同时开展了我国多通道地基微波辐射计的研制工作，包括仪器的硬件设备、标定方法、反演算法、软件系统等，针对研制的仪器情况，开展了多次验证试验，进行了数据的对比分析等工作。相关工作仍需要继续开展，不断进行讨论、补充和丰富完善。

（1）微波辐射计性能指标的提升，依赖于我国基础工业技术的发展。目前，我国地基多通道微波辐射计发展正在改变依赖进口的状况。由于我国工业化基础发展的限制，国产多通道辐射计研制工作遇到诸多困难，我国自行研制的 MWP967KV 型 35 通道微波辐射计，在原理实现、系统设计、分系统研制等方面取得了显著的成果，研制成功了第一台原理样机，获得了初步的观测结果。由于仪器的硬件研制涉及整机电气设计、结构设计、天线设计、接收机设计、恒温系统设计、伺服系统、检控系统、标定系统设计、电源系统等，集成度高，结构复杂，因此在测量精度、稳定性、体积设计等方面均需要进一步提高，以满足各种天气状况下的观测要求。

（2）拓展反演算法的区域适应性。本章使用的无线探空训练样本为气象台站的历史探空资料，能够代表该地区或相似地区的气象要素特征，但它并不能涵盖所有的天气现象，特别是一些极端的天气状况，同时，由于仪器所处的地理位置和高度不同，气压值会有一定的偏差，这些都会造成反演结果的误差，使得反演算法的普适性受到限制。因此需要提高神经网络算法的普适性及处理极端天气情况的能力，提高大气温湿廓线的反演精度。鉴于此，需要进一步加强资料的分析工作，在无云和有云的基础上，继续精细化分类，包括：

淡积云、积云、积雨云、卷云、层云等，并增加雨天、降雪等情况；在神经网络训练时，初步分为季节或月份分别进行神经网络训练，同时研究物理意义更为清晰的物理反演算法，提高大气廓线的反演精度。

（3）进一步缩小反演误差。在多次的试验验证中，由于辐射计试验场与无线电探空施放地点具有一定的距离，两地之间的低空大气环境存在着差别，这对检验对比结果有一定的影响。因此，在今后的对比试验中，应在试验场地处施放无线探空，近距离地与辐射计样机对比观测，进一步减少场地的影响，从而使得辐射计样机测量的大气辐射亮温及温湿廓线结果与无线探空数据具有更好的一致性对比结果，给仪器验证提供有力的试验佐证。同时，在更多的试验区开展观测试验，获取更多不同气候特征条件下的观测结果，并与其他各种仪器，如激光雷达、云雷达、天气雷达的观测结果进行对比分析，为试验验证提供更多的对比观测数据。

参 考 文 献

蔡新泉，关志仁，杨川涛，等. 1988. 高频、微波噪声的计量测试. 北京：中国计量出版社.

曹雪芬. 2013. 地基微波辐射计亮温观测数据处理及对闪电高温的响应探讨. 南京：南京信息工程大学.

陈洪滨. 2000. 星载微波辐射计遥感反演云水量的一个算式. 遥感学报，4（3）：165-171.

陈洪滨. 2002. 测量云液水柱含量的一个设想. 大气科学，26（5）：695-701.

大气物理研究所一〇五组. 1978. 地面微波辐射计与测定区域性降水的初步试验. 大气科学，2（4）：314-322.

郭学良，付丹红，胡朝霞. 2013. 云降水物理与人工影响天气研究进展（2008～2012 年）. 大气科学，37（2）：351-363.

郭杨，商建，杨虎，等. 2012. 星载降水雷达机载校飞试验：地基多通道微波辐射计估算雷达路径积分衰减. 气象学报，70（4）：887-891.

黄润恒. 1980. 空对地微波遥感大气温度分布的数值实验. 大气科学，4（3）：246-252.

黄润恒，邹寿祥. 1987. 两波段微波辐射计遥感云天大气的可降水和液态水. 大气科学，11（4）：397-403.

雷恒池，金德镇，魏重，等. 2003. 机载对空微波辐射计及云液态水含量的测量. 科学通报，48（S2）：44-48.

雷恒池，魏重，沈志来. 2001. 微波辐射计探测降雨前水汽和云液水. 应用气象学报，12：73-79.

林海，忻妙新，魏重，等. 1984. 雷达和微波辐射计联合系统探测云中含水量和雨强分布的研究. 大气科学，8（3）：332-340.

林海，魏重，吕达仁. 1981. 雨滴的微波辐射特征. 大气科学，5（2）：189-197.

卢建平. 2010. 一种辐射计定标方法，中国：ZL 201010248723.5.

卢建平，黄建平，郭学良，等. 2014. 探测大气温湿廓线的 35 通道微波辐射计设计原理与特点. 气象科技，42（2）：193-197.

栾彩霞. 2012. 区域自动气象站信息处理系统的设计与实现. 成都：电子科技大学.

吕达仁，林海. 1980. 雷达和微波辐射计测雨特性比较及其联合应用. 大气科学，4（1）：30-39.

彭树生，李兴国. 1997. 8mm 测量辐射计定标方法研究. 红外与毫米波学报，16（4）：279-284.

任守勤. 1975. 微波噪声译文集. 北京：科学出版社.

王普才，忻妙新，魏重，等. 1991. 西太平洋热带海域的水汽和云的变化特性. 大气科学，15（5）：11-17.

王小兰. 2005. 结合 MM5 和 M-C 辐射传输模式对中国地区对流性降水云微波辐射特性的研究. 北京：中国气象科学研究院.

魏重，林海，忻妙新. 1982. 8.6 毫米和 3.2 厘米两个波长地面辐射计探测云中含水量. 大气科学，6（2）：196-202.

魏重，薛永康，朱晓明，等. 1984. 用 1.35 厘米波长地面微波辐射计探测大气中水汽总量及分布. 大气科学，8（4）：418-426.

乌拉比 F T，穆尔 R K. 1988. 微波遥感（第一卷）：微波遥感基础和辐射测量学. 冯健超，译. 北京：科学出版社.

薛永康，黄润恒，周秀骥. 1983. 地对空微波遥感水汽垂直廓线的方法. 大气科学，7（2）：115-124.

张光锋. 2005. 毫米波辐射特性及成像研究. 武汉：华中科技大学.

张祖荫，林士杰. 1995. 微波辐射测量技术及应用. 北京：电子工业出版社.

赵柏林. 1983. 大气遥感探测的现状及展望. 气象科技（6）：1-6.

赵柏林，杜金林，刘式达，等. 1978. 微波遥感大气温度层结的原理和试验. 大气科学，2（4）：323-331.

赵柏林，尹宏，李慧心，等. 1981. 微波遥感大气湿度层结的研究. 气象学报，39（2）：217-225.

周秀骥. 1980. 大气微波辐射起伏及其遥感. 大气科学，4（4）：293-299.

周秀骥. 2006. 中尺度气象学研究与中国气象科学研究院. 应用气象学报，17（6）：665-671.

周秀骥，吕达仁，黄润恒，等. 1982. 大气微波辐射及遥感原理. 北京：科学出版社.

朱元竞，胡成达，甄进明，等. 1994. 微波辐射计在人工影响天气研究中的应用. 北京大学学报，30（5）：587-606.

Carter C J，Mitchell，Reber E E. 1968. Oxygen absorption measurement in the lower atmosphere. Journal of Geophysical Research Atmospheres，73（10）：3113-3120.

Cimini D，Campos E，Ware R，et al. 2011. Thermodynamic atmospheric profiling during the 2010 winter Olympics using ground-based microwave radiometry. IEEE Transactions on Geoscience and Remote Sensing，49（12）：4959- 4969.

Frisch A S，Feingold G，Fairall C W，et al. 1998. On cloud radar and microwave radiometer measurements of stratus cloud liquid water profiles. Journal of Geophysical Research Atmospheres，103（D18）：23195-23197.

Guiraud F O，Howard J，Hogg D C. 1979. A dual-channel microwave radiometer for measurement of precipitable water vapor and liquid. IEEE Transactions on Geoscience Electronics，17（4）：129-136.

Hogg D C，Guiraud F O，Snider J B，et al. 1983. A steerable dual-channel microwave radiometer for measurement of water vapor and liquid in the troposphere. Journal of Climate and Applied Meteorology，22：789-806.

Huang J，Zhang W，Zuo J，et al. 2008. An overview of the Semi-Arid climate and environment research observatory over the Loess Plateau. Advances in Atmospheric Sciences，25（6）：906-921.

Karstens U，Simmer C，Ruprecht E. 1994. Remote sensing of cloud liquid water. Meteorology and Atmospheric Physics，54（1-4）：157-171.

Löhnert U，Susanne C. 2003. Accuracy of cloud liquid water path from ground-based microwave radiometry 1.

Dependency on cloud model statistics. Radio Science，38（3）：8041.

Solheim F，Godwin J，Ware R. 1996. Microwave Radiometer for Passively and Remotely Measuring Atmospheric Temperature，Water Vapor and Cloud Liquid Water Profiles. US Army White Sands Missile Range Final Report. http://radiometrics.com/eigenvalue.pdf. [2020-11-10].

Westwater E R. 1969. An Analysis of the Correction of Rang Errors due to Atmospheric Refraction by Microwave Radiometric Techniques. Boulder：Institute for Telecommunication Sciences and Aeronomy.

Westwater E R. 1970. Ground-Based Determination of Temperature Profiles by Microwaves. Boulder：University of Colorado.

Westwater E R. 1972. Ground-based determination of low altitude temperature profiles by microwaves. Monthly Weather Review，100（1）：15-28.

Westwater E R. 1978. The accuracy of water vapor and cloud liquid determinations by dual-frequency ground-based microwave radiometry. Radio Science，13（4）：677-685.

Westwater E R，Crewell S，Mätzler C，et al. 2005. Principles of surface-based microwave and millimeter wave radiometric remote sensing of the Troposphere. Quaderni Della Societa Italiana Di Elettromagnetismo，1（3）：50-90.

Westwater E R，Snider J，Carlson A. 1975. Experimental determination of temperature profiles by ground-based microwave radiometry. Journal of Applied Meteorology，14：524-539.

第 8 章

激光雷达探测

8.1　引言

沙尘气溶胶是对流层大气中重要的气溶胶类型之一（Zhang et al.，1997a；Qian et al.，2002；Huang et al.，2006），可影响区域乃至全球气候。近几十年来，滥垦、滥牧和过度使用水资源等人类活动不断增加，导致地表植被大面积减少，以及全球气候变暖引起我国北方干旱化（符淙斌和安芷生，2002），致使起源于塔克拉玛干沙漠与戈壁滩的沙尘暴频繁发生。因此，沙尘气溶胶已成为全球环境问题的重要因素之一（叶笃正等，2000）。我国学者已就沙尘暴及其影响的相关科学问题进行了详细地探讨（石广玉和赵思雄，2003）。沙尘气溶胶携带的营养盐沉降到海洋后可影响海洋初级生产力，并影响辐射活性气体的海-气交换通量，进而影响全球碳循环，最终冲击地球气候系统（石广玉等，2008）。

近年来，生物气溶胶（bioaerosol）由于其显著的气候效应和环境效应，受到了国内外学者的广泛重视，已成为当前科学界研究的重要科学问题。大气生物气溶胶是指悬浮在空气中的生物颗粒，包括细菌、真菌、病毒、孢子、花粉及其副产物，尺寸从几十纳米到几毫米，其主要来源于土壤、江河湖海以及动植物等（Ariya and Amyot，2004；Jaenicke，2005；杜睿和周宇光，2010；祁建华和高会旺，2006）。研究显示，生物气溶胶在大气中的数浓度约为 1.9cm^{-3}，约占大气数浓度的 30%，体积浓度约占大气总体积浓度的 15%（Matthias-Maser and Jaenicke，1995）。生物气溶胶对区域乃至全球的环境、气候和公共卫生等都可造成严重影响（Griffin et al.，2007；Prospero et al.，2005；Ariya and Amyot，2004；Sun and Ariya，2006）。研究发现生物气溶胶对极地和山区环境有重要的影响，这说明生物气溶胶在大气中远距离传输特征分析中的重要研究意义（Skidmore et al.，2000；Toom-Saunty and Barrie，2002；Amato et al.，2007；Zhang et al.，2007a）。与其他类型的气溶胶一样，生物气溶胶的气候效应包括直接效应和间接效应。除具有一般气溶胶的特性以外，生物气溶胶还具有传染性、致敏性等特性，可在空气中存活相当长的时间并借助空气介质进行扩散和传输，进而引发更大范围的传染病以及动植物疾病（郁庆福，1995）。

准确评估大气气溶胶的气候效应，我们需要获得大气气溶胶物理、化学与光学特性及其时空分布特征等重要信息（IPCC，2013）。因此，开展长期连续的气溶胶特性时空分布特征的观测研究是非常必要的。截至目前，气溶胶的地基遥感手段很多。例如，作为一种被动遥感仪器的代表性仪器，太阳光度计主要探测太阳辐射通量，并进一步反演获得气溶胶光学厚度、Ångström 指数、粒子谱分布、单次散射反照率等重要参量。为了获得全球不同地区的气溶胶物理光学特性，美国国家航空航天局（NASA）建立了一个基于太阳光度计的全球地基气溶胶观测网络（AERONET）。近年来，尽管有关人为气溶胶的辐射强迫及其气候效应的定量化研究取得了很大的进展（王喜红和石广玉，2000；张立盛和石广玉，2001），但是仍然存在较大的不确定性。这主要是因为缺乏对气溶胶物理、化学、光学特性及其尺度分布准确信息的了解，而模式需要这些特性的当前、过去和未来的评估（王明星和张仁健，2001）。利用先进的大气遥感技术，深入了解气溶胶特性，才能借助不断改进的气候模式对气溶胶气候效应进行定量研究。

大气遥感是始于 20 世纪 60 年代的一种新型大气探测方法。与常规探测方法不同，大气遥感仪器不与被测介质直接接触，在一定距离外探测它们的物理化学特性及其时空变化（张文煜和袁九毅，2007）。大气遥感根据有关理论和技术方法，利用各种电、光、声波及力学波等信号与大气介质之间的相互作用，获得温、压、湿、风、降水及大气组分等参数。大气遥感技术可分为主动式遥感和被动式遥感。被动式遥感，即接受来自其他源（如太阳、月亮、恒星等）的信息，而获得大气气溶胶的物理化学特性。多波段太阳光度计，作为一种被动式遥感手段，是目前地基遥感中探测气溶胶光学厚度最准确的方法，常常被用来校验卫星遥感反演的结果。中分辨率成像光谱仪（moderate resolution imaging spectroradiometer，MODIS）是一颗典型的被动式遥感卫星，可探测大气气溶胶物理光学特性的全球分布，弥补地基遥感空间分布的局限性，特别是在环境恶劣的沙漠地区或者广阔的海洋地区，具有突出的优势。主动式遥感的基本原理是发射一束光源（如激光、微波或声波等），分析该光源与气溶胶颗粒之间的相互作用，从而反演获取气溶胶特性。

激光雷达是一种典型的主动式遥感手段，可连续探测高时空分辨率的气溶胶性质，已被广泛应用于激光大气传输、大气科学与环境科学研究领域。激光雷达在探测高度、时空分辨率、长期连续高精度监测等方面具有独特优势，是其他探测手段无法比拟的。利用激光对大气光学、物理特性、气象参数进行连续的高时空分辨率的精细探测，是近年来快速发展的先进探测技术（华灯鑫和宋小全，2008）。它发射激光作为主动光源，通过接收与大气颗粒相互作用之后散射回来的信号，对信号进行处理分析从而获得大气信息。此外，目前的先进光学、电子和计算机技术，可以做到时间分辨率为秒、空间分辨率达到米的量级，使得我们能够实现大气遥感的高时空分辨率的精细探测。根据观测平台来划分，激光雷达可分为星载激光雷达、机载激光雷达、船载激光雷达和地基激光雷达等。其中星载激光雷达能够获得大气的全球分布信息，尤其在海洋地区优势显著；机载激光雷达和船载激光雷达有一定的优势，但由于成本高等原因，一般只应用于加强期观测；地基激光雷达能够进行长期连续的观测，但是只能获得单个站点的气溶胶和云光学特性的垂直结构分布特征。为了有效弥补地基激光雷达观测空间的局限性，建立地基激光雷达网是一种行之有效的举措。此外，随着光电技术的飞速发展，激光雷达的成本不断降低，地基激光雷达网的站点分布越来越密集。

激光雷达是大气科学领域探测云和气溶胶特性及其时空分布的一种有效工具，同时也是环境监测领域及其他科学研究的先进手段之一。利用先进的激光雷达能够比较好地探测到当前区域尺度范围内云和气溶胶的垂直分布情况。目前，激光雷达在国内外大气科学领域的不断应用已经获得许多有重要价值的研究成果。例如，由美国能源部组织的旨在研究全球气候变化的大气辐射观测（ARM）实验项目广泛使用激光雷达监测云和气溶胶，为全球气候模式模拟提供了宝贵的资料（Campbell et al.，2002）；Sugimoto 等（2008）利用自行研制的偏振激光雷达系统建立了一个遍布东亚及南亚多个国家或地区的激光雷达观测网，用于长期观测沙尘气溶胶垂直结构在传输过程中演变特征，并同化到化学传输模式研究沙尘气溶胶和区域污染物及其气候变化；“Aerosols99 移动观测计划”项目组沿着弗吉尼亚州的诺福克和南非西开普省的开普敦，获得了南北大西洋几个不同地区的气溶胶垂直分布特征（Voss et al.，2001）；Chen 等从 1998 年就在日本筑波通过激光雷达系统 60° 仰角一直进行连续观测，发现边界层高度随时间的波动，表明卷挟层和垂直风速对边界层高度的影响，且混合层高度的变化趋势与气溶胶光学厚度的变化趋势一致，只是气溶胶光学厚度的变化滞后，这可能是由清晨地面霾的扩散速度大于边界层的对流速度造成的（刘金涛等，2003；Chen et al.，2001）；Satheesh 等（2006）在印度南部城市班加罗尔使用激光雷达探测气溶胶的时空分布，获得了当地气溶胶的光学特性和边界层动力性质；Welton 等（2000）在大型观测实验第二次气溶胶特性观测实验（ACE-2）中利用微脉冲激光雷达获得当地站点的气溶胶垂直分布及物理特性，并与其他地基观测仪器和卫星资料进行对比分析。

激光雷达尽管在国内大气科学领域的研究展开相对较晚，却已取得许多优秀的研究成果。20 世纪 60 年代中期，中国科学院大气物理研究所成功研制了我国第一台激光雷达，其系统性能达到了国际先进水平。之后我国学者开展了众多激光雷达的主动观测研究，如周军和岳古明（1998）使用自行研制的激光雷达系统探测平流层和对流层大气气溶胶的光学特性，发现火山爆发期间平流层气溶胶的光学特性有较大变化，还观测到对流层气溶胶存在复杂的多层垂直结构等；邱金桓等（2003）利用多波长激光雷达探测北京地区对流层中上部云和气溶胶的垂直分布情况，首次发现沙尘气溶胶粒子有可能在更高的高度被远距离输送；1998 年世界上首次利用激光雷达在青藏高原进行气溶胶探测，发现夏季青藏高原上空的上升气流可能比较强（白宇波等，2000）；Zhang 等（2007b）利用激光雷达观测资料，结合天气研究和预报（WRF）模式，研究沙尘气溶胶辐射效应及其对大气边界层的影响，发现沙尘气溶胶白天平均加热大气 0.68K/h，而晚上却平均冷却大气−0.21K/h；Hua 和 Kobayashi（2005）利用激光雷达在低层大气的温度、湿度及气溶胶的高精度、全天候实时遥感等工作中取得了许多有意义的结果，尤其在白天高精度观测大气温湿领域达到世界先进水平；Liu 等（2008）中国海洋大学激光雷达团队研制的车载非相干测风激光雷达系统，获得国内外同行的认可；Gong 等（2010）自行研制米-拉曼激光雷达系统，并在武汉开展大气气溶胶的遥感研究；Huang 等（2007）利用 CALIPSO 星载激光雷达观测资料，研究了夏季青藏高原地区的沙尘天气过程，发现来自塔克拉玛干沙漠的沙尘气溶胶会造成青藏高原上空的异常加热效应，从而影响东亚大气环流，最终会对东亚地区的气候产生重要影响。

8.2 观测原理

激光雷达的英文名为“lidar”，取自 light detection and ranging 的缩写。激光雷达与微波雷达的区别在于，它采用激光作为光源而后者采用微波。自 1960 年世界上第一台激光器问世以来（Maiman，1960），由于具有高精度、高时空分辨率等技术优势，激光雷达在军用和民用的各个领域均被广泛使用。激光雷达的种类很多，根据探测平台的不同，可分为地基、车载、船载、机载和星载等激光雷达；根据工作波长的不同，可分为紫外、可见光和近红外等激光雷达；根据工作原理的不同，还可分为米散射、瑞利散射、拉曼散射、共振荧光散射、差分吸收和多普勒等激光雷达。然而，无论哪一种激光雷达，它们的共同之处是其主要由发射系统、接收系统和信号处理系统三部分构成。

激光在大气中传输时，与大气中分子和气溶胶粒子发生相互作用，因而产生消光，即散射和吸收。激光与大气物质相互作用机制的不同引起了多种不同的物理过程，接收并分析这些丰富的回波信号，可得到这些物质的特性。激光与大气物质相互作用的几种主要的物理过程，如图 8.1 所示。

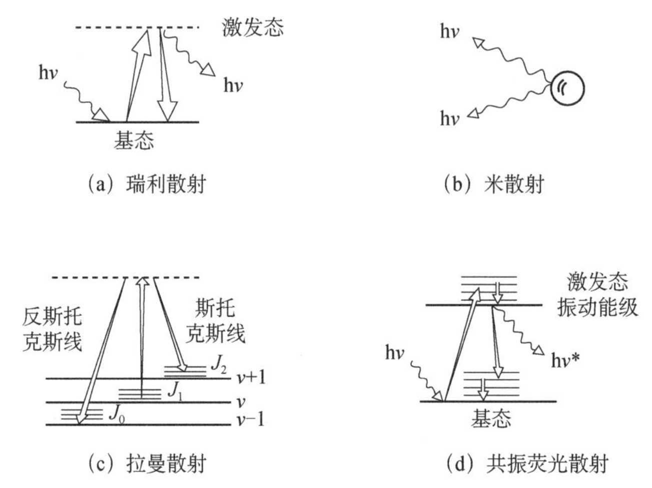

(a) 瑞利散射　(b) 米散射

(c) 拉曼散射　(d) 共振荧光散射

图 8.1　激光与大气物质相互作用的几种主要的物理过程示意图（Measures，1992）

8.2.1　瑞利散射

瑞利散射是指激光与大气分子相互作用而产生的一种弹性散射，其特征是散射粒子的半径远小于入射激光的波长。从量子力学的角度来解释，光子入射使得电子从基态跃迁到激发态，之后又迅速回到基态，整个过程没有能量交换。瑞利散射过程没有发生频移，散射光与入射光波长相同，且散射光强与入射波长的四次方成反比，即为瑞利定律（Kutner，2003）。白天的天空是蓝色的，主要是蓝色波长相对于红色的波长更长，导致蓝色产生的瑞利散射更加激烈的缘故。对于米散射激光雷达，如果在大气粒子浓度较低的高度（如对流层顶以上），所探测到的回波信号强度就主要以瑞利散射为主。因此，瑞利散射激光雷达主要用来探测高空的大气温度、密度廓线等。

8.2.2　米散射

当激光波长小于或等于粒子半径的大小时，会产生一种弹性散射就是米散射。光子被粒子弹射回来，没有能量间的交换而不发生频移，因而散射前后波长并没有发生变化。米散射的截面与粒子尺寸、形状、成分、波长等因素有关。与其他光散射机制相比，米散射的散射截面最高，所以米散射信号最强。激光与粒子相互作用时，散射光呈不均匀分布，前向散射与粒子大小成正比，而后向散射则与之成反比（盛裴轩等，2003；戴永江，2002）。对流层的低空探测中得到的散射主要是由大气中的尘埃、烟雾、水汽等各种固态或液态的气溶胶粒子造成的米散射。

8.2.3　拉曼散射

拉曼散射是激光与大气分子之间的一种非弹性散射。在相互作用过程中，散射光因为分子内部结构的振动而发生频率漂移。拉曼散射的物理机制是电子从低能级跃迁到更高的能级，之后迅速地跃迁到一个比原来更低的能级和另一个比原来更高的能级。前者因为得到能量而释放出波长更短的光子，称为 Anti-stokes 拉曼散射；后者因为失去能量而释放出波长更长的光子，称为 Stokes 拉曼散射。拉曼散射光的频移量与分子基态的振动能级或转动能级有关，分别称为振动拉曼和转动拉曼（王青梅和张以谟，2006）。不同种类的分子所产生的频移量有所不同，因此拉曼散射已成为化学和生物等许多学科的有效鉴定手段（孙景群，1986）。大气中各种主要气体的拉曼频移量为：氧气（1556cm^{-1}）、氮气（2331cm^{-1}）、水汽（3652cm^{-1}），即如果激发的激光波长为 355nm，则可计算出它们分别对应的拉曼波长为 376nm、387nm 和 407nm，这些信号可用来反演气溶胶消光系数和水汽混合比等。转动拉曼激光雷达的技术难度更大，用来探测温度廓线的精度也更高（Hua et al.，2004）。

8.2.4　激光诱导荧光效应（Laser-induced fluorescence）

与拉曼散射特性相似，荧光效应是激光与大气分子或原子相互作用的能级跃迁造成的。当入射激光与分子或原子发生作用后，使电子发生能级跃迁，当入射波长处于分子或原子的某一固定吸收线或吸收带内时，电子将吸收入射光子并由基态跃迁至激发态，很快又跃迁至低能级态并产生自发发射（Christesen et al.，1994）。物理机制为：当某一能级差与入射光子能量相等时，电子将吸收此入射光子的能量而发生能级跃迁到更高的激发态。然而由于其在激发态的寿命很短，很快又自发跃迁回到低能级态，并释放一个荧光光子。与米散射、瑞利散射和拉曼散射的机制不同，荧光效应并不只产生某一个波段的出射光，而能产生较宽的连续光谱。不同分子或原子产生的荧光光谱的峰值强度与它们的特性和激发波长有关。因此，荧光效应已被广泛用来识别物质组分。大气遥感中，荧光激光雷达主要用来探测生物气溶胶和有机物等。

激光雷达系统主要由激光器、望远镜、分光系统（含探测器）、示波器和电脑等部分组成，如图 8.2 所示。基本原理为，激光器产生一束或多束激光，经过一定预处理之后向大气中发射，之后用望远镜来接收散射回来的信号并聚焦于光阑，接着信号处理系统对回波信号进行分光、提取并把光信号转换成电信号传输至电脑。发射系统、接收系统、信号处理系统是三个主要的组成子系统。

发射系统主要包括激光器和扩束器两部分。作为激光雷达的核心部件之一，激光器的质量决定了整个雷达系统的工作性能。经过几十年的发展，激光器由最早的红宝石和钕玻璃脉冲激光器发展到如今性能优越的 Nd：YAG 脉冲激光器。根据用途的不同，激光波长选择在 250nm～11μm（Wandinger，2005）的波长。激光器是由泵浦激光晶体、调制系统和冷却系统组成。例如，常用的 Nd：YAG 脉冲激光器采用闪光灯作激励源，发射基波波长为 1064nm，进行二倍频后获得效率更高的 532nm 的绿光，且三倍频和四倍频之后分别得到 355nm 和 266nm 的激光。利用调 Q 技术，激光器的脉冲宽度约为几个纳秒的量级。目前，闪光灯作激励源的Nd:YAG激光器产生的单脉冲能量高达1J，且脉冲重复频率通常在10～100MHz。与闪光灯激励源相比，半导体激光激励方式具有更高的转换效率，更高的脉冲重复频率，更小的体积和更高的可靠性等特点。扩束器往往包括两个透镜：一个是短焦距的，称为扩束镜；另一个长焦距，称为准直镜。激光向大气中发射前，使用扩束器可达到以下效果：激光光斑变大而发散角变小，且具有更好的准直性。

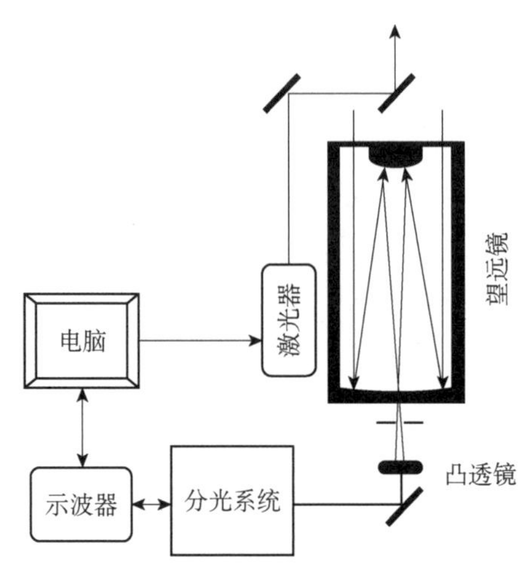

图8.2 激光雷达系统的基本结构示意图

激光雷达的接收系统主要由接收望远镜和可变光阑组成接收望远镜用于接收与大气相互作用散射回来的信号。激光雷达一般使用两种不同类型的望远镜，即牛顿反射式和卡塞格林反射式接收望远镜。其中，牛顿反射式接收望远镜由球面主镜和平面转折镜组成，而卡塞格林反射式接收望远镜由抛物面主镜和双曲面二次镜组成。前者具有结构简单、易于调整等特点，而后者的结构紧凑、体积更小。目前，卡塞格林反射式接收望远镜在激光雷达的应用更广泛。从激光雷达方程可知，望远镜口径越大，接收信号的能力越强。因此可根据不同的用途，选择合理的望远镜尺寸。

可变光阑常常被放置于望远镜的焦点处，用于避免部分信号被望远镜接收，为下一步的信号处理做准备。根据几何光学可知，接收视场取决于可变光阑的尺寸和望远镜的焦距大小。因此，在望远镜参数一定的条件下，通过调节可变光阑的尺寸来设定激光雷达系统的视场角。虽然有些原因需要较大的接收视场角，但是为了抑制背景噪声和减少多次散射效应的影响，接收视场角越小越好。

信号处理系统的主要作用是对回波信号进行分光、提取并转换成电信号。

从接收系统（即光阑处）出来的信号通过准直凸透镜将光束变为平行光束，然后再根据用途采用各种各样的分光器对信号进行分解。一般来说，有两种不同功能的分光器：一是分离不同波长的光，如分离532nm和1064nm的光；二是能量上的分光，如按五五分或三七分等把信号分为两束光。经过分光之后，常常采用干涉滤光片提取特定的波长，也就是仅让固定波长的回波信号通过，而尽量抑制其他波长的噪声信号。根据使用要求，还可以增加偏振分光器探测信号。

信号被提取之后，采用探测器[如光电倍增管（PMT）或光电二极管（APD）]把光信号转变成电信号。之后激光雷达主要使用两种计数方式：一是模拟采样技术，即经过前置放大并用模数（A/D）转换器转换成数字信号后传输给电脑，这种方式主要用于较强的信号；二是光子计数技术，即采用鉴别器和光子计数器转换成数字信号，该方式主要用于微弱信号的探测。在实际使用中，远近距离的激光雷达回波信号强度可相差好几个量级，有效而准确地计数很困难。因此，两种不同计数方式互相配合使用，已经成为激光雷达技术的发展趋势。

最后通过编写计算机语言程序，对激光雷达系统进行合理的控制。达到无人值守，自动高效地获取并处理观测资料，是激光雷达研制中的重要工作之一。

8.3　仪器简介

本研究主要介绍 SACOL 站使用的微脉冲激光雷达（型号：MPL）和双波段偏振激光雷达（型号：DWPL）等地基激光雷达系统。

8.3.1　微脉冲激光雷达（MPL）

微脉冲激光雷达（micropulse lidar，MPL）是一种弹性后散射激光雷达，由 NASA 戈达德空间飞行中心开发（图 8.3）。它有低功率、窄脉冲、对人眼无伤害、高重复频率、操作全自动化、数据采集无人值守、连续工作等优点。如今，已经在全世界范围内形成一个对气溶胶和云层的分布长期自动监测的微脉冲激光雷达网络（MPLNET）。

图 8.3　SACOL 站地基微脉冲激光雷达系统（型号：MPL-4）

激光雷达可产生一束单色、准直、相干和能量高度集中的脉冲激光，经发射望远镜以准平行光束的形式发射出去。激光在大气介质中传输时，其能量由于大气分子和气溶胶粒子的散射和吸收效应而衰减。在这个过程中，产生了许多与大气物理状态密切相关的光信号，激光雷达正是接收这些丰富的光信号来获得大量、精细的气溶胶和云层信息。概括地说，激光在大气介质中传输时，主要发生吸收效应和散射；散射主要有：与分子等小粒子产生的瑞利散射、与气溶胶等大颗粒的米散射、散射频率发生变化的拉曼散射以及散射强度比瑞利散射大好几个数量级的共振散射。微脉冲激光雷达应用微焦量级脉冲能量、高脉冲重复频率的固态二极管 Nd：YLF 激光器，发射 527nm 的绿色激光。激光发射能量对人眼安全，同时使得系统达到较好的信噪比。该系统使用了收发共享的卡塞格林望远镜，这使得系统结构更紧凑，狭窄的接收器视场和波长带宽减少了白天观测时背景太阳光对量子噪声的影响。采用固态盖革模式雪崩光电二极管探测器，具有高效率量子化效应。

激光雷达是通过分析激光的回波信号从而得到大气物理特征的。激光波长位于可见光波段，典型值为 1μm 左右，这与烟、尘等大气气溶胶粒子的尺度相当，加上光电探测器的探测灵敏度较高，因而激光探测烟、尘等微粒具有很高的探测灵敏度。利用这些丰富的激光大气回波信息，能够探测多种大气物理要素。1992 年由 NASA 的戈达德空间飞行中心研发的 MPL 型微脉冲激光雷达克服了传统雷达的缺点。MPL 技术应用固态二极管激光器，不但延长了该雷达的连续工作寿命，而且包含了高效率的量子化滤噪光子计数设备。MPL 最显著的特点还在于它的发射能量对人眼是安全的。低脉冲能量以高重复频率透过一个收发共享的卡塞格林望远镜片（直径 17.8cm），MPL 的发射能量是 6～8μJ，而标准激光雷达比它高几个数量级，这样就提高了监视仪器运转的安全性，允许系统自动运作。脉冲重复频率为 2500Hz，这使得系统在短时间内可以平均很多低能量脉冲，从而达到较好的信噪比。MPL 系统有很高的空间分辨率，有 15m、30m、75m 三种选择。另外，MPL 比其他激光雷达系统结构更紧凑，这个特点使它可以观测任意天顶角。因此像常规垂直探测一样可以轻易地做到水平和倾斜探测。值得注意的是探测器对信号十分敏感，晴天探测时必须防止太阳光直接射入探测器而造成严重的破坏。晴天探测时探测望远镜轴线要偏离太阳光入射方向，或者做一定的遮挡处理。另外，MPL 的接收视场角小（大约 100μrad），这减少了处理多次散射的复杂性，并且降低了周围太阳光背景噪声的影响。测试表明，MPL 系统在两次大的维护之间可连续运行长达两年时间。MPL 雷达数据可用于计算气溶胶消光廓线与光学厚度、云滴散射截面、云的光学厚度、行星边界层高度等。

MPL 的优点在于对人眼安全、低发射能量和结构紧凑，但它与传统光雷达设计不同的发射接收共享光学路径，也会引发问题，如探测器的后脉冲修正和近端填充修正函数的确定，这些问题在数据处理过程中必须仔细考虑。

MPL 系统由激光收发系统、供电系统、数据采集系统、电脑等几个部分组成。激光发生器产生 1054nm 的脉冲激光经过半波片（$\lambda/2$）倍频得到 527nm 长的激光，之后由反射镜改变光路，经过凹透镜把光束发散到偏振分光器（即一个直径为 17.8cm 的卡塞格林望远镜），激光通过去极化器，最后经过凸透镜形成准平行光进入大气中。表 8.1 为 MPL 的主要技术参数。当激光与大气中的粒子如气溶胶等物质发生相互作用后，后向散射的回波信号沿光路逆向传播，通过偏振分光器传播到小孔（该小孔正好在左边凸透镜的焦点处），凸透镜使它成为准平行光，被滤波器滤出特定波长的激光（只让回波信号通过），再经过凸透镜时的信号会聚成一点，并且该点直接被探测器获得。探测器的信号由数据处理系统处理后传输至电脑上的 MPL 软件实时显示并保存观测数据。

表 8.1　微脉冲激光雷达的主要技术参数

主要参数		数值
激光发生器	激光波长/nm	527
	脉冲重复频率/Hz	2500
	脉冲能量/μJ	6～8
	工作寿命/h	约 10000
	计算机接口/控制	RS-232
	眼睛安全性	符合 ANSI Z136.12000
接收器	望远镜类型	卡塞格林望远镜
	焦距/mm	2400
	直径/mm	178
	视场角/μrad	100
数据系统	模式	APD，光子计数
	测距分辨率/m	15、30、75（可选）
	最大距离/km	30
	多通道衡器	多通道光子计数，温度能量监测 A/D 转换器，USB 计算机接口
工作环境	温度/℃	20～25（或者 68～77°F）
	环境湿度/%	< 80

8.3.2　双偏振激光雷达（L2S-SM Ⅱ型）

双偏振激光雷达（L2S-SM Ⅱ型）的激光源由一束 Nd：YAG（掺铷钇铝石榴子石）激光脉冲灯泵发射波长为 1064nm 的主波和波长为 532nm 的谐波组成。激光束经过光束扩束器校准后，将同时向上垂直发射。大气中气溶胶和云粒子散射的回波信号将通过直径为 20cm 的卡塞格林望远镜被接收，经过透镜校准后，由分色镜将光束分为 1064nm 和 532nm 两种波长。波长 1064nm 的激光将被 APD 探测得到，而波长 532nm 的激光进一步由偏振器将极化部分分开，同时极化部分将被 PMT 探测得到。当探测到的回波信号经过前置放大器扩大后，模数转换器将信号转换为电脑可接收的数据，进而被处理和记录。雷达将接收到的回波信号作为时间的函数被检测后，通过延时时间与激光脉冲发生散射高度的对应关系，确定回波信号功率与大气气溶胶和云粒子的浓度的比例关系，就可推测出气溶胶和云粒子的浓度及分布结构。

L2S-SM Ⅱ型激光雷达的突出功能是利用散射光偏振的变化来测量退偏振量。在测定退偏振量时，发射线性的偏振激光，反射回来的散射光（与发射方向平行或垂直）用 2 个独立的偏振组分元件分别进行吸收。如果偏振激光束遇到纯球形物质（如大气污染物气溶胶）发生散射时，偏振激光将被保存，只有平行的组分被观测到。实际上大气中的颗粒物质并不是完全的球形，其垂直组成也能被观测到，因此定义退偏振比为垂直组分与平行组分之比（P_r/P_l）。非球形物质（如沙尘气溶胶）对偏振激光发生散射时，退偏振比是将其与近似球形物质区分开的一个重要绝对指标。通常大气污染物气溶胶的退偏振比不大（小于 10%），而沙尘气溶胶的退偏振比较大（大于 10%），因此，用退偏振比区分和确定球形大气污染物和非球形的沙尘类物质。

其主要技术参数：激光器，Nd：YAG 激光源；输出功率，532nm 为 30mJ/脉冲，1064nm

为 20mJ/脉冲，脉冲重复频率为 10Pa/s（典型情况）；卡塞格林望远镜，直径为 20cm，视场角为 1mrad，检测器中光电倍增管为 532nm 双偏振器。利用数字示波器获取数据。

双波段偏振激光雷达同时产生 1064nm 和 532nm 的两束激光，通过 5 倍扩束器准直放大之后垂直向大气发射。直径为 20cm 卡塞格林望远镜用于接收回波信号，并经过分光镜分离 1064nm 和 532nm 的两束光。其中，1064nm 波长信号采用 APD 探测，而 532nm 波长经过偏振分光镜分成平行分量与垂直分量，然后用 PMT 分别探测（Sugimoto et al.，2008）。该激光雷达系统有两个很好的功能，一是退偏振比测量，用于区分球形和非球形物质；二是双波段探测，可衡量颗粒物的相对大小，作为云和气溶胶的识别。两个激光雷达系统主要技术参数如表 8.2 所示。

表 8.2　微脉冲激光雷达（MPL）、双波段偏振激光雷达（DWPL）的主要技术参数

项目	MPL	DWPL
激光器	Nd：YLF	Nd：YAG
激光波长/nm	527	532，1064
脉冲重复频率/Hz	2500	10
脉冲能量	约 8μJ	20mJ（1064nm & 532nm）
脉冲宽度/ns	5	10
滤光片带宽/nm	0.12	3
望远镜	卡塞格林望远镜，收发共享	卡塞格林望远镜
直径/mm	178	200
视场角/μrad	100	1000
探测器	APD	APD（1064nm） PMT（532nm）
时间分辨率/min	1	15
空间分辨率/m	15，30，75	6

8.4　数据处理与反演

8.4.1　数据处理与订正

在使用激光雷达观测数据之前，需要进行一系列的订正处理。激光雷达方程表示发射功率与接收到的回波信号功率之间的关系，也是反映大气状态的基本方程。其一般式如下：

$$P_s(r) = C\frac{P_0}{r^2}O(r)\beta(r)\exp\left[-2\int_0^{r'}\sigma(r')\mathrm{d}r'\right] + P_b \tag{8.1}$$

式中，P_0 为发射功率的信号强度；$P_s(r)$ 为接收到的回波信号强度；r 为激光雷达与颗粒物之间的距离；C 为激光雷达系统常数；$O(r)$ 为近端几何重叠因子；$\beta(r)$ 为后向散射系数；$\sigma(r)$ 为消光系数；P_b 为背景信号，包括来自外界环境的信号和系统内部的噪声信号。

激光雷达观测数据主要包括以下几种订正方式。

（1）背景噪声订正：激光雷达回波信号中包含其他各种背景信号，如白天主要为太阳光、而夜晚则为月光或星光。平流层的气溶胶非常少，往往选取该区域信号进行平均，作为背景信号值。最后所有高度的信号减去该值，就是背景噪声订正。

（2）距离订正：由激光雷达方程可知，回波信号强度与探测距离的平方成反比。因此，把观测数据乘以探测距离的平方即可完成距离订正。

（3）几何重叠因子订正：激光雷达系统的发射场与接收器视场不可能交叠几近完美，导致在一定的范围之内探测器视场未能完全覆盖分散的散射信号。对于近地面部分，这些不完全的交叠更明显，因此获得激光雷达系统准确的几何重叠因子至关重要。一般来说，确定几何重叠因子主要有三种方法：解析法（Sassen and Dodd，1982）、实验方法（Wandinger and Ansmann，2002）以及射线示踪法（Ray-tracing）（Velotta et al.，1998）。解析法基于一定的假设，通过分析回波信号从而确定几何重叠因子，优点是简单实用，但是存在较大误差；传统的实验方法采用水平观测方式，假设大气水平方向上均匀，通过求解激光雷达方程而获得，其要求激光雷达系统能够水平探测并且具备良好的气象条件；在已知系统的各几何参数和激光品质良好的情况下，射线示踪法是一种行之有效的办法。

由于微脉冲激光雷达易于多角度探测，本研究采用水平观测的实验手段确定其几何重叠因子。选取天气晴朗、水平大气较为均匀干洁的夜晚，激光雷达朝水平方向发射脉冲激光，进行水平探测。为了降低信号随机噪声的影响，本次实验进行 8min 左右（时间分辨率为 1min）并进行平均。表示发射功率与接收回波信号功率之间关系的激光雷达方程形式（Campbell et al.，2002）为

$$n(r)=\left[\frac{CEO_{c}(r)\beta(r)T(r)^{2}}{r^{2}}+n_{ap}(r)+n_{b}\right]/D[n(r)] \tag{8.2}$$

式中，$n(r)$ 为激光雷达接收到的光电子数；C 为激光雷达系统常数；E 为激光脉冲能量；$O_c(r)$ 为几何重叠因子；$\beta(r)$ 为大气粒子总后向散射系数，km^{-1}；$T(r)^2$ 为大气透过率，$T(r)^2=\exp\left[-2\int_0^r\sigma(r)\mathrm{d}r\right]$；$r$ 为激光雷达与大气粒子之间的距离；n_b 为背景噪声（周围环境的光背景）；$n_{ap}(r)$ 为探测器后脉冲订正函数；$D[n(r)]$ 为探测器暗噪声订正函数。

式（8.1）可以变换为

$$\frac{\left(\{n(r)\times D[n(r)]\}-n_{ap}(r)-n_{b}\right)\times r^{2}}{E}=CO_{c}(r)\beta(r)T(r)^{2} \tag{8.3}$$

可令 $\dfrac{\left(\{n(r)\times D[n(r)]\}-n_{ap}(r)-n_{b}\right)\times r^{2}}{E}=S(r)$，所以式（8.2）可简化为

$$S(r)=CO_{c}(r)\beta(r)T(r)^{2} \tag{8.4}$$

因此，$S(r)$ 是激光雷达接收到的原始回波信号 $n(r)$ 经过探测器暗噪声订正 $D[n(r)]$、探测器后脉冲订正 $n_{ap}(r)$、背景噪声订正 n_b、激光雷达与大气粒子之间的距离平方订正 r^2 及激光脉冲能量订正 E 等一系列订正之后的信号。假设 r_0 为发射场与接收场正好完全交叠的最近距离，则当 $r>r_0$ 时，$O_c(r)=1$，即

$$S(r)=C\beta(r)T(r)^{2} \tag{8.5}$$

则有

$$\ln[S(r)]=\ln[C\beta(r)]-2\int_0^r\sigma(r)\mathrm{d}r \tag{8.6}$$

在天气晴朗、水平大气较为均匀干洁的夜晚进行实验观测，可认为大气的消光系数

$\sigma(r)$ 和后向散射系数 $\beta(r)$ 是恒量，因此：

$$\ln[S(r)] = \ln[C\beta(r)] - 2r\sigma(r) \qquad r>r_0 \tag{8.7}$$

显然，当 $r>r_0$ 时，曲线 $\ln[S(r)]\sim r$ 的负斜率就是水平均匀大气消光系数 $\sigma(r)$ 的两倍，而截距就是 $\ln[C\beta(r)]$。本实验获得的 $\ln[S(r)]\sim r$ 曲线如图 8.4 所示，曲线在大于 r_0 的范围内斜率和截距分别为−0.1362 和−0.1024，即当时大气的消光系数为 0.0681km^{-1}。图 8.4（b）所示为实验获得的几何重叠因子。随着 r 的增大，几何重叠因子不断增加。在 0.0～2.0km，几何重叠因子与 r 呈近似线性的关系。直到大气粒子距离激光雷达系统约 6.15km 处接收器视场与发射器视场正好完全交叠在一起。

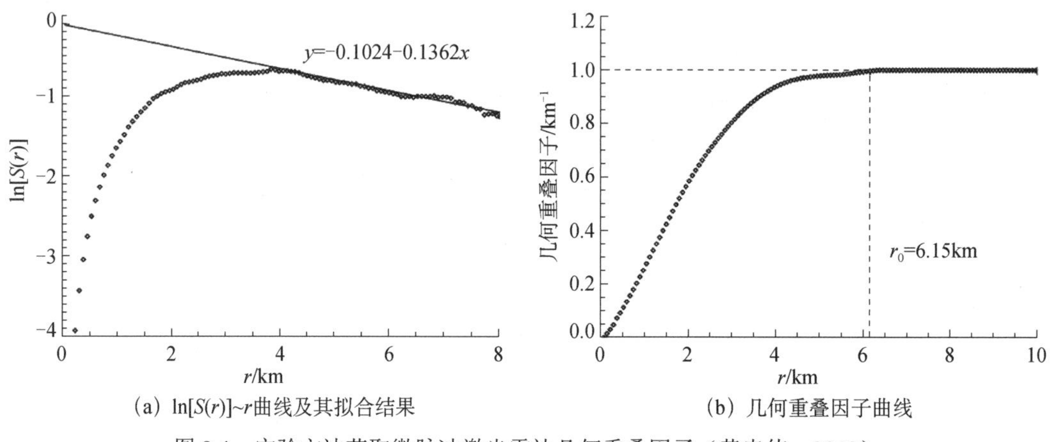

（a）ln[S(r)]~r曲线及其拟合结果　　（b）几何重叠因子曲线

图 8.4　实验方法获取微脉冲激光雷达几何重叠因子（黄忠伟，2012）

然而，对于 SACOL 站双波段偏振激光雷达系统来说，确定其几何重叠因子是一件不容易的事情。主要原因如下：一是该系统固定垂直探测，无法通过水平探测手段来确定；二是由于系统几何光学参数和激光品质未知，不能采用光线追迹（ray-tracing）理论计算；三是目前的解析法有一定的局限性，可能会造成较大的误差。本研究借用微脉冲激光雷达确定几何重叠因子，使用两台激光雷达系统在 SACOL 站的对比观测资料，计算双波段偏振激光雷达系统的几何重叠因子，具体过程如下：

$$\begin{cases} P_{\text{DWPL}}(r) = C_1E_1G_1(r)\beta(r)\exp\left[-2\int_0^{r'}\sigma(r')dr'\right] \\ P_{\text{MPL}}(r) = C_2E_2G_2(r)\beta(r)\exp\left[-2\int_0^{r'}\sigma(r')dr'\right] \end{cases} \tag{8.8}$$

式（8.8）表示两台激光雷达系统经过订正之后的回波信号强度。其中，C_1 和 C_2、E_1 和 E_2 分别表示两台激光雷达系统的系统常数和脉冲能量；$G_1(r)$和 $G_2(r)$分别为它们的几何重叠因子。两式相除，公式可进一步简化为

$$\frac{P_{\text{DWPL}}(r)}{P_{\text{MPL}}(r)} = \frac{C_1E_1G_1(r)}{C_2E_2G_2(r)} \tag{8.9}$$

由式（8.9）可知，如果高于一定的距离以上，两台激光雷达系统的几何重叠因子均为 1。此时它们的回波信号强度之比为恒定值，不再随高度变化，而只取决于系统常数和脉冲能量。图 8.5 为双波段偏振激光雷达（DWPL）与微脉冲激光雷达（MPL）于 2009 年 12 月

21 日 04:45（UTC）在 SACOL 站的观测结果之比。由图 8.5 可知，该比值在 6～7km 处保持不变，这证实了理论计算结果。然而在 7.5km 以上，比值发生变化，这是信号不稳定造成的。式（8.9）变形之后，即可得到双波段偏振激光雷达（DWPL）几何重叠因子的计算公式：

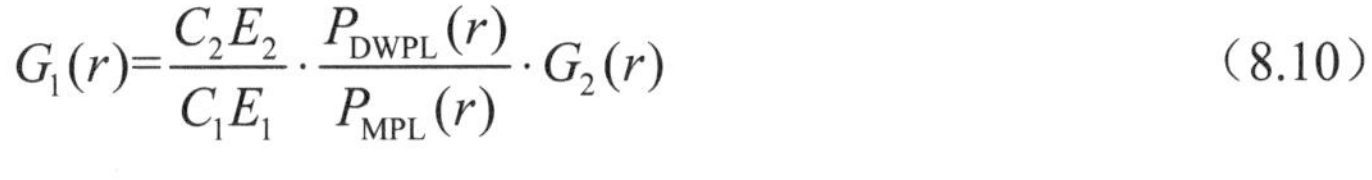

$$G_1(r)=\frac{C_2E_2}{C_1E_1}\cdot\frac{P_{\mathrm{DWPL}}(r)}{P_{\mathrm{MPL}}(r)}\cdot G_2(r) \tag{8.10}$$

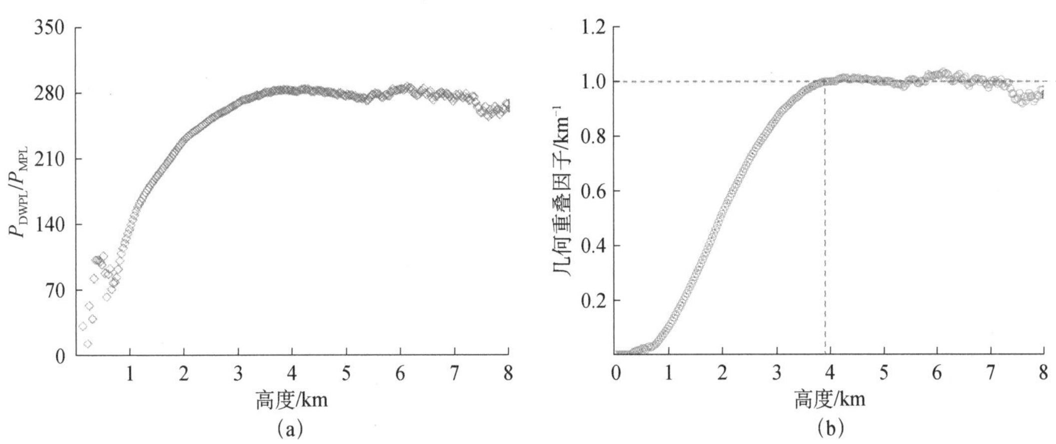

图 8.5　双波段偏振激光雷达（DWPL）的几何重叠因子订正过程（黄忠伟，2012）

（a）为与微脉冲激光雷达（MPL）于 2009 年 12 月 21 日 04:45（UTC）在 SACOL 站的观测结果之比，（b）为计算得到的双波段偏振激光雷达（DWPL）几何重叠因子。其中，绿圆点表示在 3.99km 以上几何重叠因子变为 1km^{-1}

前面已提到，在两台激光雷达系统的几何重叠因子均为 1km^{-1} 时，回波信号强度强度之比只与系统常数和脉冲能量有关。因此，选定某一高度 r_{m}，式（8.10）则变为

$$G_1(r)=\frac{P_{\mathrm{MPL}}(r_{\mathrm{m}})}{P_{\mathrm{DWPL}}(r_{\mathrm{m}})}\cdot\frac{P_{\mathrm{DWPL}}(r)}{P_{\mathrm{MPL}}(r)}\cdot G_2(r) \tag{8.11}$$

根据式（8.11）计算得到的双波段偏振激光雷达几何重叠因子结果，如图 8.5 所示。由图 8.5 可知，在 3.99km 以上，几何重叠因子趋于 1km^{-1}，即发射场和接收视场交叠很好。结果表明，对于不能采用水平探测确定几何重叠因子的激光雷达系统，这种计算方法简便实用、行之有效。此外，各系统之间的标定也是建设地基激光雷达网的重要工作之一。

由于激光雷达系统不能水平观测，且激光品质较为良好，本研究采用射线示踪法确定几何重叠因子，如图 8.6 所示。从侧面的角度来看，点光源 P 经过望远镜（凸透镜）成像，其像元为 P'。光阑要尽可能放在望远镜的焦点 F 处，本研究假设光阑与焦点 F 有一定的偏移。从顶端的角度俯视来看，在垂直于望远镜光轴的 P 所在的平面中，假设点光源坐标为 P（x，y）。在垂直于望远镜光轴的光阑平面中，可看到点光源的部分信号在光阑里面。此外，还考虑次反射镜片（secondary mirror）造成阴影的影响。因此，要计算几何重叠因子，就必须确定光阑平面中各个圆的坐标位置和大小。假设点光源和次反射镜片与望远镜主镜片的距离分别为 r 和 d_{S}，望远镜主次镜片直径分别为 R 和 R_{S}，望远镜与光阑的距离和焦距分别为 f_{A} 和 f，根据几何三角关系可得到以下结果。

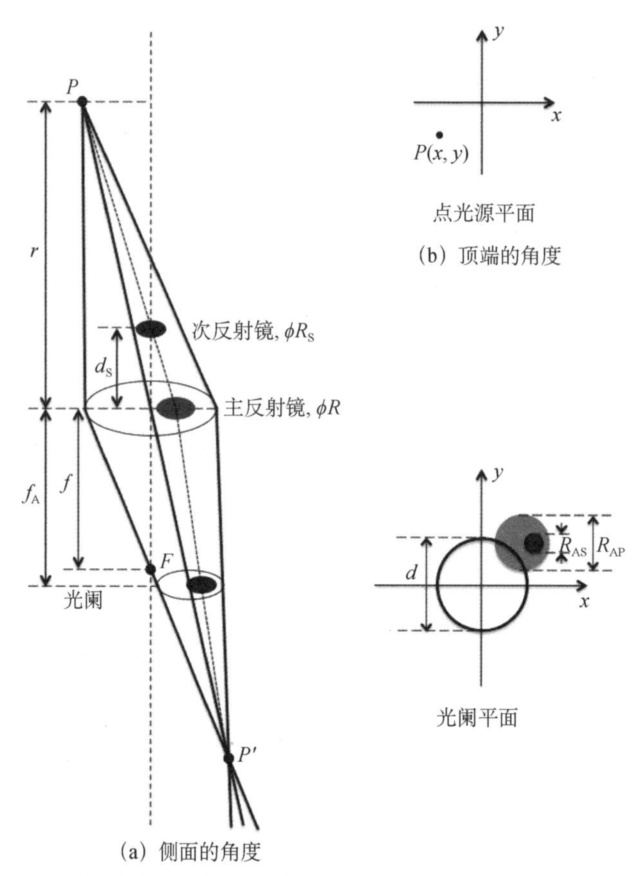

(a) 侧面的角度

图 8.6　射线示踪法确定激光雷达系统的几何重叠因子的示意图（黄忠伟，2012）

d 为光阑直径

点光源 P 在光阑平面所形成的像位置和大小为

$$\text{圆心：}\begin{cases} x_{AP} = -f_A x / r \\ y_{AP} = -f_A y / r \end{cases} \tag{8.12}$$

$$\text{半径：}\quad R_{AP} = \frac{\left| rf - f_A(r-f) \right|}{rf} R \tag{8.13}$$

次反射镜片在光阑平面所形成的阴影位置和大小为

$$\text{圆心：}\begin{cases} x_{AS} = \left[\dfrac{rf + f_A(r-f)}{rf(r-d_S)} d_S + \dfrac{f_A}{r} \right] x \\ y_{AS} = \left[\dfrac{rf + f_A(r-f)}{rf(r-d_S)} d_S + \dfrac{f_A}{r} \right] y \end{cases} \tag{8.14}$$

$$\text{半径：}\quad R_{AS} = \frac{\left| rf - f_A(r-f) \right|}{f(r-d_S)} R_S \tag{8.15}$$

因此，几何重叠因子 G（r）就是接收视场实际接收到的信号强度与应该接收的信号强度之比，即

$$G(r) = \frac{S_{int}}{S_1 - S_{sec}} \tag{8.16}$$

式中，S_{int} 为光阑与点光源像元的交叉面积；S_1 和 S_{sec} 分别为点光源在光阑平面的像元和次反射镜片阴影的面积。

在实际计算过程中，由于激光的能量强度服从高斯分布规律。因此，在点光源平面的坐标原点和激光光斑中心构成的直线上，选取 N 个点光源，分别计算每个点光源在光阑平面的像元和次反射镜片的阴影大小。把点光源像元分成 $M \times M$ 的网格点，计算式（8.16）中每个面积内的网格点个数，即可得到每个点光源的几何重叠因子，最后通过平均 N 个点光源的结果获得最终的几何重叠因子。具体计算过程采用的主要参数如表 8.3 所示。

表 8.3　计算激光雷达系统几何重叠因子的主要参数

主要参数	数值
激光光斑直径 R_l（r=0 处）/mm	27.5
激光光斑中心（x，y）（r=0 处）/mm	（0，60）
激光发散角 φ/mrad	0.14
望远镜主镜片直径 R/mm	1000
望远镜次镜片直径 R_S/mm	400
望远镜主次镜片距离 d_S/mm	24000
点光源数 N/个	9
像元网格 $M \times M$	1000×1000
光阑直径 d/mm	1
光阑与望远镜距离 f_A/mm	4048
望远镜焦距 f/mm	4048

图 8.7 为激光雷达系统几何重叠因子的计算结果。由图可知，几何重叠因子随高度的变化情况可分为 3 个区：盲区（G=0）、不完全重叠区（0<G<1）和完全重叠区（G=1）。本系统 3810m 以上几何重叠因子才变为 1。

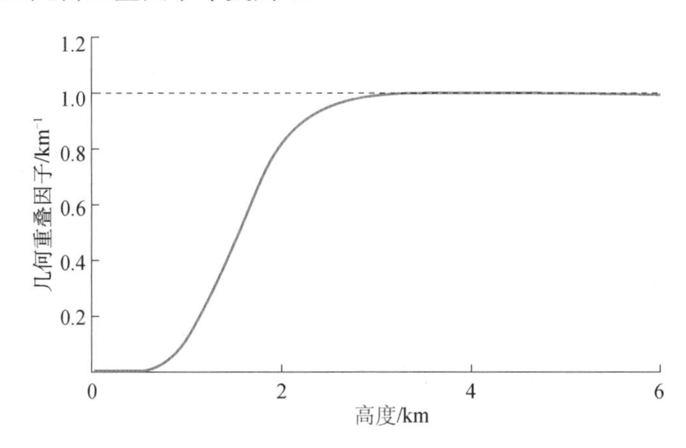

图 8.7　激光雷达系统几何重叠因子的计算结果（黄忠伟，2012）

8.4.2　数据反演方法

拉曼激光雷达技术就是基于激光与物质之间发生拉曼散射。若以紫外激光 355nm 为激励波长，大气中氮气（N_2）和水汽（H_2O）由于能量交换可产生拉曼频移，分别是 387nm 和 407nm。根据激光雷达方程易知，经过背景订正和距离订正的氮气、水汽的拉曼信号可表示为

$$\begin{cases} P_{N_2}(r) = cP_0O(r)\beta_{RN_2}(r)\exp\left\{-\int_0^{r'}[\sigma_0(r') + \sigma_{RN_2}(r')]dr'\right\} \\ P_{H_2O}(r) = cP_0O(r)\beta_{RH_2O}(r)\exp\left\{-\int_0^{r'}[\sigma_0(r') + \sigma_{RH_2O}(r')]dr'\right\} \end{cases} \tag{8.17}$$

拉曼激光雷达方程与一般的激光雷达方程有两个区别，一是拉曼后向散射系数 $\beta_R(r)$，取决于气体的浓度 $N(r)$ 和差分拉曼后向散射截面 $\frac{d\sigma(\pi)}{d\Omega}$，见式（8.18）；二是需要考虑后向散射回来在拉曼波段的消光系数。

$$\beta_R(r) = N(r)\frac{d\sigma(\pi)}{d\Omega} \tag{8.18}$$

以氮气拉曼散射信号为参考信号，同时探测水汽拉曼散射信号，就可以获得大气水汽混合比，即

$$m(r) = \frac{N_{H_2O}(r)}{N_{air}(r)} = K\frac{P_{H_2O}(r)}{P_{N_2}(r)}\frac{\exp[\int_0^{r'}\sigma_{RH_2O}(r')dr']}{\exp[\int_0^{r'}\sigma_{RN_2}(r')dr']} \tag{8.19}$$

式中，K 为标定系数，可利用同一个站点的探空资料或微波辐射计资料进行标定。另外，研究表明，两个不同拉曼波段引起的消光差异可以忽略不计。因此，大气水汽混合比 $m(r)$ 的计算公式可进一步简化为

$$m(r) = K\frac{P_{H_2O}(r)}{P_{N_2}(r)} \tag{8.20}$$

本研究采取同一个站点的探空资料来标定激光雷达资料反演的结果。探空观测每天只观测两次，分别为 0:00 UTC 和 12:00 UTC。由于拉曼激光雷达只能在晚上正常工作，因此，利用 12:00 UTC 的探空资料进行标定。考虑到大气水汽混合比随时间变化不大，且激光雷达的时间分辨率为 10min，因此对雷达资料进行平均获得更好的信噪比从而提高反演精度。具体为探空观测时间的前后 30min，即共 1h（7 条廓线）。图 8.8 所示就是利用探空观测数据标定激光雷达资料反演（2011 年 9 月 7 日 12:00 UTC，日本筑波）的结果，其中红线表示拟合曲线，拟合结果表明标定系数 K 为 101.78。

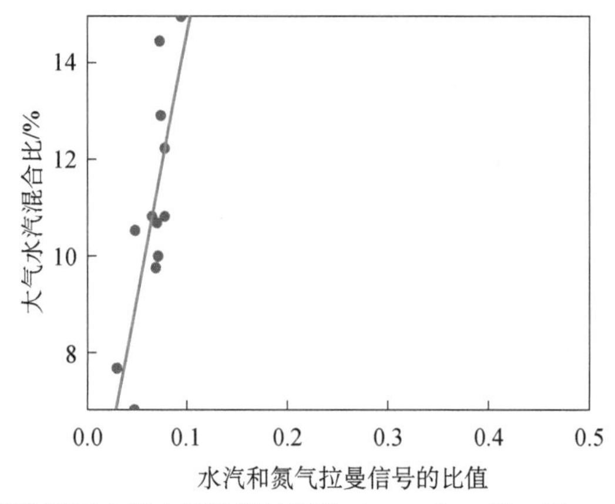

图 8.8 利用探空观测数据标定激光雷达资料反演（2011 年 9 月 7 日 12:00 UTC，日本筑波）的结果（黄忠伟，2012）

2011 年 9 月 7 日 12:00 UTC 激光雷达资料反演的大气水汽混合比与探空资料的对比结果，如图 8.8 所示，其中红色曲线和蓝色圆点分别表示激光雷达反演结果和探空资料结果。由图可见，激光雷达反演的水汽混合比与探空资料的结果吻合很好。激光雷达水汽混合比的有效探测高度可达 4.5km 左右。此外，激光雷达能够探测到 3km 处云层的精细信息，而探空资料由于低分辨率未能探测该云层。这也是激光雷达大气遥感比探空观测的一个优点。

激光雷达方程中包含两个未知变量，即消光系数和后向散射系数，其显然无法直接求解。因此，长期以来人们一直致力于更准确地求解激光雷达方程。无论哪种算法，均基于一定的解析方法或假设，使得两个未知量满足一定的关系。下面介绍广泛使用的两种反演算法。

8.4.2.1　Fernald 方法

假设大气由空气分子和气溶胶两部分组成，因此大气的消光系数（或后向散射系数）是空气分子的消光系数（或后向散射系数）与气溶胶的消光系数（或后向散射系数）的总和。气溶胶的消光系数与后向散射系数之比为 S_1，称为激光雷达比。因此可求解气溶胶后向散射系数的迭代式为（Fernald，1984；Welton and Campbell，2002）

$$\beta_1(I) = -\beta_2(I) + \frac{X(I)\exp[A(I, I+1)]}{\dfrac{X(I+1)}{\beta_1(I+1)+\beta_2(I+1)} + S_1\{X(I+1)+X(I)\exp[A(I, I+1)]\}\Delta Z} \tag{8.21}$$

式中，$X(I)$ 为经过背景暗噪声、后脉冲、几何重叠因子和距离订正后的回波信号；$A(I, I+1) = (S_1 - S_2)[\beta_2(I)+\beta_2(I+1)]\Delta Z$；$\beta_1$、$\beta_2$ 分别为气溶胶和空气分子的后向散射系数，且 β_2 可由美国标准大气模式或探空资料的空气分子密度计算；S_1、S_2 分别为气溶胶的激光雷达比和空气分子的激光雷达比，并且 $S_2 = 8\pi/3$。

激光雷达比 S_1 与气溶胶的大小、形状和化学成分（Reagan et al.，1988），以及大气环境（如湿度）有关（Ansmann et al.，1992），因而随着高度的变化而变化。因此，获得较为准确的激光雷达比 S_1 已成为激光雷达数据反演精度的决定性因素。目前，通过拉曼激光雷达和高光谱激光雷达的观测，可直接计算出激光雷达比。各种不同气溶胶类型的激光雷达比探测结果如表 8.4 所示。由此可见，气溶胶激光雷达比可在 20～100sr 变化。

表 8.4　几种不同气溶胶类型的激光雷达比观测结果

气溶胶类型	激光雷达比（532nm）/ sr	激光雷达类型	引用文献
海洋气溶胶	20～35	拉曼激光雷达	Ansmann et al.，2001； Franke et al.，2001
撒哈拉沙漠沙尘气溶胶	50～80	拉曼激光雷达	Mattis et al.，2002
城市气溶胶（无吸收）	35～70	拉曼激光雷达	Ansmann et al.，2001； Franke et al.，2001
生物燃烧颗粒气溶胶	70～100	拉曼激光雷达	Franke et al.，2001； Wandinger et al.，2002
欧洲大陆污染物气溶胶	30～65	拉曼激光雷达	Ansmann et al.，2002；
东亚沙尘气溶胶	46.5±10.5 42～55	拉曼激光雷达 高光谱激光雷达	Murayama et al.，2004 Liu et al.，2002

8.4.2.2 Klett 方法

假设气溶胶的消光系数σ与后向散射系数β之间存在如下关系（Collis and Russell，1976；Klett，1981）：

$$\beta = C\sigma^k \tag{8.22}$$

式中，C为常数；参数k取决于气溶胶的物理化学特性和激光波长，通常情况下k的取值范围为0.67～1.0。将式（8.22）代入激光雷达方程，并求解可得

$$\sigma(z) = \frac{\exp[(X - X_{\text{m}}) / k]}{\sigma_{\text{m}}^{-1} + \dfrac{2}{k}\displaystyle\int_z^{z_{\text{m}}} \exp[(X - X_{\text{m}}) / k]\text{d}z'} \quad \text{（Klett，1981）} \tag{8.23}$$

式中，X为已处理的激光雷达资料；z_{m}为对流层气溶胶浓度很少时的高度。从式（8.23）可以看出，高度随着z_{m}逐渐减小，分子和分母都相应增加，从而反演果更稳定、精确（Measures，1992）。

无论Fernald方法还是Klett方法求解激光雷达方程，由于激光雷达比S_1和参数k主要依赖于气溶胶粒子的折射指数、尺度谱分布、形态及成分等性质，变化范围都大。因此假设具有很大的不确定性，这是激光雷达反演的重要误差源。解决这种难题的有效手段是采用拉曼激光雷达或高光谱激光雷达。

气溶胶散射比可用来描述气溶胶浓度大小，其定义式（Whiteman et al.，1992）为：

$$R(z) = \frac{\beta_{\text{a}}(z) + \beta_{\text{m}}(z)}{\beta_{\text{m}}(z)} \tag{8.24}$$

式中，β_{a}和β_{m}分别为气溶胶和空气分子的后向散射系数。

为了提高气溶胶消光系数的反演精度，激光雷达观测资料经过一系列的处理之后，本章使用改进的激光雷达反演算法，具体流程如图8.9所示。根据激光雷达方程，对高层大气中气溶胶浓度很少的任意高度（z_{t}表示大气层顶高度），均有以下关系式：

$$\begin{cases} X(z) = K\beta_m(z)\exp\left(-2\displaystyle\int_{z_{\text{b}}}^{z} \sigma_{\text{m}}(z')\text{d}z'\right) + \delta \\ K = CE\exp\left(-2\displaystyle\int_0^{z_{\text{b}}} \sigma(z')\text{d}z'\right) \end{cases} \quad (z_{\text{b}} \leqslant z \leqslant z_{\text{t}}) \tag{8.25}$$

在气溶胶浓度很少的高度z_{b}，回波信号强度与空气分子的属性呈线性相关，且斜率与光学厚度和系统常数C有关。经过变形之后，可求气溶胶光学厚度，如式（8.26）所示

$$\text{AOD}(z_{\text{b}}) = \int_0^{z_{\text{b}}} \sigma_{\text{a}}(z')\text{d}z' = \frac{1}{2}\ln\frac{CE}{K} - \int_0^{z_b} \sigma_{\text{m}}(z')\text{d}z' \tag{8.26}$$

因此，如果在系统常数C和脉冲能量E已知的情况下，在对流层顶附近对回波信号强度与空气分子属性进行拟合得到斜率，即可反演出对流层气溶胶的光学厚度。本研究将晴天条件下利用太阳光度计测出的光学厚度代入上式反推出系统常数C。结果表明，连续几天观测资料反推出的系统常数比较稳定、合理。

在反演气溶胶消光系数的过程中，首先给定激光雷达比S_{a}为一个合理的值（如30sr），利用Fernald方法计算气溶胶的后向散射系数，并根据式（8.26）得到的光学厚度，重新计算一个新的激光雷达比。通过不断地迭代，直到新激光雷达比与上一次迭代的激光雷达比的相对误差在5%以内停止计算，并输出消光系数、后向散射系数。该迭代方法的具体讨论

可参考文献 Welton 等（2001）。

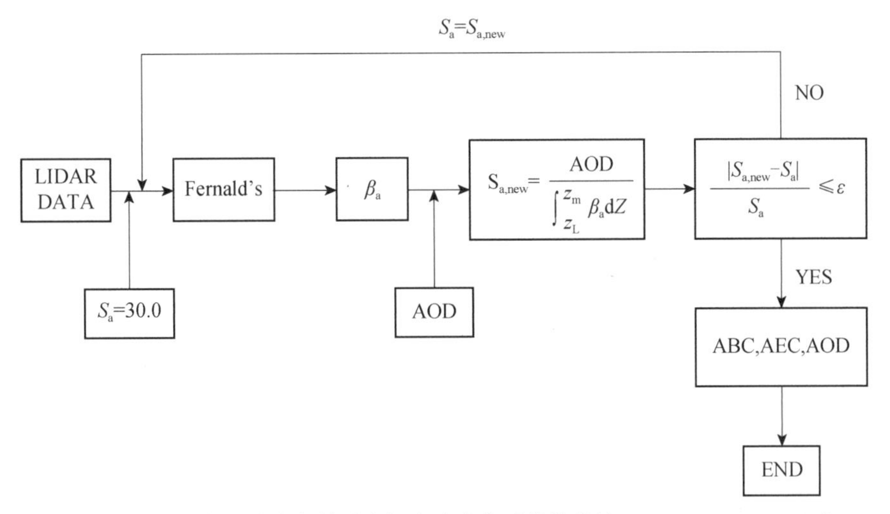

图 8.9　改进的激光雷达资料反演气溶胶消光系数的算法（Huang et al.，2010）

LIDAR DATA 为经过订正后的激光雷达回波信号；S_a 为激光雷达比；Fernald's 为利用 Fernald 方法求解的激光雷达方程；β_a 为气溶胶的后向散射系数，AOD 为利用太阳光度计计算的气溶胶光学厚度；$S_{a,new}$ 为新的激光雷达比；z_m 和 z_L 分别为积分的不同高度；ε 为一个小于 1 的值，如 ε=0.01，ABC 和 AEC 分别为大气边界层高度和气溶胶消光系数

改进的算法可以更为准确地反演气溶胶的消光系数，而不需要像太阳光度计等其他仪器的资料。然而在计算气溶胶光学厚度的时候，回波信号的低信噪比会影响结果（Huang et al.，2010）。

8.4.3　气溶胶体积浓度和有效粒子半径的反演

激光雷达系统采用偏振技术，它们的大气探测能力大大提高。研究不同类型的激光雷达退偏振比的对比关系，并建立色比和退偏振比等光学参量与大小、浓度等物理参量之间的关系。首先结合 Mueller 矩阵和激光雷达方程，计算不同类型的激光雷达退偏振比，并将 MPL 和另一台线性偏振激光雷达的观测结果进行对比分析。为了更好地理解激光雷达色比和线性退偏振比及其包含的物理信息，利用同一个站点的多波段太阳光度计观测资料的反演结果（L_2），研究粒子浓度和有效粒子半径与色比和退偏振比之间的规律，并根据激光雷达资料反演气溶胶体积浓度和有效粒子半径。

Mueller 矩阵描述了粒子的物理光学特性，其后向散射情况下的一般式（Hulst，1981）为：

$$M_{atm}=\begin{pmatrix} a_1 & b_1 & b_3 & b_5 \\ b_1 & a_2 & b_4 & b_6 \\ -b_3 & -b_4 & a_3 & b_2 \\ b_3 & b_6 & -b_2 & a_4 \end{pmatrix} \tag{8.27}$$

激光与大气粒子之间的相互作用，可用式（8.28）表示：

$$P_{final}(\varphi)=M_{LPH}M_{LCR}(\varphi,-45°)M_{atm}M_{LCR}(\varphi,45°)M_{LPV}P_{initial} \tag{8.28}$$

式中，$P_{initial}$ 和 P_{final} 分别为发射激光和回波信号的偏振矢量；M_{LPH} 和 M_{LPV} 分别为平行于轴和垂直于偏振方向的线偏振分光器矢量；$M_{\mathrm{LCR}}(\varphi,-45°)$ 和 $M_{\mathrm{LCR}}(\varphi,45°)$ 分别为快轴与垂直偏振方向的夹角为−45°和 45°的液晶延迟器（LCR）矢量。结合式（8.27）和式（8.28），可计算各种不同激光雷达的退偏振比为

$$\delta_{\mathrm{linear}}=\frac{|P_{\perp}(0)|}{|P_{\parallel}(0)|}=\frac{a_1+a_3}{a_1+2b_3-a_3} \tag{8.29}$$

$$\delta_{\mathrm{circ}}=\frac{|P_{\parallel}(\pi/2)|}{|P_{\perp}(\pi/2)|}=\frac{a_1+2b_5+a_4}{a_1-a_4} \tag{8.30}$$

$$\delta_{\mathrm{MPL}}=\frac{|P_{\perp}(0)|}{|P_{\perp}(\pi/2)|}=\frac{a_1+a_3}{a_1-a_4} \tag{8.31}$$

由此可见，不同类型的激光雷达的退偏振比表示的粒子物理光学特性不同。根据式（8.29）和式（8.31），得到线偏振激光雷达的退偏振比和 MPL 退偏振比之间的关系式为

$$\delta_{\mathrm{linear}}=\delta_{\mathrm{MPL}}/(\delta_{\mathrm{MPL}}+c) \tag{8.32}$$

式中，$c=(2b_3-2a_3)/(a_1-a_4)$。

对于线偏振激光雷达，总的回波信号强度等于垂直偏振分量与平行偏振分量的信号强度之和。但是，MPL 的总回波信号强度 $|P'_{\mathrm{tot}}|$ 为

$$|P_{\mathrm{tot}}|=c|P_{\perp}(\pi/2)|+2|P_{\perp}(0)| \tag{8.33}$$

如果激光雷达系统常数是 C_{lidar}，则消光后向散射系数 β_{att} 为

$$\beta_{\mathrm{att}}=|P_{\mathrm{tot}}|/C_{\mathrm{lidar}} \tag{8.34}$$

气溶胶的退偏振比依赖于粒子的形状、大小、浓度甚至成分等物理特性。但是目前人们往往只用退偏振比来区分其是否为非球形物质，至于它与粒径、浓度和成分等的关系还没有较好的研究结果。本研究利用 SACOL 站双波段偏振激光雷达探测的线性退偏振比，与多波段太阳光度计的体积浓度、有效粒子半径等资料，研究它们之间的规律。

线性退偏振比与体积浓度之间的关系如图 8.10 所示，观测资料选取 2009 年 11 月至 2011 年 3 月的资料。结果显示，线性退偏振比随着体积浓度的增加而增大，这可能是粒子浓度的增加导致多次散射效应增强，进而导致退偏振比的增大。此外，这种关系较为集中，效果很好。为了讨论在不同色比区间的差异，将其分为 4 个色比区间（分别用 4 种颜色表示）。研究发现，不同的色比条件下，退偏振比和体积浓度的关系差别很小，说明激光雷达色比对它们两者之间的关系影响不大。

同样地，气溶胶线性退偏振比随着有效粒子半径的增大而增大。这可能是因为粒子半径增大，进而前向散射变强，从而退偏振比增大。线性退偏振比与有效粒子半径之间的关系，相对于其与体积浓度的关系，较为离散，说明决定这种关系的还有其他因素。通过划分不同区间的色比，使得这种离散的关系层次更加分明。具体为，在相同的有效粒子半径情况下，线性退偏振比随着色比的增大而增大；在相同的线性退偏振比情况下，有效粒子半径随着色比的减小而增大。

激光雷达的色比能够衡量颗粒的大小，是区分云和气溶胶的重要参量之一。然而它与颗粒的其他物理特性存在何种关系，目前还不得而知。此外，有关使用激光雷达

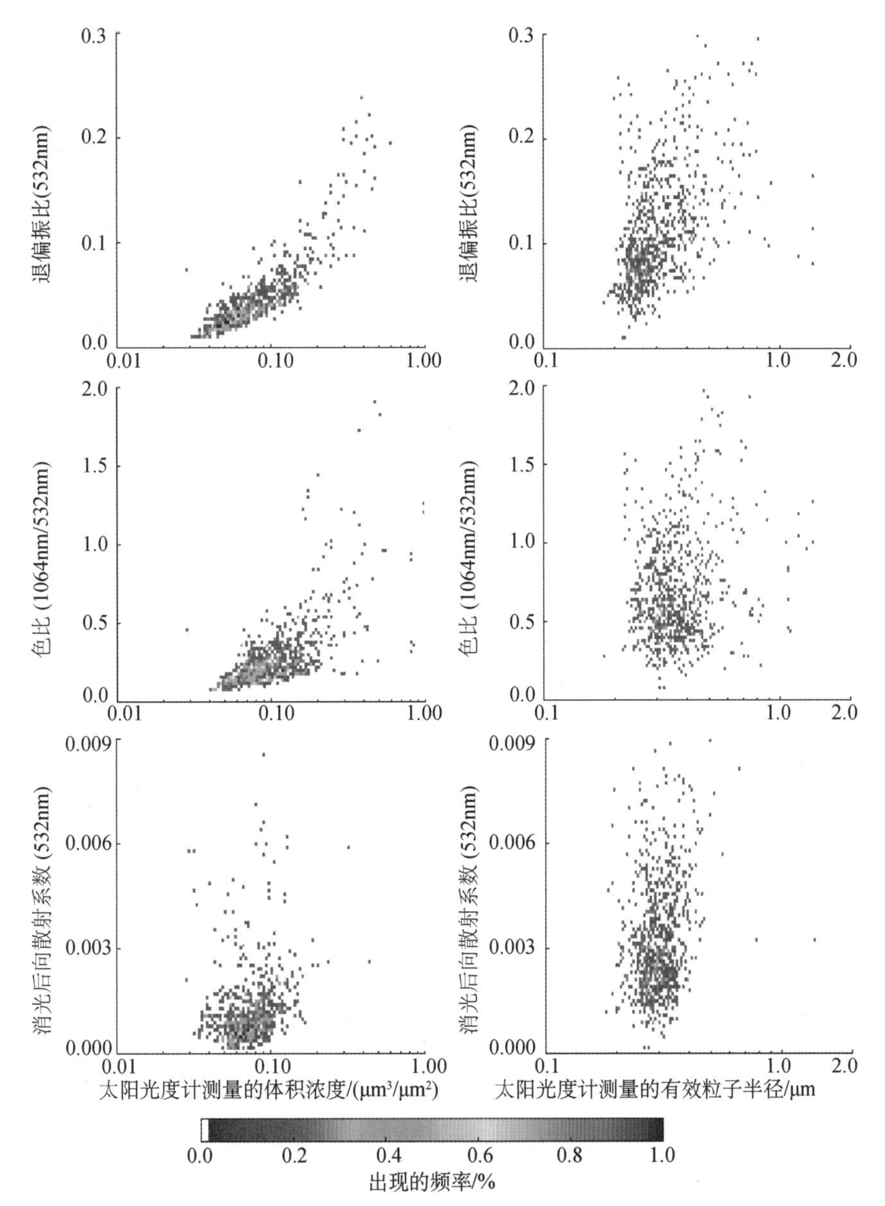

图 8.10　2009 年 11 月至 2011 年 3 月双波段偏振激光雷达结果与太阳光度计测量的体积浓度之间的关系

红色、绿色、蓝色分别代表不同的色比区间：0.0～0.5，0.5～1.0，>1.0

色比来定量粒子尺寸的相关研究还很少。本研究利用 SACOL 站双波段偏振激光雷达探测的色比与多波段太阳光度计的体积浓度、有效粒子半径等资料，讨论它们之间的关系。

研究激光雷达色比与多波段太阳光度计的体积浓度之间的关系，结果表明色比随着体积浓度的增加而增大，近似呈线性关系。此外，不同线性退偏振比存在明显的层次划分。激光雷达色比与多波段太阳光度计观测资料反演的有效粒子半径之间的关系很离散，说明它们的关系还受其他因素的影响。通过划分不同的线性退偏振比区间，这种关系变得更明朗，层次更分明。在同一退偏振比的情况下，气溶胶的色比随着有效粒子半径的增加反而减小；在有效粒子半径一定的情况下，色比随着退偏振比的增大而增大；在色比一定的情况下，有效粒子半径也随着退偏振比的增大而增加。当色比和有效粒子半径都增加的情况下，退偏振比不断变大。

激光雷达的色比和线性退偏振比，与太阳光度计的有效粒子半径存在明显的关系。如果更为细致地划分，或者结合气溶胶的后向散射系数或消光系数，以及理论模拟，有望得到它们三者之间的关系。换言之，基于线性退偏振比和色比极有可能得到有效粒子半径。

一般情况下，激光雷达消光后向散射系数随着大气颗粒物的浓度增加而增大。后向散射系数等于颗粒物的数浓度乘以其散射截面，而后者取决于颗粒物的物理化学特性和大气状态（Measures，1992）。消光后向散射系数与后向散射系数不能等同，然而为了减少激光雷达比的假定造成的误差，本研究将消光后向散射系数与太阳光度计结果进行对比。为了讨论色比对消光后向散射系数与体积浓度之间关系的影响，也划分了不同的色比区间。由图 8.10 可知，总体来说，随着气溶胶体积浓度的增加，消光后向散射系数不断增大。不同的色比情况下均有这种较离散的关系，且没有层次分明的现象。结果表明，消光后向散射系数不仅由颗粒物的浓度决定，还取决于其他关键因素。尽管划分了不同的色比区间，它们之间的关系还是很杂乱。根据米散射理论，后向散射随着粒子半径的增大而减弱，然而这种规律也没有体现出来。因此，消光后向散射系数的决定因素较多，相互之间的关系较复杂。

基于上述研究的分析结果以及激光遥感的基本物理知识，易知激光与大气球形颗粒之间的相互作用主要取决于颗粒物的物理特性（体积浓度 N、有效粒子半径 r_e）和化学特性（复折射指数 Ref）。因此，激光雷达的退偏振比（DR）、色比（CR）和消光后向散射系数（Attbacoef）等观测参量可表示为以下函数式：

$$\begin{cases} \text{DR} = f_1(N, r_e, \text{Ref}) \\ \text{CR} = f_2(N, r_e, \text{Ref}) \\ \text{Attbacoef} = f_3(N, r_e, \text{Ref}) \end{cases} \tag{8.35}$$

它们之间构成一个三元方程组，根据数学知识，可求解出自变量体积浓度 N 和有效粒子半径 r_e 为

$$\begin{cases} N = f'(\text{DR}, \text{CR}, \text{attbacoef}) \\ r_e = f''(\text{DR}, \text{CR}, \text{attbacoef}) \end{cases} \tag{8.36}$$

虽然要得到它们的函数关系式并非是一件容易的事情。但是式（8.36）表明，从激光雷达观测资料反演获得粒子的体积浓度和有效半径是可行的。因此，尝试利用多元统计分析方法来研究它们的函数关系式。

回归分析（regression analysis）是确定各变量之间定量关系的一种有效统计分析方法，已被广泛应用于自然科学和社会科学的各种领域。回归分析分为很多种类：按照自变量的数量，可分为一元回归分析和多元回归分析；按照自变量和因变量之间的关系，可分为线

性回归分析和非线性回归分析。近十多年以来，作为一种新的多元数据分析技术的偏最小二乘回归（partial least squares regression，PLSR）方法得到了迅速发展。1983 年 Wold 等（1983）为了利用分光镜来预测化学样本的组成，首次提出了偏最小二乘回归方法。与主成分回归和岭回归等传统回归分析相比，偏最小二乘回归有传统的回归方法所不具备的许多优点。它不仅吸收了主成分回归中的从解释变量提取信息的思路，还注意了主成分回归中所忽略的自变量对因变量的解释问题，尤其是可以有效地解决变量之间的高度多重相关性，因而其分析结论更加可靠、回归模型的解释性更强，整体性更优（王惠文，1999）。

根据前面的研究结果，自变量具有多重相关性，即色比、退偏振比和消光后向散射系数三者之间存在高度相关性。此外，需要分析 3 个自变量对 2 个因变量的回归建模。因此，基于偏最小二乘回归分析的优点，本研究采用 DPS 数字处理系统软件（唐启义，2010），基于偏最小二乘回归建立回归模型，并进行显著性检验分析。利用 2009 年 10 月至 12 月共 100 组样本，回归分析的模拟效果如表 8.5 所示。

表 8.5　偏最小二乘回归分析的模拟效果

因变量	标准回归系数			误差平方和	决定系数	PRESS 残差
	色比 x_1	退偏振比 x_2	消光后向散射系数 x_3			
体积浓度 y_1	0.2595	0.7212	0.0299	33.5224	0.6614	36.3270
有效粒子半径 y_2	−0.0253	0.6393	0.2576	55.0767	0.4437	62.1024

标准化回归系数是一无量纲量，其大小反映了各个自变量对因变量的影响程度。退偏振比对体积浓度和有效粒子半径的影响程度较高，其标准回归系数分别为 0.7212 和 0.6393。而消光后向散射系数对体积浓度的影响很小，色比对有效粒子半径的影响也很小。决定系数可以用来表示模型模拟的有效性，反映了应用当前模型能够在多大程度上解释因变量变化的比例。决定系数越接近 1，说明模型模拟越有效；其越接近 0，说明模型模拟越无效。结果显示，体积浓度回归模型模拟的有效性比有效粒子半径回归模型的更高，其决定系数分别为 0.6614 与 0.4437。综上表明，此次回归模型中对体积浓度的模拟较好，而对有效粒子半径的模拟效果则一般。

根据偏最小二乘回归分析，得到多元回归模型如下式：

$$\begin{cases} y_1 = 0.0308 + 0.0594x_1 + 0.8156x_2 + 0.3785x_3 \\ y_2 = 0.2328 - 0.0188x_1 + 2.3425x_2 + 10.5566x_3 \end{cases} \tag{8.37}$$

利用上述的回归分析结果，对 2010 年 1 月至 2011 年 3 月的激光雷达观测资料进行反演，并与太阳光度计测量结果对比，如图 8.11 所示。由图可知，采用时间很长的观测资料反演两个变量的结果都还不错，较为集中，比较合理。此外，体积浓度的反演效果比有效粒子半径的更好些，与前面的回归分析效果讨论的结果一致。因此，基于多元统计分析方法，利用激光雷达观测数据反演气溶胶体积浓度和有效粒子半径的反演算法简便实用，得到突破性的结果。该算法可反演任意时间的无云条件下的气溶胶体积浓度和有效粒子半径，尤其是晚上，并应用于云的反演和卫星观测反演。

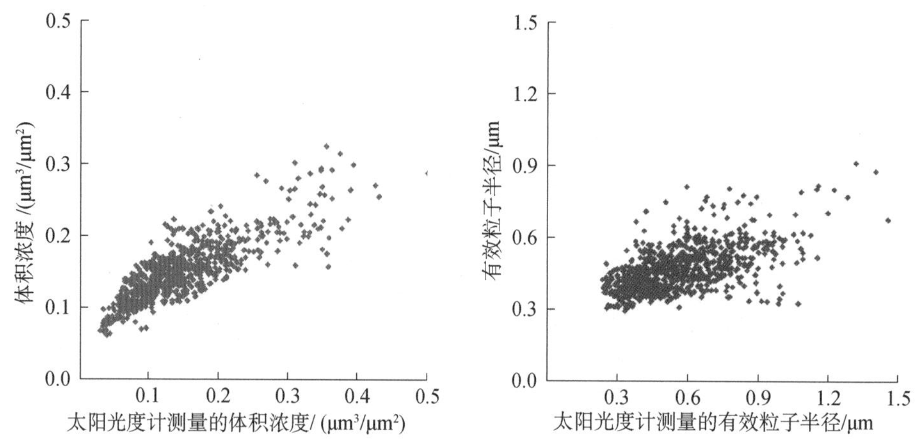

图 8.11 根据多元回归模型反演得到的气溶胶体积浓度、有效粒子半径并与太阳光度计 CE318 测量结果进行对比（黄忠伟，2012）

时间段为 2010 年 1 月至 2011 年 3 月

然而，不能否认激光雷达观测和太阳光度计的结果目前依然存在一定的误差。究其原因，主要因素有以下几点。

（1）两个仪器观测方式不同：激光雷达垂直观测，而太阳光度计对着太阳扫描，且探测视场角不一致等因素。此外，两个仪器也会存在一定观测误差；

（2）激光雷达数据转换引起的误差：为了与太阳光度计的结果进行对比，把激光雷达观测得到的廓线转换成整大气层平均值，引起的误差不小；

（3）太阳光度计的反演误差：在体积浓度和有效粒子半径反演过程中，必然产生不可忽略的误差；

（4）多元回归分析过程中引起的误差。

8.5 主要观测结果

8.5.1 我国西北地区气溶胶垂直结构特征

将利用兰州大学半干旱气候与环境观测站（SACOL）多套激光雷达系统自 2007 年以来在我国西北地区几个站点的野外观测资料，重点分析该地区气溶胶光学特性垂直结构的时空分布变化特征，并与激光雷达观测网在日本筑波的气溶胶观测结果进行对比分析。因此，采用多套地基激光雷达协同观测，不仅能够获得当地大气气溶胶垂直结构信息，还有助于我们进一步了解气溶胶尤其是沙尘物理光学特性在远距离传输过程中的变化特征，从而更好地评估气溶胶的气候效应。

SACOL 站（Huang et al.，2008a，2008b）自 2007 年以来在我国西北地区多个地方开展激光雷达观测研究，这些站点的激光雷达及其观测资料情况如表 8.6 所示。我国西北地区是世界上主要的沙尘发源地之一，其中塔克拉玛干、戈壁、巴丹吉林和腾格里等沙漠占据了很大的面积。几个站点主要分布在沙漠边缘或沙尘气溶胶的传输路径。此外，选取东亚激光雷达观测网在筑波站的观测结果，并比较我国西北地区和西太平洋地区的气溶胶垂直结构分布特征的差异。

表 8.6　各站点激光雷达及其观测资料情况

站名	经纬度	使用的数据	时空分辨率	探测参量
SACOL 站	35.95°N，104.13°E	2008/03～2008/05	1min/75m	527nm 后向散射强度
		2010/01～2011/12 2012/04～2012/05	15mins/6m	532nm 后向散射强度、退偏振比 1064nm 后向散射强度
景泰站	37.34°N，104.14°E	2008/03～2008/05	1min/75m	527nm 后向散射强度、退偏振比
民勤站	39.08°N，100.28°E	2010/04～2010/06	1min/30m	527nm 后向散射强度、退偏振比
张掖站	38.61°N，102.96°E	2008/04～2008/05	1min/75m	527nm 后向散射强度
筑波站	36.05°N，140.12°E	2010/01～2011/12	15mins/6m	532nm 后向散射强度、退偏振比 1064nm 后向散射强度

2008 年 3 月至 5 月，使用三套微脉冲激光雷达系统在 SACOL 站、甘肃省白银市的景泰和甘肃张掖等站点同时观测，其中景泰站点包括偏振探测。2010 年 4～6 月，微脉冲激光雷达被安置于移动观测系统并在甘肃省武威市的民勤站观测，而双波段偏振激光雷达在 SACOL 站继续观测。在 SACOL 站和日本筑波都开展气溶胶长期气候观测，因此选取 2010 年 1 月至 2011 年 12 月的观测结果进行对比。

对比我国西北地区不同地方的气溶胶垂直结构具有重要的研究意义，尤其在沙尘频发的春季。2008 年兰州大学大气科学学院在 SACOL 站、景泰站和张掖站等站点开展中美沙尘暴联合观测实验，结果如图 8.12 所示。具体的除云过程如下：首先采用小波分析方法检测云的边界（即云顶、云底高度）（Brooks，2003），然后利用云顶上边和云底下边的部分信号进行拟合，从而云的信号可被拟合结果替代（Huang et al.，2010）。由图可知，从日变化来看，三个站的上午气溶胶浓度比下午的高很多。其中，4 月张掖站的气溶胶浓度高于 5 月；景泰站和 SACOL 站的最高气溶胶浓度分别在 5 月和 4 月出现。此外，4 月三个站点气溶胶浓度相差不太大，主要原因是沙尘气溶胶常常远距离传输，并途经这些站点。令人奇怪的是，3 月景泰站的气溶胶很少，甚至比 SACOL 站还小，可能是景泰站在 3 月沙尘暴发生频率还较少，而 SACOL 站受采暖期空气污染和附近工厂等人类活动影响。结果表明，三个站点春季期间的主要气溶胶类型为沙尘气溶胶，且大部分分布在 2km 以下。

2008 年春季张掖、景泰和 SACOL 三站点气溶胶消光系数廓线的季节平均如图 8.13 所示。其中实线和虚线分别表示上午和下午，误差棒代表标准偏差大小。在上午，三站点的气溶胶消光系数均随着高度逐渐递减，并且张掖站和景泰站对流层底部的气溶胶消光系数分别是最高和最低；在下午，景泰站和 SACOL 站的气溶胶消光系数分别在 1.5km 和 1.3km 出现峰值。另外，张掖站在对流层中上部依然悬浮着气溶胶，而 SACOL 站和景泰站在该高度的浓度非常少。这可能是塔克拉玛干沙漠和戈壁沙漠的沙尘气溶胶受天气系统的抬升，在远距离传输过程中沉降的缘故，在景泰站和 SACOL 站探测到的沙尘就少得多。标准偏差可用来描述气溶胶消光系数在各高度的变化情况。春季张掖站和景泰站的标准偏差大于 SACOL 站的，进一步说明了这两个站点的气溶胶垂直分布不太稳定，主要是因为距沙尘源区较近。尽管 SACOL 站在沙尘传输路径上，但是其气溶胶浓度更稳定。

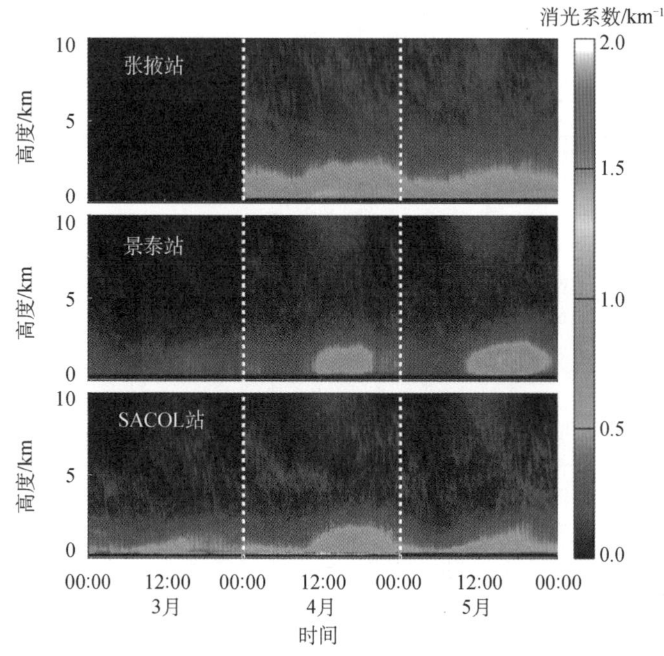

图 8.12　2008 年 3～5 月张掖、景泰和 SACOL 三站点气溶胶垂直结构月平均的日变化（Huang et al.，2010）

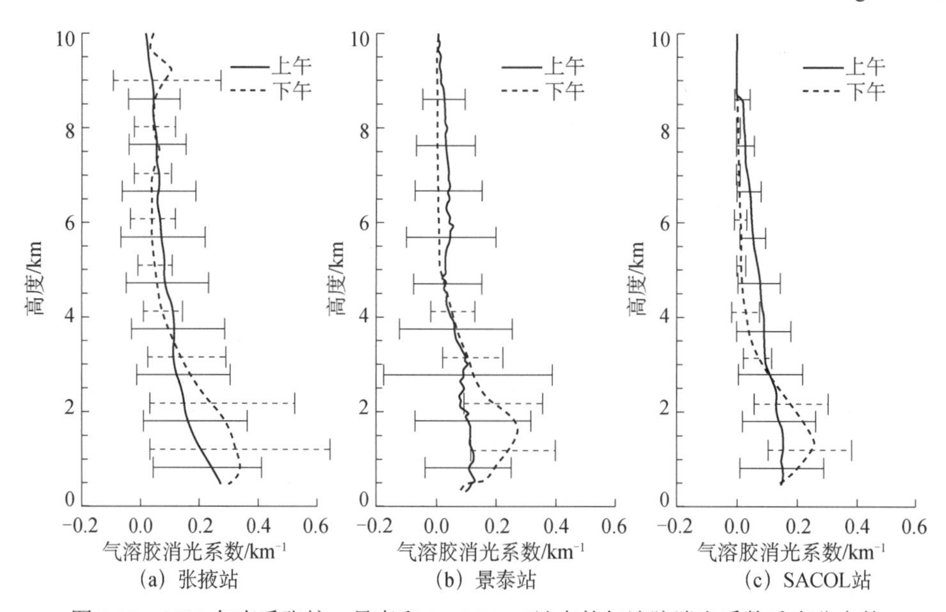

图 8.13　2008 年春季张掖、景泰和 SACOL 三站点的气溶胶消光系数垂直分布的季节平均（Huang et al.，2010）

2010 年春季两台地基激光雷达系统在 SACOL 站和甘肃民勤站近 2 个月观测结果分别如图 8.14 所示。在甘肃民勤站观测到的发生沙尘过程天数比在 SACOL 站观测结果大很多。沙尘气溶胶在民勤地区高度较低（仅 2km 左右），而 SACOL 站的沙尘高度可达 5km。此外，SACOL 站的退偏振比较民勤站的值更小。这是因为沙尘气溶胶在源区是非球形粒子，但是在远距离传输过程中通过与大气之间的不断相互摩擦，其形状更趋于球形。

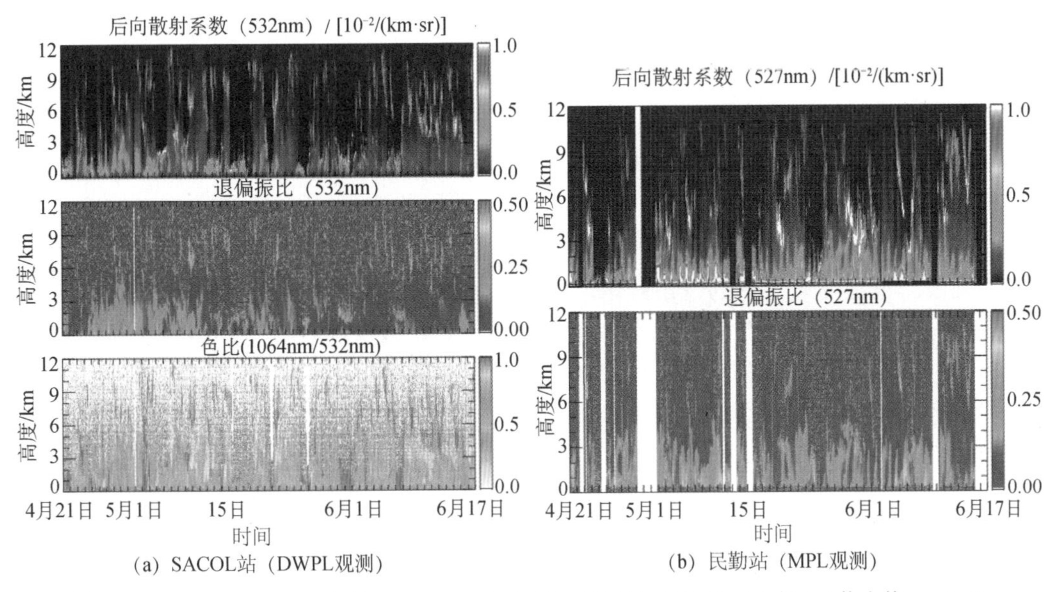

(a) SACOL站（DWPL观测）　　(b) 民勤站（MPL观测）

图 8.14　2010 年春季激光雷达在 SACOL 站与甘肃民勤站的连续观测结果（黄忠伟，2012）

为了更具体地分析春季民勤站气溶胶垂直结构特征，对比分析了两种典型天气状况的观测结果，结果如图 8.15 所示。根据观测天气记录情况，5 月 3 日全天晴，能见度很高，而 5 月 22 日下午出现沙尘天气。给定激光雷达比为 50sr，并分别反演两个站点的气溶胶消光系数廓线。由结果可知，晴天的对流层底部气溶胶消光系数约在 0.15km^{-1}，而沙尘天气的消光系数可增大到原来的 3～4 倍，在 0.6km 处出现峰值高达 0.58km^{-1}。然而退偏振比的差异并没有如消光系数那么显著，且都大于 0.2，这说明了尽管在晴天条件下民勤站的大气中气溶胶依然以沙尘气溶胶为主要类型，这是靠近沙漠的缘故。

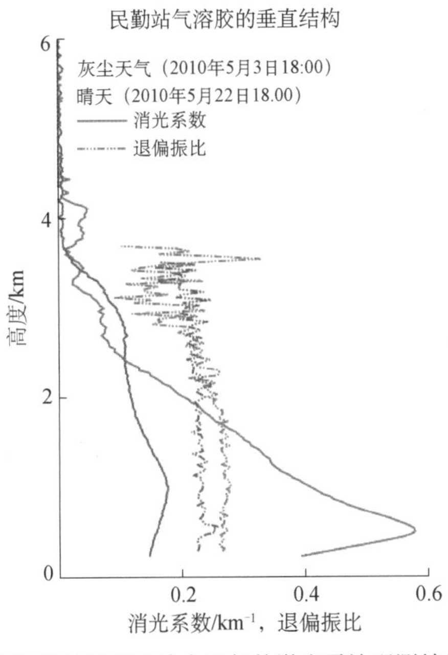

图 8.15　2010 年春季甘肃民勤站晴天和沙尘天气的激光雷达观测结果对比（黄忠伟，2012）

蓝色和红色分别表示晴天和沙尘天气，实线和虚线分别代表气溶胶消光系数和退偏振比为了研究我国西北地区和日本地区的气溶胶垂直结构分布特征，选取 2010～2011 年 SACOL 站和筑波站的两台地基激光雷达的观测资料进行分析对比。春夏秋冬的季节划定分别为：3～5 月、6～8 月、9～11 月、12～1 月。所有资料均使用激光雷达比为 40sr 来反演气溶胶后向散射系数，此外空气分子的后向散射系数采用美国标准大气模式的压强和温度根据瑞利理论计算得到。图 8.16 为气溶胶散射比的季节性变化特征。其中，SACOL 站的气溶胶散射比季节性变化从大到小依次为冬季、春季、秋季、夏季。这是因为冬季采暖期大气污染很严重，导致冬季的气溶胶浓度背景值偏高。而在春季，受沙尘天气的影响，气溶胶散射比偏大；由于没有受以上两方面的影响，夏秋两季的散射比要小些，同时，由于秋季为丰收季节，农业活动增强，使得秋季的值比夏季稍大。筑波站在春季的气溶胶散射比最大，而冬季最小，这是因为春季受沙尘气溶胶的影响。而夏季散射比相对于秋季要大些，其原因之一是夏季浪花向大气传输不少的颗粒物（如海盐、有机物、细菌等）（Josephine et al.，2005）。从整体来说，SACOL 站的气溶胶散射比相对于筑波站要大很多，约为 4 倍，这结果与太阳光度计反演的光学厚度的季节性变化规律一致。总的来说，SACOL 站的气溶胶散射比季节性变化从大到小依次为冬季、春季、秋季、夏季，而筑波站则为春季、夏季、秋季、冬季，并且 SACOL 站的气溶胶散射比大约是筑波站的 4 倍。

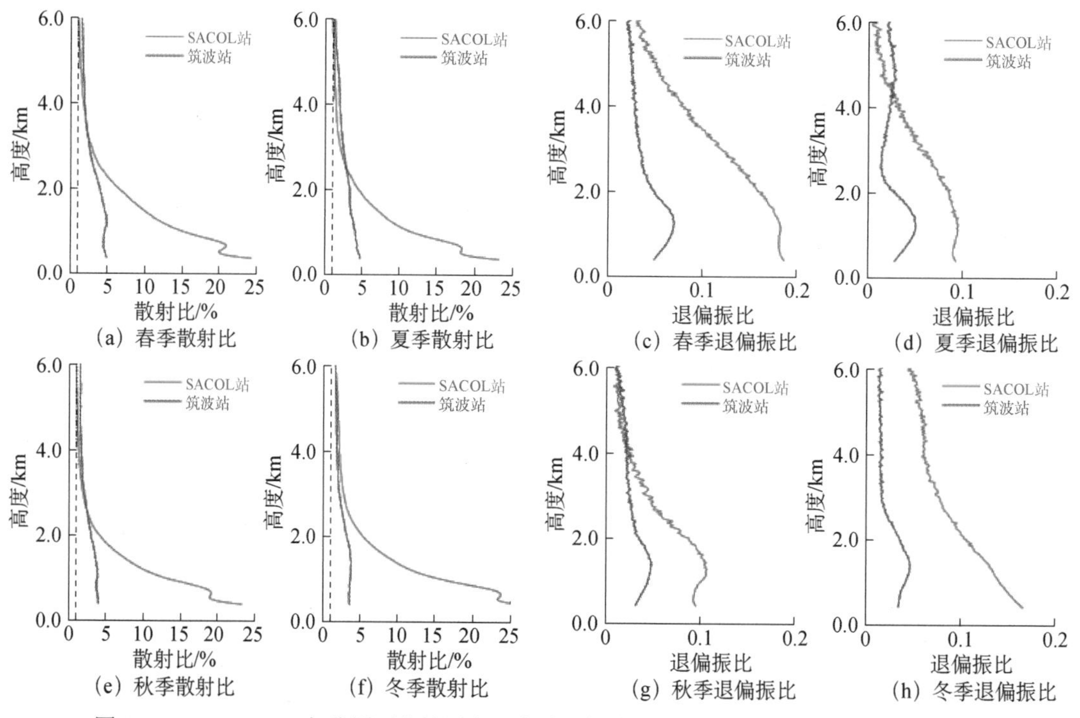

图 8.16　2010～2011 年我国西北地区和日本地区的激光雷达气溶胶散射比和退偏振比的季节平均（黄忠伟，2012）

两地激光雷达气溶胶退偏振比季节性变化及其对比结果如图 8.16（c）、（d）、（g）、（h）所示。在我国西北地区，春季的气溶胶退偏振比最大，在近地面可达 0.18；夏季和秋季的退偏振比相当，在近地面约为 0.1；冬季的气溶胶退偏振比随高度逐渐降低，类似于指数递减，这与春季的结果有所不同，尤其是在近地面。且冬季的气溶胶退偏振比相对于春季的要小，而相对于夏秋两季的结果要大得多。冬季采暖期大量的污染物也可以产生较大的气溶胶退偏振比。而我们知道，绝大部分污染物以球形粒子为主。结果表明气溶胶退偏振比不仅取决于颗粒物的非球形程度，还与其浓度有关。

8.5.2 东亚沙尘气溶胶的传输路径及规律

随着光电技术的快速发展，激光雷达的成本不断降低，地基激光雷达网络化观测越来越密集，可实现大气气溶胶物理光学特性的四维（时间+三维空间）连续高分辨率探测。地基激光雷达网的实测资料，不仅使我们进一步了解气溶胶垂直结构分布特征的区域差异，还可用于验证化学传输模式的模拟结果，并用于更准确地评估气溶胶的气候与环境效应。此外，地基激光雷达网的观测对卫星资料起到很好的补充和验证，对大气科学、气候变化研究和环境监测等领域具有重要的作用。因此，完善和加强地基激光雷达网的建设具有重要的现实意义。

了解沙尘气溶胶的远距离传输路径，以及传输过程中它们物理化学特性的变化特征具有重要的现实意义。先进的激光雷达技术是研究沙尘远距离传输的最强有力工具之一。以多套地基激光雷达和星载激光雷达 CALIPSO 的观测为主，结合其他多种独立资料，研究 2008 年 5 月和 2010 年 3 月的两次特大沙尘暴过程，详细分析沙尘气溶胶的传输路径及其物理光学特性的三维传输变化特征。

多波段太阳光度计（CE318）是法国 CIMEL 公司研制的一种自动跟踪扫描太阳辐射计，同时也是 AERONET 的标准仪器（Holben et al.，1998）。它不仅能自动跟踪太阳探测直射辐射，还可以进行太阳高度角天空扫描、太阳主平面扫描和极化通道天空扫描。共有 340nm、380nm、440nm、500nm、675nm、870nm、936nm、1020nm 和 1640nm 9 个观测通道、光谱带宽为 10nm。CE318 为高精度野外太阳和天空辐射测量仪器，具有易携带易安装、自动扫描、太阳能供电、可自动传输数据等特点。观测数据可用来反演计算大气透过率、气溶胶光学厚度、大气水汽积分总量、臭氧总量、气溶胶粒子尺度谱分布及气溶胶相函数等（Eck et al.，1999）。太阳光度计是被动式大气遥感中最可靠的仪器之一。本研究使用多个站点的气溶胶光学厚度、波长指数、体积浓度和粒子有效半径等结果。

NCEP 再分析资料是由美国国家环境预报中心（NCEP）和国家大气研究中心（NCAR）联合处理的同化资料集，涵盖 1948 年至今的数据。该资料的质量可靠和应用广泛依赖于数据质量控制、高垂直分辨率和多参数输出气象场。该再分析资料水平格点为 2.5°×5°，垂直分层为 17 层，分别为 1000hPa、925hPa、850hPa、700hPa、600hPa、500hPa、400hPa、300hPa、250hPa、200hPa、150hPa、100hPa、70hPa、50hPa、30hPa、20hPa 和 10hPa 的资料，并且包括地面层的资料以及其他附属资料（Kalnay et al.，1996）。本研究使用位势高度和风场等气象参数研究沙尘天气过程的天气分析。

臭氧监测仪（ozone monitoring instrument，OMI）是一个搭载在地球观测系统（EOS）Aura 卫星上的重要仪器。由荷兰航空航天发展局（NIVR）与芬兰气象研究所（FMI）联合研制，继承了卫星 TOMS 观测（1978～2005 年）仪器的特点。OMI 采用 740 个通道，波长范围为 UV-1（270～314nm）、UV-2（306～380nm）和可见光（350～500nm），谱分辨率为 0～0.45nm。OMI 可观测地球大气中臭氧积分总量和廓线、气溶胶和云参量、紫外辐射通量，以及痕量气体如 NO_2、SO_2、HCHO、BrO、OClO 等关键污染成分的积分总量（Torres et al.，1998）。OMI 的空间分辨率为 13km×24km，其高光谱性能不仅可以提高探测准确性以及臭氧积分总量的测量精度，还可以长期进行准确的辐射和波长自定标。本研究使用 OMI 的气溶胶指数（aerosol index）来分析沙尘。

HYSPLIT 模型（hybrid single particle Lagrangian integrated trajectory model）的全名为单粒子拉格朗日混合轨迹模型，由美国国家海洋和大气管理局空气资源实验室（NOAA/ARL）和澳大利亚气象局联合研发的一种用于计算和分析大气污染物输送、扩散轨迹的专业模型。该模型的算法是基于拉格朗日方法，具有处理多种气象要素输入场、多种物理过程和不同类型污染物排放源功能的完整的输送、扩散和沉降模式，已经被广泛地应用于研究多种污染物的传输和扩散（Draxler and Hess，1998）。该模式可在线模拟或者下载到个人电脑运行。本研究使用 NCEP 全球数据同化系统（GDAS）的数据作为模式的输入场。根据激光雷达观测结果，确定拟模拟气团的时间和高度。

2008 年 5 月 2 日在我国西北地区发生的特大沙尘暴，被认为是 2008 年最严重的一次沙尘过程。研究表明，OMI 用于监测沙尘暴过程具有显著的优势，尤其在沙漠和半干旱区（Li，1998）。因此，我们利用 OMI 测得的气溶胶指数来区分沙尘气溶胶，以及研究沙尘过程的影响程度和传输路径。该卫星于 2008 年 5 月 1～3 日在我国西北地区的探测结果如图 8.17 所示。5 月 1 日在西北地区除了塔克拉玛干沙漠以外，气溶胶指数较低，这说明吸收性气溶胶的含量较低；5 月 2 日，随着沙尘暴的发生，气溶胶指数明显增大；5 月 3 日沙尘气溶胶远距离传输至其他地区，气溶胶指数变小。然而，依然遗留一些沙尘气溶胶，使得气溶胶指数比 5 月 1 日的要大些。另外，从连续三天的 OMI 卫星资料，可看到沙尘气溶胶自西向东清晰的传输路径。

为了更好地研究沙尘暴的形成机制，许多研究工作采用天气分析解释沙尘过程并取得了众多有意义的研究成果。Sun 等（2001）发现沙尘天气的发生主要是由于气旋或者锋面系统冷空气爆发。Gao 等（2002）也指出沙尘的发生地区常常出现天气系统不稳定的情况。Aoki 等（2005）研究表明，我国西北地区塔里木盆地沙尘暴的起因是随着冷锋的冷气团诱发了大范围的冷风系统。本研究使用 NCEP 再分析资料于 5 月 1～3 日在我国西北地区的 850hPa 位势高度场和风场，来讨论沙尘暴过程的天气分析。结果显示，来自戈壁地区的西伯利亚冷气团经过塔克拉玛干沙漠的东部，然后向东往腾格里沙漠地区移动，同时位势高度的较大梯度差异引起很强的西风。此外，蒙古高原的低压系统也是该沙尘暴发生的原因之一。以上结论与 Liu 等（2004）研究结果相似，他们指出导致我国西北和蒙古国的春季沙尘暴越来越多的主要因素是西伯利亚冷空气团、蒙古国地区长时间的强气旋、中-蒙边界中低高度的强西风等。

HYSPLIT 模式的气团后向轨迹分析有助于理解沙尘的发生源地，采用全球数据同化系统（GDAS）的气象资料作为输入场，结果见图 8.17。根据激光雷达观测结果显示的沙尘层高度，选取 1km 和 2km 作为三个地面站点的模式模拟高度。模拟结果显示，当地时间 15 时，景泰站和 SACOL 站 1km 高度的气团主要来自腾格里沙漠地区，而张掖站的该高度气团来自塔克拉玛干沙漠；此外，三个站点的 2km 高度气团均源自塔克拉玛干沙漠。一般来说，如果气团后向轨迹分析显示来源于沙漠地区，就可认为该气团的主要气溶胶是沙尘气溶胶。综合以上分析结果，说明 2008 年 5 月 2 日的特大沙尘暴主要起源于塔克拉玛干沙漠，途经张掖站、景泰站和 SACOL 站，部分沙尘气溶胶也来自戈壁沙漠和腾格里沙漠地区。

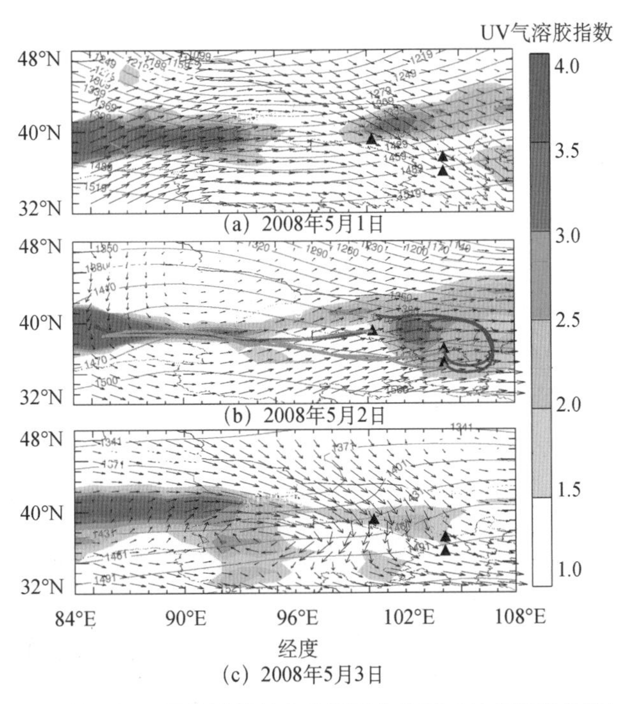

图 8.17　2008 年 5 月 1～3 日 NCEP 再分析资料在我国西北地区（甘肃酒泉敦煌）850hPa 的位势高度场（红色等值线）和风场，以及 OMI 卫星探测的气溶胶指数（颜色条所示）（Huang et al.，2010）

蓝色和青色曲线分别表示各个站点 1km 和 2km 的 36h 气团后向轨迹。三个黑色三角形分别表示 SACOL 站（35.946°N，104.137°E），景泰站（37.332°N，104.139°E）和张掖站（39.078°N，100.272°E）

CALIPSO 星载激光雷达也探测到此次沙尘暴过程，结果如图 8.18 所示。由于观测到大量的沙尘气溶胶，所以消光后向散射系数很强。同时探测到的线性退偏振比和色比都较大，说明这些粒子的非球形度很高和粒径较大，更进一步印证了 CALIPSO 于 5 月 2 日在我国西北地区监测沙尘气溶胶的垂直结构。此外，从卫星探测结果可知，沙尘气溶胶高度可达到 2km，并且水平尺度很宽（约 550km）。

位于张掖站的微脉冲激光雷达从 5 月 2 日早上就观测到整个沙尘事件的细微发展过程，如图 8.19 所示。早上的时候，沙尘气溶胶在对流层顶 2km 以下，然而下午的时候可飘浮至 3km，尤其是在首次观测到沙尘的 10h 之后，即当地时间 14:30，沙尘层的厚度高达 3.5km；15:00 时左右沙尘气溶胶的浓度达到最高，并随后逐渐变小。位于景泰站和 SACOL 站的另外两台微脉冲激光雷达，也同样观测到此次沙尘暴过程的垂直结构。虽然在 11:00 时之前，电源不稳定导致激光雷达不能正常工作，但是其他地面仪器（如太阳光度计和安德森采样仪等）和值班人员均记录到早上开始就发生沙尘过程。与张掖站的垂直结构不同的是，景泰站和 SACOL 站的沙尘气溶胶分别被限制在 2km 和 1.5km。另外，沙尘强度依次为张掖站、景泰站和 SACOL 站，这取决于和沙尘源区的距离。沙尘气溶胶在传输过程中，干湿沉降导致其浓度在傍晚的时候急剧下降。

图 8.20 表示三台激光雷达资料反演的气溶胶消光系数廓线，其中实线和虚线分别代表早上（11:00）和沙尘浓度最高的时候（15:00）。三个站点气溶胶垂直结构均有一个共同的特点，即消光系数随高度的增加而减小，且在某一高度出现峰值。但是，峰值出现的时间和高度有很大的区别。例如，在张掖站可以观测到明显的多层结构，而另外两地没有这种现象，可能是张掖站离沙尘源区很近使得沙尘气溶胶未能很好地混合在一起。然而，沙尘气溶胶在远距离传输过程中更好地混合（为景泰站和 SACOL 站未能探测到多层结构的原因），并与其他气溶胶类型相互作用，必然导致它们的物理化学特性明显改变。

2010 年 3 月 19～22 日，东亚地区发生了一场影响范围广的特大沙尘暴过程。图 8.21 为 21～24 日这场沙尘暴的 NCEP 再分析资料位势高度场（等值面）的变换特征。沙尘气溶胶从戈壁沙漠地区向东传输，途经我国东部、日韩等地。3 月 21 日其在日本东部存在低压系统不断向北移动，并于次日抵达西伯利亚地区且不断增强，导致部分沙尘颗粒 3 月 22 日在西太平洋地区改变传输方向往北传输，于 24 日抵达北极地区。

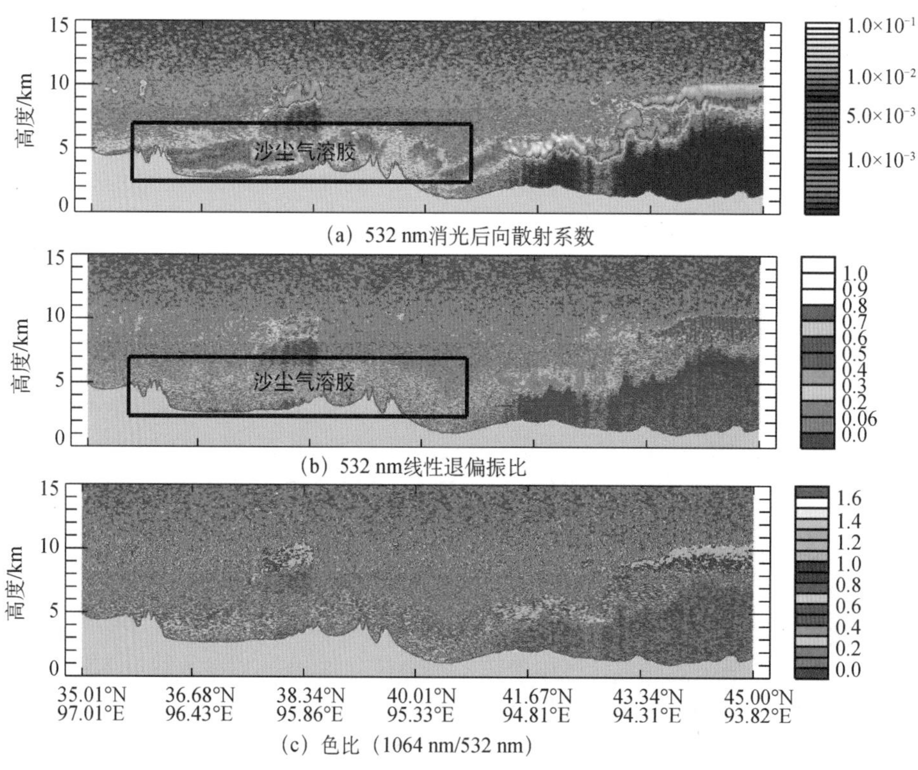

图 8.18 CALIPSO 卫星于 2008 年 5 月 2 日在我国西北地区探测的大气垂直结构（Huang et al.，2010）

观测日期：2008 年 5 月 2 日 开始：03:49:18 停止：03:52:00（北京时间）

黑色方框表示沙尘气溶胶的位置

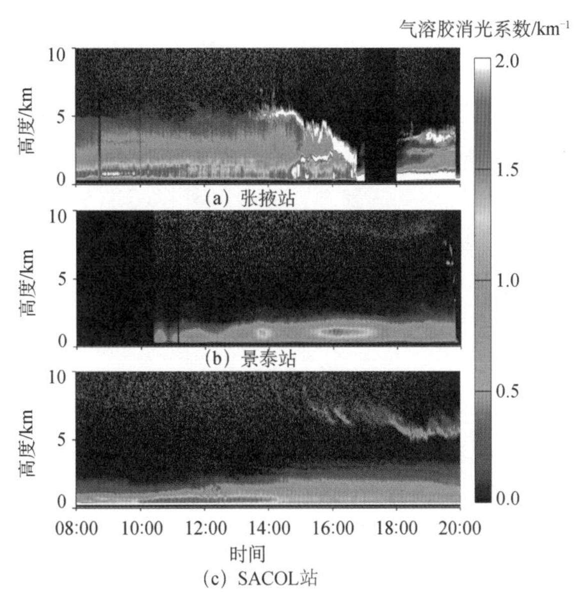

图 8.19　2008 年 5 月 2 日三套微脉冲激光雷达系统在张掖站、景泰站和 SACOL 站的协同观测结果（Huang et al.，2010）

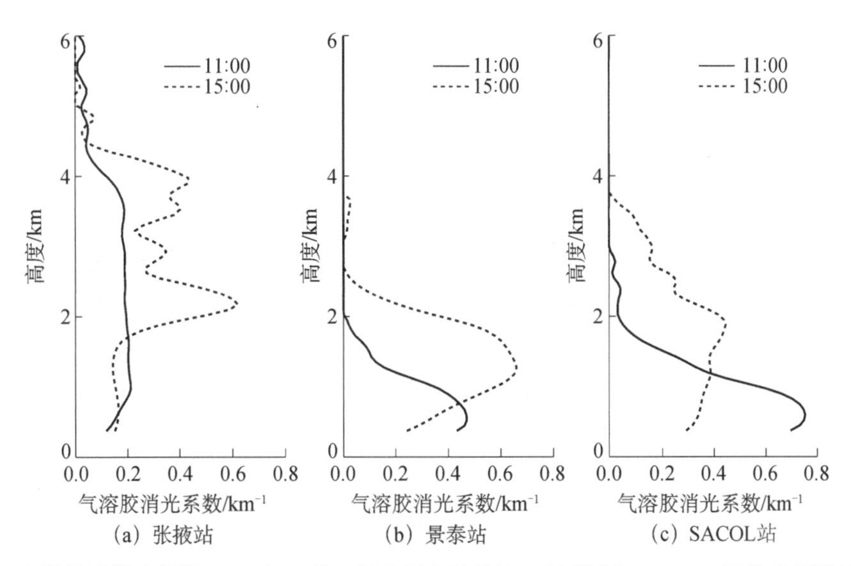

图 8.20　三台微脉冲激光雷达 2008 年 5 月 2 日分别在张掖站、景泰站和 SACOL 站的观测资料反演得到的气溶胶消光系数，在早上（11:00）和沙尘浓度最高的时候（15:00）的结果对比（Huang et al.，2010）

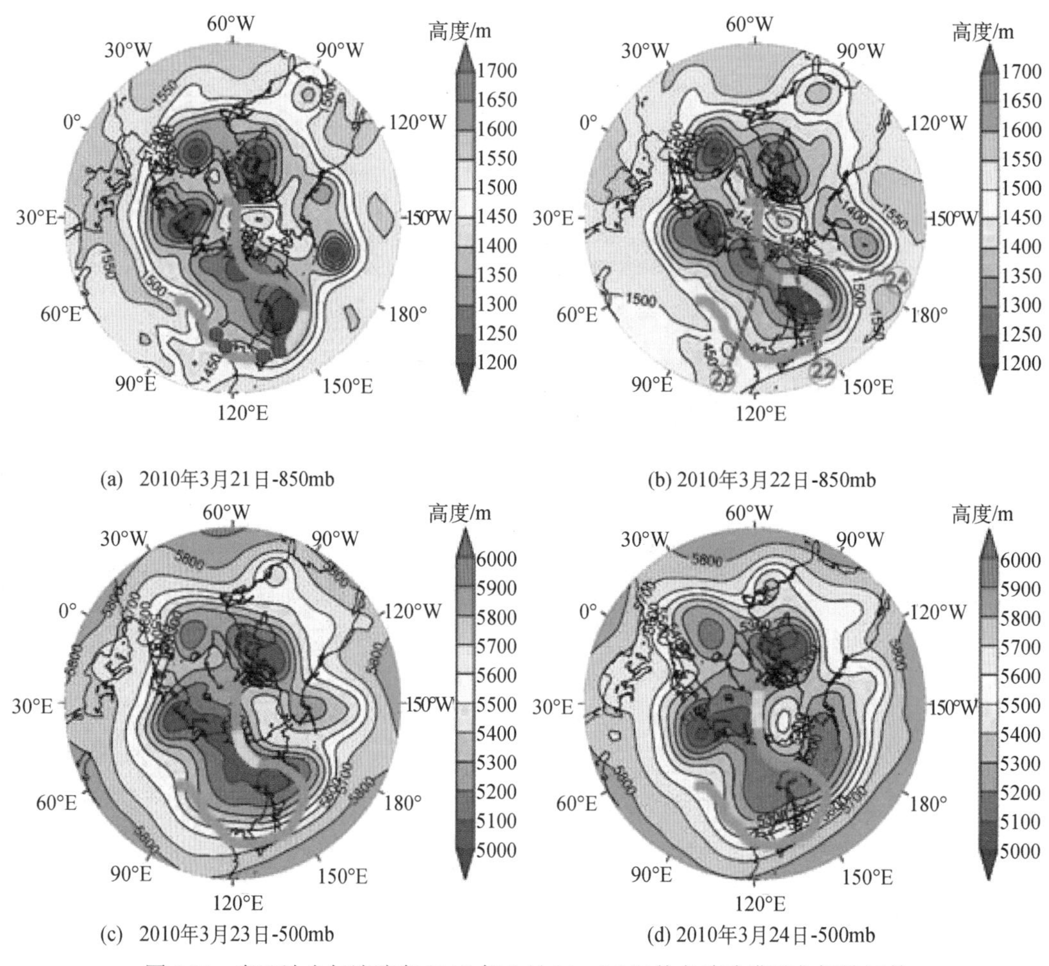

图 8.21　东亚沙尘气溶胶在 2010 年 3 月 21～24 日从戈壁沙漠至北极地区的远距离输送路径（Huang et al.，2015）

等值面表示 NCEP 日平均再分析资料的位势高度场；粗绿色表示 HYSPLIT 模拟的气团后向轨迹；黄色片段表示每天的传输路径；紫色圆点和红色虚线分别表示地面站点的位置和 CALIPSO 的轨迹及日期；1mb=1hPa

使用多套激光雷达系统沿着传输路径探测沙尘气溶胶光学特性的变化特征，结果如图 8.22 所示。3 月 21 日在日本千叶和仙台的两台地基激光雷达系统均监测到沙尘气溶胶的垂直结构，消光后向散射系数、线性退偏振比和色比都较大，说明存在大量的沙尘气溶胶；3 月 22 日星载激光雷达 CALIPO 在西伯利亚地区探测到沙尘层，退偏振比可达 0.2；3 月 24 日珠江三角洲站地基高光谱激光雷达在 7km 高度探测到一层退偏振比较大的气溶胶。通过与气团后向轨迹分析对比，发现 3 月 22 日和 24 日激光雷达观测的气溶胶层所在高度和时间与 HYSPLIT 模式结果一致。这说明了多台激光雷达沿着传输路径均可监测到沙尘传输至北极地区。另外，从激光雷达监测结果可知，沙尘气溶胶在传输过程中沉降导致浓度和粒径不断减小，与其他气溶胶相互作用使得其形状趋于球形。

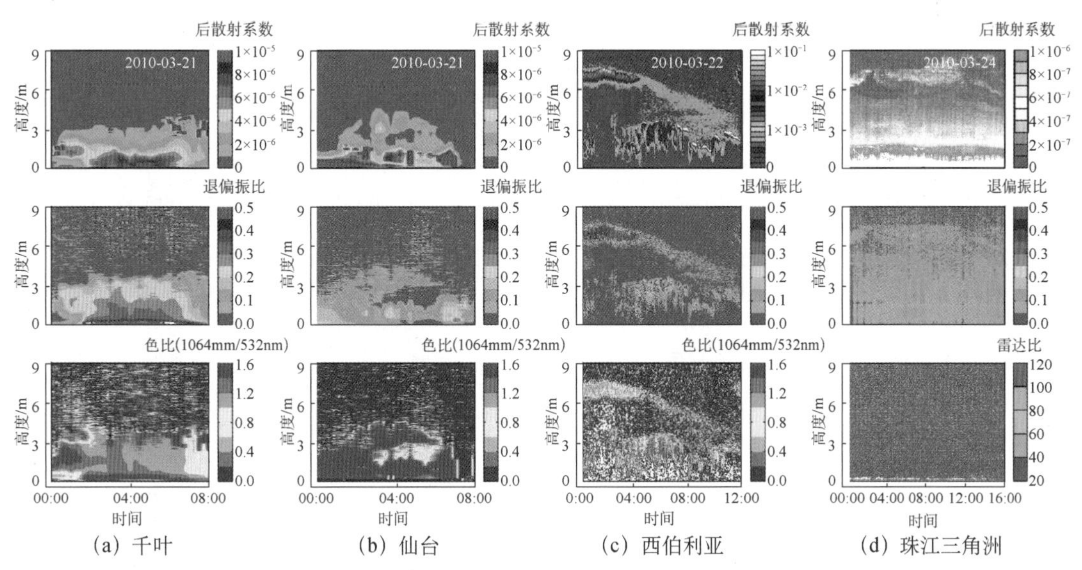

图 8.22　不同激光雷达系统沿着沙尘传输路径的探测结果（Huang et al.，2015）

千叶、仙台和西伯利亚等地采用地面激光雷达，3 月 22 日采用星载激光雷达 CALIPO 观测大气垂直结构

多波段太阳光度计探测的气溶胶光学厚度（AOT）和波长指数（AE）非常有助于理解沙尘光学特性在远距离传输过程中的变化特征。多台太阳光度计沿着沙尘气溶胶远距离输送路径的探测结果，如图 8.23 所示。沙尘颗粒于 3 月 20 日下午 15:00 时左右抵达香河站，使得 AOT 最大高达 0.634mm 且 AE 几乎等于零。Li 等（2007）研究发现，香河站存在很多种不同的气溶胶类型，包括从细粒子的污染物到粗粒子的沙尘气溶胶，波长指数在 0.2～2.0。21 日上午 11:00 在日本千叶站的太阳光度计探测到 AOT 急剧增加，13:00 出现峰值 1.194mm 并且 AE 迅速减小；同一天在仙台站也观测到 AOT 峰值为 1.112mm 且 AE 峰值为 0.126。北极地区的地基和星载遥感手段非常匮乏，然而在珠江三角洲站有气溶胶的太阳光度计连续观测资料。当沙尘气溶胶到达时，气溶胶光学厚度从 0.05mm 上升至 0.106mm，同时 AE 从 1.331 减小至 0.691，这说明了外来的一些粗粒子的气溶胶导致这种变化。总之，太阳光度计探测的结果，与多台激光雷达和 HYSPLIT 探测结果相一致。

当然，不能仅仅通过一个沙尘个例分析即可证明东亚沙尘气溶胶可传输至北极地区的事实，还需要更多的证据进一步验证。使用地基激光雷达近十年的观测资料，并利用太阳光度计和地面天气记录来验证，获取沙尘层的时间和高度等详细信息。使用 2001～2006 年在日本筑波的激光雷达资料，以及 2007～2010 年在日本千叶县的激光雷达资料，由于两个地方相距不远（约 45km）且地势相近，这些差异不影响统计结果。2001～2010 年总共找到 131 个沙尘过程，其中有 31 个（约 23.66%）可传输至北极地区，其中最低和最高频率分别出现在 2005 年（16.67%）和 2003 年（40.00%）。研究结果表明，东亚沙尘气溶胶可通过途经我国东部、日韩、西伯利亚等地的快速通道传输至北极地区。

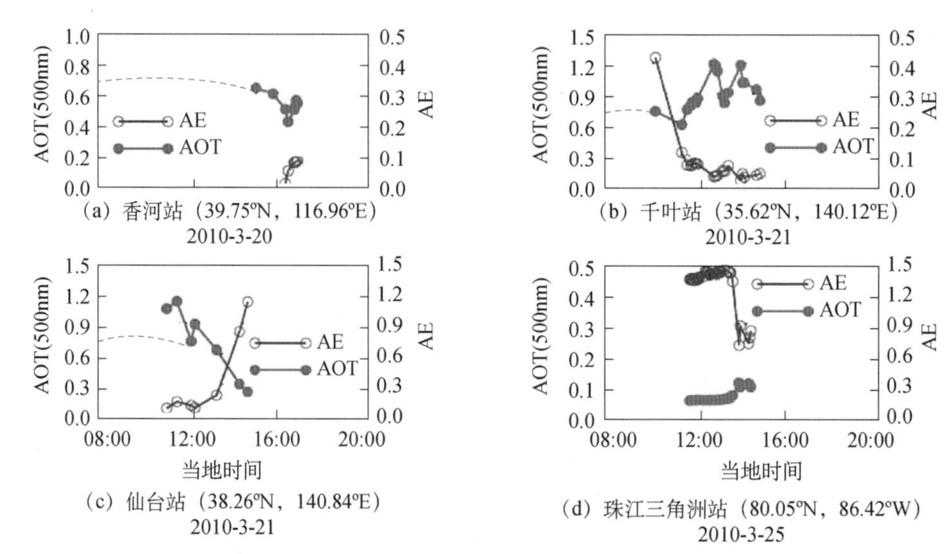

图 8.23　东亚沙尘气溶胶整层光学特性沿着远距离输送路径的变化特征（Huang et al.，2015）
蓝色和红色分别表示波长指数（AE）和光学厚度（AOT）

8.5.3　大气气溶胶的荧光光谱特性

通过讨论荧光光谱与米散射信号强度之间的关系，有助于我们理解荧光物质的浓度信息。光栅光谱仪可接收 358～536nm 的连续光谱。出于考虑大气主要气体如氧气、氮气和水汽拉曼散射的影响以及光谱边缘的可靠程度，选择 420～520nm 的光谱作为有效的荧光光谱，其总荧光强度与米散射信号强度和色比的关系如图 8.24 所示。结果显示，它们之间有明显的规律。当米散射信号强度小于 150MHz 的时候，总荧光强度基本上不变，均小于 200MHz；但是当米散射信号很强的时候，总荧光强度急剧增大，甚至可达到 1000MHz。因此，可以得出以下结论：一是判断荧光物质是否存在的依据是总荧光强度是否大于 200MHz；二是大量荧光物质的出现导致总荧光强度显著增大；三是背景气溶胶的荧光信号很弱。

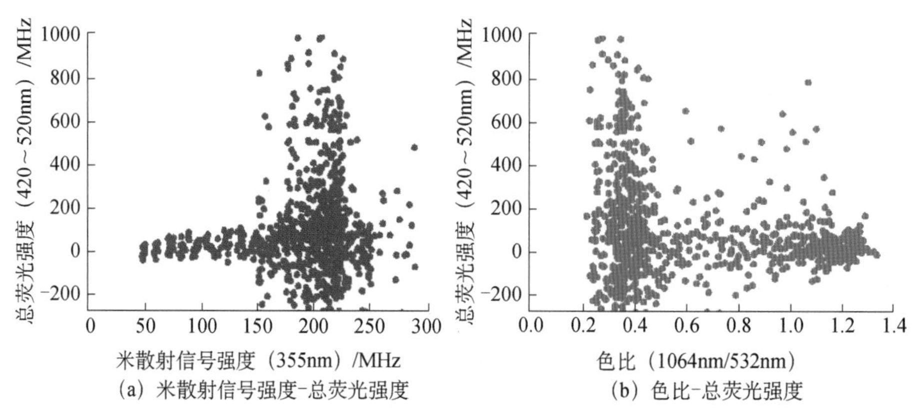

图 8.24　激光雷达 2011 年 8 月 29 日晚在日本筑波探测的 420nm～520nm 的荧光光谱的总荧光强度与 355nm 米散射信号、色比（1064nm/532nm）之间的关系（黄忠伟，2012）

色比可以描述物质的相对大小，因此讨论其与荧光光谱总荧光强度之间的关系，有助于我们认识荧光物质的尺寸信息。同样地，我们还是选择 420～520nm 的光谱作为有效的荧光光谱。另一台双偏振米散射激光雷达提供色比的观测资料中荧光光谱与色比之间的关系还是很明显。色比大于 0.45 的粒子基本上没有荧光信号（小于 200MHz），然而产生大量荧光信号的色比的值在 0.25～0.45，说明了粗粒径的背景气溶胶没有被激发出荧光（或者很弱），而细粒径的荧光物质释放出很强的荧光。综合前面的荧光光谱总荧光强度与米散射信号强度之间的关系，可获知这些荧光物质基本上是细粒子，比背景气溶胶的粒径小得多，并且它们释放很强的荧光信号。

获知荧光物质所处的大气状态，如湿度和温度等，是很重要的。因此，研究荧光光谱与大气水汽之间的关系具有一定的科学意义。细菌和病毒等生物气溶胶的生命周期，依赖于水汽和温度等大气条件。一般来说，水汽越多越有利于它们的生存。图 8.25 表示总荧光强度与大气水汽之间的关系，图 8.25（a）和（b）分别为 2011 年 9 月 14 日和 18 日的观测结果。为了减少标定系数对水汽反演结果的影响，直接利用水汽拉曼散射和氮气拉曼散射之比来代替大气水汽混合比。从图 8.25（a）可知，荧光光谱总荧光强度随着水汽的变化存在指数递增的关系；从图 8.25（b）的结果来看，这种指数递增的规律更加明显。经过后向轨迹分析发现，这些荧光物质极有可能是来自西太平洋的细菌。观测结果显示，这些大量的细菌所处的大气环境较为湿润，有利于它们在大气中存活更长时间。

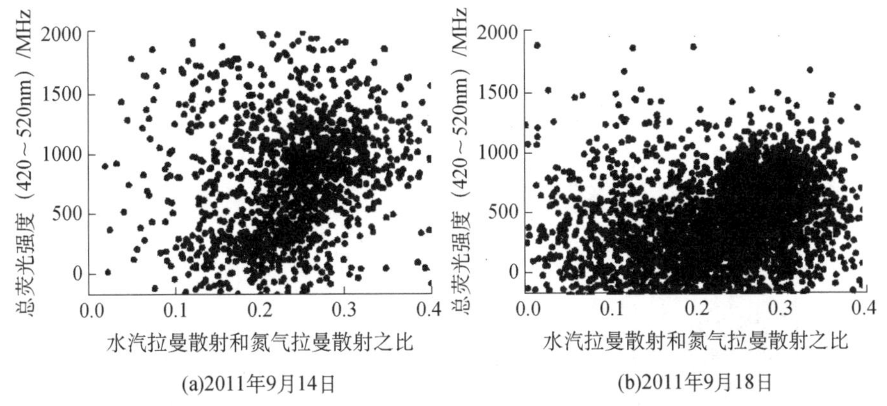

图 8.25 激光雷达 2011 年 9 月 14 日和 18 日在日本筑波探测的 420～520nm 荧光光谱的总荧光强度与大气水汽之间的关系（黄忠伟，2012）

气溶胶的荧光光谱是紫外激光与物质之间的相互作用，物质的性质决定了其光谱的荧光强度和峰值波长。可见，获得气溶胶的典型荧光光谱特征，将使我们更深入地了解气溶胶的组成及其物理光学特性。研制的米散射-拉曼散射-荧光偏振激光雷达系统于 2011 年 8 月 29 日在日本筑波探测的 358～536nm（从第 32 通道到第 1 通道）的 32 通道连续光谱如图 8.26 所示，光谱分辨率约为 5.8nm。观测结果表明，大气主要气体如氮气、氧气和水汽的拉曼散射信号较强，比荧光信号强 1～2 个量级。此外，还可以看到明显的较宽的荧光光谱，其峰值出现在第 10 通道即 460nm 处，该结果与前期研究结果一致。

如图 8.27 所示为多波段荧光激光雷达系统的光谱仪于 2014 年 4 月 11 日晚上在甘肃兰州的观测结果。总荧光强度与氮气拉曼散射信号强度之比，可消除系统本身的影响，从而更客观地反映大气状态。由图 8.27 可知，在凌晨 1 点以前，大气中气溶胶释放的荧光信号很强，高度可达 1km。然而凌晨 1 点以后，大气中的荧光信号强度变弱很多。目前还未知这些气溶胶的确切类型，有可能是有机物，这需要进一步的观测数据来分析。结果表明，研制的多功能荧光激光雷达可有效地提高大气探测能力。

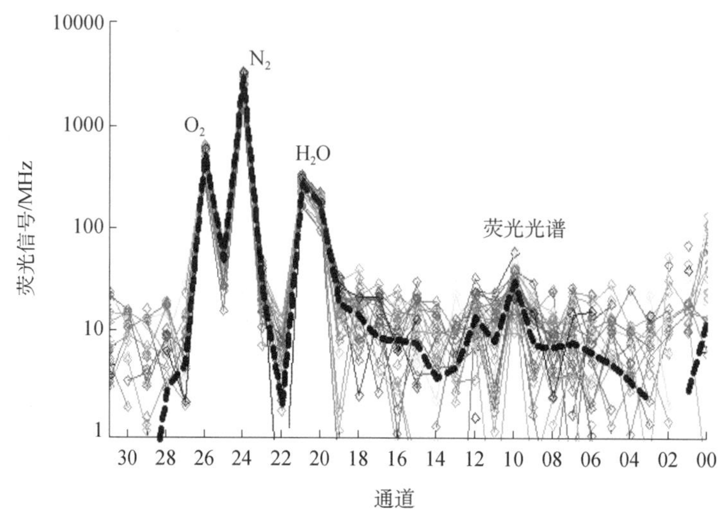

图 8.26　激光雷达系统 2011 年 8 月 29 日在日本筑波探测的 358～536nm（从左到右）的 32 通道连续光谱（黄忠伟，2012）

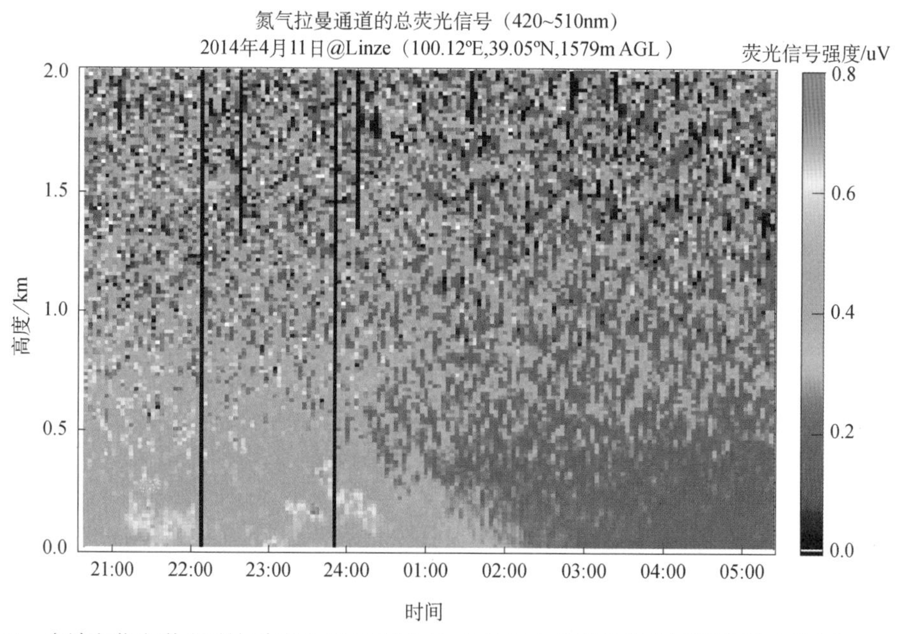

图 8.27　多波段荧光激光雷达系统于 2014 年 4 月 11 日晚在甘肃兰州的探测结果（黄忠伟，2012）

8.6　本章小结

大气气溶胶具有显著的气候与环境效应，在大气辐射和气候变化的研究中占有重要地位，已成为科学研究的热点问题。激光雷达是大气科学领域探测云和气溶胶特性及其时空分布的一种有效工具，同时也是环境监测领域及其他科学研究的先进手段之一。激光雷达在探测高度、时空分辨率、长期连续高精度监测等方面具有独特优势，是其他探测手段无法比拟的。目前，激光雷达在国内外大气科学领域的不断应用已经获得很多有重要价值的研究成果。然而依然存在以下问题。

（1）地基激光雷达的网络观测研究：目前地基激光雷达的观测网还不够密集。今后将根据实际情况，合理配置，逐步建成我国甚至全球激光雷达观测网，将有助于研究沙尘-云-降水的相互作用，以及全球气候变化。

（2）激光雷达数据的同化：目前世界各地均有大量的激光雷达观测数据，而把这些数据同化并输入模式中，依然是热点和难点问题。

（3）激光雷达相关变量的模拟研究：目前多种类型激光雷达已经可以获得多个关键参数，但是这些参数的理论模式还是很匮乏，特别是对于沙尘和冰云等非球形粒子。因此，开展激光雷达关键变量的模拟研究，不仅有利于优化雷达硬件配置，更有助于获得更多的大气信息。

（4）激光雷达数据的反演方法：目前激光雷达反演获得的参量较单一，依然无法满足大气遥感的要求，应进一步开发各种反演算法，提高反演精度，得到大气科学和环境科学相关研究与业务应用所需要的变量。

（5）激光雷达的硬件技术问题：虽然目前相关的激光雷达探测原理已经很成熟，但是测温度、湿度等的技术实现还不成熟，特别是离业务运行还有很长的路。因此，开发相关光电技术，实现激光雷达测温湿的技术突破是今后的重点研究方向。

参 考 文 献

白宇波，石广玉，田村耕一，等. 2000. 拉萨上空大气气溶胶光学特性的激光雷达探测. 大气科学，24（4）：559-567.

戴永江. 2002. 激光雷达原理. 北京：国防工业出版社.

杜睿，周宇光. 2010. 北京及周边地区大气近地面层真菌气溶胶的变化特征. 中国环境科学，30（3）：296-301.

符淙斌，安芷生. 2002. 我国北方干旱化研究——面向国家需求的全球变化科学问题. 地学前缘，9（2）：271-275.

华灯鑫，宋小全. 2008. 先进激光雷达探测技术研究进展. 红外与激光工程，37：21-27.

黄忠伟. 2012. 气溶胶物理光学特性的激光雷达遥感研究. 兰州：兰州大学.

刘金涛，陈卫标，刘智深，等. 2003. 高光谱分辨率激光雷达同时测量大气风和气溶胶光学性质的模拟研究. 大气科学，27（1）：115-122.

祁建华，高会旺. 2006. 生物气溶胶研究进展：环境与气候效应. 生态环境，15（4）：854-861.

邱金桓，郑斯平，黄其荣，等. 2003. 北京地区对流层中上部云和气溶胶的激光雷达探测. 大气科学，1：1-7.

盛裴轩，毛节泰，李建国，等. 2003. 大气物理学. 北京：北京大学出版社.

石广玉，王标，张华，等. 2008. 大气气溶胶的辐射与气候效应. 大气科学，32（4）：826-840.

石广玉，赵思雄. 2003. 沙尘暴研究中的若干科学问题. 大气科学，27（4）：591-606.

孙景群. 1986. 激光大气探测. 北京：科学出版社.

唐启义. 2010. DPS 数据处理系统-实验设计、统计分析及数据挖掘. 北京：科学出版社.

王惠文. 1999. 偏最小二乘回归方法及其应用. 北京：国防工业出版社.

王明星，张仁健. 2001. 大气气溶胶研究的前沿问题. 气候与环境研究，6（1）：119-124.

王青梅，张以谟. 2006. 气象激光雷达的发展现状. 气象科技，34（3）：246-249.

王喜红，石广玉. 2000. 东亚地区人为气溶胶柱含量变化的模拟研究. 气候与环境研究，5（1）：58-66.

叶笃正，丑纪范，刘纪远，等. 2000. 关于我国华北沙尘天气的成因与治理对策. 地理学报，55（5）：513-521.

郁庆福. 1995. 现代卫生微生物学. 北京：人民卫生出版社.

张立盛，石广玉. 2001. 硫酸盐和烟尘气溶胶辐射特性及辐射强迫的模拟估算. 大气科学，25（2）：231-242.

张文煜，袁九毅. 2007. 大气探测原理与方法. 北京：气象出版社.

周军，岳古明. 1998. 大气气溶胶光学特性激光雷达探测. 量子电子学报，15（2）：140-148.

Liou K N. 2004. 大气辐射导论. 2 版. 郭彩丽，周诗健，译. 北京：气象出版社.

Amato P，Hennebelle R，Magand O，et al. 2007. Bacterial characterization of the snow cover at Spitzberg，Svalbard. FEMS Microbiology Ecology，59（2）：255-264.

Ansmann A，Wagner F，Althausen D，et al. 2001. European pollution outbreaks during ACE 2：Lofted aerosol plumes observed with raman lidar at the Portuguese coast. Journal of Geophysical Research，106（D18）：20725-20733.

Ansmann A，Wagner F，Muller D，et al. 2002. European pollution outbreaks during ACE 2：Optical particle properties inferred from multiwavelength lidar and star—Sun photometry. Journal of Geophysical Research，107（D15），4259.

Ansmann A，Wandinger U，Riebesell M，et al. 1992. Independent measurement of extinction and backscatter profiles in cirrus clouds by using a combined raman lidar. Applied Optics，31（33）：7113-7131.

Aoki I，Kurosaki Y，Osada R，et al. 2005. Dust storms generated by mesoscale cold fronts in the Tarim Basin，northwest China. Geophysical Research Letters，32：L06807.

Ariya P，Amyot M. 2004. New directions：The role of bioaerosols in atmospheric chemistry and physics. Atmospheric Environment，38：1231-1232.

Brooks I M. 2003. Finding boundary layer top：Application of a wavelet covariance transform to lidar backscatter profiles. Journal of Atmospheric and Oceanic Technology，20：1092-1105.

Campbell J R，Hlavka D L，Welton E J，et al. 2002. Full-time，eye-safe cloud and aerosol lidar observation at atmospheric radiation measurement program sites：Instruments and data processing. Jounal of Atmospheric and Oceanic Technology，19：431-441.

Chen W，Kuzea H，Uchiyama A，et a1. 2001. One-year observation of urban mixed layel characteristics at Tsukuba，Japan using a micro-pulse lidar. Atmospheric Environment，35（42）：73-80.

Christesen S，Merrow C，DeSha M，et al. 1994. Ultraviolet fluorescence lidar detection of bioaerosols. Proceedings the International Society for Optical Engineering，2222：228-237.

Collis R，Russell P. 1976. Laser Monitoring of the Atmosphere. New York：Springer.

Connor J F，Mendoza A，Zheng Y，et al. 2007. Novel polarization-sensitive micropulse lidar measurement technique. Optics Express，15（6）：2785-2790.

DeMott P J，Sassen K，Poellot M，et al. 2003. African dust aerosols as atmospheric ice nuclei. Geophysical

Research Letters，30：1732.

Draxler R，Hess G D. 1998. An overview of the HYSPLIT_4 modeling system of trajectories，dispersion，and deposition. Australian Meteorological Magazine，47：295-308.

Eck T F，Holben B N，Reid J S，et al. 1999. Wavelength dependence of the optical depth of biomass burning，urban and desert dust aerosols. Journal of Geophysical Research，104：31333-31350.

Fernald F G. 1984. Analysis of atmospheric lidar observations：Some comments. Applied Optics，23（5）：652-653.

Ferrare R A，Melfi S H，Whiteman D N，et al. 1998. Raman lidar measurements of aerosol extinction and backscattering. 1. Methods and comparisons. Journal of Geophysical Research，103：19663-19672.

Franke K，Ansmann A，Muller D，et al. 2001. One-year observations of particle lidar ratio over the tropical Indian Ocean with Raman lidar. Geophysical Research Letters，28：4559-4562.

Gao X，Yabuki S，Qu Z，et al. 2002. Some characteristics of dust storm in northwest China. Journal of Arid Land Study，11（4）：235-243.

Gong W，Zhang J，Mao F，et al. 2010. Measurement of aerosol extinction，backscatter，and lidar ratio profiles at Wuhan in China with Raman/Mie lidar. Chinese Optics Letters，8（6）：533-536.

Griffin D W，Kubilay N，Kocak M，et al. 2007. Airborne desert dust and aeromicrobiology over the Turkish Mediterranean coa-stline. Atmospheric Environment，41：4050-4062.

Holben B N，Eck T F，Slutsker I，et al. 1998. AERONET—A federated instrument network and data archive for aerosol characterization. Remote Sensing of Environment，66（1）：1-16.

Hua D，Kobayashi T. 2005. UV Rayleigh-Mie Raman lidar for simultaneous measurement of atmospheric temperature and relative humidity profiles in the troposphere. Japanese Journal of Applied Physics，44（3）：1287-1291.

Hua D，Uchida M，Kobayashi T. 2004. UV high-spectral- resolution Rayleigh-Mie lidar with dual-pass Fabry-Perot etalon for measuring atmospheric temperature profiles of the troposphere. Optics Letters，29（10）：1063-1065.

Huang J，Lin B，Minnis P，et al. 2006. Satellite-based assessment of possible dust aerosols semi-direct effect on cloud water path over East Asia. Geophysical Research Letters，33：L19802.

Huang J，Minnis P，Yi Y，et al. 2007. Summer dust aerosols detected from CALIPSO over the Tibetan Plateau. Geophysical Research Letters，34：L18805.

Huang J，Huang Z，Bi J，et al. 2008b. Micro-pulse Lidar measurements of aerosol vertical structure over the Loess Plateau. Atmospheric and Oceanic Science Letters，1：8-11.

Huang J，Zhang W，Zuo J，et al. 2008a. An overview of the semi-arid climate and environment research observatory over the Loess Plateau. Advance in Atmospheric Sciences，25（6）：906-921.

Huang Z，Huang J，Bi J，et al. 2010. Dust aerosol vertical structure measurements using three MPL lidars during 2008 China-U.S. joint dust field experiment. Journal of Geophysical Research，115：D00K15.

Huang Z，Huang J，Hayasaka T，et al. 2015. Short-cut transport path for Asian dust directly to the arctic：A case study. Environmental Research Letters，10：114018.

Hulst H C. 1981. Light Scattering by Small Particles. New York：Dover.

IPCC. 2013. Climate Change 2013. The Physical Science Basis. Contribution of Working Group I to the Fifth Assessment Report of the Intergovernmental Panel on Climate Change. Cambridge：Cambridge University Press.

Iwasaka Y，Shi G，Kim Y，et al. 2004. Pool of dust particles over the Asian continent：Balloon-borne optical particle counter and ground-based lidar measurements at Dunhuang，China. Environmental Monitoring and Assessment，92（13）：5-24.

Jaenicke R. 2005. Abundance of cellular material and proteins in the atmosphere. Science，308（5718）：73.

Jeon E，Kim H，Jung K，et al. 2011. Impact of Asian dust events on airborne bacterial community assessed by molecular analyses. Atmospheric Environment，45：4313-4321.

Josephine Y，Kuznetsova M，Jahns C，et al. 2005. The sea surface microlayer as a source of viral and bacterial enrichment in marine aerosols. Aerosol Science，36：801-812.

Kalnay E，Kanamitsu M，Kistler R，et al. 1996. The NCEP/NCAR 40-year reanalysis project. Bulletin of the American Meteorological Society，77：437-472.

Klett J D. 1981. Stable analytical inversion solution for processing lidar returns. Applied Optics，20（2）：211-220.

Kutner M L. 2003. Astronomy：A Physical Perspective. 2nd Edition. Cambridge：Cambridge University Press.

Li Z. 1998. Influence of absorbing aerosols on the inference of solar surface radiation budget and cloud absorption. Journal of Climate，11：5-17.

Li Z，Xia X，Cribb M，et al. 2007. Aerosol optical properties and their radiative effects in northern China. Journal of Geophysical Research，112：D22S01.

Liu C，Qian Z，Wu M，et al. 2004. A composite study of the synoptic differences between major and minor dust storm springs over the China - Mongolia Areas. Terrestrial Atmospheric and Oceanic Sciences，15（5）：999-1018.

Liu Z，Liu B，Wu S，et al. 2008. High spatial and temporal resolution mobile incoherent doppler lidar for sea surface wind measurements. Optics Letters，33（13）：1485-1487.

Liu Z，Sugimoto N，Murayama T. 2002. Extinction-to-backscatter ratio of Asian dust observed with high-spectral-resolution lidar and raman lidar. Applied Optics，41（15）：2760-2767.

Maiman T H. 1960. Stimulated optical radiation in Ruby. Nature，187：493-494.

Maki T，Susuki S，Kobayashi F，et al. 2008. Phylogenetic diversity and vertical distribution of a halobacterial community in the atmosphere of an Asian dust（KOSA）source region，Dunhuang City. Air Quality Atmosphere and Health，1：81-89.

Matthias-Maser S，Jaenicke R. 1995. Size distribution of primary biological aerosol particles with radii > 0.2 mm in an urban/rural influenced region. Atmospheric Research，39：279-286.

Mattis I，Ansmann A，Muller D，et al. 2002. Dual-wavelength Raman lidar observations of the extinction- to-backscatter ratio of Saharan dust. Geophysical Research Letters，29：1306.

Measures R M. 1992. Laser Remote Sensing. New York：Krieger Publishing Company.

Möhler O，DeMott P J，Vali G，et al. 2007. Microbiology and atmospheric processes：The role of biological particles in cloud physics. Biogeosciences，4：1059-1071.

Murayama T，Muller D，Wada K，et al. 2004. Characterization of Asian dust and Siberian smoke with multi-wavelength Raman lidar over Tokyo，Japan in spring 2003. Geophysical Research Letters，31：L23103.

Prospero J，Blades E，Mathison G，et al. 2005. Interhemispheric transport of viable fungi and bacteria from Africa to the Caribbean with soil dust. Aerobiologia，21：1-19.

Qian W，Quan L，Shi S. 2002. Variations of the dust storm in China and its climatic control. Journal of Climate，15：1216-1229.

Reagan J，Apte M，David A，et al. 1988. Assessment of aerosol extinction to backscatter ratio measurements made at 694.3 nm in Tucson，Arizona. Aerosol Science and Technology，8：215-226.

Rosenfeld D，Rudich Y，Lahav R. 2001. Desert dust suppressing precipitation：A possible desertification feedback loop. Proceedings of National Academy of Sciences，98（11）：5975-5980.

Sassen K. 2002. Indirect climate forcing over the western US from Asian dust storms. Geophysical Research Letters，29：1029.

Sassen K，Dodd G. 1982. Lidar crossover function and misalignment effects. Applied Optics，21（17）：3162-3165.

Satheesh S，Vinoj V，Moorthy K. 2006. Vertical distribution of aerosols over an urban continental site in India inferred using a micro pulse lidar. Geophysical Research Letters，33：L20816.

Skidmore M，Foght J，Sharp M. 2000. Microbial life beneath a high Arctic glacier. Applied and Environmental Microbiology，66：3214-3220.

Sugimoto N，Matsui I，Shimizu A，et al. 2008. Lidar Network Observations of Troposheric Aerosols. Incheon: Proceedings of SPIE: The International Society for Optical Engineering，7153.

Sun J，Ariya P. 2006. Atmospheric organic and bio-aerosols as cloud condensation nuclei（CCN）：A review. Atmospheric Environment，40：795-820.

Sun J，Zhang M，Liu T. 2001. Spatial and temporal characteristics of dust storms in China and its surrounding regions，1960—1999：Relations to source area and climate. Journal of Geophysical Research，106（D10）：10325-10333.

Toom-Sauntry D，Barrie L A. 2002. Chemical composition of snowfall in the high Arctic：1990–1994. Atmospheric Environment，36：2683-2693.

Torres O，Bhartia P，Herman J，et al. 1998. Derivation of aerosol properties from satellite measurements of backscattered ultraviolet radiation：Theoretical basis. Journal of Geophysical Research，103：17099-17110.

Velotta R，Bartoli B，Capobianco R，et al. 1998. Analysis of the receiver response in lidar measurements. Applied Optics，37：6999-7007.

Voss K，Welton E，Quinn P，et a1. 2001. Lidar measurements during Aerosols99. Journal of Geophysical Research，106（D18）：21-31.

Wandinger U. 2005. Introduction to lidar，in Lidar-Range-resolved optical remote sensing of the atmosphere. New York：Springer.

Wandinger U，Ansmann A. 2002. Experimental determination of the lidar overlap profile with Raman lidar. Applied Optics，41：511-514.

Wandinger U，Muller D，Bockmann C，et al. 2002. Optical and microphysical characterization of biomass-burning and industrial-pollution aerosols from multi-wavelength lidar and aircraft measurements. Journal of Geophysical

Research，107（D21）：8125.

Welton E J，Campbell J，Spinhirne J，et al. 2001. Global monitoring of clouds and aerosols using a network of micro pulse LIDAR systems. Proceedings. LIDAR Remote Sensing for Industry and Environmental Monitoring，4153：151-158.

Welton E J，Campbell J R. 2002. Micropulse lidar signals：Uncertainty analysis. American Meteorological Society，19：2089-2094.

Welton E J，Voss K，Gorden H，et al. 2000. Ground-based lidar measurements of aerosols during ACE-2：Instrument description，results，and comparisons with other ground-based and airborne measurements. Tellus，52B：636-651.

Whiteman D N. 2003. Examination of the traditional Raman lidar technique. Ⅰ. Evaluating the temperature-dependent lidar equations. Applied Optics，42（15）：2571-2592.

Whiteman D N，Melfi S，Ferrare R. 1992. Raman lidar system for the measurement of water vapor and aerosols in the Earth’s atmosphere. Applied Optics，31（16）：3068-3082.

Wold S，Albano C，Dunn W，et al. 1983. Food Research and Data Analysis. London：Applied Science.

Zhang L，Chen M，Li L. 2007b. Dust aerosol radiative effect and influence on urban atmospheric boundary layer. Atmospheric Chemistry and Physics，7（6）：15565-15580.

Zhang S，Hou S，Ma X，et al. 2007a. Culturable bacteria in Himalayan glacial ice in response to atmospheric circulation. Biogeosciences，4：1-9.

Zhang X，Arimoto R，An Z. 1997. Dust emission from Chinese desert sources linked to variations in atmospheric circulation. Journal of Geophysical Research，102（D23）：28041-28047.

第 9 章

云雷达探测

9.1 引言

在大气科学领域，各种天气现象的发生常常伴随着云和降雨，微波对这些天气现象的探测能力使得雷达在大气科学领域起到了至关重要的作用。对云的研究一般可分为宏观与微观两个方面，宏观上对云底、云顶、云厚、云层数及云的出现频率等宏观特性进行时间与空间上的统计分析，微观上对云粒子数密度谱分布、液态水含量等微物理性质进行反演计算。目前主要探测手段包括飞机、卫星和地基观测。飞机观测虽然可以获得某一区域较高时空分辨率的分布特征，且能够主动挑选观测个例，但是无法获得长时间序列的数据。卫星观测可以得到云在大区域和全球尺度上的分布情况，但时空分辨率较低，其产品精度和可靠性需要地基观测的验证。地基探测具有较高的时间分辨率和反演精度，因此可以对某一地区进行长时间连续观测。地基探测方式主要有毫米波云雷达、激光雷达和微波辐射计。由于激光雷达对大粒子不敏感的特性，因此其可以探测到精确的云底高度，但是当云层较厚或有多层云存在时，激光束会大量衰减，无法探测到高层云或厚云的信息。在强降雨环境下，激光雷达是无法使用的，而多普勒雷达可以继续在可见光波长和近可见光波长下工作。多普勒雷达这种独特的性能使得它能够探测风暴内部风场和水汽的结构。脉冲多普勒雷达技术在测量风和降水上也取得了显著的成果，尤其是对风暴内部结构变化的实时观测。这样的观测资料不但让天气预报员可以对天气预警做出更合理的判断，而且帮助研究学者更深刻地理解风暴的生命周期和动力学特征。

从 20 世纪 60 年代起，国外已经开始通过云雷达的观测对云宏微观性质进行研究。20 世纪 60 年代末，美国空军使用毫米波雷达对云的结构进行探测。随着毫米波雷达技术的发展，云雷达性能不断改进，20 世纪 80 年代末，美国能源部实施了大气辐射测量（atmospheric radiation measurement，ARM）项目，采用多部毫米波雷达对影响辐射传输的云特征开展长期连续观测，与此同时欧洲也开展了应用云雷达对云进行研究的项目。在此基础上，国外学者利用云雷达进行了大量研究。Clothiaux 等（1999）针对云雷达的工作特性，开发了一套区分信号与噪声，准确识别有效回波的方法，多套反演云微物理性质的算法被开发。Mace 等（1998）利用确定的云反射率因子与多普勒速度，对云水含量的分布进行深入探究。Sassen 和 Liao（1996）分析给出了雷达反射率因子与水云和冰云中液态水和冰水含量的经验公式。Kalesse 等（2013）利用云滴下降末速度随高度的变化规律对云的微物理过程进行了研究。这些研究表明了利用云雷达对云宏微观性质进行研究是具有优势的。

中国科学院大气物理研究所在 1980 年起利用云雷达对云和降水进行了系统的观测，并对毫米波雷达的测云能力进行了理论估计，这是国内较早利用毫米波雷达进行气象观测的试验。随着逐渐认识到云在气候系统中的重要性以及应用云雷达探测云的优势越来越凸显，近几年国内应用云雷达对云的研究有所增加。2008～2009 年，中国科学院使用自主研发的 8.6mm 雷达，进行了多次外场实验，并于 2010 年 8～9 月，在吉林开展了飞机和地基毫米波雷达的云联合对比观测。彭亮等（2012）利用 2008 年在安徽淮南寿县进行的中美联合大气辐射综合观测试验获得的数据，分析了 W 波段云雷达观测的层状云反射率因子、多普勒速度和谱宽的分布特征及原因。章文星和吕达仁（2012）也利用其试验数据，对比云雷达和其他地基仪器的观测结果，研究了云的宏微观特性。黄兴友等（2013）使用云雷达、激光云高仪和红外测云仪开展了云底高度观测的对比试验。段艺萍等（2013）验证了毫米波雷达在反演空气的垂直运动及层状云微物理参数的准确性。仲凌志等（2009）概述了国内外云雷达的发展现状以及其在云物理研究方面的进展，指出国内在云雷达的研制和应用方面与发达国家还有一定的差距。

9.2 仪器简介

9.2.1 基本原理和特征

兰州大学半干旱气候与环境监测站的 Ka 波段毫米波云雷达（Ka-Band Zenith Radar，KAZR）是一种双极化（水平极化发射，水平和垂直极化接收）多普勒雷达，其工作频率为 35 GHz（对应波长 8.6mm），峰值功率可达 2.2kW，天线直径 1.82 m，波束宽度 0.33°，可以在天顶方向观测大气水凝悬浮粒子的回波信号。其主要用来研究大气状态、云与降水，根据其多普勒谱，可以得到反射率、径向速度和速度谱宽。此外，根据同方向偏振反射率以及交叉偏振反射率可以计算出线退偏振比。KAZR 有以下几个重要特征：①利用加热条的 PID 控制稳定的 RF 单元；②2kW 弱扩展相互作用速调管放大器；③低损耗闭合回路板中包含 3 个接收保护器，即便有短路发生，接收器也不会损坏；④双通道 16-bit 数字接收机；⑤任意波形发生器可以生成用户自定的任何波形；⑥发射功率、接收功率和接收噪声的内部监测；⑦远程能量分布控制器单元放在集装箱内用来控制所有雷达的辅助设备。

9.2.2 硬件介绍

KAZR 通过应用线性 FM 脉冲压缩可以实现高敏感度，发射波形被称作“Chirp”波形，因为它的频率是随着时间而改变的，发射波形大部分有几微秒的持续时间，最长在 12.3μs，这个波形通过最优滤波器被压缩为 300ns 的脉冲。接收器在脉冲的发射时间里是不接收信号的，因此雷达能探测到的最低高度距地面 0.87km。该距离盲区问题可用“Burst”通道观测进行弥补，“Burst”通道发射短脉冲信号，可探测到距地面 0.15km 以上的云层。这两种波形分别在雷达接收器和处理器中被接收和处理，两个通道的具体运行参数见表 9.1。

表 9.1　KAZR 的技术参数

通道	长脉冲信号“Chirp”	短脉冲信号“Burst”
工作频率/GHz	35.89	35.83
波门数/个	559	577
距离库长/m	30	30

续表

通道	长脉冲信号“Chirp”	短脉冲信号“Burst”
脉冲宽度/ns	233	300
脉冲重复频率/kHz	5	5
最小探测距离/m	869	150
最大探测距离/m	17639	17460
距离分辨率/m	35	45
最大不模糊速度/（m/s）	10.28	10.30
速度分辨率/（m/s）	0.04	0.04
时间分辨率/s	4.27	4.27
最小探测信号（5 km）/dBZ	68	64

资料来源：朱泽恩等，2017。

为了说明 KAZR 的探测敏感性，选取了晴空条件下一小时内雷达观测的垂直廓线数据，计算每一个雷达波门（雷达回波信号采样时间的长度在空间上对应一段距离，每一段空间距称为一个距离波门）中反射率因子的平均值与标准差，在不同高度，背景噪声的平均值加一个标准差即为雷达可以探测到的最弱信号强度，因此两者相加后可得到雷达在不同高度的最小可探测能力，如图 9.1 所示。

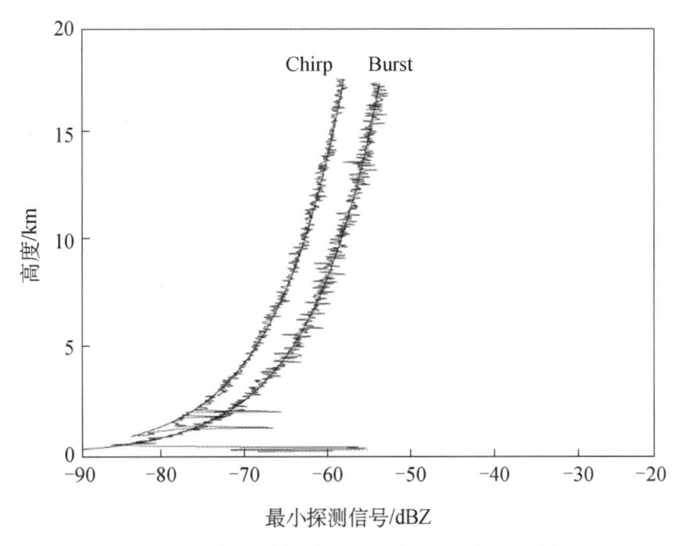

图 9.1　KAZR 两个通道的最小探测信号（朱泽恩等，2017）

KAZR 是由天线、RF 单元、扩展速调管放大器（extended interaction klystron amplifier，EIKA）、任务控制器（MCC）、雷达服务计算机（RDS1）、键盘和显示器、AC/DC 电源、动力分配装置（PDU）、网关和开关、不间断电源、输入转换器、输出转化器、自动除湿器和 RF 单元温度控制组成。接下来将逐一介绍每个硬件的属性和用途。

天线：在集装箱的顶部安装直径为 1.82m 的卡塞格林天线，包括天线罩（保护天线不受天气和外界环境的破坏）、温度和湿度传感器、自动除湿器（保证天线内部的干燥环境）。

RF 单元：安置在一个恒温的密闭空间中，安放在天线接口下方安放设备的架子上。

EIKA/调节器装置：弱扩展相互作用速调管放大器产生 2kW 的弱脉冲，最大占空比为 5%。

任务控制器（MCC）：用做现场对系统的控制、显示、系统状态监视器以及对一些时间的处理。

雷达服务计算机（RDS1）：电脑和它内部的电子接收器、处理器以及雷达和 RF 单元的输出数据的存储。

键盘和显示器：滑动显示器与任务控制器连接，用来显示和操作任务控制器。

AC/DC 电源：电源外壳里包含 AC/DC 线性调节电源和电磁干扰波过滤器，可以专门给 RF 单元的元件提供直流电。

动力分配装置（PDU）：主要用来控制 KAZR 子系统的交流电供给。它包含一块可以读取自动除湿器状态的网络接口控制板。

网关和开关：用来区分雷达的内部网络和外部网络。

不间断电源：提供交流电电源和雷达系统的备用电池。任务控制器可以在电池电量低于 10%时关闭 KAZR 系统。它还自带一个备用的温度传感器用来记录温度。不间断电源不为干燥器供电。

输入转化器：可以将欧式单相 230V 交流电转换成 230V 分相交流电，对美国和欧洲两种电源都适用。

输出转换器：可以提供 120V 交流电或者 240V 交流电。

自动除湿器：自动除湿器可以减小天线的湿度从而避免水汽凝结，天线柱内的湿度计可以监测相对湿度，自动除湿器可以根据湿度计的读数自动工作。

RF 单元温度控制：配备了两种恒温装置，交流电加热条和直流电冷风扇。10 个交流电加热条安装在主要元件的下面并由一个 PID 控制器控制温度稳定在±1℃。交流电控制定量环温度的预设值 35℃，环境温度应低于 30℃，建议将空调温度设为 18℃，通风百叶窗应该安装在距离 KAZR 较远的位置，以防止冷却作用导致温度的波动。如果元件温度高于预设值，DC 直流电风扇就会对 RF 元件进行降温。它们只对元件起到降温的作用，并不能控制元件的温度，在平时运行系统之后，DC 直流电风扇会关闭或者以较低的速度运转。

9.3 观测原理

9.3.1 电磁波及其传播

为了了解雷达的探测原理，首先介绍电磁波的基本特性和大气在电磁波传播过程中的作用。本节主要介绍波在大气中传播的基本概念，并通过推导公式来计算大气对波传播过程的散射作用和对天气信号的影响。

电磁波是电场力 E 和磁场力 H 以光速传播的过程中与物质的相互作用，这种相互作用会导致散射、衍射、折射。由雷达天线发射的光束存在时间和空间的正弦变化，连续的波在发射过程中，波峰之间的距离和时间差分别定义为波长 λ 和周期 T（其倒数为频率 f），这两个重要的参量与光速 c 有关：

$$c = \lambda f = 3\times10^{-8}\,\mathrm{m/s} \tag{9.1}$$

微波的波长范围为 10^{-3}～10^{-1}m，而可见光的波长大概是 6×10^{-7} m，天气雷达和机载雷达所应用的就是波长在 0.01~0.1m 的微波波段。

在雷达天线发射光束 t 时间后距离 r 处的电场力为

$$E(r,\theta,\varphi,t)=\frac{A(\theta,\varphi)}{r}\cos\left[2\pi f\left(t-\frac{r}{c}\right)+\varphi\right]\mathrm{Vm}^{-1} \tag{9.2}$$

式中，A 是 r 与辐射源的夹角，取决于 θ 和 φ；φ 为通常是发射器的位相角，这个值是恒定的，但是每个发射器的位相角可能是不一样的；E 和 H 为取决于 r、θ、φ、t，这些参量是电磁波在真空中传播的参数，天气雷达发射的波在真实大气传播过程中，这些参数依旧适用。

因为力是有方向的，所以 E 是一个矢量，当波在 r 的方向上传播的过程中，观察器的范围 r 一定是以速率 c 在增加，以此维持波峰 $t-\frac{r}{c}$ = 常数，矢量 E 和 H 是彼此正交的并且位于与 r 正交的偏振平面上。

如果 E 的两个正交分量的位相角是可知的，E 和 H 的量级和方向就可以获得，如果两个正交分量的位相角的差为 0 或 π 的整数倍，那么这个波是被线性极化的。如果 E 只有一个水平分量，那么这个波是被水平极化的。如果 E 是在垂直平面上的，那么这个波是被垂直极化的。如果水平和垂直方向皆存在，那么这个波是被椭圆极化的。如果位相角的差是 $\frac{\pi}{2}$，那么两个笛卡儿分量的振幅 A_x 和 A_y 是相等的，该波是右旋圆极化（即右手的拇指指向传播方向时，右手的手指代表电磁场的旋转方向）。如果位相角差是 $-\frac{\pi}{2}$，那么在传播方向是左旋圆极化的，电磁波也是以逆时针方向旋转的。

因为表征电场的周期性主要特征是振幅和位相，所以可以用复数和向量来描述这些参数，电场可以根据欧拉公式表述为式（9.3）：

$$E=\frac{A(\theta,\varphi)}{r}\exp\left[j2\pi f\left(t-\frac{r}{c}\right)+j\psi\right] \tag{9.3}$$

位相 β 的变率是频率，而频率 f 是由两个分量组成的。$\omega=2\pi f$ 是发射频率，$\left(\frac{2\pi f}{c}\right)\mathrm{d}r/\mathrm{d}t$ 是多普勒频移，因此，需要利用方程的实部或虚部得到实部对时间和空间的依赖性。相位的时间依赖性对于理解多普勒雷达的原理至关重要，另一个重要的电磁场量是时间平均功率密度 $S(r,\theta,\varphi)$：

$$S(r,\theta,\varphi)=\frac{1}{2}\frac{E\cdot E^*}{\eta_0}=\frac{A^2(\theta,\varphi)}{2\eta_0 r^2} \tag{9.4}$$

式中，E^* 为复共轭；点 · 表示向量积；$A=\sqrt{A_x^2+A_y^2}$ 是 A 的大小；$\frac{1}{2}E\cdot E^*$ 是 E 在时间上的平均值的平方；η_0 为波阻抗（在太空中，或在雷达波长的地球大气中，η_0 是一个等于 377Ω 的常数），是电场与磁场振幅之比。时间平均功率密度是波的一个周期的平均功率，但如果功率是脉冲的（即以能量脉冲的形式传输），则 A 和 S 是时间和功能的函数。此外，一个周期内的平均功率可以在脉冲期间改变。$S(r,\theta,\varphi)$ 的重要性在于它表示连续地（即与时间无关）或者在突发中从源向外流动的功率密度，S 区域的乘积表示接收、吸收、散射等的功率。

大多数物理环境的遥感探测是在人眼可见的短波电磁辐射下进行的。散射体的角分辨率（即在相同范围内的两个相邻相似物体之间的区分）取决于波长和天线尺寸。圆形衍射图案中第一个零点的角分辨率或直径可以很好地由式（9.5）近似：

$$\Delta\theta \approx \frac{104\lambda}{D\deg} \tag{9.5}$$

式中，D 为天线系统的直径；deg 为度数。无线电的长波需要安装巨大的天线才能达到几度的角分辨率。

对于天气雷达来说，微波有利于探测天气的最重要的原因是它们能够穿透云和雨，无论白天或黑夜都能提供阵雨和雷暴内部的结构。云和雨确实也会衰减微波信号，但与光信号几乎完全消失相比其只会有轻微的衰减。雨滴可以散射电磁波，散射的部分构成了诊断其特征和得到风暴结构的信号，由散射的电磁波强度可以得到降雨的强度，多普勒效应可以得到雨滴的下降速度。

传播路径在自由空间中，波以直线传播，这是因为在任何地方，介电常数和磁导率都是与传播速度相关的常数。大气的介电常数大于垂直分层，因此，微波沿着曲线以速度 v（$<c$）传播，有时光束被折射（弯曲）回到表面（异常传播），通常导致看不到显示器上出现的远处地面物体，此时通常的做法是简单屈光效应的校正，尽管大多数时候都很好，却仍然存在某些大气状态需要较为复杂的方法来设计雷达信号的路径。

9.3.2 雷达脉冲发射器

本节主要介绍脉冲多普勒雷达的脉冲发射器，其用于探测和测量单点散射体的范围，以及分析散射体的聚集体（如气溶胶、水滴、雨滴和雪等）的多普勒雷达的原理。

在大多数雷达系统中，都没有中频回路以提高雷达的性能。然而，我们以简化的零差雷达来阐述多普勒雷达的基本原理。稳定的本地振荡器（STALO）产生几乎完美的正弦形式的连续波（continuous wave，CW）信号（即极其相干的信号），其被调制（如脉冲开启和关闭）并由速调管放大以产生强烈的微波功率。振荡器和功率放大器［主振荡器功率放大器（MOPA）］通常用作发射器，这是因为它产生具有精细光谱纯度的高功率微波脉冲（即除了预期频率以外的频率没有功率）。20 世纪 50 年代开发的高增益速调管放大器实现了从脉冲之间相位相干的高功率微波的产生，从而实现了物体速度的测量。如果每个脉冲的相位角是固定的或者是可以被测量的，雷达脉冲在脉冲之间是一致的。如果振荡器的位相不一致，这种测量就是必要的。

但磁控振荡器的频谱纯度不如 MOPA 发射器那样干净。发射脉冲的光谱纯度对消除接地杂波（即抑制来自地面上静止物体的回波）是极其重要的。例如，在龙卷风外的其他散射体存在强回波的情况下，可以使用多普勒频谱分析检测龙卷风的弱反射。脉冲调制器产生一系列间隔的微波脉冲，在脉冲重复时间（PRT）t 间隔内，每个脉冲的持续时间约为 1 μs，功率密度的理想发射脉冲可表示为

$$S(r,\theta,\varphi)U\left(t-\frac{r}{c}\right) \tag{9.6}$$

其中，

$$U\left(t-\frac{r}{c}\right)=\begin{cases}1, & \frac{r}{c}\leqslant t\leqslant\left(\frac{r}{c}+\tau\right)\\ 0, & 其他\end{cases} \tag{9.7}$$

式中，$U\left(t-\frac{r}{c}\right)$为一个函数，$\tau$ 为一定时间内。

公式仅近似于大多数雷达中常见的实际脉冲形状。因此在实践中，脉冲宽度 f 定义为功率峰值 1/4 实例之间的时间。$S(r,\theta,\varphi)$ 可以解释水凝物因为脉冲以一个狭窄的光束传播时，辐射的一小部分会被散射到接收器方向，在大多数情况下，可以被散射到发射机位置。此外，出于经济原因，发射器和接收器共享同一根天线。发送/接收（T/R）将开关在时间 τ 内将发送器连接到天线，而接收器（即同步检测器和放大器）在时间间隔 $(T_s-\tau)$ 即“接收时段”期间连接。T/R 切换不是即时执行的，通常存在一段时间（几十微秒）的空档，这是由接收器的检测灵敏度造成的。散射体具有速度分量并且朝向远离雷达的方向，多普勒频移回波脉冲和 STALO 产生的连续波输出至一对同步探测器，此时接收器被认为是相干的。如果 STALO 未连接探测器，接收器被认为是非相干的。

微波脉冲使天线处于直径为 D 的基本准直光束中，该光束等于天线反射器的光束。但由于衍射电磁束开始在 $r=D_a^2/\lambda$ 范围内扩散成锥形，其角宽度可根据公式求解。波束宽度的值通常被指定为固定角度（即，3dB 波束宽度），其中微波辐射至少是其峰值强度的一半。

辐射模式 (θ,φ) 通常描述了天线发出能量密度的角度分布。将所有的能量限制在一个狭窄的圆锥形光束中是不可能的，有些光束不可避免地落在主光束之外的侧面。一般主要光束以外的功率密度都小于主峰值密度的 1/100。此外，它的功率总和通常可以保持在主瓣内传输的功率的几个百分点范围。这种集成旁瓣的功率水平是天气雷达设计中的一个重要考虑因素，这是因为散射体分布在广阔的旁瓣的角度区域。天线反射器通常是一个由位于焦点的光源照亮的旋转抛物面，使照明在反射器上不均匀，以降低旁瓣电平。并且通常其强度与轴的距离 ρ 有关。这使得归一化的功率密度模式 $f^2(\theta)$ 具有关于反射器轴对称的角度依赖性：

$$f^2(\theta)=\frac{S(\theta)}{S(0)}=\left\{\frac{8J_2\left[\frac{\pi D\sin\theta}{\lambda}\right]}{[(\pi D\sin\theta/\lambda^2)]}\right\}^2 \tag{9.8}$$

式中，$S(0)$为初始脉冲功率；θ 为反射器轴与光束轴的角距离；J_2 为贝塞尔函数的二阶导。该公式非常准确地描述了包含前几个旁瓣的角度区域的辐射方向。但是在这个区域之外，实际的辐射通常会因反射器和支撑光源的结构中的缺陷而产生更大的功率。当光束宽度小于 1rad 时，公式表明 3dB 的光束宽度是 θ_1 为：

$$\theta_1=\frac{1.27\lambda}{D} \tag{9.9}$$

透射的微波能量在一个 $c\tau$ 厚的球壳内，其以速度 c 扩展传播。即使通过任何封闭球体传输的脉冲功率是恒定的，入射在散射体上的功率密度 $S_1(\theta,\varphi)$ 大小也会随着 r^2 的增加而减小。这就是式（9.2）中 E 与 $1/r$ 相互依赖的原因。在脉冲期间，发射功率不是恒定的，因此脉冲功率被定义为脉冲持续时间内的平均功率。由于天线、传输线及保护天线罩的损耗，微波信号传送到天线输入端口的脉冲功率 P_t 大于 P_t'。

如果 P'_t 辐射在所有的方向是均匀的，S 就等于 $\frac{P'_t}{4\pi r^2}$。然而，天线将辐射聚焦到一个狭窄的角度区域（即波束宽度），其中峰值辐射强度 S_p 比 $\frac{P'_t}{4\pi r^2}$ 强许多倍。

$$\frac{S_p}{\frac{P'_t}{4\pi r^2}} = g'_t \tag{9.10}$$

比率定义为天线的最大方向增益。直接测量 P'_t 是十分困难的，因此工程师先测量传送到天线输入端口的功率 P_t 和距离天线一定距离处的 S_p。在这种情况下，计算增益 g_t 与天线系统相关的能量损失（如由天线罩和波导造成的损耗）。在没有衰减的情况下，在 r 范围内的入射辐射功率密度可由式（9.11）计算：

$$S_i(\theta,\varphi) = \frac{P_t g_t f^2(\theta,\varphi)}{4\pi r^2} \tag{9.11}$$

横截面为 σ 的散射体(如水凝物)可以截获功率 σS_i。如果辐射（被散射的辐射）具有各向同性，在接收器上产生的功率密度等于水凝物散射的实际功率密度：

$$S_r = \frac{S_i \sigma(\theta',\varphi')}{4\pi r^2} \tag{9.12}$$

公式表示散射体不具有散射各向同性。因此，散射体的粗截面 $\sigma(\theta',\varphi')$ 取决于发射机和接收机的相对位置。如果接收机的极角 θ' 和 φ' 被用作描绘天线到散射体的一个极轴,那么很容易推断散射剖面可能与散射体的物理截面没有相似之处。事实上，比实际截面小的薄金属化纤维(箔条)也要比其物理面积大很多倍。例如，考虑一个 0.1mm 直径的箔条，其长度与电场矢量平行，并且在入射波的波长处为谐振（如 $I = \lambda / 2$）。它具有最大的后向散射截面面积 $\sigma_b = 0.857\lambda^2$，相当于在 λ 等于 10cm 处后向散射截面面积为 0.00857m^2，而物理交叉截面面积 σ_{bm} 只有 $5\times10^{-6}\,\text{m}^2$。然而若使 $\boldsymbol{E}$ 不平行于其轴，那么：

$$\sigma_b = \sigma_{bm}\left(1 - \frac{\sin^2\psi}{\sin^2\theta}\right)\cos\left[\left(\frac{\pi}{2}\right)\cos\theta\right] \tag{9.13}$$

式中，角度 ψ 为箔条与包含 S 和 E 的平面之间的夹角，是 S_i 相对于轴的角度。另外，当 E 的方向给定，一个大的纯金属薄板也可以有一个非常小的后向散射横截面，所以它的法线一定不是沿着雷达的天线方向。这说明金属薄板的散射截面可以比其物理面积小许多数量级。

直径为 D 的球面水滴，并且其直径 D 远远小于 λ，后向散射截面可很好地由式（9.14）近似：

$$\sigma_b \approx \left(\frac{\pi^5}{\lambda^4}\right)|K_m|^2 D^6 \tag{9.14}$$

有一些作者已经定义了吸收系数 $K = n\kappa$（n、K 为两个参数），它的值是波长和温度的函数，雨滴直径最大可以达到 8mm，因此，仅对于大约 10cm 或更长的波长，可以简单地将式（9.14）应用于雨滴散射，在大约 10cm 的波长处，n 约为 9 并且相对独立于温度，而 K 的范围为 0.63～1.47，温度为 0～20℃。另外，冰的折射率是 1.78，也与温度无关；但 K 相对较小，范围为 $5.5\times10^{-4} \sim 2.4\times10^{-3}$，温度为−20～0℃。其他波长的 m 值由 Battan 给出，

对于 0.01～0.10m 的波长，水的$|K_{\mathrm{m}}|^2$在 0.91～0.93，与温度无关。冰球的$|K_{\mathrm{m}}|^2$约为 0.18（密度为 0.917g/cm^3），与微波区域的温度和波长无关的值。式（9.14）可被称为瑞利近似，它与大气分子的横截面一样对波长具有依赖性，其直径与可见光波长相比较小。式（9.14）表明，较短λ波具有更强烈的散射。液体或冰水的折射率几乎与气象雷达波段内的频率无关，因此能够估计各种波长的水滴的后向散射截面。Herman 和 Battan（1961）使用当时可用的冰和水的介电常数值在 3.21cm 的波长处进行了计算。虽然水滴大于 6mm 的可能性不大，但被水包裹的冰雹的后向散射截面几乎相当于相同直径的水滴。例如，如果一个 4mm 冰球直径的 1/20 融化在冰雹周围形成一个均匀的水壳，那么后向散射横截面面积几乎就是相同直径的水滴面积。在相同直径范围内，其中冰的后向散射截面明显大于相同直径的水滴。对于直径非常小（即瑞利近似）或极大（即可以应用几何光学）的直径，因为冰的散射截面明显小于相同直径的水滴。在无限大直径的极限中，归一化的后向散射截面面积等于一个平面的反射系数：

$$\frac{4\sigma_{\mathrm{b}}}{\pi D^2}=\frac{|m-1|^2}{|m+1|^2} \tag{9.15}$$

式中，D 为粒子直径；m 为复折射指数。计算表明冰球具有总散射截面（其面积定义为所有方向上的散射功率密度的积分），与水滴没有太大的不同，即使背面散射为冰的成分更多。因此，冰的较大后向散射截面意味着散射截面依赖θ'，其中散射能量的辐射模式在冰球的反向散射中比水滴更具指向性。如果粒子与波长相比较小，则散射能量几乎各向同性地辐射，大物体具有更多的直接散射辐射。

9.3.3　毫米波雷达优势

雷达波长的选择需要综合考虑两个物理现实。对于具有相同分辨率和发射功率的雷达，随着其工作波长变短，雷达能够探测到更小的粒子。然而，随着雷达的工作波长减小，大气的透射率也会降低。探测大的目标的雷达信号强烈反射的特征（如飞机、降水、鸟类），可以选择厘米（1～10cm）波，以最大化雷达信号传输距离，因为这些目标能够散射足够强的雷达回波，可在数百公里内被探测到。直径在 5～10μm 的云粒子通常太小而不能被厘米波雷达检测到。为了可靠地检测云粒子，需要更短的毫米波雷达。然而，大气透射率从厘米到毫米波长下降，限制了毫米波雷达探测的范围。在无降水条件下，毫米波雷达能够探测到数十公里的范围，但降水会使有效观测范围减小。下面简单介绍毫米波雷达相比厘米波雷达在测云方面的优势。

9.3.3.1　厘米波雷达的探测范围

对于瑞利散射（与波长相比，较小的粒子散射），其雷达反射率因子与雷达波长无关，并且雷达后向散射截面面积与波长四次方的倒数呈比例。因此，使用更短的雷达波长可以显著增加小型水凝物的后向散射截面面积，并且可以在不使用高功率发射器和大型天线的情况下进行探测。虽然后向散射截面面积与雷达波长的关系在任何波段都适用，理论上应该选择尽可能短的雷达波长。然而，大气气体和水凝物的吸收以及技术问题限制了雷达波长的选择。水汽在 23GHz、183GHz 的吸收线和波长短于 300GHz（波长 1mm）的整个旋转带以及氧气在 60GHz、118GHz 的吸收线，使雷达频率不能低于 300GHz。在 35GHz（波长 8.6mm）和 94GHz（波长 3.2mm）时，气体的衰减十分显著，尤其在热带地区。在热带边界层，比湿可以达到 20～25g/kg，在 35GHz 时信号衰减可以达到 0.35dB/km，94GHz 时可以达到 2.0dB/km。由水凝物引起的信号衰减对于这些高频雷达的影响也是显著的，特别是液态水。例如，云滴谱中 1g/m^3 的液体可导致 35GHz 时的 0.8dB/km 和 94GHz 时 4.0dB/km 的衰减。虽然使用更高的雷达频率（140GHz 和 220GHz）具有一定的优势，但是在这些频率下来自气体和水凝物的强烈信号衰减使这些雷达只能在几公里或更短的范围内应用。毫米波雷达（特别是 94GHz）信号由于降水严重衰减，因此在扫描时无法提供有关雨水的有用信息。相反，冰中毫米波雷达信号的衰减非常小（对于 1g/m^3 的冰，94GHz 时衰减为 0.03dB/km），因此适合研究对流层中上层和上层的云。

9.3.3.2　非瑞利散射与双波长观测

只要粒子的尺寸参数 $\dfrac{\pi D}{\lambda}$ 远小于 1，瑞利散射近似（$\sigma_{\mathrm{b}} \approx D^6/\lambda^4$）就是适用的。当用毫米波雷达研究大型水凝物（如雨滴和大雪花）时，尺寸参数接近或大于 1，对于这样的大颗粒，瑞利散射近似是无效的。米散射用于描述任何尺寸的球形颗粒对雷达波的散射和吸收。为简单起见，下面将讨论局限于球形粒子和米散射的结果，用非瑞利散射来表示直径与雷达波长相当或更大的液态水球的散射。

对于非瑞利散射，雨滴的后向散射截面面积不随粒子直径的六次方单调增加，相反，它们呈现出具有指数衰减振荡的准周期形式。图 9.2 显示了四种不同雷达频率的反射率与球形粒径的关系。在 3GHz 时，瑞利散射近似描述了球形雨滴的散射，其中后向散射截面面积的大小单调增加。随着雷达频率的增加，最终达到非瑞利散射状态。

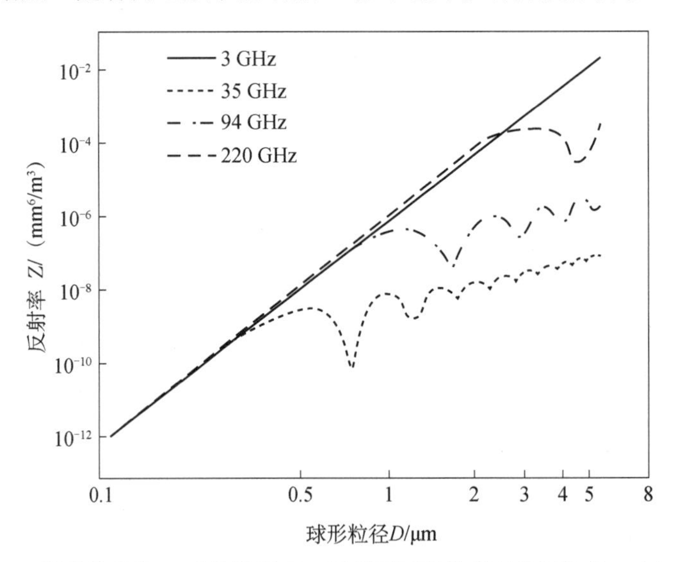

图 9.2　颗粒浓度为 1m^{-3} 的情况下，四种不同雷达频率的反射率 Z（dBZ）与球形粒径 D 的关系（Kollias et al.，2007a）

在瑞利散射适用时，与吸收截面相比，散射截面总是很小。对于非瑞利散射，散射与吸收同等重要。它们的综合效应（消光系数）很大。例如，94GHz 的雨滴消光系数是 3GHz

时的 1000 倍。雷达波束的严重消光限制了短波雷达探测降水的能力。对于非瑞利散射，与较低的雷达频率相比，高频雷达存在粒子后向散射“不足”，这导致毫米波雷达在降雨中的预测和观测到的雷达反射率较低。非瑞利散射也会影响雷达从垂直指向（垂直剖面）观测到的雨滴尺寸分布的平均多普勒速度。随着雷达波长的减小，对多普勒频谱的大粒子贡献的抑制增加了雨水中小雨滴的相对贡献，并将观测到的平均多普勒速度转移到较低的幅度（图 9.3）。

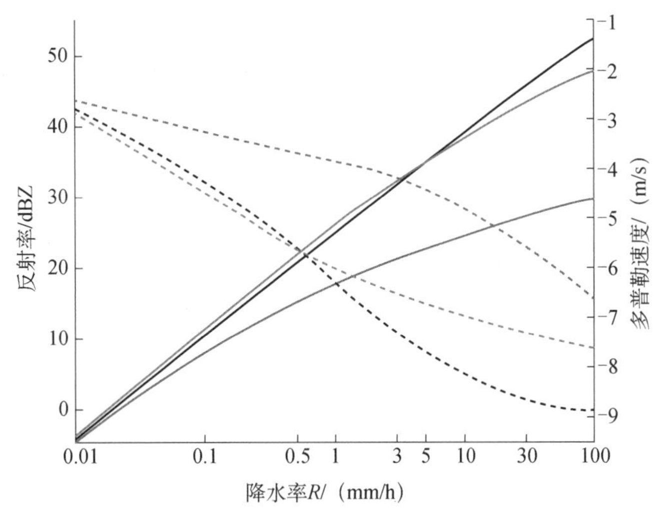

图 9.3　假设雨滴尺寸为指数分布的情况下，3GHz（黑线）、35GHz（红线）和 94GHz（蓝线）的雷达，反射率（实线）和平均多普勒速度（虚线）与降水率 R 的关系（Kollias et al.，2007a）

由直径与雷达波长相当或大于雷达波长的粒子散射产生的复杂情况，即毛毛雨和雨滴，或者大雪花，可能会阻碍毫米波雷达用于降水研究。衰减和非瑞利散射确实使观测到的雷达反射率变得复杂，特别对于雷达体扫过程中，但毫米波的信号衰减和非瑞利散射取决于水凝物尺寸分布的情况，并可用于约束云的回收和降水微物理学，特别是当使用双频雷达观测时。94GHz 剖面多普勒雷达与低频雷达相结合的测量结果可用于分析与对流层层状雨相关的微物理和运动学。

9.3.3.3　不易受地面杂波影响

短距离（几千米）探测弱大气目标的最重要考虑因素不仅是雷达的灵敏度，还有通过天线旁瓣泄漏到回波中的地回波（杂波）。当固定物体（如建筑物，树木或地形）被雷达波束拦截并产生非气象回波时，会发生地面杂波，这对于高功率长波雷达观测是一个限制性问题。

单位面积内地物杂波截面面积 σ^0 与雷达波长的关系并不明晰，它们的关系取决于目标物。Long（2001）表明，σ^0 与 λ^{-1} 成正比。正如我们所看到的，云滴回波强度与 λ^{-4} 成正比，10μm～0.32cm 波长显著增加 60dB。即使 σ^0 增加 10dB，地波杂波和云回波的对比度也会 10μm～0.3cm 的波长提高至少 50dB。当被建筑物和树木包围时，94GHz 云雷达在短距离内不会显示任何可测量的地面杂波信号。

毫米波雷达在垂直指向模式下操作，或者如果需要三维扫描，则在垂直方向上操作，其是观察低空低反射率云（例如晴天积云）的有吸引力的解决方案。此外，大约为 $2Da^2/\lambda$ 的远场范围，其中 Da 为天线直径，λ 为雷达波长，对于具有与典型毫米波雷达相同的波束宽度的厘米波雷达天线要大得多，因此，垂直指向的厘米波雷达不能产生与其毫米波长对应物一样靠近表面的有用数据。

9.3.3.4 可观测湍流和微物理过程

对于垂直观测的雷达，可以得到水凝物的垂直速度分量，其是粒子终端下落速度和垂直空气运动速度的总和。将快速傅里叶变换应用于接收雷达信号的时间序列，产生了后向散射截面面积与垂直速度的分布（多普勒频谱），多普勒频谱的矩即反射率，平均多普勒速度和谱宽也是有意义的物理量。虽然大部分雷达都可以获得这些观测量，但是毫米波雷达可以检测小颗粒和大颗粒，并且具有高时间和空间分辨率以及高速度分辨率。毫米波雷达的这些属性使它们适用于研究小尺度的湍流和云微物理过程。

小颗粒（如云滴和冰晶）的终端末速度很小，并且观察到的这些小颗粒的垂直速度主要受到空气运动和湍流的影响。在这些情况下，由粒径变化引起的多普勒频谱的任何扩展都会被湍流和风切变展宽淹没。对于含有小颗粒的云，平均多普勒速度和多普勒频谱宽度对湍流有很大的贡献，观测到的多普勒信息可用于研究云上升气流-下降气流的结构、湍流强度、重力波和夹卷过程。

除了使用毫米波雷达研究云运动学之外，还开发了用于检索云、冰晶和细雨粒度分布的技术。在某些情况下，毫米波雷达多普勒频谱可用于估计混合相云的组成。毫米波雷达研究的另一个领域是使用极化测量来识别云粒子类型（如云滴、细雨、冰晶）。这些技术表明，当与微波辐射计和激光雷达测量相结合时，毫米波雷达是研究云微物理的强大研究工具。

9.4 数据处理

毫米波雷达时域信号在经过快速傅里叶变换（fast Fourier transform，FFT）处理后得到频域的功率谱数据，功率谱反映了不同多普勒速度的粒子对应的回波功率分布。每个雷达波门对应一组功率谱，它们由回波谱点组成，每个谱点分别对应一个多普勒速度。功率谱数据与云内的微物理和动力过程息息相关，利用一定的反演方法可以反演出云内的微物理和动力参数。例如，Gossard（1988）在假设粒子谱模型和湍流的基础上，利用 W 波段的雷达功率谱反演了云滴谱的分布、数浓度、有效半径和液态水含量等。Kollias 等（2007a，2007b）则利用强对流云中 W 波段功率谱的米散射振荡特征，反演了大气垂直运动速度，并结合风廓线雷达反演了雨滴谱。Shupe 等（2008）利用 Ka 波段云雷达高灵敏度的特点，利用小粒子示踪的方法反演了液态云内的大气垂直运动速度。功率谱数据是云雷达的初级数据，包括反射率因子、平均多普勒速度、谱宽和退偏振比在内的雷达数据都是由功率谱数据计算得到的，因此功率谱的数据处理不仅与云微物理、动力反演相关，还直接影响了雷达基本数据的数据质量。功率谱数据处理的主要内容通常包括噪声电平计算、云信号识别、谱矩计算和谱参数计算。

9.4.1　雷达方程

适用于 KAZR 的雷达气象方程：

$$\mathrm{dBZ}=10\log(P_{\mathrm{r}})+10\log(C)+20\log(R) \tag{9.16}$$

式中，R 为每个脉冲距地面的距离；C 为标准常数，与雷达的硬件或是粒子性质有关，

$$C=\frac{\pi^3}{1024\ln 2}\frac{P_{\mathrm{t}}hG^2\theta_1\varphi_1}{\lambda^2}\psi\left|\frac{m^2-1}{m^2+2}\right|^2 \tag{9.17}$$

式中，P_{t} 为峰值功率；λ 为发射波长；m 为液态水复折射指数；θ_1、φ_1 与散射波方向有关；G 为天线增益；h 为雷达波束距地面的高度。

9.4.2　反射率因子

对于球形粒子，在满足瑞利散射的条件下，后向散射函数为

$$\beta(\pi)=\frac{16\pi^4r^6}{\lambda^4}\left|\frac{m^2-1}{m^2+2}\right|^2 \tag{9.18}$$

经过距离 R 散射至天线处的散射能流密度 $S_{\mathrm{r}}(\pi)$ 为

$$S_{\mathrm{r}}(\pi)=\frac{S_{\mathrm{i}}}{R^2}\beta(\pi) \tag{9.19}$$

假设散射粒子以 $S_{\mathrm{r}}(\pi)$ 向周边以球面波形式进行各向同性散射，则以粒子为中心，R 为半径的球面内接收到的总散射功率为

$$S_{\mathrm{r}}(\pi)4\pi R^2 \tag{9.20}$$

设 σ 表示粒子总散射功率与入射波能流密度 S_{i} 之比，即

$$\sigma=\frac{S_{\mathrm{r}}(\pi)4\pi R^2}{S_{\mathrm{i}}} \tag{9.21}$$

将式（9.21）代入（9.19）式后得到

$$\sigma=4\pi\beta(\pi) \tag{9.22}$$

式中，σ 为雷达散射截面面积，表示粒子散射能力的大小。把 $\beta(\pi)$ 在式（9.18）中的表达式代入式（9.22）后得到

$$\sigma=\frac{\pi^5D^6}{\lambda^4}\left|\frac{m^2-1}{m^2+2}\right|^2 \tag{9.23}$$

雷达天线接受的散射功率是一些大小、分布不规则的云雨粒子所产生的散射功率的总和。假设云雨粒子大小、分布随机，天线处接收到总回波功率的平均值等于各个粒子产生的后向散射功率的总和，定义雷达反射率 η 为单位体积内所有粒子散射截面面积之和，即

$$\eta=\sum_{i=1}^{N}\sigma_i \tag{9.24}$$

雷达截面面积反映了粒子后向散射能力的大小，雷达反射率即为单位体积内所有粒子后向散射能力的总和。设单位体积内粒子数密度为 n，$n(D)\mathrm{d}D$ 表示单位体积内直径在 $D\sim D+D_{\mathrm{d}}$ 云滴粒子的数目，则雷达反射率还可以表示为

$$\eta=\int_{0}^{\infty} n(D)\sigma(D)\mathrm{d}D \tag{9.25}$$

除了散射粒子尺度的大小外，反射率还与雷达波长有关。不同波长的雷达，对相同的云滴粒子探测到的雷达反射率不同，因此不能用雷达反射率来比较不同雷达得到的探测结果，引入反射率因子 Z：

$$Z=\int_{0}^{\infty} n(D)D^{6}\mathrm{d}D \tag{9.26}$$

则雷达反射率可以表示为

$$\eta=\frac{\pi^{5}D^{6}}{\lambda^{4}}\left|\frac{m^{2}-1}{m^{2}+2}\right|^{2} Z \tag{9.27}$$

由此可见，反射率因子Z的大小仅与云滴谱的分布有关，还可以表示不同波段云雷达探测到粒子的后向散射能力大小，Z 可通过雷达气象方程式（9.16）得到。

9.4.3 多普勒速度

多普勒速度源于雷达的多普勒效应，当降水粒子与雷达发射波存在相对运动时，可以测定接收信号频率与发射信号频率的差异，即多普勒频移，它可以用来测定散射体相对雷达的速度，并在一定条件下反演得到大气风场、气流垂直速度分布及湍流情况等，对于研究云层的形成及消散过程有重要的意义。

假设多普勒雷达工作频率为 f_0(波长为 λ)，目标物距雷达为 R，则雷达波束从发往目标到返回天线所经过的距离为 $2R$，相当于 $2R/\lambda$ 波长，即 $4\pi R/\lambda$ 弧度。若发射电磁波在天线处的相位为 φ_0，则电磁波返回天线时的相位为

$$\varphi=\varphi_0-\frac{4\pi R}{\lambda} \tag{9.28}$$

相位随时间的变化率为

$$\frac{\mathrm{d}\varphi}{\mathrm{d}t}=-\frac{4\pi}{\lambda}\cdot\frac{\mathrm{d}R}{\mathrm{d}t} \tag{9.29}$$

假设距离天线 R 处的目标物相对雷达波束方向的运动分量为 v，规定朝向天线的运动方向为正，则有 $v=-\mathrm{d}R/\mathrm{d}t$。由于 $\mathrm{d}\varphi/\mathrm{d}t$ 为角频率 $\varpi=2\pi f$，代入式（9.29）后得到单个粒子的多普勒速度(v)与多普勒频率(f)之间的关系式：

$$v=\frac{f\lambda}{2} \tag{9.30}$$

雷达回波信号表示在雷达有效照射体内所有降水粒子后向散射的总和，降水粒子的径向速度不相同，因此在回波信号中得到的是多普勒频谱，其反映了单位体积内所有粒子产生的多普勒频率的总和。平均多普勒速度为

$$\bar{v}=\frac{\int_{-\infty}^{+\infty} v\varphi(v)\,\mathrm{d}v}{\int_{-\infty}^{+\infty} \varphi(v)\,\mathrm{d}v} \tag{9.31}$$

其中，

$$\overline{P_r} = \int_{-\infty}^{+\infty} \varphi(v)\,\mathrm{d}v \tag{9.32}$$

式中，$\overline{P_r}$ 为回波信号功率，由此可得到平均多普勒速度的表达式：

$$\bar{v} = \frac{\int_{-\infty}^{+\infty} v\varphi(v)\,\mathrm{d}v}{\overline{P_r}} \tag{9.33}$$

9.4.4　速度谱宽

速度谱宽 σ_v^2 表征雷达有效照射体内粒子多普勒速度偏离其平均值的程度，反映了云中湍流活动的强弱，它是由散射粒子具有不同的径向速度引起的，可以表示为

$$\sigma_v^2 = \frac{\int_{-\infty}^{+\infty} (v-\bar{v})^2 \varphi(v)\,\mathrm{d}v}{\overline{P_r}} \tag{9.34}$$

一般而言，影响速度谱宽的因子主要有四个，分别是垂直方向的风切变、由波束宽度引起的横向风效应、大气的湍流运动及不同直径云滴粒子下降末速度的不均匀分布。由于KAZR是垂直指向多普勒雷达，波束宽度很窄，仅为0.33°，因此风切变效应及横向风效应可以忽略不计，仅简单讨论由大气湍流运动和不同直径云滴粒子产生的不同终端末速度对速度谱宽造成的影响。

在湍流大气中，雷达有效照射体内粒子除了具有环境风场的速度和自身的下降速度以外，还会受到空气湍流的影响。对于粒径较大的粒子，由于本身惯性作用，其对大气脉动不如小粒子灵敏，因此在同一照射体内不同大小的粒子具有不同的速度方差。

由于重力和大气阻力的作用，不同大小的粒子具有不同的下降末速度，而速度谱宽是表征雷达有效照射体内粒子多普勒速度偏离其平均值的程度。当粒子直径差别越大，产生的下降末速度差别越大，造成的多普勒速度谱越宽。因此速度谱宽除了可以用来表征大气湍流运动的强弱外，还可以表示粒子的谱分布情况。

9.4.5　线性退偏振比

线性退偏振比由雷达发射波的极化性质得到。雷达天线发射线性偏振波，并接受返回信号的垂直和水平方向的偏振分量，线性退偏振比即为后向散射功率的垂直分量 $P_\perp$、水平分量 $P_\parallel$ 之比。

$$\mathrm{LDR} = 10\log\left(\frac{P_\perp}{P_\parallel}\right) \tag{9.35}$$

线性退偏振比LDR与目标粒子的大小分布、形状、相态和空间取向有关，越接近球形的粒子线性退偏振比越小，反之形状越不规则的粒子线性退偏振比越大，通过线性退偏振比可以分析目标物的形状与相态信息。

9.5　云检测

雷达在接收信号时不可避免地要混入某些干扰和噪声，噪声的来源主要分为内部噪声

和外部噪声。内部噪声主要是由接收机中的电阻、馈线、晶体管和放电保护器等元件产生的。外部噪声是由雷达天线进入接收机的各种干扰，对于云雷达来说主要包括大气分子散射回的信号。雷达回波中云的信号掩藏在这些噪声之中，在使用这些回波信号之前需先检测来自云的回波与噪声，也就是云检测。

9.5.1 客观估计云检测算法

Hildebrand 和 Sekhon（1974）基于高斯白噪声特点，提出了客观噪声电平计算法，这种方法假设雷达噪声满足高斯白噪声的统计特征，从谱峰开始往下检测，直至气象信号和噪声完全分离。该方法自提出后被广泛用于天气雷达，后来也用于毫米波云雷达中。以下对其原理进行描述，假设雷达噪声属于高斯白噪声，则满足高斯白噪声的两个统计特性：一是在统计上，噪声的幅度在频带范围内满足均匀分布；二是噪声瞬间幅度的概率分布满足高斯分布。当功率谱中存在雷达噪声和气象信号时，气象信号功率较高，因此客观法从高功率开始逐渐将功率谱中的气象信号抽离，直至只剩下雷达噪声，计算过程中以抽离后的序列方差是否满足高斯白噪声的方差性质为准则进行判断。具体的计算方法和步骤如下：

（1）将功率谱序列 $S_i(i=1,2,\cdots,M)$ 由大到小进行排序，得到序列 $S_{ti}\ (i=1,2,\cdots,M)$，其中 M 为功率谱的点数。

（2）依次将 S_{ti} 序列中每个点预设为气象信号和噪声的功率分界值，大于该分界值的被认为是气象信号，小于该分界值的被认为是噪声。将每个分界值分离出的噪声重新组成一组噪声序列，得到 M 组噪声序列 $S_n\ (n=1,2,\cdots,N)$。

（3）对于每组噪声序列 $S_n\ (n=1,2,\cdots,N)$，假设频率范围为 F，第 n 点的频率为 f_n，功率为 S_n。由于雷达噪声为白噪声，频带范围内的幅度满足均匀分布，则方差为

$$\sigma_n^2 = F^2 / 12 \tag{9.36}$$

而按功率谱的方差定义式求得噪声序列 S_n 的方差为

$$\sigma^2 = \sum_{n=1}^{N} f_n^2 S_n \Big/ \sum_{n=1}^{N} S_n - \left(\sum_{n=1}^{N} f_n S_n / \sum_{n=1}^{N} S_n \right)^2 \tag{9.37}$$

定义 σ_n^2 和 σ^2 的商为

$$R_1 = \sigma_n^2 / \sigma^2 \tag{9.38}$$

根据雷达噪声瞬间幅值的概率密度满足高斯分布，理论上可求得高斯白噪声的方差为

$$P^2 = \left(\sum_{n=1}^{N} S_n / N \right)^2 \tag{9.39}$$

而按照随机变量方差的定义式，随机噪声序列 S_n 的方差为

$$Q^2 = \left(\sum_{n=1}^{N} S_n^2 \right) / N - P^2 \tag{9.40}$$

定义 P^2 和 Q^2 的商为

$$R_2 = P^2 / Q^2 \tag{9.41}$$

（4）通过以上步骤可以得到 M 个高斯白噪声方差的商 R_{1n}（或 R_{2n}）$(n=1,2,\cdots,M)$。理论上，当某分界值能够将气象信号和噪声正确分离时，则满足条件 $R_1 = R_2 = 1$，而实际中，

只能用 $R_1 \approx R_2 \approx 1$ 作为判断条件。对于 R_{1n} 和 R_{2n}，当预设的分界值从谱峰开始往下降时，二者分别表现为下降和上升的过程，当 R_{1n} 和 R_{2n} 第一次下降和上升到 1 时，取二者与 1 最近的值作为满足 $R_1 \approx R_2 \approx 1$ 的条件，此时对应 S_n 中的预设功率分界值即为信号和噪声的分界值，对该分界值以下的噪声求平均即得到噪声电平。将回波信号与噪声电平比较，若大于噪声电平，则该点被认为是云的回波，反之则被认为是噪声。

9.5.2　ARM 的云检测算法

Clothiaux 等（1999）提出针对云雷达的云特征识别算法，并在改进后被运用到星载雷达上，这里对其进行简要介绍。

（1）通常认为雷达噪声符合正态分布，将每条廓线最大高度处的 30 个波门（对应海拔范围为 18.7~19.6km，大于对流层顶高度，通常认为此高度范围不存在云）接收到的回波功率 P_r 作为背景噪声，用其计算噪声平均值 m 和标准差 σ。

（2）将廓线上每一个波门的 P_r 与 $m+\sigma$ 进行对比：若某一个波门的 $P_r > m+\sigma$，则认为此波门可能包含有效信号回波，并将该波门的初始云检测值设为 1，表示这一波门存在有效信号，反之将初始云检测值设为 0。

（3）对于符合正态分布的噪声，近 16%数量的波门所接收的信号会在初始云检测中被错误判定为云信号。考虑到噪声在空间中是随机分布的，而云信号在时间和空间的分布存在连续性，若某个波门中信号为云的有效回波信号，则该波门附近的其他波门中也可能存在一定数量的云信号。因此，考虑引入空间-时间滤波器进行低通滤波处理，将误判的噪声信号滤除。

对于任意一个波门，选取该点及其周围的 24 个点构成一个覆盖 25 个点的滤波器，在该滤波器所覆盖的 25 个点中（定义 $N_T = 25$），噪声在初始云检测中被设置为 1 的概率为 0.16，被设置为 0 的概率为 0.84，构建概率计算公式：

$$p = (0.16^{N_1})(0.84^{N_T - N_1}) \tag{9.42}$$

式中，N_1 为滤波器内初始云检测值为 1 的个数，N_1 越大，p 值越小，中心点是有效雷达回波信号的可能性越大。将计算得到的 p 与阈值 $p_{\text{threshold}}$ 进行比较，若 $p > p_{\text{threshold}}$，则该点周围存在较少的有效回波信号，该点被误检的可能性较大，即将其误认为噪声。Clothiaux 等（1999）在多次试验的基础上，得出当阈值 $p_{\text{threshold}} = 5\times10^{-12}$ 时，误检率和漏检率综合最优。

9.5.3　双边滤波云检测算法

高斯滤波函数是图像处理领域的一种重要方法，滤波后的图像变得模糊，达到过滤细节和平滑边缘的作用，高斯滤波还可以对随机噪声的分布进行压缩，双边滤波在压缩噪声分布的同时可以抑制噪声与信号边界的模糊程度。Ge 等（2017）基于双边滤波的这一特性，提出一种快速有效提取云信号的方法。下面对其进行简要介绍。

（1）压缩噪声。对于雷达信噪比（SNR）数据，首先计算底噪的平均值（S_0）与标准差（σ_0），并与每个雷达回波像素点进行比较，如果某个像素点的 $\text{SNR} > S_0 + 3\sigma_0$，则认为这一点存在效回波信号。这是由于在高斯分布中，出现比平均值大三个标准差的点概率仅为 0.1%，这些点是噪声的概率非常小，即使被误判为信号，也可通过空间滤波等过程去除。

对于$\text{SNR} \leqslant S_0 + 3\sigma_0$的像素点，需要考虑其周围像素点 SNR 的大小，根据结果进行双边滤波或高斯滤波处理。由于噪声随机分布，在空间上往往不连续，在连续空间出现大量较强的回波的概率较小，但是云信号是连续出现的，根据噪声与云信号的差异，构造一个$N_x \times N_y$矩阵，考察该矩阵内是否存在云信号，构造一个$N_x = 5$，$N_y = 5$的矩阵。由于$\text{SNR} > S_0 + 3\sigma_0$的回波被认为是强信号，这几乎不影响整体正态分布的假设，然而却对判断矩阵内是否存在云信号带来干扰，因此将矩阵内这部分信号剔除，假设这些点数目为N_s，则除去这些点点和中心点后，矩阵内剩余点的个数为：$N_r = N_x \times N_y - N_s - 1$。若矩阵内不存在云信号，即这些点全是满足高斯分布的噪声，则其中$\text{SNR} > S_0 + 3\sigma_0$的点的个数应为：$N_t = N_r \times 0.16$。记实际矩阵内$\text{SNR} > S_0 + 3\sigma_0$的像素点为$N_0$。若$N_0 < N_t$，说明矩阵中包含云信号的可能性很小，则对该矩阵进行高斯滤波，将滤波后的值重新赋给中心点。构造一个二维高斯滤波函数如下：

$$G(i,j) = \frac{1}{2\pi\sigma^2} \exp\left(-\frac{i^2 + j^2}{2\sigma^2}\right) \tag{9.43}$$

式中，i和j为矩阵内格点的下标，中心值用 0 表示；σ为所构造的高斯滤波函数的标准差，这里取$\sigma = 1$。

将高斯滤波函数与矩阵内的 SNR 相乘，滤波后的值赋给中心点，由式（9.44）给出：

$$\text{SNR}_f(x,y) = k^{-1}(x,y) \sum_{j=-v}^{j=v} \sum_{i=-u}^{i=u} \text{SNR}(x+i, y+j) \cdot G(i,j) \tag{9.44}$$

式中，$\text{SNR}_f(x,y)$为滤波后的中心点的值；u和v为滤波器的边界，即$u = \frac{N_x - 1}{2} = 2$，$v = \frac{N_y - 1}{2} = 2$；$k^{-1}(x,y)$定义为$1\Big/\sum_{j=-v}^{j=v} \sum_{i=-u}^{i=u} G(i,j)$，将权重进行函数归一化。

若$N_0 \geqslant N_t$，说明这一矩阵中有足够多的有效信号点，矩阵内有云信号，需要再根据中心点的回波信号判断该点是否是云信号。如果中心点的$\text{SNR} < S_0 + 3\sigma_0$，则认为中心点是噪声，在高斯滤波过程中把信号值大于$S_0 + 3\sigma_0$的点去除。构造$B(i,j)$来表示矩阵内每一格点的权重：

$$B(i,j) = \frac{1}{2\pi\sigma^2} \exp\left(-\frac{i^2 + j^2}{2\sigma^2}\right) \cdot \delta(i,j) \tag{9.45}$$

式中，$\delta(i,j)$为一个指示器，用来表示回波点(i,j)是否与中心点同为噪声或同为信号。若中心点的$\text{SNR} > S_0 + 3\sigma_0$，则将矩阵内$N_r$个点中$\text{SNR} > S_0 + 3\sigma_0$的点对应的$\delta(i,j)$赋值为 1，$\text{SNR} \leqslant S_0 + 3\sigma_0$的点对应的$\delta(i,j)$赋值为 0；若中心点的$\text{SNR} \leqslant S_0 + 3\sigma_0$，则该矩阵内$N_r$个点中$\text{SNR} \leqslant S_0 + 3\sigma_0$的点对应的$\delta(i,j)$赋值为 1，$\text{SNR} > S_0 + 3\sigma_0$对应的$\delta(i,j)$赋值为 0。滤波后的$\text{SNR}_f(x,y)$由式（9.46）给出，即将式（9.44）中的高斯滤波函数改写为双边滤波函数：

$$\text{SNR}_f(x,y) = k^{-1}(x,y) \sum_{j=-v}^{j=v} \sum_{i=-u}^{i=u} \text{SNR}(x+i, y+j) \cdot B(i,j) \tag{9.46}$$

式中定义与式（9.44）一致。

（2）初始云检测。经过噪声压缩处理后，噪声分布发生了变化，因此需要重新估计每条廓线的平均值 S_f 与标准差 σ_f，比较滤波后的 SNR 与 S_f 和 σ_f 的关系，如果 $\mathrm{SNR}_f < S_f + \sigma_f$，把此点赋值为 0，如果 $S_f + \sigma_f \leqslant \mathrm{SNR}_f < S_f + 2\sigma_f$，把此点赋值为 10，若 $S_f + 2\sigma_f \leqslant SNR_f < S_f + 3\sigma_f$，把此点赋值为 20，如果 $S_f + 3\sigma_f \geqslant \mathrm{SNR}_f$，把此点赋值为 30。

（3）空间滤波。与 ARM 云检测算法类似，空间滤波只是考虑了中心点的权重，即式（9.47）中的 $G(L)$。构造一个 $N_x = 5$，$N_y = 5$ 的矩阵，在这一矩阵中去除中心点后的波门数为 $N_T = N_x \times N_y - 1$，假设矩阵内 $\mathrm{SNR}_f \leqslant S_f + \sigma_f$ 的波门数为 N_0，据此构建概率函数为

$$p = G(L)(0.84^{N_0})(0.16^{N_T - N_0}) \tag{9.47}$$

式中，$G(L)$ 为中心点的权重，表示中心点的误判率，若中心点值为 0，则 $G(L) = 0.84$，若中心点值为 10，则 $G(L) = 0.16$，若中心点值为 20，则 $G(L) = 0.028$，若中心点值为 30，则 $G(L) = 0.002$。计算每个矩阵的 p 值并与 $p_{\text{threshold}}$ 比较（$p_{\text{threshold}} = 5\times10^{12}$），若 $p < p_{\text{threshold}}$，说明这一矩阵中有足够多的有效信号点，中心点是有效回波信号的可能性很大，如果中心值为 0，说明这一点存在漏检的可能性，重新赋值为 10，若 $p > p_{\text{threshold}}$，说明矩阵中大部分为噪声，则中心值赋值为 0。重复 5 次滤波后得到最终的云检测结果。

9.5.4　云检测结果

利用上文中提到的 ARM 的云检测算法对 2014 年 KAZR 数据进行处理。近地层上空通常存在昆虫，特别是夏秋季节活动最为明显，导致 3km 范围内存在大量非云回波信号。考虑昆虫不规则外形产生的线性退偏振比（linear depolarization ratio，LDR）一般大于低层水云的 LDR 值，利用雷达退偏振比数据，将地面以上 3km 范围内 LDR 大于 15%的波门认为是昆虫产生的回波，从而对此类杂波进行初步去除，得到最终的云检测结果，并进一步根据云边界的识别方法，判定了云底、云顶高度。在此基础上，按照云底高度及云层厚度对云进行分类：云底低于 2km 且厚度小于 6km 的云定义为低云，云底低于 2km 且厚度大于 6km 的云定义为直展云，云底处于 2~5km 和云底高于 5km 的云分别定义为中云和高云。在实际分析中，由于直展云发生频率很低，仅为 1.2%。因此我们着重分析低云、中云和高云的分布特征。

图 9.4 是对 2014 年云底高度、云顶高度和云层厚度随高度的分布及其年变化特征的描述。总体上，云底高度、云顶高度呈双峰分布，云底高度发生最大频率在距地面 1.5km 和 5.5km 处，云顶在距地面 2.5km 和 8.5km 处，峰值频率分别为 4.8%和 8.9%。云层厚度分布频率随厚度增加而降低，近 67.1%的云厚分布在 2km 范围内。月平均云底高度在 5.4~6.8km，月平均云顶高度维持在 3.9~5.0km。云底、云顶高度在冬、春季节高于夏、秋季节，说明在冷季持续时间较长的中、高云出现频率高于暖季，夏、秋季节的低云和持续时间较短的对流云发生频率较高，造成了云高特征的明显波动。云层厚度分布在 1.2~1.9km，年变化特征与云底、云顶高度类似。

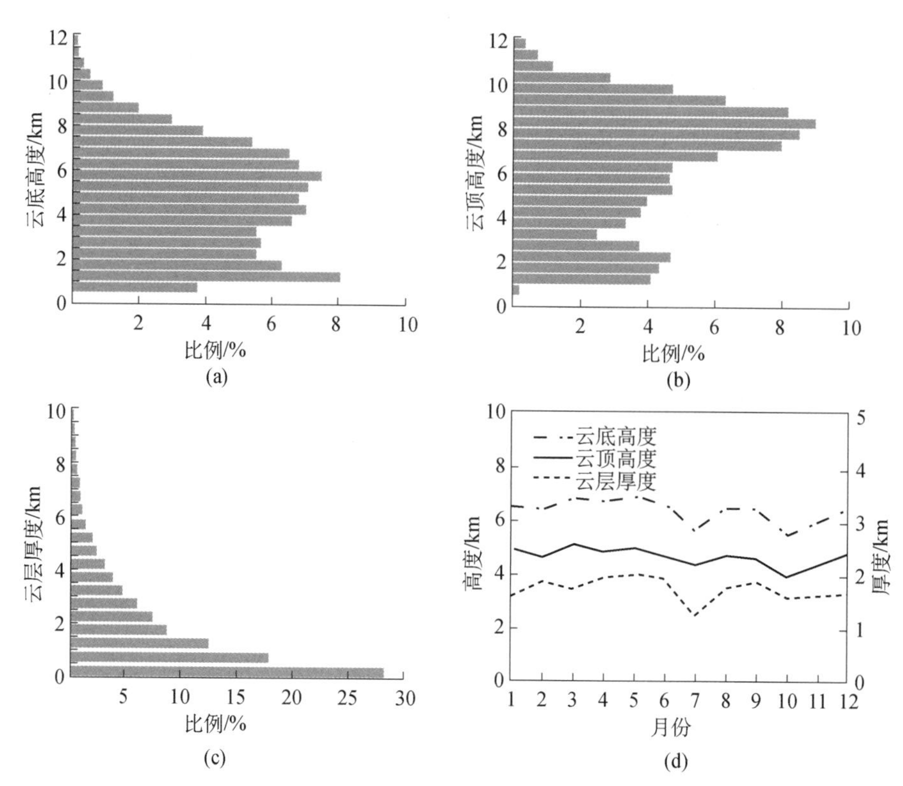

图 9.4　云底高度（a）、云顶高度（b）和云层厚度（c）随高度的分布及其年变化特征（d）（朱泽恩等，2017）

图 9.5 为云底高度、云顶高度和云层厚度半小时平均值在不同季节的日变化特征。四季中云底、云顶高度都存在一定的日变化特征，春季云顶高度从当地日出到午后缓慢降低，日落后逐渐升高，云底高度在日落后明显下降，造成云层厚度在傍晚到午夜显著增加；夏季云顶高度随日出而增加，日落后降低，云底高度日变化平缓，云层厚度白天大于夜间；秋季云顶高度和云底高度变化趋势一致，在日出后先降低，从午后开始持续增加，云层厚度夜间大于白天；冬季云顶高度在日出至正午略有降低，云底高度缓慢上升，造成云层厚度显著下降，正午至日落云层厚度维持在 1.8km。云底、云顶高度在不同季节的日变化特征反映了不同季节云的类型随天气系统及太阳辐射影响的变化：冬、春季节的云层多由锋面天气造成，厚度较大，持续时间长且云层较为平整，太阳辐射在这一季节较弱，主要对云顶变化有一定的影响。夏、秋季节太阳辐射加热作用较强，对流产生的云层增多，云层分布复杂且时空变化明显，白天地面加热增加大气不稳定度，云层抬升，日落后大气冷却抑制了垂直运动致使云层高度降低。

图 9.6 给出了低云、中云、高云的平均厚度及其发生频率的年变化特征。低云平均厚度最低，为 1.0km，中云与高云的平均厚度分别为 2.2 与 1.4km。从年变化特征来看，月平均总云量发生频率介于 44.4%~75.9%，夏、秋季节的发生频率高于冬、春季节。高云发生频率为 22.2%~47.9%，中云为 22.3%~43.6%，除春季高云发生频率大于中云外，其他季节两者发生频率相当。低云发生频率在 3.0%~21.9%，低于高、中云的发生频率，在秋季低云发生频率增加。图 9.6（c）统计了云层的出现频率，随着云层层数增加，发生频率降低，单层云、双层云和三层云共占到云层总数的 98%。其中单层云出现频率最多，如图 9.6（d）所示，占到 52.4%~75.3%，对总云量的相对贡献在夏、秋季节小，冬、春季节较大，多层云相反，说明在夏、秋季节对流活动相对旺盛，更容易出现复杂的云层垂直分布现象。

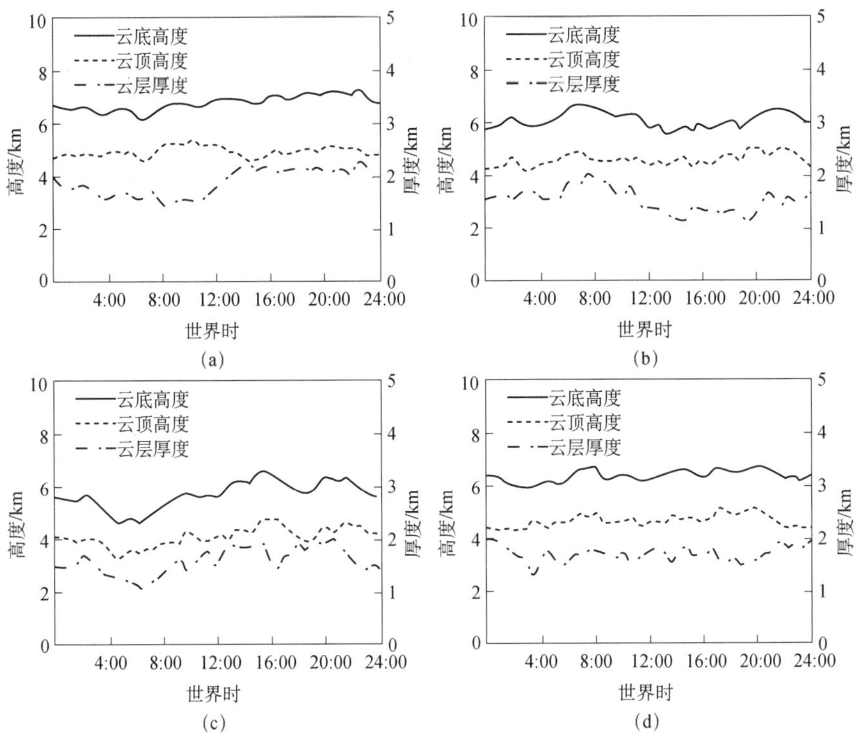

图 9.5　云底、云顶高度和云层厚度在春季（a）、夏季（b）、秋季（c）、冬季（d）的日变化特征（朱泽恩等，2017）

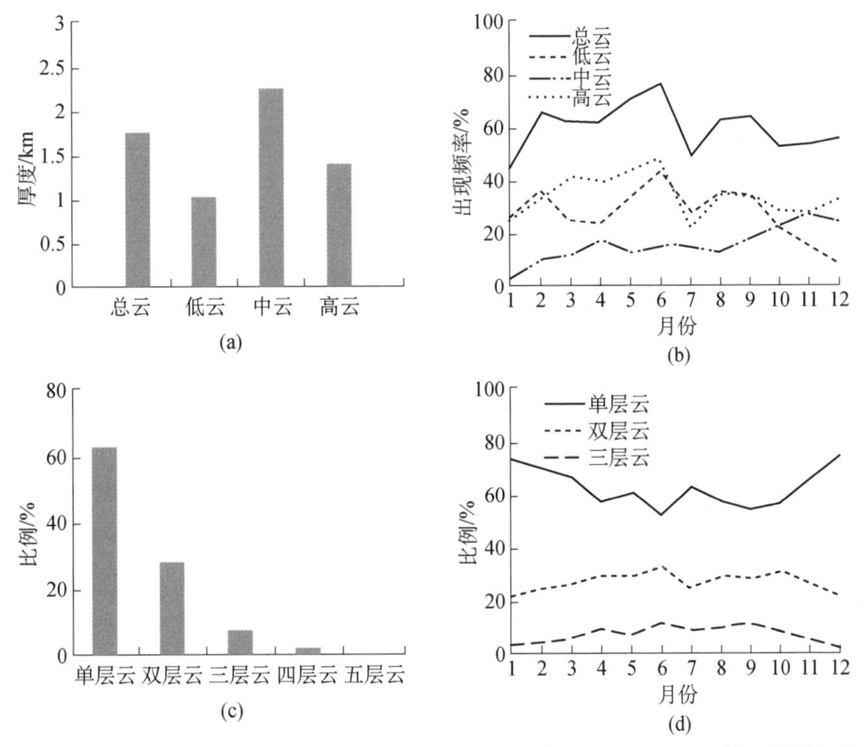

图 9.6　总云、低云、中云、高云的厚度分布（a）及年变化特征（b），不同层数云的频率分布（c）及单层云、双层云和三层云发生频率的年变化特征（d）（朱泽恩等，2017）

9.6 云微物理特征

云微物理特征已是国际气象学研究领域中的热点之一。云相态、云滴谱分布、液态水含量、冰水含量等微物理参数对天气过程、飞行安全（飞机积冰）、人工影响天气工程、气候变化等众多领域都有着重要的影响。

云的遥感探测主要利用卫星设备和地基设备。在宏观研究方面，卫星设备有其自身的优势，但在云微物理学的研究中却存在一些明显的不足之处。例如，在云相态的探测方面，卫星遥感只能从宏观上将云分为水相、冰相或混合相，并不能从微观上判定云水凝物粒子的组成，并且在云分类、云重叠、低云观测等方面也存在很多问题。地表大面积的雪和冰、逆温层的出现等也会对卫星被动方式的遥感观测产生很大影响。总之，在目前云微物理学研究中，卫星遥感在时间、空间、光谱分辨率以及探测反演效果等多方面还不能满足飞机积冰预报、人工影响天气工程等领域的应用要求。

地基设备凭借着成本低、机动性高、维修性好、易推广以及算法相对成熟、可连续观测、分辨率高等优越性，在云微物理特征探测方面得到了发展和应用。近 10 年来，国内外开展了大量的基于地基设备的外场试验和理论研究，也开发了众多反演算法。

9.6.1 概念及物理量介绍

云雾中水相态的变化，从新相态的初始胚胎开始，这种胚胎的产生是云雾中水物质状态的突变，称为核化过程。核化过程分同质核化和异质核化。如果空气非常纯净，没有杂质，那么云滴胚胎只能由水汽分子互相结合才能产生，这种过程称为同质核化，在自然界中该过程是十分少见的。实验表明，当空气相对湿度达到 800%以上时，水汽才出现凝结现象；当温度降低到−41℃时，水滴才会冻成冰晶。在云雾粒子形成过程中，凡有其他物质作为凝结核参与的核化过程，称为异质核化，这是自然界大气中云雾粒子形成的主要过程。参与云雾形成的核有凝结核、凝华核、冻结核三种。能吸附水汽，使水汽凝结成水滴的微粒称为凝结核；能使水汽直接凝华成冰晶的核称为凝华核；能使过冷水滴直接冻结成冰晶的核称为冻结核。

大气中固、液态的水凝物粒子统称为云粒子，包括云滴，即云中的液态水凝物粒子，尺寸大小从几微米到 50μm 的称为小云滴，半径位于 50～100μm 的称为大云滴，半径大于 100μm 的大气液态粒子称为雨滴；冰雪晶，即大气中的固态水凝物粒子，直径小于 0.3mm 的为冰晶，直径大于等于 0.3mm 的为雪晶。

液态水含量（liquid water content，LWC）、冰水含量（ice water content，IWC）、液态水路径（liquid water path，LWP）、冰水路径（ice water path，IWP）和冰云有效半径（effective particle size，Dge）都是云微物理学中常用的基本物理量，这些物理量不仅反映了云的内部结构特征，还会对云的辐射效应造成影响。

冰水含量（IWC）反映了整体冰云中所含的冰晶质量，是冰云的重要光学参数，定义如下：

$$\text{IWC} = \int V \rho_{\text{i}} n(L)\,\text{d}L \tag{9.48}$$

式中，V 为体积；ρ_{i} 为冰的密度；$n(L)$ 为冰晶的尺度分布；L 为冰晶的最大尺度。而冰水路径（IWP）是整层冰水含量的积分量，用公式表示为

$$\text{IWP} = \iint V \rho n(L)\,\text{d}L\text{d}z \tag{9.49}$$

云的液态水含量反映了云中的含水量，它的表达式为

$$\text{LWC} = \frac{4\pi}{3}\rho_{\text{w}} \int a^3 n(a)\,\text{d}a \tag{9.50}$$

式中，ρ_{w} 为水的密度；a 为水滴半径。液态水路径是整层液态水含量的积分，反映了整层大气中液态水含量的水平分布情况。表达式为

$$\text{LWP} = \frac{4\pi}{3}\rho_{\text{w}} \iint a^3 n(a)\,\text{d}a \tag{9.51}$$

冰云有效半径反映了冰云粒子的平均有效尺度。其定义式为

$$\text{Dge} = \frac{\int Vn(L)\,\text{d}L}{\int An(L)\,\text{d}L} \tag{9.52}$$

式中，L 为冰晶的最大尺寸；V 为体积；A 为冰晶在垂直于入射光束的平面上的几何投影面积；$n(L)$ 为冰晶的尺度分布。

由式（9.48）和式（9.52），可以得出

$$\text{Dge} = \frac{\text{IWC}}{\rho_{\text{i}} \int An(L)\,\text{d}L} = \frac{\text{IWC}}{\rho_{\text{i}} A_{\text{c}}} \tag{9.53}$$

式中，A_{c} 为给定冰晶尺度和分布的总投射面积。Heymsfield 和 McFarquhar（1996）发现 $A_{\text{c}} \approx a \times \text{IWC}^b$ 这一比例关系，其中，a、b 是经验系数。由此可以得出，Dge 和 IWC 之间也存在直接的相关。IWC 越大，Dge 也越大，这与冰晶的碰并增长原理相一致。

云雾中单位体积的水凝物质粒大小和个数（数密度），可按一定的等尺度间隔，排列成若干组。用每组等尺度间隔的中点值（直径或半径）为该组的代表值，分别计算各组的个数，这称为水凝物质粒谱。云滴对应云滴谱，雨滴对应雨滴谱，冰雪晶对应冰雪晶谱。下面介绍谱的相关概念。

云滴浓度（数密度）：单位体积内半径为 r_i 的云滴的个数，用 n_i 表示。其单位为个/m^3。

云滴总浓度：单位体积内各种尺度云滴的总数，用 N 表示，其单位为个/m^3，$N = \sum n_i$。

分布密度：单位体积内单位组距中云滴的数。用 $N(r)$ 表示，$N(r) = n_i / \Delta r$，单位为个/(m^3·μm)，其中 Δr 是测量仪器的固定尺度，表示测量精度。

云滴总浓度（N）也可以表示为 $N = \sum n_i = \sum N(r) \times \Delta r$。

相对浓度（P_i）：又称“相对密度”或“频率”，$P_i = (n_i / N)\%$。是指半径为 r_i 的云滴占云滴总数的比例。

滴谱公式：又称谱函数，它是描述云滴谱分布规律的数学表达式，是据分布特征而拟合的经验公式。常用的云滴谱公式为 Khrgian-Mazin 公式：

$$N(r)\,\text{d}r = Ar^2 \text{e}^{-Br} \text{d}r \tag{9.54}$$

式中，$N(r)$ 为分布密度；A 和 B 为与云雾性质有关的待定系数。谱宽：最小滴与最大滴半径（直径）之差值，实际探测中最小滴很难测定，故以最大滴值作为谱宽。

接下来介绍几种常用到的半径：

平均半径（r_{p}）：全部滴的半径总和除以云滴总浓度。

$$r_{\mathrm{p}} = \frac{\sum r_i n_i}{N} \tag{9.55}$$

均方根半径（r_2）：将所有滴的半径求其平方和的平均值，然后再开方。

$$r_2 = \sqrt{\frac{\sum r_i^2 n_i}{N}} \tag{9.56}$$

均立方根半径（r_3）：将所有滴的半径求其立方和的平均值，然后再开立方。

$$r_3 = \sqrt[3]{\frac{\sum r_i^2 n_i}{N}} \tag{9.57}$$

峰值半径（r_{d}）：又称重数半径，它是滴谱曲线 $N(r)$ 峰值数密度对应的半径。

中值半径（r_{m}）：半数云滴的半径小于或大于此值。

中数体积半径（r_{z}）：即含水量的一半由半径大于此值的滴组成。

优势半径（r_{v}）：即对含水量贡献最多的半径。

9.6.2 云微物理量反演方法

由于水云和冰云具有截然不同的形状，水滴粒子一般为球形，而冰晶粒子的形状更为复杂，冰晶的形状取决于温度、相对湿度以及在云中是否经历过碰撞和合并过程，所以一般将水云和冰云分开分别反演，接下来，将介绍几种常用的水云反演方法。

9.6.2.1 水云微物理

1）经验关系算法

目前，液态云微物理参数的反演主要借助经验关系算法来完成，即以大量的实验数据为基础，利用函数拟合的方式建立起测量变量，即雷达反射率与待反演变量，即液态云微物理参数之间的经验关系，通常为指数函数的形式。如 Atlas（1954）利用地基毫米波雷达资料和飞机实测谱参数数据，首次得到雷达反射率、液态水含量和云粒子直径三者之间的经验关系式，奠定了经验关系反演液态云微物理参数的基础。Sauvageot 和 Omar（1987）基于雷达和飞机实测资料给出了非降水云和弱降水云雷达反射率与微物理参数之间的经验关系表达式，并将−15dBZ 作为区分降水云和非降水云的界限。随后，众多学者也都开展了相关研究，建立了针对不同降水条件和不同类型云的雷达反射率因子与液态云微物理参数之间的经验关系。

然而，经验关系算法虽然计算简单，易于操作，但其经验系数的选取地域性强，反演结果误差大，算法的扩展性也较差，无法通过添加更多的测量信息来提高反演精度，不利于液态云微物理参数的业务化反演研究。

2）最优估计理论

最优估计理论最初为一种数学方法，对受到随机干扰和随机测量误差作用的物理系统，按照某种性能指标为最优的选择，从具有随机误差的测量数据中提取信息，估计出系统的某些参数状态变量。这就提出了参数和状态的估计问题，这些被估参数或被估状态统称为被估量。将其应用于云微物理量的反演中，这些云微物理量就是被估量。具体方法根据计算情况，有最小方差估计、线性最小方差估计、极大似然估计、极大验后估计、最小二乘估计等。

当前对于液态云粒子尺度分布的描述主要有三种，即伽马分布、对数正态分布和修正伽马分布。其中，伽马分布与对数正态分布反演得到的液态云微物理量参数误差在同一量级，但后者的误差相对较小。当采用对数正态分布来计算液态云的微物理参数，此时的分布函数 N（r）可以描述为

$$N(r)=\frac{N_T}{\sqrt{2\pi}\sigma_{\log}r}\exp\left[\frac{-\ln^2(r/r_{\rm g})}{2\sigma_{\log}^2}\right] \tag{9.58}$$

其中，N_T 为粒子数密度，cm^{-3}；r 为粒子半径，μm；参数 $r_{\rm g}$、$\sigma_{\log}$、$\sigma_{\rm g}$ 分别定义为

$$\ln r_{\rm g}=\overline{\ln r} \tag{9.59}$$

$$\sigma_{\log}=\ln\sigma_{\rm g} \tag{9.60}$$

$$\sum\nolimits_g^2=\overline{(\ln r-\ln r_{\rm g})^2} \tag{9.61}$$

式中，$r_{\rm g}$ 为几何平均半径，μm；$\sigma_{\log}$ 为分布宽度函数，为无量纲变量；$\sigma_{\rm g}$ 为几何标准差；ln 为自然对数变化；上划线为求算术平均。

在毫米波段，由于云粒子足够小，可以用瑞利散射来近似。在可见光波段，云粒子足够大，此时的消光效率接近 2。根据雷达反射率因子 Z（$\mathrm{mm^6/m^3}$）、光学厚度 τ（无量纲）、有效粒子半径 $r_{\rm e}$（μm）、可见光消光系数 $\sigma_{\rm ext}$（$\mathrm{km^{-1}}$）、液态水含量 LWC（$\mathrm{gm^{-3}}$）以及液态水路径 LWP（$\mathrm{gm^{-2}}$）的定义，可推导出：

$$Z(z)=64\int_0^\infty N(r)r^6\mathrm{d}r=64N_T r_{\rm g}^6\exp(18\sigma_{\log}^2)10^{-12} \tag{9.62}$$

$$\tau=\int_{Z_{\rm base}}^{Z_{\rm top}}\sigma_{\rm ext}(z)\,\mathrm{d}z=\Delta z\sum_{i=1}^{n}\sigma_{\rm ext}(z_i) \tag{9.63}$$

$$r_{\rm e}(z)=\frac{\int_0^\infty N(r)r^3\mathrm{d}r}{\int_0^\infty N(r)r^2\mathrm{d}r}=r_{\rm g}\exp\left(\frac{5}{2}\sigma_{\log}^2\right) \tag{9.64}$$

$$\sigma_{\rm ext}(z)=2\int_0^\infty N(r)\pi r^2\mathrm{d}r=2\pi N_T r_{\rm g}^2\exp(2\sigma_{\log}^2)10^{-3} \tag{9.65}$$

$$\mathrm{LWC}(z)=\int_0^\infty\rho_{\rm w}N(r)\frac{4\pi}{3}r^3\mathrm{d}r=\frac{4\pi}{3}N_T\rho_{\rm w}r_{\rm g}^3\exp(\tfrac{9}{2}\sigma_{\log}^2)10^{-6} \tag{9.66}$$

$$\mathrm{LWP}=\int_{Z_{\rm base}}^{Z_{\rm top}}\mathrm{LWC}(z)\,\mathrm{d}z=\Delta z\sum_{i=1}^{p}\mathrm{LWC}(z_i)10^3 \tag{9.67}$$

通过假设液态云粒子服从对数正态分布，便可借助三个分布参数 $r_{\rm g}(z)$、$N_T(z)$ 和 $\sigma_{\log}(z)$ 来描述测量变量和反演变量，这里假设三个参数都随高度变化。因此，若能通过反演得到

三个分布参数的大小，则可借助以上公式计算出液态云的微物理参数的取值。

3）不同波长雷达联合反演

可以利用两台不同波长（或频率）的雷达，在不假设粒子谱分布的情况下，测得云内液态水含量，具体原理如下。

在某个频率 f，某个高度 h 处，雷达反射率因子可以表示为

$$Z_f = Z_0 + 10\lg\left[\frac{\left|K_f(T)\right|^2}{0.93}\right] - 2\int_0^h (\alpha_f + \varepsilon_f \mathrm{LWC})\,\mathrm{d}h \tag{9.68}$$

式中，Z_0 为厘米波长处未衰减的雷达反射率因子，dBZ；α_f 为特定的大气气体产生的单向衰减系数，主要是指氧气和水汽，$\mathrm{dB\ km^{-1}\cdot(g\ m^{-3})^{-1}}$；$\varepsilon_f$ 为液态水的单向衰减系数，$\mathrm{dB\ km^{-1}\cdot(g\ m^{-3})^{-1}}$；等式右端的第二项表明，毫米波的水介电常数 $|K|^2$ 小于厘米波雷达 0.93 的数值，是温度的函数；在瑞利散射近似中，水的衰减系数如下定义：

$$\varepsilon_f = 4.343\times10^3 \frac{6\pi}{\lambda\rho}\mathrm{Im}(-K) \tag{9.69}$$

式中，λ 为雷达波长；ρ 为液态水密度；Im 表示为复折射率指数的虚部。假设低层水云中，由吸收引起的消光远大于散射，这在低层的水云中是适用的。

定义雷达波长比为

$$\mathrm{DWR(dB)} = Z_{35}\mathrm{(dBZ)} - Z_{94}\mathrm{(dBZ)} \tag{9.70}$$

下标指假设两台雷达的频率为 94GHz 和 35GHz，根据式（9.68），从云底到云顶，高度 h_1 到 h_2 内，平均冰水含量为

$$\overline{\mathrm{LWC}} = \frac{1}{\varepsilon_{94} - \varepsilon_{35}} \times \left[\frac{\mathrm{DWR}_2 - \mathrm{DWR}_1 - \beta}{2(h_2 - h_1)} - \alpha_{94} + \alpha_{35}\right] \tag{9.71}$$

其中，

$$\beta = 10\lg\left[\frac{\left|K_{35}(T_2)\right|^2}{\left|K_{35}(T_1)\right|^2}\frac{\left|K_{94}(T_2)\right|^2}{\left|K_{94}(T_1)\right|^2}\right] \tag{9.72}$$

假设消光系数 α 和 ε 随着云高是一个常数；β 则会在两层高度间有微小的变化，是由于温度引起的。

衰减系数和 β 都是温度的函数，大气气体的衰减系数还和气压和湿度有关，所以单独测量这些变量的垂直廓线对于反演是很重要的，这些可以从无线电探空仪或者预报模式的输出中得到。尽管实际应用中经常假设有云的空气相对于液态水也是饱和的。可以根据温度计算出 ε，利用逐线积分模式并根据温度，气压和相对湿度计算出 α_f。

9.6.2.2 冰云微物理

冰云是指由冰晶组成的层状、钩状、带状或纤维状的高云，其分布特征与季节和地理位置有关，常常出现在中纬度风暴路径区域和热带地区。它们既可以产生自天气尺度的上升运动，如锋面抬升、低压系统和急流的抬升作用，也可以产生自局部地形抬升和深对流这样的中尺度扰动。与水云类似，冰云可以反射和吸收太阳辐射，可以发射和吸收长波辐射，但是，二者的辐射效应有差异。冰云的光学厚度比水云薄，因而具有较小的反照率效

应，即冷却效果较水云弱。又因为它通常位于高海拔处，以比地面低得多的温度发射长波辐射，产生温室效应。

1）冰云识别

在反演冰云的微物理之前，需要先识别冰云的位置。在早期的研究中，人们用一种很直接的定义来识别冰云，试图将冰云的微物理性质从环境场中分离出来。这种定义为：云顶温度低于228K，该云层中最大雷达反射率因子处的温度低于253K，云底温度低于273K。在实际研究中发现，这种的定义方法会将实际连续，但不符合某一判别条件的冰云，判别成不连续的云。因此Mace等（1998）根据经验得出了一种更灵活的判别条件，判别基础依然是云底、云顶和云层中最大反射率因子处的温度，判别条件变为基于三者温度判据的叠加。对于每一层云来说，基于下面的判别式，判别结果大于等于15将被认定为冰云。

$$P_{\text{total}}=\sum_{i=1}^{3}\frac{10}{T_{2i}-T_{1i}}(x_i-T_{1i})\tag{9.73}$$

其中i=1时，T_{1i}、T_{2i}和x_i分别为273K、253K以及观测到的云层中最大雷达反射率因子处的温度；i=2时，T_{1i}、T_{2i}和x_i分别为243K、223K以及观测到的云层顶部的温度；i=3时，T_{1i}、T_{2i}和x_i分别为243K、223K以及观测到的云层底部的温度。这个额外的标准使得冰云比最低温度标准所要求的更冷，一方面能保证冰云内部以冰相为主又没有对云边界强加硬性标准，另一方面同时去除了那些被冰云所覆盖的深对流云和其他降水云系统。

确定冰云定义后，将连续的冰云廓线定义为一次冰云事件。除此之外，考虑到环境条件的连续性，将中断时间间隔小于1小时的两个冰云标记视为一个冰云事件。对于特殊的冰云事件，即包含降水（雨、雪等）的冰云事件，还需进一步判定。先基于去除降水廓线的数据找出冰云事件的节点，然后考虑节点之间是否有云。主要根据区间内有云标记的廓线数占总区间廓线数的比例对云事件进行判断，取阈值75%，只有当比例不小于阈值时，将该区间连同其两侧的冰云一起视为一个事件，计算冰云事件的持续时间时，将该区间也加进去，计算冰云的事件的其他属性（如云顶高度、云层厚度等）时不考虑该区间内的数据；否则，剔除此区间，两侧的冰云视作独立的两个冰云事件。

2）识别结果

云分数是有冰云标记的廓线数目占所有有效观测廓线数目的比例，用云分数的年变化表示其时间分布特征，把每个月的廓线分开考虑，用每个月有冰云标记的廓线数目除以每个月各自的有效观测廓线数目，结果如图9.7（a）所示。冰云的出现频率具有明显的季节变化，在冷季的出现频率比暖季高，3月冰云的出现频率为全年最高，达到了60%，因为这一时段副热带急流相对较强且冷锋在中国北部频繁出现，有利于冰云的产生。冰云的出现频率在8月降至最低，低至24%，因为这一时段对流层上层的相对湿度比其他季节低而且具有相对较弱的垂直运动，不利于冰云的产生。

用云分数的垂直变化表示其空间分布特征，用每个高度层有冰云标记的廓线数目除以总的有效观测廓线数目，结果如图9.7（b）所示，冰云的云分数在距离地面7.2km处达到峰值22%。

综合考虑云分数的时空变化，即冰云的云分数的垂直分布的年变化，结果如图9.7（c）所示。相对于冷季，冰云在暖季趋向于出现在更高的地方，这与图中白线所示的对流层顶的位置变化具有一致性。图中对流层顶的高度在暖季明显高于冷季，且在 4～5 月快速变高，9～10 月快速变低，其他月份变动不大，维持在平稳状态。垂直方向上，冰云最大的云分数所对应的高度随季节的变化幅度比对流层顶的变化幅度小。因而，在暖季，垂直方向上，冰云最大的云分数所对应的高度与对流层顶的距离比冷季时二者间的距离小。大部分冰云都位于对流层顶以下，在春季时会出现例外，有一部分冰云出现在对流层顶以上，这与 Mace 等（1998）在 ARM SGP 观测站所得到的结果一致。

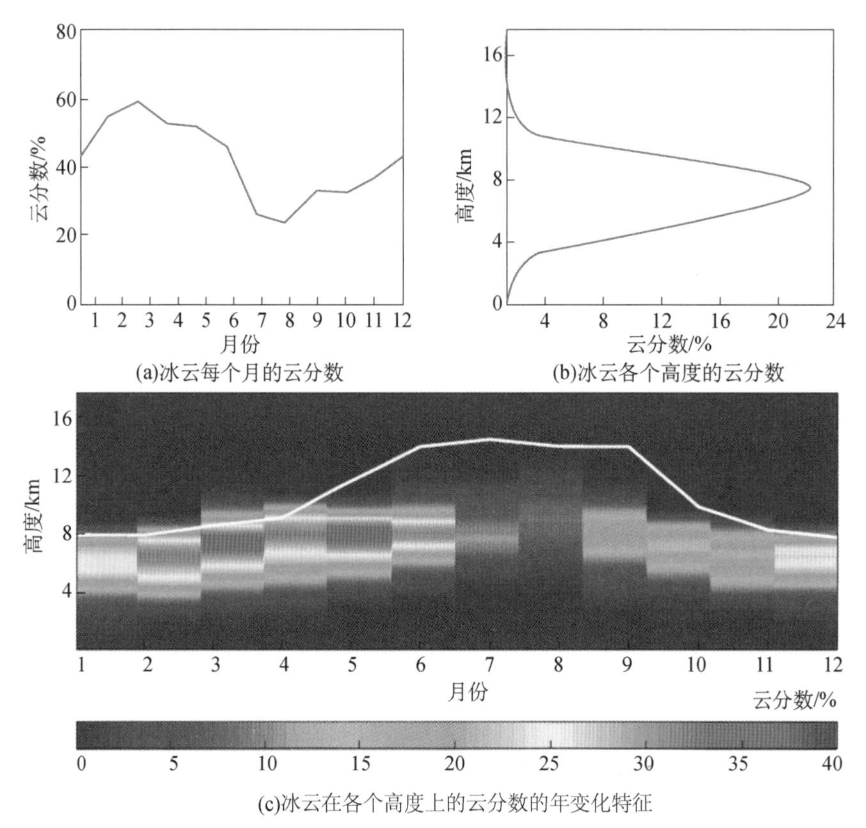

图 9.7　研究期间冰云的云分数（Ge et al.，2018）

白线代表对流层顶的逐月分布

冰云的雷达反射率因子与冰云内部粒子尺度大小的 6 次方成正比，能在一定程度上反映冰云的云滴谱特征。以垂直高度为纵坐标，取 0.5km 的间隔，以反射率因子为横坐标，取 2dBZ 的间隔，构成纵横的网格。每个冰云标记都有对应的高度值和反射率因子数值，以此为依据将其投入网格内，最后用每个网格内冰云标记的数目除以总的冰云标记数目，得到每个网格内的冰云标记占总标记数的比值，将比值按数值大小用阴影图表示出来，即反射率因子和高度的联合频率分布图，分析该图时以网格中心点的数值代表网格的属性。另外，将每个反射率因子间隔中的最大频率所对应的高度挑出来并用白线连接，使属性更加明显。分析反射率因子和高度的联合频率分布图［图 9.8（a）］发现，整个研究期间，反射率因子的分布区间为−60～14dBZ。最大的频率出现在距离地面 7.2km，反射率因子−17dBZ 处。从图中白线可以看出，大部分冰云标记的反射率因子随高度升高而降低。反射率因子和高度具有这种关系是因为较低的大气中含水量高，有利于粒子沉积和碰并增长，使得在较低的大气中产生大的云滴粒子。除此之外，该图中还存在着第二模态，表现出反射率因子随高度升高而升高的特征，它位于图中右下角，对应着反射率因子≤42dBZ 和高度≤7km 的范围。这一模态的冰云标记占所有冰云标记的 4.7%。

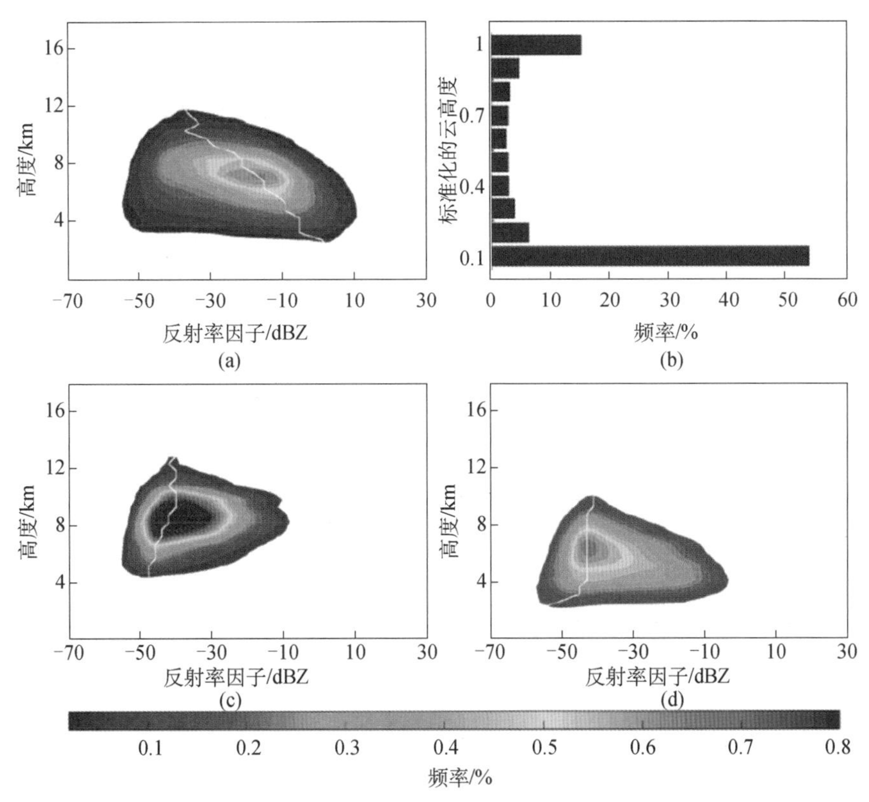

图 9.8 研究期间所有冰云的雷达反射率因子与高度的联合频率分布图（a）、第二模态的冰云标记在冰云中的相对位置的分布情况（b）、冰云的云层顶部（上部 0.1 的云边界）的雷达反射率因子与高度的联合频率分布图（c）、冰云的云层底部（下部 0.1 的云边界）的雷达反射率因子与高度的联合频率分布图（d）（Ge et al.，2018）

在所有冰云标记中抽取出第二模态（反射率因子≤42dBZ 和高度≤7km）的冰云标记，分析它们在整层冰云中的相对位置。相对位置的计算如下：将整层冰云分为 10 份，最低层的冰云对应 0~0.1，以 0.1 作为间隔，以此类推，最高层的冰云对应 0.9~1，这些 0~1 的数值即为冰云标记在整层冰云中的相对位置。找出每个冰云标记的相对位置后，再求每一个间隔所包含的标记数目占第二模态总冰云标记数目的比例，结果如图 9.8（b）。从图中可以看到，第二模态的冰云标记主要分布在云层顶部（云层上部 0.1 的部分）和云层底部（云层下部 0.1 的部分），分布在云层顶部和云层底部的冰云标记分别占第二模态总冰云标记的 15.43%和 54.91%。在云层中间，第二模态的冰云标记出现得少。出现在云层中 0.4~0.5、0.5~0.6 以及 0.6~0.7 位置的第二类冰云标记占第二模态总冰云标记的比例均低于 3%，位于 0.5~0.6 处的比例最低，为 2.45%。

进一步分析所有冰云的云层顶部和云层底部中，雷达反射率因子与高度的联合频率分布图 9.8（c）和（d），以研究在总的云层边界中是否表现出鲜明的第二模态。结果发现对于所有的冰云云层，云层顶部和云层底部中存在着明显的第二模态，即雷达反射率因子随高度升高而增加。云层顶部雷达反射率因子随高度升高而增加可能与均质核化有关，冰晶粒子通过均质核化成核的过程会随着温度的降低而增加（即随着高度的升高而增加）。云层底部雷达反射率因子随高度升高而增加可能与云中冰晶粒子沉降通过不饱和层时发生升华有关，较低的云底通常与较高的温度和较低的相对湿度相对应，增加冰晶粒子升华的概率，使其由大粒子变为小粒子，小粒子在下大粒子在上，使云层底部的雷达反射率因子与高度的关系表现为第二模态。

云底高度、云顶高度和云层厚度会影响云的辐射特性，进而影响大气层顶和大气层底的热红外辐射，影响整个地气系统的辐射收支。为了更好地表征冰云的辐射特性，对冰云的云底高度、云顶高度和云层厚度做了详细的统计分析，结果如表 9.2 和图 9.9。由表 9.2 可知，在观测期间，冰云的平均云顶高度为 8.43km，平均云底高度为 5.97km，平均云层厚度为 2.33km。图 9.9（a）和（b）分别是冰云的云底高度和云顶高度的逐月分布图，箱式

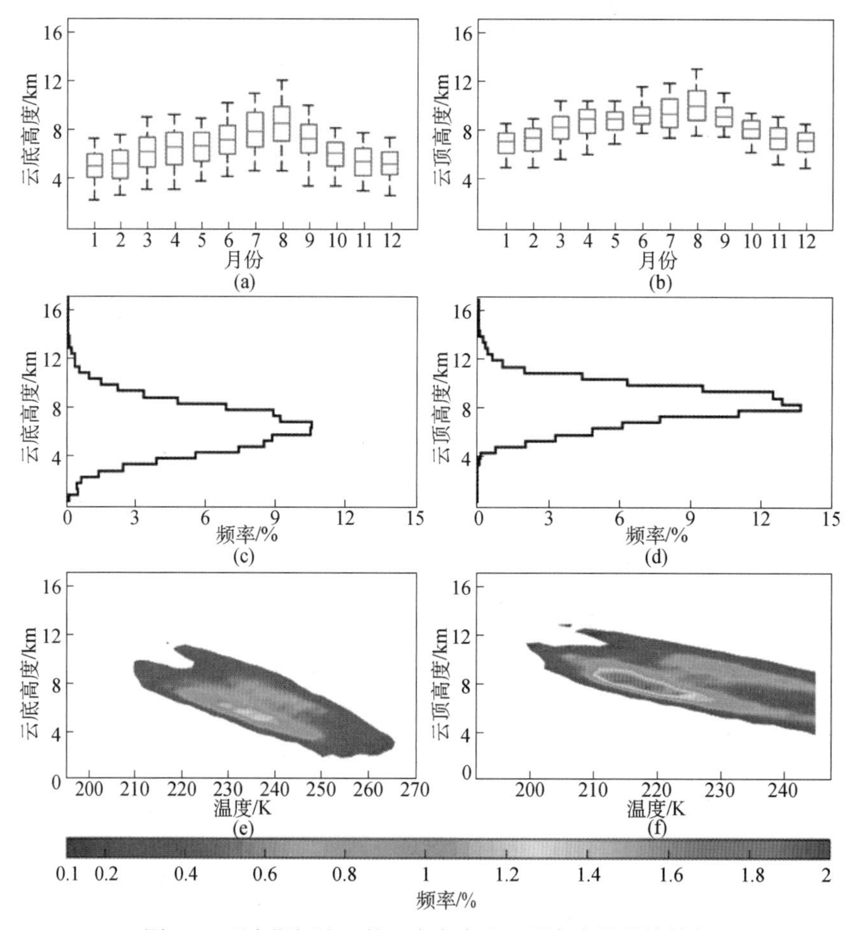

图 9.9　研究期间冰云的云底高度和云顶高度的统计特征

（a）各月的云底高度；（b）各月的云顶高度；（c）云底在各个高度的频率分布；（d）云顶在各个高度的频率分布；（e）云底处，高度与温度的联合频率分布；（f）云顶处，高度与温度的联合频率分布

图的五条线自上而下分别代表总样本从大到小排列后 5%、25%、50%（中位数）、75%和 95%处的数值。从图 9.9 中可知，与冰云的云分数类似，冰云的云底高度和云顶高度也表现出明显的年变化。就全年而言，云顶高度在 1 月最低，它的中位数在距离地面 7.1km 处，在夏季呈上升趋势，到 8 月达到最大值，它的中位数在距离地面 10km 处，秋冬季节呈下降趋势，这与对流层顶的季节变化密切相关。云底高度具有与云顶高度类似的年循环，只是数值较云顶高度小，最小值同样出现在 1 月，它的中位数在距离地面 5.1km 处，最大值同样出现在 8 月，它的中位数在距离地面 8.5km 处。图 9.9（c）和（d）分别是冰云的云底高度和云顶高度在垂直方向上的频率分布图，图中的垂直分辨率为 500m。云顶高度最常出现在 8.0km 处，其频率达到了 13.7%，云底高度最常出现 6.5km 处，其频率达到了 10.6%。

表 9.2　冰云的统计特性（均值±标准差）

冰云属性	统计值
出现频率/%	41.6
云顶高度（地面以上）/km	8.43±1.48
云底高度（地面以上）/km	5.97±1.87
云层厚度/km	2.33±1.65
云顶温度/K	226.3±9.4
云底温度/K	234.6±12.6
最大反射率因子处的温度/K	234.2±11.0
持续时间/h	5.8±6.3

资料来源：Ge et al., 2018。

图 9.9（e）和（f）分别是云底处（单根廓线上、下边界所对应冰云标记）和云顶处（单根廓线上、上边界所对应的冰云标记）高度与温度的联合频率分布图，图中的垂直分辨率为 500m，横坐标的温度分辨率为 2K。从图 9.9 中可以看出，对于云顶和云底都存在着两种模态，展示着它们所在高度与温度的相关关系。云底与温度的相关性呈现出的两种模态，其斜率都为 8℃/km；云顶与温度的相关性呈现出的两种模态，其斜率有差异：分布在高层的模态，其斜率是 8℃/km，分布在低层的模态，其斜率是 6℃/km。每一个模态都来自特定的季节，出现频率较小且位置较高的模态对应于暖季（5～10 月），最冷的冰云出现在这一阶段；出现频率较大且位置较低的模态对应于冷季（从 11 月份到次年 4 月份），这一阶段的冰云具有更广的温度范围。虽然暖季的冰云云顶通常比冷季的高，但是暖季的冰云云顶频率最大处所对应的温度要比冷季高，因为对流层整体的温度在暖季高于冷季。

3）经典 Z-IWC 关系

对于经典 Z-IWC 关系来讲，冰云的反演与水云的反演类似，认为雷达反射率 Z（单位：mm^6/m^3）与冰水含量 IWC（g/m^3）之间存在简单的指数关系，即 $IWC = aZ^b$，其中 a，b 为经验系数。不同研究者根据其大量观测数据，统计拟合得出不同的经验系数，表 9.3 给出了不同研究者总结的经验系数。

表 9.3　IWC 与 Z 关系的经验系数

反演方法	a	b
Atlas （1954）	0.064	0.58
Brown 和 Francis（1995）	0.153	0.74
Aydin 和 Tang（1997）	0.104	0.483
Liu 和 Illingworth（2000）	0.097	0.59
Mace 等（2002）	0.104	0.516
Seo 和 Liu （2005）	0.078	0.79

图 9.10 画出了上述所给出的 6 个公式的反演结果，从图中可以看出，Aydin 和 Tang（1997）及 Mace 等（2002）的反演结果比其他方法的反演结果明显偏小，最大值仅为 0.03g/m^3，而其他四个经验公式的反演结果比较相近。当雷达回波小于−30dBZ 时，这六个公式的反演结果均比较接近。且各种经验公式反演所得的冰水含量均比较小，整体小于 0.065g/m^3。

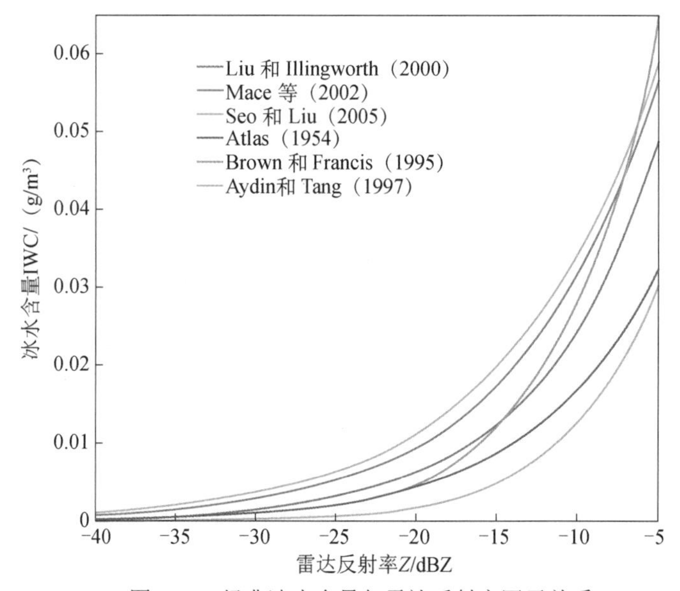

图 9.10　经典冰水含量与雷达反射率因子关系

4）改进 Z-IWC-T 关系

基于物理量定义与实测数据的订正，可以得出 Z-IWC 之间经典的指数关系。但是，从物理意义上分析，云的微物理特性不仅取决于云的动力学特征，还取决于云的相关热力学属性，所以，有很多专家学者将温度也作为一参数，引入 IWC 的反演中。

假设冰晶的谱分布为反指数分布，即

$$n(D) = N_0 \exp\left(-\frac{3.67D}{D_0}\right) \tag{9.74}$$

式中，D_0 为体积中值半径；N_0 为数浓度，与温度有如下关系：

$$N_0 = 2\times10^6 \exp(-0.122T) \tag{9.75}$$

这个表达式最初由 Houze 等（1979）提出，冰核浓度与温度有关，所以，随着温度的升高，冰粒子数浓度下降。

冰晶的质量定义为

$$m(D) = aD^b \tag{9.76}$$

式中，a、b 均为试验参数，一般取 a=0.069kg/m^2，b=2。

由式（9.74）和式（9.76），可以导出 IWC：

$$\mathrm{IWC} = \int n(D)m(D)\,\mathrm{d}D = 2aN_0\left(\frac{D_0}{3.67}\right)^3 \tag{9.77}$$

相同地，根据雷达反照率的定义，可以得到国际单位制下的 Z:

$$Z = \int n(D)m(D)^2\,\mathrm{d}D = 2.926\times10^{-8}a^2N_0D_0^5 \tag{9.78}$$

由式（9.77）和式（9.78），消去 D_0，可以得到 IWC 与 Z 的关系：

$$\mathrm{IWC} = 1341a^{-0.2}N_0^{0.4}Z^{0.6} \tag{9.79}$$

转换成常用的单位：IWC（g/m^3），Z（dBZ），并采用 Wilson 和 Ballard（1999）使用的 a 值，可以得到：

$$\log_{10}\mathrm{IWC} = 0.06Z - 0.0212T - 1.92 \tag{9.80}$$

在利用实测数据给出 Z-IWC-T 关系式时，遵循以下处理方法（Hogan et al.，2006）。

第一步，绘制出所有观测点的雷达反射率因子（dBZ）与冰水含量（IWC）的散点图[图9.11（a）]，其中阴影部分为每个观测点对应的温度，温度图例为图 9.11（d）中的图例。从图中可以看出，对应于每一个 dBZ，不仅只有一个 IWC 与之对应，而是具有一定的宽度范围，所以，引入 dBZ 和 T 共同反演 IWC，所得的结果比只使用 dBZ 反演 IWC 更准确。

第二步，以 5℃作为温度间隔，在相应温度区间内，对 dBZ 和 IWC 作线性回归，结果如图 9.11（b）。从图中可以看出，这些回归直线几乎平行，斜率相差不大，并且随温度有缓慢变化。当给定一个 Z 值时，随着 IWC 的减小，温度缓慢升高。由图中相互平行的 dBZ 和 IWC 线性回归直线，我们可以推断出，IWC 与 Z 有很明显的依赖关系，并且这种关系随 T 而缓慢变化。图中直线的平均斜率为 0.598，所以，推断 IWC 与 $Z^{0.598}$ 成比例。因此，T 一定依赖于 IWC/$Z^{0.598}$，即可以写成如下形式 $\log_{10}$（IWC/$Z^{0.598}$）=cT+d。

第三步，以 5℃作为温度间隔，在相应温度区间内，对 T 和 IWC/$Z^{0.598}$ 作线性回归，结果如图 9.11（c）中细实线，再对其作最小二乘法，拟合至图 9.11（c）粗实线，即可得到最终的 Z-IWC-T 关系式。

5）云雷达-激光雷达联合反演算法

除去上面所介绍的利用云雷达反演云微物理参数的方法，近年来，又发展出多套利用多仪器联合反演云微物理参数的方法，如利用云雷达、微脉冲激光雷达、云高仪和红外光度计等联合反演云微物理参数。通过假定云内粒子谱分布和粒子形状，可以利用雷达反射率因子和激光雷达后向散射系数（或消光系数），反演云内冰水含量和有效粒子半径。

在反演冰云的微物理特性时，多采用消光系数（σ）而不是激光雷达后向散射系数（β），主要有以下几个原因：其一，冰晶的后向散射系数，相较于消光系数，更难被估测，尤其是在可见光波段。Yang 和 Liou（1998）指出，相函数在 180° 时，对粒子形状非常敏感，尤其是在冰云内变化显著。其二，为了得到准确的后向散射系数廓线，需要考虑云内的衰减，所以，消光系数的廓线不可或缺。

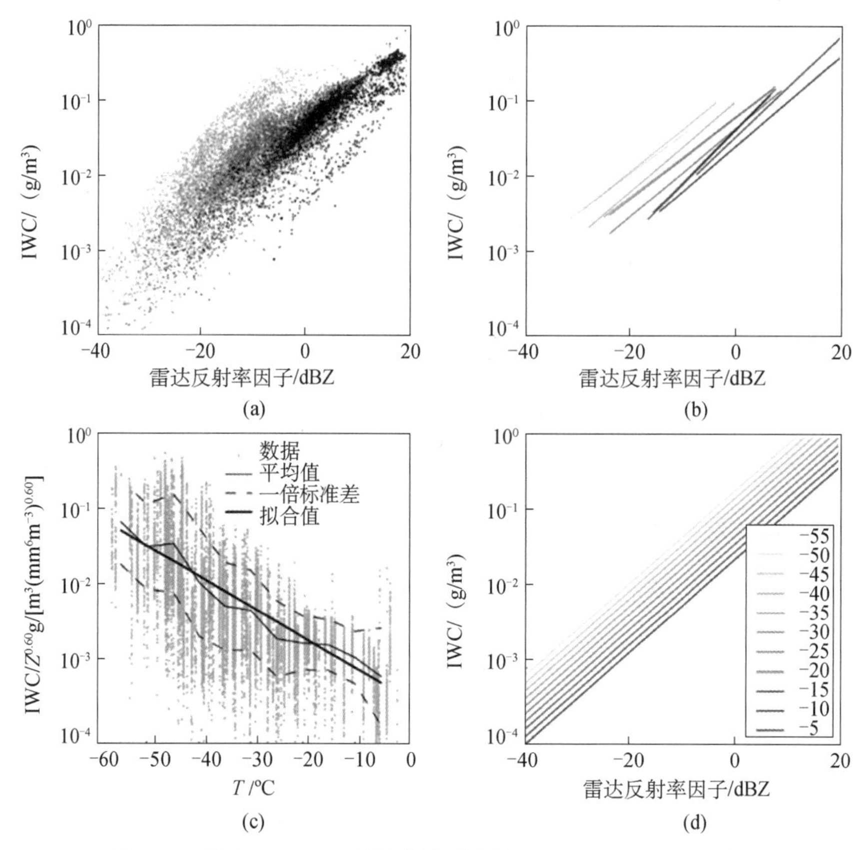

图 9.11　推导 Z-IWC-T 关系式处理方法（Hogan et al.，2006）

在反演过程中，最重要的是假设冰晶的形态和粒子谱分布。实验研究表明，在不同的时间和位置，冰云的粒子形态多种多样，有板状、柱状和花瓣子弹状等。在实际的算法中，很难像实际情况考虑到如此多的种类，因此，在设计反演算法的过程中，通常假定一个粒子形状。

根据 Fu（1996）提出的利用 IWC 和 Dge 参数化消光系数的方法，假设粒子的形态为随机导向的平板六边形，它的方向比 D/L 有如下的形式（D 和 L 分别为冰晶粒子的宽和长）：

$$\frac{D}{L}=\begin{cases}1.00 & 0<L\leqslant 30\mu\text{m}\\ 0.80 & 30<L\leqslant 80\mu\text{m}\\ 0.50 & 80<L\leqslant 200\mu\text{m}\\ 0.34 & 200<L\leqslant 500\mu\text{m}\\ 0.22 & L>500\mu\text{m}\end{cases} \tag{9.81}$$

IWC 和 Dge 即可定义为如下的形式：

$$\text{IWC}=\frac{3^{\frac{3}{2}}}{8}\rho_i\int_{L_{\min}}^{L_{\max}} DDLN(L)\,\mathrm{d}L \tag{9.82}$$

$$\text{Dge}=\frac{\int_{L_{\min}}^{L_{\max}} DDLN(L)\,\mathrm{d}L}{\int_{L_{\min}}^{L_{\max}}\left(DL+\frac{\sqrt{3}}{4}D^2\right)N(L)\,\mathrm{d}L} \tag{9.83}$$

式中，$N(L)$ 为冰晶的谱分布，$L_{\min}$ 和 $L_{\max}$ 分别为冰晶的最小长度和最大长度；ρ_i 为冰晶的密度。Fu（1996）提出，在冰云中，消光系数与冰水含量，粒子有效半径存在以下的关系：

$$\sigma = \mathrm{IWC}\left(a_0 + \frac{a_1}{\mathrm{Dge}}\right) \tag{9.84}$$

式中，a_0 和 a_1 都是与波长有关的系数，对于 0.355μm 的激光雷达分别为−2.935×10⁻⁴和 2.5454。

对于冰晶来说，伽马分布和修正的伽马分布一般都能很好地表现其粒子谱分布，这里使用由 Mace 等（1998）提出的修正伽马分布：

$$N(L) = N_X \exp(\alpha)\left(\frac{L}{L_X}\right)^{\alpha} \exp\left(-\frac{L_\alpha}{L_X}\right) \tag{9.85}$$

式中，L_X 为中值半径；α 为阶数；N_X 为在函数最大值处，单位体积单位长度的粒子数。并且，假设认为在 35GHz 雷达波长处，瑞利近似是适用的，对于非球形粒子的雷达反射率因子近似等于它的冰相的体积雷达反射率因子，那么，Z_i（体积等效冰相反射率因子）可以表示为

$$Z_i = 2^6 \int_{L_{\min}}^{L_{\max}} N(L)\left[\frac{\frac{3^{1.5}}{8} D^2 L}{\left(\frac{4}{3}\pi\right)}\right]^2 \mathrm{d}L \tag{9.86}$$

将阶数设置为 1 和 2，可以计算出不同中值半径下的 Z_i、IWC 和 Dge。图 9.12 显示了随着中值半径从 2～300μm 变化，Z_i / IWC 随 Dge 是一个简单的指数函数关系，所以，可以通过 IWC 和 Dge 参数化 Z_i，表示成如下形式：

$$Z_i = C\frac{\mathrm{IWC}}{\rho_i}\mathrm{Dge}^b \tag{9.87}$$

式中，C 和 b 均为系数，为了得到更好的拟合系数，将有效半径分为 3 个区间，分别为小于 34.2μm、34.2～93.9μm 和大于 93.9μm 的区间，对应不同的拟合系数。并且，经试验，利用通常的伽马分布计算结果与修正的伽马分布结果没有显著性差异。

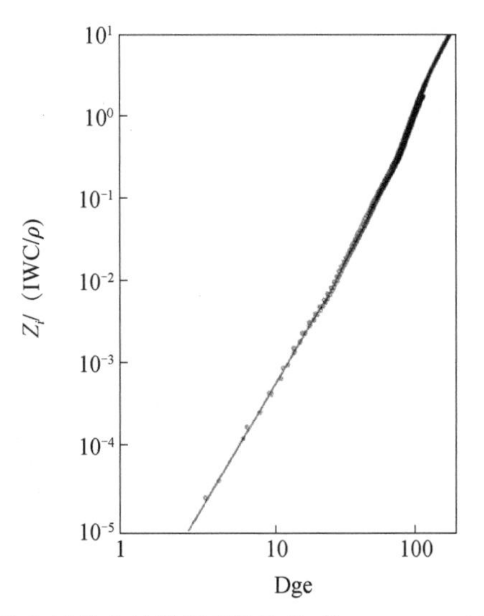

图 9.12　修正的伽马分布计算得到的比值［Z_i/（IWC/ρ）］与有效粒子半径（Dge）的分布图（Wang and Sassen，2001）

雷达数据经常记录的变量为雷达反射率因子Z_e，与水温20℃时的Z_i，它们之间有如下的换算关系：

$$Z_e = Z_i\left(\frac{K_i^2}{K_w^2}\right) \tag{9.88}$$

这里K_i^2和K_w^2分别为冰粒子和水滴的介电常数，对于35GHz的雷达，$K_i^2=0.1768$，$K_w^2=0.93$，并且随温度的变化可以忽略，将式（9.88）代入（9.87）中，可以得到

$$Z_e = C'\frac{\mathrm{IWC}}{\rho_i}\mathrm{Dge}^b \tag{9.89}$$

其中，$C' = CK_i^2 / K_w^2$。

在冰云中，冰水含量和反射率因子都与冰晶密度有关，而冰晶密度却是一个未知量。因为我们假设认为冰晶是平板六边形的，而不是一个球形的，并且认为冰晶是实心的，所以$\rho_i = 0.92\ \mathrm{g/cm^3}$，尽管绝大多数的冰晶并不是实心的，并且它的密度会随冰晶的尺寸发生微小的变化，但是为了简化，将冰晶密度设为常数。如果我们假设冰晶粒子为球形，谱分布为伽马分布或者修正的伽马分布，这时冰晶的密度将会是粒子有效半径的函数，随着有效半径的变化而改变。

截至目前，可以利用反射率因子和消光系数反演冰水含量和有效粒子半径，并且根据云内的冰水含量和有效粒子半径分布，可以直接计算出向下的红外发射率。这样反射率因子、消光系数和云的辐射就通过冰水含量和有效粒子半径联系起来了。

6）反演结果

对于冰水含量的反演，各个方法反演得到的结果相差不大，均呈现单峰型分布，最大概率均位于小冰水含量区。整体而言，Microbase算法在小值区的范围更大，数据也更多，Wang算法整体分布比较均匀，峰值更小。Wang算法、Hogan算法和Microbase算法算得的最大概率相差不大，分别为10.07%、9.48%和9.38%，但是最大概率处对应的冰水含量值逐渐减小，分别为$10^{-2.83}\mathrm{g/m^3}$、$10^{-3.01}\mathrm{g/m^3}$和$10^{-3.12}\mathrm{g/m^3}$。相比较之下，对于同一云层，Wang算法得到的冰水含量值最大，Hogan算法次之，Microbase算法最小，但是三者之间的差异也很小。两种算法分别与联合反演算法相比相关系数均在0.6左右，均方根误差比较小，分别为0.0086和0.0098（图9.13）。

而有效粒子半径的差异则比较显著，Wang算法反演的有效粒子半径普遍大于Microbase算法，且分布范围更广。Wang算法分布范围更广，而Microbase算法数据更集中在小粒子半径区域，且其出现频率更高。Wang算法反演得到的有效粒子半径范围为10～160μm，最大频率出现在22μm，高度为8.5km处，其频率达到0.3%。而Microbase算法在22μm，5km处达到最大频率0.56%，在小粒子处，数据更集中，且出现的最大频率更大。Wang算法得到的全年有效粒子半径的平均值几乎达到Microbase算法的两倍，而方差也更大，对于同一个云层个例，Microbase算法反演的有效粒子半径更集中在小粒子区域，而Wang算法得到的有效粒子半径则更均匀地分布在更大的数值范围内。两者的相关系数达到了0.88，但是均方根误差也较大，达到了29.64（图9.14）。

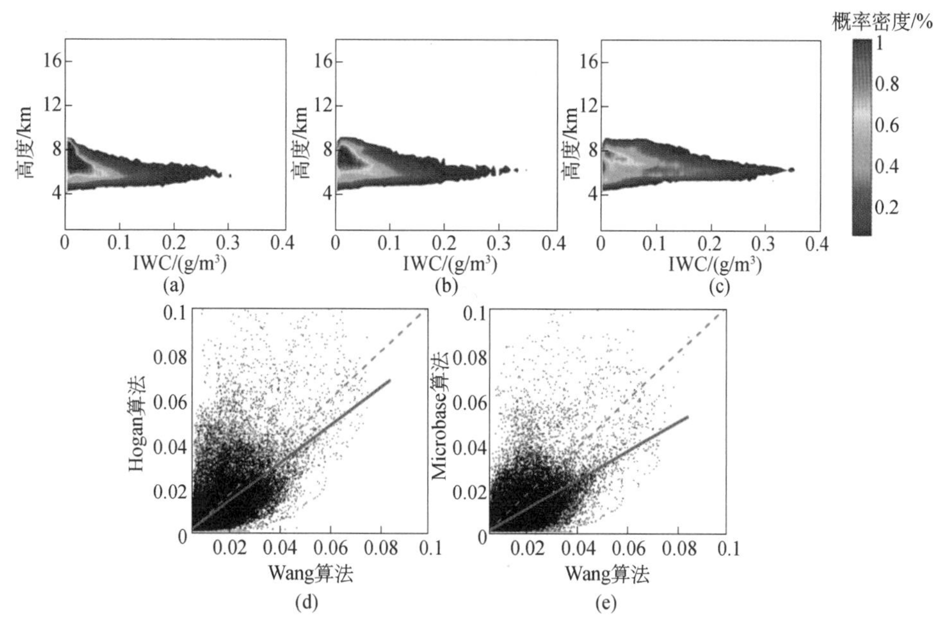

图 9.13　不同方法反演得到的冰水含量的高度均一化的概率密度分布图以及各个方法计算得到的 IWC 散点图

（a）Microbase 算法，（b）Hogan 算法，（c）Wang 算法，（d）Wang 算法和 Hogan 算法对比，（e）Wang 算法和 Microbase 算法

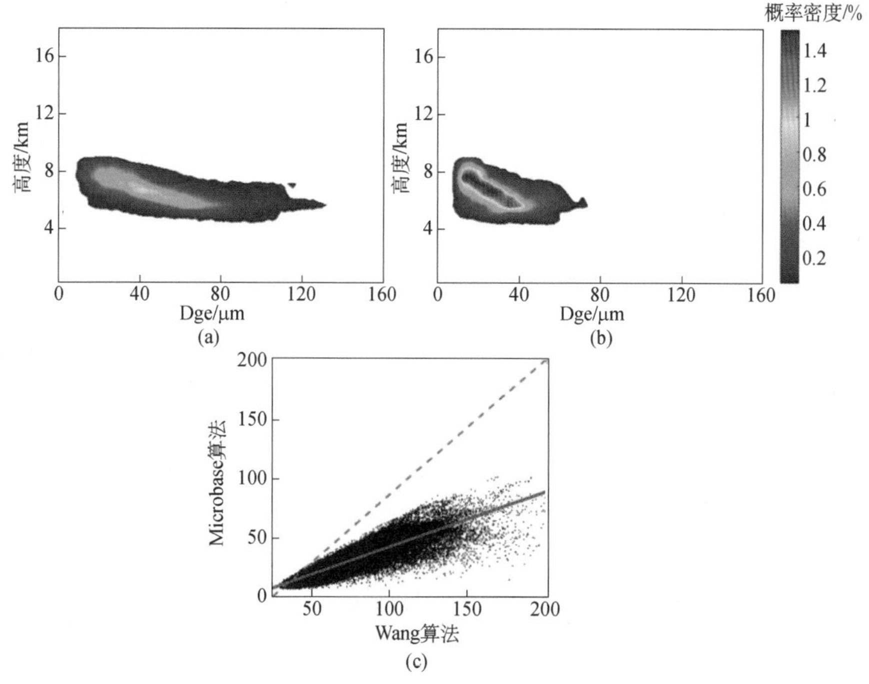

图 9.14　不同方法反演得到的有效粒子半径（Dge，μm）的高度均一化的概率密度分布图

（a）Wang 算法，（b）Microbase 算法，（c）Wang 算法和 Microbase 算法计算得到的有效离子半径散点图

9.6.3　云微物理对辐射及降水影响

云通常覆盖地球表面 50%左右，它是地-气系统辐射收支的主要调节者。云通过辐射强迫、潜热强迫和对流强迫三个性质不同而又密切相关的机制影响到地球大气运动状态和气

候系统。云的这三种强迫机制是环流模式中云参数化的关键问题之一。气候系统对云强迫的响应，部分是通过辐射、对流和大尺度天气运动之间高度非线性的相互作用来实现的，大气环流模式是研究这种相互作用的理想工具。而在模式中，对云中复杂的物理过程的准确描述、参数化方案的改进，则需要对云内的微物理特征有足够的认识。

云与大气成分的分布共同决定了地-气系统中辐射能的源和汇，对驱动大气环流起着重要作用。同时，云不仅对大气顶的净辐射收支产生影响，还引起垂直方向能量的重新分布，而总的非绝热加热的垂直和水平分布决定了能量转换和大气动力结构，进而影响大气环流和整个气候系统。

9.6.3.1　云的辐射效应

就云的辐射作用而言，一方面云吸收和散射入射的太阳辐射，它对太阳辐射较高的反射率起到了冷却地-气系统的作用，这就是云的“反照率效应”；另一方面，云又捕获地表和对流层下层发射的长波辐射，以自身较低的温度和发射率向外出射长波辐射，起加热地-气系统的作用，这就是云的“温室效应”。云对太阳辐射反照率效应和地球辐射的温室效应这两种相反作用的综合效果对地球辐射收支、大气环流和气候产生显著的影响。而云的辐射作用本身在决定云的生消、结构、分布中也起着重要作用。

由于水云和冰云粒子的形状、相态及所在高度等云参数的不同，其对地-气系统产生不同的影响。水云出现在对流层的中下层，一般由球形液态水滴组成，是陆地大气太阳辐射通量的重要调节者之一。水云大量散射太阳短波辐射，对地-气系统起到冷却作用。冰云一般分布在对流层上部到平流层下部的范围，位于海拔 5～9km 的高度。水平范围从几公里到上千公里，平均覆盖了全球的 30%～40%。一方面，冰云散射部分来自太阳光的短波辐射，对地-气系统起到冷却作用；另一方面，能有效地吸收地表和云下大气辐射中的长波辐射，并向地表发射长波辐射，对地-气系统起到保温作用。冰云中冰晶粒子的形状不同，其散射特征也不同。由于冰晶粒子的形状、粒径分布及温度复杂性，导致不同条件下的冰晶粒子的散射和辐射特征的不一致。因而由冰云的“温室-反照率”效应引起的大气冷却和加热在垂直和水平尺度上都与水云不同，对天气和气候的影响也不同。因而，了解不同位置及宏微特性的云的辐射特性是了解云在大气运动状态、天气气候维持和变化中作用的重要一环。

在云的辐射气候效应中，云的辐射特性强烈依赖于云粒子的微物理性质，包括尺度、形状、数浓度等。例如，无论云是由水滴还是冰晶组成，在云粒子总量相同的条件下，大量小粒子的组成的云比少量大粒子组成的云能反射更多的太阳辐射。同时，小云滴能起到减缓降水的作用，延长云寿命，增多云量。

9.6.3.2　云-气溶胶相互作用

除去云自身的辐射效应，当有气溶胶存在时，会改变云的微物理特性，从而对云的辐射效应产生巨大影响。人类活动产生的气溶胶粒子一部分是可溶性的，它们不仅能促成云滴的生成，而且在一定程度上决定了云滴数目。当可溶性气溶胶粒子增多时，能造成云滴数目增多、尺度减小，从而使云的反照率增大或者云寿命延长。这一“气溶胶-云-辐射-气候”的影响过程被称为气溶胶的间接气候效应。除此之外，气溶胶还可以通过半直接辐射效应，影响云内含水量，从而对辐射造成影响。对云降水过程本身进行充分的科学认识是准确揭示“云-气溶胶-辐射-气候”效应的前提。

云-气溶胶的相互作用十分复杂，已经有大量学者对此展开研究，Su 等（2008）发现沙尘可以通过吸收太阳短波辐射加热云层（半直接效应），减小云滴粒子有效半径、减小云水路径、缩短云生命周期，并作为云凝结核和冰核，参与云形成过程。有沙尘区域的短波辐射强迫、长波辐射强迫和净辐射强迫的绝对值都小于没有沙尘区域。在有沙尘区域，沙尘可作为额外的凝结核抑制云滴粒子的生长，与没有沙尘区域相比，云滴有效粒子半径和冰晶有效粒子直径都较小。沙尘气溶胶可以通过改变云的宏观和微观物理特性，从而改变净辐射强迫。光学厚度的下降可归因于低云的蒸发，这是由于沙尘气溶胶半直接效应主导了第一和第二间接效应。云下有沙尘存在时，沙尘的吸收作用会引起大气层顶的短波辐射强迫和净变暖效应，而沙尘的吸收和散射都阻止太阳能到达地表并使地表冷却。由于沙尘气溶胶的温室效应，有沙尘的天空和无尘的多云天空之间的长波辐射强迫的差一般为正值，但数值相差很小，沙尘对长波通量影响不大。由于气溶胶层上方的云覆盖了沙尘，沙尘气溶胶对大气层顶的长波辐射强迫的影响小于地表。当云光学厚度改变时，沙尘仍然在大气层顶具有升温效应并且在地表具有冷却作用。沙尘作为吸收气溶胶，可以减小大气层顶的云冷却效应。

除此之外，沙尘可以吸收太阳辐射，产生局部加热，从而改变相对湿度和大气的稳定性，进而影响云的寿命和云中的液态水含量，造成云滴蒸发，这成为沙尘的半直接辐射效应。沙尘的第一和第二间接辐射效应都会导致大气层顶冷却，因此沙尘气溶胶的半直接辐射效应是云-沙尘气溶胶系统升温的主要原因。

基于卫星观测的基础，Huang 等（2010）研究了东亚地区沙尘气溶胶对云水路径的半直接影响，发现受沙尘污染的云的云水路径要比无尘云小得多。沙尘云的平均冰水路径（IWP）和液态水路径（LWP）分别比无尘云的小 23.7%，49.8%。从国际卫星云气候计划（ISCCP）资料中得到的长期统计关系也证实了沙尘暴指数与 ISCCP 云水路径之间存在显著的负相关关系。这项研究显示了亚洲沙尘气溶胶对云特性的半直接辐射强迫效应。根据卫星观测的分析表明，平均而言，向某一区域输送的当地人为和自然沙尘气溶胶可显著减少水云粒径大小、光学厚度和液态水路径。Wang 和 Sassen（2001）发现中国西北地区沙尘云的冰水路径和液态水路径分别比无污染云低 31.2%和 21.9%。这些结果表明，沙尘气溶胶可以使云增暖，增加云滴的蒸发，进一步减少云水路径。Huang 等（2010）选择了中美两地两个气候环境相似的半干旱地区，比较了它们的气溶胶效应，发现中国半干旱区的气溶胶比美国半干旱区具有更大的光学厚度和更强的吸收，并表现出更显著的半直接效应。半直接效应可能是东亚干旱和半干旱地区沙尘气溶胶云相互作用的主导因素，可进一步造成降水的减少、西北地区干旱化过程的加剧。

9.6.3.3　云-气溶胶-降水相互作用

气溶胶的间接和半直接效应会减少云粒大小，甚至加热蒸发云滴粒子，从而抑制层云、小积云、地形云的暖雨过程。沙尘气溶胶可以抑制或增强降水，这取决于沙尘气溶胶的垂直分布、大气中的湿度和云类型等许多因素。在液态水含量较高的深层云中，降水量随气溶胶浓度的增加而增加，而在液态水含量较低的云中，沙尘气溶胶-云-降水相互作用中存在正反馈。由于降水量减少，导致土壤水分不足，造成沙尘暴的发生频率增加。同时大气中的沙尘气溶胶吸收太阳短波辐射，增加了云滴的蒸发，进一步减少了云水路径（半直接效应），会造成云量和水汽含量减少，进一步导致降水量减少。干旱和半干旱地区可能会出现更多的沙尘暴，这可能助长了近几十年来所观察到的荒漠化，并加速了亚洲旱地更干旱条件的发生。

目前有关沙尘气溶胶对云的特性、雨的形成和云的寿命等方面影响的反馈机制还不是非常明确。气溶胶、云和气候之间的联系在某些方面已经取得定量的结果（例如，暖雨中气溶胶对降水的抑制作用），但在其影响量级（气溶胶与地面降水之间的关系），甚至它们之间的定性关系（气溶胶对云分数、云层升温潜能和云寿命的影响）等方面仍然高度不确定。这对未来区域乃至全球的气候预测都有很大的阻碍。

9.7 终端末速度

云滴粒子生成后在环境大气中运动，受力分析如图 9.15 所示，粒子在下降过程中受到两个力的作用：向下的重力和向上的阻力。空气阻力的大小与粒子下降速度有关，下降速度越大，空气阻力越大，当空气阻力大小与云滴粒子重力达到平衡时，云滴粒子就会在环境大气中匀速运动。这一速度被称为云滴粒子的终端末速度。

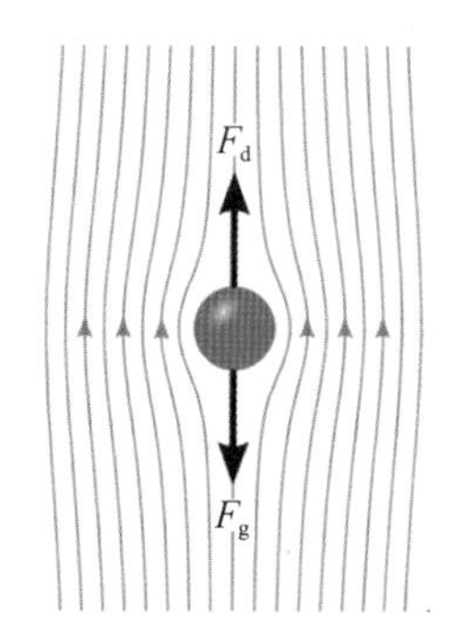

图 9.15 云滴粒子受力分析

F_d，阻力；F_g，重力

云滴粒子终端末速度是决定冰云生命周期的两个关键云参数之一，和周围的空气的对流运动共同决定了冰云的微物理性质及动力发展过程。最近的气候模式敏感性研究表明，冰云终端末速度对模式中云寿命的影响仅比对流系统的夹卷过程小。云滴粒子终端末速度的减少可以增长云寿命，增加冰云的覆盖范围，进而增加长波辐射的强迫效应。

对云滴粒子终端末速度的测量有直接观测和间接观测的方式，直接观测指在飞机上搭载传感器，通过飞机进行穿云观测，这一测量结果准确，但成本较高，且只能测得某一时刻的终端末速度；间接观测指通过遥感方式对云滴的终端末速度进行反演。间接观测可以对云的微物理性质进行长时间的连续观测，但是其观测精度需要与直接观测进行比对。多普勒雷达是反演云滴粒子终端末速度的有力工具，云雷达探测到的多普勒速度可表示如式（9.90）：

$$V_D = V_a + V_t \tag{9.90}$$

式中，V_D 为雷达测量的多普勒速度；V_a 为空气运动速度；V_t 为云中粒子终端末速度。环境空气的垂直速度是影响冰云微物理性质及其动力过程的重要因素，通过影响对流层上层的大气冷却率，影响冰晶的过饱和度、冰核、冰晶粒子的形成及生长。因此有关大气垂直运动的认识对于提高对大尺度运动及云动力过程关系的认识有着重要的作用，然而理解对流层上层大气垂直运动统计特性与大尺度环境条件之间的关系需要长时间的观测数据。云雷达可以对同一地区进行长时间的连续观测，通过这一反演方法可以实现对当地环境大气的垂直运动进行长期观测，其数据可以弥补飞机观测在时间连续性上的不足，具有非常重要的研究价值。

9.7.1 Orr 拟合方法

Orr 和 Kropfli（1999）提出用垂直观测的多普勒速度和反射率反演粒子终端末速度的方法，适用于均匀的层状云和冰云。在时间平均之前，把多普勒速度分解成粒子的终端末速度和环境空气的速度，对分解后的多普勒速度进行长时间平均，消除小尺度的空气垂直运动影响，在云的各个层级建立了粒子下降速度和雷达反射率之间的关系。雷达测量的多普勒速度实际是终端下降速度和空气运动速度之和，即式（9.90），式中 V_D 来自雷达探测结果，对清洁空气的布朗格散射不敏感，在这种假设下，通过对足够长时间的平均，云内小规模的空气垂直运动速度将接近零，最后平均多普勒速度将近似于反射率加权终端速度的平均，即 $\overline{V_D} = \overline{V_t}$ 。但这仅对持久的云系统才成立，即能够在给定高度上有足够长的时间平均。强对流云垂直空气运动速度很大，平均以后空气运动无法忽略，所以不予考虑。满足这一条件的最佳系统是持续均匀的层状云系统，其平均空气垂直运动很小，每秒接近几厘米，云滴粒子下降速度很多时候上是比较大的，Ka 波段雷达测量这个量级的速度具有很大的精确度和准确性。但是，天线指向角的误差尤为重要，若天线不完全垂直，水平风将引起一个错误的垂直速度分量。因此要每天调整天线平台确保天线指向角准确。平均垂直速度还有一个误差来源，就是驻波和缓慢传播的重力波，它们也会对环境空气速度的测量产生影响。

此方法重要的一点就是多普勒速度经过平均，多普勒速度在平均之前要进行分解。经过长时间的平均，小尺度垂直空气运动的影响降低，但维持云层所需的小的平均向上空气运动有可能会使速度平均值产生偏差。为了系统纠正这些向上的空气运动，要假设这种向上的运动存在整个云层。平均向上运动的大小要通过调整向上移动的粒子使其速度为零来确定。对于大规模向上运动，把下降末速度调整为零，这种简单的修正是相对保守的，要使得这种校准可靠，反射率要低于−25dBZ。可能存在的空气向下的平均运动也有影响，但是持续存在的云通常不伴有沉降，所以可以不予考虑。

V_t 的平均是没什么用的，要将它简化为可用的形式。在雷达反射率数据中各个高度 Δh 选取不同的反射率区间 $\Delta \mathrm{dBZ}$ ，把位于这些区间内的 dBZ 数值与其相对应的多普勒速度求平均，得到 Z 与 V_t，在这一高度上 Z 与 V_t 利用式（9.91）进行拟合：

$$V_t = aZ^b \tag{9.91}$$

对不同高度的幂关系的比较可以得出云系统垂直结构的信息。对式（9.91）两边取对数再同乘以 10 得，即

$$10\log_{10} V = 10\log_{10}(a) + b \times \text{dBZ} \tag{9.92}$$

其中，a 和 b 是回归系数，代入雷达反射率数据后得到终端末速度 V_t。

此方法就是用垂直指向的云雷达数据来估计云中粒子终端下降速度，主要用于均匀的、寿命较长的层状云系统，以便在长时间内对时间段进行平均化。在每个高度水平上应用最佳拟合幂关系可以得到一些微物理过程和云分层程度的信息，然后应用线性回归可以得到一个简单的方程，根据不同高度反射率大致估计粒子终端下降速度。

9.7.2 Julien 时间平均方法

Matrosov 等（2002）对终端末速度的计算方法进行了简化，假设在没有强烈上升运动和强重力波存在的情况下，对多普勒速度 V_D 求 20min 平均值即为粒子的终端末速度。这一方法也是基于与 Orr 和 Kropfli 拟合方法相同的假设。

在此基础上，Julien 等（2007）对利用云雷达求终端末速度的方法进行了总结。第一种方式为通过统计学方法得到终端末速度，其基本假设是对于一片物理性质差异不大的云，通过云内反射率因子与多普勒速度可拟合得到终端末速度，即 $V_t = aZ^b$。第二种方法在 Matrosov 等（2002）提出的时间平均方法上加以改进：通过对多普勒速度进行 20min 的滑动平均得到云滴粒子的下降速度。具体是以 10s 的分辨率进行 20min 的滑动平均，在反演过程中允许一个小尺度的变化，这部分变化可能是由于云微物理特性的变化被部分保留。这种方法具有极大的优势，它将稳定的微物理过程限制在水平上 20min 持续时间内，并避免任何垂直方向上的假设。但主要的缺点是垂直空气运动会以一种不太精确的方式被过滤掉，下落速度的正值甚至出现在云层的上部。

9.7.3 Alain 改进方法

Alain 和 Williams（2011）对前人反演终端末速度的方法进行了评估，并提出了改进措施：在某高度对反射率因子对应的多普勒速度平均得到相应的终端末速度。前人的研究方法包括 Orr 和 Kropfli 拟合方法，Julien 时间平均方法以及 Plana-Fattori 等（2010）提出的 V_t-Z-H 方法。前两种方法已经介绍过，下面简单介绍 V_t-Z-H 方法，这个方法是为了克服 Orr 和 Kropfli 拟合方法中拟合关系随高度的变化而提出的，引入另一个参量高度 H，所以拟合关系写成了以下形式：$V_D = a_{11}H^{a_{12}}Z^{(b_{11}+b_{12}H)}$，其中 a_{11}、a_{12}、b_{11}、b_{12} 都是拟合系数。但这三个方法都不能在所有高度上得到较好的反演结果，而且因为 V_t、Z 和 H 之间不准确的数学关系，V_t-Z-H 方法在大多数时候比其他两种方法准确度更差。

基于以上原因，Alain 和 Williams（2011）提出了两个新的方法，一个是通过优化平均时间间隔改进 Julien 时间平均方法，另一个是通过建立三个参数之间更好的关系来优化

V_t-Z-H 方法。对于优化平均时间间隔的方法，从 5～40min 来改变时间的间隔对滑动平均的方法不会产生太大的影响，但最大的不同是在 9.3～10.3km 的高度，20min 滑动平均的残差最小而 40min 的滑动平均的残差最大。并且当考虑更长时间的平均时，小尺度的一些特点就将损失，这种损失是改进统计方法都无法抵消的。而考虑较短的时间时，可能导致不足以过滤掉垂直空气运动，所以 20min 的平均确实是比较好的。对 V_t-Z-H 进行改进的方法是在给定的云层中，在每一个 (Z,H) 上测得的多普勒速度经过平均就假定等同于其对应的终端下降速度，使用这种简单的方法可以更好地抓住 V_t、Z 和 H 之间的关系。此方法比 V_t-Z 方法对中尺度上升、下降气流更为敏感。统计结果比较表明，此方法得到的终端下降末速度的残差分布宽度与 V_t-Z 和 V_t-Z-H 方法相似。而且这种方法得到的终端下降末速度能和 V_t-Z 、V_t-Z-H 方法得到的类似，并且能够正确地反演滑动平均方法没有正确反演到的上行、下行气流。而且在接近 9km 的高度上，此方法要优于时间平均方法（在这个高度上，时间平均方法在三种方法里最准确的）。在 9km 以上，精度和 V_t-Z 方法类似（在这个高度上 V_t-Z 方法是最精确的）。

9.7.4　Kalesse 改进方法

Kalesse 等（2013）对 Orr 和 Kropfli 拟合方法和 Julien 时间平均方法进行了结合，具体思路如下：对于给定的云，首先在垂直及水平方向上选取恰当的高度-时间间隔，在选取的云块内以 2dBZ 为间隔对反射率因子进行平均，并对相应的多普勒速度 V_D 也进行平均，认为这一平均值是这一高度-时间间隔中云滴粒子终端末速度的平均值 V_t，进一步利用 $V_t = aZ^b$ 进行拟合，为了得到准确的系数 a 和 b，在这里仅对每一个时间-高度间隔内反射率因子间隔数至少为 4 个的情况进行拟合。而对于在每个时间-高度间隔内反射率因子间隔数少于 4 个的情况，则认为在这个间隔内粒子的终端下降末速度与反射率因子没有很强的相关性，因此把这段时间内的多普勒速度进行滑动平均来得到这一时刻的云滴粒子终端下降末速度，这种情况发生在云层分布高度均匀的情况下，这种情况下雷达的反射率因子变化很小。

为了验证反演方法中 20min 的时间间隔选取是否合适，Kalesse 等（2013）对于不同的时间间隔做了敏感性测试，选取了 5min、10min、20min、30min、60min 间隔，得出 20min 时间间隔是最合适的。Alain 和 Williams（2011）等也提出，采用大于 20min 的时间间隔，不仅统计性能没有改善，而且小规模的特性也逐渐丧失。如果用太小的时间间隔，会导致对空气运动的过滤不够。总的来说，对于反演估计粒子终端末速度 V_t，20min 时间间隔是最合适的。

9.7.5　反演结果

利用 SACOL 站 KAZR 云雷达的数据，对以上各方法分别进行了实现。由于以上介绍的方法都是针对冰云，因此在这里采用冰云数据。对于一天云雷达数据的雷达反射率资料与多普勒速度资料进行提取，如图 9.16 所示。

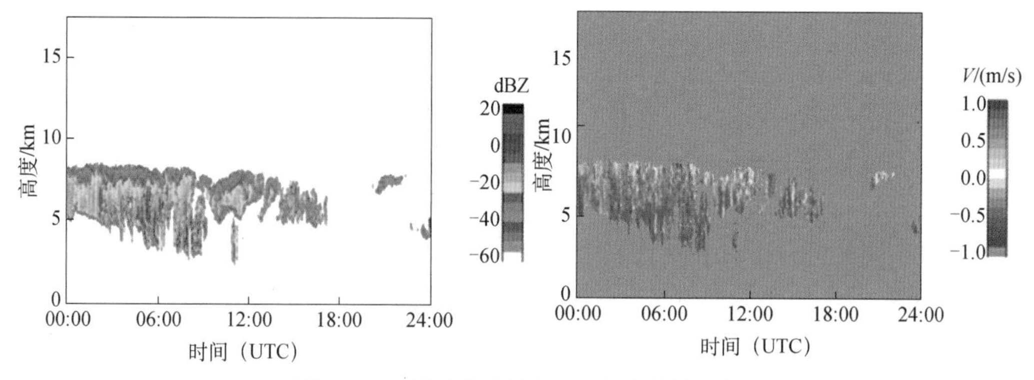

图 9.16 云雷达的反射率因子和多普勒速度

V 为多普勒速度，m/s

图中高度都是从 0～17km，时间都是从 UTC00 时到 UTC24 时。整体看来，云层大部分集中在 5～8km，只有少部分在 5km 以下，符合高云的高度特征。随着时间从 00 时到 18 时的推移，云层整体上看来是比较均匀的，18 时到 24 时，冰云云层接近消失，只有 21 时到 24 时出现少量的云。在 12 时之前，云顶高度几乎保持不变，而云底高度逐渐降低，12 时到 18 时，云底高度接近不变，云顶高度在降低，云层变薄。冰云雷达反射率变化范围从−40dBZ 到 5dBZ，随着云层高度的降低，反射率逐渐增大。在云底部分，反射率又在逐渐减小，反映出了云中粒子尺径的变化趋势。冰云多普勒速度变化范围从−0.8m/s（下降运动）到 0.8m/s（上升运动），且上升运动大多集中在云顶或者接近云顶的高度上。

利用四种方法反演得到的结果如图 9.17 所示，从图中可以看出，对于这一个例，四种反演方法给出的终端下降末速度效果都比较不错，但是也可以明显地看到四种方法的差异性。

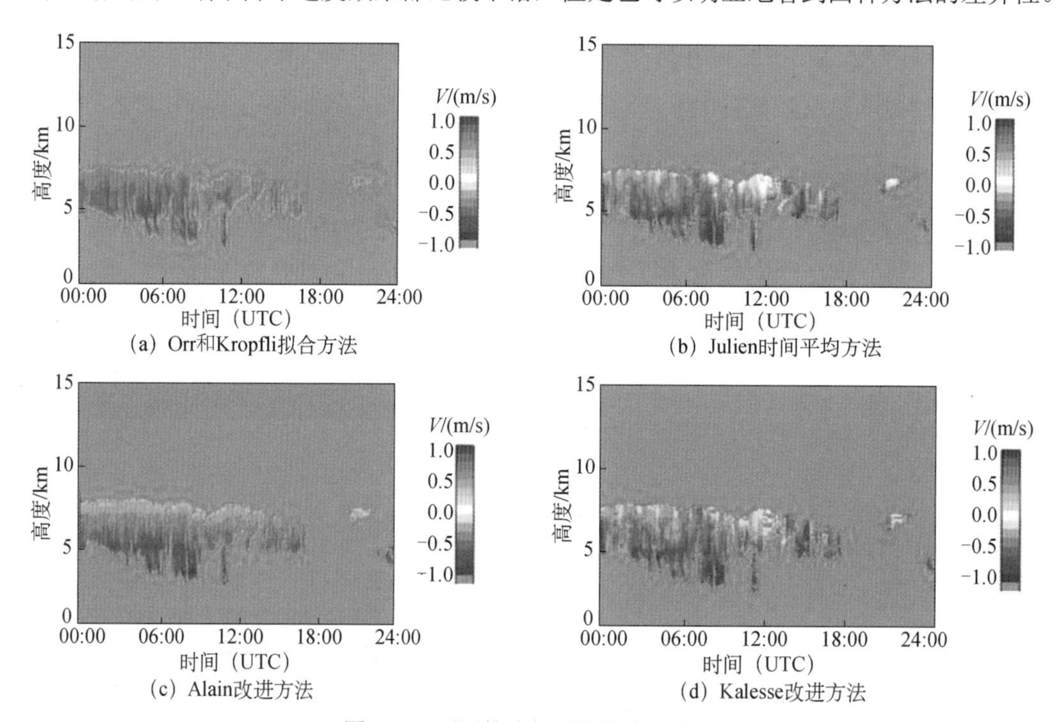

(a) Orr和Kropfli拟合方法 (b) Julien时间平均方法

(c) Alain改进方法 (d) Kalesse改进方法

图 9.17 不同算法得到的终端末速度

V 为多普勒速度，m/s

Orr 和 Kropfli 拟合方法在整个时间段内得到的速度都为负数，即都是下降的速度，如图 9.17（a）所示，此方法很好地过滤了空气运动上升的部分，保留了需要的下降速度，但是整个云层都是下降的速度，与实际情况不太相符，一种可能原因是：不止所需要的云中粒子的终端下降速度保留，环境空气的下降速度也被保留了下来；另一种原因可能是建立的数学统计关系与实际有所偏差，错误地将静止的粒子表示成了具有下降速度的粒子，没有很好地反映实际的情况，而且没有考虑云物理性质在垂直方向上的差异。

Julien 时间平均方法比 Orr 和 Kropfli 拟合方法简单，在整个云层时间段内得到的反演结果都比较接近真实情况，如图 9.17（b）所示，很好地去掉了上升速度为正的部分，使得云顶部分的速度几乎为零。但可以明显地看到 10 时到 14 时在云顶以及云的边界处有较多的速度为正的部分保留，没能很好地过滤掉这部分的上升运动。这和其假设有关系，此方法的假设是在没有强烈上升运动和强重力波存在的条件下，平均的空气运动相对于平均的下降速度是可以忽略的。在我们提到的时间段内，空气对流比其他时间更强烈，超出假设的范围。反演得到的结果没有能够把这部分的上升运动去掉，而是保留了下来。所以这一方法有很大的局限性，只能应用在没有大范围垂直运动的环境场中，如环境场有明显的上升、下沉运动，则不满足空气垂直速度平均后为 0 的假设条件。另外，由于在云顶位置一般存在较为明显的上升运动，因此在时间平均方法中云顶位置可能会出现向上的速度，这部分速度需要采取合适的手段进行移除。

Alian 改进方法得到的结果比起时间平均方法是比较好的，如图 9.17（c）所示。在整个时间段内，云顶部分和部分云底上升运动明显减少，但是还是有不少的部分保留了下来，并没有完全过滤去除掉，与实际情况有偏差。原因是此方法并没有给出任何的假设前提，而是在任意给定的冰云中，在某一层高度上对点（Z_e，V_d）进行平均得到相应回波信号 Z_e 值对应的粒子终端末速度 V_t。所以在平均过程中不能很好地保证把上升运动部分完全过滤掉。此外，此方法还与高度、反射率、下降速度之间的关系有关，三者之间不准确的数学关系也可能是误差的来源之一。

Kalesse 改进方法反演得到的结果在四种方法中是最为准确的，如图 9.17（d）所示。此方法是在前面方法的基础上进行的改进，将统计方法与时间平均方法结合了起来，综合两种方法的假设前提，对一片均匀连续存在的云层，长时间的平均后可以把空气运动忽略掉，只保留所需的下降速度。从反演的结果图中我们可以看到，上升运动几乎没有，多普勒速度中正向的部分全部被过滤掉，云顶部分的速度在整个时间段内都接近于零，与实际情况十分符合。然而其反演精度还需要通过飞机观测的验证。

9.8　本章小结

本章主要介绍了 Ka 波段毫米波云雷达的基本工作原理、主要部件、特征参数、观测资料和反演方法等。我们提出了一种双边滤波云检测的新算法，可以快速有效提取云信号，获取云的宏观和微观物理重要参量，分析了榆中半干旱地区云底/顶高度、云底/顶温度、出现频率、冰水含量、云滴有效半径、云层厚度的垂直分布、日变化、季节变化及年变化特征。同时，对比分析了国内外反演计算云滴粒子终端末速度的四种方法，发现 Kalesse 改进方法的反演结果是最为准确和可靠的。我们已经积累了近 8 年的云宏观和微观参数的连续观测资料，通过全面开发挖掘云雷达数据，将来有望加深我们在半干旱地区云对西北干旱化、降水分布影响等方面的认识。

参 考 文 献

段艺萍，刘寿东，刘黎平，等. 2013. 利用云雷达反演层状云空气垂直速度及微物理参数的个例研究. 科学技术与工程，13（27）：7933-7940.

黄兴友，夏俊荣，卜令兵，等. 2013. 云底高度的激光云高仪、红外测云仪以及云雷达观测比对分析. 量子电子学报，30（1）：73-78.

彭亮，陈洪滨，李柏. 2012. 3mm 多普勒云雷达测量反演云内空气垂直速度的研究. 大气科学，36（1）：1-10.

章文星，吕达仁. 2012. 地基热红外云高观测与云雷达及激光云高仪的相互对比. 大气科学，36（4）：657-672.

仲凌志，刘黎平，葛润生. 2009. 毫米波测云雷达的特点及其研究现状与展望. 地球科学进展，24（4）：383-391.

朱泽恩，郑创，葛觐铭，等. 2017. 利用 KAZR 云雷达对 SACOL 站云宏观特性的研究. 科学通报，62（8）：824-835.

Ackerman T P，Stokes G M. 2003. The atmospheric radiation measurement program. Physics Today，56：14.

Alain P，Williams C R. 2011. The accuracy of radar estimates of ice terminal fall speed from vertically pointing doppler radar measurements. Journal of Applied Meteorology and Climatology，50：2120-2138.

Atlas D. 1954. The estimation of cloud content by radar. Journal of Meteorology，11：309-317.

Aydin K，Tang C X. 1997. Millimeter wave radar scattering from model ice crystal distributions. IEEE Transactions on Geoscience and Remote Sensing，35：140-146.

Baker M B. 1997. Cloud microphysics and climate. Science，276：1072-1078.

Barnes A A. 1974. Weather Documentation at Kwajalein Missile Range. Cambridge：Air Force Cambridge Research Laboratories.

Brown P R A，Francis P N. 1995. Improved measurements of the ice water content in cirrus using a total-water probe. Journal of Atmospheric and Oceanic Technology，12：410-414.

Clothiaux E E，Moran K P，Martner B E，et al. 1999. The atmospheric radiation measurement program cloud radars：Operational modes. Journal of Atmospheric and Oceanic Technology，16：819-827.

Delanoë Julien，Protat A，Bouniol D，et al. 2007. The characterization of ice cloud properties from doppler radar measurements. Journal of Applied Meteorology and Climatology，46：1682-1698.

Deng M，Mace G G. 2006. Cirrus microphysical properties and air motion statistics using cloud radar doppler moments. Part I：Algorithm description. Journal of Applied Meteorology and Climatology，45：1690-1709.

Ge J，Zheng C，Xie H，et al. 2018. Midlatitude cirrus clouds at the SACOL site：Macrophysical properties and large-scale atmospheric states. Journal of Geophysical Research-Atmospheres，123：2256-2271.

Ge J，Zhu Z，Zheng C，et al. 2017. An improved hydrometeor detection method formillimeter-wavelength cloud radar. Atmospheric Chemistry and Physics，17（14）：9035-9047.

Gossard E E. 1988. Measuring drop-size distributions in clouds with a clear-air-sensing doppler radar. Journal of Atmospheric and Oceanic Technology，5：640-649.

Fu Q. 1996. An accurate parameterization of the solar radiative properties of cirrus clouds for climate models. Journal of Climate，9：2058-2082

Herman B M, Battan L J. 1961. Calculations of Mie back-scattering of microwaves from ice spheres. Quarterly Journal of the Royal Meteorological Society，87（372）：223-230.

Heymsfield A J，McFarquhar G M. 1996. High albedos of cirrus in the tropical Pacific warm pool：Microphysical interpretations from CEPEX and from Kwajalein，Marshall Islands. Journal of the Atmospheric Sciences，53：2424-2451.

Hildebrand P H，Sekhon R S. 1974. Objective determination of the noise level in doppler spectra. Journal of Applied Meteorology，13：808-811.

Houze R A，Hobbs P V，Herzegh P H，et al. 1979. Size distributions of precipitation particles in frontal clouds. Journal of the Atmospheric Sciences，36（1）：156-162.

Huang J，Minnis P，Yan H，et al. 2010. Dust aerosol effect on semi-arid climate over northwest China detected from A-Train satellite measurements. Atmospheric Chemistry and Physics，10：6863-6872.

Huang J，Zhang W，Zuo J，et al. 2008. An overview of the semi-arid climate and environment research observatory over the Loess Plateau. Advances in Atmospheric Sciences，25：906-921.

Illingworth A J，Hogan R J，O'connor E J，et al. 2007. Cloudnet：Continuous evaluation of cloud profiles in seven operational models using ground-based observations. Bulletin of the American Meteorological Society，88：883-898.

Kalesse H，Kollias P，Szyrmer W. 2013. On using the relationship between doppler velocity and radar reflectivity to identify microphysical processes in midlatitudinal ice clouds. Journal of Geophysical Research-Atmospheres，118：12168-12179.

Kollias，Clothiaux E E，Miller M A，et al. 2007a. Millimeter-wavelength radars—New frontier in atmospheric cloud and precipitation research. Bulletin of the American Meteorological Society，88：1608-1624.

Kollias P，Tselioudis G，Albrecht B A. 2007b. Cloud climatology at the Southern Great Plains and the layer structure，drizzle，and atmospheric modes of continental stratus. Journal of Geophysical Research-Atmospheres，112：D09116.

Liu C，Illingworth A J. 2000. Toward more accurate retrievals of ice water content from radar measurements of clouds. Journal of Applied Meteorology，39：1130-1146.

Long M W. 2001. Radar Reflectivity of Land and Sea. London：Artech House.

Mace G G，Ackerman T P，Minnis P，et al. 1998. Cirrus layer microphysical properties derived from surface-based millimeter radar and infrared interferometer data. Journal of Geophysical Research-Atmospheres，103：23207-23216.

Mace G G，Heymsfield A J，Poellot M R. 2002. On retrieving the microphysical properties of cirrus clouds using the moments of the millimeter-wavelength doppler spectrum. Journal of Geophysical Research-Atmospheres，107（D24）：4815.

Marchand R，Mace G G，Ackerman T，et al. 2008. Hydrometeor detection using Cloudsat—An earth-orbiting 94-GHz cloud radar. Journal of Atmospheric and Oceanic Technology，25：519-533.

Matrosov S Y，Korolev A V，Heymsfield A J. 2002. Profiling cloud ice mass and particle characteristic size from doppler radar measurements. Journal of Atmospheric and Oceanic Technology，19（7）：1003-1018.

Muhlbauer A，Kalesse H，Kollias P. 2014. Vertical velocities and turbulence in midlatitude anvil cirrus：A comparison between in situ aircraft measurements and ground-based doppler cloud radar retrievals. Geophysical Research Letters，41：7814-7821.

Orr B W，Kropfli R A. 1999. A method for estimating particle fall velocities from vertically pointing doppler radar. Journal of Atmospheric and Oceanic Technology，16：29-37.

Plana-Fattori A，Protat A，Delanoë J. 2010. Observing ice clouds with a doppler cloud radar. Comptes Rendus Physique，11：96-103.

Randall D，Khairoutdinov M，Arakawa A，et al. 2003. Breaking the cloud parameterization deadlock. Bulletin of the American Meteorological Society，84：1547-1564.

Sassen K，Liao L. 1996. Estimation of cloud content by W-band radar. Journal of Applied Meteorology，35：932-938.

Sauvageot H，Omar J. 1987. Radar reflectivity of cumulus clouds. Journal of Atmospheric and Oceanic Technology，4：264-272.

Seo E K，Liu G. 2005. Retrievals of cloud ice water path by combining ground cloud radar and satellite high-frequency microwave measurements near the ARM SGP site. Journal of Geophysical Research：Atmospheres，110：D14203.

Shupe M D，Kollias P，Poellot M，et al. 2008. On deriving vertical air motions from cloud radar doppler spectra. Journal of Atmospheric and Oceanic Technology，25：547-557.

Su J，Huang J，Fu Q，et al. 2008. Estimation of Asian dust aerosol effect on cloud radiation forcing using Fu-Liou radiative model and CERES measurements. Atmospheric Chemistry and Physics，8：2763-2771.

Wang Z，Sassen K. 2001. Cloud type and macrophysical property retrieval using multiple remote sensors. Journal of Applied Meteorology，40：1665-1682.

Wilson D R，Ballard S P. 1999. A microphysically based precipitation scheme for the UK meteorological office unified model. Quarterly Journal of the Royal Meteorological Society，125：1607-1636.

Yang P，Liou K N. 1998. Single-scattering properties of complex ice crystals in terrestrial atmosphere. Beitrage zur Physik der Atmosphare-Contributions to Atmospheric Physics，71：223-248.

第 10 章

移动集成观测系统

10.1　引言

大气监测的一种重要方式就是地面观测，可以给出所在位置高时间分辨率的气象和环境观测数据，用来研究一定区域内长时间序列特定参数的特征变化。地面观测最好的方法就是在各种具有代表性质的下垫面区域建立观测站，进行长期连续的观测实验。但大范围建站比较困难，这会耗费大量的财力和物力，尤其在不宜建立观测站的地方，如戈壁、沙漠和高原人烟稀少的地区，尤其是只需要进行短时间序列内的科研实验，建站和运行成本较高，不切合实际情况。为了解决这些问题，就需要一套可移动的地面集成观测系统，可按照要求在所需地区开展加强期地基观测试验，尤其是在不方便布置观测点的地区，以获得大气光学、化学和微物理等基本特性的观测资料。

国内在大气观测仪器设备方面的技术正处在发展阶段，在观测设备的改装、后期维护和参数校准等各方面的技术储备都相对薄弱，和国外相比有一定的差距。目前，在进行大气观测时已经多家单位联合组网观测，多个观测点数据共享，以达到更好的观测效果。在野外观测试验时，将仪器拆卸拉运到观测点，搭建临时观测房或是租用当地居民用房进行短期的观测。试验完成后再将仪器设备等拆卸，这样做的缺点是仪器的可移动性差，需要多次拆卸和组装，耗费大量的精力，对仪器也有一定的损坏。每次仪器运行的室内环境有差异，造成一定的误差。同时受房屋的限制，观测地点受到限制，附近居民活动对观测的影响也较大。仪器在野外观测点一般平行放置在平台上观测，这样一是采样管安装比较困难；二是仪器设备占用水平空间较大，对垂直方向空间的利用率较小，尤其是在仪器设备较多和观测空间比较受限时；三是室内温度不好控制，加装和拆卸空调比较困难。国内有部分仪器公司将中型客车改装成观测车，将仪器放在车厢内，在车顶设置采样口进行短期观测试验，这样的缺点有：①客车承重能力有限，车顶无法架设安装仪器设备；②车本身就是一个污染源，运输后在停止期间车体会有有机化合物的挥发，对大气环境监测有一定的影响、受客车内部空间限制，能装载的仪器数量比较有限；③观测运行时，仪器会产生大量的热量，加上车体保温效果不好，在恶劣环境下运行时，车厢内的温度比较难控制，使得仪器无法运转等。在定点地面大气环境观测时，室外采样管通常是每个仪器对应一个进气管，而在进行野外观测试验时，多种仪器在一起进行观测，每个仪器使用一套室外采光管路实现起来比较困难。在仪器载体的顶部开孔太多也会影响到载体的整体结构和牢固性，同时采样管路较多，运输和观测时安装与拆卸也比较费时费力。因此需要开发适用地面大气野外观测需要的可移动性方舱，仪器设备在箱体内部和顶部架，内部和顶部空间高效利用，设备仪器可立体化摆放，方便野外试验使用。

针对这些问题，本章在兰州大学半干旱气候与环境观测站（SACOL）大气移动集成监测系统的基础上，结合野外观测试验，对移动集成观测系统进行介绍，为进行野外观测提供参考。

10.2 集成方舱

仪器设备安装集成在特殊定制的专用仪器方舱内部和顶部，方舱代替固定站点房屋，作为固定式监测站使用，也可以运输至指定地点进行野外试验。方舱使用集装箱结构，方便吊装运输和仪器设备存储。以下对移动观测方舱的加工设计进行介绍。

10.2.1 方舱外形结构

方舱外形结构为标准 20t 集装箱［外部尺寸：6058mm（长）×2438mm（宽）× 2601mm（高)]，便于公路和铁路运输。方舱如图 10.1 所示，包括 6 个面，右侧面（A）与左侧面（C）相对，前侧面（B）与后侧面（D）相对，顶面（E）与底面（F）相对。

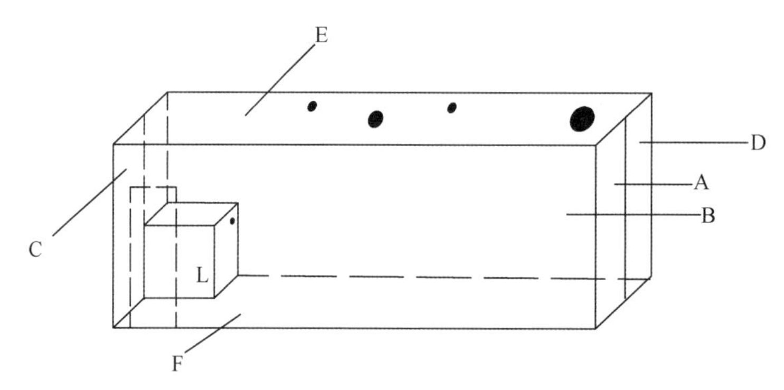

图 10.1 移动观测方舱示意图

图中 A、B、C、D、E、F 分别表示方舱的右侧面、前侧面、左侧面、后侧面、顶面和底面；
L 表示方舱安置制冷设备外机的内凹空间

方舱前侧面（B）靠近箱体左侧面（C）的一端有外开门，门做隔热保温处理，可打开的角度为 0°～180°，主要用于试验期间工作人员日常出入。门安装闭门器和开门后防门关闭的挂钩，在野外大风的环境下可以对门起到很好的保护作用。在门头上外侧安装防雨檐，防雨檐下安装户外照明灯，方便户外夜间工作。

方舱右侧面（A）是方舱的对开门，在搬运舱体内大型仪器设备时才打开，平时处于关闭状态。方舱左侧面（C）下半部分（L）为内凹空间，用于安置整个方舱制冷设备的外机，制冷内机悬挂在舱体内凹空间上方。方舱后侧面（D）上有三个备用通孔，呈三角形排列，3 个孔贯通方舱壁，主要作用是引出或引入线路和管路，通孔直径为 80～150mm。3 个孔在平时不用时有专用密封盖封闭，使用时打开。

舱体顶面（E）上有通孔，根据观测需要设置开孔位置和多少。这里介绍的大气环境观测方舱顶部预留有 3 个孔和 1 个天窗，孔主要用于连接主采样管，天窗用于激光雷达观测孔，各通孔都配有堵头和封盖，在不使用时处于密封状态。孔的出口都高出方舱顶部，防止降水进入。激光雷达观测天窗也高出方舱顶部，天窗固定激光雷达光学玻璃，在运输和长期不观测期间，卸掉光学玻璃，密封盖密封观测天窗。

F 面是方舱底部，做好防腐防锈处理，方舱其他面外部做防锈处理，外层喷户外漆。

10.2.2　方舱采样管

方舱顶部主采样管连接采样孔，采样孔边上有固定螺丝孔，用来固定采样管，在运输时，拆除采样管固定放置在方舱内。大气主采样管是在方舱顶部高 1～5m 的采样管，样本气体从这根采样管统一进入方舱，然后按照观测需求分配给各个仪器设备。图 10.2 是地面大气移动观测方舱室外 5m 高的采样管的结构设计图，由上至下主要包括进气口（A）、进气管（B）和分流口（C）。

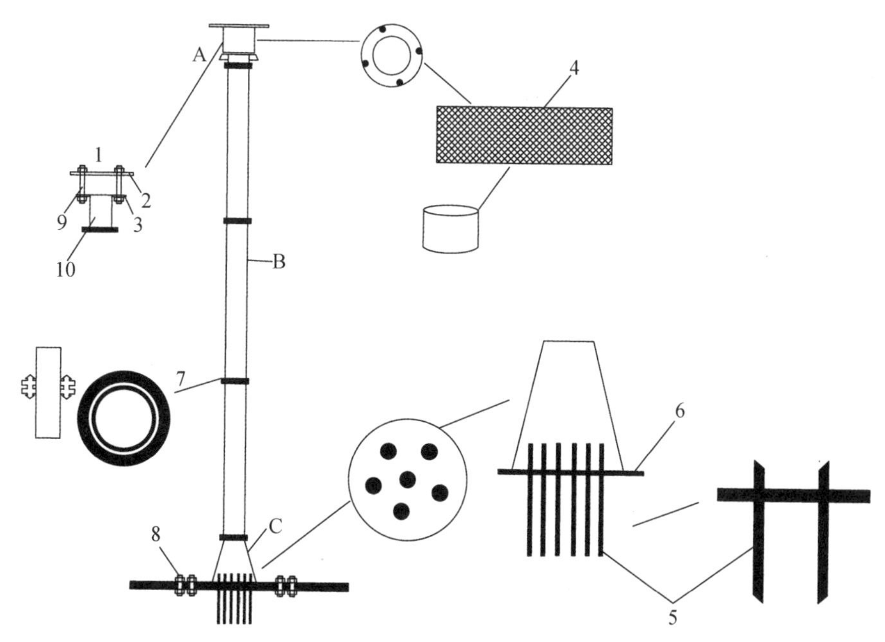

图 10.2　地面大气移动观测方舱采样管的结构设计图

图中 A、B、C 分别表示采样管的进气口、进气管和分流口；1、2、3、4、9、10 分别表示进气口的遮雨帽、圆形上平板、环形底片、阻虫网、不锈钢柱和钢管；5 和 6 分别表示分流口不锈钢细管和细管垂直贯通钢板；7 表示进气管连接的法兰；8 表示采样管与方舱固定螺栓

如图 10.2 所示，进气口（A）主要由遮雨帽（1）和阻虫网（4）组成。遮雨帽由两块彼此平行且同轴的圆形上平板（2）和环形底片（3）组成，它们之间通过 4 根两头带螺丝的不锈钢柱（9）连接固定，上平板和环形底片材质为防锈铝合金。环形底片与钢管（10）上端密封焊接在一起，钢管（10）的下端连接高精度法兰（7），与进气管（B）通过法兰密封连接。遮雨帽的主要作用是防止降水进入进气管，阻虫网的主要作用是防止叶片、飞絮和其他大的杂物进入进气管。阻虫网是固定在上平板与环形底片之间的圆管状筛网，环绕包裹在连接上平板和环形底片的 4 根不锈钢柱外侧。阻虫网筛孔为 2mm（规格为 10～20 目）的不锈材质网，呈圆管状，上下端开口。

进气管是上下开口的圆管，由 3 根内外抛光不锈钢圆管通过法兰连接组成，可实现拆装。进气管上端与进气口下端的钢管（10）通过法兰密封连接，下端与分流口（C）的上端通过法兰密封连接。

分流口是上口小、下口大的内外抛光不锈钢喇叭状的气流出口，其大口端朝下，其侧壁倾斜角度在 60°～80°。分流口下端与细管垂直贯通钢板（6）焊接在一起。方舱顶面有通孔，通孔的直径不小于分流口下端口直径，分流口和通孔密封连接在一起。分流口下端的钢板上垂直焊接了 6 根 3/4in 内外抛光的不锈钢细管（5），细管垂直贯通钢板与分流口下端钢板的连接处密封不漏气。细管伸入分流口内的长度为 20～50mm，伸入方舱内部长度为 100～200mm（除去方舱顶部的厚度），在喇叭口内部伸出的长度为 50mm。每根细管伸入喇叭口的一端打磨内倒角，伸入方舱的一端打磨外倒角，其伸入方舱一端都配有堵头，使用的钢管端口处于打开状态，连接仪器采样管路，不使用的钢管端口处于密封状态。

采样管固定在方舱顶面上，用 4 根钢丝固定在方舱顶面的四角上。采样管各个焊接处都经过抛光处理，法兰连接处采用了“O”形密封圈，保证连接处的密封性。从进气口到分流口，在使用前进行漏气检测，保证采样管连接处不漏气。

观测系统在工作时，采样管是可拆卸部分，在运输和不观测期间，采样管保存固定在方舱内部的仪器钢架上。在需要观测时，先在方舱顶部固定分流口，然后将 3 节钢管通过法兰连接，进气管上端与进气口连接，进气管下端和分流口上端连接，最后拉紧 4 根固定钢丝。观测期间在抽气泵和仪器真空泵的驱动下，样本气体从进气口进入进气管，在分流口分流进入各个仪器。

10.2.3 方舱壁结构

地面大气移动观测方舱壁结构是强化方舱壁的保温隔热、防火和防静电等性能，设计和布置电路排布。图 10.1 所示移动观测方舱，包括 A～F 的 6 个面，其中 A～E 的 5 个面由最外层的铁皮层、中间层的防火保温层和内层的固定平板层组成。

图 10.3 为方舱壁上的电路排布示意图。后侧面（D）上有电源箱（1），内部主要包括三相电子电表，漏电保护器和断路器。

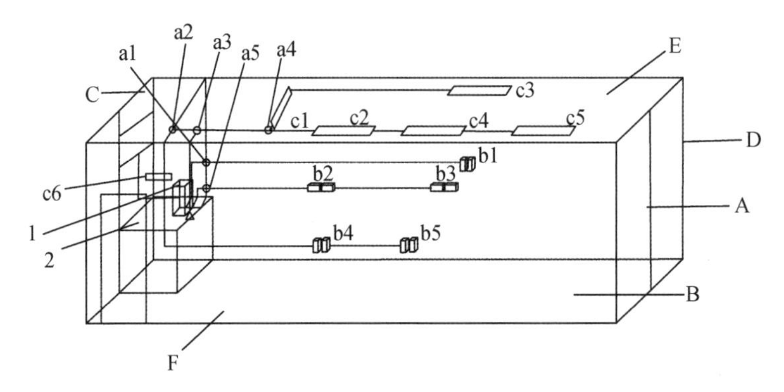

图 10.3 地面大气移动观测方舱电路排布示意图

图中 A、B、C、D、E、F 分别表示方舱的右侧面、前侧面、左侧面、后侧面、顶面和底面；1 和 2 分别表示电源箱和方舱内凹空间；c1～c5 和 c6 分别表示室内 5 个防爆灯和门外 LED 灯；a1～a5 表示的是防爆接线盒；b1～b5 表示的是防爆插座

从电源箱（1）引出 4 路电，1 路供给制冷系统、2 路供给仪器设备、1 路供给辅助仪器设备，4 条电路都穿过铜线管，铜线管固定在方舱内壁上，方便电路的检查维修，每条电路上都设置电源插座。空调供电电路从电源箱（1）引出后沿内凹空间（2）顶部固定，延至

左侧面（C），并固定在左侧面（C）上，用于空调供电。辅助仪器设备供电电路从电源箱（1）引出后沿内凹空间（2）的顶部固定，由后侧面（D）、顶面（E）延至前侧面（B），固定在方舱前侧面（B）上。照明电路有 5 个防爆灯 c1、c2、c3、c4 和 c5 以及门外 LED 灯。2 路仪器设备电路从电源箱（1）引出后沿内凹空间（2）顶部固定，并延伸至后侧面（D），且平行于方舱底面，固定在方舱后侧面（D）上。

在方舱内部电路的交接处，即方舱顶面（E）照明电路中的线路交接处均使用防爆接线盒 a1、a2、a3、a4 和 a5，一方面电路出现问题方便检修，另一方面安全系数较高，防止漏电。

每路供电线路上设置防爆插座。电路上的防爆插座的横卧与竖立并排安装。空调供电电路上设置 1 个防爆插座；观测仪器设备有 2 条供电电路，其中 1 条电路上横卧并排设置 2 排共 4 个防爆插座，另 1 条电路上竖立并排 2 个防爆插座；辅助仪器设备供电电路上竖立并排 2 组 4 个防爆插座。

方舱结构的照明电路上还附加六开单控开关，控制方舱内部的 5 个防爆灯和室外门头的 LED 灯。在 b1 插座的 2 个防爆插座给激光雷达供电；b2 和 b3 插座的 4 个防爆插座直接连接机柜，给机柜上仪器供电；b4 和 b5 插座的 4 个防爆插座给其他辅助工具设备供电。运行中出现漏电和短路情况，防爆插座会自动切断电源，保护电路和仪器设备。

在野外观测时，将方舱吊装在货运车上运输到观测点，首先检查方舱内部仪器设备和供电电路，之后接通外部电源，给整个方舱供电。

10.2.4　方舱设备架

地面大气移动观测方舱设备架设置的目的在于提供一种结构简单、便于拆装，且支撑力强，用于固定方舱内部仪器设备的平台。设备架主要包括固定架和机柜，固定架由若干根钢件组成，固定安装在方舱内壁和方舱中央，包括横梁和立柱，其中通过连接件与方舱内壁直接连接的立柱和横梁为主要承重钢架，通过连接件连接在主要承重钢架上的立柱和横梁为辅助钢架；机柜位于方舱内部中央若干主要承重立柱中间，通过连接件与承重立柱和辅助横梁连接在一起。

地面大气移动观测方舱设备架侧壁上固定如图 10.4 所示，位于 A 侧壁的固定架包括杆 A1 和 A2，杆 A1 和 A2 固定在方舱 A 面两扇门内壁的方钢上，且垂直于方舱底面，其材料为内卷边冲孔 C 型镀锌钢。杆 A1 和 A2 是方舱内壁上的承重钢架，可按照激光雷达安装和观测要求在杆 A1 和 A2 上用 C 型镀锌钢连接件安装水平、垂直或者倾斜的 C 型镀锌钢。

位于前壁 B 的固定架包括杆 B1、B2、B3 和 B4，其中杆 B1 与 B2 平行，杆 B3 与 B4 平行且都与杆 B1 和 B2 垂直，杆 B1、B2、B3 与 B4 形成“井”字结构，其材料也都采用内卷边冲孔 C 型镀锌钢。杆 B3 和杆 B4 水平固定在方舱内壁的方钢上，为方舱内壁上的主要承重钢架。杆 B1 和 B2 通过 C 型镀锌钢连接件垂直固定在杆 B3 和 B4 上，为辅助承重钢架。

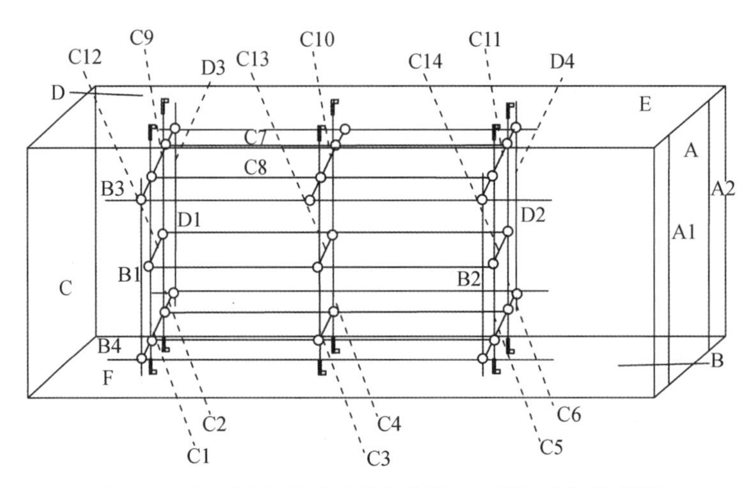

图 10.4　地面大气移动观测方舱设备架的固定架装配图

图中 A、B、C、D、E、F 分别表示方舱的右侧面、前侧面、左侧面、后侧面、顶面和底面；A1 和 A2 是固定在 A 侧壁的固定架；B1～B4 是固定在 B 侧壁的固定架；D1～D4 是固定在 D 侧壁的固定架杆；C1～C6 是方舱内部空间的固定架立柱；C7～C14 是方舱内部空间的固定架横梁

位于后壁（D）的固定架包括杆 D1、D2、D3 和 D4，其中杆 D1 与 D2 平行，杆 D3 与 D4 平行且都与杆 D1 和 D2 垂直，杆 D1、D2、D3 与 D4 形成“井”字结构，其材料采用内卷边冲孔 C 型镀锌钢。杆 D3 和 D4 通过螺丝水平固定在内壁的方钢上，杆 D3 和 D4 作为方舱内壁上的主要承重钢架，杆 D1 和 D2 通过 C 型镀锌钢连接件垂直固定在杆 D3 和 D4 上，为辅助承重钢架。杆 D3 和 D4 的长度均为 512cm。

位于方舱内部空间的固定架还包含立柱 C1、C2、C3、C4、C5 和 C6，以及横梁 C7、C8、C9、C10、C11、C12、C13 和 C14，其中，立柱 C1、C2、C3、C4、C5 和 C6 是方舱中央空间固定仪器及其机柜的立柱，为主要承重钢架，6 根立柱彼此平行，且皆与方舱底面垂直，上下各通过 1 个 C 型钢镀锌底座垂直固定在顶面 E 内壁的方钢上和底面 F 地板下的承重梁上。可以按照集装内部仪器安装和观测要求在立柱 C1、C2、C3、C4、C5 和 C6 上安装水平、垂直或者倾斜的 C 型镀锌钢杆件。横梁 C7、C8、C9、C10、C11、C12、C13 和 C14 是辅助承重钢架，皆平行于方舱底面，通过 C 型镀锌钢连接件固定在主要承重钢架上，如图 10.4 所示。

位于方舱内部的固定架与位于方舱箱壁的固定架通过连接件相连。其中，横梁 C7 通过 C 型镀锌钢连接件固定在立柱 C2、C4 和杆 D6 上，横梁 C8 通过 C 型镀锌钢连接件固定在立柱 C1、柱 C3 和杆 D5 上，横梁 C9 通过 C 型镀锌钢连接件固定在杆 B3、D3 和立柱 C1、C2 上，横梁 C10 通过 C 型镀锌钢连接件固定在杆 B3、D3 和立柱 C3、C4 上，横梁 C11 通过 C 型镀锌钢连接件固定在杆 B3、D3 和立柱 C5、C6 上，横梁 C12 通过 C 型镀锌钢连接件固定在立柱 C1 和 C2 上，横梁 C13 通过 C 型镀锌钢连接件固定在立柱 C3 和 C4 上，横梁 C14 通过 C 型镀锌钢连接件水平固定在立柱 C5 和 C6 上，如图 10.4 所示。

仪器机柜为开放式机柜，呈长方体形，包括边框和托板，安装在固定钢架中间，托板是安装在机柜四条竖立的边框间的水平承重板。如图 10.5 所示，机柜 S1、S2、S3 和 S4 是 4 台安装在方舱中央固定架中的仪器机柜，机柜为敞开式机柜，机柜的边框固定在固定架的立柱上，边框上设置有方孔条。根据实际需要，托板的高低间隔可以通过改变在方孔条上安装的位置来调节。

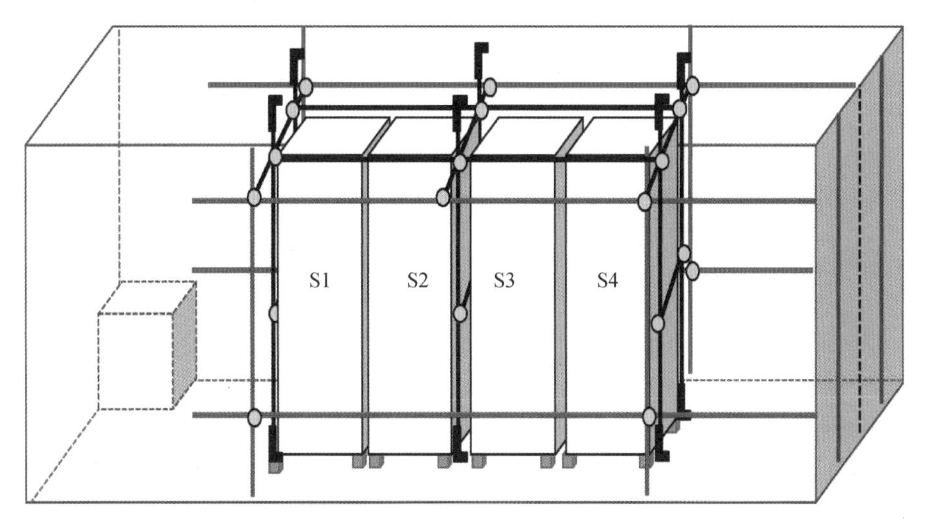

图 10.5　地面大气移动观测方舱设备架的机柜安装示意图

机柜 S1 和 S2 通过并柜件连接在一起，固定在立柱 C1、C2、C3、C4 以及横梁 C7 和 C8 上；机柜 S3 和 S4 通过并柜件连接在一起，通过 C 型镀锌钢连接件固定在立柱 C3、C4、C5、C6 以及横梁 C7 和 C8 上。机柜 S1、S2、S3 和 S4 的底部四个角分别安装了高强度的缓冲橡胶垫，起到缓冲和防震的作用。

10.3　仪器的安装调试

这里对仪器集成的方法进行介绍，针对的是部分仪器，提供的是仪器集成的思路，为其他仪器集成方案提供参考。仪器集成就是组建地面大气集成观测系统，包含气象和大气环境观测仪器设备。仪器按照观测环境需要，分别架设在箱体内部和顶部。观测仪器通过串联和并联的思路有序地集成安装在设计好的方舱内，仪器在方舱的机柜上立体化安装，合理地利用箱内空间，增强仪器间的对比和相互验证，安装完成后的箱体内集成观测系统可减少每次试验仪器的拆卸和组装程序，能在不易建站的地区快速开机运行，且得到高质量的数据。气象和大气采样观测仪器按照需要架设在箱体顶部，其他仪器架设不能影响到辐射类观测仪器，按照北高南低的方式布局。这些仪器支架都是便于拆卸安装，观测期间到试验选定位置，能实现快速在箱体顶部架设仪器并快速安装采集数据。

本节涉及的观测仪器（表 10.1）和辅助设备主要包括：2 台三波段积分浊度仪（TSI-3563）、2 台多角度吸收光度计（MAAP-5012）、黑碳仪（AE-31）、三波段颗粒物吸收光度计（PSAP）、空气动力学粒径谱仪（APS-3321）、环境颗粒物监测仪（RP1400a）、单颗粒炭黑光度计（DMT-SP2）、气象传感器（WXT-520）、微脉冲激光雷达（MPL-4）、若干切割头（PM_{10}、$PM_{2.5}$ 和 $PM_{1.0}$）、管路配件、真空泵、气体钢瓶和主控计算机。

表 10.1　气溶胶移动集成观测系统主要仪器

仪器名称	仪器型号	仪器观测内容
三波段积分浊度仪	TSI-3563	三个波段直接测量气溶胶的总散射和后向散射系数
空气动力学粒径谱仪	APS-3321	气溶胶粒子的空气动力学粒径、数浓度、表面积、体积和质量浓度
单颗粒炭黑光度计	DMT-SP2	粒径在 0.15～1μm 的气溶胶大小和吸收性气溶胶含量
多角度吸收光度计	MAAP-5012	黑碳气溶胶的实时浓度，反演气溶胶的吸收系数
黑碳仪	AE-31	大气黑碳气溶胶浓度（7 个波段）
气象传感器	WXT-520	大气压、湿度、降水、温度、风速和风向
环境颗粒物监测仪	RP1400a	$PM_{2.5}$ 或 $PM_{1.0}$ 的质量浓度
微脉冲激光雷达	MPL-4	地面到高空 20km 范围的后向散射信号
多波段太阳光度计	CE-318	气溶胶光学厚度、波长指数、尺度谱分布、单次散射反照率、不对称因子、粗/细模态粒子比、水汽和臭氧积分总量
多滤波旋转遮光辐射仪	MFRSR	气溶胶光学厚度、波长指数、尺度谱分布、单次散射反照率，卷云的光学厚度、粒径大小、云水含量、水汽含量
全天空成像仪	TSI-880	天空状况图像、总云/低云量、晴空/薄云/厚云百分比、晴空比率
短波辐射表	PSP	太阳短波总辐射或地表反射辐射、散射辐射，宽波段地表反照率
黑白辐射表	B&W8-48	水平面上太阳总辐射、散射辐射通量
长波辐射表	PIR	大气和地表向上长波辐射通量
直接辐射表	NIP	太阳直接辐射通量，安装在太阳跟踪器上
直接辐射计	CHP1	太阳直接辐射通量，安装在太阳跟踪器上
总紫外辐射表	TUVR	太阳总紫外辐射通量
常规气象要素	WXT-520	空气温度、相对湿度、大气压、风向、风速、降水量和雹
大流量采集器	崂应 2031	大气中的总悬浮颗粒（TSP）或可吸入颗粒物（PM_{10}）质量浓度
安德森采样器	KB-120E	粒径 0～10μm 共 9 级的粒径分布

移动观测方舱是将货运方舱设计改装成适用于气溶胶仪器进行野外观测试验的载体，主要内容包括：①方舱顶部设计统一的样本气体采样管；②对箱体外部结构进行优化设计，侧面设计侧门和出线孔，顶部设计观测孔、激光发射孔和进气孔等，外部设置制冷外机摆放空间等；③箱体壁结构强化隔热保温防火功效，内壁上合理布置电路和照明设施，提高方舱安全性能；④箱体内部搭建仪器设备架，优化合理地利用方舱内部空间。

气溶胶观测仪器按照串联和并联的思路有序地集成安装在移动观测方舱内部的仪器架上，图 10.6 为地面气溶胶移动集成观测系统集装箱内部图。

集成观测系统主要包括移动观测方舱、仪器设备、设备主控电脑、电源系统、气路、切割头、流量计和真空泵等。采样管分流口到仪器设备切割头输入端、切割头输出端到仪器进气口、仪器排气口到流量计、流量计到真空泵之间通过主气流管路相连，形成一条从切割头到真空泵的贯通通道。在切割头与流量计之间的主气流管路上，安装观测设备，主气流管路上通过三通和四通接头连接观测设备的支气流管路，所有排气管路都从方舱侧壁的通孔穿出，将测量后的气体排放到方舱外。

从方舱采样管分流口开始的进气管路在图 10.7 中用红色箭头表示，排气管路用蓝色箭头和黑色箭头表示。样本气体主要分成四路分别进入不同仪器进行测量，在图中分别用 1、2、3 和 4 表示。切割头、进气管路和排气管路都固定在机柜和方舱内部的 C 型钢架上。PM_{10} 切割头作为备用切割头，可根据观测研究需要和其他切割头更换使用。

图 10.6　地面气溶胶移动集成观测系统集装箱内部图

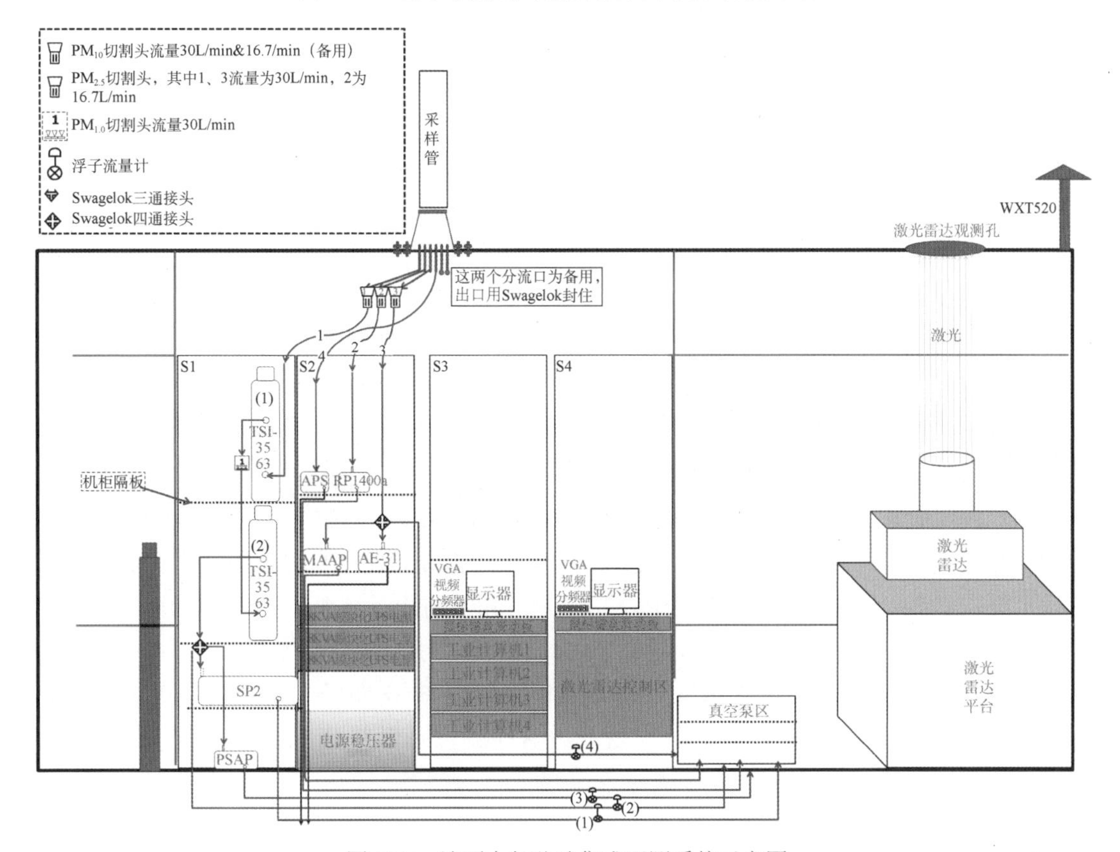

图 10.7　地面大气移动集成观测系统示意图

管路 1：分流口的出口→$PM_{2.5}$切割头（1）→TSI-3563（1）→$PM_{1.0}$切割头→TSI-3563（2）→Swagelok 四通接头用 3/4in 导电胶皮管和内外抛光的无缝不锈钢管连接，Swagelok 四通接头→PSAP→流量计（3）→真空排气泵用 1/4 in 导电胶皮管连接，真空排气泵到方舱外的排气管路用 1/4in 四氟管；Swagelok 四通接头→SP2→流量计（1）→外置真空排气泵→排气管路用 1/8in 四氟管连接；Swagelok 四通接头→流量计（2）→真空排气泵→排气管路用 3/4in 四氟管连接。

管路 2：分流口的出口→$PM_{2.5}$切割头（2）→RP1400a 用 3/4in 导电胶皮管连接，RP1400a→外置真空排气泵→排气管路用 3/4 in 四氟管连接。

管路 3：分流口的出口→$PM_{2.5}$切割头（3）→Swagelok→MAAP-5012 四通接头用 3/4in 导电胶皮管连接，MAAP-5012→外置真空排气泵→排气管路用 3/4in 四氟管连接；Swagelok 四通接头到 AE-31 用 3/8in 电胶皮管连接，AE-31 到方舱外的排气管路用 3/8in 四氟管；Swagelok 四通接头→流量计（4）→外置真空排气泵→排气管路用 3/4in 四氟管连接。

管路 4：分流口的出口直接到 APS-3321 用 3/4in 导电胶皮管连接，APS-3321 到方舱外的排气管路用 3/8in 四氟管。

从仪器出来的所有排气管路都从方舱 D 面的孔 b2 和 b3 穿出，将气体排放到方舱外。

SP2 同工业计算机 1 连接进行数据采集；MAAP-5012、AE-31 和 PSAP 同工业计算机 2 连接进行数据采集；TSI-3563（1）、TSI-3563（2）、ASP-3321 和 RP1400a 同工业计算机 3 连接进行数据采集；WXT-520 安装在方舱顶部的东南角上，同工业计算机 4 连接进行数据采集。工业计算机 4 同时也作为储存计算使用，用来备份观测数据和分析数据。四台计算机通过 5 口 VGA 视频分配器共用一套显示器、鼠标和键盘，鼠标键盘放在机柜的双层鼠标键盘滑动板中，液晶显示器和 VGA 视频分频器固定在机柜隔板上，位于鼠标键盘上方。激光雷达由控制区域的计算机控制接收和存储数据，雷达镜筒正对方舱顶部的激光雷达预留孔，观测时打开预留孔的盖子，安装高精度的透光玻璃。

方舱 D 面内壁上防爆插座给 4 个机柜上的仪器供电。从防爆插座引出的电源首先经过机柜 S1 下方的稳压电源，出来后的电源供给机柜 S2 下方的 3 块 8KVA 模块化 UPS 电源和仪器所有外置真空泵。从 UPS 出来的电源只供给机柜上仪器设备、微脉冲激光雷达和主控计算机使用，防止突然断电对仪器造成损坏。

CO_2气体钢瓶用挂钩弹力绳固定在 D 面内壁的 C 型镀锌钢架上，供 TSI-3563 仪器校准和检测使用。用 30mm×50mm×2.0mm 的多功能角钢在机柜 S4 右侧搭建出存放外置真空排气泵的钢架，外置真空泵和钢架固定在一起。为了防止外置真空排气泵运行时的震动对仪器产生一定的影响，钢架底部要用高强度的缓冲橡胶垫，并且距方舱中央机柜架≥5cm 以上。在野外观测条件允许的情况下，方舱吊装放置时 D 面朝北，可将放置真空泵的钢架放置在方舱 D 面外侧，做好防雨措施，这样既可降低集装内部的噪声，又可减小方舱的震动，同时真空泵在运行时散发大量热量可直接释放到室外，减轻室内制冷设备负担。

方舱运输到观测点，4 个角水平放置在 4 根 1m 长的枕木上，一般 D 面和 C 面在背阳面，防止太阳暴晒空调的外机。方舱放置好后，首先安装和检查方舱内部仪器设备和电路，没有问题后接通外部电源，插上四极快速插头，给整个方舱供电。

在实际应用中，为了满足各个设备正常运行的流量需要，同时保证切割头的切割效率，每个气路流量都要进行精确计算。气溶胶移动集成观测系统中各个仪器和切割头正常运行的流量见表 10.2。

表 10.2　气溶胶移动集成观测系统仪器流量统计

仪器	流量/（L/min）
三波段积分浊度仪 TSI-3563（1）	30
三波段积分浊度仪 TSI-3563（2）	30
空气动力学粒径谱仪 APS-3321	5
三波段颗粒物吸收光度计 PSAP	0.5
多角度吸收光度计 MAAP-5012	16.7
黑碳仪 AE-33	5
单颗粒炭黑光度计 DMT-SP2	0.12
PM2.5 切割头（1、3）	30
PM2.5 切割头（2）	16.7
PM1.0 切割头	30

样本气体从方舱顶部进入采样管，经过分流进入三个 $PM_{2.5}$ 切割头和 APS 仪器。样本气体经过 $PM_{2.5}$ 切割头得到动力学粒径小于 2.5μm 的气溶胶。如图 10.7 所示，系统工作时打开外置真空泵，将流量计调整为规定的流量，同时打开各个观测仪器，使每一路进气口的总流量和切割头流量要求的流量相同，设置特定的流量是为了确保 $PM_{2.5}$ 切割头和 $PM_{1.0}$ 切割头的切割效率，如果流量达不到要求，切割头的切割效率就会发生变化。

样本气体从方舱顶的采样管进入方舱，经过采样管分流口分成 4 路进入方舱进行测量。

管路 1：样本气体以 30L/min 的流量进入 $PM_{2.5}$ 切割头，剔除样本气体中动力学粒径大于 2.5μm 的气溶胶颗粒物，之后进入 TSI-3563（1），测量气溶胶的总散射和后向散射系数；30L/min 流量的样本气体从 TSI-3563（1）出来进入 $PM_{1.0}$ 撞击式切割头，剔除样本气体中动力学粒径大于 1μm 的气溶胶颗粒物，之后进入 TSI-3563（2），测量超细粒子气溶胶的总散射和后向散射系数；样本气体从 TSI-3563（2）出来经过 Swagelok 四通接头分流，其中 16.7L/min 流量的样本气体进入 PSAP，测量超细粒子气溶胶颗粒物在 470μm、522μm 和 660nm 波段的光学吸收系数，从 PSAP 出来的 0.5L/min 的气体由流量计（3）控制流量，通过外置真空排气泵排放到方舱外；其中 0.12L/min 流量的样本气体进入 SP2，逐粒测量粒径在超细粒子气溶胶的大小和黑碳含量，从 SP2 出来的 0.12L/min 的气体由流量计（1）控制流量，通过外置真空排气泵排放到方舱外；剩余的 29.4L/min 流量的样本气体由流量计（2）控制流量，通过外置真空排气泵排放到方舱外。

管路 2：样本气体以 16.7L/min 的流量进入 $PM_{2.5}$ 切割头，剔除样本气体中动力学粒径大于 2.5 μm 的气溶胶颗粒物，之后进入 RP1400a，测量气溶胶的质量浓度，从 RP1400a 出来的气体通过外置真空排气泵排放到方舱外。

管路 3：样本气体以 30L/min 的流量进入 $PM_{2.5}$ 切割头，剔除样本气体中动力学粒径大于 2.5μm 的气溶胶颗粒物，之后经过 Swagelok 四通接头分流，其中 16.7L/min 流量的样本气体进入 MAAP-5012，测量黑碳气溶胶浓度，从 MAAP-5012 出来的 16.7L/min 的气体通过外置真空泵排放到方舱外；5L/min 流量的样本气体进入 AE-31，测量黑碳气溶胶浓度，从 AE-31 出来的 5L/min 的气体通过仪器内置真空泵直接排放到方舱外；8.3L/min 流量的样本气体由流量计（4）控制流量，通过外置真空排气泵排放到方舱外。

管路 4：样本气体以 5L/min 的流量进入 APS-3321，直接测量 0.7μm 以上的气溶胶动力学粒径谱分布，从 APS-3321 出来的 5L/min 的气体通过外置真空排气泵排放到方舱外。

WXT-520 型多气象要素传感器在观测点直接安装在方舱顶部，连接好采集器后用来测量周围大气环境的温度、湿度、风速、风向、大气压和降水 6 个常规气象要素。

微脉冲激光雷达体积较大，光学器件较多，运输过程为了保护仪器需要进行装箱，箱子固定在方舱的钢架上。到观测点后，将雷达取出放置在方舱内的光学平台上，用来探测地面到高空 20km 范围的后向散射信号，可反演云层光学厚度、边界层高度和气溶胶消光特性的垂直廓线。利用这些数据和地面气溶胶散射吸收特性的数据，综合分析气溶胶的光学特性。

图 10.8 是地面气溶胶移动集成观测系统内部的实物图。图 10.9 是地面气溶胶移动集成观测系统在野外的观测试验。

图 10.8 地面气溶胶移动集成观测系统内部的实物图

图 10.9 地面气溶胶移动集成观测系统在野外的观测试验

10.4 数据处理及其质量控制

仪器在观测运行过程中，光学器件及气路等部件随着时间会有一定损耗，观测结果也会相应地出现一定的偏差，这就需要对仪器进行定期的维护、检测和校准，以保证得到高质量的观测数据。

本节主要针对地面大气气溶胶移动集成观测系统中部分气溶胶仪器的检测和校准问题进行探讨。日常仪器维护和检测是每台仪器运行前后必不可少的工作，其中比较重要的两项就是流量和漏气检测。仪器校准是比较复杂的工作，大部分仪器的校准工作都要在专门的实验室或者返原厂进行，涉及的问题较多。浊度仪在观测现场可以随时进行检测和校准，因此本节只对浊度仪的检测和校准进行详细深入的探讨。

浊度仪是测量气溶胶总散射和后向散射系数的主要的仪器，虽然部分仪器生产厂家不同，但仪器原理基本相同，测量参数也相同。目前对浊度仪的检测和校准并不统一，大部分只是在试验前对仪器进行全校准，而在观测过程中缺乏相应的检测，尽管也有少部分按照一定周期进行校准，却都很难保证观测数据的质量。本节重点对浊度仪的检测和校准问题进行探讨，总结出浊度仪检测和校准方法，为提高观测数据质量提供基础保证。

10.4.1　流量检测

流量检测是用标准流量计对仪器流量进行检测，看流量是否符合仪器观测要求。流量检测是仪器在观测前必须要完成的工作，在仪器运行期间也要定期对流量进行检测，周期一般为 3 个月。电子流量计和浮子流量计是检测仪器流量常用到的工具，电子流量计精度高，成本也高，虽然浮子流量计精度比电子流量计低，但操作方便，成本较低。

仪器流量检测具体步骤是首先将流量计与仪器进气口通过管路连接，然后打开仪器并调整为正常观测状态，检查流量计读数是否和仪器设备设定的流量相同，参考表 10.2，各个仪器正常运行时的流量在 5%误差范围内是正常的，如果超出误差范围，就需检查仪器内部管路或连接真空泵管路是否漏气或者堵塞，如果是漏气问题，将管路重新连接即可；如果是堵塞问题，就对管路进行清理或者是更换新的管路。如果上述问题都不是，就有可能是仪器真空泵的问题，需要对真空泵进行检查维修。多数仪器在运行时都会进行流量自检，如果流量不在仪器设置的范围内，仪器显示界面上就会提示流量错误信息，如动力学粒径谱仪、多角度吸收光度计和单颗粒炭黑光度计等。

电子流量计可以测量周围环境的温度和压强，自身可进行环境校准，得到准确流量。浮子流量计在出厂时流量刻度都有对应的环境温度和压强，在环境发生变化以后，流量刻度显示的值将不再为真实值，这时就要根据观测站点环境对流量计读数进行校准，尤其是海拔较高的地区（郝吉明和马广大，1998；张仁健等，2001），流量读数校准公式如下：

$$I_{\mathrm{act}} = I_{\mathrm{std}} \times \sqrt{\frac{P_{\mathrm{act}}}{P_{\mathrm{std}}} \times \frac{T_{\mathrm{sta}}}{T_{\mathrm{act}}}} \tag{10.1}$$

式中，I_{act} 为浮子流量计的实际读数，L/min；I_{std} 为仪器正常工作流量，L/min；P_{act} 为观测点的大气压，mmHg；P_{std} 为浮子流量计标注的大气压，mmHg；T_{act} 为观测点的大气温度，K；T_{sta} 为浮子流量计标注的温度，K。从式（10.1）可知，根据观测点的大气压和大气温度可计算出浮子流量计的实际读数，对于仪器工作需要的流量，浮子流量计在高海拔地区比低海拔地区的实际读数要小。

根据研究目的的不同，可选用不同种类的气溶胶粒子切割头，常用的是 PM_{10}、$PM_{2.5}$ 和 $PM_{1.0}$ 切割头。切割头对流量都有严格的要求，流量在要求的范围之内，切割头才能发挥正常的切割效率，剔除动力学粒径大于设定值的气溶胶颗粒物，流量过大或者过小都会影响切割效率（李丰果等，2003；Wang and John，1988）。式（10.2）是计算切割头在不同流量情况下的切割点（史晋森等，2013a）：

$$C_{\text{act}} = \sqrt{\frac{Q_{\text{design}}}{Q_{\text{act}}}} \times C_{\text{design}} \tag{10.2}$$

式中，C_{act}为切割头实际流量情况下的切割点；C_{design}为切割头设定流量情况下的切割点；Q_{design}为切割头标准流量；Q_{act}为切割头实际流量，标准流量和实际流量单位一致。

为了保证切割头的切割效率，切割头需要定期进行维护，一旦切割头内部粘附的气溶胶过多，切割效率就会发生改变。切割头内壁或筛孔处粘附气溶胶粒子过多，会使得通过的气体流速发生变化，切割头的切割点会变小，$PM_{2.5}$可能会变成$PM_{2.0}$；撞击式切割头内部的撞击板上附着太多的气溶胶颗粒物，会使得撞击板上沉积的大颗粒气溶胶随气流进入仪器，而起不到切割头的作用。旋风式切割头一般要求一个月清洁一次，撞击式切割头需要每周进行检查维护，如果遇到污染严重的天气或是沙尘暴天气，维护周期就相应地缩短。

在气溶胶移动集成观测时，切割头的使用对仪器可起到很好的保护作用，尤其是在连续长时间的观测或极端天气状况下，如果没有切割头或未定期对切割头进行维护，粒径较大的气溶胶颗粒物就会随着气流进入仪器内部，而这些粒径较大的气溶胶很容易在仪器内部沉积和粘附，当沉积或粘附在仪器测量光室内部时，会污染仪器光室，沉积或粘附在仪器内部管路中时，会阻塞管路，影响测量结果，造成测量结果不精确，甚至直接损坏仪器。在长期运行的仪器前加装切割头，剔除颗粒较大的气溶胶颗粒物，使得需要研究的小粒径气溶胶颗粒物进入仪器。

10.4.2 漏气检测

漏气检测（又称漏气检查）是仪器在观测前必须要完成的工作，检测的部分主要包括采样管路、排气管路、切割头和仪器内部管路，仪器在运行期间也要定期进行漏气检测，一般漏气检测周期和流量检测周期相同，为3个月。

采样管路、排气管路和切割头的漏气检测步骤相同，将管路的其余端口密封，只留一个端口和手动真空抽气泵（或电动真空泵）密封连接，用抽气泵进行抽气，使得管路内成为负压状态，保持负压状态 1min，如果抽气泵上的负压表数值不变或者变化率小于0.1kPa/min，就认为不漏气；如果压力表数值迅速减小，或者负压表数值变化率大于0.1kPa/min，就认为管路漏气，这就需要重新连接管路，确保每个连接处的密封性。当管路连接处较多，可将管路分段进行检测。

仪器漏气检测和管路检测大致相同，就是将仪器进气口堵住，在排气口处用手动真空泵将仪器内部管路和光室抽为负压状态，保持 1min，如果负压表数值不变或者数值变化率小于 0.1kPa/min，可认为不漏气，如果负压表数值变化率大于 0.1kPa/min，就需要对仪器内部管路连接部分进行检查，检查过程要保证在干净的环境下进行，避免污染仪器内部管路等，要注意的是所有的检查都不能打开仪器的光室部分。仪器检漏的另一种方法是用两个流量计，一个流量计与进气口连接，另一个连接到真空泵，通过比较气体在“进气”与“排气”口的流速，就可知道仪器内部是否漏气。

可打开环境颗粒物监测仪进行漏气检测，具体操作如下。

（1）从质量传感器上移除滤膜，然后打开仪器，同时打开真空抽气泵。

（2）调节仪器主控器的显示屏，使其显示出主流量和辅助气体流量读数。

（3）把流量适配器安装在环境颗粒物监测仪的流量进气口处，流量适配器阀门处于打开状态。

（4）关闭流量适配器阀门。

（5）在仪器主控器的显示屏上观察流量读数，如果主流量读数小于 0.15L/min，辅助气体流量小于 0.65L/min，就认为仪器整体不漏气，排气管路也不漏气。如果主流量和辅助气体流量大于这两个读数，那么就需要检查整个气路系统的管路连接处以及其他临界连接处是否漏气，重复进行 3～4 步的检测，直到主流量小于 0.15L/min，辅助气体流量小于 0.65L/min。

（6）如果主流量和辅助气体流量一直大于这两个读数，那么就有可能是仪器流量的零点发生漂移，这就需要知道流量零点的非线性漂移量，用漂移量来替代流量零点，然后重复漏气的检查过程。

（7）慢慢打开流量适配器上的阀门，逐步地释放系统的真空状态，同时拔掉真空抽气泵，等待 1min，观察主流量和辅助气体流量的读数，记录这些数值，即为非线性漂移量。

（8）重新连接上真空抽气泵，等待 3～5min 直到主流量和辅助气体流量达到稳定值，关闭流量适配器的阀门。

（9）在主控屏上，主流量读数应该小于 0.15L/min 和非线性漂移量之和，辅助气体流量应该小于 0.65L/min 和非线性漂移量之和。假如主流量和辅助气体流量的非线性漂移量之和分别为 0.08L/min 和 0.12L/min，0.08L/min 加 0.15L/min 为 0.23L/min，0.12L/min 加 0.65L/min 为 0.77L/min，那么主流量读数应该小于 0.23L/min，辅助气体读数应该小于 0.77L/min。

（10）如果气体流量读数仍大于这两个数值（主流量非线性漂移量加 0.15，辅助气体流量非线性漂移量加 0.65），那么使用一个类似的电路校准和质量流量控制器校准。这也表明系统中有错误的连接或者损坏的部件（如质量流量控制器或者真空抽气泵），这就需要返厂检测或维修。

（11）漏气检测完成后，从气路移除流量适配器，安装好采样进气管路，同时重新在质量传感器上安装滤膜。

10.4.3　浊度仪检测和校准

浊度仪主要用来测量气溶胶的散射特性，其中三波段积分浊度仪（以下简称浊度仪）是目前测量气溶胶总散射和后向散射系数的一种有效仪器，在观测过程中由于光源和仪器部件等损耗发生些许变化，造成仪器观测结果出现误差，这就需要定期对仪器观测值进行检测和维护，保证得到高质量的观测数据。

对浊度仪校准周期和时间各有不同，很多只是在观测前对仪器进行一次全校准，观测过程中很少进行数据的检测。浊度仪检测和校准的思路是用已知散射系数的气体通入仪器内部，根据观测结果检测和校准仪器参数（Anderson and Ogren，1998）。

浊度仪定期要进行零气和标准气体（简称标气）检测，如果零气和标准气体检测符合规定要求，表明仪器工作正常。如果检测超出设定的误差范围，说明仪器参数漂移量过大，需要进行相应的校准维护。零气和标准气体检测过程持续的时间比较短，一般为 15min 左右，因此仪器的数据采样频率要尽量小，如 10s 或者 20s，这样就能在仪器控制软件上实时看到散射系数曲线的变化范围（史晋森等，2013b）。

10.4.3.1 检测和校准气体选择

传统上，浊度仪检测和校准使用的介质是干净空气和氯氟烃气体，其中氯氟烃气体多选择惰性气体，优点是有较高的散射系数和反射因子，缺点是在大气中不容易分解，存在的周期比较长，大约为 100 年。氯氟烃气体最大的危害是可以上升到平流层，破坏大气的臭氧层，因此使用一些替代性的气体，如 CFC-22，SF6，HFC-134A 和 CO_2 等（Horvath and Kaller，1994），其中 CO_2 气体是校准和检测浊度仪主要使用的气体。CO_2 气体有众多优点，如有较高纯度，普遍易得，价格也便宜，同时对环境的危害可以忽略（Anderson et al.，1996; Anderson and Ogren，1998）。虽然 CO_2 是一种主要的温室气体，但在浊度仪检测和校准过程中使用量很少，其对气候变化的作用微乎其微，可以忽略。使用者不用担心长时间校准或重复校准，或频繁校准和检测而排放过多的 CO_2。而其他几种气体的价格相对较高，对环境也有一定的污染。

从校准过程来说，CO_2 的检测和校准时间要稍长于其他几种替代气体（Anderson et al.，1996），因此在比较特殊的环境中使用浊度仪，如在高空飞机观测试验，为了节省检测和校准时间就必须使用高散射系数的气体。在地面观测试验中，具有高散射系数的气体和 CO_2 比起来，并没有明显的优势，节省时间的优点可以忽略不计。其主要原因是浊度仪检测和校准时，在得到有效测数据之前，仪器光室和进气管路都要被检测和校准气体填满，检测和校准完成后，在正常观测之前，填充的气体要完全抽出仪器和管路，这样都会耗去一定的时间。

空气和 CO_2 作为浊度仪检测和校准介质的另一个重要原因是对这两种气体基本特性的研究比较深入，可以比较精确地得到其散射系数，还没精确掌握其他几种替代性气体的基本特性（Anderson and Ogren，1998）。对空气和 CO_2 散射系数有重要影响的去极化因子在过去的 100 年时间里被反复地测量和修正（Young，1980，1981）。综上所述，浊度仪零气和标准气体检测与校准选择的气体分别是干净空气和 CO_2。

10.4.3.2 零气检测

零气检测是所有集成系统的仪器都要进行的，一般周期为 15 天。零气检测就是将仪器进气口和高效率过滤器（>0.1μm 的颗粒物过滤效率>99.9%）连接。记录下来仪器观测数值，并计算出“零气平均值”和“零气标准偏差”，在理想条件下，仪器的观测值应接近 0。但在实际操作中，会出现极少的旁路或少量颗粒物没有被除样，实际观测值可能稍大于 0，但其值远小于正常观测值。零气检测值较大说明仪器内部可能漏气或者是仪器出现问题，对应进行相应的维护和检修。

浊度仪零气检测时间比较短，每两天进行 1 次，零气是仪器内部高效粒子空气过滤器

（HEPA 过滤器）过滤后的空气，其检测的具体步骤是在仪器正常观测状态下，在仪器软件超级终端窗口中输入命令符“VZ”，仪器进气口三通阀会转向 HEPA 过滤器，环境空气经过 HEPA 过滤器进入仪器内部，这时仪器测量得到的散射系数就是零气的散射系数。

浊度仪零气检测时在 3 个波段（450nm、550nm 和 700nm）的总散射系数和后向散射系数的变化范围为±3Mm^{-1}，平均值为±1.5Mm^{-1}，超出这些变化范围都要对仪器进行零点设定。

10.4.3.3　标气检测

标准气体的检测周期一般为 2 周左右，使用的气体是 CO_2。和零气检测不同，标准气体检测只能手动操作完成，可在当天零气检测后接着进行标准气体检测，其具体操作步骤是：①断开浊度仪的采样管路和排气管路，保证仪器的排气口畅通，这样是为了保证标准气体能自然地填满仪器光室并最终溢出；②将 CO_2 气体连接到仪器进气口，前 5min 保持流量为 10L/min，之后调整为 5L/min；③在仪器软件超级终端窗口将仪器调整为零气检测状态，或者是在进气口增加一个 HEPA 过滤器，进一步过滤 CO_2 气体可能存在的气溶胶杂质，保证标准气体的纯度；④10～15min 后断开 CO_2 并关闭气瓶，连接好排气管路，打开排气泵，清空仪器内部的 CO_2，连接好剩余管路，正常观测。在标准气体检测过程中仪器软件接收数据并绘曲线图，随时注意散射系数的曲线变化，在曲线稳定后，连续测量 10～15min，之后停止数据采集。

检测过程中为了便于控制浊度仪泵的工作状态，可对排气泵进行改装，在自带泵的电路上加装控制开关或者直接拆除，改用外置真空排气泵。选取浊度仪标气检测时散射系数曲线稳定后一段时间的观测数据，对 3 个波段的总散射系数、气压和温度求平均值，分别用 σ_{sg}^{i}、P_{avg} 和 T_{avg} 表示，其中 i 表示浊度仪的 3 波段（450nm、550nm 和 700nm）。

在标准大气状态下（压强 1013.25hPa，温度 273.2K），空气在 3 个波段（450nm、550nm 和 700nm）的散射系数是已知的，科学家已做过精确测量和理论计算（Anderson et al.，1996；Bodhaine et al.，1991；Bhardwaja et al.，1973；Cutten，1974），这里取 Anderson 等（1996）的试验结果，分别为 27.610Mm^{-1}（450nm）、12.125 Mm^{-1}（550nm）和 4.549Mm^{-1}（700nm）。

散射系数的理想状态方程为

$$\sigma_{\mathrm{sg}}^{i}=\sigma_{\mathrm{sg}}^{i}(\mathrm{STP})\left(\frac{273.2}{T_{\mathrm{avg}}}\right)\left(\frac{P_{\mathrm{avg}}}{1013.2}\right) \tag{10.3}$$

式中，上标 i 表示波段，$\sigma_{\mathrm{sg}}^{i}(\mathrm{STP})$ 为标准状态下空气的散射系数；σ_{sg}^{i} 为在设定状态下（P_{avg} 为压强，T_{avg} 为温度）空气的散射系数。

CO_2 与标准状态下空气的散射系数之比为常数，即

$$k=\frac{\sigma_{\mathrm{sg\text{-}CO_2}}^{i}}{\sigma_{\mathrm{sg\text{-}air}}^{i}}=2.59 \tag{10.4}$$

浊度仪在观测和检测时是将干净空气的测量值作为零点，即干净空气的散射系数设定为 0，故浊度仪测量 CO_2 的散射系数为

$$\sigma_{\mathrm{sg\text{-}CO_2}}^{i}=(k-1)\sigma_{\mathrm{sg\text{-}air}}^{i} \tag{10.5}$$

由式（10.3）和式（10.5）即可求出 CO_2 的散射系数：

$$\sigma_{\text{sg-CO}_2}^{i} = (k-1)\sigma_{\text{sg-air}}^{i}(\text{STP})\left(\frac{273.2}{T_{\text{avg}}}\right)\left(\frac{P_{\text{avg}}}{1013.2}\right) \tag{10.6}$$

式中，$\sigma_{\text{sg-air}}^{i}$ 值已知，平均气压 P_{avg} 和平均温度 T_{avg} 由仪器的观测值求出。

$$P = \frac{\sigma_{\text{sg}}^{i} - \sigma_{\text{sg-CO}_2}^{i}}{\sigma_{\text{sg-CO}_2}^{i}} \times 100\% \tag{10.7}$$

将 $\sigma_{\text{sg-CO}_2}^{i}$ 和 σ_{sg}^{i} 代入式（10.7），可求出标准气体测量值和理论计算值之间的误差 P，如果仪器在 3 个波段散射系数的误差值都在 ±5% 之内，就认为浊度仪运行状况良好，如果任一波段散射系数的误差值超出 ±5% 范围，就说明仪器漂移量过大，需要进行全校准。

10.4.3.4 零点设定

浊度仪在零气检测不合要求时就要进行零点设定，仪器默认地有自动零点设定周期，每 1h 进行一次，每次通入零气的时长为 5min。根据实际观测经验，默认的零点检测设定周期太短，每进行一次零气检测设定，数据就会有一段时间缺失。虽然零气检测设定时长为 5～10min，与零气检测相同，零气检测设定前后都需要一定的时间将零气充满和排空仪器光室和管路，这样会缩短仪器的有效测量时间。浊度仪是测量气溶胶散射特性的比较稳定的仪器，每天零点漂移量比较小，因此可将零点设定改为手动操作进行，在零气检测不合要求的情况下再进行零点设定，其具体步骤是在仪器软件终端窗口中输入命令符“Z”，按回车键后仪器会自动完成零点设定。

10.4.3.5 全校准

全校准是在浊度仪标气检测不合要求的情况下进行的工作，说明书中操作步骤提示打开仪器的外壳来通入校准气体，校准结束后需要再重新安装仪器外壳，这样做的缺点是需要来回搬动仪器和拆卸仪器外壳，操作极其不便，对仪器也会有一定的影响。我们对仪器自带的排气泵进行改装，同 CO_2 检测时一样，在仪器自带泵的电路上加装控制开关或者直接拆掉自带泵，改用外置真空排气泵。

在按照说明书操作全校准过程中，通入零气时，排气泵处于工作状态，通入 CO_2 时关闭仪器排气泵，断开出气口排气管，进气口通入 CO_2，标准气体会自然地充满仪器光室。

10.5 主要观测结果

10.5.1 气溶胶基本特征

利用 2014 年 4 月地面大气气溶胶移动集成观测系统在河西走廊武威和张掖农业地区的地面气溶胶观测资料，分析研究农业地区农耕季节气溶胶的基本特性。在甘肃张掖临泽观测期间，遭遇了 10 年来最强沙尘天气过程，在分析统计值时，甘肃张掖临泽观测点分为考虑强沙尘天气和不考虑强沙尘天气两种情况。表 10.3 统计了这两次观测试验的气溶胶基本特性。图 10.10 和图 10.11 分别是甘肃武威凉州区黄羊镇和甘肃张掖临泽观测期间气溶胶基本特征量随时间变化序列图，图 10.12 和图 10.13 分别是甘肃武威凉州区黄羊镇和甘肃张掖临泽观测期间单次散射反照率、Ångström 指数和质量散射效率随时间变化序列图，其中横坐标都为日期。

表 10.3　甘肃武威凉州区黄羊镇和甘肃张掖临泽观测点气溶胶基本特性统计值

	波段/nm	甘肃武威凉州区黄羊镇	甘肃张掖临泽		
			全部数据	不考虑强沙尘天气	考虑强沙尘天气
$\sigma_{sp}^{1.0}$ /Mm^{-1}	450	110.74±41.67	124.72±240.33	70.37±40.52	609.17±545.33
	550	74.63±29.07	116.72±259.89	56.91±33.67	649.82±586.46
	700	43.85±17.89	104.50±264.96	42.79±27.75	654.50±594.29
$\sigma_{bsp}^{1.0}$ /Mm^{-1}	450	12.88±5.03	16.63±35.61	8.42±4.43	89.84±80.27
	550	10.01±3.81	15.80±36.12	7.43±4.09	90.41±81.26
	700	7.86±2.95	15.55±37.31	6.86±4.09	93.01±83.57
$\sigma_{sp}^{2.5}$ /Mm^{-1}	450	129.29±48.37	180.05±394.39	93.15±59.09	957.68±919.29
	550	98.20±38.29	170.33±407.29	79.65±55.01	981.69±944.79
	700	72.58±30.34	157.66±406.63	66.26±51.21	975.40±937.72
$\sigma_{bsp}^{2.5}$ /Mm^{-1}	450	15.24±5.88	22.02±49.61	10.89±6.70	121.64±114.30
	550	12.23±4.75	19.77±45.94	9.41±5.99	112.43±105.58
	700	11.23±4.36	19.83±47.82	9.02±6.13	116.58±109.66
$\sigma_{ap}^{2.5}$ /Mm^{-1}	670	8.81±6.28	5.72±4.93	5.24±4.23	8.57±7.23
$m_{2.5}$/（μg/m^3）	—	35.62±16.63	103.86±294.05	42.74±40.42	684.72±721.54
SSA	670	0.899±0.031	0.929±0.041	0.922±0.038	0.988±0.004
$A_{1.0}$（450nm/700nm）	—	2.098±0.237	1.048±0.671	1.182±0.567	−0.147±0.060
$A_{2.5}$（450nm/700nm）	—	1.310±0.293	0.777±0.535	0.869±0.486	−0.039±0.020
α/（m^2/g）	550	2.709±0.674	2.111±0.828	2.165±0.847	1.591±0.326

注：$\sigma_{sp}^{1.0}$ 和 $\sigma_{bsp}^{1.0}$ 分别表示 $PM_{1.0}$ 的散射系数和后向散射系数；$\sigma_{sp}^{2.5}$ 和 $\sigma_{bsp}^{2.5}$ 分别表示 $PM_{2.5}$ 的散射系数和后向散射系数；$\sigma_{ap}^{2.5}$ 表示 $PM_{2.5}$ 的吸收系数；$m_{2.5}$ 表示 $PM_{2.5}$ 的质量浓度；SSA 表示单次散射反照率；$A_{1.0}$ 和 $A_{2.5}$ 分别表示 $PM_{1.0}$ 和 $PM_{2.5}$ 的 Ångström 指数；α 表示质量散射效率。

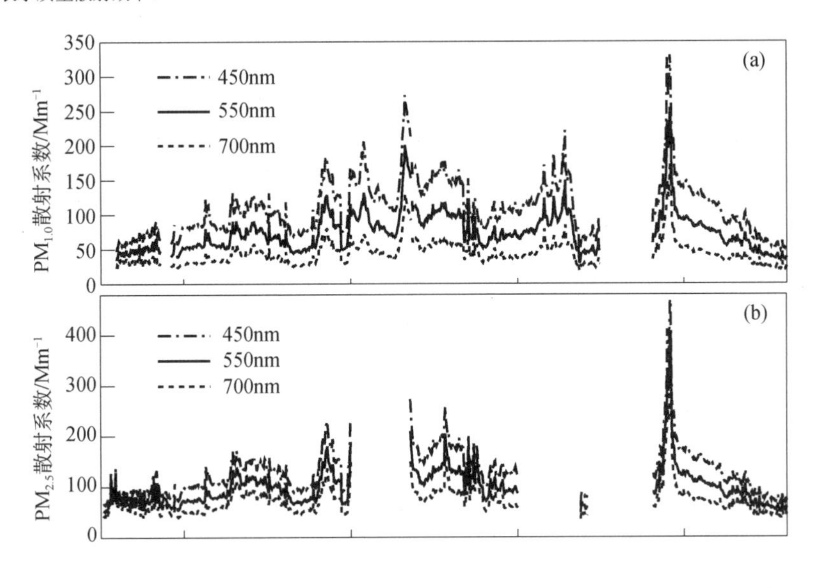

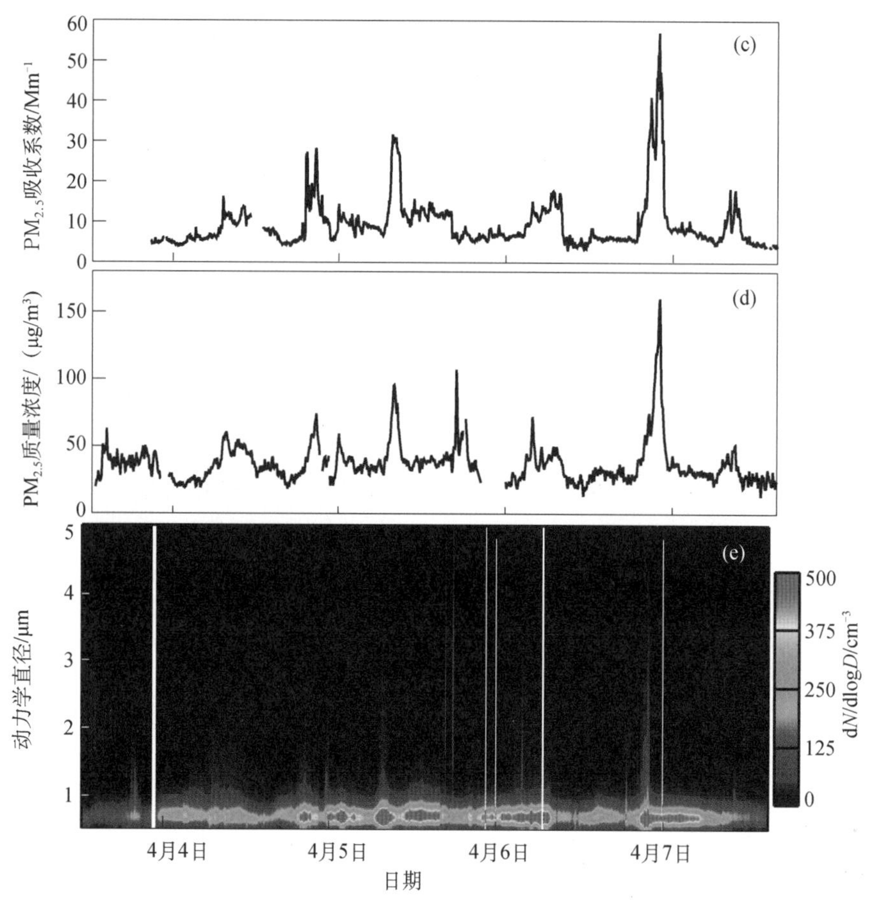

图 10.10　甘肃武威凉州区黄羊镇观测点气溶胶基本特性参数随时间变化序列图

（a）PM$_{1.0}$三个波段散射系数；（b）PM$_{2.5}$三个波段散射系数；（c）PM$_{2.5}$吸收系数；（d）PM$_{2.5}$质量浓度；（e）气溶胶粒径谱分布

甘肃武威凉州区黄羊镇和甘肃张掖临泽观测点 PM$_{2.5}$ 气溶胶三个波段的散射系数见表 10.3，甘肃张掖临泽观测期间不考虑强沙尘天气的影响，三个波段的散射系数分别为（93.15±59.09）Mm^{-1}、（79.65±55.01）Mm^{-1} 和（66.26±51.21）Mm^{-1}，考虑强沙尘天气时的散射系数分别为（957.68±919.29）Mm^{-1}、（981.69±944.79）Mm^{-1} 和（975.40±937.72）Mm^{-1}，是不考虑强沙尘天气时的 10～15 倍。PM$_{1.0}$ 气溶胶三个波段的散射系数分别为（110.74±41.67）Mm^{-1} 和（124.72±240.33）Mm^{-1}（450nm）、（74.63±29.07）Mm^{-1} 和（116.72±259.89）Mm^{-1}（550nm）以及（43.85±17.89）Mm^{-1} 和（104.50±264.96）Mm^{-1}（700nm），甘肃张掖临泽观测期间不考虑强沙尘天气，三个波段的散射系数分别为（70.37±40.52）Mm^{-1}、（56.91±33.67）Mm^{-1} 和（42.79±27.75）Mm^{-1}，考虑强沙尘天气时的散射系数分别为（609.17±545.33）Mm^{-1}、（649.82±586.46）Mm^{-1} 和（654.50±594.29）Mm^{-1}，是不考虑强沙尘天气时的 9～15 倍。从图 10.11 可以看出，甘肃张掖临泽在 4 月 24 日沙尘暴发生时，气溶胶散射系数迅速增大，出现极大值。两个观测点的散射系数和中东部城市比起来要小，如上海 PM$_{2.5}$ 的散射系数为 353Mm^{-1}（Xu et al.，2002），北京 PM$_{2.5}$ 的散射系数为 468Mm^{-1}

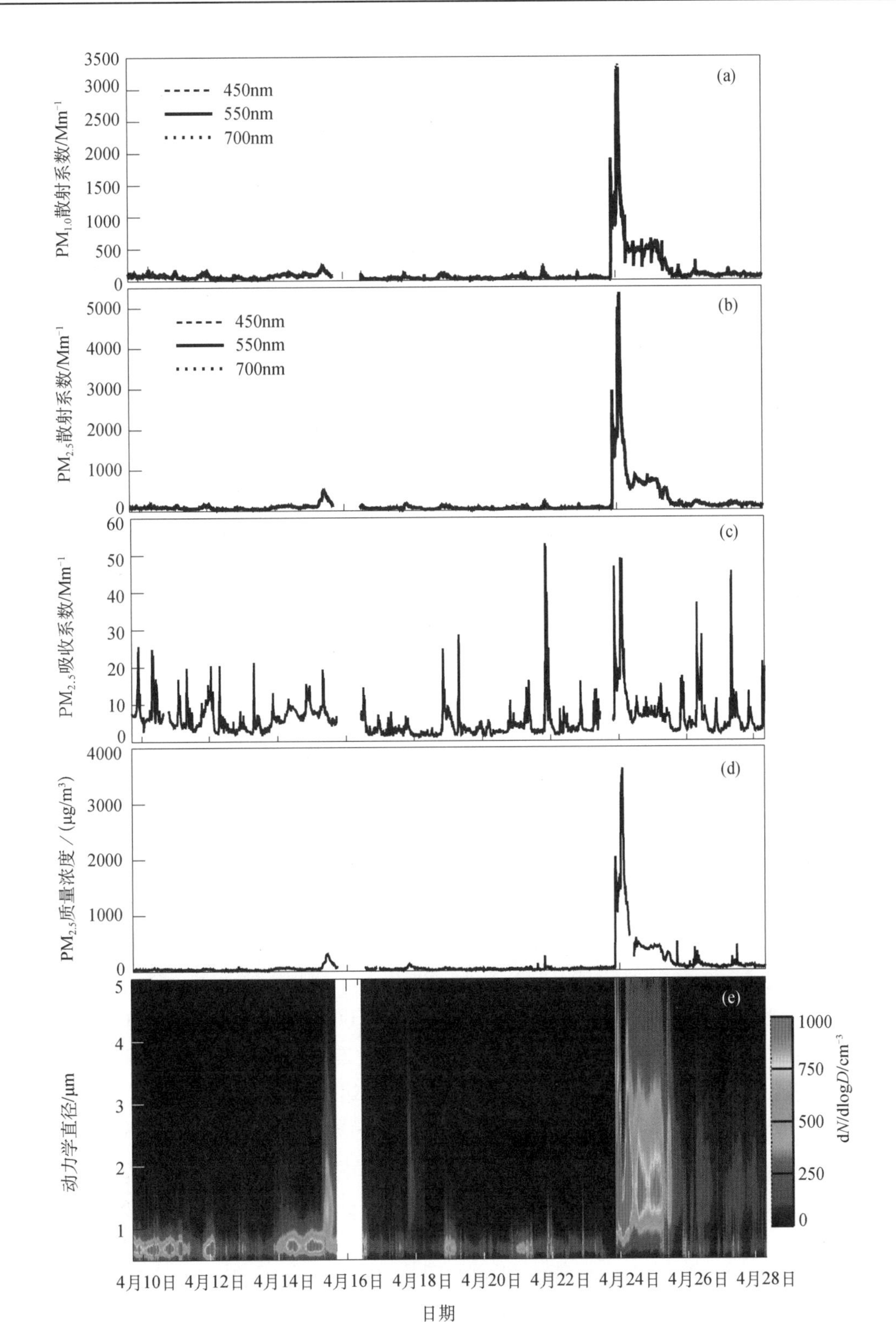

图 10.11　甘肃张掖临泽观测点气溶胶基本特性参数随时间变化序列图

（a）$PM_{1.0}$ 三个波段散射系数；（b）$PM_{2.5}$ 三个波段散射系数；（c）$PM_{2.5}$ 吸收系数；（d）$PM_{2.5}$ 质量浓度；（e）气溶胶粒径谱分布

（Li et al.，2007）。2008 年在甘肃张掖临泽沙井镇（距甘肃张掖临泽观测点的直线距离 14km）观测到 PM_{10} 气溶胶散射系数为（159±191）Mm^{-1}（Li et al.，2010），观测期间也发生过 1 次沙尘暴，其吸收系数也较低，和甘肃张掖临泽的观测值相当。

从图 10.10 和图 10.11 可以看出，散射系数、吸收系数、质量浓度以及粒子浓度变化趋势相同，相互之间有很好的对应关系。正常天气状况下，450nm 波段的散射系数最大，700nm 波段的散射系数最小。甘肃武威凉州区黄羊镇和甘肃张掖农场的气溶胶粒径分布主要都在 2.5μm（粒径是空气动力学粒径，下文同）以下（沙尘暴和浮尘天气除外），甘肃武威凉州区黄羊镇 1μm 以下气溶胶浓度高于甘肃张掖临泽观测点，从图 10.12 也可说明这一点，而在 1μm 以上，甘肃张掖临泽观测点气溶胶浓度较高。当甘肃张掖临泽在发生强沙尘暴时，1μm 以上气溶胶颗粒物的浓度迅速增大，这些颗粒集中分布在 1～4μm，强沙尘暴过后，即 25 日 15 点之后为持续的浮尘天气，气溶胶浓度迅速降低，尤其是粒径较大的气溶胶，即 4μm 以上的气溶胶。甘肃武威凉州区黄羊镇观测点 5～6 日有浮尘天气，沙尘气溶胶是经过长距离传输达到甘肃武威凉州区黄羊镇，主要为细颗粒物，同时传输过程中会夹杂有人为污染物气溶胶的成分，其粒径大多小于 1μm，且浓度较高，吸收系数也较大。

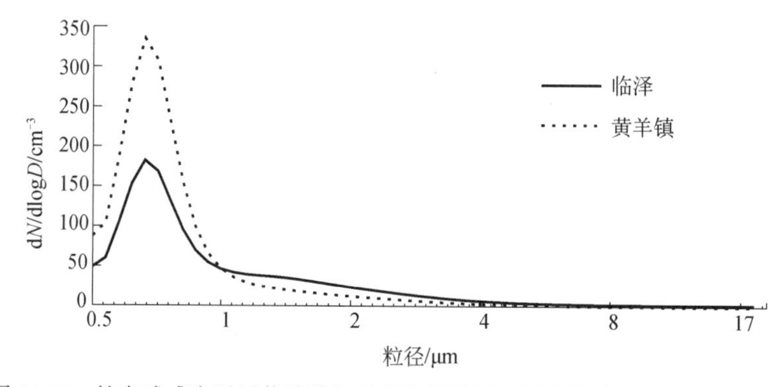

图 10.12　甘肃武威凉州区黄羊镇和甘肃张掖临泽观测点气溶胶动力学粒径谱分布

甘肃武威凉州区黄羊镇在 6 日晚 19:00 到 7 日凌晨气溶胶观测值有一峰值区域出现，从激光雷达观测 532nm 波段的后向散射廓线（图 10.13）可以知道，在 150 m 左右的高度层，19:00～23:00 气溶胶后向散射强度逐渐增大，23:00 达到最大值，对应地面气溶胶特征量，即散射系数、吸收系数和质量浓度也达到峰值，23:00 之后后向散射强度逐渐减小，在 2.0～2.3km 的高度层也具有类似的特征，从激光雷达 532nm 波段后向散射强度剖面图（图 10.14）也可明显看出，在 0.1～2.3km 高度内后向散射强度增大和减小的过程。这段时间的气溶胶层主要在边界层内，说明气溶胶主要来自局地，是当地人为活动造成的。

甘肃武威凉州区黄羊镇和甘肃张掖临泽观测点 $PM_{2.5}$ 气溶胶的吸收系数（670nm）分别为（8.81±6.28）Mm^{-1} 和（5.72±4.93）Mm^{-1}，远小于上海（23Mm^{-1}）（Xu et al.，2002）和北京（65Mm^{-1}；83Mm^{-1}）（Li et al.，2007；Bergin et al.，2001）地区，以及天津武清区（43Mm^{-1}）（Ma et al.，2011）和华东地区协同观测试验 14 个点（Zhang et al.，2008）的吸收系数。两个观测点 $PM_{2.5}$ 质量浓度分别为（35.62±16.63）$\mu g/m^3$ 和（103.86±294.05）$\mu g/m^3$，甘肃张掖临泽观测期间不考虑强沙尘天气，$PM_{2.5}$ 吸收系数和质量浓度分别为（5.24±4.23）Mm^{-1} 和（42.74±40.42）$\mu g/m^3$；考虑强沙尘天气时的吸收系数和质量浓度分别为（8.57±7.23）Mm^{-1}

和（684.72±721.54）μg/m³。不考虑强沙尘天气的影响，$PM_{2.5}$ 质量浓度小于陕西榆林戈壁地区的（96±107）μg/m³（Xu et al.，2004;），北京地区的 136 μg/m³（Bergin et al.，2001）和长江三角洲地区的 90μg/m³（Xu et al.，2002）。

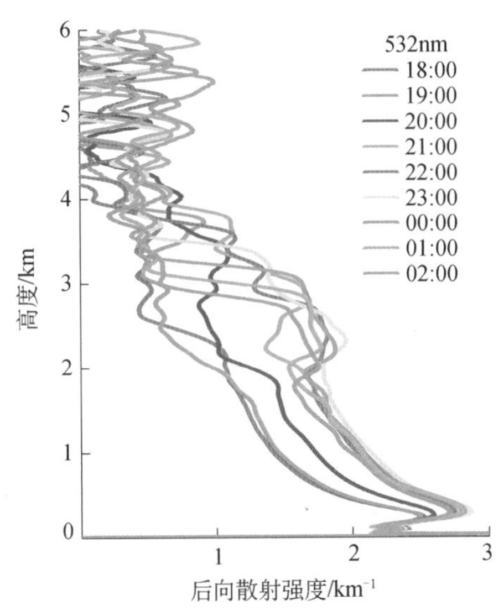

图 10.13　甘肃武威凉州区黄羊镇 4 月 6 日晚到 7 日凌晨的激光雷达后向散射廓线

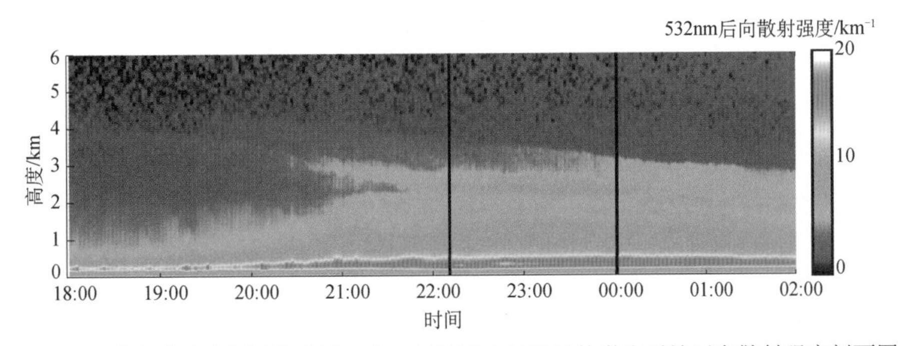

图 10.14　甘肃武威凉州区黄羊镇 4 月 6 日晚到 7 日凌晨的激光雷达后向散射强度剖面图

甘肃张掖临泽 $PM_{2.5}$ 质量浓度和散射系数受到强沙尘暴过程影响较大，而吸收系数受到的影响较小，图 10.11 也可以清楚地证明这一点，沙尘的散射能力远大于其吸收能力，以前在沙尘源区的相关研究也得到同样的结论（Xu et al.，2004；Cheng et al.，2006；Lee et al.，2007；Xia et al.，2005；Li et al.，2010）。

单次散射反照率（SSA）为散射系数和消光系数之比，消光系数为散射系数和吸收系数之和。SSA 对直接评估气溶胶辐射强迫尤其重要，即使很小的变化也能引起很大的辐射强迫作用（Takemura et al.，2002）。浊度仪测量的是 450nm、550nm 和 700nm 的散射系数，MAAP 测量的是 670nm 的吸收系数，要计算 SSA，首先要对散射系数进行波长订正，用式（10.8）和式（10.9）进行波长订正（曹贤洁等，2010）：

$$\sigma_x = \sigma(\lambda / \lambda_x)^{\alpha_{12}} \tag{10.8}$$

$$\alpha_{12} = -\ln(\sigma_1 / \sigma_2) / \ln(\lambda_1 / \lambda_2) \tag{10.9}$$

式中，σ为 700nm 的散射系数；α_{12}为波长指数；σ_1和σ_2分别为 450nm 和 550nm 的散射系数；λ_x为 670nm。

通过以上公式，将 700nm 波段的散射系数转化为 670nm 的散射系数，之后求出 SSA（670nm）。甘肃武威凉州区黄羊镇和甘肃张掖临泽观测点的单次散射反照率分别为 0.899±0.031 和 0.929±0.041（图 10.15），甘肃张掖临泽不考虑强沙尘天气，单次散射反照率为 0.922±0.038，考虑强沙尘天气时散射系数增大较多，吸收系数增大不明显，造成单次散射反照率急剧增大，其平均值为 0.988±0.004［图 10.16（a）］。甘肃张掖临泽受强沙尘影响较大，其单次散射反照率大于甘肃武威凉州区黄羊镇。两个观测点的单次散射反照率都大于北京城地区的 0.81（Bergin et al.，2001）和城郊区的 0.81～0.85（Li et al.，2007），以及广州地区的 0.82（Andreae et al.，2008）。甘肃张掖临泽考虑强沙尘天气时的单次散射反照率大于 2008 年沙井镇的峰值 0.95±0.02（Li et al.，2010），同中国北方地区沙尘期间观测到的单次散射反照率相比，其值也稍大（Xu et al.，2004；Cheng et al.，2006；Lee et al.，2007；Xia et al.，2005）。

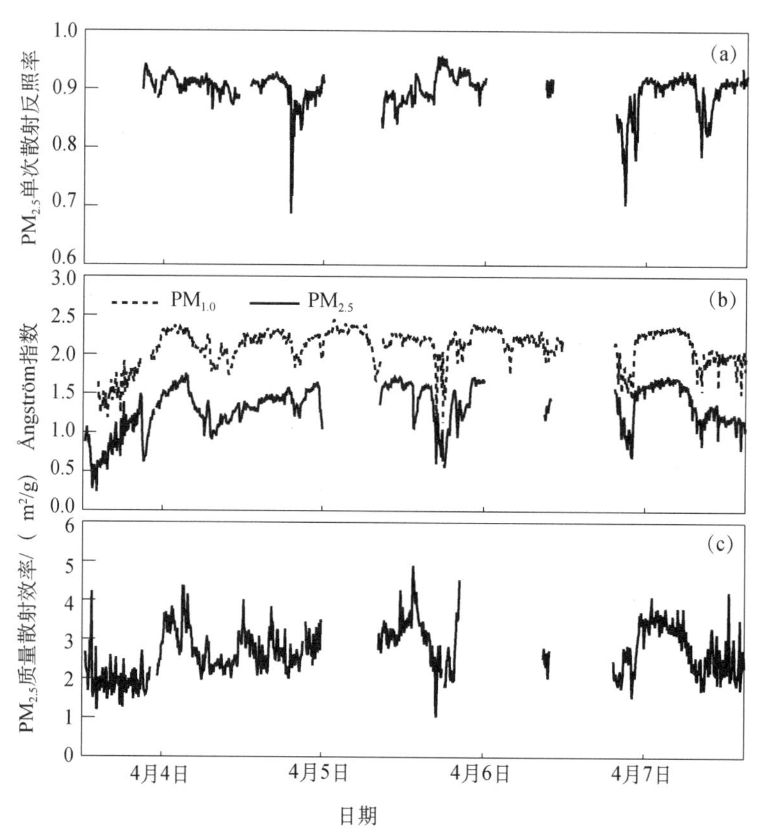

图 10.15　甘肃武威凉州区黄羊镇观测点气溶胶参数随时间变化序列图

（a）$PM_{2.5}$单次散射反照率；（b）Ångström 指数；（c）$PM_{2.5}$质量散射效率

散射 Ångström 指数（A，以下简称 Ångström 指数）与气溶胶的尺寸分布和折射率有很大的关系，与气溶胶的浓度无关。A随着气溶胶粒径的减小而增大，用式（10.7）来计算A：

$$A(\lambda_1/\lambda_2) = -\frac{\log(\sigma_1/\sigma_2)}{\log(\lambda_1/\lambda_2)} \tag{10.10}$$

对于超细颗粒物，Ångström 指数接近 4，对于较大颗粒物，如云滴，其值接近 0，因此 $PM_{1.0}$ 比 $PM_{2.5}$ 的 Ångström 指数要大。Ångström 指数可以判断出大气气溶胶的粒径大小分布，本节用浊度仪 450nm 和 700nm 的散射系数来计算 Ångström 指数。甘肃武威凉州区黄羊镇和甘肃张掖临泽观测点 $PM_{2.5}$ 的 Ångström 指数分别为 1.310±0.293 和 0.777±0.535，$PM_{1.0}$ 的 Ångström 指数分别为 2.098±0.237 和 1.048±0.671。甘肃张掖临泽在发生沙尘暴时，气溶胶粒径增大并且浓度较高［图 10.11（e）］，使得 Ångström 指数迅速减小［图 10.16（b）］，强沙尘期间 $PM_{2.5}$ 和 $PM_{1.0}$ 的 Ångström 指数分别为−0.039±0.020 和−0.147±0.060，接近 0；不考虑强沙尘天气的影响，$PM_{1.0}$ 和 $PM_{2.5}$ 的 Angstrom 指数分别为 1.182±0.567 和 0.869±0.486。

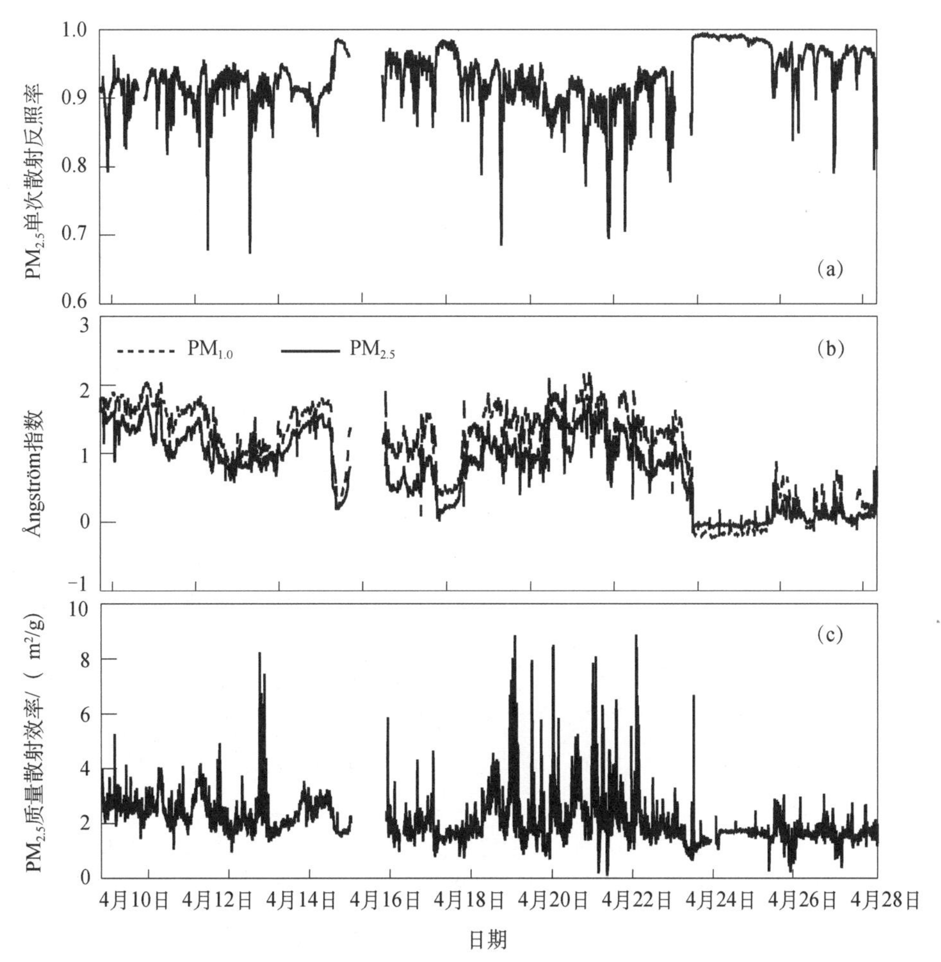

图 10.16　甘肃张掖临泽观测点气溶胶参数随时间变化序列图

（a）$PM_{2.5}$ 单次散射反照率；（b）Ångström 指数；（c）$PM_{2.5}$ 质量散射效率

从 $PM_{2.5}$ 和 $PM_{1.0}$ 的 Ångström 指数来看，甘肃武威凉州区黄羊镇观测点粒径较小的气溶胶所占的比例大于甘肃张掖临泽观测点，从图 10.12 也可以看出，甘肃张掖临泽观测点 1μm 以上气溶胶颗粒物的浓度大于甘肃武威凉州区黄羊镇观测点，1μm 以下浓度则相反。

甘肃武威凉州区黄羊镇气溶胶的吸收系数要大于甘肃张掖临泽，可知甘肃武威凉州区黄羊镇气溶胶受人类活动污染物的影响更大，含有更多的吸收性气溶胶成分，其粒径较小。

质量散射效率（α）定义为气溶胶散射系数和质量浓度之比，即单位质量气溶胶颗粒的光学散射的辐射特性，用式（10.11）计算α。

$$\alpha = \frac{\sigma_{\text{sp-2.5}}}{m_{2.5}} \tag{10.11}$$

质量散射效率反映气溶胶的辐射特征，是计算气溶胶辐射强迫一个关键的参数，α越大，说明气溶胶散射的辐射能力越强。α和气溶胶的粒径谱分布、化学成分、形态、相对湿度和入射光波长有很大关系。当入射光波长和粒子直径相当时，质量散射效率达到峰值，当气溶胶粒径大于或者小于入射光波长时，质量散射效率减小（Xu et al.，2004）。沙尘气溶胶粒径较大，对太阳光的质量散射效率通常小于人为污染性的气溶胶，如硫酸盐、硝酸盐、黑碳等。

本节气溶胶散射系数取 $PM_{2.5}$ 在 550nm 的散射系数。甘肃武威凉州区黄羊镇和甘肃张掖临泽观测点气溶胶的质量散射效率分别为（2.709±0.674）m^2/g 和（2.111±0.828）m^2/g，甘肃张掖临泽考虑强沙尘天气时的质量散射效率为（1.591±0.326）m^2/g，不考虑强沙尘天气的影响时质量散射效率为（2.165±0.847）m^2/g。从质量散射效率也可以知道甘肃武威凉州区黄羊镇的气溶胶粒径比甘肃张掖临泽小，人为污染性气溶胶所占比例更大。

10.5.2 气溶胶特性参数的日变化

将甘肃武威凉州区黄羊镇和甘肃张掖临泽观测点有效观测期间每天相同时刻的数据进行平均，研究其日变化特征。甘肃张掖临泽农场剔除了沙尘暴观测期间的观测数据，研究非极端天气状况下的日变化特征。图 10.17 和图 10.18 分别为两个观测点气象要素和气溶胶特性参数的日变化特征曲线。

甘肃武威凉州区黄羊镇观测点从 0:00 风速逐渐减小，在凌晨 4:00 风速达到最小（0.98m/s），之后风速逐渐增大，在早上 9:30 达到一天的峰值（2.24m/s），18:30 之后风速逐渐减小，夜间的风速小于白天的风速［图 10.17（a）］。温度和相对湿度的日变化特征比较明显，变化趋势相反［图 10.17（b）（c）］，温度从 0:00～7:00 逐渐下降，在早上 7:00 达到一天的最低值（4.8℃），之后空气温度在太阳加热作用下开始回升，在 14:30 达到一天的最高值（18.2℃），之后温度逐渐下降。相对湿度在凌晨 5:00 达到一天中的最大值（44.5%），之后相对湿度逐步降低，14:30 达到一天最低值（15.0%），之后又逐步上升。

对于散射系数、吸收系数和质量浓度的日变化曲线都具有明显的双峰特征［图 10.17（h）（j）（l）（d）］，第一个波峰出现在早上 7:00～9:00，第二个波峰出现在 20:00～23:00。峰值的出现主要与人类生产活动有关系，7:00 之后人类活动加剧，大气层还比较稳定，不利于污染物气溶胶扩散，同时人员及车辆经过观测点附近，影响观测结果；晚上风速较小，大气垂直运动减弱，有利于气溶胶在近地层积累，同时甘肃武威市区和周边农庄的污染物也扩散到观测点，所以出现第二个峰值。从动力学粒径谱分布［图 10.17（g）］来看，其粒径分布主要集中在 3μm 以下，在 7:00～9:00 与 20:00～23:00，1μm 以上的气溶胶也会相应地出现明显的峰值。单次散射反照率和质量散射效率的日变化曲线则有明显的双波谷特征［图 10.17（f）（e）］，与散射系数、吸收系数和质量浓度的双峰值区时段刚好对应。

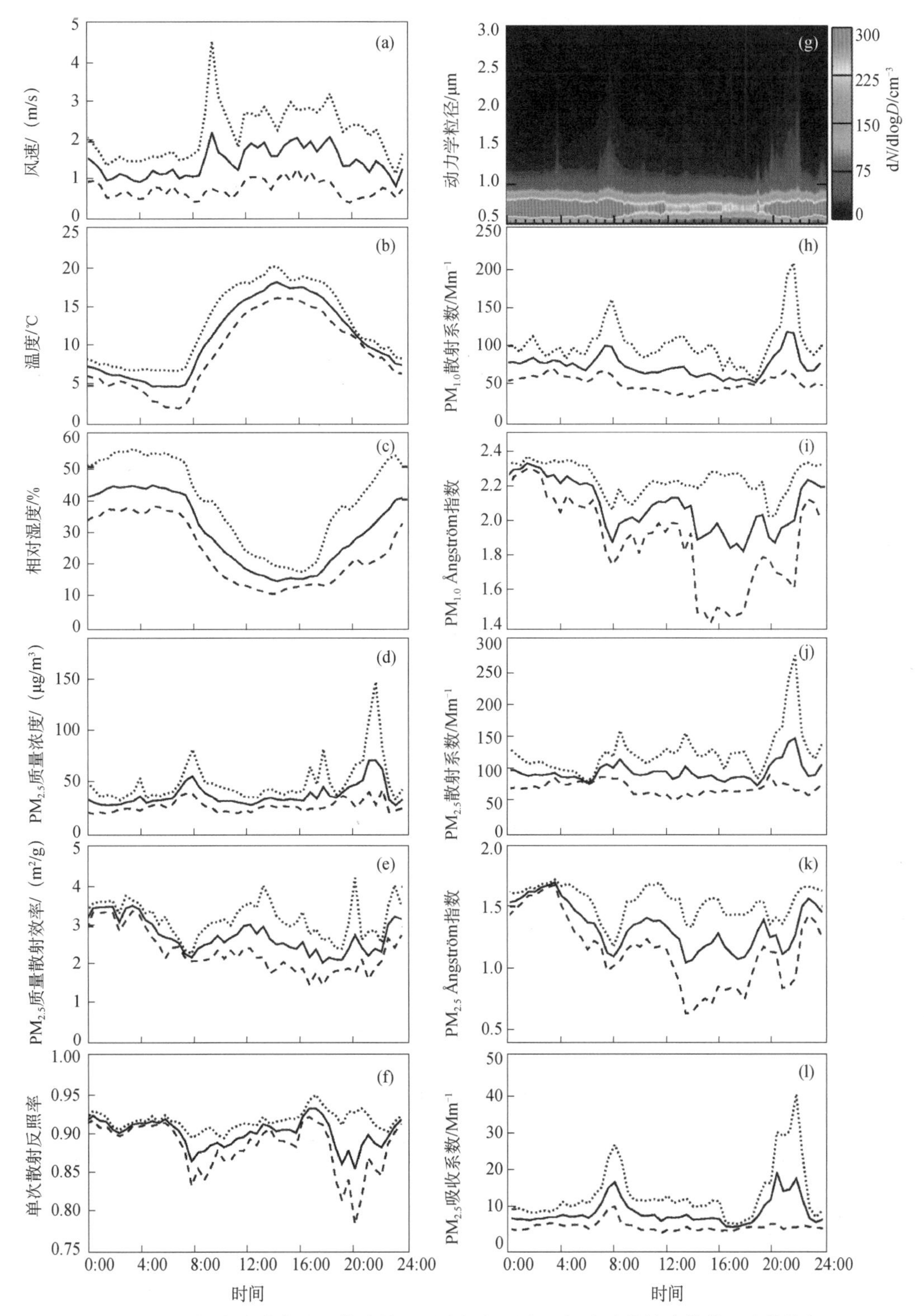

图 10.17　甘肃武威凉州区黄羊镇观测点气象要素及气溶胶特性参数的日变化特征

（a）风速；（b）温度；（c）相对湿度；（d）$PM_{2.5}$ 质量浓度；（e）$PM_{2.5}$ 质量散射效率；（f）670 nm 单次散射反照率；（g）动力学粒径谱分布；（h）$PM_{1.0}$ 在 550 nm 的散射系数；（i）$PM_{1.0}$ Ångström 指数；（j） $PM_{2.5}$ 在 550 nm 的散射系数；（k）$PM_{2.5}$ Ångström 指数；（l）$PM_{2.5}$ 在 670 nm 的吸收系数，其中图（a）～（f）、（h）～（l）中实线为特征参数，实线上方的点线是 75%百分位数线，实线下方的虚线是 25%百分位数线

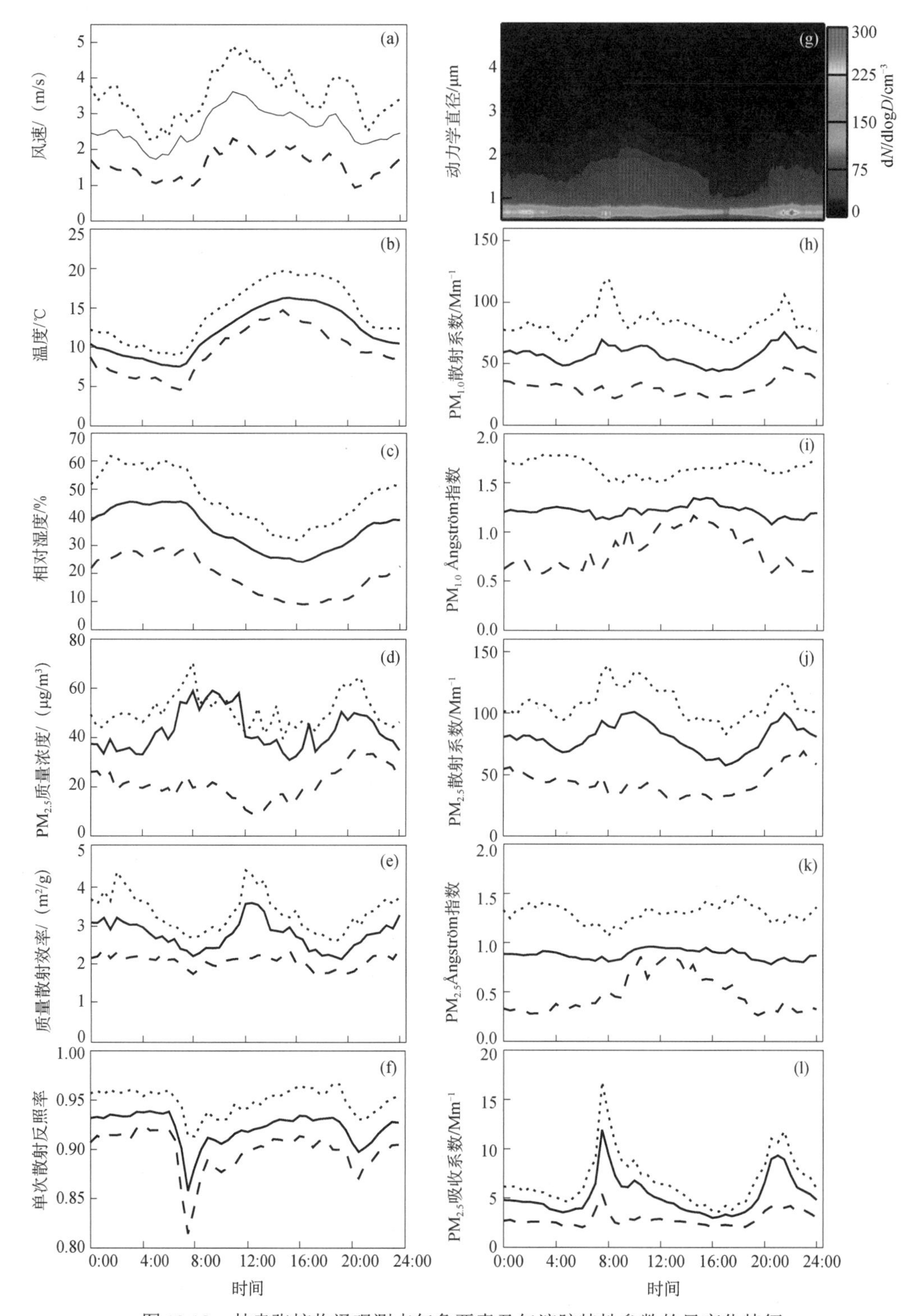

图 10.18 甘肃张掖临泽观测点气象要素及气溶胶特性参数的日变化特征

（a）风速；（b）温度；（c）相对湿度；（d）$PM_{2.5}$质量浓度；（e）$PM_{2.5}$质量散射效率；（f）670nm 单次散射反照率；（g）动力学粒径谱分布；（h）$PM_{1.0}$在 550nm 的散射系数；（i）$PM_{1.0}$ Ångström 指数；（j）$PM_{2.5}$在 550nm 的散射系数；（k）$PM_{2.5}$ Ångström 指数；（l）$PM_{2.5}$在 670nm 的吸收系数，其中图（a）～（f）、（h）～（l）中实线为特征参数，实线上方的点线是 75%百分位数线，实线下方的虚线是 25%百分位数线

$PM_{1.0}$ 和 $PM_{2.5}$ 散射系数的最小值都出现在 19:00（78.95Mm^{-1}，76.87 Mm^{-1}），吸收系数最小值出现在 17:00（5.56 Mm^{-1}），$PM_{2.5}$ 质量浓度在 16:00～19:00 也有下降的趋势，粒子浓度在这个时段也明显降低，其主要原因是污染物经过白天一整天的扩散后，到这个时段后近地层气溶胶浓度达到最低。从单次散射反照率曲线来看，在这个时段则出现了波峰，说明这段时间气溶胶的散射能力增大，吸收性气溶胶比例降低。

Ångström 指数在一定程度上可以反映出气溶胶粒径的大小，散射系数的峰值都对应 Ångström 指数的谷值，说明在散射系数增大时，较大粒径的气溶胶所占比例也增大。Ångström 指数［图 10.17（i）（k）］曲线可以看出，在 14:00～18:00 时段，25%和 75%的百分位数线偏离平均值变化曲线，尤其是 25%的百分位数线，说明这段时间观测到的气溶胶中较大的粒子和较小的粒子所占的比例都较大。在这段时间由于对流作用增强，气溶胶扩散，浓度降低，但同时又因为对流作用加强和当地的农业耕种活动扬起近地层的粒径较大的沙尘气溶胶，从图 10.17（g）可以看出 0.8～1.5μm 的气溶胶浓度并没有明显减小。

甘肃张掖临泽观测点风速从 0:00 开始降低，5:00 达到最低值（1.79m/s），之后逐渐增大，在 11:00 达到最大值（3.62m/s），之后再逐渐减小［图 10.18（a）］。温度和相对湿度的日变化特征也比较明显，两者变化趋势相反［图 10.18（b）（c）］，同甘肃武威凉州区黄羊镇相同。温度从 0:00～7:00 逐渐下降，在早上 7:00 达到一天的最低值（7.6℃），之后开始回升，在 15:30 达到一天的最高值（16.3℃）后逐渐下降。相对湿度在早上 7:00 达到一天的最大值（45.6%），之后逐步下降，16:30 达到一天最低值（24.1%），之后又逐步增大。

散射系数、吸收系数和质量浓度的日变化曲线都具有明显的双峰和双谷特征［图 10.18（h）（j）（l）（d）］，第一个波峰出现在 7:00～11:00，第二个波峰出现在 19:00～23:00，第一个波谷出现在 3:00～7:00，第二个波谷出现在 15:00～19:00。

波峰出现的原因和甘肃武威凉州区黄羊镇相同，与人类生产活动关系密切，早晨人类活动加剧，大气层比较稳定，不利于污染物气溶胶扩散，出现第一个峰值；晚上风速较小，大气垂直运动减弱，有利于气溶胶在近地层积累，同时城区和周边农庄的污染物扩散到观测点，所以出现第二个峰值。第一个波谷的出现是因为前半夜积累的气溶胶在后半夜慢慢扩散，气溶胶浓度逐渐降低；第二个波谷出现是因为白天近地层对流活动较强，利于气溶胶的扩散，气溶胶经过一天的扩散，浓度在下午达到最低值。从动力学粒径谱分布图［图 10.18（g）］也可以看出相应的变化趋势，气溶胶主要集中在 4μm（动力学粒径）以下。

单次散射反照率和质量散射效率的日变化则有明显的双波谷［图 10.18（f）（e）］特征，与散射系数、吸收系数和质量浓度的双波峰值出现的时段对应。早上和晚上出现波谷是因为受人类活动产生的气溶胶的影响较大，吸收性气溶胶所占的比例增大，对应气溶胶的质量散射效率降低。

$PM_{1.0}$ 和 $PM_{2.5}$ 的 Ångström 指数［图 10.18（i）（k）］日变化比较平缓，波动比较小，说明一天气溶胶中各个粒径粒子所占的比例变化很小。白天 10:00～16:00 其 Ångström 指数的 25%百分位数线有靠近平均值曲线的趋势，而 75%百分位数线则没有，这一方面说明白天大粒径气溶胶浓度普遍减小，另一方面也说明 Ångström 指数极小值出现频率较高，即出现了一些较大粒径的气溶胶。这段时间质量散射效率出现了峰值，质量浓度平均值线紧靠其 75%百分位数线，甚至有交叉，说明气溶胶质量散射效率较高，且质量浓度有较多极值出现，同时吸收系数减小，单次散射反照率处于增大状态，可知这个时段的气溶胶主要为沙尘气溶胶，气溶胶主要来自农业耕种的地表，为农业沙尘气溶胶。

10.5.3 强沙尘暴分析

2014 年 4 月 23 日，我国西北大部分地区受西伯利亚强冷空气的影响，出现了 5～7 级大风，新疆部分地区甚至出现了 10～12 级大风，多地出现了强沙尘暴天气，能见度瞬间不足 50m，白昼如黑夜，并伴随着强降温，对人类生产和生活等方面造成很大影响。沙尘暴于 4 月 23 日 21:00 抵达甘肃张掖临泽观测点，其瞬时最大风速达到 20m/s，本节对这次强沙尘暴前后，4 月 23～26 日的气溶胶特性参数的变化进行分析。

图 10.19 是沙尘暴过程气象要素和气溶胶特征参数随时间变化序列图。为了更好地分析沙尘暴前后气溶胶粒径谱分布特征，将整个沙尘暴过程分成 6 个时段，分别为沙尘暴前（04 月 23 日 00:00～21:00）（简写为 042300～042321，以下类同）、沙尘暴（042321～042407）、沙尘暴后浮尘 1（042407～042424）、浮尘 2（042500～042516）、浮尘 3（042516～042608）和浮尘 4（042608～042624）阶段，浮尘 1～浮尘 4 是浮尘天气逐渐减轻的过程。图 10.20 是沙尘暴过程不同时间段气溶胶粒径谱分布图。

在 4 月 23 日 21 点，强沙尘暴抵达甘肃张掖临泽地区，风速瞬间增大，为西北和西南风，温度降低，相对湿度有所增大。散射系数、质量浓度和吸收系数瞬间都急剧增大（图 10.19）。在强沙尘暴过程中（042321～042407），$PM_{2.5}$ 和 $PM_{1.0}$ 气溶胶在三个波段的散射系数比较接近，700nm 的散射系数最大，450nm 的最小，和日常观测的结果相反。$PM_{1.0}$ 气溶胶在三个波段散射系数的峰值（5min 平均）分别为 3093Mm^{-1}、3327 Mm^{-1} 和 3379 Mm^{-1} [图 10.19（c）]，$PM_{2.5}$ 散射系数的峰值分别为 5211 Mm^{-1}、5352Mm^{-1} 和 5313Mm^{-1} [图 10.19（d）]，$PM_{2.5}$ 质量浓度的峰值为 3621$\mu g/m^3$ [图 10.19（f）]，这些值都远大于沙尘暴来之前的观测值。$PM_{2.5}$ 吸收系数的峰值为 49Mm^{-1} [图 10.19（e）]，增大的幅度较小。单次散射反照率瞬间增大，平均值为 0.99 [图 10.19（g）]，比 2008 年甘肃张掖地区（Li et al.，2010）沙尘暴过程的值高 0.1。Ångström 指数在沙尘暴期间瞬间降低，接近 0，且比较稳定 [图 10.19（h）]。质量散射效率变化不明显，并且稍小于沙尘暴来之前的观测值 [图 10.19（i）]，在 1～2μm 的动力学粒径范围的气溶胶所占比例最大 [图 10.20（a）]。

沙尘暴过后的是比较强的浮尘（042407～042424）天气，气溶胶浓度比较稳定，散射系数，吸收系数和质量浓度值有所下降，处于比较稳定的状态 [图 10.19（c）（d）（f）]，$PM_{1.0}$ 三个波段散射系数的平均值分别为 433Mm^{-1}、463Mm^{-1} 和 468Mm^{-1}，$PM_{2.5}$ 的平均值

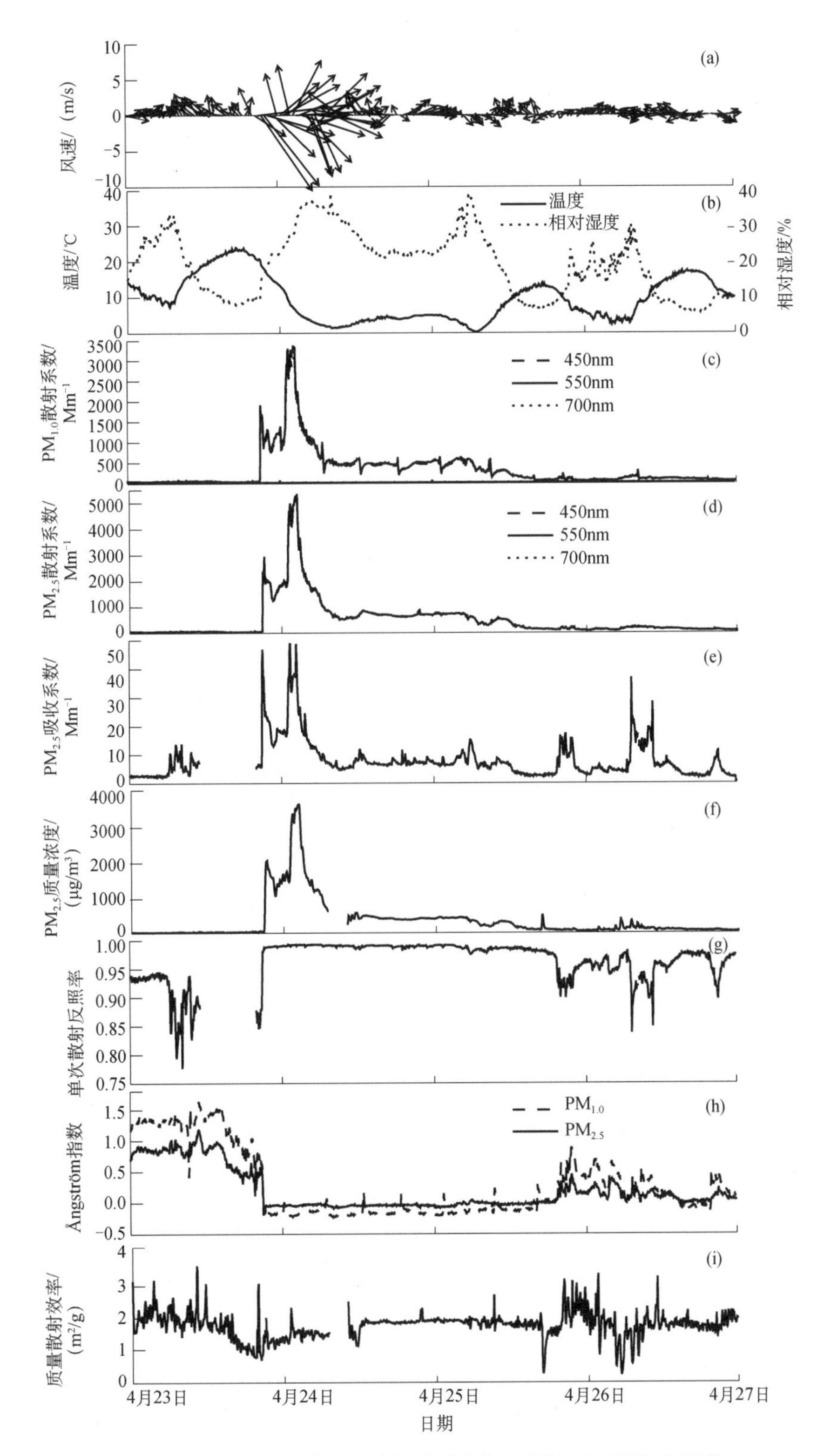

图 10.19　沙尘暴过程气象要素和气溶胶特征参数随时间变化序列图

（a）风速和风向；（b）温度和相对湿度；（c）$PM_{1.0}$ 在三个波段的散射系数；（d）$PM_{2.5}$ 在三个波段的散射系数；（e）$PM_{2.5}$ 吸收系数；（f）$PM_{2.5}$ 质量浓度；（g）$PM_{2.5}$ 单次散射反照率；（h）Ångström 指数；（i）$PM_{2.5}$ 质量散射效率

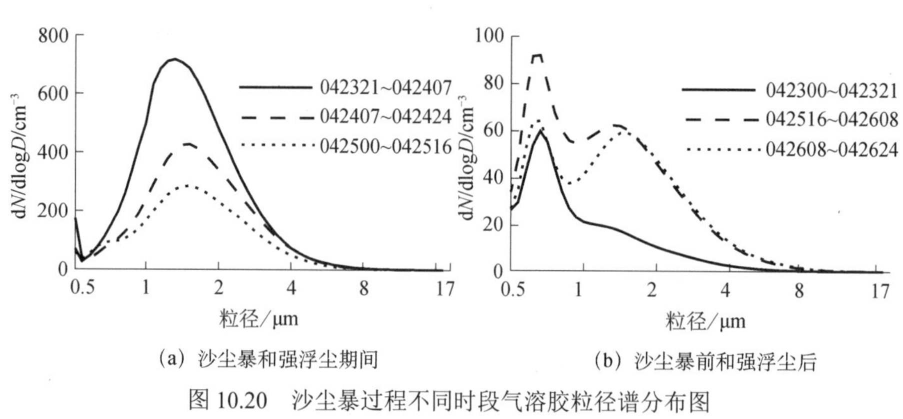

(a) 沙尘暴和强浮尘期间　　(b) 沙尘暴前和强浮尘后

图 10.20　沙尘暴过程不同时段气溶胶粒径谱分布图

042321 表示 4 月 23 日 21 点，其他类同

分别为 660Mm^{-1}、677 Mm^{-1} 和 674 Mm^{-1}，$PM_{2.5}$ 质量浓度的平均值为 413$\mu g/m^3$。单次散射反照率和 Ångström 指数和沙尘暴期间相同，没有大的变化［图 10.19（g）（h）］。质量散射效率也比较稳定，变化不大，其平均值为 1.66m^2/g［图 10.19（i）］。气溶胶浓度下降，其在 1～2μm 的范围仍占主导地位。沙尘气溶胶随着时间慢慢扩散和沉降，浮尘强度开始减轻（042500～042516），散射系数、吸收系数和质量浓度值进一步减小，但单次散射反照率、Ångström 指数和质量散射效率仍处于比较稳定的状态，1～2μm 粒径范围的气溶胶仍占主导地位［图 10.19（a）］。

4 月 25 日 16:00 之后沙尘气溶胶浓度降低比较明显(042516～042608，042608～042624)，气溶胶特征参数具有日变化特征，散射系数和质量浓度比较小，在 20:00 吸收系数增大，说明观测开始受人为气溶胶的影响，在前半夜和早上有较大的增长趋势，同日变化［图 10.18（m）］特征类似。单次散射反照率减小，Ångström 指数和质量散射效率增大。气溶胶粒子浓度大幅度下降，其在 0.5～1μm 粒径范围所占比例增大，占主导地位，在 1～2μm 粒径范围所占比例减小，但大于其在沙尘暴之前所占的比例（图 10.20）

10.6　本章小结

本章内容举例介绍了移动观测方舱的设计思路以及地面气溶胶仪器的移动集成思路和方法，对大气气溶胶移动集成观测系统的检测和校准问题进行了深入探讨，利用地面气溶胶移动集成观测系统在河西走廊地区开展农业地区气溶胶的观测试验数据，分析研究农业和戈壁地区气溶胶的基本特性。在大气气溶胶移动集成观测系统野外观测试验中发现仍存在一些不足之处，需要改进和进一步研究。

气溶胶移动集成观测系统仪器设备在不断更新换代，测量同一参数的设备也有很多种，本章介绍不可能全部涉及，只是对仪器集成思路进行介绍，作为户外科考试验的参考。气溶胶移动集成系统观测项目和内容还比较有限，主要是光学仪器没涉及大气气溶胶化学采样观测研究，单独采样仪器直接摆放在方舱顶部，进行采样观测，采集样品可带回实验室进行进一步的物理化学分析研究。气溶胶移动集成观测系统采样管使用内抛光管，但样本气体在流经采样管时，仍然会存在气溶胶在管壁上吸附的现象，气体流速越慢，吸附能力越强，管路连接处的配件对气溶胶也会造成一定的损失。同时在高湿度地区，采样管上没有干燥除湿设备，对观测大气气溶胶造成一定的误差，因此在高湿度地区，整个气溶胶移动集成系统就需要考虑到怎么除湿。

气溶胶仪器集成在一起观测，仪器之间可以进行相互对比验证，确保数据质量，仪器之间如何进行对比验证，在本章涉及比较少，在今后工作中根据实际观测需要来定，需要进一步探讨气溶胶集移动集成观测系统仪器之间的对比验证的问题。本章观测结果对气溶胶粒径的研究主要集中在 0.5μm 粒径以上，没有观测超细颗粒物、纳米级别的气溶胶，因此进一步的工作是超细颗粒物及纳米级别的气溶胶的分析研究。

参 考 文 献

曹贤洁，张镭，李霞，等. 2010. 张掖地区气溶胶吸收和散射特性分析. 高原气象，29（5）：1246-1253.

郝吉明，马广大. 1998. 大气污染控制工程. 北京：高等教育出版社.

李丰果，杨冠玲，何振江. 2003. PM_{10} 冲击采样器切割头设计参数对切割粒径的影响. 环境污染治理技术与设备，4（1）：26-29.

史晋森，黄建平，葛觐铭，等. 2013a. 地面气溶胶集成观测系统的研究. 中国粉体技术，19（1）：7-12.

史晋森，赵敬国，葛觐铭，等. 2013b. 三波段积分浊度仪的检测和校准. 中国环境科学，33（8）：1328-1334.

张仁健，邹捍，王明星. 2001. 珠穆朗玛峰地区大气气溶胶元素成分的监测及分析. 高原气象，20（3）：234-238.

Anderson T L，Covert D S，Marshall S F，et al. 1996. Performance characteristics of a high-sensitivity，three-wavelength，total scatter/backscatter nephelometer. Journal of Atmospheric and Oceanic Technology，13：967-986.

Anderson T L，Ogren J A. 1998. Determining aerosol radiative properties using the TSI 3563 integrating nephelometer. Aerosol Science and Technology，29（1）：57-69.

Andreae M O，Schmid O，Yang H，et al. 2008. Optical properties and chemical composition of the atmospheric aerosol in urban Guangzhou，China. Atmospheric Environment，42（25）：6335-6350.

Bergin M H，Gass G R，Xu J，et al. 2001. Aerosol radiative，physical，and chemical properties in Beijing during June 1999. Journal Geophysical Research，106（D16）：17969-17980.

Bhardwaja P S，Charlson R J，Waggoner A P，et al. 1973. Rayleigh scattering coefficients of Freon-12，Freon-22，and CO_2 relative to that of air. Applied Optics，12：135-136.

Bodhaine B A，Ahlquist N C，Schnell R C. 1991. Three-wavelength nephelometer suitable for aircraft measurements of background aerosol scattering extinction coefficient. Atmospheric Environment，25A：2267-2276.

Cheng T，Liu Y，Lu D，et al. 2006. Aerosol properties and radiative forcing in Hunshan Dake desert，northern China. Atmospheric Environment，40：2169-2179.

Cutten D R. 1974. Rayleigh scattering coefficients for dry air，carbon dioxide，and Freon-12. Applied Optics，

13：468-469.

Horvath H，Kaller W. 1994. Calibration of integrating nephelometers in the post-halocarbon era. Atmospheric Environment，28（6）：1219-1223.

Lee K H，Li Z，Wong M S，et al. 2007. Aerosol single scattering albedo estimated across China from a combination of ground and satellite measurements. Journal of Geophysical Research-Atmospheres，112：D22S15.

Li C，Marufu L T，Dickerson R R，et al. 2007，In situ measurements of trace gases and aerosol optical properties at a rural site in northern China during East Asian study of tropospheric aerosols：An international regional experiment 2005. Journal Geophysical Research，112（D22）：D22S04.

Li C，Tsay S，Fu J，et al. 2010. Anthropogenic air pollution observed near dust source regions in northwestern China during springtime 2008. Journal of Geophysical Research-Atmospheres，115：D00K22.

Ma N，Zhao C，Nowak A，et al. 2011. Aerosol optical properties in the North China Plain during HaChi campaign：An in-situ optical closure study. Atmospheric Chemistry and Physics，11：5959-5973.

Takemura T，Nakajima T，Dubovik O，et al. 2002. Single scattering albedo and radiative forcing of various aerosol species with a global three dimensional model. Journal of Climate，15：333-352.

Wang H C，John W. 1988. Characteristics of the Berner impactor for sampling inorganic ions. Aerosol Science and Technology，8（2）：157-172.

Xia X，Chen H B，Wang P C，et al. 2005. Aerosol properties and their spatial and temporal variations over north China in spring 2001. Tellus Series B-Chemical and Physical Meteorology，57：28-39.

Xu J，Bergin M H，Greenwald R，et al. 2004. Aerosol chemical，physical，and radiative characteristics near a desert source region of northwest China during ACE-Asia. Journal of Geophysical Research Atmospheres，109：D19S03.

Xu J，Bergin M H，Yu X，et al. 2002. Measurement of aerosol chemical，physical，and radiative properties in the Yangtze delta region of China. Atmospheric Environment，36（2）：161-173.

Young A T. 1980. Revised depolarization corrections for atmospheric extinction. Applied Optics，19：3427-3428.

Young A T. 1981. On the rayleigh-scattering optical depth of the atmosphere. Journal of Applied Meteorology，20：328-333.

Zhang X Y，Wang Y Q，Zhang X C，et al. 2008. Aerosol monitoring at multiple locations in China： Contribution of EC and dust to aerosol light absorption. Tellus Series B：Chemical and Physical Meteorology，60：647-656.

后　记

SACOL 站于 2005 年正式建立，为了总结建站以后取得的各项成果和经验，我们决定撰写《干旱气候系统的观测原理》一书，主要人员每人负责 1～2 章。兰州大学科学技术发展研究院还特为本书设立了 4.5 万元的专项基金，并要求本书在学校 110 周年校庆前出版，无奈大家教学科研任务重，书稿未能按时完成，尽管我们尽了最大的努力，却还是延期了。

直到 2020 年春节前夕，新型冠状病毒肺炎暴发了，突如其来的疫情让每个人都度过了一个特别的春节。为了阻断疫情的传播，所有人都主动居家隔离，疫情打乱了正常的生活节奏，然而正是这段“宅”在家的日子，让我们有充足的时间去思考和完成这本专著。

“无平不陂，无往不复”，那些前行道路上的艰难，都是通往成功之路的基石。疫情和灾难是生命教育、信念教育、科学教育和道德教育最好的教材。在疫情考验面前，我们各行各业都充满最强的“战斗”气势，以最好的状态投入疫情中，在危难关头应当多一份责任担当，少一些焦虑抱怨，始终保持奋进的姿态，乐观地面向未来。“行而不辍，未来可期。”我和团队将砥砺前行，做好我们应该做的、能够做的，在科学和教育事业上，贡献一己之力。

此时此刻，能静静地坐在书桌前写下这段文字，要特别感谢那些战斗在防疫一线的医护人员，以及在防疫期间依然坚守岗位保障群众生活的快递员、清洁工、社区、物业和超市工作人员等，是他们在守护生命的安全和保障居家隔离生活的便利。在此，向他们致以深深的敬意和衷心的感谢！

黄建平

2020 年 2 月于甘肃兰州市榆中县和平微乐花园